학강의록 4

대학물리

역학편

차 동 우

(주)북스힐

강의를 시작하며

물리학은 이공계 대학생이면 1학년에 필수로 배워야 하는 과목입니다. 자신의 전공 분야를 공부하는데 기초가 되는 과목이기 때문입니다. 그러나 학생들은 중고등학교 시절부터 이미 물리는 이해하기 어렵고 재미없는 과목이라고 생각하는 수가 많습니다. 그리고 실제로 많은 학생들이 대학교에서 물리학을 수강하면서 시험공부를 하는데 무척 힘들어하는 것을 볼 수가 있습니다. 대학교에서 1학년 학생들에게 물리학을 강의하는 사람 중 하나인 저자는 그런 모습을 보면서 안타까운 마음이 들곤 합니다.

많은 학생들은 물리를 제대로 이해하려면 머리가 좋아야 한다고 생각하기도 합니다. 심지어 천재가 아니면 물리학자가 될 수가 없다고 생각하기도 합니다. 그렇지만 사실은 물리학이 다른 과목에 비하여 이해하기가 그렇게 더 어려운 과목은 아닙니다. 물론 물리학의 기초를 세운 뉴턴이나 아인슈타인과 같은 학자들은 대단한 천재라고 알려져 있지만 물리학자가 되기 위해서는 반드시 천재이어야만 하는 것도 아닙니다. 물리학은 오히려 공부하는 요령만 잘 익히면 어떤 다른 과목보다도 이해하기가 쉽고 시험점수도 잘 받을 수 있는 과목입니다.

물리학이 속한 자연과학은 크게 기초과학과 응용과학으로 나눌 수가 있습니다. 자연과학에 속한 분야는 모두 자연법칙을 다룹니다. 그중 기초과학에 속한 물리, 화학, 생물 등의 분야에서는 자연법칙 중에서 기본이 되는 부분을 다룹니다. 또 응용과학에 속한 기계공학, 전자공학, 생물공학 등의 분야에서는 자연법칙을 우리 실생활에 응용하는 분야를 다룹니다.

물리학은 기초과학 분야에서도 가장 기본이 되는 분야입니다. 기초과학에 속한 화학은 물질과 물질 사이의 반응을 다루는 분야이고 생물학은 자연현상 중에서 생명체에 관한 법칙을 다루는 분야라면 물리학은 자연법칙 중에서 가장 기본이 되는 법칙을 다루는 분야입니다. 그리고 기본이 되는 법칙은 몇 가지가 되지도 않고 복잡하지도 않습니다. 그래서 기본법칙을 다루는 물리학이 화학이나 생물학에 비해서 더 복잡할 이유가 없습니다.

그렇지만 현실은 다릅니다. 학생들이 물리학 강의실에서 교수님의 강의 내용을 도무지 이해할 수가 없고 또 물리학 교과서의 내용을 읽어도 무슨 말인지 잘 모르겠다는 생각을 하는 수가 많습니다. 저자는 그 이유 중에 중요한 부분이 물리학은 처음부터 차근차근 공부해야 하는 과목이기 때문이라고 생각합니다. 예를 들어서 생물이나 화학 교과서는 책의 중간을 펴고 읽어도 대강 이해될 수 있는 문장으로 되어 있지만 물리학 교과서는 중간을 펴고 읽으면 무슨 내용인지 도저히 알 수가 없다고 생각되는 수가 많습니다.

이 강의록은 저자가 인하대학교에서 이공계 학생들을 대상으로 대학물리라는 기초필수 과목을 인터넷을 이용한 웹강의로 강의한 내용을 담은 것입니다. 그래서 이 강의록은 교과서로 저술된 다른 책과는 다음과 같은 두 가지 면에서 차이가 납니다. 첫째, 조리 있고 체계적인 문어체가 아니라 듣고 바로 이해될 수 있는 구어체로 기술되어 있습니다. 둘째, 필요에 따라 동일한 내용이 강의록의 여러 곳에 중언부언되는 경우가 많습니다. 교과서라면보통 배울 내용이 체계적으로 배분되고 서로 중복되지 않게 기술되지만, 이 강의록에서는 마치 강의실에서 강의하듯이 이해를 돕기 위해 필요할 때마다 전에 이미 설명된 내용이라도 다시 반복되는 경우도 있습니다.

이 강의록은 물리학을 이해하기가 어렵다고 생각하는 학생들이 그냥 찬찬히 따라 읽기만 해도 물리학에 대한 어느 정도의 기초를 닦을 수 있도록 기술되어 있습니다. 그렇지만 이 강의록이 물리학 과목을 배우는 교과서의 역할을 하지는 않습니다. 다시 말하면, 이 강의록에서는 물리학을 이해하는데 중심이 되는 중요한 내용은 중언부언하면서 자세히 설명되어 있지만 또 물리학에서 상당히 많은 부분이 생략되어 있을 뿐 아니라 연습문제를 따로 제공하지도 않습니다. 따라서 물리학에 대해 본격적으로 공부할 학생은 이 강의록과 함께 적당한 교과서를 선택하여 공부하는 것이 좋습니다.

이 강의록은 인하대학교 이공계 학생들이 사용하는 교과서인

김경헌 외 14인 공저, 대학물리학, 인하대학교 출판부 (2006)

에서 설명한 순서에 의거하여 기술되었습니다. 이 교과서 이외에도 서점에서 쉽게 구할 수 있는 많은 종류의 물리학 교과서 중에서 한 권을 골라 그 책에 나온 연습문제를 풀어보면서 이 강의록을 공부한다면 그동안 어렵다고 생각되어 온 물리학이 예상외로 쉽게 이해될 수 있을 것입니다.

이 강의록은 앞으로 계속 출간될 물리학 강의록 시리즈의 네 번째 책입니다. 이 시리즈의 발간을 흔쾌히 허락해 주신 도서출판 북스힐의 조승식 사장님께 감사드립니다. 그리고 이 저서는 인하대학교의 지원에 의하여 발간되었습니다. 지원해 주신 인하대학교에도 감사드립니다.

2007년 1월

차 례

강의를 시작하며 ……………………………………………………iii

I. 물리학을 시작하며 ……………………………………………………1

1. 물리학이란? / 4
2. 물리량 및 단위 / 18
3. 좌표계 / 29

II. 벡 터 ……………………………………………………39

4. 벡터와 스칼라 / 42
5. 직교좌표계를 이용한 벡터 계산 / 53
6. 벡터 미분연산자 / 63

III. 운동을 기술하는 방법 ……………………………………………………71

7. 운동을 직교좌표계로 기술하기 / 73
8. 원통좌표계와 구면좌표계 / 85
9. 몇 가지 특별한 운동 / 97

IV. 운동법칙 ……………………………………………………109

10. 상호작용과 뉴턴의 운동 제3법칙 / 111
11. 관성계와 뉴턴의 운동 제1법칙 / 122
12. 자연의 기본법칙인 뉴턴의 운동 제2법칙 / 131

V. $\vec{F} = m\vec{a}$ ······ 141

13. 일정한 힘을 받는 물체의 운동 I / 143

14. 일정한 힘을 받는 물체의 운동 II / 155

15. 일정한 힘을 받는 물체의 운동 III / 164

VI. 에너지 ······ 173

16. 운동에너지와 일-에너지 정리 / 177

17. 퍼텐셜에너지와 보존력 / 187

18. 열에너지와 에너지 보존법칙 / 195

VII. 여러 물체의 운동 ······ 205

19. 선운동량 / 209

20. 질량중심 / 219

21. 충돌문제 / 227

VIII. 원운동 ······ 239

22. 원운동과 구심력 / 242

23. 토크와 각운동량 / 251

24. 중심력을 받는 물체의 운동 / 258

IX. 강체의 운동 ······ 269

25. 강체의 운동 I / 272

26. 강체의 운동 II / 282

27. 강체의 운동 III / 291

X. 유체의 운동 ······ 299
28. 유체의 운동 I / 301
29. 유체의 운동 II / 311
30. 유체의 운동 III / 320

XI. 진동 ······ 329
31. 고체의 변형과 탄성 / 333
32. 단순조화진동 / 343
33. 감쇠진동과 강제진동 / 357

XII. 파동 ······ 371
34. 파동을 기술하는 방법 / 374
35. 파동의 성질 / 384
36. 음파 / 395

XIII. 열역학 1 ······ 411
37. 열과 온도 / 413
38. 기체 운동론 / 424
39. 열용량과 비열 / 435

XIV. 열역학 2 ······ 443
40. 열현상에서 에너지 보존법칙 / 447
41. 열기관 / 457
42. 엔트로피 / 466

찾아보기 ······ 477

I. 물리학을 시작하며

안드로메다은하

위의 사진에 보인 타원 모양의 밝은 부분은 우리로부터 290만 광년 떨어진 곳에 위치한 안드로메다라는 이름의 은하입니다. 은하는 태양과 같은 별들이 수천억 개가 모여 있는 것으로 갤럭시라고도 합니다. 사진 전체에 흩어져 있는 작은 점들은 우리가 속한 은하인 우리은하에 포함된 별들입니다. 안드로메다은하는 우리가 속한 은하인 은하계에서 가장 가까운 은하 중의 하나일 뿐 아니라 우리은하와 아주 비슷하게 생긴 은하라고 알려져 있습니다. 우리는 우리가 속한 우리은하를 한꺼번에 다 볼 수는 없습니다. 대신 학자들은 안드로메다은하를 관찰하면서 우리은하에 대한 정보를 유추하여 알아내기도 합니다.

은하 하나에 수천억 개의 별들이 포함되어 있는데 우주에는 그런 은하가 또 무수히 많이 존재합니다. 그래서 우주 전체의 성질에 대해 이야기할 때는 은하는 마치 점처럼 취급되는 경우가 많습니다. 우주란 이렇게 광대합니다. 그리고 크기로 따진다면 우주에서 우리 지구는 아주 미미한 존재입니다. 그렇지만 오늘날 지구에 살고 있는 인간은 우주 전체에 대해서 어느 정도 이해하고 있다고 믿고 있습니다. 비록 인간이 아직 태양계 바깥으로 나갈 엄두도 내지 못하고 있지만 우주 전체가 어떤 모습인지, 우주가 어떻게 만들어졌는지, 그리고 우주가 앞으로 어떻게 될 것인지 등 우주를 지배하는 자연법칙에 관해 알게 되었다는 이야기입니다.

인간은 우주 전체를 지배하는 자연법칙 뿐 아니라 아주 작은 세계에서 벌어지는 자연현상에 대한 법칙도 잘 알고 있습니다. 18세기에 돌턴이 원자설을 제안하였을 때 원자가 존재한다고 주장하는 사람들과 원자가 설사 존재한다고 하더라도 결코 관찰될 수가 없다면 그것은 존재한다고 볼 수 없다고 주장하는 사람들 사이에 격렬한 논쟁이 벌어졌다고 합니다. 과학과 기술이 무척 발달된 오늘날에도 역시 원자를 직접 볼 수는 없습니다. 그렇지만 오늘날 우리 인간은 원자보다 훨씬 더 작은 존재들에 의한 현상을 설명하는 자연법칙을 알게 되었습니다.

물리는 자연법칙들 중에서 가장 기본이 되는 원리에 대해 공부하는 분야입니다. 그리고 물리의 발달과 함께 우리 인간은 우리 주위에서 벌어지는 자연현상 뿐 아니라 너무 커서 망원경이나 또는 그 무엇으로도 직접 관찰하는 것이 불가능한 우주 전체를 망라하는 아주 큰 세계에서 일어나는 현상이 어떤 원리의 지배를 받는지 잘 이해하고 있고, 너무 작아서 현미경이나 또는 그 무엇으로도 관찰이 가능하지 않은 원자보다 훨씬 더 작은 아주 작은 세계에서 일어나는 현상에 대해서도 잘 이해하게 된 것입니다.

그런데 인간이 자연법칙을 원래부터 잘 알고 있었던 것은 아닙니다. 불과 수백년 전까지만 하더라도 인간은 자연법칙에 대해 제대로 알지 못하고 있었습니다. 그리고 단지 몇 사람의 천재가 자연법칙을 우연히 알아낸 것은 더더구나 아닙니다. 인간이 물리의 기본법칙을 본격적으로 이해하기 시작한 것은 17세기 영국의 뉴턴부터입니다. 그래서 나는 뉴턴이 물리학을 시작했다고 말합니다.

그러면 뉴턴이 물리학을 시작하기 전에 인간은 자연법칙에 대해 어떤 생각을 가지고 있었겠습니까? 나는 1장에서 그런 이야기를 하면서 물리공부를 시작하려고 합니다. 자연현상을 지배하는 법칙에는 어떤 것들이 있을까 하는 점을 가장 먼저 궁금해 한 사람들은 지금으로부터 근 2,500년 전 고대 그리스 시대의 여러 학자들이었습니다. 그리고 중세를 거치는 오랜 기간 동안 뉴턴의 물리학이 나올 수 있도록 준비되었습니다. 고대 그리스 시대로부터 뉴턴에 이르기까지의 이야기가 한편의 흥미로운 드라마와 같습니다. 그리고 나는 물리를 공부하는 첫 시간이면 항상 이 이야기를 하기 좋아합니다. 1장에서는 그 이야기와 함께 물리학이란 무엇을 연구하는 학문 분야인지를 소개하고자 합니다.

뉴턴이 물리학을 시작하였다고 말하는 이유 중에서 하나는 뉴턴이 처음으로 자연법칙을 수식으로 표현하였다는 점입니다. 그런데 자연현상을 수식으로 표현된 법칙으로 설명하려면, 자연현상을 물리량으로 대표한 다음에 그 물리량들 사이의 관계를 수식으로 표현하게 됩니다. 여기서 물리량이란 자연현상을 수(數)로 대표하는 양을 말합니다. 그리고 물리량을 다루기 위해서는 두 가지가 매우 중요합니다. 하나는 측정된 물리량을 나타내는 단위를 정해주는 것이고 다른 하나는 물체의 운동을 수로 표현하기 위한 좌표계를 정해주는 일입니다. 2장에서는 물리량과 물리량의 측정 그리고 측정된 물리량을 대표하는 단위에 대해 공부합니다. 그리고 3장에서는 좌표계에 대해 공부합니다. 좌표계라고 하면 모두들 그냥 처음부터 잘 알고 있다고 생각할지도 모릅니다. 그리고 좌표계에 대해 배울 것이 무엇이 있겠느냐고 의아하게 생각할지도 모릅니다. 그러나 좌표계에 대해 잘 이해하는 것이 물리를 시작하는데 든든한 기초가 됩니다.

1. 물리학이란?

- 자연현상의 법칙에 대해 탐구하는 자연과학은 물리학, 화학, 생물학, 공학 등 여러 가지 분야로 나뉜다. 이 중에서 물리학은 무엇을 연구하는 학문 분야이며 자연과학의 다른 분야와 어떻게 구별되는가?
- 물리학은 흔히 자연현상에 대한 기본법칙을 연구하는 학문이라고 말한다. 인간은 그러한 기본법칙을 어떻게 깨닫게 되었을까?
- 자연에는 우리 주위에서 흔히 관찰되는 현상뿐 아니라 도저히 직접 측정할 수 없는 매우 큰 세계와 매우 작은 세계의 현상도 포함되어 있다. 인간은 그러한 세계에 속한 현상을 지배하는 자연법칙도 모두 알게 되었다고 한다. 어떻게 그런 일이 가능하게 되었을까?

자연과학에 포함되는 여러 과목 중에서 물리학은 자연법칙 중에서 특히 가장 기본이 되는 법칙을 다루는 과목이다. 그렇다면 물리학에 나오는 기본법칙의 수는 몇 개나 될까? 기본법칙이라면 그 수가 그리 많지는 않을 것 같기도 하고, 고등학교에서 물리를 배우면서 수많은 법칙을 외우느라 고생하였던 것을 생각하면 그 수가 굉장히 많을 것이라고 생각될 수도 있다.

자연에 존재하는 기본법칙은 단 한 개다. 그 단 한 개의 기본법칙이 바로 운동법칙이다. 여러분이 고등학교 때 $F=ma$라고 외운 뉴턴의 운동방정식이 바로 운동법칙이다. 그리고 이 법칙이 바로 자연의 모든 현상을 설명하는 기본법칙이다. 이 식은 질량 m으로 대표되는 물체에 힘 F가 작용할 때 이 물체가 어떤 운동을 할 것인가를 결정해주는 법칙이다. 뉴턴이 이 운동법칙을 발견하면서 물리학이 시작되었다고 말해도 지나치지 않는다.

여러분은 물리학에 법칙이 단 한 개만 나온다는 나의 주장에 반신반의할지도 모른다. 교수가 하는 말을 믿지 않기도 쉽지 않지만 그래도 물리에 법칙이 하나만 나온다니 너무 황당하게 생각될지도 모른다. 물리학에 법칙이 단 한 개만 나온다는 말의 의

미는 앞으로 차차 설명하기로 하고 먼저 뉴턴이 어떻게 자연의 기본법칙인 운동법칙을 발견하게 되었는지 그 역사적 배경부터 한번 살펴보자.

현대에 사는 우리는 막연하게나마 과학이 매우 발달한 오늘날에는 인간이 자연법칙에 대해 아주 잘 알고 있다고 믿는다. 그렇다고 그렇게 믿게 되기까지 우리들 각자가 직접 확인해보고 그렇게 믿기보다는 사람들이 모두 그렇다고 말하니까 그렇게 믿게 되었다고 보아야 할 것이다. 그리고 교수인 내가 보증하지만, 실제로 오늘날 물리학자들은 이제 인간이 원자보다 더 작은 세계에서 시작하여 우주 전체를 포함하는 아주 큰 세계에 이르기까지 자연현상에 대해 거의 다 이해하게 되었다고 생각한다. 그러나 물론 물리학자들은 앞으로 새로 알아내어야 할 것들이 너무 많다는 사실도 역시 잘 알고 있다.

그런데 300년 전이나 500년 전, 또는 1,000년 전이나 2,000년 전 등 먼 옛날에도 사람들은 자기 시대 사람들이 자연이 돌아가는 이치를 제대로 알고 있다고 믿었던 것 같다. 물론 자기 시대 사람들 하나하나가 모두 알고 있다기 보다는 그 시대에 관계된 학자나 전문가가 알고 있으리라고 믿었다는 의미이다. 그리고 또한 그 시대 사람들은 자신들이 진리를 스스로 깨달아서 그러한 이치를 알고 있다고 믿는 것이 아니고 그 동안 사람들이 믿어왔던 것들을 전해 듣고 그런 생각을 의심하지 않고 계속 믿게 되는 것이다. 그뿐 아니라 그런 방법으로 믿게 된 것을 사람들은 정말이지 절대로 의심할 수가 없다. 그렇지만 혹시라도 그렇게 믿었던 진리가 옳지 않다는 확실한 증거가 나타난다면 그때는 사정이 달라진다. 사람들은 비로소 그 동안 진리라고 믿었던 것이 그렇지 않음을 깨닫고 생각을 바꾸게 된다. 인간의 역사에서 자연을 지배하는 진리가 무엇인지에 대해 두세 번 크게 생각을 바꾼 시기가 있었다.

우리의 아주 오랜 조상들은 인간보다 훨씬 더 능력이 뛰어난 존재인 신에 의해 자연현상이 조절된다고 믿었다. 그러한 시대를 신화시대라 한다. 신화시대 사람들은 신이 자연을 자유자재로 변화시킬 수 있다고 믿었다. 그러므로 자연현상을 지배하는 자연법칙을 따로 생각할 필요가 없었다. 그리고 각종 자연현상에는 그것을 주관하는 신이 따로 정해져 있었다. 신전에서 신에게 간절히 요청하면 신은 인간의 청을 들어서 자연현상을 조절해 주기도 하였다. 신화시대에는 신이 비오는 것을 조절하거나 농사가 풍작이거나 흉작인 것을 주관하는 것은 물론이고 심지어 신이 마음만 먹는다면 아침에 태양이 서쪽에서 뜨게 할 수도 있을 것으로 믿었다.

지금으로부터 약 2,500년 전 고대 그리스에서는 자연현상을 면밀히 관찰하는 학자들이 출현하였다. 그리고 그들은 자연현상 중에서 신들도 어떻게 할 수 없는 규칙 아래서 질서정연하게 일어나는 현상이 존재한다는 사실을 깨달았다. 그래서 당시 학자들은 그러한 규칙을 찾아내는데 온갖 정열을 다 바쳤다. 그 결과로 고대 그리스 철학자들은 자연이 천상세계와 지상세계로 구분되며, 이 두 세계의 자연현상을 지배하는 규칙이 서로 다르다는 결론에 도달하였다.

그리스 시대 학자들은 자연현상의 규칙을 찾아내기 위해서 복잡한 현상들을 제외하고 우선 물체를 가만히 놓아두었을 때 자연스럽게 일어나는 현상만을 대상으로 삼았다. 자연스럽게 일어나는 현상이란 오늘날 용어로 설명하면 힘을 받지 않는 물체의 운동이다. 자연스럽게 일어나는 현상에 대해 그들이 찾아낸 규칙은 다음과 같다. 천상세계에 속한 물체는 가만히 놓아두었을 때 원운동을 영원히 계속한다. 지상세계에 속한 물체는 가만히 놓아두었을 때 결국 정지한다.

그런데 이런 규칙이 보통 사람들도 고개를 끄덕일 수 있도록 설득력을 가지려면 그 규칙이 성립해야 될 그럴듯한 이유가 제시되어야 한다. 그리스 철학자들은 천상세계란 신이 속한 세계이며 신이 속한 세계의 물체는 완전하고 완전한 운동을 해야 한다고 추론하였다. 원운동은 시작과 끝이 없이 영원히 계속되며 아름다운 대칭성을 지닌 완벽하게 완전한 운동이다. 그러므로 천상세계에 속한 물체가 원운동을 하는 것은 아주 당연하게 보였다. 한편, 지상세계는 인간이 속한 세계이며, 인간의 특징은 인생의 마지막에 고향으로 돌아가 휴식을 취한다는 것이다. 그리고 마지막으로 휴식을 취하는 운동이 바로 정지이다. 그러므로 지상세계에 속한 물체가 결국 정지하게 되는 것도 아주 그럴듯하게 보였다.

신화시대 사람들은 자연현상을 지배하는 법칙을 찾기 위해 자연을 관찰하겠다는 생각도 갖지 못하고 단지 신에게만 모든 것을 맡겼다. 고대 그리스 시대에 들어서서 비로소 사람들은, 자연현상의 규칙을 찾아내기 위해 자연 자체를 조심스럽게 관찰하는 방법을 택하였다는데서 신화시대에 비하여 커다란 진전을 보였다. 그러나 그들의 사고과정에서 신을 제외시키지는 못하였다. 실제로 천상세계에는 신들이 살기 때문에 천상세계에 속한 물체가 완전한 원운동을 하여야 한다는 것은 아주 오랜 기간 동안 학자들의 사고를 지배한 확고한 믿음이 되었다.

고대 그리스 시대에 제안된 이러한 자연법칙은 중세를 지나 15세기까지 근 2,000년 동안 사람들의, 특별히 서양 사람들의, 사고를 지배하였다. 그렇지만 고대 그리스 시대를 특징지었던 자연현상에 대한 관심은 로마의 세계정복으로 더 이상 계속되지 못하였다. 로마인들은 실용적인 면에 치중하였고 자연현상이 어떻게 일어나는지에 대한 호기심 따위는 별로 가지고 있지 않았다. 그래서 자연현상을 관찰하고 자연이 돌아가는 이치를 탐구하는 노력이 로마시대에는 더 이상 계속되지 않았다.

경제의 발달은 항상 사회생활 뿐 아니라 인간의 사고에도 큰 영향을 미친다. 기원전 5세기 경 그리스의 에게 해를 중심으로 한 해상무역이 왕성해짐에 따라 고대 그리스의 경제가 발달하였고 그와 함께 고대 그리스의 자연철학이 출현되었다면, 15세기에 들어서면서 지중해를 중심으로 발달한 활발한 해상무역과 지리상의 발견 그리고 산업혁명 등에 의해 그 지방의 경제가 한 단계 더 발달하게 되었고, 이번의 경제발달도 역시 인간의 사고에 커다란 변화를 가져왔다.

고대 그리스 시대에는 사람이 살아가는데 필요한 노동을 노예들이 도맡아 해주었기 때문에 학문에 관심을 쏟는 상류계급이 나오게 되었다. 그런데 중세가 끝나갈 무렵인 15~6세기에 서양에서는 산업혁명과 함께 석탄을 이용하는 증기기관이 출현하여 사람이 할 일을 기계가 대신하게 되었다. 그래서 이제는 상류계급 뿐 아니라 보통 사람들도 학문에 관심을 가질 여유가 생기기 시작하였다. 그뿐 아니라, 고대 그리스 학자들은 자연법칙을 처음부터 새로 알아내어야만 되었으나, 15세기의 학자들은 당시에 이미 진리라고 믿고 있던 천상법칙과 지상법칙이 과연 그럴듯한지를 확인해보아야겠다는 좀 더 구체적인 목표를 갖고 있었다.

사람들이 모두 진리라고 믿고 있는 것을 의심하기란 쉽지 않다. 그렇게 하기 위해서는 명백한 증거가 있어야만 한다. 특히 중세 유럽의 정신세계를 교회가 지배하면서, 로마가 기독교를 국교로 받아들일 당시 사람들이 이미 진리라고 믿고 있었던 고대 그리스 시대의 자연에 대한 견해가 자연스럽게 모든 사람들이 믿는 진리로 바뀌었고, 그로부터 오랜 세월이 지나면서 그것은 마치 교회에서 가르치는 교리와 마찬가지로 행세하게 되었다. 그래서 자연법칙에 대해 누군가가 종래의 견해와 다른 새로운 의견을 내놓으면 그 사람은 교회에 반대하라는 사탄의 사주를 받은 것으로 지탄받고 죽은 뒤에 결코 다시 부활할 수 없도록 화형에 처해지기도 하였다.

그러나 명백한 증거가 존재하는 경우에는 사정이 달라질 수 있다. 15세기에 이르러 당시에 알고 있던 천상세계의 물체에 대한 법칙과 지상세계의 물체에 대한 법칙이 명백하게 틀렸다는 구체적인 증거를 포착한 사람들이 나오게 되었다. 그 사람들이 바로 뉴턴이 새로 시작한 물리학이 출현할 수 있도록 준비한 사람들이다.

천상세계에 속한 물체에 적용되는 자연법칙에 대한 의심은 오늘날 행성이라고 알려

그림 1.1
니콜라스 코페르니쿠스
(폴란드, 1473-1543)

진 별의 움직임에서부터 비롯되었다. 모든 별들은 하늘에서 원운동을 하는 것처럼 보인다. 하루 밤만 관찰하면 항성뿐만 아니라 행성도 물론 완전한 원을 그리며 밤하늘을 가로질러 회전한다. 그런데 일 년 동안 매일 관찰하면서 다른 별들과의 상대적 위치를 비교하면 항성들과는 달리 행성들은 항성들 사이를 비집고 다니면서 마치 이 항성 저 항성을 방문하며 움직이는 것처럼 보이기도 하고 심지어 앞으로 가다 방향을 돌려 뒤로 가는 것처럼 보이기도 한다.

몇 개 안되는 행성들의 그러한 운동이 옛날 사람들에게는 무척 별나게 보였다. 그래서 그림 1.1에 보인 폴란드의 신부였던 코페르니쿠스는 행성들이 지구의 주위를 원운동하기보다는 지구와 함께 태양 주위를 원운동한다고 보는 것이 수학적으로 훨씬 더 그럴듯하다는 지동설을 제안하였다. 코페르니쿠스에게 가장 중요한 것은 당시 다른 학자들과 마찬가지로 천상세계에 속한 물체가 완벽한 원운동을 해야 한다는 점이었는데, 겉보기 관찰 결과로는 행성들이 원운동을 하지 않는 것처럼 보여서 마음이 편치 않았다. 코페르니쿠스는 천상세계에 속한 물체가 원운동을 하여야 한다는 법칙은 절대로 위배될 수 없다고 확신하였기 때문에 지동설을 제안한 것이다. 다시 말하면, 지동설을 제안한 이유는, 흔히 이야기되듯이 우주의 중심이 지구가 아니라 태양이라고 주장하기 위해서가 아니라, 행성들이 완벽한 원운동을 한다는 점을 설명하기 위해서이었다.

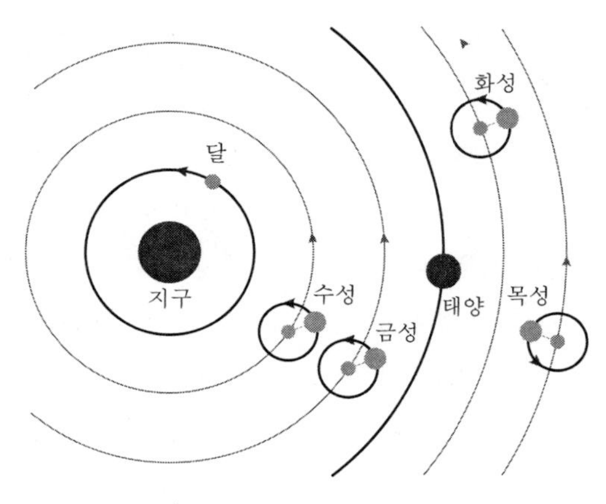

그림 1.2 행성들의 주전원 운동

행성들이 원운동을 하지 않고 이상하게 움직이는 것처럼 보인다는 사실은 고대 그리스 시대에도 이미 잘 알려져 있었다. 고대 그리스 학자들은 행성들의 이러한 운동을 설명하기 위하여 그림 1.2에 보인 주전원(周轉圓)이라는 개념을 도입하였다. 행성의 주전원 운동이란 행성이 지구를 중심으로 원을 그리며 도는 점을 중심으로 다시 원을 그리며 회전하는 운동을 말한다. 그들은 행성이 지구 주위의 완전한 원 궤도를 따라 회전하는 점 주위를 다시 완전한 원운동을 하며 회전한다고 설명한 것이다. 천상세계에 속한 물체는 반드시 완전한 원운동을 하여야만 되었기 때문에 이상하게 보이는 행성들의 겉보기 운동이 실제로는 완전한 원운동만으로 이루어진다고 설명하기 위하여 주전원이 도입되었다.

그런데 문제는 단 한 번의 주전원 도입으로는 관찰된 행성들의 운동을 제대로 설명할 수 없다는 점이다. 원을 도는 중심이 원을 돌며, 그 중심이 또 원을 돌며, 그 중심이 또 원을 도는 등 여러 겹의 주전원을 도입한 뒤에야 비로소 행성들의 운동을 비슷하게나마 설명할 수가 있었다. 폴란드에서 부유한 상인의 아들로 태어난 코페르니쿠스는 교회법을 연구한 법학자이자 신부였지만 개인적으로 태양과 달 그리고 행성들을 연구한 뒤 지구가 우주의 중심에 정지해 있고 천체들이 모두 지구 주위를 회전한다는 천동설이 옳지 않다는 확신을 갖게 되었다. 그러나 코페르니쿠스도 당시 천상세계에 속한 물체는 완전한 원운동을 하여야 한다는 생각을 절대로 버리지 못하였다. 지동설을 제안하면서 그는 단순히 만일 태양이 행성들의 중심에 놓여있고 지구가 자전하면서 태양의 둘레를 다른 행성들과 함께 원운동한다고 가정하면 주전원들 중에서 대부분은 필요하지 않게 되고 천체의 운동이 태양을 중심으로 한 아름다운 대칭성을 보이리라고 생각하였다.

그림 1.3 티코 브라헤 (덴마크, 1546-1601)

그림 1.3에 보인 덴마크에서 출생한 브라헤는 르네상스 이후 당시의 신지식인들에게 널리 퍼진 유행을 좇아 과학 분야에 속하는 그리스 고전문헌의 연구에 몰두하였다. 브라헤는 우연히 일식을 보게 된 후 천문학에 관심이 깊어져 별들을 관찰하기 시작하였다. 그때는 아직 망원경이 나오지 않아서 맨 눈에 의해 천체들을 관측하였는데, 그는 특히 코페르니쿠스의 지동설에 동의할 수가 없어서 지동설이 옳지 않음을 증명하려면 별들의 움직임을 정확히 관찰하는 것이 필수적이라고 믿었다. 그는 사람의 맨 눈이 이룰 수 있는 최대한의 정확도를 갖는 측정을 달성하였을 뿐 아니라, 수십 년에 걸쳐서 방대한 양의 관찰기록을 남긴 것으로 유명하다.

그림 1.4 요하네스 케플러 (독일, 1571-1630)

그러나 유감스럽게도 브라헤는 자신이 측정한 자료를 직

접 분석하여 코페르니쿠스의 지동설을 반박할만한 수학적 능력을 가지고 있지 못하였다. 그래서 브라헤는 당시 천재 수학자라는 명성을 얻고 있던 그림 1.4에 보인 독일의 젊은 천문학자 케플러를 초청하여 함께 일하자고 제안하였다. 마침 코페르니쿠스의 지동설에 매력을 느끼고 있던 케플러는 그 학설을 수학적으로 증명하려면 브라헤의 자료가 꼭 필요하다는 점을 깨닫고 있었기에 그 제안을 기꺼이 받아들였다. 그들 둘의 공동연구는 브라헤가 곧 사망하는 바람에 3년밖에 계속되지 못하였지만, 케플러는 자신의 자료를 이용하여 지구 중심 이론을 증명해 달라는 유언과 함께 브라헤의 귀중한 자료를 고스란히 물려받을 수 있었다.

방대한 자료를 앞에 둔 케플러는 행성의 궤도에 관한 그의 기념비적인 작업에 착수하였는데 그것은 20년이 넘는 긴 기간이 소요되었다. 그러나 처음 기대와는 달리 지구가 행성들과 함께 태양 주위를 회전한다고 가정하여도 주전원의 수를 크게 줄일 수가 없음을 알게 될 뿐이었다. 그런데 한번은 케플러가 연습으로 행성들의 운동에 원궤도 대신 타원궤도를 맞추어 보았다. 여기서 연습이라고 한 것은, 행성들의 궤도가 원궤도가 아닐 것이라고는 케플러도 역시 도저히 상상할 수 없었기 때문이다. 그런데 이것이 웬일인가? 주전원을 전혀 이용하지 않고서도 브라헤가 측정한 모든 행성들의 운동이 하나도 빠짐없이 너무도 깨끗하고 아름답게 설명되는 것이 아닌가? 원궤도 대신 타원궤도를 이용하면 이렇게 산뜻하게 측정된 자료를 모두 설명할 수 있다는 것은 행성들이 태양 주위에서 타원궤도를 그리며 회전한다는 사실을 뚜렷하게 보여준 것이나 마찬가지이었다. 그리고 이것은 당시 사람들에게 너무도 깊게 뿌리박힌 선입관 즉 천상세계에 속한 물체는 완전한 원궤도를 따라 회전하여야 하다는 법칙이 깨지는 놀라운 순간이었다. 케플러의 분석으로부터 행성들이 왜 타원을 그리며 도는지 그 이유를 알아 낼 수는 없었다. 그럼에도 불구하고 아무튼 케플러의 결과로부터 행성들이 움직이는 궤도는 타원이라는 것이 너무도 분명하였다.

코페르니쿠스가 지동설을 발표하였을 때 누구도 그것을 믿지 않았다. 사람들은 지상에서 실제로 완전히 정지해 있다고 느끼고 있었기 때문에 지구가 회전한다는 설명과 지상에서 사람들의 실제 느낌이 도저히 조화를 이룰 수가 없었다. 그러나 이와는 대조적으로, 케플러가 지구를 포함하여 모든 행성들이 태양 주위를 원궤도가 아니라 타원궤도를 따라 회전한다고 발표하였을 때 그것을 의심하는 사람은 없었다. 그러나 이번에는 더 중요한 문제가 대두되었다. 행성들이 왜 태양 주위를 타원궤도를 따라 회전하는지 그 이유를 알 수가 없었던 것이다. 그래서 케플러의 발견이 알려진 후 코페르니쿠스 때부터 제기된 문제가 해결되었다고 생각하기 보다는 이렇게 새로운 그리고 더 근본적인 문제에 대한 답을 찾아내야 하는 과제가 제기되었다고 보는 것이 더 옳다.

그림 1.5
갈릴레오 갈릴레이
(이태리, 1564-1642)

그림 1.5에 보인 이태리 출신의 갈릴레이는 케플러와 동일한 시대에 산 사람이었지만 두 과학자는 서로 거의 연락이 없었으며 공통점도 별로 없었다. 그러나 그들 둘은 뉴턴이 시작한 물리학의 기반을 쌓는데 가장 크게 이바지한 사람들이다. 그래서 나는 코페르니쿠스와 브라헤 그리고 케플러와 갈릴레이 등 네 사람을 뉴턴의 물리학이 출현하기까지 준비한 사람들로 꼽는다. 갈릴레이는 당시에 믿고 있던 천상세계에 속한 물체에 대한 자연법칙이 옳지 못하다는 구체적인 증거를 직접 보았으며 또한 지상세계에 속한 물체에 대한 자연법칙도 옳지 못함을 실험에 의해 직접 밝혀주었다. 갈릴레이는 굴러가는 구를 관찰하여 지상세계에 속한 물체의 운동에 대한 여러 가지 수학적 추론을 만들었다. 그래서 지상세계에 속한 물체는 내버려두면 결국 정지한다는 법칙이 옳지 않음을 실험으로 직접 증명하였다.

이와 같이 오랫동안 믿어왔던 자연현상의 법칙에 대해 근본적인 의문이 16세기와 17세기에 걸쳐서 제기되었다. 사람들이 그렇게도 굳게 믿었던 법칙이 틀렸다는 구체적이고도 확실한 증거는 태양계에 속한 행성들의 운동에서부터 제기되었다. 그리고 행성들의 움직임을 직접 관찰한 브라헤의 자료를 이용하여 케플러는 신의 세계인 천상세계에 속한 물체는 완전한 원운동을 하여야 한다는 법칙이 성립하지 않음을 웅변적으로 보여주었다. 행성들은 지구가 아니라 태양 주위를, 원궤도가 아니라 타원궤도를 따라 움직이는 것이 분명하였다. 또한 갈릴레이가 행한 실험들을 통하여, 지상세계에 속한 물체도 고향에서 쉬려고 결국 정지하는 것이 아니라 가만히 놓아두면 영원히 똑같은 빠르기로 움직인다고 보는 것이 훨씬 더 그럴듯함을 알게 되었다.

그림 1.6 에드먼드 핼리
(영국, 1656-1742)

그러나 왜 천상세계에 속한 물체인 행성은 타원궤도를 그리며 움직이고 지상세계에 속한 물체는 영원히 똑같은 빠르기로 움직이는지 그 이유를 도저히 알 수 없었다. 즉 자연현상에 대한 새로운 법칙이 아직 제시되지는 않았다.

그림 1.7
크리스토퍼 르엔
(영국, 1632-1723)

이렇게 해서 뉴턴이 등장할 준비가 마무리되었다. 그리고 뉴턴이 이 모든 문제를 단번에 해결할 방안을 제시하게 된다. 사람들도 코페르니쿠스의 시대와는 달랐다. 그들은 새로운 법칙이 나오기를 고대하고 있었다.

그림 1.6에 보인, 우리에게는 핼리혜성으로 잘 알려진, 영국의 과학자 핼리와, 그림 1.7에 보인 수학자이자 유명한 건축가였던 르엔 등은 태양과 행성들 사이에 무슨 일이 벌어지는지에 대해 무척 궁금하였다. 그래서 르엔은 상당히 큰 금액의 현상금을 내걸고 이 문제를 풀 수 있는 사람을 찾았다.

그림 1.8 아이작 뉴턴
(영국, 1642-1727)

전해 내려오는 이야기에 의하면, 1684년에 핼리는 그림 1.8에 보인, 외부와 접촉을 활발히 하지 않고 있던, 뉴턴을 방문하여 만일 행성이 태양으로부터 거리의 제곱에 반비례하는 힘을 받는다면 행성의 운동 경로가 어떤 모양이겠느냐고 물었다. 뉴턴은 별로 생각해보지도 않고 즉시 그 경로는 타원이라고 대답하였다. 핼리는 기쁘지만 한편 놀랍기도 하여서 뉴턴에게 그것을 어떻게 아느냐고 물었다. 뉴턴은 퉁명스럽게 자기가 그것을 계산해 보았노라고 대답하였다. 이렇게 간단한 몇 마디로 뉴턴은 물리학이라는 학문을 처음으로 시작하는 문제를 풀었음을 공표한 것이다. 그것이 바로 케플러가 발견한 행성들이 왜 타원궤도를 회전하는지를 설명해주는 이유이었다.

당시에 그런 문제를 풀 수 있는 물리적 통찰력과 수학적 능력을 겸비한 사람은 아마도 뉴턴뿐이었다. 얼마 뒤 뉴턴은 그 문제에 대한 풀이를 담은 노트를 핼리에게 보내주었다. 그 시대에 이 노트를 이해할 수 있는 사람이 단지 몇 사람밖에는 없었겠지만 다행스럽게도 핼리가 그것을 이해할 수 있었던 사람 중에 하나이었다. 핼리는 뉴턴의 연구가 지닌 엄청난 중요성을 인식하고 곧 뉴턴이 알아낸 것들을 책으로 발표하라고 뉴턴을 조르기 시작하였다. 그렇게 하여, 핼리의 산파 역할을 통해, 뉴턴의 불후의 걸작인 '자연 철학의 수학적 원리들'이라는 제목의 책이 세상에 나오게 되었다. 이 책을 간단히 '프린키피아'라고도 부른다. 이 저서에서 뉴턴은 만유인력 법칙과 운동법칙을 자세히 설명하였다.

뉴턴의 운동법칙은 세상의 모든 물체가 따라 움직이는 원리이다. 새로 알게 된 자연법칙인 뉴턴의 운동법칙에 의하면 세상을 천상세계와 지상세계로 구분하여 자연법칙을 각기 따로 정할 필요가 없다. 천상세계에 속한 물체이건 지상세계에 속한 물체이건 모두 똑같은 원리에 의해 움직인다. 신의 세계에 속한 물체이기 때문에 완전한 원운동을 하는 것도 아니었고 인간 세계에 속한 물체이기 때문에 결국 정지하게 되는 것도 아니었다. 단순히 물체가 힘을 받으면 단위시간 동안에 이 힘을 물체의 질량으로 나눈 만큼 속도가 변하는 방법으로 물체가 운동하는 모습이 결정된다. 그리고 만일 물체가 힘을 받지 않는다면 물체의 속도가 결코 바뀌지 않는다.

이렇게 해서 새로 등장하게 된 자연법칙인 뉴턴의 운동법칙은 전과는 다른 특징을 가지고 있었다. 새로운 운동법칙은 자연법칙을 종전처럼 정성적인 말로 묘사한 것이 아니라 수식을 이용하여 정량적으로 표현하였다. 수식으로 표현된 자연법칙은 그 의미가 분명하여 어떤 사람이라도 모두 똑같은 방법으로 그 법칙을 적용할 수가 있다. 또한 자연법칙을 적용한 결과가 수로 나오는데, 이 수를 자연현상을 관찰한 결과인 수와 비교하면 적용한 자연법칙이 얼마나 정확히 동작하는지를 분명하게 확인할 수 있게 되었다. 이것은 종전과 비교하면 정말이지 놀라운 변화이다.

나는 자연법칙을 정량적인 수식으로 표현한 뉴턴으로부터 제대로 된 물리학이 시작되었다고 말한다. 나는 그 이전 자연현상에 대해 단지 정성적으로 언급한 것들을 물리학이라고 말할 수는 없다고 생각한다. 뉴턴의 물리학에 나오는 자연법칙은 하나의 간단한 법칙이 모든 자연현상에 한결같이 적용되는 보편적인 법칙이다. 또한 수식으로 표현된 법칙을 어떤 특별한 능력을 가진 선택된 사람이 아니라 일반사람들 누구든지 적용하여 그 결과를 확인할 수 있는 민주적인 법칙이다. 뉴턴의 물리학에 나오는 자연법칙은 누구나 적용할 수 있고 그 결과를 정량적으로 비교하여 더 옳은 법칙으로 수정할 수 있다는 점 때문에, 나는 물리학이 처음 제안되고 나서 삼백 년도 채 안 되는 짧은 기간 동안에 매우 빠른 속도로 눈부시게 발전할 수 있었다고 생각한다.

여러분은 고등학교에서 뉴턴이 만유인력 법칙과 운동법칙을 발견하였다고 배운 것을 기억하는가? 그래서 혹시 어떤 학생은 아! 물리학에 나오는 많은 법칙들 중에서 뉴턴이 발견한 법칙은 두 가지로구나 정도로 생각할지도 모른다. 그렇지 않다. 이 두 법칙이 바로 물리학을 시작하게 만든 반석이며 뉴턴이 짜놓은 거시세계의 기본법칙이다. 그리고 다른 이름으로 물리학에 나오는 많은 법칙들은 새로운 법칙이라기보다는 이 두 법칙을 구체적인 대상에 적용한 결과인 경우가 대부분이다. 이제 우리가 앞으로 물리학을 배우면서 그러한 내용을 계속 확인하게 될 것이다.

뉴턴에 의해 물리학이 지금의 물리학처럼 수식을 이용한 학문으로 시작된 이후 300년 동안 학자들은 우리 주위의 세상에서 관찰되는 갖가지 자연현상에 물리학을 적용하면서 너무나 잘 들어맞는 것에 놀라워하였고 이제 자연현상 중에서 인간이 모르는 비밀은 없다고 생각하기에 이르렀다. 그런 때가 바로 세기가 바뀌는 19세기말이었다. 그런데 19세기말부터 한두 가지씩 당시의 물리학으로 잘 설명이 되지 않는 현상들이 관찰되기 시작하였다. 그때까지도 사람들은 원자나 분자에 대해 구체적으로 알지 못하였다. 단지 추상적으로 물질의 성질을 갖는 가장 작은 단위를 원자라고 생각하였을 뿐이다. 물리학에 의해서 인간이 자연현상에 대해 모두 이해하게 되었다고 믿었던 19세기말까지도 원자만큼은 원래 더 이상 쪼갤 수 없는 존재이기도 하거니와 만일 그 내부세계에 있다고 하더라도 그것은 신이 인간에게 알도록 허락하지 않을 것이라는 생각이 지배적이었다.

그런데 놀랍게도 그림 1.9에 보인 러더퍼드라는 영국 과학자가 당시에 알려지기 시작한 방사선의 한 종류인 알파선을 금을 얇게 편 얇은 막에 충돌시켜 원자 내부는 아무 것도 없는 텅 빈 공간이고 원자 질량의 99.99% 이상이 원자 중심부의 극히 작은 부피에 모두 모여 있음을 발견하였다. 이것이 바로 원자핵이다. 비유로 말하면 잠실 운동장이 원자의 크기라면 원자핵의 크기는 운동장에 놓인 모래 한 알의 크기와 같다. 원자핵을 제외하면 원자 내부가 거의 비어있는 셈이다.

그리고 더욱 놀라운 일은 원자 내부와 관련된 현상에 대해 측정된 결과에는 뉴턴의 운동법칙이 적용되지 않는다는 것이었다. 러더퍼드가 원자핵을 발견한 뒤에 여러 실험을 통하여 사람들은 당시 알고 있던 물리학을 원자 내부세계에서 관찰되는 현상에 적용하니 잘 맞아 떨어지지 않는다는 것을 알게 되었다. 뉴턴역학이 성립하는 우리 주위의 세계와 그렇지 않은 원자 내부세계를 구분하기 위해 전자(前者)를 거시세계(巨視世界)라 부르고 후자(後者)를 미시세계(微視世界)라 부른다. 뉴턴역학이 성립하지 않는 세계가 있다는 것은 당시로는 충격적인 일이 아닐 수 없었다. 지상세계와 천상세계를 지배하는 자연법칙이 다르다고 믿고 있다가 뉴턴에 의해서 이들 두 세계도 동일한 자연법칙의 지배를 받는다

그림 1.9 어니스트 러더퍼드 (영국, 1871-1937) 1907년 노벨 화학상 수상

는 것을 깨달았던 것이 불과 300년 전의 일이었기 때문이다. 그때 지상과 천상 두 세계가 모두 동일한 자연법칙의 지배를 받는다는 사실에 사람들이 얼마나 감격하였는지 여러분도 아직 생생하게 기억할 것이다.

앞에서 설명된 것처럼, 거시세계의 자연법칙을 찾아낸 뉴턴이 나오기 전까지 코페르니쿠스, 브라헤, 케플러, 갈릴레이 등의 준비 작업이 필요하였다. 코페르니쿠스가 지동설을 제안하고 브라헤가 행성의 운동을 오랫동안 관찰하여 기록으로 남겼고 그 기록을 바탕으로 케플러가 행성 운동에 관한 케플러 법칙을 찾아내었다. 케플러 법칙은 자연법칙이라기보다는 자연현상이 일어나고 있는 것을 그대로 기술하는 경험법칙이다. 그리고 뉴턴의 운동법칙에 의해 케플러 법칙과 같은 경험 법칙이 왜 성립하였는지 속 시원하게 알 수 있었다. 마찬가지로, 미시세계의 자연법칙을 알아내기까지도 오랜 준비기간이 필요하였다. 그뿐 아니라, 거시세계의 자연법칙을 알아낼 때는 실제로 뉴턴 한 사람에 의해 모든 것이 단번에 해결되었는데 미시세계의 자연법칙을 알아낼 때는 그렇게 쉽지가 않았다. 굉장히 많은 사람들이 함께 고민에 고민을 거듭한 뒤에 겨우 미시세계 자연법칙의 윤곽이 드러났다.

거시세계에서 그렇게 완벽하게 성립하는 물리학의 법칙들이 미시세계에서는 성립하지 않는 증거들이 사실은 사람들이 자연의 진리를 모두 다 알았다고 쾌재를 부르며 자신감에 차 있을 때 나왔다는 점이 더 흥미롭다. 그래서 학자들은 거시세계의 자연법칙이 미시세계에서는 성립하지 않는다는 증거를 앞에 놓고 두 진영으로 나뉘었다. 비록 당장은 설명이 되지 않더라도 당시 물리학이 완전한 이론임에 틀림없으므로 앉아서 여유를 가지고 계산하면 다 설명될 방도가 있을 것이라고 믿는 대부분의 학자들이 한 진영이다. 그러나 다른 진영은, 주로 젊고 창의력이 뛰어난 몇 학자들이 속한 진영이지만, 그런 증거들이 당시 물리학의 어떤 부분에 근본적인 결함이 있음을 알려준다고 생각하였다. 시간이 흐를수록 결국 두 번째 진영이 옳았고 미시세계에서 자연현상이 돌아가는 이치는 당시의 물리학으로는 도저히 상상할 수도 없는 것임을 깨닫게 되었다. 그리고 그 미시세계의 자연법칙을 알아낸 우리 인간이 마침내 그 결과를 이용하여 오늘날의 첨단 과학기술 문명을 이룩하게 되었다.

그림 1.10 어윈 슈뢰딩거 (오스트리아, 1887-1961) 1933년 노벨 물리학상 수상

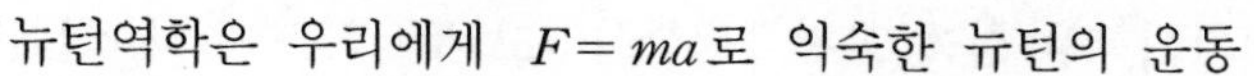

뉴턴역학은 우리에게 $F=ma$로 익숙한 뉴턴의 운동

그림 1.11 앨버트 아인슈타인 (독일, 1879-1955) 1921년 노벨 물리학상 수상

방정식을 자연의 동작원리인 자연법법칙으로 이용한다. 이 뉴턴 방정식이 거시세계의 자연현상 모두를 설명하는 기본법칙이다. 이에 대하여, 미시세계의 자연현상을 설명하는 이론체계를 양자역학이라고 부른다. 그리고 이 양자역학에서 가장 유명한 공식이 슈뢰딩거 방정식이다. 슈뢰딩거 방정식이 거시세계에서 뉴턴 방정식에 해당하는 운동방정식이다. 그림 1.10에 보인 슈뢰딩거는 오스트리아 출신의 물리학자로 양자역학의 이론체계를 수립하는데 크게 기여한 사람 중에서 한 명이다.

미시세계와 연관된 것 외에도 19세기말 이후 관찰된 현상들 중에서 당시 물리학으로 도저히 이해될 수 없는 측정결과가 또 있었다. 바로 빛의 속도가 일정하다는 실험 결과가 그것이다. 빛의 속도가 일정하다는 이야기는 간단한 내용이 아니다. 당시에 알고 있던 물리학으로는 도저히 이해되지 않는 결과이었다. 이 문제에 대해 논리적으로 올바른 해답을 추구하는 과정에서 그림 1.11에 보인 아인슈타인은 상대성이론에 도달하였다.

아인슈타인의 상대성이론은 1905년에 발표된 특수 상대성이론과 1916년에 발표된 일반 상대성이론으로 구성된다. 특수 상대성이론에서는 상대방에 대하여 서로 등속도 운동하는 두 기준계에서 물체의 운동을 관찰하면 두 기준계에서 그 물체에 대한 기술방법이 어떻게 다르게 표현되는가에 대한 것을 다루고, 일반 상대성이론에서는 이것을 상대방에 대하여 서로 가속도 운동하는 두 기준계로까지 확장한 것이다. 특수 상대성이론에 의하여 인간은 오랫동안 공간과 시간에 대해 잘못된 개념을 가지고 있었음을 깨닫게 되었다. 뉴턴역학에서는 공간과 시간을 서로 아무런 관계도 없는 절대공간과 절대시간으로 이해하고 있었으나 아인슈타인은 빛의 속력이 일정하다는 실험 사실을 근거로 공간과 시간이 본질적으로 동일한 존재라는 결론에 도달하였다. 그리고 아인슈타인은 특수 상대성이론에서 시간지연과 길이수축이라는 처음에는 도저히 이해할 수 없는 현상을 예언하기도 하였는데 오늘날 입자 가속기와 같은 실험실에서는 시간지연과 길이수축이 일상사(日常事)가 되어 일어나고 있다.

20세기에 들어와 종전의 물리학을 수정한 양자역학과 상대성이론을 함께 현대물리학이라고 부른다. 그리고 현대물리학과 비교되는 의미에서 19세기까지 이론체계가 완성된 뉴턴역학과 맥스웰의 전자기학을 함께 고전물리학이라고 부르기도 한다. 현대물리학을 구성하는 상대론과 양자론 중에서 상대론은 공간과 시간의 개념을 수정한 이론이라면 양자론은 거시세계와 구별되는 미시세계에 대한 자연법칙을 알려주는 이론이다. 어떤 사람들은 미시세계의 자연법칙인 양자역학이 진리이고 거시세계에서 성공적으로 적용된 뉴턴역학은 진리가 아니라 단순히 양자역학의 근사이론이라고 생각하기도 하지만, 나는 미시세계를 기술하는 언어가 거시세계를 기술하는 언어와 근본적으로 다르다고 보는 것이 옳다고 생각한다.

그러나 특수 상대성이론과 뉴턴역학 사이의 관계는 양자역학과 뉴턴역학 사이의 관계와는 다르다. 뉴턴역학은 절대공간과 절대시간의 개념을 가정하고 시작하는데 공간과 시간에 대해서는 특수 상대성 이론이 옳다. 그래서 뉴턴역학이 엄밀하게는 틀린 이론이다. 그렇지만 뉴턴역학이 주로 적용되는 현상에서는 상대성 이론의 효과가 전혀 나타나지 않을 정도로 미미하기 때문에 뉴턴역학으로 얻는 결과나 특수 상대성이론을 제대로 적용하여 얻는 결과나 똑같다. 그렇지만 속도가 광속에 근접하는 현상에서는 특수 상대성이론을 제대로 적용하여 얻는 결과와 뉴턴역학으로 얻는 결과 사이에는 큰 차이가 난다. 그런 경우에 뉴턴역학의 결과는 틀리고 상대성 이론을 제대로 적용한 결과만 옳다. 그런 의미에서 뉴턴역학은 비상대론적 근사이론이라고 말하기도 한다.

특수 상대성이론을 완성한 후 아인슈타인은 두 관찰자가 서로에 대해 일반적인 운동, 즉 가속운동을 하는 경우로 상대론을 확장하였다. 특수 상대성이론에서와 마찬가지로 일반 상대성이론을 수립하는 과정에서도 역시 아인슈타인은 엄격하게 논리에 의존하였다. 양자역학은 관찰된 실험 사실을 설명할 수 있도록 이론을 다듬고 다듬어 완성되었다면 아인슈타인은 논리적으로 모든 것이 들어맞도록 이론을 짜 맞추어 나갔다. 그렇게 특수 상대성이론을 일반화 시킨 이론이 일반 상대성이론인데 일반 상대성이론을 유도하는 과정에서 아인슈타인은 가속 운동에 의한 효과와 중력 효과가 서로 구별될 수 없도록 동등하여야 한다는 결론에 도달하였다. 그래서 아인슈타인의 일반 상대성이론을 중력이론이라고 말하기도 한다. 일반 상대성이론은 그렇게 하여 뉴턴의 만유인력법칙과 운동법칙을 대체하는 이론으로 대두하게 된다. 그뿐 아니라 일반 상대성이론은 우주의 창조와 진화과정을 설명하는 우주론의 모체가 된다.

2. 물리량 및 단위

- 물리에서 자연법칙은 자연현상을 대표하는 물리량들 사이의 수학 관계식으로 주어진다. 물리량은 어떻게 정해질까?
- 물리량은 수(數)로 대표된다. 이때 물리량을 대표하는 수의 유효숫자란 무엇이며 유효숫자를 표시하는 방법에는 어떤 것이 있는가?
- 물리량은 단위와 함께 나타낸다. 단위계란 무엇이며 단위계에는 어떤 종류가 있는가? 또한 물리량을 차원으로 대표할 수도 있다. 물리량을 차원으로 대표하면 어떤 점이 좋은가? 그리고 차원해석이란 무엇을 하는 방법인가?

앞의 1장에서 나는 자연현상이 일어나는 이치를 설명하는 자연법칙을 수식의 형태로 표현한 것이 바로 뉴턴에 의해 시작된 물리학의 특징이라고 하였다. 자연법칙을 수식으로 표현한다는 말은 자연현상을 묘사하는데 이용되는 물리량들을 수식으로 연결한다는 의미이다. 그래서 자연법칙을 수식으로 표현하기 위해서는 먼저 자연현상을 묘사할 물리량을 정해야 한다. 물리량이란 자연현상 중에서 특정한 현상을 수(數)로 대표할 수 있도록 정의된 양을 말한다. 어떤 것이 물리량인지 잘 모르겠으면 그것이 수에 의해 대표되는지 아닌지를 확인해보면 가장 알기 쉽다. 여기서 수에 의해 대표된다고 하는 말은 어떤 물리량을 비교할 때 그 물리량이 대표하는 수를 이용한다는 의미이다. 뉴턴의 운동방정식 $F=ma$를 보자. 이 식은 좌변의 힘이라는 물리량이 우변의 질량과 가속도라는 물리량을 곱한 것과 같다고 말한다. 이때 같다는 의미는 좌변의 힘을 대표하는 수와 우변의 질량과 가속도를 대표하는 두 수의 곱이 같다는 뜻이다.

물리량 중에는 힘, 질량, 속도, 가속도 등과 같이 고등학교 때부터 많이 들어보아서 친숙하고 그 의미를 직관적으로 이해할 수 있다고 생각되는 것도 있고 각운동량, 에너지, 토크, 관성모멘트 등과 같이 무엇을 의미하는지 바로 알 수 없다고 생각되는 것도 있다. 그런데 여러분은 물리 책이나 다른 과학 분야에 수많이 나오는 물리량들은 누구에 의해 왜 어떻게 만들어지는 것인지 궁금하지 않은가?

예를 들어 설명해 보자. 여러분이 고등학교 시절에는 질량이 m인 물체가 힘 F를 받을 때 물체의 가속도 a를 구하기 위해 뉴턴의 운동방정식 $F = ma$를 이용하였다. 그러나 물체가 이동하고 있더라도 물체가 받는 힘 F가 변하지 않고 일정할 때만 뉴턴의 운동방정식이 그런 방법으로 이용된다. 힘 F가 일정하면 물체는 가속도 a도 일정한 등가속도 운동을 하게 된다. 등가속도 운동에서는 물체의 가속도만 알면 물체의 운동을 모두 알았다고 말할 수 있다.

그러나 물체가 운동하는 동안 물체에 작용하는 힘이 일정하지 않고 바뀔 때는 뉴턴의 운동방정식을 푸는 문제가 간단하지 않다. 위에서처럼 단순히 힘을 질량으로 나누어 가속도를 구하는 방법으로 해결되지 않는다. 뉴턴의 운동방정식을 미분 방정식으로 표현하고 그것을 풀어야 한다. 그런데 만일 물체에 작용하는 힘이 보존력이라는 조건을 만족한다면 문제가 쉽게 해결될 수가 있다. 그리고 사실 마찰력만 제외하고 문제에 나오는 거의 모든 힘은 보존력이다. 물체가 보존력을 받는 경우에는 일과 운동에너지 그리고 퍼텐셜 에너지라는 새로운 물리량을 도입하면 문제를 쉽게 풀 수 있다.

위의 예에서 설명한 내용을 다시 정리해보자. 물체의 운동을 기술하기 위해서 사용되는 법칙은 뉴턴의 운동방정식이다. 물체에 작용하는 힘이 일정한 경우에는 뉴턴의 운동방정식으로부터 가속도만 구하면 문제가 다 해결된 것이나 마찬가지이다. 그런데 물체에 작용하는 힘이 일정하지 않은 경우에도 적용되는 법칙은 똑같은 뉴턴의 운동방정식이지만 이것을 푸는 방법이 쉽지 않다. 그런 경우에는 일과 에너지라는 물리량을 도입하면 문제를 해결하는 것이 다시 간단해진다. 이처럼 풀려는 대상이 되는 문제가 복잡해지면 물리학자들은 새로운 물리량을 도입하여 그 문제를 쉽게 해결하는 방법을 찾아내고는 한다. 새로운 물리량을 도입한다는 말은 물리량을 새로 만든다는 의미이다. 새로운 물리량을 도입하면 문제를 간단히 해결할 수 있거나 또는 적용하는 자연법칙이 새로운 물리량에 의해서 간단하게 표현되는 것이다. 앞으로 공부를 해가면서 그러한 예를 계속하여 만나게 될 것이다. 그리고 물리를 공부하면서 어떤 새로운 물리량이 어떤 과정을 거쳐서 어떻게 정의되는지를 알게 된다면 물리량들 사이의 관계가 명확하게 이해되면서 너무 많은 물리량이 나와서 물리 공부가 어렵다는 생각은 하지 않게 될지도 모른다.

물리량은 수로 대표된다. 물리량을 대표하는 수는 측정에 의해서 얻는다. 요즈음은 실험에서 사용되는 측정계기들이 결과를 숫자로 표시하는 디지털 제품이 많다. 그래서 어떤 경우에는 물리량을 대표하는 크기가 매우 커서 5,678,987 gm 과 같이 많은 숫자로 표시되거나 또는 크기가 매우 작아서 0.456789 gm 과 같이 소수점 아래로 많은 숫

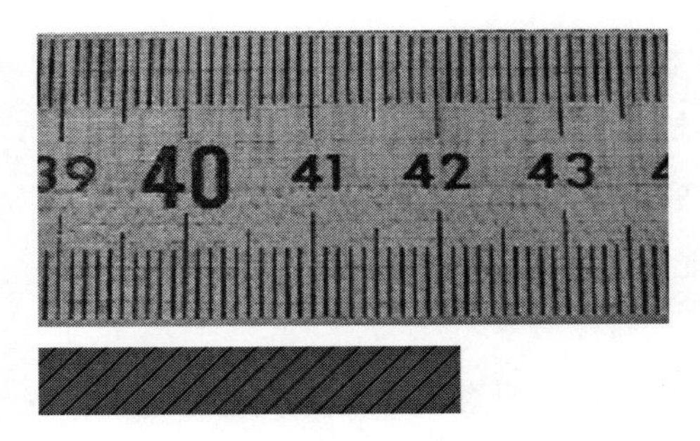

그림 2.1 길이 측정

자로 표시되기도 할 것이다. 얼핏 생각하면 이 숫자들을 모두 다 기록하여야 관계된 물리량을 매우 정확하게 나타내는 것으로 생각될 수도 있지만 꼭 그렇지는 않다. 처음 한 두 개의 숫자를 제외하고 나머지는 실제로 별 의미가 없는 경우가 대부분이다.

물리량을 대표하는 수를 표시한 숫자 중에서 의미를 지닌 숫자를 유효숫자라고 한다. 예를 들어, 그림 2.1에 보인 것과 같이 미터자를 이용하여 긴 막대의 길이를 측정하는 경우를 보자. 막대의 길이가 41.6 cm까지는 정확히 알 수 있지만 그 다음 자리는 어림잡아 정해야 한다. 이 경우에 막대의 길이가 41.65 cm 라고 정했다고 하자. 그러면 마지막 숫자가, 비록 정확하지는 않다고 하더라도 막대의 길이에 대해 어느 정도의 정보를 지니고 있다는 의미에서, 유효숫자에 포함된다. 그런데 이번에는 이 막대의 길이를 3으로 나누어 보자. 그러면 그 결과는 13.88333..과 같이 수많은 숫자를 얻는다. 이런 경우에 많은 숫자들 중에서 유효숫자를 어떻게 정할까?

측정값들을 가지고 곱하거나 나누고 또는 더하거나 빼는 연산을 한 결과에 대해 유효숫자를 정하는 데는 몇 가지 규칙이 있다. 먼저 두 측정값을 곱하거나 나눈 결과의 유효숫자는 처음 두 측정값 중에서 작은 유효숫자를 가진 양의 유효숫자와 같아야 한다. 더하기와 빼기의 결과에 대한 유효숫자를 결정하는 방법은 곱하기와 나누기의 경우와 좀 다르다. 우선 더하거나 빼는 두 측정값에서 유효숫자의 자릿수가 어디어디인지 확인한다. 그러면 더하기나 빼기를 한 결과의 유효숫자 중 가장 작은 수의 자릿수가 처음 두 측정값의 유효숫자 중 가장 작은 수의 자릿수가 큰 것의 자릿수와 같아야 한다.

숫자로 표시된 측정값에 0이 포함되어 있을 경우 어떤 숫자가 유효숫자인지 결정하는데 혼동을 일으킬 수도 있다. 그래서 다음과 같은 규칙을 기억해두면 편리하다. 첫째, 숫자의 처음에 놓인 0은 유효숫자가 아니다. 예를 들어 0.013이라는 측정값에서는 1과 3만 유효숫자이다. 둘째, 숫자의 중간에 놓인 0은 항상 유효숫자이다. 셋째, 숫자의 끝에 놓인 0은 그 숫자가 정수인지 소수인지에 따라 달라진다. 소수라면 끝에 놓인 0은 항상 유효숫자이나 정수인 경우에는 유효숫자일수도 있고 아닐 수도 있다. 그 경우에는 숫자만 보아서는 정수의 끝에 연속해서 놓인 0 중에서 어느 것까지 유효숫자인지 알 도리가 없다.

측정값의 유효숫자를 분명히 나타내기 위해서 과학표기법이 이용된다. 과학표기법이란 측정값을 1과 10사이의 수와 10의 멱수의 곱으로 표시하는 것이다. 예를 들어, 5,320,000라는 측정값이 있다고 하자. 이것을 과학표기법으로는 5.32×10^6라고 쓸 수도 있고 5.320×10^6이라고 쓸 수도 있으며 5.3200×10^6이라고 쓸 수도 있다. 세 가지 표기가 모두 똑같은 숫자를 나타내지만 첫 번째 것은 유효숫자가 5, 3, 2 등 세 개임을 나타내고 마지막 것은 유효숫자가 5, 3, 2, 0, 0 등 다섯 개임을 나타낸다.

예제 1 직사각형 모양의 밭이 있다. 영수가 밭의 가로 길이를 측정하니 25.43m이고 순희가 밭의 세로를 측정하니 3.4m이었다. 이 밭의 둘레와 넓이는 얼마인가? 결과를 과학표기법으로 표시하라.

밭의 둘레는 $2\times(25.43+3.4)=57.66$와 같이 계산하면 된다. 그런데 영수가 측정한 가로의 길이는 소수점 아래 두 자리까지 유효숫자이고 순희가 측정한 세로의 길이는 소수점 아래 한 자리까지 유효숫자이므로 계산한 결과는 소수점 아래 한 자리까지만 유효숫자가 되어 밭의 둘레는 57.7 m이다. 또한 밭의 둘레를 과학표기법으로 표시하면 $57.7\ \text{m}=5.77\times10^1\ \text{m}$가 된다. 한편 밭의 넓이는 $25.43\times3.4=86.462$와 같이 계산하면 된다. 그런데 가로의 길이에서 유효숫자는 네 개이고 세로의 길이에서 유효숫자는 두 개뿐이므로 곱한 결과에서는 유효숫자가 두 개이어야 한다. 따라서 밭의 넓이를 과학표기법으로 표시하면 $8.6\times10^1\ \text{m}^2$이다.

물리에서는 물리량을 수로 나타낼 때 항상 단위와 함께 쓴다. 또한 물리량 사이의 관계를 나타낸 자연법칙을 계산할 때도 단위와 함께 계산하여야 한다. 물리를 쉽게 터득하는 방법 중의 하나가 단위를 잘 이해하는 것이다. 동일한 물리량에 대한 단위가 딱 한 가지만 있는 것이 아니다. 예를 들어, 길이의 단위로는 m도 있고 cm도 있으며 미국이나 영국에서 주로 이용되는 ft도 있다. 이러한 단위들은 단위계로 분류된다. 실생활에서 그리고 고등학교나 대학교의 교과과정에서 가장 널리 이용되는 단위계가 국제단위계라고 알려진 단위계이다. 이 단위계를 실용단위계라고도 하고, 길이로는 미터, 질량으로는 킬로그램, 시간으로는 초를 단위로 사용하므로 MKS단위계라고도 한다. 한편 길이로는 센티미터, 질량으로는 그램, 시간으로는 초를 사용하는 단위계를 cgs단위계라고 부른다. 국제단위계에서는 표 2.1에 열거한 일곱 가지 기본 물리량에 대한

표 2.1 국제단위계의 기본단위

물리량	단위 이름	기호
길이	미터	m
질량	킬로그램	kg
시간	초	s
전류	암페어	A
온도	켈빈	K
물질의 양	몰	mol
밝기	칸델라	cd

단위를 기본단위로 채택한다. 기본 물리량을 제외한 다른 물리량을 유도 물리량이라 하는데, 유도 물리량의 단위는 기본단위끼리의 조합으로 표현되며 유도단위라고 한다. 유도단위가 너무 복잡하게 표현되면 간단한 하나의 기호로 따로 표현하기도 한다. 국제단위계에서는 유도단위를 부르는 명칭으로 그 유도단위가 대표하는 물리량에 크게 기여한 사람의 이름을 사용하는 경우가 많다. 예를 들어 힘의 단위가 국제단위로는 $\mathrm{kg\ m/s^2}$인데 이것을 간단히 N(뉴턴)이라고 부른다. 다시 말하면 $1\ \mathrm{N} = 1\ \mathrm{kg\ m/s^2}$이다.

물리에 나오는 법칙을 계산하는데 어떤 단위계를 이용하느냐에 따라 그 법칙에 포함된 비례상수의 값이 결정된다. 그러므로 물리 문제를 풀 때 물리량을 동일한 한 가지 단위계로 나타내는 것이 매우 중요하다. 예를 들어 뉴턴의 운동방정식 $F = ma$를 보자. 이 법칙을 말로 풀어서 설명하면 가속도 a로 움직이는 질량이 m인 물체가 받는 힘 F는 물체의 질량 m과 가속도 a의 곱에 비례한다고 말할 수 있다. 그리고 이 식 $F = ma$는 이때 비례상수가 1임을 이야기해 준다. 그런데 이 비례상수는 힘과 질량 그리고 가속도의 단위를 모두 동일한 단위계에 속한 단위로 표현할 때만 1이다. 그러니까 $F = ma$를 이용하여 질량이 $1\ \mathrm{kg}$인 물체가 가속도 $a = 1\ \mathrm{m/s^2}$으로 움직일 때 받는 힘을 계산한다고 하자. 그러면 힘은 $F = ma = 1 \times 1 = 1$이 나오는데 이때 힘의 크기가 1이라고 말하려면 힘의 단위로 질량과 가속도를 나타낸 단위와 동일한 단위계에 속한 MKS단위인 N을 이용하여야 한다. 만일 힘을 cgs단위인 dyne으로 표시한다면 뉴턴의 운동방정식은 $F = ma$가 아니라 $F = 10^5 ma$가 된다. 다시 말하면 비례상수가 1이 아니라 10^5이어야 하는 것이다. 그렇지만 힘과 질량 그리고 가속도의 단위를 모두 cgs단위계에 속한 것으로 사용한다면 그 비례상수는 다시 1이 된다.

법칙에 포함된 비례상수가 단위계에 따라 바뀌는 경우도 있다. 예를 들어 두 점전하 q_1과 q_2사이에 작용하는 전기력에 대한 쿨롱 법칙을 보자. 두 전하가 거리 r만큼 떨어져 있다면 두 전하에 작용하는 전기력 F는 두 전하의 곱 q_1q_2에 비례하고 두 전하 사이의 거리의 제곱인 r^2에 반비례한다. 그래서 쿨롱 법칙을 식으로 쓰면

$$F = k\frac{q_1q_2}{r^2} \tag{2.1}$$

이 되고 이 식에서 k는 비례상수이다. 그런데 고등학교 교과서에는 이 쿨롱 법칙이

$$F = \frac{1}{4\pi\varepsilon_0}\frac{q_1q_2}{r^2} \tag{2.2}$$

라고 나온 경우가 많다. 이것은 이 식에 나오는 힘과 전하 그리고 거리의 단위로 국제단위계에 속한 단위를 사용할 때 옳은 표현이다. 그래서 이 식의 비례상수 값은

$$\frac{1}{4\pi\varepsilon_0} = 8.99\times10^9\ \mathrm{N\ m^2/C^2} \tag{2.3}$$

이므로 만일 전하가 $q_1 = q_2 = 1\ \mathrm{C}$인 두 점전하 사이의 거리가 $r = 1\ \mathrm{m}$라면 (2.2)식은 이들 두 점전하 사이에 작용하는 힘이 $F = 8.99\times10^9\ \mathrm{N}$임을 알려준다. 그런데 쿨롱 법칙에 나오는 힘과 전하 그리고 거리의 단위로 cgs단위계에 속한 단위를 사용한다면 쿨롱 법칙인 (2.1)식은

$$F = \frac{q_1q_2}{r^2} \tag{2.4}$$

로 된다. 다시 말하면 비례상수가 $k = 1$로 식의 형태가 매우 간단해 짐을 알 수 있다. 쿨롱 법칙으로 (2.4)식을 이용하려면 반드시 전하의 단위로는 cgsesu 그리고 거리의 단위로는 cm를 이용하여야 한다. 그래서 만일 전하가 $q_1 = q_2 = 1$ cgsesu인 두 점전하 사이의 거리가 $r = 1$ cm라면 (2.4)식에 의해 이들 두 점전하 사이에 작용하는 힘이 $F = 1$ dyne임을 알 수 있다. 이렇듯이 물리 법칙을 표현한 식의 모양이 사용된 단위계에 따라 달라질 수 있음을 명심하여야 한다. 그러나 이공계 대학교 수준에서는 보통 국제단위계 하나만을 이용하므로 자신이 사용한 단위가 국제단위계에 속한 것임을 확인해보기만 하면 식의 모양에 대해서는 크게 걱정을 하지 않아도 좋다.

그런데 혹시 호기심이 많은 학생들을 위해서 물리학자들이 많이 이용하는 다른 단위계에는 무엇이 있는지 알아보자. 상대성이론과 양자역학에 나오는 식 중에는 진공 중에서 빛의 속도를 나타내는 c라는 상수와 플랑크 상수라고 알려진 h를 2π로 나눈 $\hbar = h/2\pi$라는 상수가 자주 나와서 식이 복잡해진다. 예를 들어, 아인슈타인의 유명한 질량-에너지 공식은 $E=mc^2$이고 보어의 수소 원자모형에서 수소 원자의 보어 반지름은 $a=\hbar^2/me^2$으로 주어진다. 이 예들 뿐 아니라 c와 $\hbar$가 복잡하게 포함된 공식들도 많이 있다. 그래서 물리학자들은

$$c=1, \quad \hbar=1 \tag{2.5}$$

이 되는 단위계를 이용하기도 한다. 이 단위계를 자연단위계라 부른다. 자연단위계를 이용하면 아인슈타인의 질량-에너지 공식은 간단히 $E=m$이 되고 보어 반지름은 간단히 $a=1/me^2$이 된다.

물리량을 한 가지 단위계에 속한 단위로 표현할 때 그 크기가 너무 크거나 너무 작아서 물리량을 표시하는 수가 너무 크거나 너무 작을 수도 있다. 이때는 과학표기법에서 10의 멱수에 해당하는 부분에 특별한 명칭을 부여하여 단위에 함께 표시하면 아주 편리하다. 표 2.2에 10의 각 멱수에 해당하는 명칭과 표시기호가 나와 있다. 우리가 잘 아는 것처럼 길이의 단위인 cm와 km는 표 2.2에 나온 것처럼 각각 m의 10^{-2}배와 10^3배를 나타내는 단위이고 우리가 라디오 방송국의 주파수를 이야기할 때 흔히 사용하는 MHz는 메가헤르츠라고 읽고 10^6 Hz를 의미한다. 그리고 요즈음 항간에 유행

표 2.2 10의 멱수를 나타내는 명칭과 표시기호

크기	명칭	기호	크기	명칭	기호
10^{18}	엑사(exa)	E	10^{-2}	센티(centi)	c
10^{15}	페타(peta)	P	10^{-3}	밀리(milli)	m
10^{12}	테라(tera)	T	10^{-6}	마이크로(micro)	μ
10^{9}	기가(giga)	G	10^{-9}	나노(nano)	n
10^{6}	메가(mega)	M	10^{-12}	피코(pico)	p
10^{3}	킬로(kilo)	k	10^{-15}	펨토(femto)	f
10^{-1}	데시(deci)	d	10^{-18}	아토(atto)	a

하는 나노기술이라는 용어는 크기가 $1\ \mathrm{nm}=10^{-9}\ \mathrm{m}$정도의 세계를 다루는 기술을 의미한다. 그리고 표 2.2에서 알 수 있듯이 10의 멱수로 단위를 구분할 때 앞뒤 멱수가 10^3 터울로 되어 있다. 그래서 예를 들어 우리나라 MBC 방송국의 주파수인 $9.59\times10^7\ \mathrm{Hz}$를 말할 때는 95.9 MHz라고 한다.

예제 2 고속도로에는 속도제한 표시가 걸려있는데 대부분의 국가에서는 속도제한이 시속 100 km 또는 시속 120 km 등 국제단위계를 이용하여 표시되어 있지만 미국과 영국에서는 영미단위계를 이용하여 속도제한이 시속 55 mi 또는 시속 70 mi 등으로 표시되어 있다. 미국의 속도제한인 시속 55 mi은 국제단위계로 시속 몇 km에 해당하는가? 또 이 속력을 m/s로 나타내면 얼마인가?

1 mi은 1609.34 km에 해당한다. 그러므로

$$55\ \mathrm{mi}=55\ \mathrm{mi}\times\frac{1609.34\ \mathrm{m}}{1\ \mathrm{mi}}=88,513.7\ \mathrm{m}\approx89\ \mathrm{km}$$

이 되어 시속 55 mi은 시속 89 km에 해당함을 알 수 있다. 그러므로 미국 고속도로의 제한속도는 우리나라의 제한속도에 비하여 훨씬 더 작다. 또 이 속력을 m/s로 나타내려면 단위를 식 중에 포함시켜서

$$55\ \mathrm{mi/hr}=55\times\frac{1,609.34\ \mathrm{m}}{3,600\ \mathrm{s}}\approx24.6\ \mathrm{m/s}$$

와 같이 계산하면 된다.

물리량은 단위와 함께 표시된다고 하였는데, 단위는 다시 차원으로 분석하면 편리하다. 물리량의 차원 또는 단위의 차원이라고 말할 때 차원은 1차원 공간, 2차원 공간, 3차원 공간 등으로 구분할 때 말하는 공간의 차원과는 다른 의미로 이용된다. 예를 들어, 길이에 사용되는 단위로는 m뿐 아니라 cm나 km, ft, mi, ly(광년) 등 아주 많다. 이때 이들 단위는 모두 길이의 차원을 나타낸다고 말한다. 물리량을 차원으로 분석할 때 이용되는 것은 표 2.1에 열거한 기본물리량들이다. 물체가 움직인 거리나 속도, 가속도, 운동량, 에너지, 각운동량, 힘 등과 같이 물체의 운동과 관계된 물리량의 단위는 모두 표 2.1의 처음 세 가지 물리량인 길이, 질량, 시간의 단위의 곱으로 표시될 수가 있다. 그래서 역학에 나오는 물리량은 길이, 질량, 시간 등 세 차원으로 분석될 수 있다고 말한다. 물리량을 차원으로 분석할 때는 각 차원을 간단히 문자로 표시하기도 하는

데 꺾인 괄호 [ ]를 차원을 표시하는 기호로 이용하며, 보통 [M]은 질량 차원을, [L]은 길이 차원을, 그리고 [T]는 시간 차원을 나타낼 때 이용된다. 그러면 예를 들어

$$[속도] = \frac{[L]}{[T]}, \quad [힘] = \frac{[M][L]}{[S]^2} \tag{2.6}$$

과 같이 쓰는데 여기서 처음 식은 속도의 차원은 길이의 차원을 시간의 차원으로 나눈 것과 같다는 의미이고 두 번째 식은 힘의 차원이 질량의 차원과 길이의 차원을 곱한 결과를 시간 차원의 제곱으로 나눈 것과 같다는 의미이다.

물리량의 차원이 무엇인지 잘 알면 문제를 다 풀지 않고서도 그 과정이 잘 진행되고 있는지 미리 알 수 있고 마지막 결과가 그럴듯한지 간단히 확인할 수도 있다. 차원을 이용하기 위해 꼭 알아야 할 것은, 동일한 식에서 차원이 다른 물리량을 더하거나 뺄 수 없고 서로 다른 여러 항의 합으로 구성된 식이 있을 때 그 식에 나오는 항들의 차원은 반드시 모두 다 같아야만 한다는 점이다. 예를 들어 5 m와 3 ft를 더할 수는 있지만 5 m와 3 kg은 절대로 더할 수가 없다. 다른 예로, 우리는 등가속도 직선운동에서 가속도 a로 움직이는 물체가 처음 위치와 속도가 x_0와 v_0일 때 출발하여 시간 t 뒤의 위치 x를 구하는 식은

$$x(t) = \frac{1}{2}at^2 + v_0 t + x_0 \tag{2.7}$$

임을 잘 알고 있다. 바로 확인되는 것처럼, 이 식에서 각 항의 차원이 모두 같다. 그래서 비록 차원만 가지고는 우변의 첫 항인 가속도 항의 계수가 1/2이고 그 다음 두 항의 계수는 1임을 알 수는 없다고 하더라도, 차원을 맞추기 위하여 우변 첫째 항은 t^2에 비례하여야 하며 두 번째 항은 t에 비례하여야만 한다는 것을 알 수 있다.

물리량의 차원에 대해 잘 이해하고 있다면 어떤 문제는 차원만 가지고도 해결될 수가 있다. 그런 예로 기타 줄을 튕기는 경우를 생각해보자. 기타 줄을 튕기면 정해진 진동수의 음이 나온다. 만일 음의 높이가 맞지 않으면 기타 줄을 더 팽팽하게 잡아당기거나 더 느슨하게 풀어주면 된다. 다시 말하면 기타 줄을 튕길 때 진동수는 기타 줄의 장력에 의존하여 정해진다. 그러면 이제 장력을 원래보다 10% 더 증가시키면 기타 줄에서 나오는 음의 진동수는 몇 %나 커질까라는 문제를 차원만 가지고 풀어보자. 기타 줄의 진동수 ν와 기타 줄의 장력 T사이에는 $\nu = f(T)$라는 관계가 있다고 하자. 여

기서 우변은 장력 T의 함수라는 의미이다. 그런데 진동수의 차원은 $[\mathrm{T}]^{-1}$이고 장력의 차원은 힘의 차원과 같으므로 $[\mathrm{M}][\mathrm{L}]/[\mathrm{T}]^2$이다. 그래서 장력에 무엇을 곱하여 차원이 진동수의 차원과 같도록 만들려면 장력을 질량과 길이로 나눈 다음에 제곱근을 취하여야 한다. 즉

$$\nu = a\sqrt{\frac{T}{mL}} \tag{2.8}$$

이 된다. 여기서 a는 비례상수인데 (2.7)식에서와 마찬가지로 차원만 가지고 비례상수까지 알아낼 수는 없다. 그렇지만 이 문제에서는 (2.8)식의 비례상수 a를 모르더라도 해결될 수 있다. 장력이 T에서 T'으로 바뀔 때 진동수도 ν에서 ν'으로 바뀐다고 하자. 장력이 10% 증가한다면 $T' = 1.1T$이므로, 두 진동수 사이의 비는 (2.8)식으로부터

$$\frac{\nu'}{\nu} = \sqrt{\frac{T'}{T}} = \sqrt{\frac{1.1T}{T}} = \sqrt{1.1} \approx 1.05 \tag{2.9}$$

가 된다. 따라서 이 경우에 진동수는 5% 증가함을 알 수 있다. 이런 방법으로 문제를 해결하는 것을 차원해석이라고 부른다.

예제 3 그림 2.2에 보인 것과 같이 길이가 l인 줄에 매달린 질량이 m인 추가 연직 평면 내에서만 진동할 때 이것을 단진자라고 한다. 단진자가 진동하는 진폭이 너무 크지 않다면 단진자의 주기 T는 진폭에 관계없이 진자의 길이와 중력가속도 g에만 의존한다는 것을 갈릴레이가 처음으로 알아내었다. 그래서 이것을 갈릴레이가 발견한 진자의 등시성이라고 한다. 차원해석을 이용하여 단진자의 주기를 구하라.

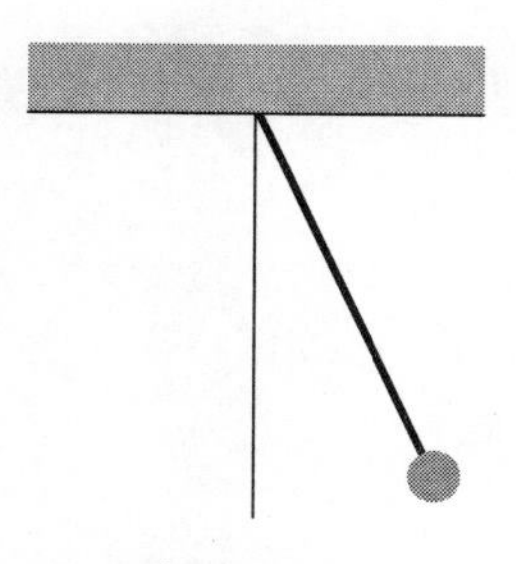

그림 2.2 단진자

단진자의 주기 T와 길이 l, 질량 m, 그리고 중력가속도 g 사이에 $T = l^a m^b g^c$인 관계가 성립한다고 하자. 사실은 단진자의 주기가 추의 질량에는 전혀 의존하지 않지만 혹시 알 수 없으므로 질량도 포함시켰다. 여기서 a, b, c는 차원해석을 통해서 구할 멱수이다. 이제 주기와 길이, 질량 그리고 중력가속도의 차원이

$$[\text{주기}] = [\mathrm{T}],\quad [\text{길이}] = [\mathrm{L}],\quad [\text{질량}] = [\mathrm{M}],\quad [\text{중력가속도}] = [\mathrm{L}][\mathrm{T}]^{-2}$$

임을 이용하여 $T = l^a m^b g^c$를 바꾸어 쓰면

$$[T]=[L]^a[M]^b([L][T]^{-2})^c$$

가 되고, 이 식의 좌변과 우변을 비교하면 $0=a+c$, $0=b$, $1=-2c$ 등을 얻는다. 그리고 이 세 식을 풀면 우리가 구하는 a, b, c는 $a=1/2$, $b=0$, $c=-1/2$가 된다. 그러므로 단진자의 주기 T는

$$T=\lambda\sqrt{\frac{l}{g}}$$

이고 여기서 λ는 비례상수로 차원해석만으로는 비례상수까지 구할 수는 없다.

3. 좌표계

- 물체의 운동을 수식에 의해 기술하기 위해서는 맨 먼저 그 물체의 운동을 기술할 좌표계를 정해주어야 한다. 좌표계는 어떻게 정할까?
- 오른손 좌표계와 왼손 좌표계라는 말을 들어 보았는가? 그 두 가지는 어떻게 구별될까?
- 공간은 1차원 공간, 2차원 공간, 3차원 공간 등으로 구분된다. 이들을 구분하는 조건은 무엇인가? 4차원 공간은 어떻게 정의되나?

오늘날 과학 특히 물리학은 자연현상이 돌아가는 이치를 수식을 이용하여 기술한다. 자연현상 중에서 물리에서 관심을 갖는 가장 중요한 문제가 물체의 운동이다. 그런데 물체의 운동을 정량적으로 설명하려면, 다시 말하면 수(數)를 가지고 설명하려면, 먼저 좌표계를 정해주어야 한다. 물체의 운동을 묘사하기 위하여 손가락으로 물체를 가리키며 물체가 여기서 저기로 빠르게 움직이다가 천천히 움직인다는 식으로 설명하면 물체의 운동에 수식으로 표현된 자연법칙인 운동법칙을 적용할 방도가 없다.

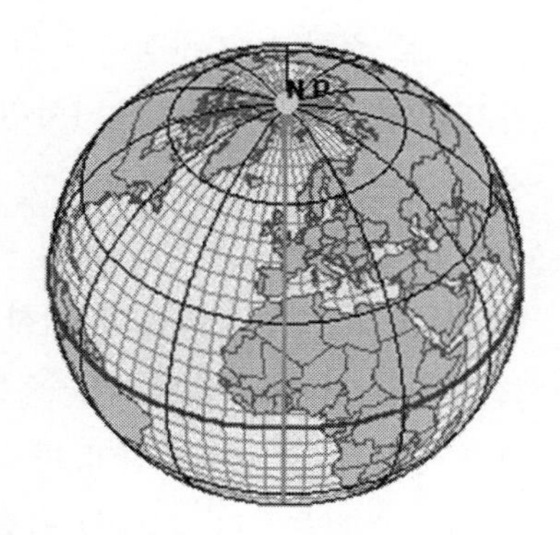

그림 3.1 지표면에 위도와 경도로 표시한 좌표계

사실 우리는 물체의 위치를 수로 표시하는 것을 자주 경험한다. 예를 들어, 바다에서 배가 조난당했다면 그 배가 위치한 지점의 위도와 경도로 주어지는 두 수만 타전하면 배가 조난당한 위치가 어디인지 정확히 알려줄 수 있다. 지구 표면에서 위도와 경도는 그림 3.1과 같이 미리 정해져 있기 때문에 그런 일이 가능하다. 또는 비행기가 운항중이라면 그 비행기의 현재 위치를 보고하기 위해 위도, 경도 그리고 고도 등 세 개의 수만 말하면 된다. 이와 같이 물체가 운동하는 모습을 묘사하는 가장 좋은 방법은 물체의 위치에 수를 대응시키는 것이다. 그렇게 하기 위해 우리는 좌표계를 이용한다. 이 장에서는 좌표계가 무엇인지 그리고 좌표계를 어떻게 정하며 어떻게 이용하는지

등에 대해서 살펴보자.

기차를 타고 가며 보면 철로 옆에 서울을 기점으로 몇 km인지를 알려주는 팻말이 간간이 박혀있다. 그래서 어떤 기차가 서울에서 몇 km를 지나는지 만 말해주면 그 때 기차의 위치를 정확히 알 수 있다. 기차처럼 철로와 같은 선 위에서만 운동할 때 이 운동을 1차원운동이라고 하는데, 1차원운동에서는 운동하는 물체의 위치가 단지 한 개의 수만 가지고 잘못될 걱정이 전혀 없이 딱 정해진다. 그래서 한 개의 좌표로 기술할 수 있는 물체의 운동을 1차원운동이라고 정의한다. 다시 말하면, 물체가 꼭 직선이 아니더라도 미리 정해진 선 위에서만 운동하도록 제한되어 있으면 1차원운동이라고 말할 수 있다.

그러면 이제 한 개의 좌표로 기술되는 1차원운동을 묘사하기 위한 좌표계를 어떻게 정할지 알아보자 . 물체는 선을 따라 움직이는데 이 운동을 묘사하기 위해 바로 물체가 움직이는 선을 따라 좌표계를 정해주면 된다. 좌표계를 정한다는 것은 다음 두 가지를 결정한다는 것과 같은 의미이다. 첫째, 물체가 운동하는 선 위의 적당한 점을 기준점으로 정한다. 기준점이란 위치를 대표한 수가 0이라고 하기로 정한 점으로 원점이라고도 한다. 다시 말하면, 1차원운동을 기술하기 위한 좌표계를 정하기 위해 가장 먼저 할 일은 물체가 움직이는 선 위의 적당한 위치를 원점으로 지정하는 것이다. 좌표계의 원점이 놓인 위치는 우리 마음대로 정할 수 있다. 그리고 마음대로 정할 수 있으면 될 수 있는 한 편리하게 정하는 것이 좋다. 어떻게 정하면 편리할지는 각자 생각해 보아야 할 것이다. 둘째, 좌표축을 그리고 그 축의 +방향을 정한다. 1차원운동의 경우에는 물체가 움직이는 선이 바로 좌표축이다. 이 좌표축에서 물체가 움직이는 방향은 두 가지만 가능하다. 그래서 원점을 중심으로 어떤 쪽을 +방향으로 할 것인가를 정한다. 두 방향 중 어느 방향을 +방향으로 정할지도 우리 마음대로 정할 수 있다.

물체의 운동을 묘사하는데 기준이 되는 위치인 원점은 그림 3.2에 보인 것처럼 수 0으로 대표된다. 그리고 원점 주위의 다른 위치도 역시 수로 대표된다. 이처럼 물체의 위치를 대표하는 수를 좌표라고 한다. 그리고 원점에서 +방향 쪽으로 놓인 위치는 0보다 큰 실수인 좌표로 대표되며 원점에서 −방향 쪽으로 놓인 위치는 0보다 작은 실수인 좌표로 대표한다. 그리고 좌표계의 원점은 물체가 움직이는 선 위의 아무 위치나 정하여도 좋으며 그래서 될 수 있는 한 편리한 점

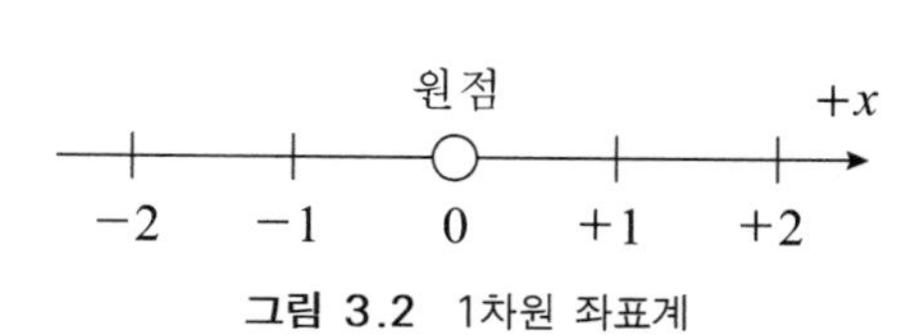

그림 3.2 1차원 좌표계

을 고르는 것이 유리하다고 하였다. 원점의 위치로는 물체가 운동하는 부분의 가운데쯤에서 고르는 것이 편리하리라고 예상할 수 있다. 만일 물체에서 너무 먼 점을 원점으로 고른다면 좌표로 대표되는 수가 너무 커질 것이다. 좌표축의 +방향도 마음대로 정할 수 있고 그래서 편리한 방향을 고르면 되는데 선이 세로로 놓여 있으면 보통 오른쪽 그리고 선이 가로로 놓여 있으면 보통 위쪽을 +방향으로 정한다.

1차원 좌표계를 이용하여 물체의 운동을 기술하면 물체의 운동에 관해 무엇을 어떻게 설명할 수 있는지 알아보자. 어떤 시간 t_1일 때 좌표가 x_1인 위치에 있던 물체가 잠시 지난 시간 t_2일 때 좌표가 x_2인 위치로 옮겨갔다고 하자. 그러면 나중 좌표에서 처음 좌표를 뺀

$$\Delta x = x_2 - x_1 \tag{3.1}$$

값은 이 물체의 운동에 대해 다음과 같은 정보를 알려준다. 나중에 또 설명하겠지만 (3.1)식으로 주어지는 Δx를 시간간격

$$\Delta t = t_2 - t_1 \tag{3.2}$$

동안 물체가 이동한 변위라고 부른다. 변위의 절댓값인 $|\Delta x|$는 시간간격 Δt가 흐른 동안 물체가 이동한 거리이다. 변위 Δx의 부호, 즉 변위가 0보다 더 큰지 또는 더 작은지는 물체가 이동한 방향을 알려준다. 이것이 0보다 크면 물체는 +방향으로 그리고 0보다 작으면 물체는 −방향으로 이동한 것이다.

변위 Δx를 경과한 시간 Δt로 나눈 값은 이 시간간격 Δt동안에 물체의 속도와 같다. 그리고 변위의 절댓값 즉 물체가 이동한 거리 $|\Delta x|$를 경과한 시간간격 Δt로 나눈 것은 물체의 속력과 같다. 이와 같이 물체가 움직이는 빠르기를 표현하는 속도와 속력이 물리에서는 구별되어 이용된다. 속도는 움직이는 방향까지를 말해주며 속력은 속도의 절댓값 즉 빠르기만을 말해준다. 그래서 1차원 운동하는 물체의 속도는 0보다 클 수도 또는 0보다 작을 수도 있는데 속력은 항상 0보다 큰 수로 표현된다.

물체가 면 위에서만 국한되어 움직이는 운동, 또는 같은 의미이지만, 두 개의 좌표로 기술되는 운동을 2차원운동이라고 한다. 물체가 꼭 평면 위에서 운동하여야 2차원운동이 되는 것은 아니다. 또는 면 위에 국한되어 움직이는 것처럼 보이더라도 단지 한 개의 좌표만으로 운동을 모두 기술할 수 있으면 2차원운동이라기보다는 1차원운동

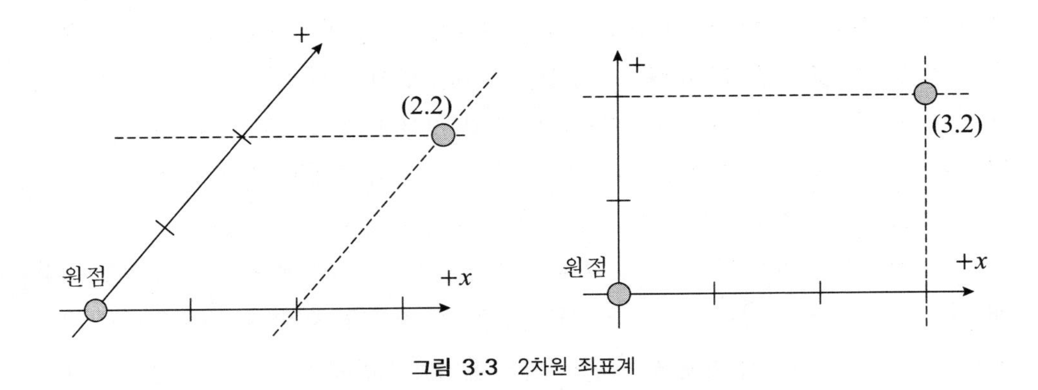

그림 3.3 2차원 좌표계

이라고 하는 편이 더 옳다. 앞에서 1차원운동의 예로 기차의 운동을 들었다. 2차원운동의 예로는 무엇이 있을까? 개미의 운동을 2차원운동이라고 할 수 있을까 아니면 할 수 없을까?

면 위에서 움직이는 2차원운동을 하는 물체의 위치를 수로 대표하려면 1차원 운동의 경우와 마찬가지로 좌표계를 정해 주어야 한다. 그런데 2차원운동의 경우에는 좌표계를 정하기가 조금 복잡하다. 1차원운동인 선 위의 운동에서는 1개의 좌표로 물체의 위치가 정해졌는데 2차원 운동인 면 위의 운동에서는 한 개의 좌표로는 물체의 위치를 결정할 수가 없고 두 개의 좌표가 필요하기 때문이다. 2차원 좌표계는 다음과 같이 정한다. 첫째, 물체가 운동하는 면 위에서 기준으로 삼기에 적당한 위치를 골라 기준점인 원점으로 삼는다. 1차원의 경우와 같이 면 위의 아무 위치나 골라도 되지만 아무렇게나 골라도 좋다면 편리한 위치를 정하는 것이 좋다. 둘째, 그림 3.3에 보인 것처럼, 앞에서 정한 원점에서 교차하는 두 선을 그린다. 이 선들을 좌표축이라고 부른다. 면 위에서는 두 개의 좌표축을 그릴 수 있다. 이들을 그림 3.3의 왼쪽 그림에 보인 것처럼 두 직선이 비스듬히 만나게 그려도 좋지만 오른쪽 그림에 보인 것처럼 서로 직교하는 두 직선을 그리면 훨씬 더 편리하다. 이렇게 좌표축이 직교하도록 그린 좌표계를 직교좌표계라고 부른다. 1차원운동을 기술하는 선 위에서는 1개의 좌표축만 그리면 되므로 물체가 운동하는 선이 바로 좌표축이 되었던 것을 기억하자. 그런데 2차원운동에서는 두 개의 좌표축을 정해야 함으로 이들을 구별하도록 이름을 붙인다. 보통 좌우로 그린 좌표축을 x축, 상하로 그린 좌표축을 y축이라고 한다. 물론 이들 좌표축을 꼭 상하와 좌우로 그려야 하는 것은 아니다. 마음대로 그릴 수 있는데, 그렇다면 될 수 있는 한 편리하게 그리는 것이 좋을 것이다. 셋째, 그림 3.3에 보인 것과 같이 x축과 y축의 + 방향을 정한다. 이 +방향도 마음대로 정할 수 있다. 그리고 1차원 운동에서와 마찬가지로 원점에서 +방향 쪽 좌표는 0보다 큰 실수로 대표하고 -방향 쪽 좌표는 0보다 작은 실수로 대표한다.

이와 같이 2차원 운동을 기술하기 위한 좌표계를 정하려면 원점의 위치와 두 좌표축 그리고 각 좌표축의 +방향을 정하면 된다. 그래서 그림 3.3에 보인 것과 같이 물체의 위치에서 각 축에 평행하게 그은 선이 만나는 점의 숫자로 대표되는 x좌표와 y좌표 두 수가 주어지면 면 위에서 두 수에 대응하는 위치는 딱 한 개만 존재한다.

선 위에서 움직이는 1차원 운동을 기술하기 위한 좌표계에서는 한 개의 좌표로 물체의 위치를 정하며, 면 위에서 움직이는 2차원 운동을 기술하기 위한 좌표계에서는 두 개의 좌표로 물체의 위치를 정하는 것을 보았다. 선 위나 면 위로 제한되지 않고 공간의 어느 곳에서나 자유롭게 움직이는 물체의 운동을 3차원운동이라고 하는데, 3차원 운동을 기술하기 위해서는 세 개의 좌표가 필요하다. 역으로 세 개의 좌표로 기술되는 운동을 3차원운동이라고 정의하여도 좋다. 그러면 1차원과 2차원 때의 경우를 어떻게 확장하면 3차원 운동을 기술하는데 필요한 좌표계를 정할 수 있을지 각자 잠시 생각하여보자.

물체가 공간에서 아무런 제한 없이 움직이는 3차원운동에 이용될 좌표계는 다음과 같이 정한다. 첫째, 공간에서 기준으로 삼을 적당한 위치를 골라 원점으로 정한다. 원점이란 세 좌표 모두가 수 0으로 대표되는 점이다. 둘째, 그림 3.4에 보인 것처럼 원점에서 교차하는 서로 직교하는 세 직선을 그려 좌표축을 정한다. 꼭 서로 직교하는 세 직선을 그려야만 하는 것은 아니다. 다만 그렇게 하면 가장 편리하다. 그리고 한 점에서 교차하고 서로 직교하는 직선을 면 위에서는 두 개보다 더 많이 그릴 수 없고 공간에서는 세 개보다 더 많이 그릴 수는 없다는 점을 잘 인식하자. 이들 세 좌표축을 차례로 x축, y축, 그리고 z축이라고 부르자. 셋째, 각 축의 +방향을 정한다. 그림 3.4에는 내가 정한 각 축의 +방향을 표시하였다. 이와 같이 원점의 위치를 정하고 세 개의 좌표축을 그리고 각 좌표축의 +방향을 정하면 3차원 운동을 기술할 좌표계를 결정한 셈이다. 이제 세 개의 좌

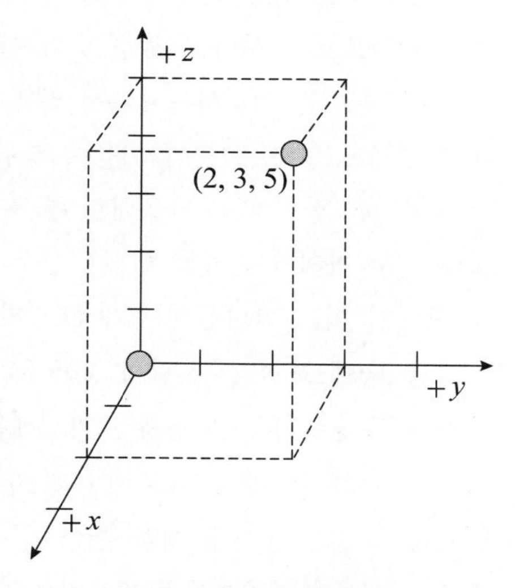

그림 3.4 3차원 좌표계

표 값으로 공간의 한 위치를 명확하게 정할 수 있게 되었다. 그림 3.4에 보인 점은 세 좌표 값이 $(x=2,\ y=3,\ z=5)$인 위치이다.

1차원 운동에서 시작하여 2차원, 3차원 운동에 적용될 좌표계를 차례로 정해보니까 참 재미있지 않은가? 차원이 하나씩 커질수록 좌표축을 하나씩 더 보태기만 하면 된다. 좌표축을 정하는 방법이 어떤 차원의 운동에서나 모두 제일 먼저 원점의 위치를 정하고 좌표축을 그리고 각 좌표축의 +방향을 정하면 된다. 이런 것이 재미있게 생각되는 사람은 물리가 적성에 맞는 사람이다. 이런 것에 재미를 다 느끼다니 라고 생각하는 사람은 실력이 좀 높은 사람이다. 하지만 이렇게 간단한 이치들을 진지하게 받아들이고 언뜻 알아차리기 어려운 곳까지 일반화시킨 사람들이 있어서 물리가 놀랄 만큼 풍성하게 되고 그렇게 빠르게 발달하게 되었다는 점을 명심하자.

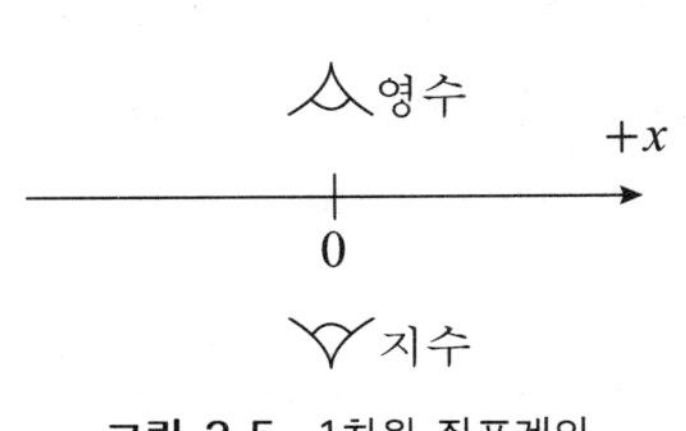

그림 3.5 1차원 좌표계의 좌표축 방향 정하기.

그런데 3차원의 경우에 좌표축의 +방향을 정하기는 1차원과 2차원의 경우와 좀 다르다. 1차원과 2차원의 경우에는 어떤 쪽을 +방향으로 정하든 달라지는 것이 전혀 없다. 그래서 좌표축의 +방향을 마음대로 정해도 좋았다. 예를 들어 그림 3.5에 그려놓은 1차원 좌표계를 보자. 그림에서 지수가 보기에는 오른쪽 방향을 +방향으로 정하였지만 그 반대편에 있는 영수가 보기에는 왼쪽 방향을 +방향으로 정하였다. 똑같은 방향이 누가 보느냐에 따라 오른쪽도 되고 왼쪽도 된다. 따라서 1차원 좌표계의 +방향은 오른쪽으로 정한다거나 왼쪽으로 정한다고 하는 말이 아무런 의미도 없다.

3차원 운동을 기술하는 3차원 좌표계의 경우에도 처음 두 좌표축의 +방향은 마음대로 정해도 좋다. 그러나 처음에 정한 두 좌표축의 +방향에 대하여 세 번째 좌표축의 +방향을 정할 때는 마음대로 할 수가 없다. 이 세 번째 좌표축의 방향을 정하는 방법에는 두 가지가 존재할 텐데, 그 두 가지 방법은 서로 구별된다. 그래서 두 가지 방법 중에서 어느 하나를 마음대로 골라서 사용해서는 안 된다.

그림 3.6에 보인 것과 같이 x좌표축과 y좌표축의 +방향을 먼저 정하였다고 하자. 그러면 $+z$축 방향을 정하는 방법에는 두 가지가 존재하는데, 그림 3.6의 위쪽 좌표계는 $+x$축 방향으로부터 $+y$축 방향으로 오른나사를 돌릴 때 나사가 진행하는 방향으로 $+z$축 방향을 정한 것이고, 아래쪽 좌표계는 그 반대방향으로 정한 것이다. 위쪽 그림처럼 정한 3차원 좌표계를 오른손 좌표계라 부르고 아래쪽 그림처럼 정한 3

차원 좌표계를 왼손 좌표계라고 부른다. 왼손 좌표계는 $+x$축 방향으로부터 $+y$축 방향으로 왼나사를 돌릴 때 나사가 진행하는 방향으로 $+z$축 방향을 정한 것이다. 왼나사란 보통 나사처럼 돌리면 박히지 않고 빠지도록 홈이 파진 나사를 말한다.

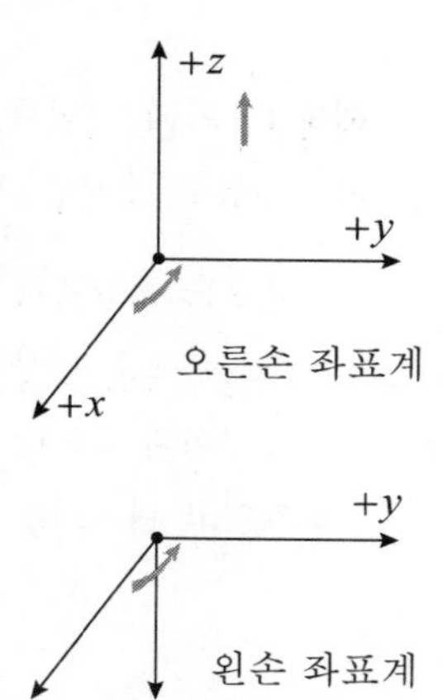

그림 3.6 오른손 좌표계와 왼손 좌표계

오른손 좌표계에서는 $+x$방향에서 $+y$방향으로 오른나사를 돌릴 때 오른나사가 $+z$방향으로 진행할 뿐 아니라 $+y$방향에서 $+z$방향으로 오른나사를 돌릴 때에도 오른나사는 $+x$방향으로 진행하고, $+z$방향에서 $+x$방향으로 오른나사를 돌릴 때에도 오른나사는 $+y$방향으로 진행한다. 또한 왼손 좌표계에서는 $+x$방향에서 $+y$방향으로 왼나사를 돌릴 때 왼나사가 $+z$방향으로 진행할 뿐 아니라 $+y$방향에서 $+z$방향으로 왼나사를 돌릴 때에도 왼나사는 $+x$방향으로 진행하고, $+z$방향에서 $+x$방향으로 왼나사를 돌릴 때에도 왼나사는 $+y$방향으로 진행한다.

오른손 좌표계는 어떤 방향에서 어떻게 바라보더라도 결코 왼손 좌표계처럼 보이지 않는다. 그런데 그림 3.6에 그려진 오른손 좌표계 아래에 거울을 놓고 거울에 비춰진 좌표계를 보면 왼손 좌표계로 보인다. 그래서 오른손 좌표계와 왼손 좌표계는 서로 거울에 비친 영상의 관계를 갖는다. 3차원운동을 기술할 좌표계는 이렇게 두 가지로 그릴 수 있다. 그러면 오른손 좌표계와 왼손 좌표계 중 어느 것을 이용할까? 아무 것이나 편리한데로 골라서 이용할 수 있을까? 또는 어느 것을 이용하거나 별 상관이 없을까? 편리한데로 골라서 이용할 수도 없고, 어느 것을 이용하거나 상관이 없는 것도 아니다. 우리가 속해있는 우주의 자연현상을 기술하는 데는 꼭 오른손 좌표계를 이용하여야 한다. 왼손 좌표계를 사용하면 물리 법칙이 제대로 표현되지 않는다. 그래서 3차원 좌표계를 그릴 때는 오른손 좌표계가 되도록 좌표축의 +방향을 정하는 것이 매우 중요하다.

예제 1 아래 그림들은 3차원 좌표계의 좌표축을 여러 가지 방법으로 정한 것이다. 이 좌표계들을 오른손 좌표계와 왼손 좌표계로 구분하라

오른손 좌표계와 왼손 좌표계를 구별하는 방법은 간단하다. 오른나사를 $+x$방향에서 $+y$방향으로 나사를 돌릴 때 나사의 진행방향이 $+z$방향과 같으면 오른손 좌표계이고 $-z$방향과 같으면 왼손 좌표계이다. 그래서 위의 좌표계들 중에서 a, d, f, g는 오른손 좌표계이고 나머지는 왼손 좌표계이다. 여러분들도 직접 확인해 보기 바란다.

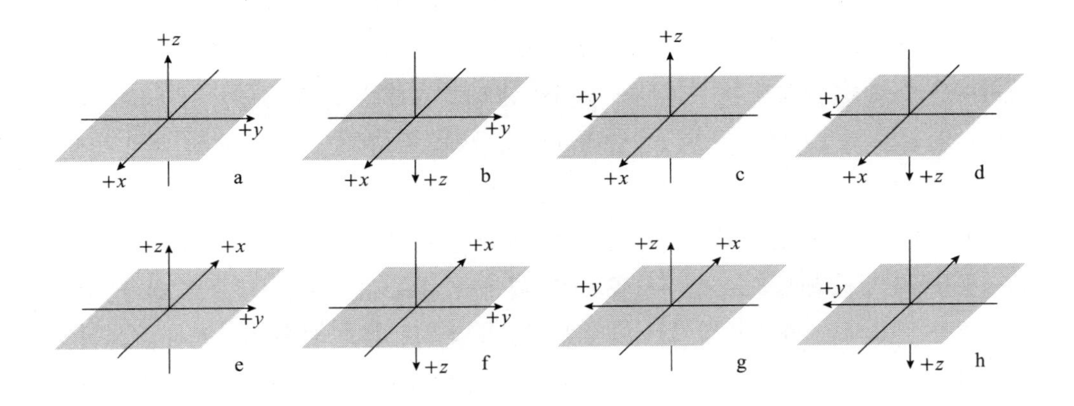

지금까지 공부한 1차원운동, 2차원운동, 그리고 3차원운동을 기술할 좌표계를 정한 것을 정리하면 흥미로운 결과를 얻는다. 선 위에서 움직이는 1차원운동은 한 개의 좌표축에서 한 개의 좌표로 묘사된다. 면 위에서 움직이는 2차원운동은 두 개의 좌표축에서 두 개의 좌표로 묘사된다. 공간에서 움직이는 3차원운동은 세 개의 좌표축에서 세 개의 좌표로 묘사된다.

위의 내용으로 미루어 차원을 나타내는 수와 운동을 묘사하는 좌표의 수가 서로 일치함을 알 수 있다. 그래서 0차원 운동이라든지 4차원 운동도 똑같은 방법으로 묘사할 수 있지 않을 것인가 생각해보는 것도 재미있을 것 같다. 0차원 운동은 0개의 좌표로 운동을 묘사하고 4차원 운동은 네 개의 좌표로 운동을 기술한다고 말하면 맞을까? 맞는다. 수학적으로는 일반적인 n차원운동이란 n개의 좌표로 기술되는 운동이라고 정의될 수 있으며 n개의 좌표로 위치가 결정되는 공간을 n차원 공간이라고 말할 수 있다.

이제 그렇게 요약한 것을 0차원 운동에서 4차원 운동까지 확장하여 정리한 표 3.1을

표 3.1 공간과 좌표계

차원	공간	좌표축	좌표
0	점	좌표축을 그릴 필요가 없다.	좌표를 사용할 필요 없다.
1	선	주어진 선이 한 개의 좌표축이다.	한 개의 좌표를 사용한다.
2	면	두 개의 좌표축을 그릴 수 있다.	두 개의 좌표를 사용한다.
3	공간	세 개의 좌표축을 그릴 수 있다.	세 개의 좌표를 사용한다.
4	시공간?	좌표축 네 개를 어떻게 그릴까?	네 개의 좌표를 사용한다.

보자. 이 표에서 0차원 운동을 기술하는 공간이 점이라고 한 것은 그럴듯해 보인다. 그런데 4차원 운동을 기술하는 공간은 무엇일까? 4차원은 시공간을 뜻한다는 말을 많이 들었다. 그것은 무엇을 의미할까? 그리고 선 위에서 위치를 정하는 데는 한 개의 좌표축을, 면 위에서는 두 개의 좌표축을, 공간에서는 세 개의 좌표축을 그릴 수 있었는데, 좌표축 네 개를 어떻게 그릴까? 이제 이미 알고 있는 사실을 일반화하여 확장시키는 방법으로, 직접 관찰하기 어려운 내용에 대해 논리적인 판단을 내리는 방법을 연습해 보자.

그림 3.7 차원을 높여 가보자.

그림 3.7에 보인 것처럼 0차원 공간인 점을 끌고 가보자. 점이 끌려가며 그리는 흔적은 선이 되는데, 선은 1차원 공간이다. 이번에도 역시 그림 3.7의 가운데 보인 것처럼 1차원 공간인 선을 끌고 가보자. 선이 끌려가며 그리는 흔적은 면이 되는데, 면은 2차원 공간이다. 마지막으로 그림 3.7의 가장 오른쪽에 보인 것처럼, 2차원 공간인 면을 끌고 가보자. 면이 끌려가며 그리는 흔적은 3차원 공간이 된다. 이제 우리는 일반화에 의해 4차원 공간에 대한 정의를 내릴 수가 있을지도 모르겠다고 예상된다. 아하, 어떤 차원을 끌고 가면 끌려가면서 그리는 흔적이 하나 더 높은 차원이 된다고 할 수 있을 것 같다. 이제 4차원이 무엇인지 보기 위하여 3차원인 공간을 끌고 가보기만 하면 될 것 같다. 그렇지만 원하는 데로 되지 않는다. 공간의 경우에는 끌려가며 그리는 흔적도 역시 공간이다. 무엇 때문에 마지막에만 잘 안 되는 것일까?

이번에는 그림 3.8에 보인 것처럼 1차원 공간인 선을 끌고 가되 선과 수직인 방향이

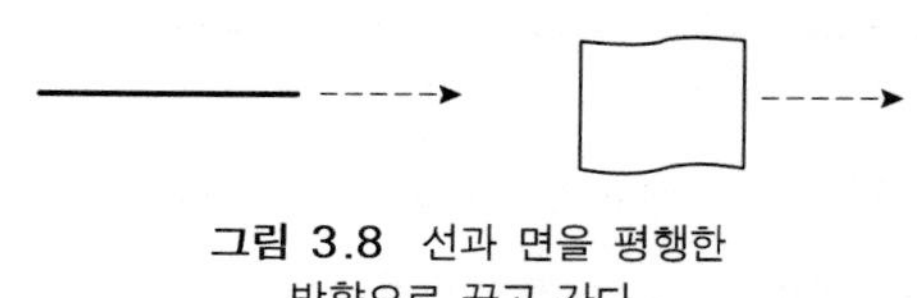

그림 3.8 선과 면을 평행한 방향으로 끌고 간다.

아니라 선에 평행한 방향으로 끌고 가보자. 그 흔적은 면이 아니라 역시 선이다. 그리고 2차원 공간인 면을 면에 수직인 방향이 아니라 면에 평행인 방향으로 끌고 가보자 그 흔적도 역시 3차원 공간이 아니라 그저 면일 뿐이다. 이제 확실히 알 수 있을 것 같다. 끌려 간 흔적이 한 차원 더 높은 공간으로 만들기 위해서는 무조건 끌고 가면 되는 것이 아니고 끌고 가는 방향이 중요하다. 상위에 놓인 종이를 상위에서 이리저리 옆으로 옮겨놓아도 그 흔적은 면일 뿐이다. 종이를 상에서 위로 올려야 그 흔적이 공간이 된다. 이제 공간을 아무리 끌고 다녀도 그 흔적이 공간밖에는 안 되는 이유를 알겠다. 공간에 수직인 방향으로 공간을 끌고 가지 않으면 3차원보다 더 높은 차원을 만들 수가 없다. 그런데 문제는, 공간에 수직인 방향으로 공간을 끌고 갈 방향을 알 수 없다는 것이다.

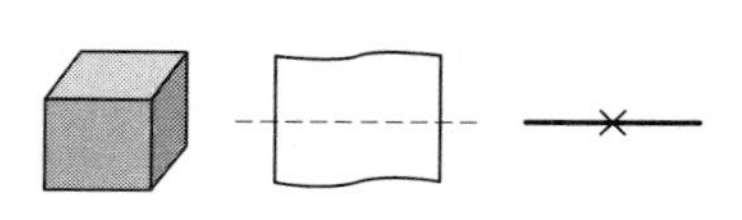

그림 3.9 차원을 알기 위한 다른 방법

그렇다고 여기서 포기할 수는 없다. 이제 다른 방법을 시도해 보자. 그림 3.9에 보인 것처럼 3차원 공간인 공간을 둘로 나누는 경계가 무엇인지 보자. 그것은 2차원 공간인 면이다. 그러면 2차원 공간인 면을 둘로 나누는 경계는 무엇인가? 그림 3.9의 중간에 보인 것처럼, 1차원 공간인 선이다. 마지막으로 1차원 공간인 선을 둘로 나누는 경계는 무엇인가? 그림 3.9의 오른쪽에 보였듯이, 그것은 바로 0차원 공간인 점이다. 그래서 어떤 차원을 둘로 나누는 경계는 그보다 하나 더 낮은 차원이 된다고 말해도 좋을 것 같다. 그렇다면 3차원인 공간이 둘로 나누게 만든 어떤 존재가 바로 4차원 공간이라고 말할 수 있지 않을까?

그런데 3차원 공간이 둘로 나누는 경계가 되는 것이 무엇일까? 지금의 공간은 조금 전 공간과 조금 후 공간의 경계가 된다고 보면 어떨까? 아주 그럴듯한 생각 같다. 그래서 4차원 운동을 기술하기 위해 그릴 네 번째 좌표축은 시간을 따라 그리면 될 것 같다. 이 좌표축을 시간 좌표축이라고 부르면 그럴듯할 것 같다. 그래서 세 개의 공간 좌표축과 한 개의 시간 좌표축으로 이루어진 세계를 4차원 공간이라고 부르면 좋을 것 같다. 아인슈타인의 특수 상대성이론에서는 공간축과 시간축이 본질적으로 동일하다고 생각한다. 그리고 3차원 공간을 그냥 공간이라고 부르는데 대하여 시간과 공간으로 이루어진 4차원 공간을 세계라고 부른다.

II. 벡 터

미국 오레곤주에 위치한
은 폭포 주립공원의 폭포

지난주에 우리는 물리학이란 무엇을 공부하는 분야인지, 그리고 인간은 어떻게 자연의 진리를 깨우치기 시작하게 되었는지에 대한 이야기로부터 물리학 강의를 시작하였습니다. 자연법칙에 대한 인간의 관심은 고대 그리스 시대로부터 시작되었습니다. 그때 학자들이 자연현상을 면밀하게 관찰한 뒤 자연은 천상세계와 지상세계로 구분되며 그 두 세계에서의 자연법칙은 어떤 것인지 알아냈다고 생각하였습니다. 그리고 그러한 생각은 2,000년을 넘게 의심받지 않고 계속되었습니다.

중세가 끝나갈 무렵 비로소 코페르니쿠스가 지동설이라는 획기적인 생각을 제안하였습니다. 그러나 그의 제안이 사실은 당시 믿고 있던 천상세계의 법칙을 행성들이 지키지 않는 것처럼 보였기 때문에 행성들도 역시 완전한 원운동을 하도록 하기 위하여 나온 것임을 잊지 말아야 합니다. 코페르니쿠스의 지동설이 옳은지 아닌지를 밝히기 위해서는 실제 실험 자료가 중요하다는 것을 깨달은 브라헤가 근 30년에 걸쳐서 행성의 움직임을 관측하였습니다. 비록 브라헤는 코페르니쿠스의 지동설이 옳지 않음을 입증하겠다는 의도로 그러한 관측을 시작하였지만 그의 측정 자료가 얼마나 중요한지는 아무리 강조하여도 지나치지 않습니다. 브라헤의 관측 자료가 있었기에 케플러의 발견이 가능했으며 그 관측 자료가 있었기에 행성들이 태양 주위를 타원궤도를 따라 회전한다는 주장을 사람들이 믿을 수 있었던 것입니다.

케플러의 발견은 사람들이 당시까지 확고한 진리라고 믿었던 자연법칙들이 사실은 옳지 않다는 명백한 증거가 되었습니다. 그리고 사람들은 그렇다면 올바른 진리는 무엇인지 너무 알고 싶었습니다. 이때 뉴턴이 등장하여 그의 만유인력 법칙과 운동법칙을 소개하였습니다. 우리는 지난주 강의에서 이렇게 인간이 자연의 올바른 법칙을 알게 되기까지의 과정을 공부하였습니다.

뉴턴에 의해 시작된 물리학은 두 가지 특징을 가지고 있습니다. 한 가지는 단 하나의 자연법칙이 천상세계와 지상세계 모두에서 성립한다는 것입니다. 천상세계와 지상세계에 서로 다른 자연법칙이 적용된다고 믿었던 사람들에게 이것은 정말 놀랍고도 멋있는 일이었습니다. 다른 한 가지는 자연법칙이 수식으로 표현된다는 사실입니다. 수식으로 표현된 자연법칙은 놀라운 결과를 가져왔습니다. 무엇보다도 자연법칙에서 예언하는 것과 실제로 일어난 자연현상을 비교해볼 수 있다는 점입니다. 그리고 그렇게 해본 결과 뉴턴에 의해 시작된 물리학은 놀랄 만큼 정확하게 자연현상을 설명한다는 사실을 확인할 수 있었습니다. 그뿐 아니라 수식으로 표현된 자연법칙은 누구나 이해할 수 있었고 누가 이해하든지 모두 다 똑같은 방법으로 이해되었습니다. 물리학의 바로 이러한 성질들 때문에 과학이 2~300년이라는 짧은 기간 동안에 그렇게도 빨리 발전될 수가 있었던 것입니다.

지난주에 우리는 또한 자연법칙을 수식으로 표현하는 것은 물리량에 의해 가능해진다는 것을 알았습니다. 자연현상을 수(數)에 의해 대표하는 것이 물리량이고 자연법칙은 물리량들 사이의 관계식으로 표현되기 때문입니다. 그리고 그러한 물리량은 단위와 함께 표시된다는 것도 배웠습니다. 그뿐 아니라 단위만 잘 이해하더라도 웬만한 문제는 차원해석에 의해서 어느 정도 해결된다는 것도 알았습니다.

마지막으로 지난주에 우리는 자연현상을 물리량으로 대표하기 위해서는, 특별히 물체의 운동을 대표하기 위해서는, 좌표계를 정해주어야 한다는 것을 알았습니다. 좌표계를 정한다는 것은 원점의 위치를 정하고 좌표축과 좌표축의 +방향을 정한다는 것을 말하는데, 좌표계는 사용하는 사람 마음대로 정하는 것이라는 사실도 알았습니다. 그리고 3차원 좌표계는 오른손 좌표계와 왼손 좌표계 두 가지로 정할 수 있지만 꼭 오른손 좌표계로 정해야 한다는 사실도 알았습니다.

이번 주에는 물리량에 적용되는 성질인 벡터와 스칼라에 대해 공부합니다. 어떤 물리량이거나 스칼라 또는 벡터 두 가지 중에 하나에 해당합니다. 여러분은 고등학교에서 크기만 가진 양을 스칼라양이라 하고 크기와 방향을 가진 양을 벡터양이라 한다고 배운 것을 기억할지 모릅니다. 그래서 벡터란 방향과 연관된 것이라고만 생각하고 그 뒤에는 벡터와 스칼라에 대해 더 이상 관심을 안 가졌을지도 모릅니다. 그런데 왠지 모르지만 여러분은 대학 물리나 역학 또는 전자기학 등 물리에 관계된 과목을 공부할 때마다 첫 번째 장은 꼭 벡터와 스칼라에 관한 내용을 다루고 있다는 점을 눈치 채고 있을지도 모릅니다. 그렇습니다. 책마다 벡터와 스칼라를 제일 먼저 다루는 것은 벡터와 스칼라가 매우 중요하기 때문입니다. 단지 방향을 가지고 있느냐 가지고 있지 않느냐가 물리량을 벡터와 스칼라로 나누는 중요한 이유는 아닐 것이라는 이야기입니다.

물리에서 자연법칙은 물리량들 사이의 관계식으로 표현됩니다. 그런데 물리량들을 가지고 수학적인 연산을 하는데 물리량을 두 가지로 나눌 수 있습니다. 그 중 하나가 스칼라양이고 다른 하나가 벡터양입니다. 그리고 두 물리량을 더하는데 스칼라양을 더하는 방법과 벡터양을 더하는 방법이 다릅니다. 스칼라양과 벡터양은 서로 더할 수도 없습니다. 또한 스칼라양에 속한 물리량은 어떤 것이건 모두 똑같은 방법으로 더하고 벡터양에 속한 물리량은 어떤 것이건 역시 모두 똑같은 방법으로 더합니다. 그래서 물리량으로 자연법칙을 만들자면 제일 먼저 그 물리량이 스칼라양인지 벡터양인지를 알아야 합니다. 그래야 그 물리량들을 제대로 더할 수 있기 때문입니다. 그리고 바로 그것이 우리가 물리에 속한 과목을 배울 때는 벡터와 스칼라를 제일 먼저 다루는 이유입니다.

이번 주 강의의 첫 번째 장인 4장에서는 벡터와 스칼라가 어떻게 구분되는지를 설명합니다. 그리고 두 번째 장인 5장에서는 벡터와 스칼라의 연산에 대해 자세히 배웁니다. 또한 마지막 장인 6장에서는 벡터 미분 연산자에 대해 배웁니다. 스칼라 물리량의 도함수를 취하면 벡터양이 되도록 만드는 연산자를 벡터 미분 연산자라고 합니다. 물리에서는 미분과 적분이 중요한 역할을 합니다. 이때 벡터 미분 연산자를 제대로 이해하는 것도 매우 중요합니다.

4. 벡터와 스칼라

- 고등학교에서는 크기만 갖는 양은 스칼라양이고 크기와 방향을 갖는 양은 벡터양이라고 배웠다. 스칼라와 벡터가 단순히 방향이 있느냐 또는 없느냐를 구별하기 위해 도입된 것은 아니다. 물리를 배울 때는 꼭 제일먼저 스칼라와 벡터를 공부하는 이유는 무엇일까?
- 스칼라의 연산과 벡터의 연산이 동일하지 않다. 그래서 물리량을 다룰 때는 그 물리량이 벡터인지 아니면 스칼라인지 먼저 아는 것이 중요하다. 스칼라의 덧셈과 벡터의 덧셈 사이에는 어떤 차이가 있는가?
- 스칼라끼리의 곱셈에는 한 가지 밖에 없지만 벡터끼리의 곱셈은 결과가 스칼라인지 또는 벡터인지 아니면 텐서인지에 따라 세 가지로 구분된다. 벡터의 곱셈은 어떻게 정의될까?

자연법칙은 자연현상을 대표하는 물리량들 사이의 수식으로 주어진다. 그런데 물리량에는 두 가지 종류가 존재하고 이 두 가지 물리량은 서로 계산하는 방법이, 즉 더하는 방법이나 곱하는 방법이 다르다. 이것을 수학에서는 연산방법이 다르다고 말한다. 이 두 가지 물리량 중 하나가 스칼라양이고 다른 하나가 벡터양이다. 그리고 어떤 물리량이 스칼라양인지 또는 벡터양인지 알지 못하면 어떤 연산방법을 적용하여야 할지 알 수가 없다. 고등학교나 대학교 물리 교과서 맨 앞부분에서는 언제나 스칼라와 벡터에 대해 공부하는 이유가 바로 이 때문이다.

고등학교에서 스칼라는 크기만 갖고 벡터는 크기와 방향을 갖는 양이라고 배운다. 그래서 얼핏 생각하기에 물리량이 방향을 가지고 있는지 아닌지 구별하기 위해서 벡터를 도입한다고 이해하기가 쉽다. 그것이 아주 틀린 이야기는 아니지만 방향을 갖는지 갖지 않는지를 알기 위해서, 또는 방향을 갖느냐 아니냐가 중요하기 때문에 물리량을 스칼라와 벡터로 나누는 것은 아니다. 한 번 더 강조하지만, 스칼라양과 벡터양은 연산하는 방법이 다르기 때문에 물리량을 스칼라양과 벡터양으로 구분하지 않으면 안 된다.

물리량은 자연현상의 특정한 성질을 수(數)로 대표한다. 그런데 물리량이 꼭 단 한 개의 수만으로 대표되는 것은 아니다. 물리량에 따라 한 개의 수로 대표되기도 하고 한 개보다 더 많은 수에 의해 대표되기도 한다. 그래서 물리량을 대표하는 수가 몇 개인지에 따라 물리량을 분류할 수 있다. 우리 주위의 공간은 3차원 공간임을 배웠다. 3차원 공간의 자연현상을 기술할 때 $3^0=1$개의 수로 대표되는 물리량을 스칼라라고 부르고 $3^1=3$개의 수로 대표되는 물리량을 벡터라고 부르면 단순히 크기를 갖는 양을 스칼라, 크기와 방향을 갖는 양을 벡터라고 구분하는 것보다 훨씬 더 고상하게 구분하는 셈이 된다.

그런데 벡터가 항상 3개의 수로만 대표되는 것이 아니다. 2차원 공간의 자연현상을 기술할 때 스칼라인 물리량은 $2^0=1$ 개의 수로 대표되고 벡터인 물리량은 $2^1=2$ 개의 수로 대표된다. 지금까지 설명한 내용을 좀 더 일반적으로 만들면 다음과 같이 말할 수 있다. n차원 공간에 속한 자연현상을 설명할 때 $n^0=1$개의 수로 대표되는 물리량이 n차원 공간의 스칼라이고, $n^1=n$개의 수로 대표되는 물리량이 n차원 공간의 벡터이다. 그래서 선 위에서만 움직이는 1차원 운동에서 스칼라와 벡터는 모두 1개의 수로 대표되며, 시공간과 같은 4차원 공간에서 묘사되는 4차원 스칼라인 물리량은 1개 그리고 4차원 벡터인 물리량은 4개의 수로 대표된다.

그러면 이제 1개 또는 3개의 수로 대표되는 물리량이라는 말이 무슨 뜻인지 알아보자. 또 그 말이 고등학교에서 배운 스칼라는 크기만 갖고 벡터는 크기와 방향을 갖는 물리량이라고 배운 것과 어떤 관계가 있는지 알아보자.

예를 들어, 뜨거운 커피 두 잔이 있다고 하자. 한 잔의 커피 온도는 50°이고 다른 잔의 커피 온도도 50°라면 우리는 두 잔 모두에 들어있는 커피의 뜨거운 정도가 같음을 알 수 있다. 그래서 온도라는 물리량은 온도의 크기 즉 한 개의 수만으로 결정되고 그 한 개의 수로 온도가 같은지 아닌지를 비교할 수 있다. 그래서 하나의 수만으로 대표되는 온도는 스칼라양이다. 그런데 이번에는 동네에서 불량배를 만나 오른손으로 50N의 뻰치를 불량배의 턱에 날리고 왼손으로 다시 50N의 뻰치를 또 불량배의 턱에 날렸다고 하자. 그러면 내 오른손과 왼손이 불량배의 턱에 가한 힘은 동일한 힘일까? 단순히 가한 힘의 크기만 같다고 같은 힘이라고 말할 수가 없다. 오른손 펀치를 날리고 난 뒤에는 불량배의 왼쪽 어금니가 두 개 부러졌고 왼손 펀치를 날리고 난 뒤에는 불량배의 오른쪽 어금니가 두 개 부러졌다면 두 힘을 작용한 결과가 같지 않으므로 두 힘이 같은 힘이라고 할 수 없다. 그래서 두 힘이 같은지 아닌지를 알기 위해서는 힘의 크기만으로는 충분하지 않으며, 힘이란 크기와 방향을 알아야 결정되는 벡터양이다.

앞에서 우리는 벡터를 두 가지로 정의하였다. 하나는 벡터는 크기와 방향을 갖는 양이라고 하였고 다른 하나는 벡터는 세 개의 수로 대표되는 양이라 하였다. 그래서 이 두 가지 정의가 동일한 의미를 가지려면 크기는 한 개의 수라고 할 수 있으므로 방향을 수로 나타내는 방법이 있어야 할 것 같다. 만일 방향을 두 개의 수로 나타낼 수 있다면, 크기와 방향으로 대표한다는 것은 크기를 대표하는 수 하나와 방향을 대표하는 수 두 개 등 모두 세 개의 수로 대표하는 것과 마찬가지라고 생각되기 때문이다. 우리는 벡터를 표시할 때 흔히 화살표를 이용한다. 화살표의 화살 방향이 벡터의 방향과 같게 하고 화살표의 길이는 벡터의 크기에 비례하게 그리면 벡터의 크기와 방향을 모두 표시하여 주는 셈이기 때문이다.

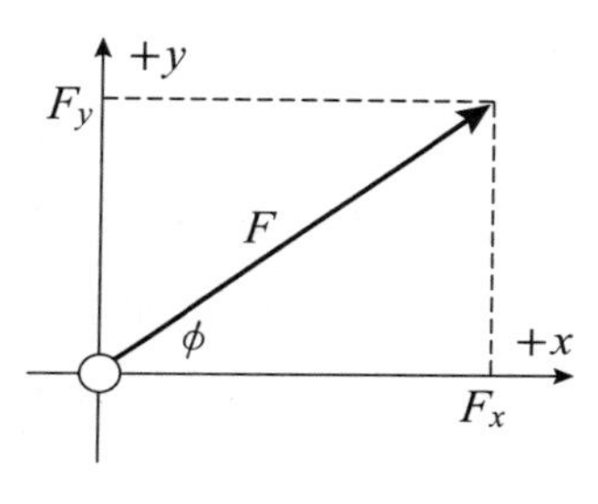

그림 4.1
2차원 벡터를 표시하는 방법

2차원의 경우에 그림 4.1에 보인 것과 같이 힘을 화살표로 표시하자. 좌표계의 원점으로부터 화살표가 시작하도록 그린다. 그러면 화살표의 길이 F와 $+x$축에서 화살표까지의 각 ϕ로 주어지는 두 수를 가지고 이 화살표를 대표할 수 있다. 이 말은 F와 ϕ만 알려주면 누구나 이 화살표를 그릴수가 있다는 의미이다. 그리고 2차원에서는 벡터의 방향이 한 개의 수로 주어짐을 알 수 있다.

이번에는 벡터를 대표하는 다른 방법을 알아보자. 그림 4.1에서 화살표의 끝으로부터 x축에 그린 수선이 x축과 만나는 점까지의 크기를 이 벡터의 x축 방향 성분이라고 부르고 보통 F_x라고 쓰며 똑같은 방법으로 y축에 그린 수선이 y축과 만다는 점까지의 크기를 y축 방향의 성분이라고 부르고 F_y라고 쓴다. 2차원에서는 이 두 성분을 알면 화살표의 끝점을 찍을 수 있다. 그래서 원점에서 시작하여 화살표의 끝까지 벡터를 그릴 수 있다. 이와 같이 앞에서 벡터의 크기 F와 방향을 가리키는 각 ϕ등 두 수뿐 아니라, 벡터의 두 축의 성분으로 주어지는 F_x와 F_y라는 두 수를 가지고도 벡터를 대표할 수 있다. 첫 번째 경우처럼 벡터를 대표하면 극좌표계를 이용한다고 말하고, 두 번째 경우처럼 벡터를 대표하면 직교좌표계를 이용한다고 말한다. 이 두 가지 방법 중에서 어느 것이나 한 가지를 마음대로 사용해도 좋다. 즉 주어진 문제에 가장 알맞은 방법을 택하면 된다는 뜻이다. 그리고 한 가지 방법에 의해 대표되는 수를 알면 다음 관계식

$$\text{극} \to \text{직교} : \quad F_x = F\cos\phi, \quad F_y = F\sin\phi$$
$$\text{직교} \to \text{극} : \quad F = \sqrt{F_x^2 + F_y^2}, \quad \phi = \tan^{-1}\frac{F_y}{F_x} \tag{4.1}$$

에 의해서 다른 방법에 의해 대표되는 수를 구할 수도 있다.

이와 같이 크기와 방향을 갖는 물리량이 벡터라는 정의는 2차원의 경우에 두 수에 의해 대표되는 물리량이라는 정의와 같은 의미를 갖는다. 이 두 수는 물리량의 크기를 나타내는 수와 방향을 나타내는 수로 취할 수도 있고 또는 그 물리량을 직교 좌표계로 표현했을 때 각 좌표축의 성분을 나타내는 두 수로 취할 수도 있다.

이제 3차원의 경우를 보자. 3차원에서 벡터는 세 개의 수로 대표되는 양이라고 하였다. 벡터란 크기와 방향을 갖는 양이라고 말하는 것과 세 개의 수로 대표되는 물리량이라고 말하는 것이 서로 어떻게 연관될까? 그림 4.2에 3차원 공간에 속한 벡터를 원점에서 시작하는 화살표로 그려놓았다. 3차원 공간에서 벡터의 방향을 정해주려면 그림 4.2에 표시한 것과 같이 두 각 θ와 ϕ가 필요하다. 여기서 θ는 벡터가 $+z$축과 이루는 각이고 ϕ는 벡터를 xy평면에 투영한 선이 $+x$축과 이루는 각이다. 그래서 벡터의 크기 F와 방향을 정해주는 두 각 θ와 ϕ 등 세 수가 벡터를 대표한다. 이와 같이 벡터의 크기와 두 각으로 주어지는 세 수를 가지고 벡터를 대표하면 구면좌표계를 이용한다고 말한다. 물론 2차원에서와 마찬가지로, 직교좌표계를 이용하여 벡터를 대표할 수도 있다. 이때에는 2차원의 x축 방향의 성분 F_x와 y축 방향의 성분 F_y에 z축 방향의 성분 F_z만 추가하여 3개의 수로 대표된다. 이 세 성분은 그림 4.2에 표시되어 있다.

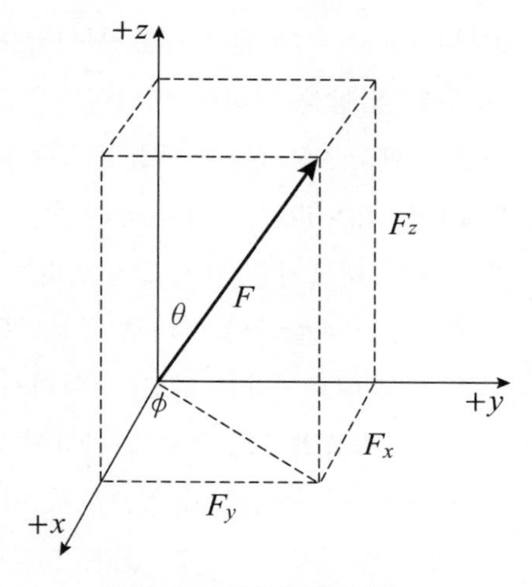

그림 4.2 3차원 벡터 표시법

2차원의 경우와 마찬가지로, 위에서 설명한 직교좌표계를 이용한 방법과 구면좌표계를 이용한 방법 등 두 가지 방법 중에서 어느 한 가지 방법에 의해 대표되는 수를 알면 다음 관계식

$$\text{구면} \to \text{직교}: \quad F_x = F\sin\theta\cos\phi, \quad F_y = F\sin\theta\sin\phi, \quad F_z = F\cos\theta$$

$$\text{직교} \to \text{구면:}\quad F=\sqrt{F_x^2+F_y^2+F_z^2},\quad \theta=\tan^{-1}\frac{\sqrt{F_x^2+F_y^2}}{F_z},\quad \phi=\tan^{-1}\frac{F_y}{F_x} \tag{4.2}$$

에 의해 다른 방법에 의해 대표되는 수를 구할 수 있다. 이와 같이, 크기와 방향을 갖는 물리량이라는 벡터의 정의는 3차원의 경우에 세 수에 의해 대표되는 물리량이라는 정의와 같은 의미를 갖는다. 이 세 수는 구면 좌표계를 이용하면 물리량의 크기를 나타내는 수와 방향을 나타내는 두 수 등 모두 세 수로 취할 수도 있고 또는 직교 좌표계에 표현했을 때 각 좌표축의 성분을 나타내는 세 수로 취할 수도 있다.

벡터는 크기와 방향을 갖는 양이라는 정의와 n차원에서 벡터는 $n^1=n$개의 수로 대표되는 양이라는 정의가 같은 의미임을 2차원과 3차원에서 보았다. 그러면 이번에는 1차원의 경우에는 어떤지 살펴보자. 1차원에서는 스칼라도 $1^0=1$개의 수로 대표되고 벡터도 역시 $1^1=1$개의 수로 대표된다. 그런데 어떻게 한 개의 수로 크기와 방향을 모두 표시할 수 있는가? 답은 간단하다. 1차원 벡터의 경우에는 벡터의 방향을 표시하기 위해 또 다른 수가 필요 없다. 단지 한 개의 수로만 대표하면 되는데 그 수의 부호 즉 그 수가 0보다 더 큰지 아니면 0보다 더 작은지가 벡터의 방향을 나타낸다. 그래서 0보다 큰 수는 1차원을 대표하는 좌표축의 +방향을 향하는 벡터라면 0보다 작은 수는 그 반대 방향을 향하는 벡터이다. 예를 들어 좌표축의 오른쪽을 그 축의 +방향으로 정했을 때, +5 m/s의 속도로 달린다는 말은 오른쪽으로 5 m/s의 빠르기를 가지고 달린다는 의미라면 −5 m/s의 속도로 달린다는 말은 +방향의 반대 방향인 왼쪽으로 5 m/s의 빠르기를 가지고 달린다는 의미이다.

물리량을 스칼라와 벡터로 구분하는 가장 중요한 이유는 이 두 가지 양의 연산법칙이 다르기 때문이라고 하였다. 여기서 연산법칙이라고 하면 덧셈법칙과 곱셈법칙을 들 수 있다. 뺄셈법칙은 음수를 취하여 더하는 덧셈법칙과 같고 나눗셈법칙은 역수를 취하여 곱하는 곱셈법칙과 같으므로 따로 생각할 필요가 없다. 그런데 우리는 스칼라의 덧셈법칙은 아주 잘 알고 있다. 스칼라의 덧셈법칙은 초등학교 1학년부터 배운 수(數)의 덧셈법칙과 똑같다. 즉 $3+5=8$이고 $3+(-5)=-2$와 같은 더하기가 바로 스칼라의 덧셈법칙이다.

그러면 벡터의 덧셈법칙은 무엇일까? 전형적인 벡터 또는 우리가 직관적으로 그 연산법칙을 터득할 수 있는 벡터로 변위라는 벡터가 있다. 이 변위의 덧셈법칙은 변위의 정의에 의해 바로 주어진다. 그래서 변위를 이용하면 벡터의 덧셈법칙이 무엇인지 직관적으로 이해할 수 있다.

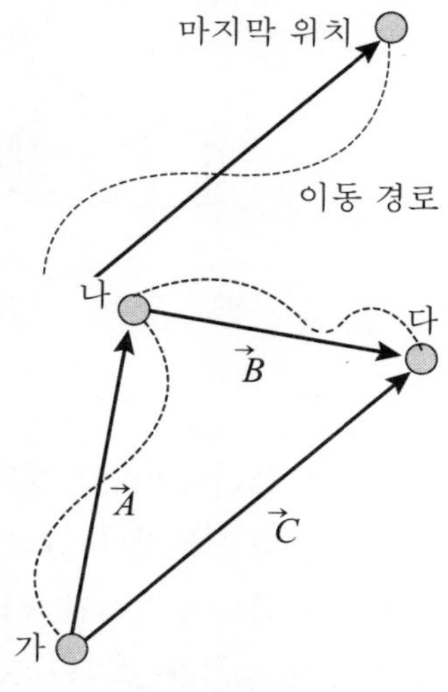

그림 4.4 변위의 덧셈

변위란 그림 4.3에 보인 것과 같이, 물체가 한 위치에서 다른 위치로 이동하였을 때, 이동한 경로에는 관계없이 처음 위치에서 마지막 위치까지 그린 벡터를 말한다. 변위의 크기는 처음 위치에서 마지막 위치까지의 직선거리와 같고 변위의 방향은 처음 위치에서 마지막 위치를 향하는 방향과 같다.

이제 그림 4.4에 보인 것과 같이 물체가 위치 (가)에서 출발하여 위치 (나)를 거쳐 위치 (다)에 도달하였다고 하자. 이때 (가)에서 (나)까지의 변위를 벡터 $\vec{A}$라고 부르고 (나)에서 (다)까지의 변위를 벡터 $\vec{B}$라고 부르자. 그러면 변위의 정의에 의해서 바로 이 두 벡터를 더한 벡터는 처음 위치 (가)에서 마지막 위치 (다)까지를 가리키는 변위인 벡터 $\vec{C}$라면 그럴듯하다고 생각할 수 있다.

그림 4.4에 보인 것과 같은 변위의 덧셈법칙은 변위에만 성립하는 것이 아니라 어떤 다른 벡터에서도 모두 다 성립한다. 그래서 벡터의 덧셈법칙은 벡터를 화살표로 표시하면 그림 4.4에 보인 것과 같이 간단히 나타낼 수 있다. 그런데 스칼라의 덧셈법칙은 더하는 스칼라의 크기를 그대로 더해 주는데 반하여 벡터의 덧셈법칙은 그렇지가 않다. 예를 들어, 그림 4.4에서 벡터 $\vec{A}$의 크기가 3이고 벡터 $\vec{B}$의 크기가 1이라면, 그림 4.4에서 명백한 것처럼, 두 벡터를 더한 결과인 벡터 $\vec{C}$의 크기는 4가 아니고 그보다 더 작다. 이 크기는 벡터 $\vec{A}$의 방향과 벡터 $\vec{B}$의 방향이 상대적으로 어떻게 향하고 있느냐에 따라 달라진다. 만일 벡터 $\vec{A}$의 방향과 벡터 $\vec{B}$의 방향이 동일하다면 벡터 $\vec{C}$의 크기는 최댓값인 4가 될 것이고, 만일 두 벡터가 서로 반대방향을 향한다면 벡터 $\vec{C}$의 크기는 최솟값인 2가 될 것이다.

물리량을 벡터와 스칼라로 구분하였을 때 얻는 가장 큰 이점은 그 물리량이 벡터양임을 알면 바로 위에서 알아본 변위의 덧셈법칙과 동일한 덧셈법칙을 적용할 수 있다는 것이다. 예를 들어 힘이 벡터임을 알고 있다고 하자. 그러면 각각 3명과 4명의 사람이 그림 4.5의 왼쪽에 보인 것처럼 자동차를 끌 때 자동차가 움직이는 모습이나 오른쪽에 보인 것처럼 5명이 사람이 자동차를 끌 때 자동차가 움직이는 모습이 똑 같다고 결론지을 수 있다.

벡터란 크기와 방향을 갖는 물리량이라고 정의하거나 또는 n차원에서 n개의 수로

그림 4.5 벡터인 힘의 덧셈

대표되는 물리량이라고 정의하는 등 두 가지로 정의할 수 있으며 이 두 가지 정의가 같은 의미임을 알았다. 그런데 나는 두 번째 정의를 훨씬 더 좋아한다. 그것은 두 번째 정의가 벡터를 일반적인 벡터로 확장하기에 더 알맞기 때문이다. 예를 들어, 크기와 방향을 갖는 양이라는 정의로는 3차원보다 더 높은 차원의 벡터로 일반화시킬 수가 없지만 n개의 수로 대표되는 물리량이라는 정의를 사용하면 5차원 또는 100차원 벡터를 정의하기가 아주 식은 죽 먹기처럼 쉽기 때문이다.

그러면 이제 세 개의 수로 대표되는 물리량이라는 정의를 사용하였을 때 벡터의 덧셈법칙은 어떻게 될지 알아보자. 우리는 스칼라의 덧셈법칙을 잘 알고 있다. 스칼라는 단 한 개의 수로 대표되므로 두 스칼라의 덧셈 즉 두 수를 더하여 한 수를 만드는 방법은 초등학교 때 배운 방법으로 명백하다. 그러면 두 벡터의 덧셈은 어떻게 하면 될까? 앞에서 변위를 이용하여 화살표로 표시한 벡터에 대한 덧셈법칙을 알아보았지만, 이제 세 개의 수로 대표되는 두 벡터를 더하여 만들어지는 벡터를 대표하는 세 수를 구하는 것이 우리의 목표이다.

이제 두 벡터를 대표하는 세 수가 각각 a_1, a_2, a_3와 b_1, b_2, b_3라고 하자. 그리고 이 세 수로 대표되는 벡터를 (a_1, a_2, a_3) 그리고 (b_1, b_2, b_3)라고 표시한다고 하자. 이 문제에 대한 답을 어렵지 않게 구할 수 있을 것 같다. 세 수의 모임과 다른 세 수의 모임을 더하는데 순서대로 처음 벡터의 첫 번째 수와 두 번째 벡터의 첫 번째 수를 더하여 한 수를 만들어 첫 번째 수로 삼고, 처음 벡터의 두 번째 수와 두 번째 벡터의 두 번째 수를 더하여 두 번째 수로 삼고, 처음 벡터의 세 번째 수와 두 번째 벡터의 세 번째 수를 더하여 세 번째 수로 삼아 만들어지는 벡터로 두 벡터를 더한 벡터를 대표하면 그럴듯하지 않겠는가? 이것을 이와 같이 말로 하니까 아주 복잡하게 들리지만 이 내용을 식으로 다음과 같이

$$(a_1, a_2, a_3) + (b_1, b_2, b_3) = (a_1 + b_1, a_2 + b_2, a_3 + b_3) \tag{4.3}$$

라고 쓰면 아주 간단하게 표현됨을 알 수 있다. 그런데 여기서 벡터를 대표한 세 수는 직교좌표계를 이용하였을 때의 세 수이다. 크기를 대표하는 수 하나와 방향을 대표하는 수 두 개와 같은 구면좌표계에서의 세 수로 대표한 경우에는 (4.3)식과 같은 덧셈법칙이 성립하지 않는다는 점을 주의하여야 한다.

우리는 벡터의 덧셈법칙으로 그림 4.4로 주어진 것과 같이 화살표로 표현한 덧셈법칙과 그리고 (4.3)식으로 주어진 것과 같이 세 수로 표현한 덧셈법칙 두 가지를 갖게 되었다. 이제 이렇게 두 가지로 표현된 덧셈법칙이 과연 동일한 내용인지 궁금하지 않을 수 없다. 이것을 확인하기 위하여 그림 4.6을 보자. 2차원의 경우에 그림 4.4로 주어진 화살표의 덧셈을 직교좌표계에서 나타낸 것이다. 그림에서 명백한 것처럼, 두 가지 방법이 똑같은 내용임을 확인할 수 있다.

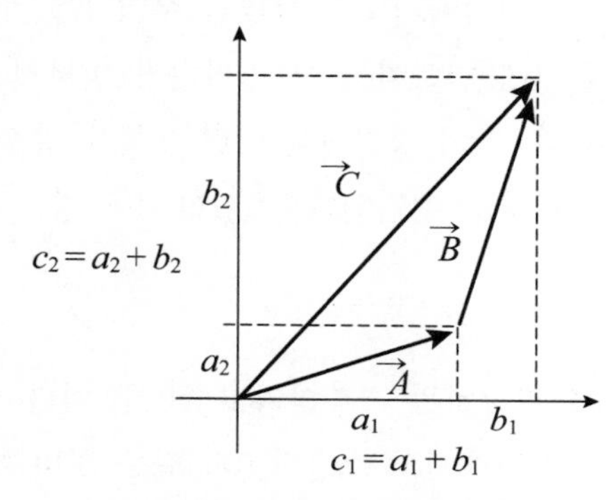

그림 4.6 두 벡터의 덧셈

이제 곱셈법칙을 살펴보자. 덧셈의 경우에는 스칼라는 스칼라와만 더할 수 있고 벡터는 벡터와만 더할 수 있다. 스칼라와 벡터는 더할 수가 없다. 그런데 곱셈의 경우에는 스칼라와 스칼라를 곱할 수 있고 벡터와 벡터를 곱할 수 있으며 스칼라와 벡터도 역시 곱할 수 있다.

우리는 스칼라의 곱셈법칙 즉 스칼라끼리의 곱셈은 어떻게 하는지 잘 알고 있다. 그리고 스칼라끼리 곱하는 기호는 여러 가지를 똑같은 의미로 사용하고 있다. 다시 말하면 두 스칼라 a와 b를 곱하는데 ab와 $a \cdot b$ 그리고 $a \times b$와 같은 세 종류의 기호를 사용하며 모두 똑같은 의미를 나타낸다. 그러나 이제 벡터와 벡터를 곱할 때는 여러 가지 곱하는 방법이 있으므로 곱하기에 사용되는 세 가지 기호(아무 것도 안 쓰기, 점, 가위표)도 서로 다른 의미로 사용되어야 한다. 그러므로 스칼라와 스칼라의 곱셈에서도 앞으로는 ab와 같이만 (아무 것도 안 쓰기) 표현하기로 하자.

스칼라와 벡터를 곱하려면 어떻게 하는 것이 좋을까? 한 개의 수로 대표되는 양인 스칼라를 세 개의 수로 대표되는 양인 벡터에 곱하는 것이다. 따라서 스칼라를 대표하는 한 수를 벡터를 대표하는 세 수 모두에 곱하는 것이 가장 민주적일 것으로 생각된다. 이것을 식으로 표현하면 스칼라 α와 벡터 (a_1, a_2, a_3)를 곱한 결과는

$$\alpha(a_1, a_2, a_3) = (\alpha a_1, \alpha a_2, \alpha a_3) \tag{4.4}$$

가 된다. 이와 같은 스칼라와 벡터의 곱셈법칙은 민주적일 뿐 아니라 화살표로 표시한 벡터로 나타내었을 때 화살표의 길이를 곱한 스칼라 배만큼 바꾸어 준다는 의미이다. 다시 말하면 어떤 벡터에 스칼라 2를 곱하면 그 벡터의 크기가 두 배로 된다는 뜻이며 그런 결과는 직관적으로 생각하기에도 참 그럴듯하다. 여기서 스칼라와 벡터를 곱할 때도 곱하기 기호로는 (아무 것도 안 쓰기)를 택하고 있는 점을 유의하자.

스칼라에서 0은 특별한 수이다. 스칼라 수인 0의 특징을 가장 잘 표현하면 어떤 스칼라에 더하여도 그 스칼라가 변하지 않고 그대로 있도록 하는 스칼라라고 말 할 수 있다. 앞의 경험에서 이런 것들을 말로 하기보다는 식으로 표현하면 알아보기가 더 쉬우리라고 생각된다. 스칼라 0의 정의를 식으로 쓰면, 모든 스칼라 α에 대해

$$\alpha+0=\alpha \tag{4.5}$$

를 만족하는 스칼라라고 할 수 있다.

벡터에서도 스칼라 0과 같은 벡터를 정의하면 편리하며 그런 벡터를 영벡터라고 부른다. 그래서 영벡터를 스칼라의 경우처럼 정의한다면 어떤 벡터에 더하여도 그 벡터가 변하지 않고 그대로 있도록 하는 벡터라고 말할 수 있다. 영벡터는 벡터의 덧셈법칙을 곰곰이 생각하면 쉽게 구할 수 있다. 임의의 벡터 (a_1, a_2, a_3)에 더하더라도 그 벡터를 바꾸지 않고 그대로 놓아둘 수 있는 벡터는

$$(a_1, a_2, a_3)+(0,0,0)=(a_1, a_2, a_3) \tag{4.6}$$

에서 (0,0,0)임을 쉽게 알 수 있다. 영벡터를 화살표 벡터로 나타낸다면 길이가 0인 화살표라고 말할 수 있으며 그래서 0벡터의 정의가 아주 그럴듯함을 알 수 있다.

스칼라에서 0보다 작은 수인 음수(陰數)를 좀 고상하게 정의하면 스칼라 α에 더하여 그 결과가 0이 되게 만드는 스칼라를 α의 음수라고 한다. 그래서

$$\alpha+(-\alpha)=0 \tag{4.7}$$

에서 알 수 있는 것처럼 α의 음수는 α에 (-1)을 곱한 것이다.

벡터에서도 이와 같은 역할을 맡는 벡터를 정의하면 편리한데, 그런 벡터를 음벡터라고 부른다. 그래서 음벡터를 스칼라의 경우처럼 정의하면 어떤 벡터에 더하여 그 결과가 영벡터가 되게 만드는 벡터를 원래 벡터의 음벡터라고 한다고 말할 수 있다. 음벡터도 역시 벡터의 덧셈법칙을 곰곰이 살펴보면 쉽게 구할 수 있다. 즉 벡터 (a_1, a_2, a_3)

에 더하여 그 결과가 영벡터가 되도록 만드는 벡터는

$$(a_1, a_2, a_3) + (-a_1, -a_2, -a_3) = (0, 0, 0) \tag{4.8}$$

에서 $(-a_1, -a_2, -a_3)$임을 알 수 있는데, 이 벡터는 원래 벡터에 (-1)을 곱한 벡터이다. 그런데 그림 4.7을 보면 바로 알 수 있듯이 벡터를 대표하는 세 수 모두의 음수로 이루어진 벡터는 원래 벡터와 크기는 같지만 방향은 정 반대인 벡터이다. 그래서 음벡터의 정의도 역시 아주 그럴듯함을 알 수 있다.

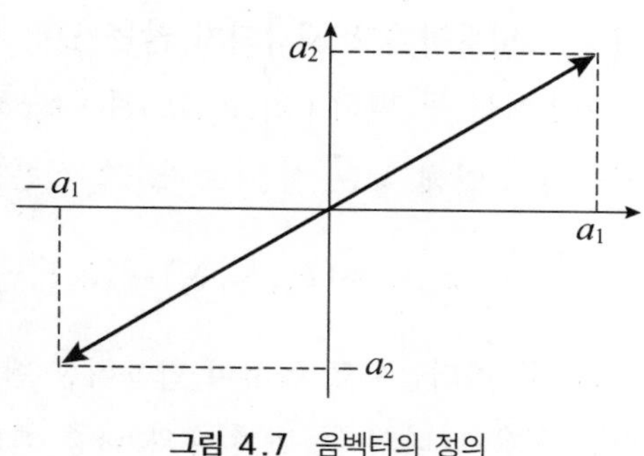

그림 4.7 음벡터의 정의

마지막으로 벡터와 벡터의 곱셈에 대해 알아보자. 벡터와 벡터를 곱하려면 처음 벡터를 대표하는 세 수와 나중 벡터를 대표하는 세 수를 곱하여야 한다. 이 때 이 수들을 어떤 순서로 어느 것과 곱하는 것이 좋을지 결정하기가 쉽지 않다. 그리고 벡터와 벡터를 곱한 결과가 스칼라일지 벡터일지를 결정하기도 쉽지 않아 보인다. 만일 그 결과가 스칼라이라면 한 개의 수로 대표되어야 할 것이고 벡터라면 세 개의 수로 대표되어야 한다.

수학자들은 벡터와 벡터를 곱하는 다음과 같은 세 가지 방법을 정해놓았다. 첫째는 스칼라곱이다. 스칼라곱에서는 곱한 결과가 스칼라로 된다. 그래서 곱한 다음에 그 결과를 1개의 수로 대표하도록 곱하기 연산을 정한다. 둘째는 벡터곱이다. 벡터곱에서는 곱한 결과가 벡터로 된다. 그래서 곱한 다음에 그 결과를 3개의 수로 대표하도록 곱하기 연산을 정한다. 셋째는 직접곱이다. 직접곱에서는 곱한 결과가 텐서로 된다. 그래서 곱한 다음에 그 결과를 9개의 수로 대표하도록 곱하기 연산을 정한다. 벡터와 벡터를 곱하는 방법이 이렇게 세 가지나 되어서 곱셈을 표시하는 기호도 서로 달리 사용한다. 스칼라곱에는 점(·)을 사용하고 벡터곱에는 가위표(×)를 사용하며 직접곱에는 (아무것도 안 쓰기)를 사용한다.

두 벡터 (a_1, a_2, a_3)와 (b_1, b_2, b_3)를 스칼라곱으로 곱하는 곱셈법칙이 식으로는

$$(a_1, a_2, a_3) \cdot (b_1, b_2, b_3) = a_1 b_1 + a_2 b_2 + a_3 b_3 \tag{4.9}$$

라고 표현된다. 이 결과를 말로 설명하면, 처음 벡터의 첫 번째 수와 나중 벡터의 첫

번째 수를 곱하고, 처음 벡터의 두 번째 수와 나중 벡터의 두 번째 수를 곱하고, 처음 벡터의 마지막 수와 나중 벡터의 마지막 수를 곱한 다음 그 결과를 모두 더하여 한 개의 수를 만든 것이다. 여러분은 이것이 두 벡터를 곱하여 스칼라를 만드는 방법으로 아주 그럴듯하다고 생각되지 않는가?

이번에는 두 벡터 (a_1, a_2, a_3)와 (b_1, b_2, b_3)를 벡터곱으로 곱하는 곱셈법칙을 수학자들이 고안해 놓은 식을 보자. 그 식은

$$(a_1, a_2, a_3)\times(b_1, b_2, b_3) = (a_2 b_3 - a_3 b_2,\ a_3 b_1 - a_1 b_3,\ a_1 b_2 - a_2 b_1) \qquad (4.10)$$

이다. 즉 벡터곱으로 곱하여 만들어진 벡터를 대표하는 세 수 중에서 첫 번째 수는 곱하는 처음 벡터의 두 번째 수와 나중 벡터의 세 번째 수를 곱하고 처음 벡터의 세 번째 수와 나중 벡터의 두 번째 수를 곱한 다음 두 결과의 차이를 구하여 사용한다. 벡터곱으로 곱하여 만들어진 벡터를 대표하는 두 번째 수와 세 번째 수도 비슷한 방법을 이용하여 구한다. 여러분은 이 경우에도 역시 아주 그럴듯하다고 생각되지 않는가?

마지막으로 두 벡터 (a_1, a_2, a_3)와 (b_1, b_2, b_3)를 직접곱으로 곱하는 곱셈법칙을 보자. 직접곱은 말 그대로 처음 벡터를 대표하는 세 수의 하나하나와 나중 벡터를 대표하는 세 수의 하나하나를 모두 곱하여 얻는 9개의 수로 대표되는 양이다. 이 9개의 수를 일렬로 늘어놓는 대신 다음과 같이 행렬로 표현하면 편리하다. 두 벡터의 직접곱을 식으로 쓰면

$$(a_1, a_2, a_3)(b_1, b_2, b_3) = \begin{pmatrix} a_1 b_1 & a_1 b_2 & a_1 b_3 \\ a_2 b_1 & a_2 b_2 & a_2 b_3 \\ a_3 b_1 & a_3 b_2 & a_3 b_3 \end{pmatrix} \qquad (4.11)$$

이 된다.

5. 직교좌표계를 이용한 벡터 계산

- 직교좌표계를 이용하여 벡터를 대표한다는 말은 직교좌표계의 단위벡터와 그 단위벡터 방향의 성분으로 벡터를 표시한다는 말이다. 직교좌표계를 이용한 방법으로 벡터의 덧셈과 뺄셈은 어떻게 표현되는가?
- 두 벡터의 스칼라곱과 벡터곱에 대한 정의로부터 직교좌표계를 이용한 두 벡터의 스칼라곱과 벡터곱에 대한 표현을 구해보자. 4장에서 정의한 세 수로 대표된 벡터 사이의 스칼라곱과 벡터곱에 대한 정의와 비교하라.
- 벡터의 스칼라곱과 벡터곱 그리고 삼중곱 등을 이용하여 쉽게 알 수 있는 현상에는 무엇이 있는가?

벡터의 계산을 손쉽게 다루기 위해서는 직교좌표계를 이용하면 편리하다. 그렇게 하는 것은 4장에서 벡터를 세 수로 나타내어 계산한 것과 같다. 직교좌표계란 3장에서 간단히 설명된 것처럼, 서로 수직인 세 축의 좌표 (x, y, z)를 이용하는 좌표계를 말한다. 직교좌표계를 이용한다는 말은 벡터를 직교좌표계의 각 축 방향 성분과 각 축 방향의 단위벡터로 표현한다는 의미이다. 직교좌표계에서 각 축 방향의 단위벡터는 x축의 경우 $\hat{x}$, $\mathbf{i}$ 또는 $\hat{x}_1$등으로 표시하고 y축의 경우 $\hat{y}$, $\mathbf{j}$ 또는 $\hat{x}_2$등으로 표시하며 z축의 경우에는 $\hat{z}$, $\mathbf{k}$ 또는 $\hat{x}_3$등으로 표시한다. 각 축 방향의 단위벡터는 크기가 1인 벡터로 그 방향은

$$
\begin{aligned}
&\hat{\mathrm{x}}\ :\ y\text{와 } z\text{는 일정하게 유지하고 } x\text{만 증가하는 방향} \\
&\hat{\mathrm{y}}\ :\ z\text{와 } x\text{는 일정하게 유지하고 } y\text{만 증가하는 방향} \\
&\hat{\mathrm{z}}\ :\ x\text{와 } y\text{는 일정하게 유지하고 } z\text{만 증가하는 방향}
\end{aligned}
\tag{5.1}
$$

으로 정의된다. 이런 방식의 정의는 나중에 극좌표계나 구면좌표계와 같이 직교좌표계가 아닌 다른 좌표계에서도 편리하게 이용될 수 있다. 직교좌표계를 이용하면 임의의 두 벡터 $\vec{A}$와 $\vec{B}$를 직교좌표계의 단위벡터와 각 단위벡터 방향의 성분을 이용하여

$$\vec{A} = A_x \mathbf{i} + A_y \mathbf{j} + A_z \mathbf{k}, \quad \vec{B} = B_x \mathbf{i} + B_y \mathbf{j} + B_z \mathbf{k} \tag{5.2}$$

와 같이 표현할 수 있다. 여기서 직교좌표계의 세 축 방향 성분은 4장에서 벡터를 세 수로 대표할 때의 세 수와 동일하다. 벡터를 (5.2)식과 같이 표현하면 두 벡터의 덧셈 또는 뺄셈은

$$\vec{A} \pm \vec{B} = (A_x \pm B_x)\mathbf{i} + (A_y \pm B_y)\mathbf{j} + (A_z \pm B_z)\mathbf{k} \tag{5.3}$$

가 된다. 그러므로 두 벡터의 덧셈과 뺄셈은 직교 좌표계의 각 축 방향의 성분 모두를 더하거나 빼면 됨을 알 수 있다. 이 결과는 4장에서 정의한 벡터의 덧셈인 (4.3)식과 똑같다.

이번에는 두 벡터의 스칼라곱을 보자. 두 벡터 $\vec{A}$와 $\vec{B}$를 스칼라곱하면 그 결과는 하나의 수로 대표되는 스칼라로

$$\vec{A} \cdot \vec{B} = AB \cos\theta \tag{5.4}$$

로 정의된다. 여기서 A와 B는 각각 두 벡터 $\vec{A}$와 $\vec{B}$의 크기이며 θ는 $\vec{A}$와 $\vec{B}$가 가리키는 방향 사이의 사잇각이다. 이 정의를 직교좌표계의 단위벡터들 사이의 스칼라곱에 적용해보자. 그러면

$$\mathbf{i} \cdot \mathbf{i} = (1)(1)\cos 0^\circ = 1, \quad \mathbf{i} \cdot \mathbf{j} = (1)(1)\cos 90^\circ = 0 \tag{5.5}$$

가 된다. 다른 단위벡터들 사이의 스칼라곱인 $\mathbf{i} \cdot \mathbf{k}$ 와 $\mathbf{j} \cdot \mathbf{j}$, $\mathbf{j} \cdot \mathbf{k}$ 그리고 $\mathbf{k} \cdot \mathbf{k}$에 대해서도 (5.5)식과 비슷한 결과가 성립한다. 그리고 크로네커 델타 기호라고 불리는 δ_{ij}를 이용하면 위에서 구한 것과 같은 단위벡터들 사이의 모든 스칼라곱을 한꺼번에

$$\hat{x}_i \cdot \hat{x}_j = \delta_{ij} \tag{5.6}$$

라고 간단히 쓸 수 있다. 이 식에서 크로네커 델타 기호는

$$\delta_{ij} = \begin{cases} 1 & i = j \text{일 때} \\ 0 & i \neq j \text{일 때} \end{cases} \tag{5.7}$$

라고 정의되는데, (5.7)식에 따르면 δ_{ij}는 두 아래 첨자가 같은 수이면 값이 1이고 다른

수이면 값이 0인 기호를 의미한다. 이 기호의 이름인 크로네커는 그림 5.1에 보인 수학자의 이름을 딴 것으로 그는 지금의 폴란드 지방에 위치한 이전 독일 북부 지방의 왕국이었던 프로이센에서 출생하고 독일에서 활동한 사람인데 집안이 아주 부유하였으므로 따로 직업을 갖지 않고 일생 동안 수학을 취미로 연구하였다고 한다.

그림 5.1
레오폴드 크로네커
(프로이센, 1823-1891)

(5.6)식을 이용하면 두 벡터의 스칼라곱이 원래 두 벡터를 대표하는 수들에 의해서 어떻게 표현되는지 구할 수 있다. 즉

$$\begin{aligned}\vec{A}\cdot\vec{B} &= (A_x\,\mathbf{i}+A_y\,\mathbf{j}+A_z\,\mathbf{k})\cdot(B_x\,\mathbf{i}+B_y\,\mathbf{j}+B_z\,\mathbf{k}) \\ &= A_xB_x\,\mathbf{i}\cdot\,\mathbf{i}+A_xB_y\,\mathbf{i}\cdot\,\mathbf{j}+A_xB_z\,\mathbf{i}\cdot\,\mathbf{k}+\cdots A_zB_z\,\mathbf{k}\cdot\,\mathbf{k} \\ &= A_xB_x+A_yB_y+A_zB_z\end{aligned} \tag{5.8}$$

이 된다. 다시 말하면 두 벡터의 서로 같은 성분에 속한 수를 곱한 다음 모두 더해서 두 벡터를 스칼라 곱한 결과를 대표하는 하나의 수를 만든다. 이 결과는 4장에서 스칼라곱으로 정의한 (4.9)식과 동일하다.

그런데 더하기 기호 $\sum$과 크로네커 델타 기호 δ_{ij}를 이용하면 (5.8)식을 더 간단하게 쓸 수 있다. 더하기 기호를 이용하여 벡터 $\vec{A}$와 $\vec{B}$를 직교좌표계에서 나타내면

$$\vec{A}=\sum_{i=1}^{3}A_i\,\hat{x}_i,\quad \vec{B}=\sum_{j=1}^{3}B_j\,\hat{x}_j \tag{5.9}$$

가 된다. 여기서 더하기 지수(指數)인 i와 j는 더미지수(dummy index)라고 불리며 1에서 3까지 더한다. 또한 이 식에서 A_1과 A_2 그리고 A_3는 각각 A_x와 A_y 그리고 A_z를 의미하며 B_1과 B_2 그리고 B_3도 마찬가지로 각각 B_x와 B_y 그리고 B_z를 나타낸다. 그러면 두 벡터 $\vec{A}$와 $\vec{B}$의 스칼라곱은

$$\vec{A}\cdot\vec{B}=\Big(\sum_i A_i\,\hat{x}_i\Big)\cdot\Big(\sum_j B_j\,\hat{x}_j\Big)=\sum_{i,j}A_iB_j\;\hat{x}_i\cdot\;\hat{x}_j=\sum_{i,j}A_iB_j\delta_{ij}=\sum_i A_iB_i \tag{5.10}$$

와 같이 된다. 이 식에서 세 번째 등식은 (5.6)식을 대입한 것이고 네 번째 등식은 j에 대한 더하기를 시행한 결과이다. 이러한 표현이 익숙하지 않은 학생들을 위해서 예를

들어 설명하자. 간단한 예로 $\sum_i f_i \delta_{i3}$과 같은 더하기를 풀어쓰면

$$\sum_{i=1}^{3} f_i \delta_{i3} = f_1 \delta_{13} + f_2 \delta_{23} + f_3 \delta_{33} \tag{5.11}$$

와 같게 되는데 (5.7)식의 정의에 의해서 $\delta_{13} = \delta_{23} = 0$이고 $\delta_{33} = 1$이므로 이 식의 우변은 f_3과 같게 된다. 그리고 (5.11)식에서 아래첨자 3 대신에 j라고 쓰면

$$\sum_i f_i \delta_{ij} = f_j \tag{5.12}$$

가 된다. 그래서 크로네커 델타 기호 δ_{ij}와 함께, 예를 들어 더하기 지수 i에 대해 더한다면, 더한 결과는 더미지수 i를 크로네커 델타 기호의 나머지 지수인 j로 정해주는 결과를 가져온다. (5.10)식에서는 네 번째 변에서 j에 대한 더하기를 시행하면 그 결과는 크로네커 델타 기호를 제외한 나머지 부분에 포함된 지수 j를 i로 바꿔주게 된다.

그러면 이번에는 두 벡터의 벡터곱을 보자. 두 벡터 $\vec{A}$와 $\vec{B}$를 벡터곱하면 그 결과는 세 개의 수로 대표되는 벡터가 되는데 그 벡터의 크기와 방향은

$$\vec{A} \times \vec{B} = \begin{cases} \text{크기}: & AB\sin\theta \\ \text{방향}: & \text{오른나사 진행방향} \end{cases} \tag{5.13}$$

라고 정의된다. 여기서 벡터곱의 크기에 대한 정의인 $AB\sin\theta$는 스칼라곱의 정의인 (5.4)식 즉 $AB\cos\theta$와 매우 유사하여서 놀랍기까지 하다. 스칼라곱에서는 두 벡터 사이의 사이각의 코사인에 비례하였는데, 벡터곱의 크기는 두 벡터 사이의 사이각의 사인에 비례한다. 그리고 $\vec{A} \times \vec{B}$의 방향은 $\vec{A}$의 방향으로부터 $\vec{B}$의 방향으로 오른나사를 돌릴 때 오른나사가 진행하는 방향이다. 벡터곱의 경우에도 스칼라곱에서와 마찬가지로 먼저 직교좌표계의 단위벡터들 사이의 벡터곱에 이 정의를 적용하면

$$\begin{aligned} &\mathbf{i} \times \mathbf{i} = 0, \quad \mathbf{i} \times \mathbf{j} = \mathbf{k}, \quad \mathbf{i} \times \mathbf{k} = -\mathbf{j}, \\ &\mathbf{j} \times \mathbf{i} = -\mathbf{k}, \quad \mathbf{j} \times \mathbf{j} = 0, \quad \mathbf{j} \times \mathbf{k} = \mathbf{i}, \\ &\mathbf{k} \times \mathbf{i} = \mathbf{j}, \quad \mathbf{k} \times \mathbf{j} = -\mathbf{i}, \quad \mathbf{k} \times \mathbf{k} = 0 \end{aligned} \tag{5.14}$$

이 된다. 그런데 이 결과는 오른손 좌표계에서만 성립함을 유의하자. 왼손 좌표계에서

는 우변의 부호가 반대로 된다. 3장에서 3차원 좌표계로는 반드시 오른손 좌표계를 이용하여야 한다는 것이 바로 이 때문이다.

벡터곱의 경우에도 스칼라곱에서와 마찬가지로 (5.14)식으로 주어진 아홉 가지 단위벡터들 사이의 벡터곱을 한꺼번에 한 식으로 표시할 수 있는데, 그렇게 하기 위해서 이번에는 크로네커 델라 기호 대신 레비－치비타 기호라 불리는 부호로

$$\varepsilon_{ijk} = \begin{cases} 1 & ijk = 123, 231, 312\text{이면} \\ -1 & ijk = 132, 213, 321\text{이면} \\ 0 & ijk\text{중 두 개 이상 같으면} \end{cases} \tag{5.15}$$

라고 정의된 ε_{ijk}를 이용한다. 레비－치비타 기호는 세 개의 아래첨자가 모두 달라야 0이 아닌 값을 갖는데, 세 첨자가 123, 231, 312 등 순환 순서이면 +1 값을, 순환 순서가 아니고 132, 213, 321 등 역 순환 순서이면 －1 값을 갖는다. 그림 5.2에 보인 레비－치비타는 이태리 태생의 유명한 수학자이다. 그러면 두 단위벡터들 사이의 벡터곱은

$$\hat{x}_i \times \hat{x}_j = \sum_k \varepsilon_{ijk} \hat{x}_k = \varepsilon_{ijk} \hat{x}_k \tag{5.16}$$

가 되는데 여기서 두 번째 등호는 동일한 첨자 k가 두 번 반복되면 이 첨자가 가질 수 있는 가능한 값에 대해 모두 더한다는 것이 암시되어 있어서 더하기 기호를 생략한 것이다. 이렇게 반복된 첨자에 대한 더하기에서 더하기 기호를 생략하더라도 더한 것으로 이해하는 약속을 아인슈타인 표기법 또는 더하기에 대한 아인슈타인 약속이라고 부른다. 아인슈타인 표기법을 이용하면 더하기 기호가 생략되므로 수식이 무척 간결해진다. 우리도 가끔 경우에 따라서는 아인슈타인 표기법을 이용하자.

그림 5.2 툴리오 레비-치비타 (이태리, 1873-1941)

(5.16)식이 정말 (5.14)식과 같은지 알아보기 위하여 (5.16)식에서 $i=1$이고 $j=2$인 경우를 계산하여보자. 그러면

$$\hat{x}_1 \times \hat{x}_j = \mathbf{i} \times \mathbf{j} = \sum_k \varepsilon_{12k} \hat{x}_k = \varepsilon_{121}\mathbf{i} + \varepsilon_{122}\mathbf{j} + \varepsilon_{123}\mathbf{k} = \mathbf{k} \tag{5.17}$$

가 되어 (5.14)식의 두 번째 식과 같음을 알 수 있다.

직교좌표계의 단위벡터들 사이의 벡터곱인 (5.14)식을 이용하면 두 벡터의 벡터곱이

원래 두 벡터를 대표하는 수들에 의해 어떻게 표현되는지 구할 수 있다. 즉

$$
\begin{aligned}
\vec{A}\times\vec{B} &= (A_x\,\mathbf{i}+A_y\,\mathbf{j}+A_z\,\mathbf{k})\times(B_x\,\mathbf{i}+B_y\,\mathbf{j}+B_z\,\mathbf{k}) \\
&= A_xB_x\,\mathbf{i}\times\,\mathbf{i}+A_xB_y\,\mathbf{i}\times\,\mathbf{j}+A_xB_z\,\mathbf{i}\times\,\mathbf{k}+\cdots A_zB_z\,\mathbf{k}\times\,\mathbf{k} \qquad (5.18)\\
&= (A_yB_z-A_zB_y)\,\mathbf{i}+(A_zB_x-A_xB_z)\,\mathbf{j}+(A_xB_y-A_yB_x)\,\mathbf{k}
\end{aligned}
$$

가 된다. 이 식의 중간에 생략된 부분은 여러분 각자가 꼭 해보기 바란다. 이 결과는 4장에서 벡터곱으로 정의한 (4.10)식과 동일하다.

스칼라곱에서와 마찬가지로 레비－치비타 기호를 이용하면 (5.18)식을 간단하게 쓸 수 있다. (5.9)식으로 표현된 두 벡터 $\vec{A}$와 $\vec{B}$의 벡터곱은

$$
\begin{aligned}
\vec{A}\times\vec{B} &= \Big(\sum_i A_i\,\hat{x}_i\Big)\times\Big(\sum_j B_j\,\hat{x}_j\Big)=\sum_{i,j}A_iB_j\;\hat{x}_i\times\,\hat{x}_j=\sum_{i,j,k}A_iB_j\varepsilon_{ijk}\,\hat{x}_k \qquad (5.19)\\
&= A_iB_j\varepsilon_{ijk}\;\hat{x}_k
\end{aligned}
$$

와 같이 된다. 이 식에서 세 번째 등식은 (5.16)식을 대입한 결과이고 네 번째 등식은 더하기 지수 i와 j 그리고 k가 모두 두 번씩 반복되어 있으므로 아인슈타인 표기법을 이용하여 더하기 기호를 생략한 결과이다. 만일 여러분이 (5.19)식에서 레비-치비타 기호 ε_{ijk}의 값을 대입하고 더하기를 모두 시행하면 (5.18)식과 똑같은 결과가 됨을 확인할 수 있다.

예제 1 $\vec{A}\cdot(\vec{B}\times\vec{C})$를 스칼라 삼중곱이라고 한다. 벡터 세 개를 곱했는데 결과가 스칼라라는 의미이다. 이 스칼라 삼중곱의 값은 행렬식으로

$$
\vec{A}\cdot(\vec{B}\times\vec{C})=\begin{vmatrix} A_1 & A_2 & A_3\\ B_1 & B_2 & B_3\\ C_1 & C_2 & C_3\end{vmatrix}
$$

라고 표현됨을 보여라.

스칼라 삼중곱 $\vec{A}\cdot(\vec{B}\times\vec{C})$을 (5.10)식과 (5.19)식을 이용하여 전개하자. 그러면

$$
\begin{aligned}
\vec{A}\cdot(\vec{B}\times\vec{C}) &= \sum_k A_k(\vec{B}\times\vec{C})_k=\sum_k A_k\Big(\sum_{i,j}B_iC_j\varepsilon_{ijk}\Big)=\sum_{i,j,k}\varepsilon_{ijk}A_kB_iC_j\\
&= A_1B_2C_3+A_2B_3C_1+A_3B_1C_2-A_1B_3C_2-A_2B_1C_3-A_3B_2C_1
\end{aligned}
$$

이 된다. 여기서 첫 번째 등호는 스칼라곱에 (5.10)식을 대입한 결과이고 두 번째 등호는 벡터곱에 (5.19)식을 대입한 결과이다. 그리고 세 번째 등호는 단순히 순서만 바꾸어 썼을 뿐이고 마지막 네 번째 등호는 레비-치비타 기호의 값을 대입하고 더하기를 모두 수행한 결과이다. 이 마지막 결과는 문제에서 주어진 3×3 행렬식의 값과 같다.

만일 두 벡터 $\vec{A}$와 $\vec{B}$의 방향이 서로 수직이어서 두 벡터의 사잇각이 $\theta = 90°$이면 $\cos 90° = 0$이므로 (5.4)식에 의해

$$\vec{A} \cdot \vec{B} = 0 \tag{5.20}$$

가 된다. 바로 이 결과 때문에 벡터의 스칼라곱은 두 방향이 수직인지 아닌지를 확인하는데 아주 편리하게 이용된다. 다시 말하면 어떤 두 벡터건 그 스칼라곱이 0이면 두 벡터는 서로 수직이다. 다음 예제에서 스칼라곱의 그런 성질을 이용하지 않으면 답을 구하기가 꽤 까다로워 질 것이다.

예제 2 xy평면에 놓인 벡터 중에서 $\vec{A} = \mathbf{i} + 2\,\mathbf{j} + \mathbf{k}$라는 벡터와 수직인 방향을 가리키는 단위벡터를 구하라.

구하는 단위벡터를 $\vec{B}$라고 하면, $\vec{B}$는 xy평면에 놓여 있어서 z축 방향의 성분을 갖지 않으므로 $\vec{B} = a\,\mathbf{i} + b\,\mathbf{j}$라고 놓을 수 있다. 두 벡터 $\vec{A}$와 $\vec{B}$가 수직일 조건은

$$\vec{A} \cdot \vec{B} = (\mathbf{i} + 2\,\mathbf{j} + \mathbf{k}) \cdot (a\,\mathbf{i} + b\,\mathbf{j}) = a + 2b = 0$$

이다. 그리고 $\vec{B}$는 단위벡터이므로 크기가 1이어서 $\vec{B} \cdot \vec{B} = a^2 + b^2 = 1$을 만족하여야 한다. 위의 두 식을 연립으로 풀면 구하는 a와 b는

$$a = \pm \frac{2}{\sqrt{5}}, \quad b = \mp \frac{1}{\sqrt{5}}$$

이 된다. 만일 수직한 두 벡터의 스칼라곱이 0이라는 성질을 이용하지 않는다면 이 문제를 풀기가 그리 쉽지 않을 것이다.

두 벡터의 벡터곱은 삼각형의 넓이를 구하는데 편리하게 이용된다. 그림 5.3에 보인 것과 같이 두 벡터 $\vec{A}$와 $\vec{B}$가 삼각형의 두 변을 가리킨다고 하자. 그러면 이 삼각형의

밑변의 길이는 벡터 $\vec{B}$의 크기 B와 같고 높이 h는 벡터 $\vec{A}$의 크기 A에 $\sin\theta$를 곱한 $h = A\sin\theta$와 같다. 그러므로 이 삼각형의 넓이 S는

$$S = \frac{1}{2}hB = \frac{1}{2}AB\sin\theta = \frac{1}{2}|\vec{A}\times\vec{B}| \tag{5.21}$$

가 된다. 그러므로 삼각형의 넓이는 두 변과 일치하는 두 벡터의 벡터곱의 크기를 둘로 나눈 것과 같다.

예제 3 $\vec{A}\times(\vec{B}\times\vec{C})$를 벡터 삼중곱이라고 한다. 벡터 세 개를 곱했는데 결과가 벡터라는 의미이다. 이 벡터 삼중곱은

$$\vec{A}\times(\vec{B}\times\vec{C}) = \vec{B}(\vec{A}\cdot\vec{C}) - \vec{C}(\vec{A}\cdot\vec{B})$$

와 같이 표현됨을 보여라.

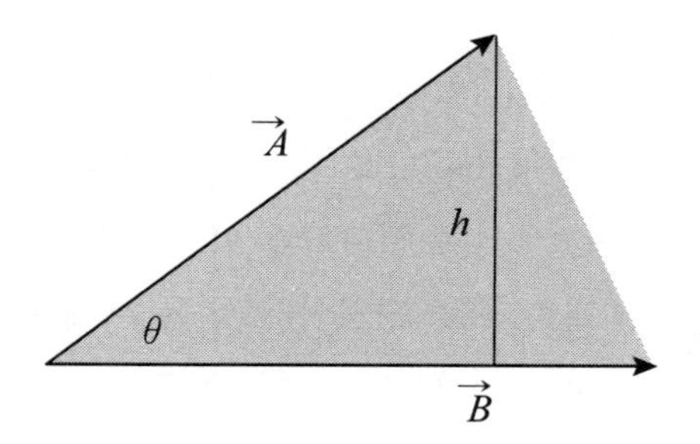

그림 5.3 삼각형의 넓이

이 관계식을 BAC- CAB 규칙이라 부른다. 왜 그렇게 부르는지는 설명하지 않아도 잘 알 수 있을 것이다. 주어진 식에서 좌변의 한 축 방향 성분이 우변의 그 축 방향 성분과 같음을 보이면 이 문제가 증명된 것으로 볼 수 있다. 그러면 좌변의 z축 성분을 구해보자.

$$\begin{aligned}[\vec{A}\times(\vec{B}\times\vec{C})]_3 &= A_1(\vec{B}\times\vec{C})_2 - A_2(\vec{B}\times\vec{C})_1 \\ &= A_1(B_3C_1 - B_1C_3) - A_2(B_2C_3 - B_3C_2) \\ &= B_3(A_1C_1 + A_2C_2 + A_3C_3) - C_3(A_1B_1 + A_2B_2 + A_3B_3)\end{aligned}$$

가 되는데 마지막 결과는 바로 주어진 식 우변의 z축 성분이다. 위의 마지막 결과는 첫째 항에 $A_3B_3C_3$를 더하고 둘째 항에서 $A_3B_3C_3$를 빼어서 구했다.

레비－치비타 기호를 이용하면 예제 3을 조금 더 우아하게 증명할 수 있다. 그렇게 하기 위해서 레비－치비타 기호의 성질에 대해 좀 더 알아보자. 레비－치비타 기호는 아래첨자의 위치를

$$\varepsilon_{ijk} = \varepsilon_{jki} = \varepsilon_{kij} \tag{5.22}$$

와 같이 순환시키더라도 값이 같다는 성질을 가지고 있다. 반면에 한 아래첨자의 위치

를 고정하고 나머지 두 아래첨자의 위치를 바꾸면 레비-치비타 기호의 값이 반대부호로 되어서

$$\varepsilon_{ijk}=-\varepsilon_{ikj},\quad \varepsilon_{ijk}=-\varepsilon_{kji},\quad \varepsilon_{ijk}=-\varepsilon_{jik} \tag{5.23}$$

라는 성질을 갖는다. (5.23)식의 성질 때문에 레비-치비타 기호를 완전 반대칭 기호라고 부르기도 한다. 무엇인가 서로 바꾸어 놓아도 그 값이 바뀌지 않으면 대칭의 성질을 가졌다고 하고 서로 바꾸어 놓으면 그 절대값은 바뀌지 않으나 부호가 바뀌면 반대칭 성질을 가졌다고 말한다. 레비-치비타 기호는 (5.22)식과 (5.23)식으로 주어지는 성질 이외에도 두 개의 레비-치비타 기호의 곱을 크로네커 델타 기호로 표시하는 아주 유용한 성질을 가지고 있다. 즉 레비-치비타 기호는

$$\sum_k \varepsilon_{ijk}\varepsilon_{lmk}=\delta_{il}\delta_{jm}-\delta_{im}\delta_{jl} \tag{5.24}$$

인 관계를 만족한다.

이제 레비-치비타 기호를 이용하여 벡터 삼중곱을 전개한 식을 증명해 보자. 좌변의 k번째 성분은 (5.19)식을 이용하여

$$\begin{aligned}[\vec{A}\times(\vec{B}\times\vec{C})]_k &= \sum_{ij} A_i(\vec{B}\times\vec{C})_j\varepsilon_{ijk}=\sum_{ij}A_i[\sum_{lm}B_lC_m\varepsilon_{lmj}]\varepsilon_{ijk} \\ &= \sum_{ijlm}A_iB_lC_m\varepsilon_{ijk}\varepsilon_{lmj}\end{aligned} \tag{5.25}$$

가 된다. 이 식의 두 번째 등호는 벡터곱 $(\vec{B}\times\vec{C})_j$에 (5.19)식을 한 번 더 적용한 결과이며 세 번째 등호는 단순히 더하기 기호를 앞으로 이동시킨 결과일 뿐이다. 이제 레비－치비타 기호의 성질인 (5.22)식을 이용하여 ε_{ijk}를 ε_{kij}로 바꾸어 쓰면 (5.25)식은

$$[\vec{A}\times(\vec{B}\times\vec{C})]_k=\sum_{ilm}A_iB_lC_m[\sum_j\varepsilon_{kij}\varepsilon_{lmj}]=\sum_{ilm}A_iB_lC_m\{\delta_{kl}\delta_{im}-\delta_{km}\delta_{il}\} \tag{5.26}$$

이 된다. 여기서 두 번째 등호는 레비－치비타 기호가 만족하는 성질인 (5.24)식을 적용하여 얻었다. 이제 (5.26)식의 우변에서 더하기 지수 l과 m에 대한 더하기를 먼저 시행하자. 그러면 더하기를 시행한 뒤에 (5.12)식으로 설명한 것과 같이 우변의 크로네커 델타 기호에 의해서 첫 번째 항에서는 $A_iB_lC_m$에서 지수 l을 k로 바꾸고 m을 i로 바꾸면 되고 두 번째 항에서는 역시 $A_iB_lC_m$ 지수 m을 k로, 그리고 l을 i로 바꾸

면 된다. 그래서 그 결과는

$$
\begin{aligned}
[\vec{A}\times(\vec{B}\times\vec{C})]_k &= \sum_i (A_i B_k C_i - A_i B_i C_k) = B_k \sum_i A_i C_i - C_k \sum A_i B_i \\
&= B_k(\vec{A}\cdot\vec{C}) - C_k(\vec{A}\cdot\vec{B})
\end{aligned}
\tag{5.27}
$$

이다. 여기서 마지막 등호는 스칼라곱의 정의인 (5.10)식을 이용하였다. 그리고 (5.27)식은 바로 벡터 삼중곱의 전개인

$$
\vec{A}\times(\vec{B}\times\vec{C}) = \vec{B}(\vec{A}\cdot\vec{C}) - \vec{C}(\vec{A}\cdot\vec{B}) \tag{5.28}
$$

를 증명한 셈이다. 이처럼 크로네커 델타 기호와 레비-치비타 기호를 이용하면 벡터와 연관된 관계식들을 아주 우아하게 증명할 수 있다.

6. 벡터 미분연산자

- 우리는 물리에서 중력장이나 전기장 또는 자기장과 같이 장(場)이라는 말을 자주 이용한다. 장이 무엇인지 따로 정의할 수 있을까?
- 우리는 함수를 미분한다고도 말하고 함수의 도함수를 구한다고도 말한다. 미분과 도함수 사이에는 어떤 관계가 있을까?
- 벡터 미분연산자란 스칼라장을 미분한 결과를 벡터장으로 만드는 연산자이다. 벡터 미분연산자란 무엇인가?
- 벡터 미분연산자를 스칼라장에 적용하면 그래디언트를 구한다고 말하고, 벡터 미분연산자를 벡터장에 적용하면 다이버젠스를 구하는 경우와 컬을 구하는 경우 등 두 가지로 나뉜다. 그래디언트와 다이버젠스 그리고 컬은 무엇인가?

지난 5장에서는 벡터양의 덧셈과 곱셈 등의 벡터 연산에 대해 공부하였다. 이제 벡터양에 대한 미분과 적분은 어떻게 하는지 알아보자. 미분과 적분을 공부하기 위해서는 먼저 미분 또는 적분될 함수와 미분연산자에 대해 잘 이해하고 있어야 한다.

우리가 보통 함수를 미분하거나 적분한다고 말할 때는 스칼라함수라고 가정하고 말한다. 함수 $f(s)$는 연속적으로 변할 수 있는 독립변수 s의 값에 대응하는 수 $f(s)$를 말한다. 여기서 독립변수 s는 어떤 물리량이나 가능하지만 물리에서 독립변수로 시간 t와 공간에서의 위치를 나타내는 x, y, z가 자주 이용된다.

독립변수에 대응하는 함수 값이 스칼라이면 스칼라함수라 하고 벡터이면 벡터함수라 한다. 그리고 함수 중에서 특별히 공간의 위치를 나타내는 물리량이 독립변수로 이용되는 경우에 그 함수를 장(場)이라고 부른다. 그래서 스칼라함수로서 독립변수가 위치를 나타내는 물리량이면 스칼라장이고 벡터함수로서 독립변수가 위치를 나타내는 물리량이면 벡터장이다.

위에서 정의한 함수와 벡터장의 예를 들어보자. 물체의 운동을 기술하기 위해서는 좌표계를 정하고 좌표계의 좌표에 의해 물체의 위치를 표시한다. 이때 그림 6.1에 보

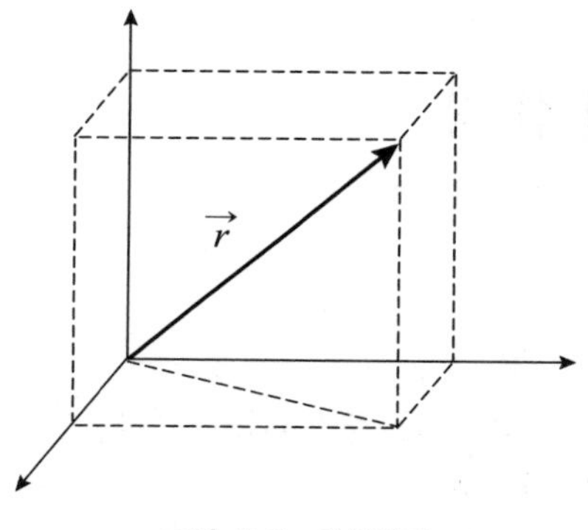

그림 6.1 위치벡터

인 것과 같이 좌표계의 원점에서 물체의 위치까지 그린 벡터를 그 물체의 위치벡터 $\vec{r}$이라고 한다. 물체의 운동을 기술하는데 우리의 목표는 뉴턴의 운동방정식을 풀어서 위치벡터 $\vec{r}(t)$를 시간 t의 함수로 표현하는 것이다. 여기서 $\vec{r}(t)$는 벡터함수라고 말할 수 있다. 또한 전자기에서 많이 나오는 전기장 $\vec{E}(\vec{r})$과 자기장 $\vec{B}(\vec{r})$은 공간의 각 위치에 따라 주어지는 벡터함수이므로 벡터장의 예가 된다.

독립변수 s의 미분 ds는 그 변수의 변화량

$$\Delta s = s_2 - s_1 \tag{6.1}$$

를 0으로 가까이 보낸 극한을 말한다. 여기서 s_1과 s_2는 마음대로 정한 두 s값이다. 수학에서는 ds를 s에 대한 미분(微分)이라고 부르고 이것과 구별하여 (6.1)식으로 주어지는 Δs를 s에 대한 차분(差分)이라고 부른다. 영어로는 미분을 differential 그리고 차분을 difference라 한다. 그리고 s_2값이 s_1값에 매우 가까워서 차분 Δs의 크기가 0에 매우 가까워질 때 이것을 미분 ds라 하고 식으로는

$$ds = \lim_{s_2 \to s_1}(s_2 - s_1) = \lim_{\Delta s \to 0} \Delta s \tag{6.2}$$

라고 쓴다. 그러면 차분 Δs가 구체적으로 얼마나 작아야 미분 ds라고 불릴 수 있을까? 여기서 어떤 수(數)를 정해서 그 수보다 더 작으면 미분이라고 말할 수는 없다. 작다든가 또는 크다는 것은 상대적인 개념이기 때문이다. 나는 미분이라고 부르는 기준으로 제곱하면 무시할 수 있을 때라고 하면 좋다고 생각한다.

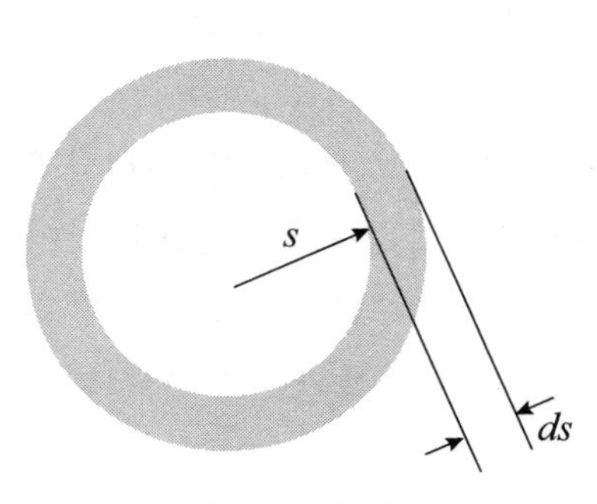

그림 6.2 미분의 예

예를 들어, 그림 6.2에 보인 것과 같이 안쪽 반지름이 s이고 폭이 ds인 반지 모양의 넓이 dS를 계산하자. 바깥쪽 큰 원의 넓이에서 안쪽 작은 원의 넓이를 빼면 반지 모양의 넓이가 되므로

$$dS = \pi(s + ds)^2 - \pi s^2 = 2\pi s\, ds + \pi(ds)^2 \tag{6.3}$$

이다. 여기서 ds가 미분으로 취급될 수 있으려면 (6.3)식의 마지막 항인 $(ds)^2$이 무시될 수 있어야 한다. 다시 말하면, ds가 미분이라고 할 때 그림 6.2에 나온 반지 모양의 넓이는 $dS = 2\pi s\, ds$가 된다.

함수 $f(s)$의 미분도 독립변수에 대한 미분을 정의한 (6.2)식과 마찬가지로

$$df = \lim_{f_2 \to f_1}(f_2 - f_1) = \lim_{\Delta f \to 0} \Delta f \tag{6.4}$$

와 같이 정의된다. 그러나 함수의 경우에는 f_1과 f_2가 독립변수의 두 값인 s_1과 s_2과의 사이에

$$f_1 = f(s_1), \quad f_2 = f(s_2) \tag{6.5}$$

인 관계를 갖는다. 그래서 함수의 미분 df를

$$df = \lim_{\Delta f \to 0} \Delta f = \lim_{s_2 \to s_1}\Big[f(s_2) - f(s_1) \Big] = \lim_{\Delta s \to 0}\Big[f(s + \Delta s) - f(s) \Big] \tag{6.6}$$

라고 쓸 수 있다.

함수의 미분 df를 구하기 위해서는 함수의 테일러 전개라는 방법을 이용하면 좋다. 함수의 테일러 전개란, 독립변수의 값이 s일 때 함수 값 $f(s)$와 같은 독립변수 값 s에서 그 함수의 도함수 값들에 의해 독립변수의 값이 $s + \Delta s$일 때의 함수 값 $f(s + \Delta s)$를 구하는 방법으로 식으로는

$$\begin{aligned} f(s + \Delta s) = f(s) + \left[\frac{d}{ds} f(s)\right]_s \Delta s + \frac{1}{2!}\left[\frac{d^2}{ds^2} f(s)\right]_s (\Delta s)^2 \\ + \frac{1}{3!}\left[\frac{d^3}{ds^3} f(s)\right]_s (\Delta s)^3 + \cdots \end{aligned} \tag{6.7}$$

라고 표현된다. 이 식은 차분 Δs가 아주 큰 값을 포함하여 어떤 값을 갖건 항상 성립하는 항등식이다. 그리고 이 식은 또한 우리에게 아주 중요한 사실을 알려주는 식이기도 하다. 함수를 정해주기 위해서 독립변수의 모든 값마다 함수 값이 얼마인지를 직접 정해주는 방법이 있고, 또 다른 방법으로는, 함수의 테일러 전개가 말해주는 것처럼, 한 독립변수 값에 대한 함수 값과 함께 동일한 독립변수 값에서 주어진 함수의 1차 도

함수 값, 2차 도함수 값, 등등 모든 차수의 도함수 값을 알면 함수가 정해진다는 것이다. 다시 말하면 모든 독립변수 값에 대한 함수 값이 주어지는 것이 아니라 단 하나의 독립변수 값에 대한 그 함수의 모든 차수의 도함수 값을 알면 그 함수가 정해진다는 놀라운 이야기이다.

그러면 테일러 전개를 이용하여 함수 f의 미분 df를 구해보자. 미분을 구하기 위해서는 (6.7)식으로 주어진 테일러 전개에서 차분 Δs자리에 미분 ds를 쓴다. 그러면 미분의 정의에 의해서 (6.7)식의 우변에 나오는 $(ds)^2$, $(ds)^3$, … 등은 모두 0이 되고 (6.7)식을 간단히

$$f(s+ds)=f(s)+\frac{d}{ds}f(s)\,ds \tag{6.8}$$

라고 쓸 수가 있다. 그러므로 f의 미분 df는 (6.8)식으로부터

$$df=f(s+ds)-f(s)=\left[f(s)+\frac{d}{ds}f(s)\,ds\right]-f(s)=\frac{d}{ds}f(s)\,ds \tag{6.9}$$

임을 알 수 있다. 이 식은 우리에게 아주 중요한 사실인

$$\frac{df}{ds}=\frac{d}{ds}f(s) \tag{6.10}$$

가 성립함을 알려준다. 이 식의 좌변은 함수 f의 미분 df를 독립변수 s의 미분 ds로 나눈 것이다. 그리고 이 식의 우변에서 d/ds는 독립변수 s에 대한 도함수를 구하라는 연산자이고, 우변의 결과는 독립변수 s에 대한 함수 $f(s)$의 도함수이다. 그러므로 (6.10)식은 두 미분 df와 ds의 비는 f를 s로 미분하여 얻은 도함수가 같다는 것을 알려준다. 바로 그런 이유 때문에 우리는 df/ds를 보통 두 미분 사이의 비라고 해석하기도 하고 f의 s에 대한 도함수를 구한 것이라고도 해석한다. 이렇게 두 미분 사이의 비라고 해석할 수 있는 것은 오직 1차 도함수에서만 가능하다. 그보다 더 높은 도함수에서는, 예를 들어

$$\frac{(df)^2}{(ds)^2}\Leftrightarrow\frac{d^2}{ds^2}f(s) \tag{6.11}$$

는 성립하지 않는다.

물리에서 나오는 벡터함수는 모두 벡터장이라고 생각하면 좋다. 즉 공간의 각 위치에 대응하는 벡터함수이다. 그래서 벡터함수 $\vec{F}$는 일반적으로

$$\begin{aligned}\vec{F} &= \vec{F}(\vec{r}) = \vec{F}(x, y, z) \\ &= F_x(x, y, z)\ \mathbf{i} + F_y(x, y, z)\ \mathbf{j} + F_z(x, y, z)\ \mathbf{k}\end{aligned} \tag{6.12}$$

라고 표현될 수 있다. 또는 벡터장 $\vec{F}$가 위치뿐 아니라 시간의 함수이기도 하다면

$$\vec{F} = \vec{F}(\vec{r}, t) = F_x(\vec{r}, t)\ \mathbf{i} + F_y(\vec{r}, t)\ \mathbf{j} + F_z(\vec{r}, t)\ \mathbf{k} \tag{6.13}$$

로 나타낼 수 있다. 그러면 이 벡터장을 스칼라인 시간 t에 대해 미분하면

$$\frac{\partial}{\partial t}\vec{F} = \frac{\partial}{\partial t}\vec{F}(\vec{r}, t) = \frac{\partial F_x}{\partial t}\ \mathbf{i} + \frac{\partial F_y}{\partial t}\ \mathbf{j} + \frac{\partial F_z}{\partial t}\ \mathbf{k} \tag{6.14}$$

가 된다. 여기서 편미분 기호가 사용된 것은 독립변수 중에서 위치에 대해서는 미분하지 않고 시간에 대해서만 미분했음을 표시한 것이다.

이제 스칼라장 또는 벡터장을 벡터로 미분하는 경우를 생각해보자. 벡터로 미분하는데 이용되는 벡터 미분연산자를 ∇이라고 쓰고 '델'이라고 읽으며

$$\nabla = \mathbf{i}\frac{\partial}{\partial x} + \mathbf{j}\frac{\partial}{\partial y} + \mathbf{k}\frac{\partial}{\partial z} \tag{6.15}$$

로 정의된다. 이 델연산자는 스칼라장에 적용될 수도 있고 벡터장에 적용될 수도 있다. 그렇게 적용했을 때 결과가 스칼라장인지 또는 벡터장인지는 앞의 5장에서 배운 벡터와 스칼라의 곱 또는 벡터와 벡터의 곱에서의 결과와 같다.

제일 먼저, 델연산자 ∇을 스칼라장 $f(x, y, z)$에 적용해보자. 그러면

$$\begin{aligned}\nabla f &= \left(\mathbf{i}\frac{\partial}{\partial x} + \mathbf{j}\frac{\partial}{\partial y} + \mathbf{k}\frac{\partial}{\partial z}\right) f(x, y, z) \\ &= \mathbf{i}\frac{\partial f}{\partial x} + \mathbf{j}\frac{\partial f}{\partial y} + \mathbf{k}\frac{\partial f}{\partial z}\end{aligned} \tag{6.16}$$

이 되고 이 결과는 벡터이다. 그러므로 ∇f는 벡터장으로 이것을 특별히 스칼라장 f의 그래디언트라고 부르며 **grad** f라고 표현하기도 하며 그래드 f라고 읽는다. ∇f는 스칼라장 f가 지닌 어떤 성질을 대표한다. 그 성질이 무엇인지 알아보기 위해 스칼라

장 f의 미분 df를 구해보자. 스칼라장 f는 위치벡터 (x, y, z)의 함수로 세 개의 독립변수 x, y, z의 함수이다. 이때도 (6.7)식과 비슷하게 테일러 전개를 이용할 수가 있는데, 독립변수가 세 개인 경우의 테일러 전개는

$$\begin{aligned} f(x+\Delta x, y+\Delta y, z+\Delta z) &= f(x, y, z) + \left[\frac{\partial f}{\partial x}\Delta x + \frac{\partial f}{\partial y}\Delta y + \frac{\partial f}{\partial z}\Delta z\right] \\ &+ \frac{1}{2!}\left[\frac{\partial^2 f}{\partial x^2}\Delta x^2 + \frac{\partial^2 f}{\partial x \partial y}\Delta x \Delta y + \cdots + \frac{\partial^2 f}{\partial z^2}\Delta z^2\right] + \cdots \end{aligned} \tag{6.17}$$

가 된다. 이 식은 (6.7)식에 대한 설명에서와 마찬가지로 차분 $\Delta x, \Delta y, \Delta z$들이 아주 큰 값을 포함하여 어떤 값을 갖건 항상 성립한다. 그런데 $\Delta x, \Delta y, \Delta z$가 모두 미분이라면 (6.17)식의 우변에서 세 번째 항부터는 모두 0이 되어서

$$f(x+dx, y+dy, z+dz) = f(x, y, z) + \frac{\partial f}{\partial x}dx + \frac{\partial f}{\partial y}dy + \frac{\partial f}{\partial z}dz \tag{6.18}$$

라고 쓸 수 있게 된다. 그러면 스칼라장 f의 미분 df는 미분의 정의인 (6.6)식에 (6.18)식을 대입하여

$$\begin{aligned} df &= f(x+dx, y+dy, z+dz) - f(x, y, z) = f(\vec{r}+d\vec{r}) - f(\vec{r}) \\ &= \frac{\partial f}{\partial x}dx + \frac{\partial f}{\partial y}dy + \frac{\partial f}{\partial z}dz = (\nabla f)\cdot d\vec{r} \end{aligned} \tag{6.19}$$

가 된다. 여기서 위치벡터 $\vec{r}$의 미분 $d\vec{r}$은

$$d\vec{r} = d\left[x\,\mathbf{i} + y\,\mathbf{j} + z\,\mathbf{k}\right] = \mathbf{i}dx + \mathbf{j}dy + \mathbf{k}dz \tag{6.20}$$

임을 이용하였다. 이제 $d\vec{r}$의 크기를 ds라 하면

$$ds = |d\vec{r}| = \sqrt{dx^2 + dy^2 + dz^2} \tag{6.21}$$

인데, 이것을 이용하면 (6.19)식을

$$df = (\nabla f)\cdot d\vec{r} = |\nabla f|\, ds \cos\theta \;\Rightarrow\; \frac{df}{ds} = |\nabla f| \cos\theta \tag{6.22}$$

라고 쓸 수 있다. 여기서 θ는 델연산자 ∇에 의해서 스칼라장 f로부터 새로 만든 벡

터장 ∇f의 방향과, 스칼라장 f의 미분을 계산할 때 취한 두 위치벡터 사이의 차이인 $d\vec{r}=\vec{r}_2-\vec{r}_1$의 방향 사이의 사이각이다. 이제 (6.22)식의 두 번째 식을 보자. 이 식의 좌변은 스칼라장 f의 미분 df와 이 미분을 구할 때 이용한 $d\vec{r}$의 크기인 ds 사이의 비이다. 이 비를 특별히 스칼라장 f의 방향도함수라고 부른다. 이 비는 $d\vec{r}$ 방향으로 단위 거리만큼 이동할 때 스칼라장 f의 값이 바뀌는 정도를 나타낸다. 도함수란 함수가 바뀌는 비율을 가리킨다는 것을 기억하면 df/ds가 방향도함수라고 불릴 만 하다고 생각할 수 있다. 그런데 (6.22)식을 보면 이 방향 도함수 df/ds는 θ가 $0°$일 때 즉 $d\vec{r}$의 방향이 ∇f의 방향과 같을 때 최대이다. 그러므로 ∇f의 방향은 스칼라장 f의 크기가 가장 많이 변하는 방향을 가리킨다고 할 수 있다.

예제 1 $f(x,y,z)=x^2+y^2+z^2$이라는 스칼라장 생각하자. $f=c$(일정)과 같은 식은 무엇을 나타내는가? $\vec{r}=2\,\mathbf{i}+\mathbf{j}+\mathbf{k}$에서 어떤 방향으로 이동하면 스칼라장 f의 크기가 가장 많이 바뀌는가?

$x^2+y^2+z^2$은 원점에서 위치벡터 $\vec{r}=x\,\mathbf{i}+y\,\mathbf{j}+z\,\mathbf{k}$까지 거리의 제곱이다. 따라서 $x^2+y^2+z^2$이 일정한 점들은 원점에서 거리가 같은 점들이다. 그러므로 $f=c$는 반지름이 $R=\sqrt{c}$인 구의 표면을 가리킨다. 이것은 구의 표면에서는 어디서나 스칼라장 f의 값이 같음을 의미한다. 따라서 구 표면에서 수직한 방향으로 이동하면 f가 가장 많이 바뀌리라고 예상할 수 있다. 그러한 예상을 확인하기 위하여 스칼라장 f의 그래디언트 ∇f를 구해보자. (6.16)식을 이용하면

$$\nabla f=\mathbf{i}\frac{\partial f}{\partial x}+\mathbf{j}\frac{\partial f}{\partial y}+\mathbf{k}\frac{\partial f}{\partial z}=\mathbf{i}2x+\mathbf{j}2y+\mathbf{k}2z=2\vec{r}$$

이다. 그런데 (6.22)식을 이용하여 설명된 것처럼, 스칼라장이 가장 빨리 바뀌는 방향은 그 스칼라장의 그래디언트의 방향과 같다. 그러므로 $\vec{r}=2\,\mathbf{i}+\mathbf{j}+\mathbf{k}$에서 스칼라장 f가 가장 많이 바뀌는 방향은 바로 $\vec{r}=2\,\mathbf{i}+\mathbf{j}+\mathbf{k}$방향이다.

그러면 다음으로 ∇ 연산자를 벡터장 $\vec{F}(\vec{r})$에 적용하는 경우를 보자. 두 벡터를 곱할 때 그 결과가 스칼라가 될 수도 있고 벡터가 될 수도 있으므로 두 벡터의 스칼라곱과 벡터곱을 정의하였던 것과 꼭 마찬가지로, 벡터장에 벡터연산자인 ∇ 연산자를 적용하면 그 결과가 스칼라장이 될 수도 있고 벡터장이 될 수도 있다. 그래서 두 경우를

구분하여 결과가 스칼라장이 되는 경우는 $\nabla \cdot \vec{F}$라고 쓰고 '델 돗 $\vec{F}$'라고 읽는다. 그리고 결과가 벡터장이 되는 경우는 $\nabla \times \vec{F}$라고 쓰고 '델 크로스 $\vec{F}$'라고 읽는다. 또한 앞에서 ∇f를 그래디언트 f라고 부르고 **grad** f라고 쓰기도 했던 것과 꼭 마찬가지로, $\nabla \cdot \vec{F}$를 다이버젠스 $\vec{F}$라고 부르고 **div** $\vec{F}$라고 쓰기도 하며, $\nabla \times \vec{F}$를 컬 $\vec{F}$라고 부르고 **curl** $\vec{F}$라고 쓰기도 한다.

∇ 연산자의 정의인 (6.15)식을 이용하고 벡터장 $\vec{F}$를

$$\vec{F}(\vec{r}) = F_x(\vec{r})\ \mathbf{i} + F_y(\vec{r})\ \mathbf{j} + F_z(\vec{r})\ \mathbf{k} \tag{6.23}$$

로 표현하면 **div** $\vec{F}$는

$$\begin{aligned} \nabla \cdot \vec{F} &= \left[\ \mathbf{i}\frac{\partial}{\partial x} + \ \mathbf{j}\frac{\partial}{\partial y} + \ \mathbf{k}\frac{\partial}{\partial z}\right] \cdot \left[\ F_x\,\mathbf{i} + F_y\,\mathbf{j} + F_z\,\mathbf{k}\right] \\ &= \frac{\partial F_x}{\partial x} + \frac{\partial F_y}{\partial y} + \frac{\partial F_z}{\partial z} \end{aligned} \tag{6.24}$$

가 된다. 같은 방법으로 **curl** $\vec{F}$는

$$\begin{aligned} \nabla \times \vec{F} &= \left[\ \mathbf{i}\frac{\partial}{\partial x} + \ \mathbf{j}\frac{\partial}{\partial y} + \ \mathbf{k}\frac{\partial}{\partial z}\right] \times \left[F_x\,\mathbf{i} + F_y\,\mathbf{j} + F_z\,\mathbf{k}\right] \\ &= \ \mathbf{i}\left(\frac{\partial F_z}{\partial y} - \frac{\partial F_y}{\partial z}\right) + \ \mathbf{j}\left(\frac{\partial F_x}{\partial z} - \frac{\partial F_z}{\partial x}\right) + \ \mathbf{k}\left(\frac{\partial F_y}{\partial x} - \frac{\partial F_x}{\partial y}\right) \\ &= \begin{vmatrix} \mathbf{i} & \mathbf{j} & \mathbf{k} \\ \frac{\partial}{\partial x} & \frac{\partial}{\partial y} & \frac{\partial}{\partial z} \\ F_x & F_y & F_z \end{vmatrix} \end{aligned} \tag{6.25}$$

가 된다.

III. 운동을 기술하는 방법

달려가는 축구선수

자연법칙을 수식으로 표현하기 위해서는 제일 먼저 자연현상을 물리량으로 표현하는 일이 필요합니다. 그래서 우리는 지난 두 주에 걸쳐서 물리량을 어떻게 다루는지 배웠고 좌표계가 왜 필요한지도 배웠고 물리량을 왜 벡터와 스칼라로 구분하는지도 배웠습니다.

여러분이 아직 기억하고 있을지 모르지만, 물리는 자연현상을 지배하는 가장 기본적인 법칙을 다루는 분야입니다. 그리고 그렇게 가장 기본적인 자연법칙은 단 하나입니다. 우리는 물리에서 다루는 그 단 하나의 기본법칙이 바로 운동법칙임을 1장에서 배웠습니다. 그렇습니다. 자연의 기본법칙은 바로 물체가 어떻게 운동하는지를 설명하는 법칙인 것입니다.

자연현상에 대한 단 하나의 기본법칙인 운동법칙이 사실은 바로 우리가 잘 알고 있는 $F=ma$라고 표현되는 뉴턴의 운동방정식입니다. 고등학교에서 여러분은 물리시간을 통하여 $F=ma$를 이용하는 방법을 배웠을 것입니다. 이제 대학교 물리시간에서도 똑같은 방정식을 이용하는 방법을 배웁니다. 그렇지만 대학교에서는 좀 고급스럽게 뉴턴의 운동방정식을 다룹니다.

이번 주에도 아직 뉴턴의 운동법칙을 직접 다루지는 않고 그렇게 하기 위한 준비 작업을 좀 더 계속합니다. 운동법칙은 물체가 운동할 때 만족하는 법칙입니다. 그래서 물체의 운동에 운동법칙을 적용하기 위해서는 먼저 물체의 운동을 어떻게 기술하는지를 정해야 합니다. 이번 주에는 그래서 물체의 운동을 기술하는 방법을 배웁니다.

우리는 이미 물체의 운동을 정량적으로 기술하기 위해서는 가장 먼저 좌표계를 정해줘야 한다는 것을 알고 있습니다. 그리고 좌표계를 정하는 것이 어떻게 하는 것인지도 알고 있습니다. 그런데 물체의 위치를 정해주는 좌표계 중에서 가장 많이 이용되는 것으로 직교좌표계, 구면좌표계, 그리고 원통좌표계가 있습니다. 또 다른 좌표계를 이용할 수도 있지만 이 세 가지가 주로 이용되므로 다른 것은 관심을 갖지 않아도 좋습니다.

이번 주 첫 번째 장인 7장에서는 직교좌표계를 이용하여 운동을 어떻게 기술하는지 배웁니다. 그리고 그 다음 8장에서는 원통좌표계와 구면좌표계를 이용하여 운동을 어떻게 기술하는지를 배우게 됩니다. 그리고 마지막으로 9장에서는 등속도운동, 등가속도운동, 등속운동 등 특별한 운동을 어떻게 기술하는지에 대해서 배울 것입니다.

7. 운동을 직교좌표계로 기술하기

- 물체의 위치를 나타내는 벡터를 위치벡터라고 한다. 직교좌표계에서 위치벡터는 어떻게 정의되는가? 그리고 물체의 위치와 연관된 변위와 거리는 위치벡터와 어떤 관계를 가지고 있는가?
- 물체의 운동을 기술하는 데는 변위, 속도, 가속도 등이 이용된다. 이들을 직교좌표계에서 어떻게 구하고 그들은 서로 어떤 관계에 있는가?
- 물체가 이동하는 방향은 변위 또는 속도의 방향과 같다. 그러나 가속도의 방향은 물체의 이동방향과 아무런 관계가 없다. 물체의 운동을 보고 가속도의 방향을 알 수 있는 방법은 없을까?

물체의 운동을 수(數)에 의해서 정량적으로 묘사하기 위해서는 먼저 공간에 적당한 좌표계를 정해야 한다. 지난 3장에서 좌표계를 정한다는 말은 물체의 위치가 0이라는 수로 대표되는 기준 위치인 원점을 정하고 그 원점을 지나는 서로 수직한 3개의 좌표축을 정하며 각 좌표축의 +방향을 정하는 것을 의미한다고 배웠다. 그리고 각 좌표축의 +방향을 정할 때는 반드시 오른손 좌표계가 되도록 정해야 한다는 점도 배웠다.

좌표계란 물체의 운동을 수로 묘사하기 위하여 내가 마음대로 정하면 된다. 혹시 좌표계를 잘못 정하면 문제를 제대로 풀지 못하지 않을까 걱정할 필요는 없다. 자연법칙은 좌표계와는 아무런 관계가 없다. 좌표계란 단지 자연법칙을 수로 대표하게 해주는 수단일 뿐이기 때문이다. 그러나 좌표계의 원점이나 각 좌표축의 방향을 편리하게 정하는 것은 매우 중요하다. 예를 들어 지구에서 운동하는 물체의 움직임을 기술하는데 원점을 목성에 정했다면 물체의 위치를 대표하는 수가 매우 커야지 만 되기 때문에 무척 불편할 것이다.

6장에서 이미 배운 것처럼, 그림 7.1에 보인 것과 같이 좌표계의 원점에서 물체의 위치까지 그린 벡터를 위치벡터 $\vec{r}$이라 한다. 위치벡터는 그림 7.1과 같이 좌표계의 원점에서 물체의 위치까지 그린 화살표를 말한다. 물체가 시간 t때 이 위치에 있다고

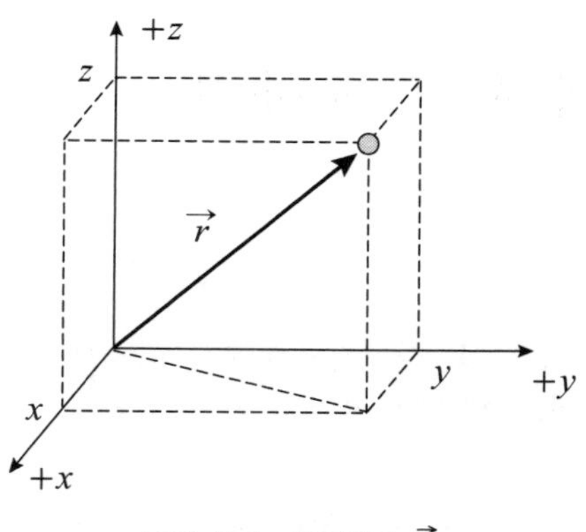

그림 7.1 위치벡터 $\vec{r}$

하면 위치벡터를 시간의 함수로 $\vec{r}(t)$와 같이 표현한다. 이런 방법으로 위치벡터를 표현하면 물체가 움직이는 모습을 수식으로 나타낸 셈이 된다. 물체의 위치를 수로 구하려면 그림 7.1에 보인 것처럼 각 좌표축의 성분을 더하여

$$\vec{r}(t) = x(t)\ \mathbf{i} + y(t)\,\mathbf{j} + z(t)\,\mathbf{k} \tag{7.1}$$

와 같이 위치벡터를 표현하면 된다. 여기서 위치벡터의 각 축 방향의 성분인 x, y, z는 물체의 위치로부터 각 축에 내린 수선이 각 축과 교차하는 점을 말하며, 물체의 위치를 이렇게 (x, y, z)로 나타낼 때 직교좌표계를 이용하여 위치를 표현한다고 말한다. 그리고 이런 방법으로 물체가 운동을 시작한 위치로부터 끝낸 위치까지 움직이는 동안 모든 시간에서 물체가 위치한 좌표 값을 알면 물체의 운동을 완벽하게 묘사한 것이다.

그런데 이와 같이 물체의 운동을 묘사하는데 물체의 위치벡터를 시간의 함수로 표현하기 위해서는 서로 다른 모든 시간에 물체의 위치가 어디인지를 좌표로 표시하여야 하기 때문에 무한히 많은 수의 좌표를 알아야 한다. 그렇지만 우리가 흔히 듣는 등속도 운동이나 등가속도 운동과 같은 특별한 운동을 묘사하는 데는 매 순간마다 물체가 위치한 좌표가 어디인지를 말해주는 수를 모두 다 열거하지 않아도 된다. 예를 들어, 등속도 운동을 보자. 등속도 운동은 일정한 빠르기로 정해진 한 방향을 향해서 움직이는 운동이다. 그래서 시작점의 위치와 흘러간 시간 그리고 물체가 움직이는 속도만 알면, 그 속도에 시간을 곱하여 물체가 진행한 거리를 계산하는 방법으로 매 순간마다 물체의 위치를 알 수 있다. 이와 같이 속도나 가속도 등 물체의 운동을 기술하는데 보조가 되는 물리량은 물체의 운동을 간단히 묘사하는데 큰 도움을 준다.

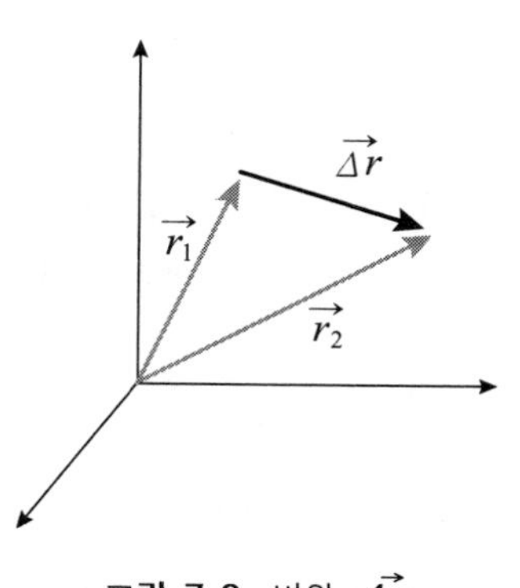

그림 7.2 변위 $\vec{\Delta r}$

이제 위치벡터, 변위, 속도, 그리고 가속도 등 물체의 운동을 기술하는데 필요한 물리량에 대해 자세히 알아

보자. 물체가 이동하는 모습을 묘사하는 벡터양으로 우리가 이미 4장에서 벡터의 덧셈 법칙을 구하는데 이용하였던 변위가 있다. 물체가 한 위치에서 다른 위치로 이동하였을 때, 처음 위치에서 나중 위치까지 직선으로 그은 화살표를 변위라 한다. 그림 7.2에 보인 것처럼, 시각 t_1때 위치벡터가 $\vec{r}_1$인 위치에 있던 물체가 시각 t_2때 위치벡터가 $\vec{r}_2$인 위치로 이동하였다면 물체가 이동한 변위 $\Delta\vec{r}$은

$$\Delta\vec{r} = \vec{r}_2 - \vec{r}_1 \tag{7.2}$$

로 주어진다.

(7.2)식에서 변위를 표시하는데 델타라고 읽히는 글자 Δ를 사용하였다. 물리에서는 변화량을 표현할 때는 흔히 이 글자를 이용한다. 예를 들어 운동에너지를 K로 나타내면 운동에너지의 변화량을 $\Delta K = K_2 - K_1$이라고 쓰는데 여기서 변화를 판단하는 기준은 시간이며 그래서 아래첨자 1과 2는 서로 다른 시간을 나타낸다. 물리에 나오는 물리량은 거의 대부분 시간을 기준으로 변화량을 이야기한다. 예를 들어 등속도 운동은 속도가 변하지 않는 운동을 말하는데 시간이 흐르더라도 속도가 일정하게 유지된다는 뜻이며 에너지 보존법칙은 에너지가 변하지 않는다는 법칙인데 이 경우에도 역시 시간이 흐르더라도 에너지가 일정하다고 이해하면 된다.

변위는 처음위치 $\vec{r}_1$에서 나중위치 $\vec{r}_2$까지 그린 화살표로 표시되는데, 여기서 변위는 물체가 이동한 거리와 이동방향을 함께 보여준다. 이때 물체가 이동한 거리 Δs는 변위의 크기 $|\Delta\vec{r}|$와 같아서

$$\Delta s = |\Delta\vec{r}| = |\vec{r}_2 - \vec{r}_1| \tag{7.3}$$

라고 쓸 수 있다. 물리에서는 변위와 거리를 엄격하게 구분에서 사용하는데, 물체가 이동한 거리는 변위의 크기만을 말하는 스칼라양이다.

만일 좌표계의 원점을 다르게 정했다면, 그림 7.3에 보인 것과 같이, 물체의 위치를 나타내는 위치벡터는 다르게 표현된다. 즉 좌표의 값이 바뀐다. 그러나 두 위치벡터의 차이로 정해지는 변위는, 그림 7.3에 $\Delta\vec{r}$로 보인 화살표처럼, 좌표계의 원점이 달라지더라도 바뀌지 않고 똑같다. 좌표계란 물체가 이동하는 모습을 수로 나타내기 위해서 자신이 편리하게 정하는 것이다. 그래서 좌표계를 어떻게 정하든지 우리가 기술하려고 하는 내용은 바뀌지 않아야 할 것이다. 그러므로 물체가 이동하는 모습을 나타내는 변위

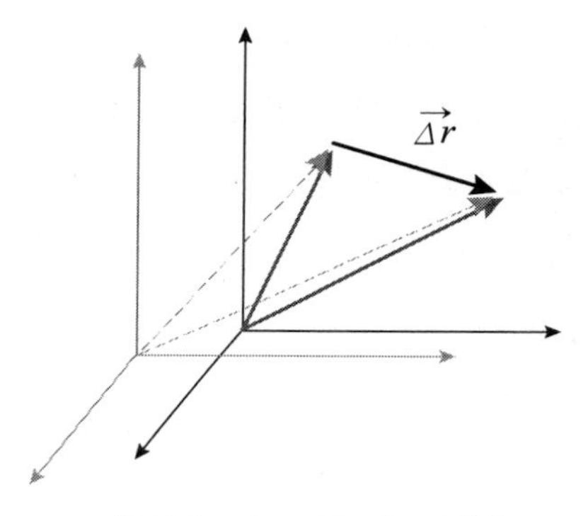

그림 7.3 서로 다른 좌표계에서 표현된 위치벡터와 변위

가 사용하는 좌표계에 따라 바뀌지 않는 것은 당연한 결과이다.

이번에는 변위와 거리 사이의 차이를 좀 더 자세히 살펴보자. 우체국에서 학교까지 4km를 갔다고 말하면 단지 우체국에서 학교까지의 거리만을 이야기한 것이다. 그런데 우체국에서 오른쪽으로 학교까지 4km를 갔다고 말하면 변위를 이야기한 것이다. 그리고 여기서 오른쪽으로라고 말하는 대신에 좌표축의 오른쪽을 +방향으로 정했다면 +4 km를 갔다고 말하던가, 좌표축의 왼쪽을 +방향으로 정했다면 −4 km를 갔다고 말하면 바로 변위를 말한 것이다. 그리고 변위의 크기는 거리와 같다.

이번에는 그림 7.4의 점선으로 보인 것과 같이 물체는 위치벡터가 $\vec{r}_1$인 곳에서 출발하여 직선경로가 아니라 이리저리 방향을 바꾸면서 진행하다가 결국 위치벡터가 $\vec{r}_2$에 도착하였다고 하자. 이때 물체가 이동한 변위는 $\vec{r}_1$에서 $\vec{r}_2$까지 직선으로 그린 화살표와 같다. 그러나 이동한 거리는 실제로 거쳐 지나간 거리를 다 포함하며 그러면 이 경우에는, 그림 7.4에서 분명하듯이, 변위의 크기가 이동한 거리와 동일하지 않다. 그러므로 물체가 진행하면서 이동방향을 바꾸면 물체가 이동한 거리는 이동한 변위의 크기보다 더 크다. 물체가 이동 방향을 바꾸지 않고 이동하는 경우에는 변위의 크기가 거리와 같지만 이동 방향을 조금이라도 바꾸면 변위의 크기는 항상 이동한 거리보다 더 작다.

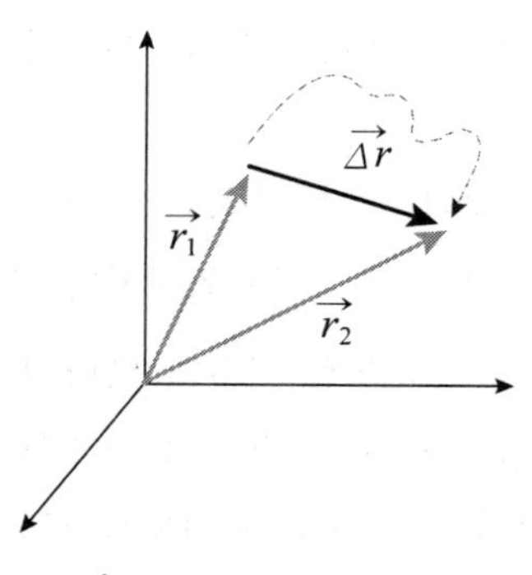

그림 7.4 이동방향이 바뀌는 경우의 변위와 거리

물체의 위치와 이동을 묘사하는 물리량으로 위치벡터와 변위 그리고 거리를 알아보았다. 위치벡터와 변위는 벡터양이고 거리는 스칼라양이라고 하였고 특히 거리는 변위의 크기를 말한다고 하였다. 그러면 이제 물체가 움직이는 빠르기를 묘사하는 물리량인 속도와 속력에 대해 알아보자.

물체의 위치를 어느 한 시각에 단 한 번만 측정해서는 물체가 움직이는 빠르기를 알 수는 없다. 물체가 움직이는 빠르기는 두 시각에 물체가 지나간 두 위치를 알아야 계산할 수 있다. 시각이 t_1일 때 물체의 위치벡터가 $\vec{r}_1$이고 시각이 t_2일 때 물체의 위치벡터가 $\vec{r}_2$이라고 하자. 그러면 t_1과 t_2사이의 시간간격 $\Delta t = t_2 - t_1$동안에 물체가 이동한 변위는 $\Delta\vec{r} = \vec{r}_2 - \vec{r}_1$이다. 그러면 물체의 속도 $\vec{v}$는 이동한 변위 $\Delta\vec{r}$를 이동하는데 걸린 시간간격 Δt로 나누어

$$\vec{v} = \frac{\Delta\vec{r}}{\Delta t} \tag{7.4}$$

과 같이 구한다.

이렇게 구한 속도는 벡터양이다. 변위가 벡터양이고 시간간격은 스칼라양이므로 벡터를 스칼라로 나눈 것은 벡터양임을 곧 알 수 있다. 앞에서 벡터양인 변위의 크기를 스칼라양인 거리라 부른다고 하였다. 그래서 이동한 거리를 그만큼 이동하는데 걸린 시간간격으로 나누면 물체가 움직인 빠르기를 구할 수 있다. 이렇게 구한 빠르기를 속력이라고 부른다. 속도와 속력이 비슷한 의미로 들리지만 물리에서는 두 물리량을 엄격히 구별하여 사용한다. 속도는 크기와 방향이 모두 정해져야 결정되며 속력은 크기만으로 결정되는데, 속도의 크기가 바로 속력과 같다.

영어로는 속도를 velocity 라 부르고 속력을 speed라고 불러서 서로 구별한다. 자동차에서 빠르기를 알려주는 계기판을 영어로 speedometer라고 부르는데 우리는 이것을 속도계라고 하기보다는 속력계라고 부르는 것이 더 그럴듯해 보인다. 그것은 속력계가 자동차의 빠르기만을 알려주지 자동차가 움직이는 방향을 알려주지는 않기 때문이다.

속도를 계산하려면 서로 다른 두 시각에 물체의 위치를 측정하여 변위를 계산하고 그것을 시간간격으로 나눈다. 예를 들어 100m 경주하는 사람의 속도를 알려면 스톱워치를 가지고 100m 를 달리는데 걸리는 시간을 측정한다. 그런데 100 m를 달리는 동안 빠르기가 항상 일정하다고 볼 수는 없다. 그래서 위와 같이 계산한 속도는 100 m를 달리는 동안의 평균속도라고 한다.

속도를 매 순간마다 좀 더 정확히 측정하려면 시간간격을 더 작게 하면 된다. 그런데 얼마나 작게 하여야 속도를 아주 정확하게 측정한다고 말할 수 있을까? 실제로 계산하는 데는 우리가 필요한 만큼 짧게 하면 되겠지만 수학적으로는 시간간격을 무한히 0에 가깝게 보낼 수도 있다. 이렇게 시간간격 Δt를 0에 이를 때까지 짧게 하여 계산한 속도를 특별히 순간속도라고 부른다. 물리나 수학에서 속도라고 하면 대부분 이 순간속도를 의미한다.

속도를 나타내는데 특별히 순간속도임을 강조하기 위하여 수학에서는 속도 $\vec{v}$를 표현하는데 (7.4)식 대신에

$$\vec{v}=\lim_{\Delta t\to 0}\frac{\Delta\vec{r}}{\Delta t}=\frac{d\vec{r}}{dt} \tag{7.5}$$

라고 쓴다. 여기서 $\lim_{\Delta t\to 0}$ 는 시간간격 Δt를 0으로 보내면서 $\Delta\vec{r}$과 Δt사이의 비를 계산한다는 뜻이다. 이때 무한히 0으로 보낸 시간 변화량을 시간에 대한 미분이라고 부르고 dt로 표시한다. 이 시간에 대한 미분은 6장에서 임의의 독립변수 s에 대한 미분을 정의한 (6.2)식에 의한 미분과 동일한 의미를 갖는다.

변위를 표현한 (7.2)식이나 속도를 표현한 (7.5)식에서는 아직 직교좌표계를 이용하지 않았다. 변위나 속도를 직교좌표계의 좌표인 (x, y, z)와 직교좌표계의 단위벡터인 $\mathbf{i}$, $\mathbf{j}$, $\mathbf{k}$를 이용하여 표현하면 그때 직교좌표계를 이용하였다고 말한다. 그래서 위치벡터를 표현한 (7.1)식이 바로 직교좌표계를 이용하여 표현된 것이다.

(7.1)식을 이용하여 두 위치벡터 $\vec{r}_1$과 $\vec{r}_2$를 직교좌표계에서 표현하면

$$\vec{r}_1=x_1\,\mathbf{i}+y_1\,\mathbf{j}+z_1\,\mathbf{k}\ ,\qquad \vec{r}_2=x_2\,\mathbf{i}+y_2\,\mathbf{j}+z_2\,\mathbf{k} \tag{7.6}$$

이 된다. 그러면 물체가 $\vec{r}_1$에서 $\vec{r}_2$로 이동할 때의 변위 $\Delta\vec{r}$을 직교좌표계에서 표현하면

$$\begin{aligned}\Delta\vec{r}&=\vec{r}_2-\vec{r}_1=(x_2-x_1)\ \mathbf{i}+(y_2-y_1)\ \mathbf{j}+(z_2-z_1)\ \mathbf{k}\\&=\Delta x\ \mathbf{i}+\Delta y\ \mathbf{j}+\Delta z\ \mathbf{k}\end{aligned} \tag{7.7}$$

가 된다. 그리고 (7.5)식으로 주어지는 속도 $\vec{v}$를 직교좌표계에서 표현하면

$$\begin{aligned}\vec{v}&=\lim_{\Delta t\to 0}\frac{\Delta\vec{r}}{\Delta t}=\lim_{\Delta t\to 0}\left[\frac{\Delta x}{\Delta t}\ \mathbf{i}+\frac{\Delta y}{\Delta t}\ \mathbf{j}+\frac{\Delta z}{\Delta t}\ \mathbf{k}\right]\\&=\frac{dx}{dt}\ \mathbf{i}+\frac{dy}{dt}\ \mathbf{j}+\frac{dz}{dt}\ \mathbf{k}\end{aligned} \tag{7.8}$$

이다. 그런데 속도 $\vec{v}$를 직교좌표계에서 각 축 방향 성분과 단위벡터로 표현하면

$$\vec{v}=v_x\,\mathbf{i}+v_y\,\mathbf{j}+v_z\,\mathbf{k} \tag{7.9}$$

가 된다. 그래서 (7.8)식과 (7.9)식을 비교하면 속도의 직교좌표 성분인 v_x, v_y 그리고

v_z는

$$v_x = \frac{dx}{dt}, \quad v_y = \frac{dy}{dt}, \quad v_z = \frac{dz}{dt} \tag{7.10}$$

임을 알 수 있다. 이 결과는 놀랍게도 속도의 x성분은 x좌표에 의해서만 결정되고 y성분은 y좌표에 의해서만 결정되며 z성분은 z좌표에 의해서만 결정된다는 것을 알려준다. 여러분 중에는 혹시 이렇게 당연한 결과를 가지고 왜 놀라운 결과라고 말하는지 의아하게 생각할지도 모른다. 그런데 앞으로 구면좌표계나 원통좌표계에서 기술되는 운동을 배울 때 확실히 알게 되겠지만 (7.10)식으로 주어지는 성질이 꼭 당연한 것만은 아니다.

그런데 (7.8)식으로 속도를 계산하려면 한 가지 문제가 있어 보인다. 두 수의 비로 주어진 속도를 (7.8)식으로 구하는데 Δt를 0으로 보내어 계산한다면 분모가 0이 되는 셈인데 괜찮을까? 유한한 크기의 수를 점점 더 작은 수로 나눈다면 그 결과는 점점 더 큰 수로 되고 마침내 0으로 나눈다면 그 결과는 무한대가 된다. 무한대는 속도와 같은 물리량의 답이 될 수 없다. 다시 말하면 어떤 물리량을 계산하였는데 그 결과가 무한대로 나왔다면 우리는 답이 없다든지 또는 답이 존재하지 않는다고 말한다.

그런데 분모인 Δt가 0으로 가면 다행스럽게도 분자인 변위 $\Delta\vec{r}$의 크기도 역시 무한히 0에 가깝게 작아진다. 이것은 그림 7.5를 보면 잘 이해할 수 있다. 그림 7.5에서 좌우로 그린 좌표축은 시간을 나타내며 위 아래로 그린 좌표축은 x좌표를 나타낸다. 그래서 이 그림의 두 좌표축이 지금까지 본 평면을 나타내는 것이 아님을 특별히 유의해야 한다. 그래서 그림 7.5에는 두 개의 좌표축이 있지만 이것은 2차원 운동을 묘사하는 것이 아니라 단순히 1차원 운동에서 시간이 흘러감에 따라 물체의 x좌표가 어떻게 바뀌는지를 알려줄 뿐이다. 그림 7.5에서 실선은 물체의 x좌표를 시간의 함수로 보여준다. 시간이 t_1일 때 물체의 x좌표가 x_1이고 시간이 흐름에 따라 물체의 x좌표가 그림 7.5의 실선이 가리키는 것처럼 변하다가 시간이 t_2일 때 x좌표가 x_2인 위치를 지나간다. 그래

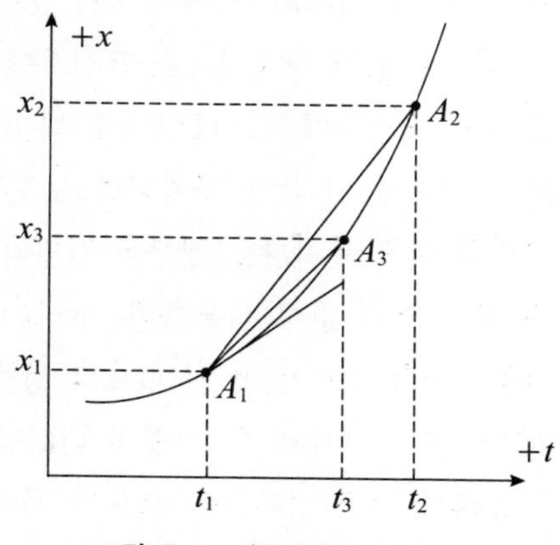

그림 7.5 평균속도와 순간속도

서 $\Delta t = t_2 - t_1$라는 시간간격 동안에 물체가 움직이는 평균속도의 x축 성분은 그림 7.5에 나오는 Δx와 Δt사이의 비와 같은데 이 값은 그림 7.5에서 A_1과 A_2를 잇는 선분의 기울기와 같다.

이제 그림 7.5에서 두 시간 t_1과 t_3사이의 더 짧은 시간간격 $\Delta t' = t_3 - t_1$에 대해 물체의 평균 속도를 계산한다고 생각하자. 그러면 이 더 짧은 시간간격에서 평균속도 값은 변위의 x축 성분인 $\Delta x' = x_3 - x_1$과 시간 변화량 $\Delta t'$사이의 비와 같고, 이 값은 그림 7.5에서 A_1과 A_3를 잇는 선분의 기울기와 같다. 그런데 그림 7.5를 보면 바로 알 수 있듯이, 시간 변화량 Δt를 $\Delta t'$으로 더 작게 하면 변위의 x성분 Δx도 $\Delta x'$로 더 작아진다.

만일 시간간격 Δt를 점점 더 작게 하여 0에 무한히 가까이 가게 하면 어떻게 될까? 이것은 그림 7.5에서 실선을 따라 A_3를 A_1쪽으로 가져오는 것과 같다. 그러면 그림 7.5에서 바로 볼 수 있듯이 시간간격 Δt가 작아지는 것과 함께 Δx도 역시 감소하면서 무한히 0에 가까워진다. 이렇게 0에 가깝게 작아진 변위의 x성분을 위치벡터의 x성분인 x에 대한 미분이라고 부르고 dx라고 표시한다. 그리고 이 위치벡터에 대한 미분은 바로 미분인 시간간격 dt사이의 변위와 같다. 그러면 위치 x_1에서 순간속도는 무한히 작아진 미분 dx와 미분 dt 사이의 비로 주어진다.

그래서 무한히 작아진 미분 dx를 dt로 나눈 것은 0을 0으로 나눈 것이라고 볼 수도 있다. 그런데 흔히 0을 0으로 나누면 부정이라고들 말한다. 그 뜻은 가장 간단한 1차 방정식인 $ax = b$ 의 풀이를 생각하면 바로 이해할 수 있다. 이 식에서 만일 $a = 0$이고 $b = 0$ 이라면 이 방정식의 풀이는 $x = 0/0$ 즉 0을 0으로 나눈 몫과 같다. 그런데 이것을 원래 방정식으로 표현하면 $0 \times x = 0$ 꼴이고 이 식은 x에 어떤 값을 넣더라도 모두 성립한다. 즉 0을 0으로 나눈 몫은 한 값으로 정해지지 않고 어떤 값이나 가능하기 때문에 이 몫을 부정이라고 부른다.

만일 어떤 물리량을 계산한 결과가 부정이라면 그래서 그 결과가 한 값으로 정해지지 않고 여러 값이 나온다면, 우리는 역시 그 물리량이 존재하지 않는다고 생각한다. 자연현상의 결과는 딱 한 값으로 정해져야만 하는 것이다. 만일 그렇지 않다면 자연현상이 이렇게 나타날까 저렇게 나타날까 결정하지 못하지 않겠는가?

그래서 언뜻 생각하면 분모와 분자가 모두 무한히 0으로 가까이 가는 순간속도를 계산하기가 좀 어려운 것처럼 생각되기도 한다. 그렇지만 그림 7.5를 가지고 조금 달리 접근하여 보자. 평균속도의 값은 그림 7.5에서 두 시각에서의 위치를 잇는 선분의 기울기와 같음을 알았다. 이제 두 시간간격을 줄여 가면 바로 이 선분의 기울기는 어떻게 변하는지 살펴보자. 자세히 보면서 곰곰이 생각해보면 그림 7.5의 A_3를 A_1에 가까이 가지고 갈수록 A_1과 A_3를 잇는 선분의 기울기는 한 값 즉 A_1을 지나는 실선에 접하는 접선의 기울기로 가까이 감을 알 수 있다. 그래서 Δt 가 0으로 가까이 가면 Δx 도 역시 0으로 가까이 가는데 그렇지만 이들 둘 사이의 비는 어떤 정해진 값으로 귀착되며 그 값이 바로 순간속도이다.

우리는 앞에서 흔히 변위의 크기를 거리라고 말하지만 실제로는 물체가 이동하는 방향이 바뀌지 않을 때만 변위의 크기가 물체가 이동한 거리와 같다고 하였다. 그래서 속도의 크기를 속력이라고 말할 때 그것이 항상 성립할지 또는 그렇지 않을지 궁금할 수도 있다. 상당히 큰 시간간격 Δt동안에 계산된 평균속도에 대해서는 변위에서와 마찬가지로 Δt동안에 물체가 이동하는 방향이 바뀌지 않는 경우에 한해서 평균속도의 크기가 평균속력과 같다. 그러나 순간속도의 경우에는 시간간격 dt동안에 이동하는 변위 $d\vec{r}$의 크기가 하도 작기 때문에 그 동안에 물체가 이동하는 방향이 바뀔 수가 없다. 그러므로 순간속도의 경우에는 항상 속도의 크기가 속력과 같다. 그리고 특별히 평균속도라고 언급하지 않는 이상 물리에서는 속도라고 하면 대부분 순간속도를 의미하기 때문에 속도의 크기는 속력이라고 말하면 틀릴 확률이 별로 크지 않다.

물체가 움직이는 빠르기를 나타내는 물리량이 속도와 속력이라면 속도가 변하는 정도를 나타내는 물리량이 가속도이다. 그리고 만일 속도가 변하지 않는다면 가속도는 0이다. 속도가 변하지 않는다고 말할 수 있으려면 속도의 크기인 속력은 물론 속도의 방향도 바뀌지 않아야 한다. 속도의 방향은 물체가 움직이는 방향과 일치한다. 그래서 직선 위를 일정한 속력으로 움직일 때만 속도가 변하지 않고 움직인다고 말한다.

속도를 측정하려면 서로 다른 두 시각에 물체의 위치벡터를 측정한 뒤 위치벡터의 변화량인 변위를 시간의 변화량으로 나누어 구했던 것처럼, 가속도를 측정하려면 서로 다른 두 시각에 물체의 속도를 측정한 뒤 속도의 변화량을 시간의 변화량으로 나누어 구한다. 이것을 식으로 표현하면

$$\vec{a} = \lim_{\Delta t \to 0} \frac{\Delta \vec{v}}{\Delta t} = \frac{d\vec{v}}{dt} \tag{7.11}$$

이 되는데 이 식은 앞에서 속도를 구한 (7.5)식에서 위치벡터를 표시하는 $\vec{r}$를 $\vec{v}$로 바

꾸어 쓰고 속도를 표시하는 $\vec{v}$를 가속도를 표시하는 $\vec{a}$로 바꾸어 쓴 것과 똑같다. 그래서 앞에서 평균속도와 순간속도에 관해, 순간속도를 구하려고 시간의 변화량 Δt를 0으로 무한히 가까이 보내면 과연 속도를 구할 수 있는지에 관해 장황하게 설명한 내용 중에서 위치를 속도로 그리고 속도를 가속도로 바꾸어 놓기만 하면 바로 가속도에 대한 설명이 된다. 그러니 가속도에 대해서는 더 이상 자세히 설명하지 않고 가속도를 이해하는데 유의할 점 몇 가지를 이야기하고 넘어가도록 하자.

(7.11)식으로 주어진 가속도는 아직 좌표계를 이용하여 표현된 것이 아니다. 이런 종류의 식은 좌표계에 상관없이 성립한다. 이제 직교좌표계를 이용하여 가속도를 표현하면 직교좌표계에서 속도를 표현한 (7.8)식과 (7.10)식을 이용하여

$$\begin{aligned}\vec{a} &= \frac{d\vec{v}}{dt} = \frac{dv_x}{dt}\,\mathbf{i} + \frac{dv_y}{dt}\,\mathbf{j} + \frac{dv_z}{dt}\,\mathbf{k} \\ &= \frac{d^2x}{dt^2}\,\mathbf{i} + \frac{d^2y}{dt^2}\,\mathbf{j} + \frac{d^2z}{dt^2}\,\mathbf{k}\end{aligned} \tag{7.12}$$

가 됨을 알 수 있다. 그런데 가속도 $\vec{a}$를 직교좌표계에서 각 축 방향의 성분과 단위벡터로 표현하면

$$\vec{a} = a_x\,\mathbf{i} + a_y\,\mathbf{j} + a_z\,\mathbf{k} \tag{7.13}$$

가 된다. 그러므로 (7.12)식과 (7.13)식을 비교하면 가속도의 직교좌표 성분인 a_x, a_y, 그리고 a_z는

$$a_x = \frac{dv_x}{dt} = \frac{d^2x}{dt^2}, \quad a_y = \frac{dv_y}{dt} = \frac{d^2y}{dt^2}, \quad a_z = \frac{dv_z}{dt} = \frac{d^2z}{dt^2} \tag{7.14}$$

로 주어짐을 알 수 있다. 이 결과와, 속도에 대한 결과인 (7.10)식을 보면 정말 놀랍게도 속도와 가속도의 x성분은 모두 x좌표에 의해서만 결정되고 y성분은 y좌표에 의해서만 결정되며 z성분은 z좌표에 의해서만 결정된다는 것을 알 수 있다. 이 결과는 나중에 우리가 운동법칙을 배울 때 아주 요긴하게 이용되어 문제를 아주 간단하게 만든다는 사실을 기억하고 있기 바란다.

벡터양인 변위의 크기는 거리와 같고 벡터양인 속도의 크기를 속력이라고 부른다는 점은 앞에서 이야기하였다. 그리고 속도 $\vec{v}$는

$$\vec{v} = \frac{d\vec{r}}{dt} \tag{7.15}$$

로 주어지며 따라서 이 식 좌변에 나온 벡터양인 속도 $\vec{v}$가 가리키는 방향은 우변에 나온 벡터인 변위 $d\vec{r}$가 가리키는 방향과 같고, 이 방향이 바로 물체가 움직일 때 이동하는 방향이다. 그렇지만 가속도 $\vec{a}$의 방향이 물체의 운동에서 무엇을 가리키는지를 이해하려면 좀 신중하게 생각해 보아야 한다. 가속도 $\vec{a}$는

$$\vec{a} = \frac{d\vec{v}}{dt} \tag{7.16}$$

라고 주어지는데 여기서 속도의 변화량인 $d\vec{v}$의 방향은 물체가 이동하는 방향과는 관계가 없기 때문이다.

(7.16)에서 분명하듯이 가속도는 벡터양이며 가속도의 방향은 속도의 변화량을 말하는 $d\vec{v}$의 방향과 같다. 문제를 간단히 하기 위해서 물체가 직선운동을 하는 경우를 보자. 직선운동을 기술하기 위해서는 좌표축을 하나만 그리면 되고 물체가 이동하는 방향은 좌표축의 +방향과 −방향 등 두 방향 밖에는 없다. 그러므로 물체가 이동하는 방향은 물론 물체의 가속도가 갖는 방향도 역시 좌표축의 +방향 또는 그 반대 방향 둘 중의 하나이다. 그리고 이런 경우에 변위와 속도 그리고 가속도의 방향은 그 양들의 부호로 결정된다. 예를 들어 변위가 0보다 크면 물체는 좌표축의 +방향으로 이동하는 것이고 0보다 작으면 −방향으로 이동하는 것이다. 그리고 가속도가 0보다 크면 물체의 가속도는 좌표축의 +방향을 가리키는 것이고 0보다 작으면 좌표축의 −방향을 가리키는 것이다.

그런데 가속도가 +방향을 향한다는 것이 무슨 의미인지 해석하는데 주의해야 한다. 가속도의 방향은 물체의 운동 방향과는 아무런 관계도 없다. 가끔 가속도의 방향과 물체가 운동하는 방향이 일치하기도 하지만 그것은 우연히 일치하는 것이지 어떤 원리에 의해 일치하는 것이 아니다. 한 번 더 강조하지만 물체가 움직이는 방향은 변위의 방향 또는 속도의 방향과는 같으나 가속도의 방향과는 아무런 관계가 없다.

직선운동에서 물체가 좌표축의 +방향을 향하여 움직인다고 하자. 이때 가속도의 방향도 역시 +방향이면 이것은 물체의 빠르기가 점점 더 증가하고 있음을 의미한다. 만일 물체가 좌표축의 +방향과는 반대방향인 −방향으로 움직이고 있는데 이 물체의 가속도의 방향이 +방향이라면 이것은 물체의 빠르기가 점점 감소하고 있음

표 7.1 좌표축의 +방향을 오른쪽으로 정한 경우 물체가 움직이는 모습

속도	가속도	물체가 움직이는 모습
0보다 크다	0보다 크다	오른쪽으로 점점 더 빨리 움직인다.
0보다 크다	0보다 작다	오른쪽으로 움직이나 빠르기가 감소한다.
0보다 작다	0보다 작다	왼쪽으로 점점 더 빨리 움직인다.
0보다 작다	0보다 크다	왼쪽으로 움직이나 빠르기가 감소한다.

을 의미한다. 가속도의 방향이 +방향의 반대방향인 −방향이라면 어떤 운동을 의미할지 곰곰이 생각해보자. 직선운동에 대해 그와 같은 여러 경우를 정리하면 표 7.1과 같은 표를 만들 수 있다.

8. 원통좌표계와 구면좌표계

- 원통좌표계를 이용하거나 직교좌표계를 이용한다는 말은 물리량을 각 좌표계에 속한 좌표와 단위벡터로 표현한다는 의미이다. 원통좌표계의 단위벡터와 구면좌표계의 단위벡터는 무엇이며 직교좌표계의 단위벡터와 어떤 점에서 구별되나?
- 직교좌표계의 단위벡터는 시간으로 미분하면 0이다. 그러나 원통좌표계와 구면좌표계의 단위벡터는 그렇지 않다. 각 좌표계의 단위벡터를 시간으로 미분하면 어떻게 되나 알아보자.
- 위치벡터, 속도, 가속도 등이 원통좌표계와 구면좌표계에서 표현되는 방법을 익숙할 때까지 익혀보자.

지난 7장에서는 위치벡터와 변위, 속도, 그리고 가속도 사이의 관계를 알아보고 그 관계를 직교좌표계를 이용하여 표현하였다. 이제 8장에서는 직교좌표계 대신 원통좌표계와 구면좌표계를 이용하여 위치벡터와 변위, 속도, 그리고 가속도를 표현하면 어떻게 되는지 알아보고자 한다. 그렇게 하기 위해 먼저 원통좌표계와 구면좌표계를 정의하자.

그림 8.1은 원통좌표계에 속한 세 좌표 ρ와 ϕ 그리고 z가 어떻게 정의되는지 보여준다. 그림 8.1에 보인 것과 같이, 물체의 위치에서 xy평면에 수선을 내려 그어서 xy평면과 만나는 점과 원점 사이의 거리가 좌표 ρ와 같다. 그리고 x축으로부터 ρ까지 회전각이 좌표 ϕ와 같다. 마지막으로 원통좌표계의 좌표 z는 직교좌표계에서의 좌표 z와 똑같이 정의된다.

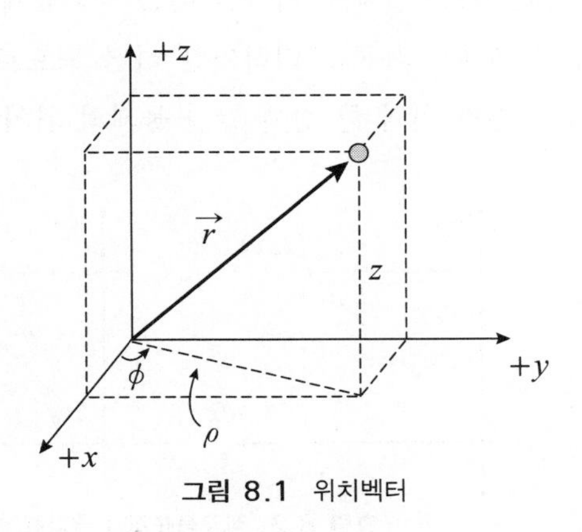

그림 8.1 위치벡터

원통좌표계의 각 좌표에 대응하는 단위벡

터는 $\hat{\rho}$, $\hat{\phi}$, $\hat{z} = \mathbf{k}$ 등과 같이 쓴다. 이들은 모두 크기가 1인 벡터로 그 방향은 직교좌표계의 단위벡터를 정의하였던 (5.1)식과 유사하게 정의하면 쉽게 이해될 수 있다. 다시 말하면, 원통좌표계의 단위벡터는

$$\begin{aligned} \hat{\rho} &: \ \phi\text{와 } z\text{는 일정하게 유지하고 } \rho\text{만 증가하는 방향} \\ \hat{\phi} &: \ z\text{와 } \rho\text{는 일정하게 유지하고 } \phi\text{만 증가하는 방향} \\ \mathbf{k} &: \ \rho\text{와 } \phi\text{는 일정하게 유지하고 } z\text{만 증가하는 방향} \end{aligned} \tag{8.1}$$

이라고 정의된다. 그러면 이제 (7.1)식에 의해 직교좌표계에서 위치벡터를 표현한 것처럼, 원통좌표계의 좌표와 단위벡터를 이용하여 위치벡터를 표현할 수 있다. 직교좌표계를 이용한 (7.1)식에서 아이디어를 빌려서

$$\vec{r} = \rho\hat{\rho} + \phi\hat{\phi} + z\,\mathbf{k} \text{(이 식은 틀린 식임!)} \tag{8.2}$$

라고 쓰면 될까? 그렇지가 않다. 그림 8.1을 잘 보면 위치벡터 $\vec{r}$은

$$\vec{r} = \rho\hat{\rho} + z\,\mathbf{k} \tag{8.3}$$

와 같음을 알 수 있다.

원통좌표계에 속한 세 좌표 중에서 z는 직교좌표계와 동일한 것을 이용한다. 그래서 직교좌표계와 원통좌표계는 xy평면에서 전자(前者)는 두 좌표 x와 y를 이용하는데 반하여 후자(後者)는 두 좌표 ρ와 ϕ를 이용한다는 데서 차이가 있다. 그리고 특별히 두 좌표 ρ와 ϕ를 이용하는 2차원 좌표계를 극좌표계라고 부른다. 평면 위에서 원운동하는 물체를 기술할 때는 극좌표계를 이용하는 것이 편리하다. 원통좌표계는 극좌표계에 z좌표를 더하기만 하면 됨으로 잠시 극좌표계에 대해서 알아보기로 하자.

평면 위의 한 점에 놓인 물체의 위치를 직교좌표계에서는 그림 8.2에 표시된 것처럼 두 좌표 (x, y)로 표시한다. 똑같은 위치를 극좌표계에서 표시하면 그림 8.2에 보인 것처럼 두 좌표 (ρ, ϕ)로 표시한다. ρ좌표는, 앞에서 정의된 것과 마찬가지로, 좌표계의 원점으로부터 물체가 놓인 위

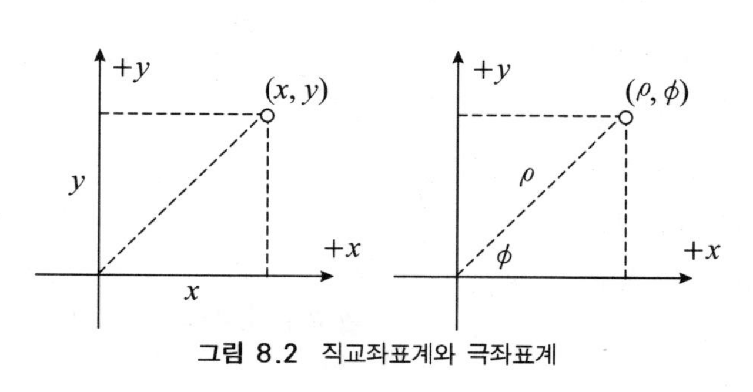

그림 8.2 직교좌표계와 극좌표계

치까지의 거리이고, ϕ좌표는 x축과 원점에서 물체의 위치까지 그린 선 사이의 사이각이다. 이와 같이 동일한 점을 나타내는데 직교좌표계를 이용하여 (x, y) 좌표로 표시하거나 극좌표계를 이용하여 (ρ, ϕ) 좌표로 표시할 수 있는데, 두 가지 중 어느 것을 이용할지는 문제가 주어지면 어느 것을 이용하는 것이 더 편리한지에 따라 우리 마음대로 정한다.

평면에 놓인 물체의 위치를 두 좌표로 표시할 수도 있지만 그림 8.3에 보인 것과 같이 위치벡터 $\vec{r}$로 표시할 수도 있다. 그리고 실제 계산을 위해서는, 앞에서 본 것처럼, 사용할 좌표계를 정하고 위치벡터를 그 좌표계의 성분으로 표현하여야 한다. 또한 사용하는 좌표계에 따라서 위치벡터가 표현되는 모양이 다르므로 위치벡터가 각 좌표계에서 표현되는 형태를 잘 알고 있어야 한다.

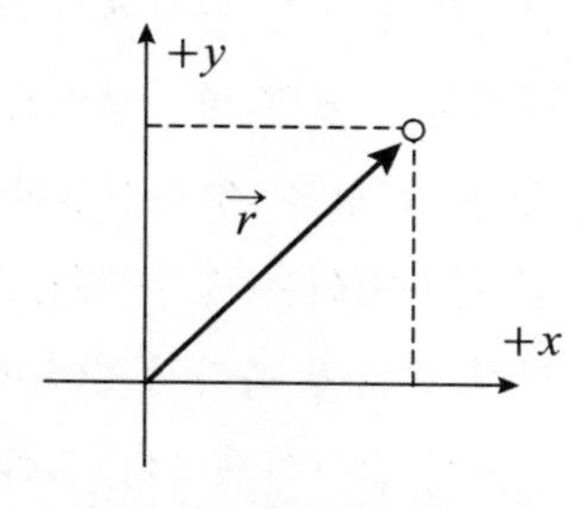

그림 8.3 평면위의 위치벡터

그러면 먼저 평면에서 직교좌표계와 극좌표계의 단위벡터들을 서로 비교하며 살펴보도록 하자. 2차원인 xy평면에서 직교좌표계의 단위벡터 i와 j는 그림 8.4에 보인 것과 같다. 점 A에서 $+x$방향의 단위벡터 i는 y를 일정하게 유지하고 x가 증가하는 방향인 오른쪽을 향하는 방향을 나타낸다. 점 B에서도 역시 단위벡터 i는 오른쪽을 향한다. 그리고 $+y$방향의 단위벡터 j는 x를 일정하게 유지하고 y가 증가하는 방향인 위쪽을 향한다. 그림 8.4에서 분명하듯이 두 점 A와 B에서 $+x$방향의 단위벡터 i가 동일하고 $+y$방향의 단위벡터 j도 동일함을 알 수 있다. 두 점에서 뿐 아니라 실제로 공간의 모든 점에서 직교좌표계의 단위벡터 i, j, k는 모두 동일하다.

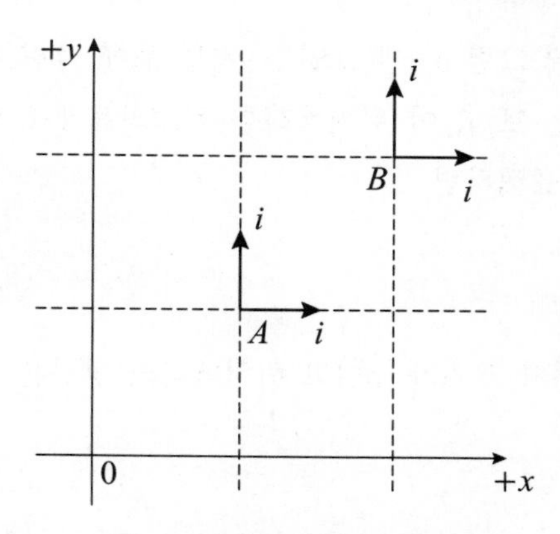

그림 8.4 직교좌표계의 단위벡터

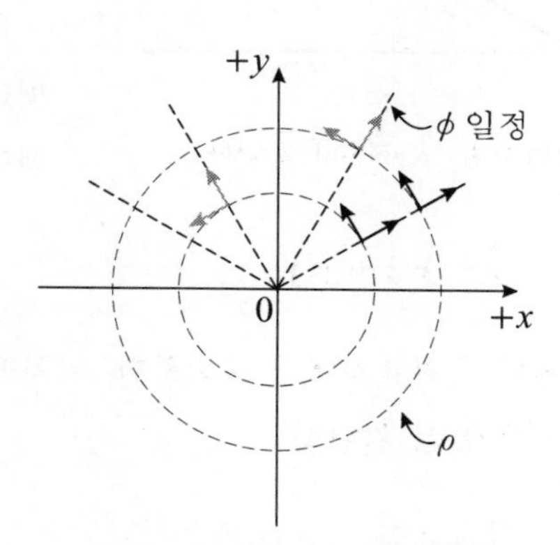

그림 8.5 극좌표계의 단위벡터

한편 극좌표계의 단위벡터는 좌표 ρ방향의 단위벡터 $\hat{\rho}$와 좌표 ϕ방향의 단위벡터 $\hat{\phi}$를 말한다. 이들 두 단위벡터의 정의는 (8.1)식에 설명되어 있다. 그리고 xy평면에서 두 단위벡터 $\hat{\rho}$와 $\hat{\phi}$가 그림 8.5에 표시되어 있다. 그림 8.5에 보인 것처럼 ϕ를 일정하게 유지하고 ρ를 증가시키면 원점에서 시작하는 직선이 된다. 그래서 각 점에서 단위벡터 $\hat{\rho}$는 원점에서 퍼져나가는 방향으로 표시된 벡터들이다. 한편 ρ를 일정하게 유지하고 ϕ만 증가시키면 원점을 중심으로 하는 원이다. 그래서 각 점에서 단위벡터 $\hat{\phi}$는 그 점을 지나는 원의 접선 방향으로 표시된 벡터들이다. 그런데 위치가 바뀌더라도 단위벡터는 모두 똑같은 직교좌표계에서와는 달리 극좌표계에서는 단위벡터를 표시한 위치에 따라서 단위벡터의 방향도 바뀐다는 점에 유의하자. 특별히 ϕ가 동일한 위치에서는 단위벡터 $\hat{\rho}$와 $\hat{\phi}$의 방향이 바뀌지 않지만 ϕ값이 다른 위치에서는 단위벡터들의 방향이 같지 않다. 그래서 극좌표계에서의 단위벡터는 각 ϕ의 함수임을 알 수 있다.

우리는 직교좌표계의 단위벡터에 익숙하기 때문에 단위벡터란 방향이 바뀌지 않는 벡터라고 막연히 생각하는 경향이 있다. 그러나 직교좌표계에서만 단위벡터의 방향이 바뀌지 않지 다른 좌표계의 단위벡터는 위치에 따라 방향이 바뀔 수도 있다는 점을 명심하자. 그러므로 오히려 좌표계의 단위벡터가 향하는 방향은 위치마다 다를 수 있는데, 직교좌표계에서만 특별히 단위벡터가 향하는 방향이 위치에 따라 바뀌지 않고 일정하다고 생각하는 것이 좋다.

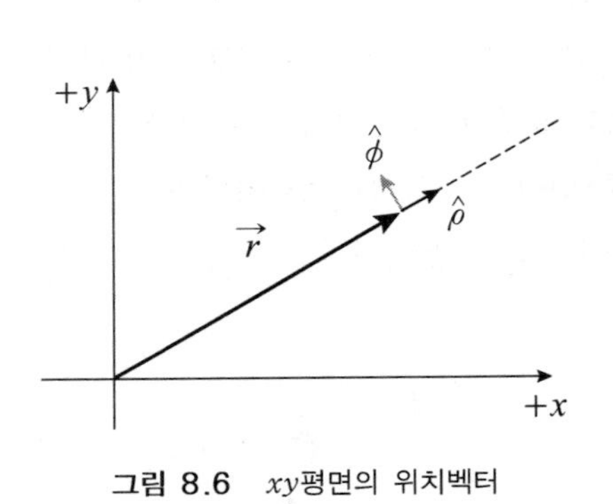

그림 8.6 xy평면의 위치벡터

이제 그림 8.6에 보인 xy평면 위에 그린 위치벡터를 보자. 이 위치벡터를 직교좌표계를 이용하여 표현하면

$$\vec{r} = x\,\mathbf{i} + y\,\mathbf{j} \qquad (8.4)$$

가 되지만 극좌표계에서 표현하면, 위치벡터의 크기가 ρ이고 위치벡터의 방향은 $\hat{\rho}$방향과 같으므로, 간단히

$$\vec{r} = \rho\hat{\rho} \qquad (8.5)$$

로 표현됨을 알 수 있다. 3차원 공간에서 위치벡터를 원통좌표계로 표현한 (8.3)식은 단순히 xy평면에서 표현된 (8.5)식에 z축 성분을 더한 것임을 알 수 있다. 언뜻 생각하면 극좌표계에서 위치벡터가 직교좌표계에서의 표현인 (8.4)식과 유사하게

$$\vec{r} = \rho\hat{\rho} + \phi\hat{\phi} \quad \text{(이것은 틀린 식임!)} \tag{8.6}$$

와 같이 표현되지 않을까 생각할 수도 있지만 그렇게 쓰면 옳지 않다는 것을 확신할 수 있으리라 믿는다.

이번에는 2차원 평면에서 움직이는 물체의 속도를 직교좌표계와 극좌표계를 이용하여 표현하여보자. 어느 좌표계에서나 속도는 7장의 (7.5)식에 의해 정의된 대로

$$\vec{v} = \frac{d\vec{r}}{dt} \tag{8.7}$$

이다. 그러나 이 식을 성분으로 표현하면 직교좌표계를 이용하느냐 또는 극좌표계를 이용하느냐에 따라 표현 방법이 달라진다.

2차원 xy 평면에서 움직이는 물체의 속도를 직교좌표계로 표현하면 (7.8)식과 (7.9)식에서 z축 성분만 제외하여

$$\vec{v} = \frac{dx}{dt}\,\mathbf{i} + \frac{dy}{dt}\,\mathbf{j} = v_x\mathbf{i} + v_y\mathbf{j} \tag{8.8}$$

라고 쓰면 된다. 그래서 속도의 x방향 성분 v_x와 y방향 성분 v_y는

$$v_x = \frac{dx}{dt}, \quad v_y = \frac{dy}{dt} \tag{8.9}$$

이다. 그러면 극좌표계로 표시한 위치벡터를 시간으로 미분하면 어떻게 될까? 언뜻 생각하면 (8.5)식을 이용하여

$$\vec{v} = \frac{d}{dt}\vec{r} = \frac{d}{dt}(\rho\hat{\rho}) = \frac{d\rho}{dt}\hat{\rho} \quad \text{(이것은 옳지 않은 식임!)} \tag{8.10}$$

일 것처럼 보이지만 그렇지가 않다. 극좌표계에서는 물체의 위치가 바뀌면 바뀐 위치에서 단위벡터 $\hat{\rho}$는 이전 위치에서 단위벡터 $\hat{\rho}$와 같지 않기 때문에 반드시

$$\vec{v} = \frac{d\rho}{dt}\hat{\rho} + \rho\frac{d\hat{\rho}}{dt} \tag{8.11}$$

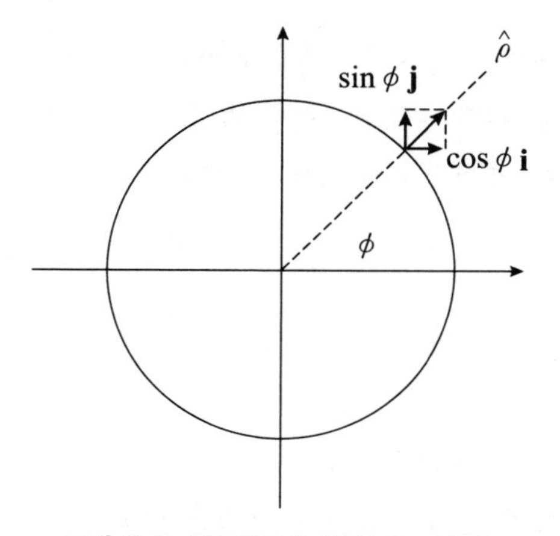

그림 8.7 직교좌표계 성분으로 표현한 극좌표계 단위벡터 $\hat{\rho}$

라고 해주어야만 한다.

그런데 (8.11)식을 이용해 속도를 구하려면 우변 둘째 항에 나오는 $d\hat{\rho}/dt$를 계산하는데 단위벡터 $\hat{\rho}$를 어떻게 시간으로 미분할 것인가가 쉽지 않은 문제처럼 보인다. 단위벡터 $\hat{\rho}$를 시간으로 미분하려면 그림 8.7에 보인 것과 같이 $\hat{\rho}$를 직교좌표계 성분으로

$$\hat{\rho} = \cos\phi\ \mathbf{i} + \sin\phi\ \mathbf{j} \tag{8.12}$$

라고 표현하면 편리하다. 그림 8.7에서 (8.12)식을 구할 때 단위벡터의 크기는 1임을 이용하였다. 직교좌표계의 단위벡터 i와 j는 물체가 움직이는 동안 어떤 위치에서도 바뀌지 않고 다 같으므로 시간으로 미분하면 0이 된다. 그래서 단위벡터 $\hat{\rho}$를 시간으로 미분하려면 $\cos\phi$와 $\sin\phi$만 시간으로 미분하면 되는데 그 결과는

$$\begin{aligned} \frac{d}{dt}\cos\phi &= \frac{d}{d\phi}\cos\phi\,\frac{d\phi}{dt} = -\sin\phi\,\frac{d\phi}{dt} \\ \frac{d}{dt}\sin\phi &= \frac{d}{d\phi}\sin\phi\,\frac{d\phi}{dt} = \cos\phi\,\frac{d\phi}{dt} \end{aligned} \tag{8.13}$$

이므로 $\hat{\rho}$를 시간으로 미분하면

$$\frac{d\hat{\rho}}{dt} = (-\sin\phi\ \mathbf{i} + \cos\phi\ \mathbf{j})\ \frac{d\phi}{dt} \tag{8.14}$$

가 된다.

이번에는 단위벡터 $\hat{\phi}$를 직교 좌표계 성분으로 표현해보자. 이 경우에도 그림 8.8에 보인 것처럼 어렵지 않게

$$\hat{\phi} = -\sin\phi\ \mathbf{i} + \cos\phi\ \mathbf{j} \tag{8.15}$$

임을 알 수 있고, (8.15)식을 이용해 단위벡터 $\hat{\phi}$를 시간으로 미분하면

$$\frac{d\hat{\phi}}{dt} = -(\cos\phi \ \mathbf{i} + \sin\phi \ \mathbf{j})\frac{d\phi}{dt} \tag{8.16}$$

를 얻게 된다. 그런데 (8.16)식의 우변에 나온 괄호 안에 들어있는 부분은 (8.12)식으로 주어진 단위벡터 $\hat{\rho}$에 대한 표현과 똑같다 그 뿐 아니고 앞에서 구한 $\hat{\rho}$를 시간으로 미분한 결과인 (8.14)식의 우변 괄호 안에 들어있는 부분은 (8.15)식으로 주어진 단위벡터 $\hat{\phi}$에 대한 표현과 똑같다. 그래서 극좌표계의 단위벡터를 시간으로 미분한 결과인 (8.14)식과 (8.16)식을

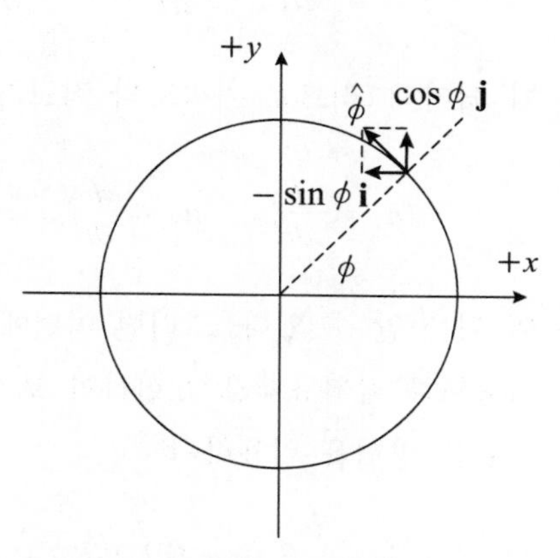

그림 8.8 직교좌표계 성분으로 표현한 극좌표계 단위벡터 $\hat{\phi}$

$$\frac{d\hat{\rho}}{dt} = \hat{\phi}\frac{d\phi}{dt}, \quad \frac{d\hat{\phi}}{dt} = -\hat{\rho}\frac{d\phi}{dt} \tag{8.17}$$

라고 쓸 수 있다.

이제 극좌표계의 단위벡터를 어떻게 시간으로 미분할지 알았으므로 다시 속도를 극좌표계로 표현하는 문제로 돌아가자. 위치벡터 $\vec{r}$을 극좌표계로 표현한 (8.5)식을 시간으로 미분하여 얻은 (8.11)식에 (8.17)식을 대입하면

$$\vec{v} = \frac{d\vec{r}}{dt} = \frac{d}{dt}\rho\hat{\rho} = \frac{d\rho}{dt}\hat{\rho} + \rho\frac{d\hat{\rho}}{dt} = \frac{d\rho}{dt}\hat{\rho} + \rho\frac{d\phi}{dt}\hat{\phi} = v_\rho\hat{\rho} + v_\phi\hat{\phi} \tag{8.18}$$

를 얻고 이 결과로부터 속도를 극좌표계 성분으로 표현하면

$$v_\rho = \frac{d\rho}{dt}, \quad v_\phi = \rho\frac{d\phi}{dt} \tag{8.19}$$

임을 알 수 있다. 이 결과를 직교좌표계에서 속도의 성분을 구한 (8.9)식과 비교해보는 것이 좋다. 그래서 속도에 대한 각 좌표의 성분이 좌표계에 따라 다른 형태로 주어진다는 것을 명심할 필요가 있다.

이번에는 xy평면에서 운동하는 물체의 가속도를 직교좌표계와 극좌표계의 성분으로 표현하여 보자. 직교좌표계에서의 가속도는 (7.12)식과 (7.13)식에 의해

$$\vec{a} = \frac{d\vec{v}}{dt} = \frac{d^2x}{dt^2}\ \mathbf{i} + \frac{d^2y}{dt^2}\ \mathbf{j} = a_x\mathbf{i} + a_y\mathbf{j} \qquad (8.20)$$

가 되며, 그러므로 가속도의 직교좌표계 성분은

$$a_x = \frac{d^2x}{dt^2}, \quad a_y = \frac{d^2y}{dt^2} \qquad (8.21)$$

이 됨을 알 수 있다. 그러면 이번에는 극좌표계로 표현한 속도인 (8.18)식을 이용하여 가속도를 극좌표계로 표현하여 보자. 가속도는 직교좌표계에서 구할 때 이용한 것과 똑같은 방법을 이용하여

$$\begin{aligned} \vec{a} &= \frac{d}{dt}\vec{v} = \frac{d}{dt}\left(\frac{d\rho}{dt}\hat{\rho} + \rho\frac{d\phi}{dt}\hat{\phi}\right) \\ &= \frac{d^2\rho}{dt^2}\hat{\rho} + \frac{d\rho}{dt}\frac{d\hat{\rho}}{dt} + \frac{d\rho}{dt}\frac{d\phi}{dt}\hat{\phi} + \rho\frac{d^2\phi}{dt^2}\hat{\phi} + \rho\frac{d\phi}{dt}\frac{d\hat{\phi}}{dt} \\ &= \left[\frac{d^2\rho}{dt^2} - \rho\left(\frac{d\phi}{dt}\right)^2\right]\hat{\rho} + \left[\rho\frac{d^2\phi}{dt^2} + 2\frac{d\rho}{dt}\frac{d\phi}{dt}\right]\hat{\phi} = a_\rho\hat{\rho} + a_\phi\hat{\phi} \end{aligned} \qquad (8.22)$$

가 된다. 그러므로 가속도의 극좌표계 성분은

$$a_\rho = \frac{d^2\rho}{dt^2} - \rho\left(\frac{d\phi}{dt}\right)^2, \quad a_\phi = \rho\frac{d^2\phi}{dt^2} + 2\frac{d\rho}{dt}\frac{d\phi}{dt} \qquad (8.23)$$

가 됨을 알 수 있다. 지금까지는 xy평면에서 일어나는 2차원 운동을 극좌표로 표현하였다. 만일 3차원 운동을 원통좌표계로 표현한다면 (8.5)식으로 주어진 위치벡터와 (8.18)식으로 주어진 속도 그리고 (8.22)식으로 주어진 가속도에 z성분을 더하기만 하면 된다. 그래서 원통좌표계에서는 위치벡터 $\vec{r}$과 속도 $\vec{v}$ 그리고 가속도 $\vec{a}$가

$$\begin{aligned} &\vec{r} = \rho\hat{\rho} + z\ \mathbf{k}, \quad \vec{v} = \frac{d\rho}{dt}\hat{\rho} + \rho\frac{d\phi}{dt}\hat{\phi} + \frac{dz}{dt}\ \mathbf{k}, \\ &\vec{a} = \left[\frac{d^2\rho}{dt^2} - \rho\left(\frac{d\phi}{dt}\right)^2\right]\hat{\rho} + \left[\rho\frac{d^2\phi}{dt^2} + 2\frac{d\rho}{dt}\frac{d\phi}{dt}\right]\hat{\phi} + \frac{d^2z}{dt^2}\ \mathbf{k} \end{aligned} \qquad (8.24)$$

라고 표현된다.

마지막으로 구면좌표계를 이용하여 위치벡터, 속도, 그리고 가속도를 표현하여 보자. 이미 직교좌표계와 원통좌표계를 이용하여 이것들을 구한 경험이 있으므로 어떻게

진행하면 좋을지 대강 예상될 것이다. 먼저 구면좌표계에서 이용되는 좌표와 단위벡터를 정의하자. 구면좌표계에서는 다음 세 좌표들 r, θ, ϕ을 이용하는데, 이 좌표에 대한 정의는 그림 8.9에 보인 것과 같다. 구면좌표계의 좌표 r은 그림 8.4에 보인 것과 같이 원점으로부터 물체의 위치까지의 직선거리와 같다. 즉 위치벡터 $\vec{r}$의 크기와 같다. 그리고 좌표 θ는 z축과 위치벡터 $\vec{r}$ 사이의 사잇각으로 극각이라고도 부른다. 마지막으로 좌표 ϕ는 극좌표계에서 이용된 ϕ와 똑같이 정의되었으며 방위각이라고도 부른다.

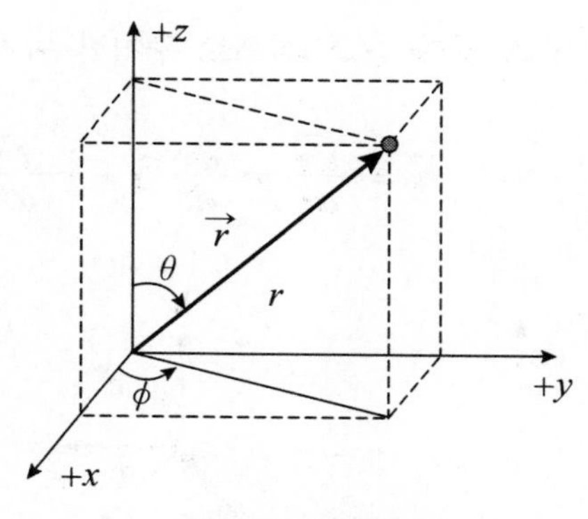

그림 8.9 위치벡터

구면좌표계의 각 좌표에 대응하는 단위벡터는 $\hat{\mathrm{r}}$, $\hat{\theta}$, $\hat{\phi}$등과 같이 쓴다. 이들도 역시 모두 크기가 1인 벡터로 그 방향은 원통좌표계의 단위벡터를 정의한 (8.1)식과 유사하게

$$
\begin{aligned}
\hat{\mathrm{r}} &: \ \theta\text{와 } \phi\text{는 일정하게 유지하고 } r\text{만 증가하는 방향} \\
\hat{\theta} &: \ \phi\text{와 } r\text{은 일정하게 유지하고 } \theta\text{만 증가하는 방향} \\
\hat{\phi} &: \ r\text{과 } \theta\text{는 일정하게 유지하고 } \phi\text{만 증가하는 방향}
\end{aligned} \tag{8.25}
$$

이라고 정의하면 이해하기 쉽다. 그러면 이제 구면좌표계에서 위치벡터 $\vec{r}$을 표현하면 어떻게 될까? 이제는 아무도 구면좌표계에서 위치벡터가

$$\vec{r} = r\hat{\mathrm{r}} + \theta\hat{\theta} + \phi\hat{\phi} \quad \text{(이 식은 틀린 식임!)} \tag{8.26}$$

라고 표현될 것으로 생각하는 사람은 없을 것이다. 구면좌표계에서는 위치벡터가 아주 간단히 표현된다. 구면좌표계의 좌표 r은 바로 위치벡터의 크기이고 $\hat{\mathrm{r}}$은 바로 위치벡터가 가리키는 방향과 같으므로, 구면좌표계에서는 두말할 것도 없이

$$\vec{r} = r\hat{\mathrm{r}} \tag{8.27}$$

이 된다.

이번에는 물체의 속도를 구면좌표계에서 표현하여보자. 이제 우리는 어떻게 할지 잘

알고 있다. (8.27)식으로 주어진 위치벡터를 시간에 대해 미분하면, 속도 $\vec{v}$는

$$\vec{v}=\frac{d\vec{r}}{dt}=\frac{dr}{dt}\hat{\mathrm{r}}+r\frac{d\hat{\mathrm{r}}}{dt} \tag{8.28}$$

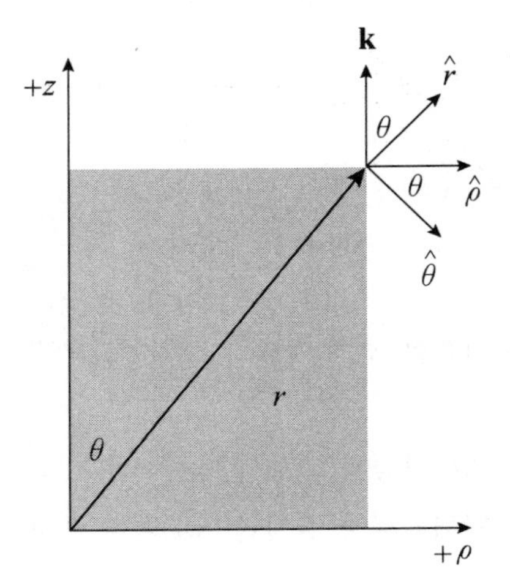

그림 8.10 구면좌표계의 단위벡터

와 같이 구하면 된다. 그런데 이것을 구하려면 (8.28)식의 우변 둘째 항에 나온 단위벡터 $\hat{\mathrm{r}}$을 시간으로 미분한 것이 무엇인지를 알아야 한다. 그것을 구하기 위하여 원통좌표계에서 했던 것처럼, 구면좌표계의 단위벡터를 직교좌표계의 단위벡터로 표현해 보자. 그렇게 하기 위해서 그림 8.10에 나와 있는 z축과 ρ축으로 이루어진 평면에서 표현한 단위벡터를 보자. 그림으로부터 우리는 곧 구면좌표계의 두 단위벡터 $\hat{\mathrm{r}}$과 $\hat{\theta}$가

$$\hat{\mathrm{r}}=\sin\theta\,\hat{\rho}+\cos\theta\;\mathbf{k},\quad \hat{\theta}=\cos\theta\,\hat{\rho}-\sin\theta\;\mathbf{k} \tag{8.29}$$

임을 알 수 있다. 마지막으로, 이 식에 나온 $\hat{\rho}$에 (8.12)식을 대입하면 구면좌표계의 단위벡터들은 직교좌표계의 단위벡터로

$$\begin{aligned}\hat{\mathrm{r}}&=\sin\theta\cos\phi\;\mathbf{i}+\sin\theta\sin\phi\;\mathbf{j}+\cos\theta\;\mathbf{k}\\ \hat{\theta}&=\cos\theta\cos\phi\;\mathbf{i}+\cos\theta\sin\phi\;\mathbf{j}-\sin\theta\;\mathbf{k}\\ \hat{\phi}&=-\sin\phi\;\mathbf{i}+\cos\phi\;\mathbf{j}\end{aligned} \tag{8.30}$$

와 같이 표현된다. 이 식에서 마지막에 나온 $\hat{\phi}$는 원통좌표계의 단위벡터에 나오는 $\hat{\phi}$와 동일하므로 (8.15)식으로 구한 것을 그대로 다시 써 놓았을 뿐이다. 그리고 (8.29)식을 이용하여 구면좌표계의 단위벡터 $\hat{\mathrm{r}}$를 시간으로 미분하면

$$\begin{aligned}\frac{d\hat{\mathrm{r}}}{dt}&=(\cos\theta\,\hat{\rho}-\sin\theta\;\mathbf{k})\frac{d\theta}{dt}+\sin\theta\frac{d\hat{\rho}}{dt}\\ &=\hat{\theta}\frac{d\theta}{dt}+\sin\theta\,\hat{\phi}\frac{d\phi}{dt}\end{aligned} \tag{8.31}$$

가 되는데, 여기서 마지막 등호는 (8.17)식을 이용하여 얻었다. 같은 방법으로 구면좌표계의 단위벡터 $\hat{\theta}$를 시간으로 미분하면

$$\frac{d\hat{\theta}}{dt} = -(\sin\theta\,\hat{\rho} + \cos\theta\ \mathbf{k})\frac{d\theta}{dt} + \cos\theta\frac{d\hat{\rho}}{dt} = -\hat{\mathrm{r}}\frac{d\theta}{dt} + \cos\theta\,\hat{\phi}\frac{d\phi}{dt} \quad (8.32)$$

가 된다. 그리고 마지막으로 구면좌표계의 단위벡터 $\hat{\phi}$를 시간으로 미분한 결과는 (8.17)식으로부터

$$\frac{d\hat{\phi}}{dt} = -\hat{\rho}\frac{d\phi}{dt} = -(\sin\theta\,\hat{\mathrm{r}} + \cos\theta\,\hat{\theta})\frac{d\phi}{dt} \quad (8.33)$$

임을 알 수 있다. 여기서는 그림 8.10을 이용하여 원통좌표계의 단위벡터 $\hat{\rho}$를 구면좌표계의 단위벡터로

$$\hat{\rho} = \sin\theta\,\hat{\mathrm{r}} + \cos\theta\,\hat{\theta} \quad (8.34)$$

로 표현되는 것을 이용하였다. 그래서 (8.31)식과 (8.32)식, 그리고 (8.33)식으로부터 구면좌표계의 단위벡터를 시간으로 미분하면

$$\begin{aligned} \frac{d\hat{\mathrm{r}}}{dt} &= \hat{\theta}\frac{d\theta}{dt} + \sin\theta\,\hat{\phi}\frac{d\phi}{dt} \\ \frac{d\hat{\theta}}{dt} &= -\hat{\mathrm{r}}\frac{d\theta}{dt} + \cos\theta\,\hat{\phi}\frac{d\phi}{dt} \\ \frac{d\hat{\phi}}{dt} &= -(\sin\theta\,\hat{\mathrm{r}} + \cos\theta\,\hat{\theta})\frac{d\phi}{dt} \end{aligned} \quad (8.35)$$

임을 알 수 있다.

이제 구면좌표계에서 속도를 표현하는 문제로 다시 돌아가자. (8.35)식을 이용하면 (8.28)식으로 표현된 속도 $\vec{v}$는

$$\vec{v} = \frac{d\vec{r}}{dt} = \frac{dr}{dt}\hat{\mathrm{r}} + r\frac{d\theta}{dt}\hat{\theta} + r\sin\theta\frac{d\phi}{dt}\hat{\phi} = v_r\hat{\mathrm{r}} + v_\theta\hat{\theta} + v_\phi\hat{\phi} \quad (8.36)$$

로 되며 그러므로 속도의 구면좌표계 성분은

$$v_r = \frac{dr}{dt}, \quad v_\theta = r\frac{d\theta}{dt}, \quad v_\phi = r\sin\theta\frac{d\phi}{dt} \quad (8.37)$$

표 8.1 위치벡터, 속도, 가속도의 각 좌표계 성분

	구분	위치벡터	속도	가속도
직교좌표계	x성분	x	$\frac{dx}{dt}$	$\frac{d^2x}{dt^2}$
	y성분	y	$\frac{dy}{dt}$	$\frac{d^2y}{dt^2}$
	z성분	z	$\frac{dz}{dt}$	$\frac{d^2z}{dt^2}$
원통좌표계	ρ성분	ρ	$\frac{d\rho}{dt}$	$\frac{d^2\rho}{dt^2}-\rho\left(\frac{d\phi}{dt}\right)^2$
	ϕ성분	0	$\rho\frac{d\phi}{dt}$	$\rho\frac{d^2\phi}{dt^2}+2\frac{d\rho}{dt}\frac{d\phi}{dt}$
	z성분	z	$\frac{dz}{dt}$	$\frac{d^2z}{dt^2}$
구면좌표계	r성분	r	$\frac{dr}{dt}$	$\frac{d^2r}{dt^2}-r\left(\frac{d\theta}{dt}\right)^2-r\sin^2\theta\left(\frac{d\phi}{dt}\right)^2$
	θ성분	0	$r\frac{d\theta}{dt}$	$r\frac{d^2\theta}{dt^2}+2\left(\frac{dr}{dt}\right)\left(\frac{d\theta}{dt}\right)-r\sin\theta\cos\theta\left(\frac{d\phi}{dt}\right)^2$
	ϕ성분	0	$r\sin\theta\frac{d\phi}{dt}$	$2r\cos\theta\left(\frac{d\theta}{dt}\right)\left(\frac{d\phi}{dt}\right)+2\sin\theta\left(\frac{dr}{dt}\right)\left(\frac{d\phi}{dt}\right)+r\sin\theta\frac{d^2\phi}{dt^2}$

임을 알 수 있다. 이제 여러분은 똑같은 방법으로 가속도가 구면좌표계에서 어떻게 표현되는지 구할 수 있으리라고 믿는다. 지금까지 구한 위치벡터, 속도, 가속도를 직교좌표계와 원통좌표계 그리고 구면좌표계의 성분으로 표현한 것을 정리하면 표 8.1에 보인 것과 같다. 우리는 위치벡터와 속도 그리고 가속도의 직교좌표계 성분에만 익숙해 있는데, 다른 좌표계에서는 성분들이 전혀 다른 방법으로 표현됨을 눈여겨보아야 한다.

9. 몇 가지 특별한 운동

- 운동 중에서 등속도운동, 등가속도운동, 등속운동, 등속원운동 등으로 불리는 운동은 특별히 중요하다. 이들은 어떤 운동을 가리키는가?
- 등속도운동과 등가속도운동을 기술하는 식들은 어떻게 유도되는지 알아보자.
- 등속도운동이 편리하게 기술되는 좌표계와 등속원운동이 편리하게 기술되는 좌표계는 같지 않다. 특별한 운동과 그 운동을 편리하게 기술할 수 있는 좌표계에 대해 알아보자.

지난 8장에서는 물체가 운동하는 모습을 묘사하는데 이용되는 물리량인 위치벡터, 속도, 가속도 등이 각 좌표계에서 어떻게 표현되는지에 대해 자세히 알아보았다. 이 장에서는 등속도운동, 등가속도운동 그리고 등속원운동 등 특별한 운동은 어떻게 기술되는지 알아보자.

우선 문제를 간단히 하기 위해서 한 개의 좌표만으로 운동이 기술되는 1차원운동을 위주로 특별한 운동을 살펴보기로 하자. 1차원운동의 대표적인 경우로 물체가 직선 위에서만 움직이는 직선운동이 있다. 물체가 직선위에서만 움직이면 물체의 위치벡터는 한 개의 좌표만으로 표시가 가능하다. 그 좌표를 x라고 하자. 그러면 물체의 위치를 나타내는 좌표가 시간의 함수로 어떻게 주어지는지 알면, 즉 $x(t)$를 알면 물체의 운동을 제대로 묘사하는 것이다.

그림 9.1에 보인 그래프에 물체의 위치를 시간의 함수로 그려놓았다. 가로축이 시간 t를 나타내고 세로축이 물체의 위치를 알려주는 좌표 $x(t)$를 나타낸다. 이 그래프를 보면 물체는 원점에서 +방향으로 3m 되는 곳에서 2초 동안 정지해 있다가 −방향으로 출발하여 일정한 빠르기로 3 초 동

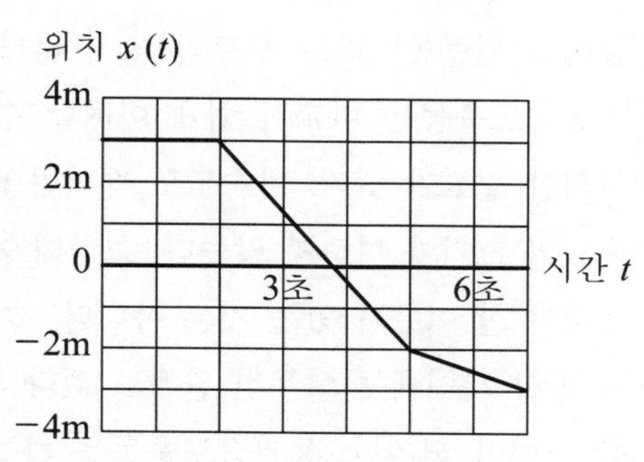

그림 9.1 시간의 함수로 그린 위치

안 움직이다가 좀 더 느린 일정한 빠르기로 움직여 7초가 지난 뒤에는 원점에서 -방향으로 3m되는 장소에 도착하였다.

이렇게 물체의 위치를 나타내는 좌표를 시간의 함수로 알게 되면 물체가 어떻게 움직이는지 명백히 알 수 있다. 그런데 그림 9.1에 보인 그래프로 나타낸 물체의 운동이 무척 간단해 보이지만 좌표 x를 시간의 함수로 표현하려면 좀 복잡하다. 시간 t가 2초와 5초 일 때 운동하는 모습이 급격히 바뀌었기 때문에 0초에서부터 7초까지 위치를 한 함수로 표현하는 것은 무리이고 아마 0초에서 2초까지, 2초에서 5초까지, 5초에서 7초까지 등 구간 별로 표현할 수는 있을 것이다.

그런데 등속도운동이나 등가속도운동을 하는 물체의 위치는 시간의 함수로 아주 간단하게 표현될 수 있다. 여기서 등속도와 등가속도에서 등(等)자는 시간이 흘러도 속도 또는 가속도가 변하지 않는다는 의미이다. 다시 말하면, 등속도운동은 시간이 흘러도 속도가 변하지 않는 운동이고 등가속도운동은 시간이 흘러도 가속도가 변하지 않는 운동이다. 속도가 변하지 않는다는 것은 속도의 방향과 속도의 크기인 속력 즉 물체가 움직이는 빠르기가 모두 변하지 않음을 의미한다. 속도의 방향은 물체가 움직이는 방향을 가리킨다. 그래서 등속도운동하는 물체는 반드시 직선 위를 일정한 빠르기로 움직이는 운동을 한다.

등속도운동은 등속운동이라고 불리는 운동과는 구별된다. 등속도운동은 속도가 변하지 않는 운동임에 대하여 등속운동은 속력이 변하지 않는 운동이다. 그래서 직선으로 곧게 뻗은 고속도로를 시속 100km로 달리면 이 자동차는 등속도 운동을 하는 것이지만, 구부러진 고속도로를 시속 100km인 일정한 빠르기로 달리면 속도의 방향이 바뀌기 때문에 등속도 운동이 아니라 등속 운동을 하는 것이다. 우리가 늘 듣는 익숙한 등속운동의 예로는 등속원운동이 있다. 등속원운동은 일정한 빠르기로 원 주위를 회전하는 운동이다. 원운동에서는 속도의 방향이 끊임없이 바뀌고 있기 때문에 이 운동을 등속도 원운동이라고 부르면 옳지 않다.

등속도운동은 비교적 쉽게 이해할 수 있지만, 등가속도운동을 이해하는 데는 약간 주의할 필요가 있다. 가속도도 벡터양이므로 등가속도운동에서는 가속도의 방향과 가속도의 크기가 변하지 않는다. 그런데 가속도의 방향과 물체가 움직이는 방향이 꼭 일치해야 할 이유가 있는 것은 아니다. 그러니까 물체의 가속도의 방향과 물체가 움직이는 방향 사이에는 아무런 관계도 없다. 그래서 등속도운동을 하는 물체는 꼭 직선운동을 하여야 되지만, 등가속도운동을 하는 물체가 꼭 직선운동을 할 이유는 없다. 그런

까닭에 직선운동을 하는 등가속도운동을 말할 때는 특별히 등가속도 직선운동이라고 부른다. 우리가 이미 잘 알고 있는 등가속도운동을 하는 물체의 예로는 공중으로 던진 물체의 운동이 있다. 이 물체는 등가속도운동을 하지만 직선운동을 하는 것이 아니라 포물선을 그리며 움직인다는 사실을 여러분은 이미 잘 알고 있을지도 모른다. 공중으로 비스듬히 던진 돌멩이는 포물선을 그리며 떨어진다. 이런 돌멩이의 운동이 바로 등가속도운동이다.

지난 7장에서 물체의 속도 $\vec{v}$는 (7.8)식에 의해

$$\vec{v} = \frac{dx}{dt}\ \mathbf{i} + \frac{dy}{dt}\ \mathbf{j} + \frac{dz}{dt}\ \mathbf{k} \tag{9.1}$$

가 되는 것을 알았다. 이 식으로부터 물체가 직선위에서만 움직이는 1차원운동을 한다면 $y=$일정, $z=$일정으로 놓을 수 있으므로 속도 v를

$$v = \frac{dx}{dt} \tag{9.2}$$

라고 쓸 수 있다. 이 식의 우변은, 우리가 6장에서 (6.10)식으로 논의한 것처럼, 두 가지 의미로 해석될 수 있다. 하나는 물체의 속도 v가 물체의 위치를 나타내는 좌표 x의 미분 dx와 시간 t의 미분 dt 사이의 비와 같다는 것이다. 다른 하나는 속도가 시간의 함수로 주어진 위치 $x(t)$의 시간 t에 대한 도함수와 같다는 것으로

$$v = \frac{d}{dt}x(t) = \dot{x} \tag{9.3}$$

라고 쓰면 그 뜻이 더 분명해진다. 여기서 d/dt는 시간에 대한 도함수를 구하라는 명령을 내리는 연산자를 표시하며 $\dot{x}$에서 x 위에 찍은 점은 시간에 대한 도함수를 취했음을 나타내며 보통 x dot이라고 읽는다. dx/dt를 이렇게 두 가지 의미로 해석한 두 결과는 물론 같다.

등속도운동이란 속도가 일정한 운동을 말하므로, (9.2)식을 이용하여 등속도 운동을 표현하면

$$\frac{dx}{dt} = v = \text{일정} \tag{9.4}$$

가 된다. 여기서 우변의 일정은 속도가 변하지 않는 상수임을 나타낸 것이다. 우리의

목표는 이 식으로부터 등속도 운동하는 물체의 위치 x를 시간의 함수로 얻는 것이다. 그렇게 하기 위해 (9.4)식에 나오는 dx/dt는 두 미분 dx와 dt사이의 비라는 해석을 이용하자. 그러면 이 식의 양변을 dt로 곱하여 등식

$$dx = v\,dt \tag{9.5}$$

를 얻는다. 그러면 이제 (9.5)식의 양변을 적분하여

$$\int dx = \int v\,dt \tag{9.6}$$

가 된다. 그렇지만 이 식의 좌변과 우변이 아직은 같다고 볼 수가 없다. (9.6)식에 나온 것과 같은 부정적분은 정해진 수가 아니다. 그러므로 좌변의 부정적분과 우변의 부정적분이 같다고 놓을 수가 없다. (9.6)식이 등식으로 성립하려면 적분구간을 정하여야만 한다.

(9.6)식의 좌변은 x에 대한 적분이기 때문에 적분구간으로 위치 x값을 지정해 주어야 하며 우변은 t에 대한 적분이기 때문에 적분으로 시간 t값을 지정해 주어야 한다. 그리고 등식이 성립하도록 적분구간을 지정하기 위해서는 위치의 적분구간과 시간의 적분구간이 서로 연관되어 있어야 한다. 그래서 시간의 적분구간을 0초에서 t초까지로 한다면 위치의 적분구간은 0초에서의 위치 x_0로부터 t초에서의 위치 $x(t)$까지

$$\int_{x_0}^{x(t)} dx = \int_0^t v\,dt \tag{9.7}$$

와 같이 쓰면 이제 좌변과 우변이 같다는 등식이 잘 성립한다. (9.7)식에 나오는 좌변을 적분한 결과와 우변을 적분한 결과는 각각

$$\int_{x_0}^{x(t)} dx = x(t) - x_0, \qquad \int_0^t v\,dt = vt - v\times 0 = vt \tag{9.8}$$

이다. 이 두 결과를 같다고 놓으면 우리가 구하는 등속도 운동하는 물체의 위치를 시간의 함수로

$$\textbf{등속도운동} : \; x(t) = vt + x_0 \tag{9.9}$$

와 같이 표현된다. 여기서 x_0는 시간이 0일 때 즉 물체의 위치를 측정하기 시작할 때

의 위치로서 처음 위치 또는 위치의 초기조건이라고 불린다.

이번에는 등가속도 직선운동에 대해 살펴보자. 등속도운동은 직선을 따라 움직이지만 등가속도운동의 경우에는 꼭 직선을 따라 움직이는 것은 아님을 이미 설명하였다. 그렇지만 여기서는 1차원 직선운동 중에서 등가속도운동 즉 등가속도 직선운동에 국한하여 이야기하자. 7장에서 물체의 가속도 $\vec{a}$는 (7.12)식에 의하여

$$\vec{a} = \frac{d\vec{v}}{dt} = \frac{d^2x}{dt^2}\ \mathbf{i} + \frac{d^2y}{dt^2}\ \mathbf{j} + \frac{d^2z}{dt^2}\ \mathbf{k} \tag{9.10}$$

로 표현되는 것을 알았다. 그래서 1차원운동에서 가속도는

$$a = \frac{dv}{dt} = \frac{d}{dt}\frac{d}{dt}x = \left(\frac{d}{dt}\right)^2 x = \frac{d^2}{dt^2}x = \frac{d^2x}{dt^2} \tag{9.11}$$

라고 쓰면 된다.

(9.11)식에 나오는 여러 표현은 모두 위치를 시간에 대해 두 번 도함수를 취한다는 동일한 의미를 갖는데, 똑같은 뜻을 관례적으로 여러 가지로 쓰는 것을 강조하기 위해 여기에 써 놓았다. 특히 1차 도함수는 두 미분의 비로 해석될 수 있었던 것과는 대조적으로 마지막 식에서 분자에는 제곱을 d 다음에 썼으나 분모에는 제곱을 t 다음에 쓴 것에 유의하자. 이것은 단순히 (9.11)식의 마지막 우변으로부터 두 번째 식의 x를 분수의 위층으로 올려놓은 것에 지나지 않는다는 의미이다. 그러므로 여기서 d^2x와 dt^2은 따로 어떤 의미를 갖거나 미분을 표시하는 것이 아니다. 다시 말하면, (9.11)식의 마지막 우변에 나오는 표현 중에서 분자와 분모를 따로 떼어 이용할 수가 없고 그래서 예를 들어 dt^2을 양변에 곱한다거나 하는 일도 할 수 없다.

등가속도운동이란 가속도가 일정한 운동을 말하므로, (9.11)식을 이용하여 등가속도 직선운동을 표현하면

$$\frac{dv}{dt} = \frac{d^2x}{dt^2} = a = \text{일정} \tag{9.12}$$

이 된다. 여기서 우변의 일정은 가속도가 변하지 않는 상수임을 나타낸 것이다. 여기서 우리의 목표는 (9.12)식으로부터 등가속도 직선 운동을 하는 물체의 속도와 위치를 시간의 함수로 얻는 것이다.

속도를 먼저 구하고 그 구한 속도로부터 위치를 구하자. 여기서 속도를 구하는 방법

은 등속도운동에서 위치를 구하는 방법과 정확히 동일하다. 즉 등속도 운동을 나타내는 (9.4)식의 형태와 등가속도 직선 운동을 나타내는 (9.12)식의 형태를 비교해보면 명백하듯이, 속도를 구하는 과정에서 속도를 가속도로 바꾸어 쓰고 위치를 속도로 바꾸어 쓰기만 하면 등가속도 직선운동의 속도를 시간의 함수로 구할 수 있다. 그렇더라도 한 번 더 반복하는 셈치고 다시 해보면, (9.12)식의 양변에 dt를 곱하여 등식

$$dv = a\,dt \tag{9.13}$$

를 얻는다. 그래서 이 식의 양변을 적분하면

$$\int dv = \int a\,dt \tag{9.14}$$

가 되는데, 사실 이 식은 적분구간을 정해 놓지 않아서 아직 등식으로 성립하지 않는다.

이 식의 좌변은 v에 대한 적분이기 때문에 적분 구간으로 속도 v값을 지정해 주어야 하며 우변은 시간 t에 대한 적분이기 때문에 적분으로 시간 t값을 지정해 주어야 한다. 등식이 성립하도록 적분구간을 지정하기 위해서는 속도의 적분구간과 시간의 적분구간이 서로 연관되어야 한다. 그래서 시간 적분구간을 0초에서 t초까지로 한다면 속도의 적분구간은 0초에서의 속도 v_0로부터 t에서의 속도 $v(t)$까지로 하면 등식이 잘 성립된다. 그래서 우리가 풀 식은

$$\int_{v_0}^{v(t)} dv = \int_0^t a\,dt \tag{9.15}$$

이다. 이 식의 좌변과 우변을 적분한 결과는 각각

$$\int_{v_0}^{v(t)} dv = v(t) - v_0, \qquad \int_0^t a\,dt = at - a\times 0 = at \tag{9.16}$$

이다. 따라서 등가속도 직선운동을 하는 물체의 속도는 시간의 함수로

$$\textbf{등가속도 직선운동} : \; v(t) = at + v_0 \tag{9.17}$$

와 같이 표현된다. 여기서 v_0는 시간이 0초일 때 즉 물체의 속도를 측정하기 시작할 때의 속도로서 처음 속도 또는 속도의 초기조건이라고 부른다.

속도를 시간의 함수로 구하였으므로 다음으로 등가속도 직선운동을 하는 물체의 위

치를 시간의 함수로 구하자. 우리가 이용할 식은

$$\frac{dx}{dt} = v(t) = at + v_0 \tag{9.18}$$

이다. 여기서 가속도 a와 속도의 초기조건 v_0는 변하지 않는 상수이다. (9.18)식의 양변을 시간의 미분 dt로 곱하고 양변을 적분하면

$$\int dx = \int [at + v_0]\, dt \tag{9.19}$$

가 되는데, 이 식에도 적분구간을 제대로 명시하여야 등식이 성립한다. 전과 마찬가지로 적분구간을 정하면

$$\int_{x_0}^{x(t)} dx = \int_0^t [at + v_0]\, dt \tag{9.20}$$

이며, (9.20)식의 좌변과 우변을 적분하면 각각

$$\int_{x_0}^{x(t)} dx = x(t) - x_0, \qquad \int_0^t [at + v_0]\, dt = \frac{1}{2}at^2 + v_0 t \tag{9.21}$$

이 된다. 따라서 우리가 구하는 등가속도 직선운동을 하는 물체의 위치는 시간의 함수로

등가속도 직선운동 : $x(t) = \frac{1}{2}at^2 + v_0 t + x_0$ (9.22)

와 같이 표현됨을 알 수 있다.

여기서는 고등학교 때 등속도운동과 등가속도운동에 대해 이미 배운 간단한 결과를 장황하고도 먼 길을 거쳐서 아주 어렵게 구한 것 같은 느낌이다. 만일 어떤 물체의 운동이 등속도운동 또는 등가속도운동 같은 특별한 운동임을 미리 알면, 그리고 x_0나 v_0와 같이 위치와 그리고 속도에 대한 초기조건을 알면, 물체의 위치가 시간의 함수로 바로 표현된다는 것이 이 장에 구한 결론이다. 특별히 가장 간단한 운동에서 구한 이 결과가 앞으로 아주 유용하게 이용될 것이다. 그런 이유 때문에 위에서 구한 식들을 고등학교와 대학교 물리 시간에 열심히 배운다. 그런데 그런 결과를 얻는데 미분과 적분의 개념이 매우 유용하게 이용되었다는 사실도 함께 알았음을 잊지 말자. 미분과

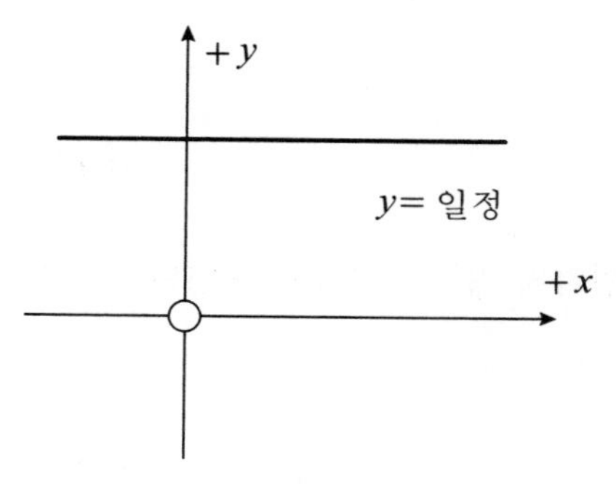

그림 9.2 평면에서 기술되는 직선 운동

적분의 개념을 알 수 없었던 갈릴레이는 경사면을 따라 굴러 내려오는 물체의 위치를 실험으로 열심히 측정하여 그 위치가 시간의 제곱에 비례함을 발견하였다. 미분과 적분에 대해 이해하고 있는 우리는 갈릴레이가 한 일을 아주 쉽게 이해할 수 있다.

우리는 지금까지 직선운동을 기술할 때 물체가 운동하는 직선을 x축으로 정하고 1차원운동을 한 개의 축의 위치를 표시하는 좌표에 의해 기술되는 운동으로 생각하였다. 그러나 직선운동을 xy평면에서 기술하여도 된다. 그림 9.2에 보인 것과 같이 xy평면에서 x축에 평행한 직선을 따라 움직이는 직선 운동을 기술하면 물체의 위치를 대표하는 두 좌표 (x, y) 중에서 y좌표는 일정하게 고정되어 있다. 다시 말하면 x좌표는 물체가 이동함에 따라 바뀌지만 y좌표는 $y=$일정이라는 식으로 구속되어 있다. 그래서 1차원 운동이란 하나의 좌표만으로 운동이 기술되는 운동으로 정의할 수 있다.

이 내용을 좀 더 일반화하여 설명해 보자. 아무런 제한도 받지 않고 공간에서 자유롭게 움직이는 물체의 운동을 직교 좌표계로 기술하려면 물체의 위치를 정하는데 세 좌표 (x, y, z)가 필요하다. 그런데 만일 이 세 좌표 사이의 관계가 한 개의 식으로 구속되면 물체는 면 위에서 움직이는 2차원 운동을 한다. 그리고 만일 세 좌표 사이의 관계가 두 개의 식으로 구속되면 선 위에서 움직이는 1차원 운동을 한다. 그리고 만일 세 좌표 사이의 관계가 세 개의 식으로 구속되면 이 세 개의 식은 물체가 놓인 한 개의 점을 결정하고 물체는 그 점에 계속 놓여있어야 한다.

예를 들어, 세 좌표 (x, y, z) 중에서 z가 $z=0$라는 식으로 구속된다면 물체는 xy평면에서만 움직이는 평면 운동인 2차원운동을 한다. 다른 예로, 세 좌표 (x, y, z) 사이에 $x^2+y^2+z^2=R^2$이라는 식이 만족되어야만 한다면 이것은 물체가 반지름이 R인 구 표면에서만 움직이는 2차원운동을 한다는 것을 의미한다. 이번에는 세 좌표 (x, y, z)중에서 y와 z가 $y=0$와 $z=0$인 두 식으로 구속된다면 물체는 x축에서만 움직이는 직선운동인 1차원운동을 한다. 또는 세 좌표 (x, y, z)사이에 $z=0$와 $x^2+y^2=R^2$인 두 식으로 구속된다면 물체는 xy평면상에서 반지름이 R인 원둘레를 따라 움직이는 1차원 운동을 한다.

지금까지 살펴본 것과 똑같은 내용을 조금 달리 설명하여보자. 공간에서 자유롭게 움직이는 물체의 위치는 세 개의 좌표 (x, y, z)로 대표된다고 하였다. 그런데 공간에서 자유롭게 움직이는 물체의 위치는 꼭 직교좌표계에서만 그런 것이 아니라 어떤 다른 좌표계에서도 역시 세 개의 좌표로 대표된다. 이 때 우리는 이 물체의 자유도가 3이라고 말한다. 여기서 자유도란 물체의 운동을 기술하는데 꼭 필요한 마음대로 변하는 좌표의 수라고 할 수 있다. 그런데 세 좌표 사이를 구속하는 식이 있으면 물체의 자유도가 줄어든다. 물체의 운동을 구속하는 좌표들 사이의 식을 구속조건이라고 부르는데, 3차원 공간에서 움직이는 한 물체의 자유도는

$$\text{자유도} = 3 - \text{구속조건의 수} \tag{9.23}$$

로 결정된다. 그리고 자유도가 1인 물체의 운동을 1차원 운동, 자유도가 2인 물체의 운동을 2차원 운동, 그리고 자유도가 3인 물체의 운동을 3차원 운동이라고 말할 수도 있다.

이제 xy평면에서 x축에 평행한 $y = b$(일정)이라는 직선을 따라 움직이는 직선운동을 하는 물체를 생각하자. xy평면은 $z = 0$라는 구속조건을 만족하는 평면이므로 구속조건이 둘이고 그래서 이 물체는 1차원운동이다. 또는 y좌표와 z좌표는 미리 정해져 있어서 이 물체의 운동을 기술하는 데는 x좌표 하나만 필요하므로 이 운동은 1차원 운동임을 쉽게 알 수 있다.

그러나 이번에는 xy평면에서 원점을 중심으로 반지름이 R인 원을 따라 움직이는 물체를 생각하자. 이 물체의 운동은 xy평면을 말하는 $z = 0$와 xy평면상의 원을 말하는 $x^2 + y^2 = R^2$등 두 개의 구속조건으로 제한 받는다. 그러므로 (9.23)식에 의해 이 물체의 자유도가 1이고 그러므로 이 물체의 운동도 역시 1차원 운동이다. 그러나 이 물체의 운동을 직교좌표계에서 기술하려면 x와 y의 두 개의 좌표가 필요하다. 그렇다면 이 물체의 운동은 몇 차원 운동일까?

그런데 이 운동을 극좌표계에서 기술해보자. 극좌표계에서는 물체의 위치를 (ρ, ϕ)의 두 좌표로 대표한다. xy평면상에서 원운동을 극좌표계의 구속조건으로 표현하면 xy평면을 말하는 $z = 0$와 원둘레를 말하는 $\rho = R$(일정)이다. 즉 ρ는 일정하게 고정되어 있고 단지 좌표 ϕ만으로 이 물체의 운동을 기술할 수 있다. 이것은 직선 운동을 직교 좌표계에서 기술할 때 $y = b$로 고정되어 있고 단지 좌표 x만으로 물체의 운동을 기술하는 것과 똑 같다. 그래서 극좌표계에서 원운동을 설명하면 그 운동이 1차원

운동임을 명백히 알 수 있다. 원운동은 직교좌표계보다 극좌표계에서 기술되는 것이 훨씬 더 편리하다고 말하는 이유가 바로 그 때문이다.

이제 앞에서 구해놓은 결과를 가지고 원운동을 극좌표계로 어떻게 기술하나 살펴보자. 원운동에서는 물체가 원둘레를 따라서 움직인다. 물체가 원운동을 하며 그리는 원의 반지름이 R이라고 하자. 그러면 물체가 움직이는 동안 중심에서 물체까지의 거리인 ρ값은 변하지 않고 $\rho=R$이므로 $d\rho/dt=0$이다. 따라서 원운동을 하는 물체의 속도를 극좌표계에서 표현하면 앞에서 구한 결과인 (8.18)식에

$$\rho=R \quad \text{그리고} \quad \frac{d\rho}{dt}=0 \tag{9.24}$$

를 대입하면

$$\vec{v}=\frac{d\vec{r}}{dt}=\frac{d\rho}{dt}\hat{\rho}+\rho\frac{d\phi}{dt}\hat{\phi}=R\frac{d\phi}{dt}\hat{\phi} \tag{9.25}$$

이 된다. 이 결과는 사실 새삼스러운 것이 아니다. 이 식은 원운동을 하면 속도의 방향은 $\hat{\phi}$방향 즉 원의 접선방향이고 속도의 크기인 속력은 반지름에 회전각의 시간에 대한 변화율을 곱한 것과 같다고 알려준다. 회전각의 시간에 대한 변화율 $d\phi/dt$를 각속도라고 부르며 그것을 보통 ω로 표시하여

$$\omega\equiv\frac{d\phi}{dt} \tag{9.26}$$

이다. 그러면 원운동의 속력 v는

$$v=R\frac{d\phi}{dt}=R\omega \tag{9.27}$$

가 된다. 원운동의 속도를 극좌표계의 두 방향의 성분으로 (8.18)식에서 주어진

$$\vec{v}=v_\rho\hat{\rho}+v_\phi\hat{\phi} \tag{9.28}$$

와 같이 나타낸다면 속도의 $\hat{\rho}$방향의 성분은 v_ρ와 $\hat{\phi}$방향 성분 v_ϕ는 각각

$$v_\rho=0, \quad v_\phi=R\omega \tag{9.29}$$

이다. 이 때 속도 $\vec{v}$의 크기인 속력 v는

$$v = \sqrt{v_\rho^2 + v_\phi^2} \tag{9.30}$$

으로 주어지는데 원운동의 경우에는 $v_\rho = 0$ 이므로

$$\textbf{원운동} : \ v = \sqrt{v_\rho^2 + v_\phi^2} = v_\phi = R\,\omega \tag{9.31}$$

가 되는데, 당연한 일이지만 이 결과는 (9.27)식과 동일하다.

다음으로 극좌표계를 이용해서 가속도에 대해 구한 결과인 (8.22)식을 원운동의 가속도에 적용해보자. 가속도에 적용할 원운동의 구속조건으로 (9.24)식보다 하나 더 많은

$$\rho = R, \ \frac{d\rho}{dt} = 0 \ \text{그리고} \ \frac{d^2\rho}{dt^2} = 0 \tag{9.32}$$

을 (8.23)식에 대입하면

$$\begin{aligned} \vec{a} &= \frac{d}{dt}\vec{v} = \left[\frac{d^2\rho}{dt^2} - \rho\left(\frac{d\phi}{dt}\right)^2\right]\hat{\rho} + \left[\rho\frac{d^2\phi}{dt^2} + 2\frac{d\rho}{dt}\frac{d\phi}{dt}\right]\hat{\phi} \\ &= -R\left(\frac{d\phi}{dt}\right)^2\hat{\rho} + R\frac{d^2\phi}{dt^2}\hat{\phi} \end{aligned} \tag{9.33}$$

가 된다.

이번에는 특별히 등속원운동의 가속도에 대해 생각해보자. 등속원운동이란 원운동을 하는 빠르기인 속력 $v = R\,d\phi/dt = R\,\omega$가 일정한 경우이다. 따라서 각속도 $d\phi/dt = \omega$도 바뀌지 않고 일정하므로 등속원운동에서는

$$\frac{d\omega}{dt} = \frac{d}{dt}\left(\frac{d\phi}{dt}\right) = \frac{d^2\phi}{dt^2} = 0 \tag{9.34}$$

이 성립한다. 원운동에 대한 가속도의 표현인 (9.33)식에 등속원운동의 조건인 (9.34)식을 대입하면

$$\vec{a} = -R\left(\frac{d\phi}{dt}\right)^2\hat{\rho} \tag{9.35}$$

이 된다. 이 결과도 역시 새삼스러운 것이 아니다. (9.35)식에 의하면 등속원운동의 경우에는 가속도의 극좌표계 성분이

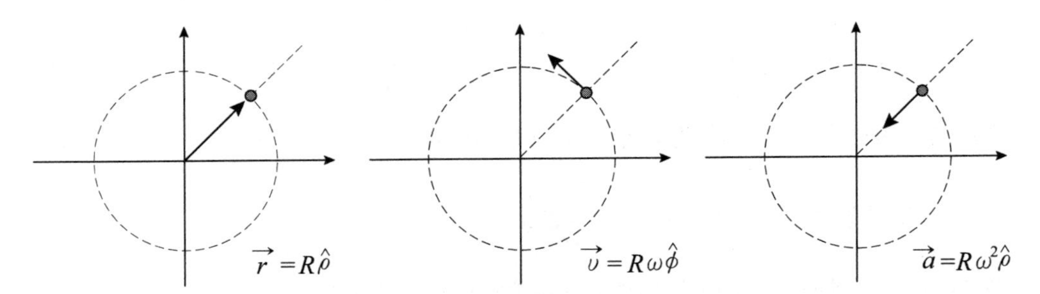

그림 9.3 등속 원운동의 위치벡터, 속도, 가속도

$$a_\rho=-R\left(\frac{d\phi}{dt}\right)^2=-R\omega^2,\quad a_\phi=0 \tag{9.36}$$

임을 말해준다. 그래서 등속원운동에서 가속도는 오로지 중심 방향을 향한다. 이렇게 등속원운동의 경우 중심을 향하는 가속도를 특별히 구심가속도라고 한다. 방향이 원의 중심을 향하는 가속도라는 의미이다. 그리고 가속도의 크기 a는 가속도의 성분에 의해

$$a=\sqrt{a_\rho^2+a_\phi^2} \tag{9.37}$$

로 표현되는데, $a_\phi=0$ 이므로

$$a=|a_\rho|=R\omega^2=\frac{v^2}{R} \tag{9.38}$$

이다. (9.38)식에서 세 번째 등호는 (9.31)식으로 구한 $v=R\omega$를 이용하여 얻었다.

등속원운동의 경우에는 물체가 움직이는 원의 반지름 R이나 속력 v가 모두 변하지 않고 일정하므로 (9.38)식으로 주어지는 가속도의 크기 a도 변하지 않고 일정하다. 그러나 가속도의 방향은 물체가 움직이면서 항상 원의 중심 방향을 향하므로 움직이는 동안 끊임없이 바뀐다. 그러므로 등속원운동은 등가속도운동이 아님이 명백하다. 지금까지 등속원운동의 위치벡터와 속도 그리고 가속도를 모두 극좌표계를 이용하여 표현하였다. 그 결과를 그림으로 그리면 그림 9.3과 같다.

IV. 운동법칙

70세의 아이작 뉴턴 (영국, 1643-1727)

지난 3주 동안에 걸쳐서 물리학은 어떻게 나오게 되었는지, 물리는 무엇을 공부하는 분야인지, 그리고 물리에서는 자연법칙을 어떻게 다루는지 등에 대해 공부하였습니다. 놀랍게도 물리학은 겨우 300년 전에 뉴턴에 의해 시작되었음을 알았습니다. 뉴턴에 의해 비로소 올바른 자연법칙을 깨닫게 되었다는 의미입니다. 그뿐 아니라 뉴턴에 의해 시작된 물리학은 자연법칙을 수식으로 표현하였다는 것도 배웠습니다. 바로 그 점 때문에 불과 300년도 지나지 않아서 과학이 오늘날과 같이 놀랄 정도로 높은 수준으로 발전하게 되었다는 사실도 알게 되었습니다.

지난 3주 동안에는 물리를 공부할 준비를 하였다고 말할 수 있습니다. 준비를 하기 위해서 자연법칙을 표현하는데 이용되는 물리량이 무엇인지, 왜 물리량을 벡터와 스칼라로 나누는지 그리고 물체의 운동을 기술하려면 필요한 물리량들이 무엇인지를 배웠습니다. 그래서 직교좌표계와 원통좌표계 그리고 구면좌표계를 이용하여 위치벡터로부터 속도와 가속도를 어떻게 구하는지에 대해서도 자세히 배웠습니다. 이제 여러분은 정말 물리를 공부할 준비가 다 되었다고 말할 수 있습니다. 여러분 자신은 그렇게 생각하지 않습니까?

물리를 공부한다고 하는 이야기는, 앞에서도 잠시 언급하였지만, 뉴턴의 운동법칙을 공부한다는 이야기와 같습니다. 케플러 법칙이 나온 뒤 사람들이 찾았던 자연의 기본법칙이 바로 뉴턴의 운동법칙입니다. 여기서 뉴턴의 운동법칙이라고 하면 뉴턴의 운동방정식인 $F=ma$를 이야기합니다. 그런데 여러분도 잘 알고 있듯이 뉴턴의 운동법칙은 세 가지 법칙으로 구성되어 있습니다. 방금 이야기한 $F=ma$는 두 번째 법칙으로 알려져 있고 첫 번째 법칙은 관성의 법칙 그리고 세 번째 법칙은 작용 반작용 법칙이라고 알려져 있습니다.

뉴턴의 운동법칙에 관성의 법칙과 작용 반작용 법칙이 포함되어 있는 것은 그 나름대로 이유가 있습니다. 여러분 중에는 어쩌면 작용 반작용 법칙을 잘 알고 있다고 생각하는 사람도 있을 것입니다. 많은 사람들이 작용 반작용 법칙을 이해하기 위하여 작용에는 반드시 반작용이 있고 작용과 반작용은 크기가 같고 방향이 반대라고 외우기도 합니다. 물론 작용 반작용 법칙의 내용은 바로 그렇게 되어 있습니다. 그런데 작용 반작용 법칙은 자연의 기본법칙인 운동법칙을 이해하는데 아주 중요한 역할을 합니다. 작용 반작용 법칙은 바로 힘이란 무엇인가에 대해 이야기 해주는 법칙이기 때문입니다. 그래서 이번 주 10장에서는 작용 반작용 법칙에 대해 자세히 공부할 것입니다.

많은 학생들은 관성의 법칙도 역시 잘 알고 있다고 생각할지 모릅니다. 보통 관성의 법칙이라고 하면 힘을 받지 않는 물체는 등속도 운동을 한다는 내용이라고 알고 있습니다. 물론 그 의미도 매우 중요합니다. 갈릴레이가 관성의 법칙을 이야기하기 전까지는 힘을 받지 않는 물체는 결국 정지한다고 생각하였기 때문입니다. 그것이 첫 주에 우리가 이야기한 지상법칙이었습니다. 케플러에 의해서 당시 믿고 있던 천상법칙이 옳지 않다는 것을 깨달았을 뿐 아니라 비슷한 시기에 갈릴레이에 의해서 당시 믿고 있던 지상법칙도 옳지 않다는 것을 알게 되었던 것입니다. 그러나 관성의 법칙은 단지 그 의미보다 더 심오한 뜻을 포함하고 있습니다. 그래서 11장에서는 관성의 법칙에 대해서도 자세히 공부할 예정입니다.

그리고 마지막으로 12장에서는 뉴턴의 운동 제2법칙인 운동법칙에 대해 공부합니다. 운동법칙인 $F=ma$를 다루는 것이 이번 학기 내내 할 일이지만 12장에서는 운동법칙의 의미가 무엇인지에 대해 생각해 볼 것입니다.

10. 상호작용과 뉴턴의 운동 제3법칙

- 물리에 나오는 힘이나 일과 같은 물리량은 일상생활에서도 널리 이용되고 있는 용어이다. 그러나 그런 용어들의 의미가 물리에서는 일상생활에서 사용되는 의미와는 다르게 쓰인다. 물리에서 말하는 힘이란 무엇인가?
- 뉴턴의 제3법칙은 힘이란 두 물체의 상호작용에 의해 작용되는 것이라는 힘의 본성에 대해 말해준다. 뉴턴의 제3법칙이 어떻게 힘의 본성을 설명해주는가?
- 힘에는 여러 가지 종류가 존재한다. 그리고 힘을 지칭하는 이름의 성격도 여러 가지이다. 힘에는 어떤 것들이 있는가?

우리는 1장에서 고대 그리스시대로부터 중세를 거쳐 16세기에 이르기까지 자연은 지상세계와 천상세계로 나눌 수 있고 이 두 세계의 자연법칙이 동일하지 않다고 생각하였다는 것을 배웠다. 당시 지상법칙은 움직이던 물체라도 가만히 놓아두면 결국 정지한다는 것이었다. 이 법칙은 아리스토텔레스에 의해 처음 천명되었고 사람들은 근 2,000년에 걸쳐서 이 법칙을 믿었다. 여기서 물체를 가만히 놓아둔다는 말은 당시 사람들에게는 물체가 힘을 받지 않도록 한다는 의미로 쓰였다. 이 지상법칙은 다시 바꾸어 말하면, 물체는 힘을 받아야 비로소 움직이고 힘을 받지 않으면 정지하게 된다는 의미이다.

이 지상법칙을 한 번 더 바꾸어 말하면, 힘은 물체를 움직이게 만드는 원인 즉 물체의 위치를 바꾸는 원인이라고 할 수 있다. 그런데 한 번 곰곰이 생각해 보라. 여러분 자신도 물체가 힘을 받으면 움직이고 움직이던 물체도 힘을 받지 않게 되면 정지한다는 이야기가 조금도 틀린 말이 아니라고 느껴지지 않는가? 그러니 아리스토텔레스가 살던 고대 그리스시대로부터 시작하여 중세를 지나는 2,000년이 넘는 긴 세월동안 사람들이 지상법칙을 신봉한 것이 그리 크게 놀랄 일은 아님이 분명하다.

뉴턴은 이 지상법칙을 수정하였다. 물론 이 지상법칙을 미분방정식이라는 아주 높은 수준의 수학을 이용하여 자연법칙을 수식으로 표현하였다는 놀라운 업적을 남겼지만,

사실 가만히 생각해보면 뉴턴이 한 일은 과거의 지상법칙으로부터 단지 한 걸음 앞으로 나간 것에 불과하다고도 생각할 수 있다. 그 전의 자연법칙은 힘이란 위치를 바꾸는 원인이라고 말한 것을 뉴턴은 힘이란 속도를 바꾸는 원인이라고 고쳐 말한 것에 불과하다. 그 이전의 자연법칙은 힘이란 속도의 원인이라고 말한 것을 뉴턴은 힘이란 가속도의 원인이라고 고쳐 말한 것이다. 뉴턴의 운동방정식인 $F=ma$가 바로 그런 의미이다.

힘은 일상생활에서도 널리 이용된다. 힘뿐 아니라 물리에서 채택하는 많은 물리량의 명칭들이 일상생활에서 쓰이는 것들을 그대로 가져다 사용한다. 그렇지만 그런 용어들이 물리에서 나타내는 의미는 대부분 일상생활에서의 그것과 아주 똑같지는 않다. 그래서 물리에서는 어떤 물리량을 정하면 제일 먼저 반드시 그 물리량의 정의를 내린다. 여러분은 물리에서 사용되는 물리량의 정의가 무엇인지 스스로 생각해내려고 해서는 안 된다. 그 정의는 물리학자들이 따로 정해놓았으므로 혼자서 아무리 골똘하게 생각한다고 해도, 우연히 맞출 수는 있지만, 대부분 제대로 알아내는 것은 불가능하다. 새로운 물리량의 이름에 접할 때마다 그것의 정의를 혼자 생각해서 알아내려는 생각을 버리고 그것이 물리에서 어떻게 정의되어 있는지를 찾아보아야 한다.

그러면 물리에서는 힘을 어떻게 정의했을까? 일상생활에서 '힘을 배양하자'라던가 '힘만이 살길이다' 등으로 흔히 말하는 힘이라는 낱말과 물리학에서 힘이라고 정의된 물리량 사이에는 상당히 큰 차이가 있다. 고등학교 교과서에는 '힘이란 물체의 운동 상태를 변화시키거나 물체의 형태를 변화시키는 원인'이라고 정의되어 있는 경우가 많다. 물체의 운동 상태는 그 물체의 속도를 말한다. 그래서 물체의 운동 상태를 변화시키는 원인이라고 말하면 좀 어렵게 들리지만 사실은 단순히 물체의 속도를 바꾸는 원인이라는 의미이다. 다시 말하면 물체에 힘을 작용하면 속도가 바뀐다는 것이다. 그리고 이렇게 말하는 것이 바로 앞에서 언급하였듯이 뉴턴의 운동 방정식 $F=ma$가 말해주는 내용과 같다. 이 식은 질량이 m인 물체에 힘 F를 작용시키면 물체는 $a=F/m$ 만큼의 가속도를 갖게 된다고 말한다. 그래서 속도가 바뀌고 있는 물체를 보면 즉 가속도 운동을 하는 물체를 보면 우리는 바로 이 물체는 힘을 받고 있음을 수 있다. 또는 움직이고 있더라도 속도가 변하지 않는 물체를 보면 우리는 바로 이 물체는 힘을 받지 않고 있음을 알아채려야 한다. 힘이 물체를 움직이도록 만드는 원인은 아닌 것이다.

물체의 속도가 바뀌는 것을 보면 우리는 물체가 틀림없이 힘을 받고 있음을 알 수 있다. 그렇지만 물체의 속도가 바뀌는 것만 가지고는 그 물체가 힘을 받고 있다는 사실만 알 수 있을 뿐, 어떤 종류의 힘을 받고 있는지 그리고 그 물체가 힘을 받는 원인은 무엇인지에 등에 대해서는 전혀 알 수가 없다. 그러므로 힘이란 물체의 속도를 바꾸는 원인이라고 말하는 것은 힘의 정의로 충분하지 못함을 알 수 있다. 단지 물체가 힘을 받고 있다는 것을 알려줄 뿐 그 힘이 무엇인지는 알려주지 않기 때문이다. 그래서 뉴턴의 운동 방정식 $F=ma$가 힘을 정의하는 식이라고 말할 수가 없다. 어떤 고등학교 교과서에서는 $F=ma$를 힘의 법칙이라고 부르기도 하는데 그것은 잘못된 명칭이다. 힘의 법칙은 힘을 정의하는 법칙이어야 한다. $F=ma$는 힘을 받는 물체의 운동이 어떻게 바뀌는지를 알려주는 법칙이고, 그래서 뉴턴의 운동방정식 또는 뉴턴의 운동법칙이라고 불리는 식이다.

고등학교 교과서에 나오는 힘의 정의에서 두 번째를 보자. 자유롭게 움직일 수 있는 물체에 힘을 작용하면 물체의 속도가 바뀐다. 그런데 만일 어떤 물체가 이미 고정되어 있어서 움직이지 못한다면 내가 그 물체에 힘을 작용하더라도 물체의 속도가 바뀌게 할 수 없다. 사실 고정된 물체는 이미 다른 힘을 받고 있는 경우이다. 그런 물체에 추가의 힘을 작용하여도 물체가 움직이지 못하는 것은 내가 추가로 작용한 힘과 그 물체가 다른 원인으로 받고 있는 힘을 모두 더한 합력이 0이 되기 때문에 물체의 속도가 바뀌지 않고 처음에 정지해 있던 것이 계속 정지해 있으면서 움직이지 못하는 것이다. 그런 경우에는 물체가 힘을 받으면 그 물체의 형태가 바뀐다. 물론 물체를 구성하는 물질의 성질에 따라 물체의 형태가 바뀌는 정도가 쉽게 알아볼 만큼 클 수도 있고 또는 전혀 알아볼 수 없을 만큼 작을 수도 있다. 그래서 우리는 물체의 속도가 바뀌면 그 물체가 힘을 받고 있음을 알듯이, 이번에는 물체의 형태가 바뀌어도 그 물체가 힘을 받고 있음을 알 수 있다.

그렇지만 물체의 형태가 바뀔 경우도 속도가 바뀔 경우와 마찬가지로 물체가 힘을 받고 있음을 알 뿐이지 그 힘이 어떤 힘인지를 말해주지는 않는다. 그러므로 힘이 물체의 운동 상태나 형태를 변화시키는 원인이라고 말하는 것이 힘에 대한 정의라고 볼 수 없다. 그것은 단순히 물체를 관찰하여 그 물체가 힘을 받는지 또는 받지 않는지를 판단하는데 만 이용될 수 있는 수단에 불과하다. 그리고 더 나쁘게는, 힘을 그렇게 정의하면 힘이란 마치 따로 독립해서 존재하는 대상인 것처럼 잘못 이해하도록 만들기가 쉽다. 그래서 나는 힘을 두 물체가 서로 상호작용하는 정도를 나타내는 물리량이라고 정의하자고 주장한다. 그러면 힘을 그렇게 정의하는 것이 무슨 의미인지 좀 더 자세히 알아보자.

만일 이 세상에 오직 단 하나의 물체만 존재한다면 이 물체에는 어떤 힘도 작용하지 않는다. 힘이란 두 물체 사이의 상호작용에 의해서 작용하게 되므로 물체가 하나밖에 존재하지 않는다면 상호작용할 대상 물체가 없기 때문이다. 그래서 우리가 힘에 대해 말할 때는 꼭 두 물체씩 짝지어 생각해야 한다. 두 물체가 무엇인가를 주고받으며 상호작용하면 그 효과가 힘이 작용하는 것으로 나타난다. 그러니까 물체 A가 힘을 받는다고 말하면 그것은 물체 A에 힘을 작용한 원인이 되는 물체 B가 반드시 존재한다는 것을 함축적으로 의미하며, 두 물체 A와 B가 상호작용한 결과가 A에 힘을 작용하는 것으로 나타났다고 말할 수 있다. 따라서 힘에 대해서 말할 때는 물체 B가 물체 A에 힘을 작용한다고 힘을 작용하는 원인과 힘을 받는 대상을 함께 말하는 것이 좋다.

그뿐 아니라 힘이란 두 물체가 서로 상호작용하는 정도를 나타내는 물리량이라고 힘을 정의하면 힘에 대해 또 다른 중요한 사실도 알 수 있다. 상호작용이란 일방적으로 하는 것이 아니기 때문에 만일 물체 B가 물체 A에 힘을 작용한다면 동시에 물체 A도 물체 B에 힘을 작용하여야만 한다. 그래서 물체 B가 물체 A에 힘을 작용한다고 말하면, 바로 힘의 정의에 의해서 물체 A도 물체 B에 힘을 작용한다는 것을 알 수 있다. 이것이 바로 유명한 뉴턴의 작용 반작용 법칙이 말해주는 내용이다. 뉴턴의 작용 반작용 법칙은 뉴턴의 운동법칙 세 가지 중에서 제3법칙에 대한 다른 이름이다. 뉴턴의 제3법칙은 한 술 더 떠서 A가 B에 작용한 힘과 B가 A에 작용한 힘은 크기가 같고 방향이 반대이라고 말한다. 그러므로 뉴턴의 제3법칙은 바로 힘이란 두 물체의 상호작용의 정도를 나타내는 물리량이라는 힘의 정의를 천명하는 법칙이다. 자연의 기본법칙인 운동법칙은 뉴턴의 세 가지 법칙 중에서 제2법칙이다. 그런데 뉴턴의 운동법칙에 제3법칙을 포함시킨 것은 이처럼 운동법칙인 $F=ma$에 나오는 힘의 본성이 무엇인지를 정의하기 위함임을 알 수 있다.

두 물체가 상호작용한다면 어떻게 한다는 것일까? 우리는 일상생활에서도 상호작용이라는 말을 사용한다. 일상생활에서 두 사람이 상호작용한다고 하면 무엇인가를 주고받는 것을 말한다. 상호작용하는 두 연인들은 눈길을 주고받을 수도 있고 편지를 주고받을 수도 있다. 상호작용하는 상인과 손님은 물건을 주고받거나 돈을 주고받는다. 이처럼 상호작용하는 두 물체도 무엇인가를 서로 주고받는다. 물리에서 두 물체가 상호작용하는 방법 중 하나로 일을 주고받는 경우가 있다. 물리에서는 A가 B에게 힘 $\vec{F}$를 작용하면서 B가 변위 $\Delta\vec{r}$만큼 이동하게 했다면 A가 B에게 한 일 W는 힘과 변위를 스칼라곱한 것으로

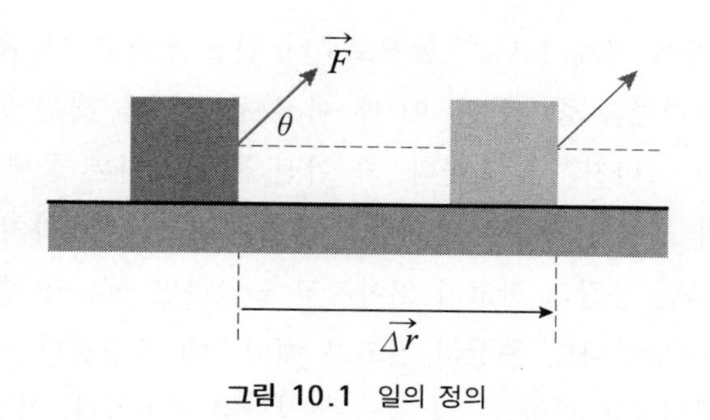

그림 10.1 일의 정의

$$W = \vec{F} \cdot \vec{\Delta r} = F \Delta r \cos\theta \tag{10.1}$$

라고 정의된다. 힘과 변위는 벡터양이고 일은 스칼라양이므로 힘을 정의하는 데는 두 벡터양을 곱하여 스칼라양을 만드는 스칼라곱이 적용된다.

일을 정의한 (10.1)식을 보면 힘과 변위 사이의 사잇각인 θ가 90°보다 더 작을 때는 한 일 W가 0보다 크다. 그리고 만일 θ가 딱 90°라면 한 일은 0이다. 그리고 θ가 90°보다 더 크지만 180°보다 작다면 일은 0보다 더 작다. 다시 말하면 물체가 힘의 방향으로 이동하면 한 일이 0보다 크고 물체가 힘의 방향과 반대방향으로 이동하면 한 일이 0보다 작다. 이때 일이 0보다 더 크면 상호작용을 하면서 A가 B에게 일을 준 것이다. 즉 A로부터 B에게 일이 이동한 것이다. 그러나 만일 일이 0보다 더 작으면 A가 B로부터 일을 빼앗은 것이다. 즉 상호작용을 하면서 일이 B로부터 A에게 이동한 것이다.

힘을 이야기할 때 꼭 힘을 작용한 원인이 되는 물체와 힘을 받은 대상이 되는 물체를 함께 표현하여야 힘이 작용하는 모양을 확실하게 묘사할 수 있는 것과 같이 일을 이야기할 때에도 꼭 일을 하는 원인이 되는 물체와 일을 받는 대상이 되는 물체를 함께 표현하여야 일을 하는 의미가 확실하게 전달된다. 그렇게 표현하면, 힘을 작용한 원인이 되는 물체가 힘을 받은 대상이 되는 물체에게 일을 전달한 것이다. 그리고 만일 그 일이 0보다 작다면 힘을 작용한 원인이 되는 물체가 힘을 받은 대상이 되는 물체로부터 일을 가져간 셈이 된다.

물체가 일을 받으면 그 물체에는 어떤 변화가 나타날까? 물체에 전달된 일은 절대로 없어지거나 물체가 받지 않은 일이 절대로 저절로 생기지 않는다. 물체가 일을 받으면 그 물체는 다시 다른 물체에 그만한 일을 할 능력을 소유하게 된다. 이 능력을 에너지라고 부른다. 그래서 물체가 다른 물체로부터 일을 받으면 그 물체의 에너지가 받은 일하고 똑같은 크기만큼 증가한다. 이 때 이 물체에 일을 해준 물체의 경우에는 일을 해준 만큼 자기의 에너지가 감소한다. 즉 어떤 물체가 다른 물체에 일을 하면 자신의 에너지는 한 일의 크기와 똑같은 크기만큼 감소한다. 이것은 마치 은행의 예금 통장과 같다. 돈을 입금하면 통장의 잔고가 많아지고 출금하면 잔고가 줄어든다. 여기서 넣고 빼는 돈이 일에 해당한다면 통장의 잔고가 에너지에 해당한다.

자연은 일과 에너지에 관한 한 그 출납을 정확히 관리한다. 이것을 사람들은 에너지 보존법칙이라고 부른다. 그런데 일의 잔고인 에너지는 여러 가지 형태로 존재한다. 그래서 에너지를 부를 때는 열에너지, 전기에너지, 운동에너지, 퍼텐셜에너지, 화학에너지 등 에너지 앞에 수식어를 붙여 말한다. 열에너지는 물체가 가지고 있는 열 때문에 일할 능력을 갖게 된 것이다. 운동에너지는 물체가 움직이는 속도 때문에 일할 능력을 갖게 된 것이다. 이런 식으로 물체가 일을 할 수 있는 능력이 무엇인가에 따라 에너지의 이름을 붙인다.

지금까지 우리는 힘이란 무엇인지, 힘의 본성을 알려주는 상호작용이란 무엇인지, 힘과 상호작용 사이의 관계는 무엇인지, 두 물체가 힘을 통하여 상호작용할 때 무엇을 주고받는지 등을 살펴보았다. 그리고 뉴턴의 운동법칙에 포함된 제3법칙인 작용 반작용 법칙은 힘의 본성을 정의하는 법칙이라고 하였다. 그러므로 힘에 대해 구체적으로 좀 더 잘 이해하기 위해서는 뉴턴의 작용 반작용 법칙에 나오는 작용과 반작용을 확실히 말할 수 있어야 한다. 그렇게 말할 수 있으면 무엇과 무엇이 상호작용하면서 힘을 작용하는지를 제대로 이해할 수 있게 된다. 이제 몇 가지 예를 들어가며 작용과 반작용에 대해 자세히 공부해 보자.

몇 해 전 고등학생용 물리 문제집에 그림 10.2에 보인 것과 같이 책상 위에 놓인 상자에 작용하는 중력의 반작용은 무엇인지 묻는 문제가 있었는데 그 문제집에 나온 정답이 수직항력이라고 한 것을 본적이 있다. 상자에 작용하는 중력이란 지구가 상자를 잡아당기는 만유인력을 말한다. 즉 상자와 지구 사이의 상호작용에 의해서 지구가 상자를 잡아당기는 힘이 바로 상자에 작용하는 중력이다. 그래서 이 중력의 반작용은 상호작용하는 두 물체의 순서를 바꾸어 상자가 지구를 잡아당기는 만유인력이라고 해야 옳다.

상자에 작용하는 수직항력은 책상이 상자를 위로 떠받치는 힘이다. 만일 상자에 중력만 작용한다면 상자는 아래로 떨어져야 한다. 그런데 책상이 상자를 받치고 있어서 상자가 아래로 떨어지지 못하도록 상자에 작용하는 힘을 수직항력이라고 부른다. 그러면 이 수직항력은 무엇과 무엇 사이의 상호작용에 의해 작용되는 것일까? 그리고 이 수직항력의 반작용은 무엇일까? 각자 생각해 보자.

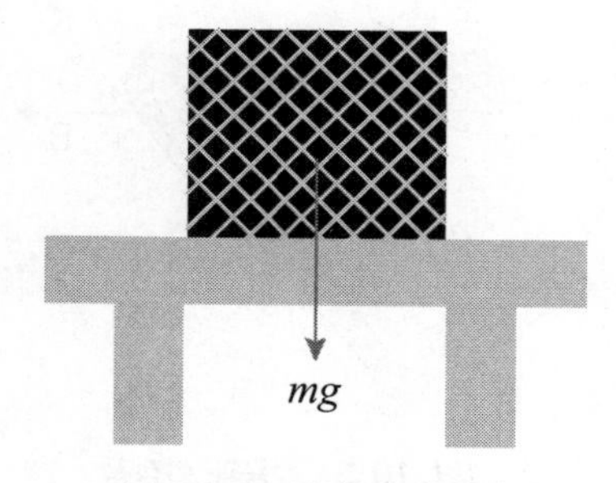

그림 10.2 책상 위의 상자에 작용하는 중력

어떤 물체가 받는 힘의 반작용이 무엇이냐고 묻는 문제가 나오면 우선 서로 힘을 주고받는 상호작용하는 두 물체를 찾아야 한다. 그림 10.2에 나온 예에서 상자에 작용하는 중력은 지구와 상자 사이의 상호작용 때문에 생긴 힘이며 지구가 상자를 잡아당기는 힘이다. 따라서 이 힘의 반작용은 단순히 원인과 대상을 바꾼 상자가 지구를 잡아당기는 힘이 된다. 그러니까 상호작용하는 두 물체만 확실히 알면 반작용을 찾는 일은 이렇게 아주 쉽다.

작용과 반작용에 대해 중요한 점으로는 동일한 물체에 작용하는 두 힘을 하나는 작용이고 다른 하나는 반작용이라고 말하면 절대로 안 된다는 것이다. A가 B에 작용하는 힘을 작용이라면 B가 A에 작용하는 힘을 반작용이라고 하기 때문이다. 그림 10.2에 보인 예에서 중력은 지구가 상자를 잡아당기는 힘이고, 수직항력은 책상 면이 상자를 떠받치는 힘이다. 즉 중력과 수직항력이 모두 상자에 작용한다. 그래서 중력과 수직항력은 절대로 서로 작용과 반작용의 관계를 이룰 수가 없다.

두 물체가 접촉하면서 상호작용할 때 작용하는 접촉힘의 경우에는 작용과 반작용이 작용하는 공간상의 위치가 같아서 혼동을 일으키는 경우가 있다. 그렇지만 그러한 문제에서도 역시 두 힘이 작용하는 물체는 서로 다르다. 그림 10.3과 같이 날아오는 야구공을 야구 방망이로 쳤을 때, 방망이가 야구공을 친 힘이 작용하는 위치와 야구공이 방망이에 부딪치면서 방망이에 가한 힘이 작용하는 위치는 공간의 같은 곳이라고 볼 수도 있다. 그러나 방망이가 야구공을 친 힘은 그림 10.3에 A라고 표시된 방향으로 야구공에 작용한다. 이 힘을 작용이라고 하면, 반작용은 야구공이 방망이를 때린 힘인데, 이 힘은 그림 10.3에 B라고 표시된 방향으로 방망이에 작용한다. 즉 두 힘은 서로 다른 물체에 작용하는 것이 틀림없다.

그런데 이 문제에서 재미있는 것으로, 야구공은 방망이가 가한 힘 때문에 오던 방향을 바꾸어 A쪽으로 날아가게 된다. 그러나 방망이는 야구공으로부터 B방향으로 힘을 받았지만 방망이는 여전히 A방향으로 움직이는 것을 알 수 있다. 이것이 좀 이상하게 생각되지

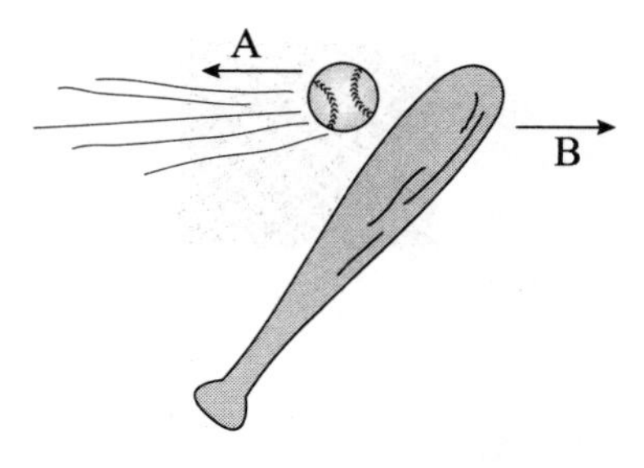

그림 10.3 작용과 반작용

않는가? 그렇지만 전혀 이상하지 않다. 방망이에는 야구공으로부터 받은 힘 뿐 아니라 타자가 손으로 미는 힘도 작용하고 있으며 이 두 힘을 더하면 A쪽을 향하는 힘이 된다.

그림 10.3에 보인 예에서처럼 두 물체가 서로 접촉하면서 힘을 작용하는 상호작용의 경우에는 공간의 동일한 위치에 작용과 반작용이라는 두 힘이 모두 작용한다. 즉 두 힘의 작용점의 위치가 같다. 그러나 두 힘이 작용하는 물체는 서로 다르다. 그리고 이 작용과 반작용의 크기는 작용-반작용의 법칙에 의해 동일하고 두 힘의 방향은 정 반대이다. 그렇지만 두 힘이 작용하는 물체가 다르기 때문에 작용과 반작용을 더하면 0이므로 관계된 물체에 작용하는 힘의 합력은 0이라는 식으로 생각하면 안 된다. 합력이란 한 물체에, 또는 하나의 계에, 작용하는 힘들을 모두 더한 것을 말하기 때문이다.

이제 힘에 대해 상당히 많이 알게 되었다. 그러면 힘이 무엇인지 한 개의 공식으로 말하라면 여러분은 어떻게 답변할 것인가? 많은 학생들이 $F=ma$라고 말하고 싶을지 모른다. 그러나 이 식은 앞에서 설명한 것처럼 힘을 정의한 식이 아니다. 질량이 m인 물체의 가속도 a를 관찰하고 이 물체가 크기가 ma인 힘을 받고 있다고 알 수 있는 식이지만 이 물체가 어떤 종류의 힘을 받는지 알려주는 식은 아니다. 그리고 나중에 자세히 공부하게 되겠지만, 이 식은 물체가 힘을 받고 어떻게 운동하는지를 결정하는 운동 법칙이다. 그래서 이 식을 물체에 적용하여 물체가 어떻게 움직일지 알기 위해서는 물체에 작용하는 힘을 미리 알아야 한다.

힘은 상호작용을 하는 정도를 나타내는 물리량이다. 그러므로 어떤 상호작용을 나타내는 힘이냐에 따라 그 힘을 결정하는 방법이 따로 정해진다. 이렇게 힘을 결정하는 방법을 나타낸 식을 힘의 법칙이라 한다. 예를 들어, 물체들이 각 물체의 질량에 의해 서로 잡아당기는 힘을 만유인력이라 부르고 만유인력은 뉴턴의 만유인력 법칙에 의해 정해진다. 여기서 뉴턴의 만유인력 법칙은 만유인력이라는 힘을 결정하는 힘의 법칙이다.

우리는 만유인력, 전기력, 마찰력, 탄성력 등 여러 가지 종류의 힘에 대한 이야기를 듣는다. 이들 힘은 각각 그 힘을 결정하는 힘의 법칙으로 구분된다. 전기력을 결정하는 힘의 법칙을 쿨롱 법칙이라 하고 탄성력을 결정하는 힘의 법칙을 후크 법칙이라 부른다. 그래서 힘에 대해 말할 때는 우선 어떤 힘의 법칙으로 결정되는 힘인지를 확실하게 아는 것이 좋다.

중력과 만유인력은 모두 물체의 질량들 사이에 작용하는 힘을 말하지만 이들 둘을 구분하여 사용할 때도 있다. 두 물체 사이에 작용하는 만유인력은, 뉴턴의 만유인력 법칙이 말해주는 것처럼, 두 물체의 질량의 곱에 비례하고 두 물체 사이의 거리에 반비례하는 힘이다. 그런데 지상의 물체와 지구 사이에 작용하는 만유인력의 경우 물체가 지상에서 이리 저리 움직인다고 하여도 지구와 물체 사이의 거리가 거의 변하지 않는다고 생각하여 그 힘의 크기가 바뀌지 않고 일정하다고 본다. 이 힘을 중력이라고 부른다. 그래서 지상의 물체에 작용하는 중력에 대한 힘의 법칙은

$$F = mg \tag{10.2}$$

라고 쓴다. 이렇게 중력에 대한 힘의 법칙은 두 물체 사이의 거리의 제곱에 반비례한다는 만유인력에 대한 힘의 법칙과 구분된다. 그런데 문헌에 따라서는 만유인력도 간단히 중력이라 부르기도 한다. 영어로는 만유인력을 gravitational force 그리고 중력을 weight라고 구분하여 부른다. 여기서 weight를 다시 우리말로 번역하면 무게가 된다.

힘을 지칭하는 이름 중에는 힘의 법칙으로 결정되는 개별적인 힘을 부르지 않고 공통된 성질을 갖는 여러 종류의 힘을 한꺼번에 부르는 경우가 있다. 그런 예로 보존력, 구심력 등을 들 수 있다. 내력 또는 외력도 힘의 법칙으로 주어지는 구체적인 힘을 지칭하는 이름이 아니다.

중력, 만유인력, 탄성력, 전기력 등은 모두 보존력이다. 보존력이란 퍼텐셜에너지로 표현할 수 있는 힘을 말한다. 퍼텐셜에너지는 우리가 흔히 위치에너지라고 알고 있는 것으로 이에 대해서는 나중에 자세히 공부하게 된다. 퍼텐셜에너지라고 모두 똑같은 퍼텐셜에너지가 아니다. 중력을 표현하는 퍼텐셜에너지를 중력 퍼텐셜에너지, 탄성력을 표현하는 퍼텐셜에너지를 탄성력 퍼텐셜에너지 등으로 구분하여 부른다. 마찰력을 제외하고 힘의 법칙으로 주어지는 힘들은 거의 모두 보존력이라고 이해하면 된다.

구심력이란 물체가 원운동을 하게 만드는 힘을 말한다. 물체가 원운동을 하려면 그 물체에 원의 중심 방향으로 힘이 작용하지 않으면 안 된다. 예를 들어, 실에 돌멩이를 매달아 빙빙 돌릴 때 돌멩이를 원운동하도록 만들어주는 힘은 실이 돌멩이를 잡아당기는 장력이다. 그래서 장력이 구심력의 역할을 한다. 또 인공위성은 지구가 인공위성을 잡아당기는 만유인력 때문에 지구 주위를 회전한다. 여기서는 만유인력이 구심력의 역할을 한다.

힘을 외력과 내력으로 구분하기도 한다. 외력과 내력이란 여러 물체로 이루어진 계를 다룰 때 주로 이용되는 개념으로 주어진 계에 속한 물체들 사이의 상호작용으로 작용하는 힘을 내력이라 하고 계 외부의 물체가 계 내부의 물체에 작용하는 힘을 외력이라고 부른다. 외력과 내력은 여러 물체를 다룰 때 다시 자세히 공부한다.

마지막으로 우리가 흔히 듣는 장력과 수직항력에 대해 알아보자. 이 두 힘은 개별적인 힘인데도 힘의 법칙으로 정해지는 힘이 아니어서 좀 별난 힘이다. 이 두 힘은 물체가 외부 조건 때문에 운동의 제한을 받아 작용되는 힘이라는 공통점을 가지고 있다. 그래서 이 두 힘을 구속력이라고 부르기도 한다.

장력은 줄에 연결된 물체의 운동이 줄 때문에 제한 받을 때 물체에 작용하는 힘이다. 목줄을 매단 강아지를 생각하자. 강아지가 멀리 가지 않아서 줄이 팽팽하지 않을 때는 장력이 작용하지 않는다. 그러나 강아지가 줄의 길이보다 더 멀리 가려고 낑낑거리며 줄을 잡아당기면 장력이 작용하여 강아지를 멀리 가지 못하게 막는다. 장력이 작용할 때는 줄이 팽팽하게 당겨져 있다. 그리고 장력은 줄의 중심부를 향한 방향으로 작용한다. 그래서 강아지가 장력을 받으며 움직인다면, 움직이는 방향은 항상 장력의 방향과 수직을 이룬다. 힘의 방향과 움직이는 방향이 수직이므로 장력은 그 힘을 받고 움직이는 물체에 일을 하지 않는다. 장력의 크기는 힘의 법칙으로 미리 정해지는 것이 아니라 강아지 마음대로 정해진다. 강아지가 더 센 힘으로 끙끙거리며 멀리 가려고 하면 더 큰 장력이 작용된다.

물체가 움직이다 벽에 부딪쳐 더 이상 움직이지 못한다면 이 때 벽은 물체에 수직항력을 작용한다. 이 힘을 부르는데 앞에 수직(垂直)이라는 수식어를 붙여 수직항력이라고 부르는 이유는 벽 때문에 이동을 못하도록 물체에 작용하는 힘은 항상 벽면에 수직인 방향으로 작용하기 때문이다. 그림 10.4에 보인 것처럼 벽에 손을 대고 위로 미는 경우를 생각하자. 그러면 벽은 내 손에 그림 10.4에 보인 것과 같이 내가 벽을 미는 힘과 반대 방향의 힘을 작용한다. 이 때 이 힘을 벽에 수직인 성분과 평행인 성분의 두 성분으로 나눌 수 있는데, 수직인 성분이 구속력인 수직항력이고 평행인 성분은 마찰력이다.

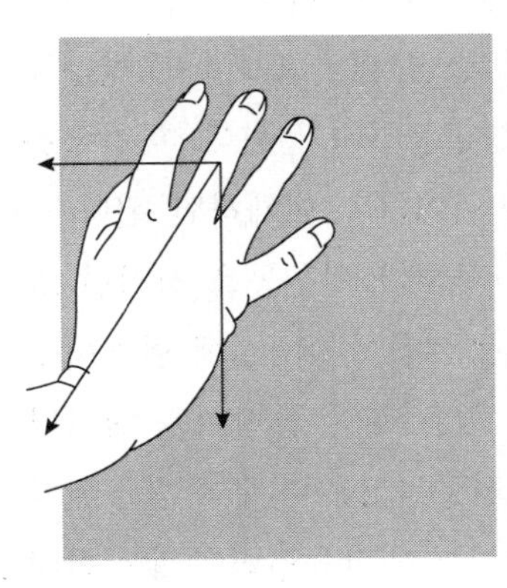

그림 10.4 손바닥에 작용하는 수직항력과 마찰력

수직항력의 크기도 장력과 마찬가지로 힘의 법칙에

의해 미리 정해지는 것이 아니라, 내 맘대로 정해진다. 즉 내가 벽을 세게 밀면 수직항력도 커지고 가만히 밀면 수직항력도 작아진다. 그리고 만일 벽면에서 내 손을 움직였다면 손이 움직이는 방향은 언제나 수직항력의 방향과 수직이다. 즉 수직항력이 내 손에 한 일은 항상 0이다. 구속력에는 장력과 수직항력 두 가지가 있는데 구속력의 크기는 모두 힘의 법칙으로 미리 정해지지 않고 구속력의 방향은 항상 그 힘을 받는 물체가 움직이는 방향과 수직이기 때문에 구속력이 물체에 한 일은 반드시 0이라는 특징을 갖는다.

11. 관성계와 뉴턴의 운동 제1법칙

- 뉴턴의 운동법칙은 세 가지로 구성되어 있다. 그 중에 제1법칙인 관성 법칙의 내용은 무엇인가? 뉴턴의 운동법칙을 적용하기 위해서는 관성계를 이용하여야만 한다. 관성계란 무엇이며 왜 관성계를 이용하여야만 하는가?
- 관성계가 아닌 기준계에서는 실제로 작용하지 않는 힘이 작용하는 것처럼 보인다. 이런 거짓 힘을 관성력이라 한다. 우리가 흔히 겪는 관성력에는 무엇이 있는가?
- 원심력은 대표적인 관성력으로 거짓 힘이다. 그렇지만 우리는 원심력에 대해 잘못된 생각을 갖고 있는 경우가 많다. 그런 예에는 무엇이 있는가?

뉴턴의 운동법칙 세 가지 중에서 제1법칙은 관성 법칙이라고 불린다. 관성 법칙은 흔히 물체가 힘을 받지 않으면 원래의 속도를 바꾸지 않고 일정한 속도로 움직인다고 알려져 있다. 이 법칙은 갈릴레이에 의해 맨 처음 제안되었다. 그 이전에는 오랫동안 물체가 힘을 받지 않으면 즉 가만히 놓아두면 움직이던 물체도 정지한다고 생각하여 왔으므로 갈릴레이의 제안은 그 자체로도 아주 획기적인 의미를 갖는다고 할 수 있다.

그렇지만 물체가 힘을 받지 않으면 등속도 운동을 한다는 것은 뉴턴의 운동 제2법칙인 운동방정식 $F = ma$에서 힘이 0이면 물체의 가속도가 0이라는 특별한 경우에 불과하다. 그러므로 제1법칙인 관성 법칙은 별도의 법칙이기보다는 제2법칙에 속하는 특별한 경우라고도 생각할 수 있다. 그럼에도 불구하고 뉴턴의 운동법칙 세 가지 중의 하나로 제1법칙을 따로 떼어서 지정하는 데는 뉴턴의 운동법칙을 설명하는 것과 연관되어 다음과 같은 특별한 의미를 지니고 있기 때문이다.

물체가 움직이는 속도는 누가 관찰하느냐에 따라 다르게 측정된다. 그래서 물체가 등속도 운동을 한다고 하면 누가 측정할 때 등속도 운동을 한 것이냐는 문제가 대두된다. 동일한 물체를 정지한 관찰자와 그 관찰자에 상대적으로 가속도 운동을 하는 다른 관찰자가 측정한다면, 한 관찰자는 그 물체가 등속도 운동을 한다고 측정하더라도 다른 관찰자는 가속도 운동을 한다고 측정할 것이다. 그러면 어떤 관찰자의 측정이 그 물체의 운동을 올바로 기술한다고 할 수 있을 것인가? 다시 말하면 물체의 운동은 관찰자에 따라, 또는 측정하는 기준계에 따라, 다르게 기술되는데, 물체의 운동에 대해 누가 옳은 관찰을 했는가라는 문제가 제기될 수 있다.

제1법칙인 관성 법칙은 바로 이 문제를 확실하게 해주는 법칙이라고 생각할 수 있다. 물체의 운동은, 그 속도가 다르게 측정되는 것처럼, 관찰자에 따라 상대적으로 기술하는 방법이 바뀔지라도, 물체가 받는 힘은, 또는 그 물체와 다른 물체 사이의 상호작용은 관찰자에 따라 상대적으로 바뀌지 않는다. 다시 말하면, 관찰자에 따라 동일한 물체가 받는 힘을 서로 다르게 판단하지 않는다. 그래서 두 관찰자가 모두 대상 물체가 힘을 받지 않는다고 판단하는데도 불구하고, 한 관찰자는 물체가 등속도 운동을 하고 다른 관찰자는 물체가 가속도 운동을 한다고 측정하였다면, 제1법칙은 뉴턴의 제2법칙을 적용하기 위해서는 힘을 받지 않은 물체가 등속도 운동을 하는 것으로 측정한 관찰자에 의해서 물체의 운동이 기술되어야 한다고 말한다. 그리고 역으로 제1법칙은 힘을 받지 않는 물체 또는 작용하는 힘의 합력이 0인 물체의 운동이 등속도 운동으로 기술되는 기준계가 존재함을 천명하는 법칙이라고 생각할 수도 있다. 그러한 기준계를 관성계 또는 관성기준계라고 부른다. 그리고 어떤 관성계가 미리 관성계인줄을 알고 있다면, 그 관성계에 대해 상대적으로 등속도 운동하는 기준계는 모두 관성계이다. 그리고 뉴턴의 제2법칙을 적용하려면 물체의 운동을 관성계에서 기술하지 않으면 안 된다.

물체의 속도는 관찰자에 따라 다르게 측정되므로 어떤 물체의 진정한 속도는 무엇일까라는 질문이 제기될 수 있다. 지구가 우주의 중심에 움직이지 않고 놓여있다고 생각한 시대에는 그런 질문에 대한 대답이 쉬웠다. 지구에 대해 측정한 속도가 진정한 속도라고 볼 수 있기 때문이다. 그런 경우에 지구를 절대기준계라고 한다. 진정으로 움직이지 않는 기준이 되는 기준계라는 의미이다. 그러나 오늘날 우리는 절대적으로 정지해 있는 절대기준계를 생각할 수 없다는 것을 잘 알고 있다. 그래서 물체의 운동을 기술할 때 기준으로 삼는 기준계가 바로 관성계인 것이다.

절대기준계를 기준으로 측정한 속도를 절대속도라고 한다면 임의의 어떤 기준계를 기준으로 측정한 속도를 상대속도라고 한다. 절대기준계란 존재하지 않음을 알게 되었으므로 우리가 말하는 속도는 모두 상대속도인 셈이다. 우리가 흔히 물체의 속도로 인용하는 것은 다른 말이 없으면 대부분 지구에 대한 상대속도이다. 그래서 일반적으로는 물체 A를 기준으로 물체 B의 속도를 측정하였다면 그 속도를 보통 $\vec{v}_{BA}$라고 표시한다. 그래서 물체 A를 기준으로 측정한 물체 C의 속도를 $\vec{v}_{CA}$라 하고, 물체 B를 기준으로 한 물체 C의 속도를 $\vec{v}_{CB}$라고 한다면 세 상대속도 $\vec{v}_{BA}$, $\vec{v}_{CA}$, 그리고 $\vec{v}_{CB}$ 사이에는

$$\vec{v}_{CA} = \vec{v}_{CB} + \vec{v}_{BA} \tag{11.1}$$

인 관계가 성립한다.

예를 들어 A는 지구이고 B는 시속 30km로 달리는 자전거이고 C는 시속 100km로 달리는 자동차라고 하자. 여기서 자전거와 자동차의 속도는 지구를 기준으로 한 상대속도이다. 그러면

$$\vec{v}_{BA} = 30\ \text{km/hr}, \quad \vec{v}_{CA} = 100\ \text{km/hr}, \quad \vec{v}_{CB} = 70\ \text{km/hr} \tag{11.2}$$

로 자전거에서 관찰한 자동차의 속도는 시속 70km로, 이 상대속도들을 (11.1)식에 대입하면 식이 잘 성립하는 것을 볼 수 있다. 그런데 20세기 초에 빛에 대해서는 (11.1)식이 성립하지 않는다는 것이 실험으로 알려지게 되었다. 예를 들어 C를 지구에 대해 광속 c로 움직이는 빛이라 하고 B를 광속의 절반인 $c/2$로 빛을 쫓아가는 우주선이라고 하면

$$\vec{v}_{CA} = c, \quad \vec{v}_{BA} = c/2 \tag{11.3}$$

이고 이것을 (11.1)식에 대입하면 우주선이 측정한 빛의 속도인 $\vec{v}_{CB}$는 $c/2$이어야 하는데 실제로 측정한 결과는 $\vec{v}_{CB}$도 역시 c이었던 것이다. 이것이 광속은 일정하다고 말하는 널리 알려진 사실이다.

상대속도의 정의인 (11.1)식은 실험으로 알려진 식이 아니라 아주 논리적인 추론에 의해 이해할 수 있는 식이다. 그런데 빛에 대해서는 이렇게 논리적인 식이 성립하지 않았던 것이다. 이것은 당시 이론체계 내에서는 도저히 이해될 수 없는 현상이었다. 이것을 해결하는 과정에서 아인슈타인은 당시까지 믿고 있던 시간과 공간에 대한 우리의 개념이 옳지 않다는 결론에 도달하게 되었다. 그 결론이 바로 아인슈타인의 특수상대성이론이다.

아인슈타인은 1905년에 특수 상대성이론을 발표하였고 그로부터 11년 뒤인 1916년에 일반 상대성이론을 발표하였다. 얼핏 생각하면 일반 상대성이론이 좀 쉽고 특수 상대성이론이 더 어려울 것 같이 보이고, 그래서 일반 상대성이론을 특수 상대성이론보다 더 먼저 발표했어야 하는 것이 아닌가 여겨지기도 한다.

그런데 특수 상대성이론에서 특수는 특별하다는 의미 보다는 제한되어 있다는 의미라고 해석하는 것이 좋다. 특수 상대성이론은 자연현상을 대표하는 물리량을 서로 다른 두 관성계에서 측정하는 경우에 그들이 어떻게 다르게 측정되는지에 대한 것이다. 다시 말하면 자연 현상을 관성계에서 관찰하는 것으로 제한한 경우이다. 그래서 아인슈타인은 특수 상대성이론의 당연한 확장으로 관성계로 제한하였던 것을 비관성계까지 포함시키도록 일반화하기를 원하였다. 이렇게 비관성계까지 포함시킨 경우의 상대성이론 체계가 바로 일반 상대성 이론이다. 그러므로 일반 상대성이론의 일반은 제한을 두지 않는다는 의미라고 해석하면 된다.

특수 상대성이론에 의하면 똑같은 자연현상을 서로 다른 관성계에서 관찰할 때 자연법칙에 의해서 두 관성계를 구별할 수 없다는 것을 알았다. 이것이 특수 상대성이론에서 상대성의 원리이다. 또한 뉴턴 역학을 자연현상에 적용할 때 우리는 꼭 관성계를 이용하여서 그 자연현상을 기술하여야만 한다. 관성계가 아니면 자연현상을 뉴턴의 운동법칙으로 기술할 수가 없기 때문이다.

어떤 기준계가 관성계인지 아닌지 판단하는 방법은 힘을 받지 않거나 작용하는 힘의 합력이 0인 물체가 등속도 운동을 하는지 아닌지 보는 것임을 이미 배웠다. 관찰의 대상이 되는 물체가 다른 물체로부터 힘을 받는지 아닌지는 힘의 법칙으로부터 잘 알 수 있다. 따라서 어떤 기준계가 관성계인지 아닌지를 그 관성계 자체의 운동이나 또는 그 관성계에서 측정한 물체의 운동을 보고 알 수는 없지만 그 관성계에서 측정한 물체가 어떤 힘을 받는지를 보고 판단할 수 있다.

그러면 관성계가 아닌 기준계인 비관성계에서 물체의 운동을 기술하려고 하면 어떻게 될까? 예를 들어, 힘을 전혀 받지 않기 때문에, 또는 작용한 힘의 합력이 0이기 때문에 어떤 관성계에서 정지해 있는 물체를 생각하자. 간단한 예로 책상 위에 놓인 책을 들 수 있다. 지구가 책을 잡아당기는 중력과 책상 면이 책을 들어 올리는 수직항력이 서로 상쇄되어 책에 작용하는 합력은 0이고 그래서 책에 대하여 정지한 기준계에서 본 책은 정지해 있고 이 기준계는 관성계이다.

그런데 그 옆에서 원래 기준계에 대해 가속도 $\vec{a}$로 가속 운동하는 다른 기준계에서 이 책의 운동을 관찰한다고 하자. 그 기준계는 관성계에 대해 가속 운동을 하므로 분명히 관성계가 아니고 비관성계이다. 그런데 이 비관성계에서 책을 관찰하면 책은 정지해 있는 것이 아니라 가속도가 $-\vec{a}$로 가속 운동을 하고 있다. 그러므로 이 비관성계에서 관찰하는 사람은 뉴턴의 운동법칙에 의해 이 책이 $\vec{F}=m(-\vec{a})$인 힘을 받고 있다고 생각한다.

그런데 책이 아무런 힘도 받고 있지 않는 것은 힘의 법칙에 의해 너무 분명하다. 특히 이 책을 관성계에서 관찰하면, 원래 책이 정지해 있다고 생각하는 관성계 뿐 아니라 모든 다른 관성계에서라도, 책에 작용하는 합력은 0이라는 것을 분명히 알고 있다. 단지 비관성계에서 관찰한 사람만 책에 작용하는 합력이 0이 아니라고 생각하고, 그에 더해서 그 힘은 책의 질량에 비관성계의 가속도의 음수를 곱한 것과 같다고 생각한다. 비관성계에서만 물체에 작용한다고 생각되는 이런 종류의 힘을 관성력이라고 부른다. 그래서 관성력은 힘이 아니다. 어떤 힘이 진짜 힘인지 아니면 실제로는 힘이 아닌 관성력인지를 구별하려면 그 힘의 반작용을 찾아보면 된다. 만일 반작용이 존재하지 않는다면 그것은 힘이 아니다.

관성력을 이해하기 위한 또 다른 예로, 그림 11.1에 보인 버스의 손잡이를 보자. 버스가 정지해 있거나 등속도로 움직이면 손잡이는 그림 11.1의 (가)와 같이 연직선 상에 놓여 있다. 그렇지만 버스가 앞으로 점점 더 빨리 움직이는 가속 운동을 하고 있다면 그림 11.1의 (나)와 같이 손잡이는 마치 뒤에서 무엇이 잡아당기고 있는 것처럼 뒤로 기울어져 있다. 그러나 이 손잡이를 뒤에서 잡아당기는 힘은, 우리가 손잡이 뒤쪽을 아무리 살펴보아도 그러한 힘을 작용하는 원인이 될만한 대상을 찾을 수 없는 것처럼, 존재하지 않는다.

이 손잡이의 운동을 관성계에서 설명해 보자. 손잡이에는 그림 11.2에 보인 것과 같이 중력 mg와 장력 T가 작용한다. 그리고 버스가 관성계 내에서 가속도 a로 가속 운동을 하고 있으므로 손잡이도 버스와 함께 가속도 a로 움직이고 있다. 그래서 손잡이의 줄이 연직선과 각 θ를 이루고 있다면, 손잡이가 연직방향으로는 움직이지 않아서 가속도의 연직방향 성분이 0이므로 뉴턴의 운동방정식 $F=ma$의 좌변에 해당하는

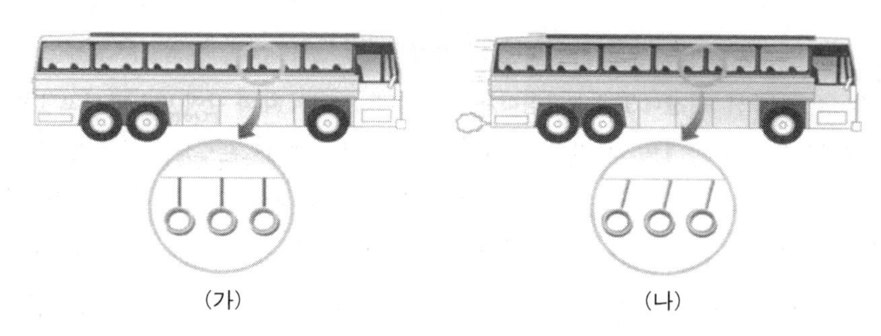

그림 11.1 관성력에 대한 이해

힘과 우변에 해당하는 가속도 0을 대입하여

$$T\cos\theta - mg = ma_y = 0 \qquad (11.4)$$

을 만족한다. (11.4)식으로부터 손잡이를 잡아당기는 장력은

$$T = \frac{mg}{\cos\theta} \qquad (11.5)$$

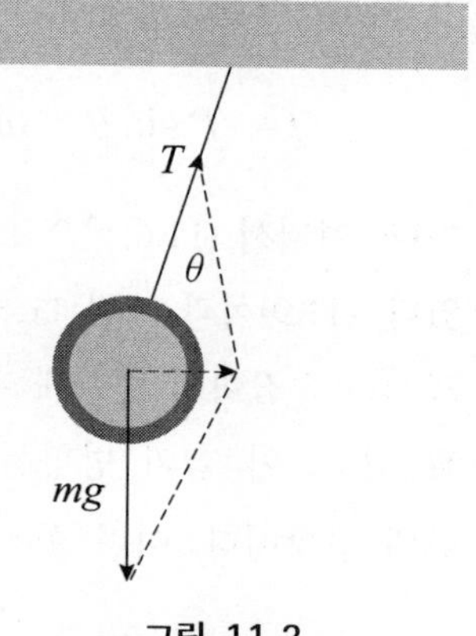

그림 11.2
손잡이에 작용하는 힘

가 됨을 알 수 있다. 이제 손잡이에 작용하는 모든 힘인 중력과 장력을 더한 합력은 수평방향으로 $T\sin\theta$ 임을 알 수 있다. 따라서 손잡이의 수평방향 운동에 뉴턴의 운동방정식을 적용하면, 손잡이가 버스와 똑같은 가속도인 a로 가속 운동을 하고 있으므로, 뉴턴의 운동방정식 $F = ma$의 F 자리에 합력 $T\sin\theta$를 대입하여

$$T\sin\theta = ma \qquad (11.6)$$

를 얻는다. (11.5)식을 (11.6)식에 대입하면, 손잡이의 줄이 연직선과 만드는 각은

$$T\sin\theta = \frac{mg}{\cos\theta}\sin\theta = mg\tan\theta = ma \quad \therefore \quad \theta = \tan^{-1}\frac{a}{g} \qquad (11.7)$$

가 된다.

그러면 이번에는 가속도 a로 움직이는 버스에 고정된 기준계에서 손잡이의 운동을 기술해 보자. 손잡이의 운동을 관성계에서 기술할 때와 버스에 고정된 비관성계에서 기술할 때의 차이점은, 관성계에서는 손잡이가 버스와 동일하게 가속도 a로 움직이지만 비관성계에서는 손잡이가 정지해 있고 그래서 가속도가 0이라는 점이다. 비관성계에서도 손잡이의 연직방향 운동에 대해서는 관성계의 경우와 마찬가지로 (11.4)식이 그대로 성립한다. 그래서 손잡이의 줄에 작용하는 장력은 여전히 (11.5)식으로 주어짐을 알 수 있다. 그런데 손잡이에 작용하는 장력과 중력의 합력은 결코 0이 될 수 없다. 그러므로 손잡이의 가속도가 0이 되기 위해서는 손잡이에 그림 11.3에 f라고 표현된 다른 힘이 꼭 작용하여야만 한다. 만일 그 힘이 작용한다면 뉴턴의 운동방정식은

$$T\sin\theta - f = ma_x = 0 \qquad (11.8)$$

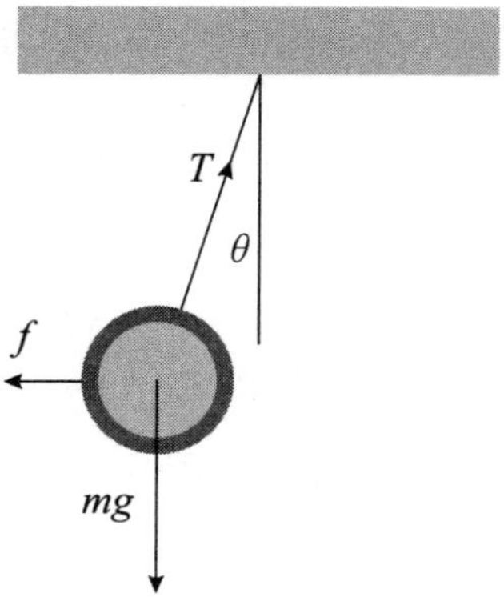

가 되고, 비관성계에서 작용하는 것처럼 보이는 힘은

$$f = T\sin\theta = ma \tag{11.9}$$

이다. 여기서 (11.6)식으로 주어진 $T\sin\theta$값을 이용하였다. (11.9)식과 그림 11.3에서 명백한 것처럼 이 힘의 크기는 손잡이의 질량에 비관성계의 가속도를 곱한 것과 같고, 이 힘의 방향은 비관성계의 가속도 방향과 반대 방향이다. 이런 힘을 관성력 $\vec{f}$이라 부르고

$$\vec{f} = -m\vec{a} \tag{11.10}$$

그림 11.3 비관성계에서 손잡이에 작용하는 힘

라고 쓸 수 있다. 이처럼 관성력이란 오로지 물체의 운동을 비관성계에서 기술할 때만 필요한 거짓힘인 것이다.

그러므로 뉴턴 역학을 적용할 때 관성력은 구태여 고려할 필요가 없다. 뉴턴 역학에서는 언제든지 관성계를 이용할 수가 있기 때문이다. 그런데 일상생활에서 너무 자주 들어서 많은 사람들이 진짜 힘이라고 오해하는 것이 있다. 그것이 바로 원심력이다. 원심력은 힘이 아니고 원운동하는 비관성계에서 힘인 것처럼 느끼는 거짓힘인 관성력이다. 그러므로 거의 대부분의 경우에 원심력을 따로 거론할 필요가 없다. 그런데 우리 주위의 정말 많은 사람들이 원심력에 대해 잘못 생각하고 있다.

예를 들어, 위성과 인공위성을 다음과 같이 설명하는 경우도 있다.

'지구가 당기는 인력과 회전에 의한 원심력이 평행을 이뤄 지구주위를 도는 물체를 위성이라 하고, 인간이 어떤 특수한 목적을 위해 지구주위를 일정 한 주기를 갖고 돌게 하는 위성을 인공위성이라 한다.' (이 내용은 옳지 않음!)

그러면 인공위성의 운동을 어떻게 기술해야 되는지 보자. 인공위성에 작용하는 힘은, 그림 11.4에서 명백한 것처럼 지구가 지구 방향으로, 그러니까 인공위성이 그리는 원궤도의 중심 방향으로, 잡아당기는 만유인력 F뿐이다. 그래서 관성계에서 인공위성을 기술하는 뉴턴의 운동방정식을 세워보면

$$\vec{F} = m\vec{a} \tag{11.11}$$

인데, 여기서 등속 원운동의 가속도는 인공위성이 회전하는 원의 반지름을 ρ라고 하고 인공위성의 속력을 v라고 하면 (9.36)식에 주어진 것처럼

$$\vec{a}=-\frac{v^2}{\rho}\hat{\rho} \tag{11.12}$$

로 원궤도의 중심을 향한다. 따라서 만유인력의 크기 F와 인공위성이 회전하는 원궤도의 반지름 ρ, 인공위성의 속력 v 사이에

$$F=\frac{mv^2}{\rho} \tag{11.13}$$

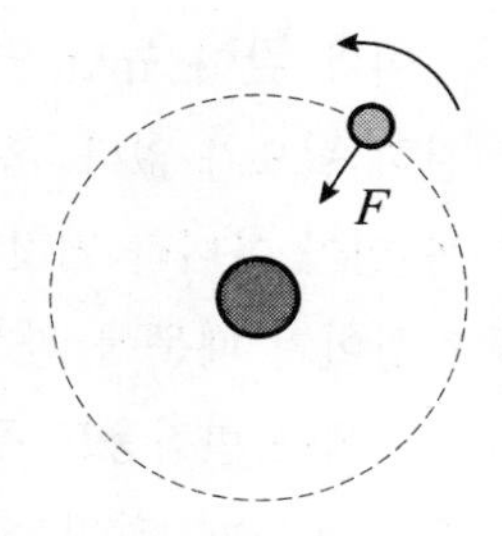

그림 11.4
인공위성에 작용하는 만유인력

을 만족하는 궤도를 따라 인공위성이 회전하게 되는 것이다.
따라서 인공위성이 지구 주위를 회전하는데 구심력으로 작용하는 만유인력인 F를 제외하고 어떤 다른 힘도 필요하지 않다.

그러면 이번에는 인공위성에 고정된 기준계에서 인공위성의 운동을 기술해 보자. 인공위성은 원운동을 하므로 인공위성에 고정된 기준계는 비관성계이다. 그리고 인공위성의 운동을 관성계에서 기술할 때와 인공위성에 고정된 비관성계에서 기술할 때의 차이점은, 관성계에서는 인공위성이 원궤도의 중심을 향하는 가속운동을 하지만 비관성계에서는 인공위성이 정지해 있어서 가속도가 0이라는 점이다.

인공위성을 인공위성에 고정된 비관성계에서 보면, 인공위성의 가속도가 $a=0$이므로, 인공위성에 작용하는 합력도 0이어야만 한다. 그런데 이 관성계에 작용하는 명백한 힘은, 그림 11.5에 보인 것처럼, 지구가 인공위성을 잡아당기는 만유인력인 F이다. 따라서 이 비관성계에서는 인공위성이 만유인력을 받고 있음에도 불구하고 움직이지 않고 정지해 있으려면 꼭 인공위성에 다른 힘이 작용하고 있어야만 한다고 생각하게 된다. 이 힘이 바로 우리가 흔히 원심력이라 부르는 것으로, 그림 11.5에 f로 표시된 관성력 즉 거짓힘이다.

그러면 위의 설명에서는 무엇이 잘못되었을까? 인공위성이 지구 주위를 따라 원운동을 한다고 하려면 인공위성이 지구의 인력을 받고 원운동을 한다고 말하면 된다. 설명에 원심력을 포함시키고 싶다면, 인공위성에 고정된 기준계에서 볼 때 인공위성에 작용하는 만유인력과 원심력이 평형을 이루어 정지해 있다고 말해야 한다. 원심력과 같은 관성력은 가속도 운동을 하는 비관성계에서 물체가 정지해 있는 것처럼 보이는 것을 설명하려고 도입하는 거짓힘이기 때문이다.

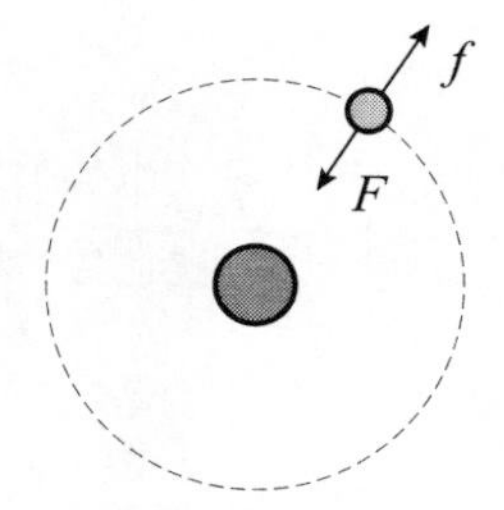

그림 11.5
인공위성에 고정된 비관성계에서 인공위성에 작용하는 힘

이와 같이 뉴턴 역학을 이용하여 관성계에서 물체의 운동을 기술하는데 관성력은 전혀 필요가 없다. 혹시 비관성계를 도입하여 설명할 필요가 있을 때는 관성력이란 진짜 힘이 아니라 거짓힘임을 확실히 인식하고 그렇게 하여야 한다. 그리고 관성력은 거짓힘이기 때문에 관성력을 통하여 상호작용하는 두 물체는 존재하지 않고 그래서 관성력에는 반작용도 존재하지 않는다. 우리가 흔히 구심력의 반작용은 원심력이라는 실수를 하는데, 위의 예에서 인공위성에 작용하는 만유인력은 구심력의 역할을 하며, 이 구심력의 반작용은 인공위성이 지구를 잡아당기는 만유인력이다.

12. 자연의 기본법칙인 뉴턴의 운동 제2법칙

- 뉴턴이 자연의 기본법칙인 운동 제2법칙을 발견함으로써 인간이 자연을 정량적으로 이해할 수 있게 되었다. 제2법칙의 의미가 무엇인지 생각해 보자.
- 우리는 뉴턴의 운동방정식 $F=ma$에 나오는 질량에 대해서는 이미 잘 알고 있다고 믿는 수가 많다. 질량이란 과연 무엇인지 생각해 보자.
- 우리는 자연의 기본법칙이 뉴턴의 운동방정식인 $F=ma$임을 알았다. 이 방정식을 어떻게 풀어야 하는가?

지난 10장과 11장에서는 뉴턴이 발표한 운동법칙 세 가지 중에서 먼저 제3법칙과 제1법칙을 알아보았다. 그러나 간단히 뉴턴의 운동법칙이라고 말하면 제2법칙을 의미한다. 제3법칙은 제2법칙에서 이용되는 힘의 본성을 정의한 법칙이고 제1법칙은 제2법칙을 적용하는 관성계를 정의한 법칙이라고 할 수 있다. 그래서 뉴턴의 운동 제3법칙과 제1법칙은 제2법칙을 분명하게 적용할 수 있도록 보조하는 의미의 법칙이다.

우리는 1장에서 인간은 아주 오래 전부터 물체들이 어떤 원리에 의해 움직이는지에 대해 나름대로의 생각을 가지고 있었음을 알았다. 아주 오래 전인 신화시대에는 신이 물체의 운동을 좌지우지한다고 믿었다. 그렇지만 고대 그리스시대에 이르러 자연을 면밀히 관찰하는 학자들이 출현하게 되었고 그들은 물체들의 움직임을 자세히 관찰한 결과 그것은 아무렇게나 일어나지 않고 어떤 규칙을 따름을 알게 되었다. 그들은 이 세상을 천상세계와 지상세계로 나누고 천상세계의 물체는 원운동을 하며 지상세계의 물체는 결국 정지하게 된다는 운동법칙을 내세웠다. 그리고 당시 학자들은 신이 사는 천상세계에 속한 물체는 완전한 운동인 원운동을 하고 인간이 사는 지상세계에 속한 물체는 인간이 결국 고향으로 가 휴식을 취하듯 물체들도 결국 고향으로 돌아가 정지한다고 믿었다. 그런데 코페르니쿠스와 브라헤 그리고 케플러를 거치면서 태양계에 속한 행성들의 운동을 면밀히 관찰한 결과 천상세계에 속한 물체의 운동법칙이 절대로 옳을 수 없음을 확실히 알게 되었다. 그 뿐 아니라 지상에 속한 물체들에 의한 실험에 의해 지상세계의 운동법칙도 전혀 터무니없음을 깨달았다. 이제 새로운 운동법칙을 찾아내어야 할 차례가 되었다. 뉴턴의 운동법칙이 바로 이 자리를 채워주었다. 세상의 모든 물체들이 따라 움직이는 원리가 바로 이 운동법칙이었던 것이다. 새로 알게 된 운동법칙에 의하면 세상을 천상세계와 지상세계로 구분할 필요가 없게 되었다. 천상세계에 속한 물체이건 지상세계에 속한 물체이건 모두 똑같은 원리에 의해 움직이는 것이다. 얼마나 멋진 일인가?

그런데 지금까지의 설명으로는 뉴턴의 운동법칙에 대해 아직 풀리지 않은 의문이 남아있다. 하나는 물체가 왜 $F=ma$라는 간단한 식을 좇아서 움직이느냐는 의문이다. 이전의 자연법칙에서는 천상세계의 운동법칙과 지상세계의 운동법칙이 성립하는 이유에 대한 그럴듯한 설명이 있었다. 이번에도 뉴턴의 운동법칙이 왜 성립하는지에 대해 그런 종류의 근거를 알아낼 수 있을까? 다른 하나는 물체들이 어떤 힘을 받느냐는 의문이다. 뉴턴의 운동법칙으로 물체의 운동을 설명하자면 물체들이 받는 힘을 알아야한다.

첫 번째 의문에 대한 대답은 따로 찾을 수 없는 것처럼 보인다. 그렇지만 이전과는 달리 이번 운동법칙은 모든 물체의 운동에 적용해 보아서 이 법칙이 맞는지 틀리는지를 수(數)로 비교해 보아 정확히 가려낼 수 있는 방법으로 기술된다. 그리고 천상세계에서나 지상세계에서나 어느 곳에서든지 이 법칙에 위배되며 움직이는 물체를 결코 찾을 수 없음을 알았다. 그래서 이제 우리는 올바른 운동법칙을 찾았다는 확신을 갖게 된 것이다. 두 번째 의문에 대한 대답을 제공해 주는 것이 바로 뉴턴이 발견한 다른 법칙인 만유인력 법칙이다. 만유인력 법칙은 이 세상에 속한 어느 두 물체 사이에서도 서로 잡아당기는 인력이 작용하는데, 그 힘의 크기는 두 물체의 질량의 곱에 비례하고 두 물체 사이의 거리의 제곱에 반비례한다고 말한다.

그림 12.1 뉴턴이 만유인력 법칙을 발견하였을 때 살았던 시골 고향집

뉴턴이 케임브리지 대학 2학년이었던 때 유럽에서는 대도시에 무서운 전염병인 흑사병이 유행하였다. 런던도 예외가 아니어서, 모든 학교들이 휴교를 하는 바람에 뉴턴은 그림 12.1에 보인 고향집에 내려와 있었다. 뉴턴이 그때 고향집 정원에 서있던 나무에서 떨어지는 사과를 보고 만유인력 법칙을 발견

하게 되었다는 말이 전해져 온다. 당시 사람들은 사과가 떨어지면 아! 사과가 고향을 찾아 쉬러 간다고 생각했던 것을 뉴턴이 처음으로 지구가 잡아당기는 힘이 사과에 작용해서 사과가 나무에서 떨어진 것이라고 알아차렸다는 의미에서 그런 말이 나왔는지도 모르겠다.

그러나 만유인력의 법칙에서 매우 중요한 요소는 두 물체 사이에 작용하는 힘이 두 물체 사이의 거리의 제곱에 반비례한다는 것이다. 즉 두 물체 사이의 거리를 두 배로 하면 두 물체가 서로 잡아당기는 힘은 사분의 일로 줄어든다. 그러나 지상에서 사과가 떨어지는 거리에 비해서 지구의 반지름이 너무 길기 때문에 사과가 떨어지는 모습만을 보고 지구가 사과를 잡아당기는 인력의 크기가 지구 중심과 사과 사이의 거리의 제곱에 반비례한다는 점을 알아낸다는 것은 도저히 가능하지 않다. 그뿐 아니라, 뉴턴의 고향집 정원에는 사과나무가 한그루도 없었다고 말하는 역사학자도 있다.

앞으로 알게 되겠지만, 뉴턴의 운동법칙을 적용하면 물체에 작용하는 힘이 거리에 의존하는 모습에 따라 물체가 따라 움직이는 궤도의 모습이 결정된다. 잘 아는 것처럼 지상에서 비스듬히 던진 야구공은 포물선을 그리며 움직인다. 그것은 야구공이 움직이더라도 야구공에 작용하는 힘인 중력의 크기와 방향이 바뀌지 않고 일정하기 때문이다. 물체에 크기와 방향이 바뀌지 않고 일정한 힘이 작용하면, 그런 물체는 모두 포물선을 그리며 움직인다. 다른 예로, 우리는 스프링에 연결된 물체는 단진동 운동을 한다는 점도 잘 알고 있다. 그것은 물체가 거리에 비례하여 커지는 인력을 받기 때문이다. 어떤 물체라도 거리에 비례하여 커지는 인력을 받으면 항상 단진동 운동을 한다. 그리고 행성과 마찬가지로 거리의 제곱에 반비례하고 중심을 향하는 힘을 받는 물체는 타원 운동을 한다. 그래서 물체에 적용되는 운동법칙이 $F=ma$라고 깨달은 뉴턴은 행성들이 태양을 중심으로 타원운동을 한다는 케플러의 결론을 듣고 바로 태양과 행성들 사이에 작용하는 힘은 그들 사이의 거리의 제곱에 반비례한다고 자신 있게 말할 수 있었던 것이다.

그뿐 아니라 뉴턴은 태양과 행성 사이 또는 지구와 사과 사이 뿐 아니라 이 세상의 모든 물체 사이에는 서로 잡아당기는 인력이 작용한다고 간파하였다. 그리고 그 힘의 크기는 두 물체의 질량의 곱에 비례하고 두 물체 사이의 거리의 제곱에 반비례한다고 천명한 것이다. 뉴턴이 운동의 법칙과 만유인력의 법칙을 모두 발견하였을 때 그의 나이는 25살이었다.

그러면 이제 물리의 핵심이 되는 자연의 기본 법칙인 제2법칙에 대해 본격적으로 이야기하자. 뉴턴의 제2법칙인 운동 방정식 $F=ma$가 바로 자연의 모든 현상을 설명하는 기본 법칙이다. 이 식은 식의 우변에 나온 질량 m으로 대표되는 물체에 좌변에 나온 힘 F가 작용될 때 이 물체가 어떤 운동을 할 것인가를 결정해주는 법칙이다.

뉴턴의 운동방정식은 물체가 받는 힘 F가 먼저 주어지고 나서 방정식을 풀게 되어 있다. 운동방정식 $F=ma$중에서 우변 ma는 어떤 문제에서나 똑같다. 그리고 이 식을 푼다는 것은 a를 구한다는 뜻이다. a를 구한다는 것의 의미가 그리 간단하지는 않다. 그 점에 대해서는 나중에 자세히 이야기하자. 문제에 따라 바뀌는 것은 좌변의 힘 F이다. 힘이 다르게 주어지면 다른 문제가 된다. 우리는 힘 자체에 대해서는 이미 자세히 공부하였다. 뉴턴의 운동방정식은 어떤 종류의 힘 즉 어떤 종류의 상호작용이거나 관계없이 모두 성립한다.

그런데 이 운동 방정식에 나오는 질량 m에 대해서는 조금 더 논의할 필요가 있다. 물체의 질량에 대해서는 우리가 너무 자주 말하고 있기 때문에 질량이란 우리가 잘 알고 있는 물리량이라고 생각되지만 사실 그렇지도 않다. 그래서 질량이 무엇일지 곰곰이 생각해볼 필요가 있다. 질량은 아주 기본이 되는 양이기 때문에 더 어렵다. 기본이 되는 양이 아니면 더 기본이 되는 양으로 설명하면 된다. 그러나 가장 기본이 되는 양은 그것을 설명할 더 기본이 되는 것이 없다. 그것이 문제이다. 그리고 우리가 물체의 질량을 바로 구하는 어떤 특별한 방법이 존재하지 않는다. 자연에 존재하는 질량과 연관된 기본 법칙을 이용하여 질량을 구하거나 이야기하여야 한다.

질량과 관계된 법칙으로 뉴턴의 만유인력 법칙이 있다. 만유인력 법칙은 질량과 관계된 중요한 기본 법칙이다. 그래서 지상에 놓인 물체의 질량을 아는데 지구와 그 물체 사이에 만유인력 법칙을 적용하면 좋다. 또는 질량에 대해 이보다 더 기본적인 법칙이 없으므로 뉴턴의 만유인력 법칙이 질량을 정의한 식이라고 생각하여도 좋다.

지상의 질량이 m인 물체와 질량이 M인 지구 사이에 작용하는 만유인력 F는

$$F=G\frac{Mm}{r^2} \tag{12.1}$$

인데 여기서 r는 지구와 물체 사이의 거리이고 G는 만유인력 상수라고 알려진 보편상수로 그 값은

$$G=6.6720\times10^{-11}\ \mathrm{Nm^2/kg^2} \tag{12.2}$$

이다. 보편상수란 공간과 시간에 의존하지 않고 언제나 어디서나 같은 값을 갖는 상수

를 말한다. (12.2)식을 보면 만유인력 상수 G의 값이 대단히 작은 것을 알 수 있다. 질량이 1kg인 두 물체가 1m만큼 떨어져 있다면 두 물체 사이에 작용하는 만유인력은 약 7×10^{-11} N이다. 그래서 지상에 존재하는 물체들 사이의 만유인력은 거의 감지할 수가 없는 것이다.

뉴턴의 만유인력 법칙에서 만일 지구 중심에서 물체까지의 거리 r 대신에 어느 물체에게나 모두 지구의 반지름 R을 사용할 수 있다고 하면 물체를 지구가 잡아당기는 만유인력은

$$F=G\frac{Mm}{R^2}=m\frac{GM}{R^2}=mg \tag{12.3}$$

가 된다. 이렇게 주어지는 지상에서 움직이는 물체에 대한 만유인력을 우리는 흔히 중력이라고 부른다. (12.3)식에서 물체의 질량인 m에 곱해지는 인자인 GM/R^2에 나오는 양들은 지구의 질량 M과 지구의 반지름 R 그리고 만유인력 상수 G 등 모두 미리 정해진 값을 갖으며 이 값을 넣어 계산하면 그 결과는 가속도와 같은 차원의 양이 된다. G값으로 (12.2)식에 주어진 값을 사용하고 지구의 질량 M과 반지름 R로는 각각

$$M=5.97\times10^{24}\ \mathrm{kg},\quad R=6.38\times10^{6}\ \mathrm{m} \tag{12.4}$$

등 이미 잘 알려진 값을 대입하면 (12.3)식에 나오는 g값은

$$g=\frac{GM}{R^2}=\frac{(6.67\times10^{-11}\ \mathrm{N\cdot m^2/kg^2})(5.97\times10^{24}\ \mathrm{kg})}{(6.38\times10^{6}\ \mathrm{m})^2}=9.78\ \mathrm{m/s^2} \tag{12.5}$$

이 된다. 이것을 우리가 중력가속도라고 부르고 지상에서 중력만 받으며 움직이는 물체는 모두 이 가속도를 가지고 등가속도 운동을 한다.

(12.3)식으로 주어진 힘 즉 지구가 물체를 잡아당기는 힘을 그 물체의 무게라고 부른다. 그래서 우리가 흔히 내 몸무게는 50kg이라고 말하는데 정확히 말한다면 그것은 옳지 않다. 무게는 힘의 일종인데 여기서 kg은 질량의 단위이지 힘의 단위가 아니기 때문이다. 우리가 그냥 50kg이라고 말할 때는 질량이 50kg인 물체를 지구가 잡아당기는 힘이라고 의미한 것이고 그래서 몸무게가 50kg이라고만 이야기하더라도 충분히 의사가 통한 셈이다. 왜냐하면 그 물체의 무게는 50×9.8 N이라는 것을 곧 알 수 있기 때문이다.

한편 거꾸로 이야기하면 물체의 무게를 알면 그 물체의 질량을 안 것이나 다름없다.

무게와 질량은 바로 비례하며 그 비례상수를 우리가 알고 있기 때문이다. 물체의 질량을 직접 측정할 방법은 없다. 얼핏 생각하기에는 왜 질량을 직접 측정할 수 없을까라고 의아하게 여길지 모르지만, 정말 그렇다. 그러나 무게는 간단히 측정할 수 있다. 단순히 물체를 저울에 올려놓고 저울의 눈금을 읽기만 하면 된다. 그래서 물체의 질량을 알고 싶으면 먼저 그 물체의 무게를 측정한 다음 무게로부터 물체의 질량을 알아내는 것이 질량을 간접으로 측정하는 한 가지 방법이다. 그리고 이 방법은 질량이 들어가는 기본 법칙인 만유인력 법칙을 이용한 것이다.

질량이 포함된 기본 법칙이 뉴턴의 만유인력 법칙 이외에도 한 가지 더 있다. 그것이 바로 우리가 지금 이야기하고 있는 주제인 뉴턴의 운동방정식 $F=ma$이다. 물체의 질량을 측정하는데 이 법칙을 적용할 수가 있다. 왜냐하면 물체에 작용하는 힘을 측정할 수가 있고 그 힘을 받고 움직이는 물체의 가속도도 측정할 수가 있기 때문이다. 그래서 1N의 힘을 계속 작용시키면서 물체의 운동을 관찰하니 물체의 가속도가 $1\ m/s^2$이었다면 그 물체의 질량은 1kg임이 분명하다고 판단한다. 그러므로 뉴턴의 운동방정식도 질량을 정의한 식이라고 말할 수 있다.

그런데 여기 아주 중요한 의문점이 있다. 위에서 물체에 작용한 힘과 가속도를 측정하여 질량이 1kg이라고 알게 된 물체를 저울 위에 올려놓으면 저울의 눈금이 역시 1kg을 가리키게 될까? 여기서 문제가 되는 것은 이 질량이 꼭 1kg이어야 할 아무런 이유가 없다는 점이다.

위에서 말한 만유인력 법칙과 운동의 제2법칙은 모두 질량을 정의한 식이라고 말할 수 있다고 하였다. 그리고 이 두 식보다 더 기본적으로 질량을 정한 식이나 법칙은 존재하지 않는다. 만유인력 법칙은 만유인력을 작용시키는 원인으로 질량을 정의하였다. 두 크기가 같은 질량을 1m거리만큼 떨어뜨려 놓았을 때 작용하는 힘의 크기가 만유인력 상수의 크기와 같은 6.67×10^{-11} N이라면 각 물체의 질량을 1kg이라고 한다고 질량을 정의한다. 한편 뉴턴의 제2법칙도 역시 질량을 정의한 식이다. 어떤 물체가 있는데 그 물체에 1N의 힘을 계속 가하면 계속 $1m/s^2$의 가속도로 운동할 때 그 물체의 질량을 1kg이라고 한다고 정의한다.

그런데 문제는 이 두 가지로 정의된 양이 같은 양이어야 한다는 이유가 전혀 없다는 것이다. 두 법칙 사이에는 아무런 관련이 없기 때문에 각 법칙으로 정의한 양이 같은 물리량이라고 말할 아무런 근거도 없다. 사실 두 가지로 정의한 양을 모두 같은 이름으로 부른 것부터가 큰 잘못이다. 학교에서 늘 그렇게 부르도록 배워왔기 때문에 새로 공부를 시작하는 사람들은 아마 두 가지가 같은 양이기 때문에 훌륭한 학자들이 그렇게 불렀을 것이라고 믿고 있을지도 모른다. 실제로는 무게를 측정하여 결정되는 질량을 중력질량 그리고 가속도를 측정하여 결정되는 질량을 관성질량이라고 구별하여 부르기도 하며 학자들이 이들 사이에 어떤 관계가 존재하는지에 대해 오랫동안 조사하여 왔다.

그런데 실험에 의하면 이 두 가지 종류의 질량 값이 정확히 같다. 1940년대와 50년대에는 이 두 종류의 질량이 얼마나 정확히 일치하는가가 상당한 관심의 대상이었으며 그래서 많은 학자들이 이것을 열심히 측정하였다. 그 결과 우리가 측정하는 기술이 허용하는 한 같다는 것이 밝혀졌다.

고대 그리스시대에 아리스토텔레스는 무거운 물체와 가벼운 물체를 공중에서 떨어뜨리면 무거운 물체가 가벼운 물체보다 더 빨리 떨어진다고 말하였다. 그 이후 2,000년에 걸친 오랜 기간 동안 사람들은 그 말을 의심하지 않고 그대로 믿었다. 사실 무거운 물체가 가벼운 물체보다 더 빨리 떨어지는 것을 주위에서 자주 경험하기도 한 때문이리라. 그런데 17세기에 이르러 이태리의 갈릴레이는 그림 12.2에 보인 피사의 사탑에서 똑같은 모양의 쇠공과 나무공을 동시에 떨어뜨려 보았다. 이 실험이 아리스토텔레스의 말에 대한 반증(反證)으로 유명하지만 사실은 이 실험 결과가 중력질량과 관성질량이 같음을 말해주는 증거라고 말하는 편이 훨씬 더 좋다

그림 12.2 피사의 사탑

중력질량과 관성질량을 구분하여 중력질량을 $m_{중력}$, 관성질량을 $m_{관성}$ 이라고 쓰자. 그러면 높은 곳에서 떨어지는 물체가 받는 중력은 만유인력 법칙인 (12.3)식으로부터

$$F = m_{중력} g \tag{12.6}$$

이고 떨어지는 물체의 운동을 기술하기 위해 적용될 뉴턴의 운동방정식은

$$F = m_{관성} a \tag{12.7}$$

이다. 그래서 (12.7)식의 좌변에 나오는 이 물체가 받는 힘으로 (12.6)식으로 주어지는

중력을 대입하면

$$F = m_{중력} g = m_{관성} a \quad \therefore \ a = \frac{m_{중력}}{m_{관성}} g \tag{12.8}$$

이 된다. 다시 말하면 중력질량과 관성질량이 같을 때만

$$\frac{m_{중력}}{m_{관성}} = 1 \quad \therefore \ a = g \tag{12.9}$$

이 되어 모든 물체가 동일한 가속도 g로 떨어진다. 그래서 17세기에 갈릴레이가 피사의 사탑에서 행한 유명한 낙하실험은 왜 중력질량과 관성질량이 똑같을까라는 의문을 제시한 실험이었다고 말하는 편이 더 옳다.

많은 학자들이 중력질량과 관성질량이 정확히 같다는 것은 두 가지를 연결해주는 좀 더 기본적인 법칙이 존재하기 때문일 것이라고 생각하였으나 그 이유를 바로 찾지 못하여 오랫동안 이 사실은 물리학계의 풀리지 않는 숙제로 남아있었다. 그런데 이 숙제가 드디어 풀렸으며 그것을 해결한 사람은 바로 아인슈타인이었다. 그리고 그것을 해결한 이론이 아인슈타인의 일반 상대성이론이다. 일반 상대성이론에 의하면 질량의 효과와 가속도의 효과가 동일한 물리적 현상이다. 놀랍지 아니한가? 이점에 대해서는 일반 상대성이론을 공부할 때 다시 살펴보자.

이제 뉴턴의 운동 방정식 $F = ma$를 다시 보자. 이 식은 힘을 질량으로 나누어서 가속도를 구하는 간단한 대수 방정식이 아니다. 1차원 직선운동의 경우에 지난 7장에서 배운 것처럼 $v = dx/dt$이고 $a = dv/dt = d^2x/dt^2$을 이용하여 이 식을 다시 쓰면

$$F = m\frac{d^2x}{dt^2} \tag{12.10}$$

이라는 미분방정식이다. 방정식에 미분이 포함되어 있기 때문에 미분 방정식이라고 부른다. 2차 방정식 $ax^2 + bx + c = 0$ 과 같은 대수방정식의 경우에는 구하는 것이 미지수 x이고 이 방정식의 풀이는 이 식을 만족하는 x값을 대표하는 수이다. 그런데 미분방정식의 풀이는 수가 아니라 함수이다. 미분의 분자에 나오는 변수를 종속변수라 부르고 분모에 나오는 변수를 독립변수라고 부른다는 것은 지난 9장에서 공부하였다. 이처럼 미분이 포함된 미분방정식의 목표는 종속변수를 독립변수의 함수로 구하는 것이다. 특별히 위의 (12.10)식을 풀어 구하는 목표는 종속변수인 x를 독립변수인 t의

함수로 즉 $x(t)$를 구하는 것이다. 그래서 물체가 힘을 받을 때 그 힘을 가지고 뉴턴의 운동방정식을 풀면 물체의 위치인 x를 시간의 함수로 구할 수 있다. 그리고 이렇게 구한 풀이 $x(t)$의 t에 우리가 알고자 하는 시간 t값을 대입하면 바로 그 시간에 물체의 위치가 무엇인지를 알 수 있는 것이다.

2차 방정식이나 3차 방정식과 같은 대수방정식의 풀이를 구하는 공식이 방정식마다 다인 것처럼, 미분방정식의 풀이를 구하는 방법도 미분방정식마다 다르다. 뉴턴의 운동방정식의 경우 힘이 어떤 형태이냐에 따라 운동방정식의 풀이를 구하는 방법이 다르다.

뉴턴의 운동 방정식의 풀이를 가장 쉽게 구할 수 있는 경우가 물체가 움직이고 있더라도 물체에 작용하는 힘 F가 바뀌지 않고 일정한 경우이다. 그런 경우에는 운동 방정식 $F=ma$에 의해 물체의 가속도 a도 바뀌지 않고 일정하다. 즉 물체는 등가속도 운동을 한다. 물체가 등가속도 운동을 한다는 사실만 알면 지난 9장에서 배운 방법에 따라 물체의 속도와 위치를 시간의 함수로 구할 수 있다. 고등학교 물리 교과서에서 뉴턴의 운동방정식을 적용하는 대부분의 문제는 바로 힘이 일정한 경우이다. 그래서 물리 문제는 마치 가속도만 구하면 되는 것 같은 느낌을 받는다. 그러나 그것은 단지 물체가 일정한 힘을 받는 가장 쉬운 경우만 다루기 때문에 그렇다는 것을 명심해야 한다.

물체가 받는 힘이 일정하지 않고 물체가 움직임에 따라 바뀐다면 물체는 등가속도 운동을 하지 않고 그러므로 물체의 가속도를 구하는 것은 문제를 푸는데 별 도움이 되지 않는다. 그래서 문제를 풀기가 훨씬 더 어려워졌다고 말할 수 있다. 이렇게 문제가 어려워지면 물리학자들은 곧 문제를 쉽게 풀 수 있는 방법을 찾아낸다. 그렇게 하는데 가장 널리 이용되는 방법이 새로운 물리량을 정의하는 것이다. 예를 들어, 물체가 운동하는 동안 물체가 받는 힘이 바뀐다고 하더라도 만일 그 힘이 보존력이라면 운동에너지와 퍼텐셜에너지라는 새로운 물리량을 도입하여 문제를 아주 간단히 해결할 수 있다. 또 여러 물체가 서로 상호작용하며 움직이는 경우에도 역시 문제를 풀기가 매우 복잡해진다. 그런 경우를 위하여 물리학자들은 질량중심과 선운동량이라는 새로운 물리량을 도입하여 여러 물체의 운동을 쉽게 해결할 수 있는 방법을 찾아낸다. 앞으로 우리는 바로 그렇게 뉴턴의 운동방정식을 점점 더 복잡한 경우에 적용시키고 그것을 어떻게 간단하게 기술하게 되는지에 대해 배울 것이다.

V. $\vec{F} = m\vec{a}$

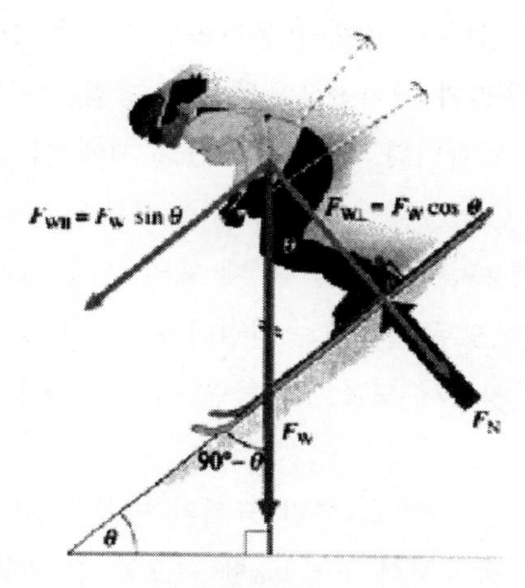

Free-body diagram

이번 학기 강의 중에서 벌써 3분의 1이 지나갔습니다. 그동안 나는 계속해서 모든 자연현상은 자연의 기본법칙인 뉴턴의 운동법칙 단 하나에 의해서 설명된다고 주장해 왔습니다. 그렇지만 아직 뉴턴의 운동법칙을 실제로 적용해보지는 않았습니다. 지금까지 뉴턴의 운동법칙을 적용하기 위하여 알아 두어야 할 기초를 닦고 있었다고 말하는 것이 옳습니다. 그런데 이제 이번 주에는 드디어 뉴턴의 운동법칙을 실제로 적용하려고 합니다.

지난주에는 뉴턴의 운동법칙 세 가지에 대해 자세히 배웠습니다. 그 중에서 진짜 운동법칙은 제2법칙이며 제1법칙과 제3법칙은 관성계와 힘을 이해하는데 보조 역할을 하는 법칙임도 알았습니다. 이번 주부터는 뉴턴의 운동방정식 $F = ma$를 실제 문제에 적용하기 시작할 것입니다. 사실은 이번 주부터 이번 학기가 끝날 때까지 계속해서 뉴턴의 운동방정식을 적용하는 것을 배웁니다. 이번 학기가 끝날 때까지 법칙도 많이 나오고 원리도 많이 나올지 모르지만 그것들이 모두 뉴턴의 운동법칙과 동일한 내용임을 알게 될 것입니다. 그래서 자연현상을 설명하는 자연법칙은 운동법칙 한 가지면 충분하다는 것을 실감하게 될 것입니다.

뉴턴의 운동방정식을 적용하여 문제를 풀려고 하면 물체에 어떤 힘이 작용하느냐에 따라 문제를 푸는 방법이 간단하기도 하고 복잡해지기도 합니다. 가장 간단한 경우는 물체가 일정한 힘을 받는 문제입니다. 물체가 힘을 받고 움직이고 있는 동안에도 물체가 받는 힘의 크기는 물론 방향도 바뀌지 않고 일정한 경우를 말합니다. 그러면 물체는 등가속도 운동을 하게 됩니다. 물체가 등가속도 운동을 한다는 사실만 알고 그 가속도가 얼마인지만 알면 우리가 이미 9장에서 배운 방법을 이용하여 물체의 위치를 시간의 함수로 표현할 수가 있습니다. 그래서 그런 문제에서는 물체의 가속도만 구하면 됩니다.

뉴턴의 운동방정식을 적용하여 문제를 풀 때 제일 먼저 해야 할 일이 관심의 대상이 되는 물체에 작용하는 힘을 모두 찾아내는 것입니다. 그러므로 문제를 풀기 위해서는 물체에 작용하는 힘을 모두 찾아서 도표로 만들면 더 좋습니다. 그러한 도표를 Free-body diagram이라고 합니다.

물체에 작용하는 힘을 찾을 때 그 힘의 크기와 방향은 힘의 법칙에 의해 결정됩니다. 다시 말하면 뉴턴의 운동방정식 $F = ma$에 나오는 힘 F는 힘의 법칙에 의해서 미리 알 수 있고 그것을 모두 알아내어야 문제를 풀 수 있습니다. 그렇지만 지난 10장에서 간단히 언급했던 것처럼, 힘의 법칙에 의해서 미리 주어지지 않는 힘이 있습니다. 외부의 제약에 의해서 물체가 자유롭게 움직이지 못하도록 받는 구속력이 바로 그런 경우입니다. 구속력에는 장력과 수직항력 두 가지가 있습니다. 물체가 장력이나 수직항력을 받을 때는 그 힘의 크기를 미리 알지 못합니다. 그 힘은 뉴턴의 운동방정식을 풀어서 답으로 나오게 됩니다. 13장에서는 일정한 힘이 작용하고 장력이나 수직항력이 작용하는 간단한 경우에 Free-body diagram을 그려서 문제를 해결하는 방법을 설명하고 몇 가지 예제를 풀어볼 예정입니다.

13장에 이어서 14장과 15장에서도 역시 물체에 일정한 힘이 작용하는 예를 더 공부하게 될 것입니다. 14장에서는 특별히 마찰력이 작용하는 경우를 다루어 볼 예정입니다. 그리고 공중에 던진 물체가 받는 중력도 역시 물체가 움직이더라도 바뀌지 않고 일정합니다. 중력만 받고 움직이는 운동을 자유낙하 운동이라고 합니다. 15장에서는 자유낙하 운동을 공부하게 됩니다. 그리고 자유낙하하는 계 내에서는 무중력 상태를 경험하게 됩니다. 15장에서는 무중력 상태가 어떤 상태인지에 대해서도 공부할 예정입니다.

13. 일정한 힘을 받는 물체의 운동 I

- 물체가 일정한 힘을 받으면 뉴턴의 운동방정식을 풀기가 가장 간단하다. 일정한 힘을 받는 물체에 대해 어떤 순서로 뉴턴의 운동방정식을 푸는 것이 좋은가?
- 물체의 운동을 기술하기 위해 뉴턴의 운동방정식을 적용할 때는 free-body diagram이라고 알려진 도표를 그리면 편리하다고 한다. 여기서 free-body diagram이란 무엇인가?
- 뉴턴의 운동방정식을 풀 때 물체에 작용하는 힘은 힘의 법칙에 의해 미리 주어진다. 그런데 물체에 작용하는 힘 중에서 장력과 수직항력 등 구속력은 미리 결정되지 않는다. 물체에 작용하는 장력이나 수직항력의 크기는 어떻게 알 수 있는가?

일정한 힘을 받는 물체에 뉴턴의 운동방정식을 적용하는 방법을 배우기 위해서 그림 13.1에 보인 것과 같이 한 물체는 마찰이 없는 경사면 위에 놓여있고 다른 물체는 공중에 매달려 있는 문제를 보자. 두 물체는 도르래를 지나는 줄에 의해 연결되어 있다. 이런 문제에서는 흔히 물체가 움직이는 가속도와 두 물체를 잇는 줄에 걸리는 장력을 구하라고 묻는다.

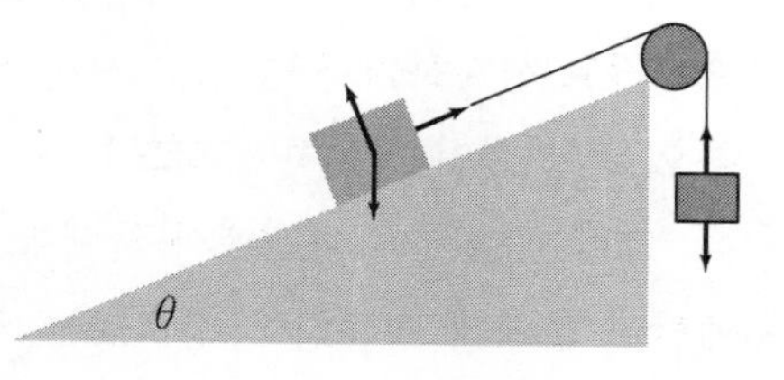

그림 13.1 두 물체 문제

이렇게 뉴턴의 운동 방정식을 적용하는 문제를 풀 때는 다음과 같은 순서를 따르면 좋다. 첫째, 문제에 나오는 물체를 모두 찾는다. 뉴턴의 운동방정식에서 물체는 그 물체의 질량으로 대표된다. 그리고 뉴턴의 운동방정식은 각 물체마다 한 번씩 따로 적용된다. 그래서 뉴턴의 운동방정식을 적용할 물체를 찾아내는 것이 가장 중요한 일이다. 둘째, 각 물체에 작용하는 힘을 모두 찾는다. 뉴턴의 운동방정식 $F=ma$에 나오는 힘 F로는 이 식의 질량 m으로 대표되는 물체가 받는 모든 힘의 합력을 이용해야 한다.

그래서 물체에 작용하는 힘을 하나라도 빠뜨리면 뉴턴의 운동방정식의 풀이가 제대로 맞는 답을 주지 못한다. 셋째, 마지막으로 각 물체에 물체가 받는 합력을 이용하여 뉴턴의 운동방정식을 적용해 물체의 가속도를 구한다.

그러면 위의 순서를 따라 그림 13.1에 나온 문제를 풀어보자. 첫째, 이 문제에 나오는 물체는 경사면에 놓인 물체와 줄에 매달린 물체 두 개를 생각할 수 있다. 제대로 하자면 도르래와 두 물체를 연결한 줄도 물체에 포함시켜야 한다. 그런데 도르래를 고려하자면 회전운동을 생각하여야 하는데 우리는 아직 회전 운동을 다룰 준비가 되어 있지 않으므로 도르래를 무시하기로 하자. 문제에 도르래의 마찰이 없다든지 아니면 도르래의 질량이 0이라고 나와 있다면 도르래를 없다고 취급하라는 이야기와 같다. 그리고 엄밀히 하자면 두 도르래를 연결한 줄도 물체의 하나로 고려하여야 한다. 그런데 줄을 고려하면 문제가 필요이상으로 복잡해진다. 줄의 질량이 0이거나 또는 줄의 가속도가 0이면 줄의 양끝이 그 끝에 연결된 물체를 잡아당기는 두 장력의 크기가 같다고 놓을 수 있다.

둘째, 그림 13.1에서 대상이 되는 두 물체 즉 경사면에 놓인 물체와 줄에 매달린 물체에 작용하는 힘을 모두 찾자. 경사면에 놓인 물체에 작용하는 힘으로는 그림 13.1에 보인 것처럼, 지구가 잡아당기는 중력, 줄이 잡아당기는 장력, 그리고 경사면이 물체를 떠미는 수직항력 등 세 가지이다. 흔히 경사면을 따라 아래로 내려가게 하는 힘이 있으리라고 생각하기가 쉽다. 그렇지만 그런 힘은 없다. 힘을 찾아내는데 가장 중요한 원칙으로 그 힘이 작용하게 만드는 원인 즉 그 물체와 상호작용하는 대상이 있어야만 한다. 그런데 경사면 아래에서 물체를 잡아 내리는 물체는 아무 것도 없다. 오른쪽 줄에 매달린 물체에 작용하는 힘으로는 역시 그림 13.1에 표시된 것처럼, 지구가 잡아당기는 중력과 줄이 잡아당기는 장력 등 두 가지뿐이다.

셋째, 이제 경사면에 놓인 물체와 줄에 매달린 물체에 작용하는 힘을 모두 찾았으므로 각 물체에 작용하는 합력을 구한 다음 뉴턴의 운동방정식을 적용하면 된다. 뉴턴의 운동방정식을 적용하기 위해서는 free-body diagram라고 불리는 도표를 그리면 편리하다. 그렇게 하기 위해서는 다시 다음 순서를 따른다.

첫째, 좌표계를 정한다. 좌표계를 정한다는 것은 3장에서 자세히 공부한 것처럼, 원점을 정하고 좌표축과 각 좌표축의 +방향을 정한다는 것이다.

둘째, 뉴턴의 운동방정식을 적용하려는 물체를 원점에 놓고 그 물체에 작용하는 힘을 모두 표시한다. 이렇게 하는 것을 free-body diagram을 그린다고 말한다. 이 도표는 좌표계의 원점에 물체를 놓을 때 물체의 구체적인 모습을 그리는 것이 아니라 단지 그 물체의 질량만 표시한다. 뉴턴의 운동방정식에서 물체의 모습은 아무런 영향을 주지 않고 단지 물체의 질량에 의해서만 운동이 결정되기 때문에 도표에는 질량만 표시하면 되는 것이다. 그래서 free-body diagram이라는 이름이 붙었다. free-body에서 free는 흔히 쓰이는 자유라는 뜻이 아니고 없다는 뜻이다. 즉 free-body diagram은 물체를 그리지 않은 도표임을 의미한다. 어떤 교과서에서는 free-body diagram을 자유 물체도라고 번역해 놓았는데, 옳은 번역이라고 할 수 없다. 그렇다고 달리 마땅하게 부를 이름이 생각나지 않아서 나는 그냥 free-body diagram이라고 부른다.

셋째, 물체의 가속도를 각 좌표축 방향의 성분으로 나타내고 가속도의 각 좌표축 성분을 a_x, a_y, a_z등으로 놓는다. 이때 구속조건에 의해 가속도의 성분 중 일부가 미리 정해져 있다면 그것을 이용한다.

넷째, 각 좌표축 성분마다 뉴턴의 운동 방정식을 세워서 푼다. 뉴턴의 운동방정식은 벡터 방정식으로

$$\vec{F} = m\vec{a} \tag{13.1}$$

가 된다. 이런 벡터 방정식을 직접 풀 수는 없다. 이것을 풀려면 각 축 방향 성분으로

$$F_x = ma_x, \quad F_y = ma_y, \quad F_z = ma_z \tag{13.2}$$

와 같이 써야 한다. 이때 뉴턴 방정식의 우변은 어떤 문제에서나 질량 곱하기 가속도의 꼴로 놓고 좌변은 주어진 좌표축 방향 성분의 힘들을 다 더한 것으로 한다.

그러면 이제 그림 13.1에서 경사면에 놓인 물체의 free-body diagram을 먼저 그리자. 좌표계를 정하기 위해서 좌표축을 그림 13.2에 보인 것처럼 정하면 편리하다. 좌표축을 어떻게 정하더라도 괜찮지만 될 수 있는 대로 많은 수의 힘이 좌표축과 평행하도록 좌표축의 방향을 정하는 것이 더 편리하기 때문이다. 좌표축의 +방향도 어느 쪽이나 마음대로 정해도 좋다. 그 다음에는 경사면에 놓인 물체의 질량을 m_1이라 하고, 이 물체에 작용하는 장력과 수직항력을 각각 T_1과 N이라고 부르자.

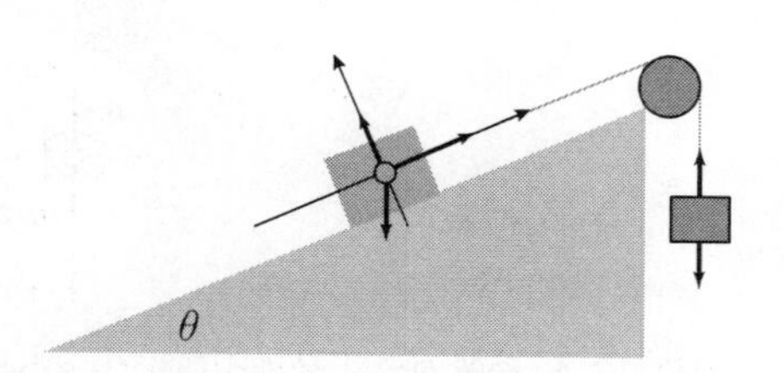

그림 13.2 경사면에 놓인 물체에 대한 좌표계 정하기

그런데 free-body diagram을 그림 13.2에 보인 것과 같이 좌표축이 수평방향과 연직방향

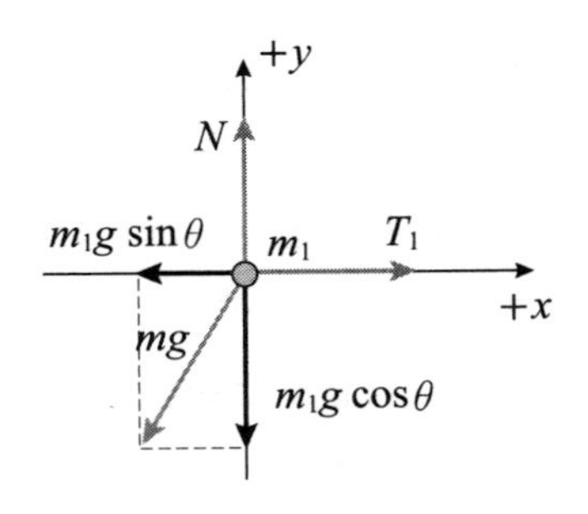

그림 13.3 경사면에 놓인 물체에 대한 free-body diagram

을 향하지 않고 비스듬한 방향을 향하면 이해하기에 약간 불편하기 때문에 그림 13.3에 보인 것과 같이 다시 그려보자. 이 그림은 그림 13.2에서 경사면 위의 물체를 위한 좌표계로 정한 좌표축을 시계방향으로 θ만큼 돌려서 그려 놓은 것에 불과하다. 그러면 그림 13.3에 보인 free-body diagram에서 분명하듯이, 질량 m_1에 작용하는 힘 중에서 장력 T_1은 $+x$축 방향으로만 작용하며 수직항력 N은 $+y$축 방향으로만 작용하지만 중력 m_1g는 그림과 같이 $-y$ 방향과 사이에 경사면의 기울기와 같은 각 θ를 이루는 방향을 향한다. 그러면 그림 13.3에서 분명한 것처럼, 중력의 x방향 성분은 $-m_1g\sin\theta$이고 y방향 성분은 $-m_1g\cos\theta$이다.

이제 경사면에 놓인 물체에 적용하는 뉴턴의 운동방정식을 (13.2)식과 같이 x축 방향 성분과 y축 방향 성분으로 나누어 쓰자. 질량 m_1의 x축 방향 가속도를 a_{1x}, y축 방향 가속도를 a_{1y}라 하면 두 개의 뉴턴의 운동 방정식은

$$\begin{aligned} x\text{축 방향}: \quad & T_1 - m_1 g\sin\theta = m_1 a_{1x} \\ y\text{축 방향}: \quad & N - m_1 g\cos\theta = m_1 a_{1y} \end{aligned} \tag{13.3}$$

가 된다.

다음으로 줄에 매달린 물체에 대한 free-body diagram을 그리자. 좌표축을 그림 13.4에 보인 것과 같이 정하면 좋은데 앞에서 경사면에 놓인 물체에 대해 이미 그려놓은 free-body diagram과 일관되게 정하기 위해 아래쪽을 $+y$방향으로 정하였다. 그러나 이 방향을 어떻게 정하더라도 결과에는 아무런 영향을 미치지 않는다.

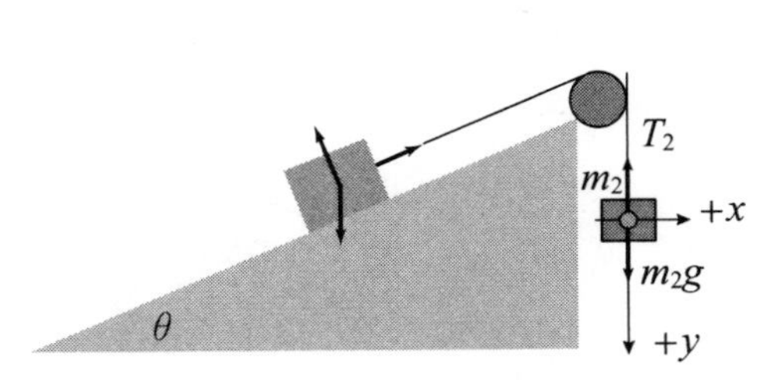

그림 13.4 줄에 매달린 물체에 대한 free-body diagram

줄에 매달린 물체의 질량을 m_2이라고 하면 물체에는 그림 13.4에 보인 것처럼 $+y$축의 방향으로 중력 m_2g 그리고 $-y$축 방향으로 장력 T_2가 작용한다. 줄에 매달린 물체의 y방향 가속도를 a_{2y}라 하면 줄에 매달린 물체에 대한 뉴턴의 운동 방정식은

$$y\text{축 방향 : } m_2 g - T_2 = m_2 a_{2y} \quad (13.4)$$

가 된다. 이 물체는 위아래 방향으로만 움직이므로 x방향의 운동은 생각해주지 않아도 좋다.

이처럼 (13.3)식과 (13.4)식이 그림 13.1에 보인 문제에 대한 뉴턴의 운동방정식이다. 그리고 풀어야 하는 식의 수는 (13.3)식에 나온 두 개와 (13.4)식에 나온 한 개 등 모두 세 개이다. 그런데 이들 세 식을 이용하여 구해야할 미지수인 물리량은 질량 m_1의 가속도 a_{1x}와 a_{1y}, 질량 m_2의 가속도 a_{2y}, 질량 m_1에 작용하는 수직항력 N과 장력 T_1, 그리고 질량 m_2에 작용하는 장력 T_2등 모두 여섯 개이다. 구할 미지수는 모두 여섯 개인데 풀 방정식은 세 개뿐이다. 어떻게 된 일인가?

뉴턴의 운동방정식은 힘이 주어지면 물체의 가속도를 구하는 운동법칙이라고 하였다. 물체에 작용하는 힘은 힘의 법칙으로 미리 주어진다. 그런데 10장에서 이미 설명하였듯이 수직항력이나 장력과 같은 구속력은 힘의 법칙으로 미리 알 수 있는 힘이 아니다. 구속력은 운동방정식을 풀어서 구해야 한다. 즉 운동법칙에 의해 물체가 움직이는데 주위 환경에 의해 운동이 구속되기 때문에 작용되는 힘이다. 이렇게 구속력이 작용할 때는 물체의 운동을 제한하는 구속조건이 존재한다는 뜻이고 이 구속조건에 의해 우리는 문제를 풀지 않고서도 알 수 있는 것이 있게 마련이다.

이 문제의 경우에는 경사면에 놓인 물체는 경사면을 따라서만 움직이도록 구속되어 있다. 그래서 질량 m_1은 y축 방향으로는 움직이지 않는다. 그러므로 우리는 문제를 풀지 않고서도 y축 방향의 가속도 a_{1y}가 0임을 알 수 있다. 또 두 물체는 줄에 의해 연결되어 있다. 줄이 늘어나지도 줄어들지도 않는다면 두 물체가 움직이는 모습은 똑같아야 한다. 다시 말하면, 질량 m_1의 x축 방향 가속도인 a_{1x}와 질량 m_2의 y축 방향 가속도인 a_{2y}가 같다는 것을 문제를 풀지 않고서도 알 수 있다. 마지막으로, 나중에 자세히 알게 되겠지만, 질량을 무시할 수 있는 줄의 양끝이 물체를 잡아당기는 장력의 크기는 같다는 점도 문제를 풀지 않고서도 미리 알 수 있다. 이 세 가지 구속조건을 식으로 쓰면

$$\begin{aligned} &\text{구속조건 1 : } a_{1y} = 0 \\ &\text{구속조건 2 : } a_{1x} = a_{2y} = a \quad (13.5) \\ &\text{구속조건 3 : } T_1 = T_2 = T \end{aligned}$$

이 된다. 이제 (13.2)식과 (13.4)식으로 주어진 원래 세 개의 식과 위의 (13.5)식으로 주어진 구속조건에 의한 식 세 개 등 모두 여섯 개의 식으로 미지수 여섯 개를 구할 수 있게 되었다. 이제 (13.5)식을 이용하여 (13.2)식과 (13.4)식을 다시 쓰면 우리가 풀어야 할 세 식은

$$T - m_1 g \sin\theta = m_1 a,\ N - m_1 g \cos\theta = 0,\ m_2 g - T = m_2 a \qquad (13.6)$$

가 된다. (13.6)식에 나온 두 번째 식으로부터 경사면에 놓인 질량이 m_1인 물체에 작용하는 수직항력이

$$N = m_1 g \cos\theta \qquad (13.7)$$

임을 알 수 있다. 그리고 (13.6)식에 나온 첫 번째 식과 세 번째 식을 연립으로 풀어 가속도 a와 장력 T를 구하면

$$a = -\frac{m_1 \sin\theta - m_2}{m_1 + m_2} g \text{ 그리고 } T = (1 + \sin\theta)\frac{m_1 m_2}{m_1 + m_2} g \qquad (13.8)$$

를 얻는다. (13.7)식과 (13.8)식이 그림 13.1에서 주어진 문제에 대한 풀이이다. 지금까지 어쩌면 아주 쉬운 문제를 매우 장황하고 대단히 어렵게 푼 것 같은 느낌이 들지도 모르겠다. 나는 여기서 문제의 답을 구하는 것을 목표로 하기 보다는 뉴턴의 운동방정식을 실제 문제에 적용할 때 핵심이 되는 물리적 개념들이 무엇인지를 설명하는데 주안점을 두었다.

그림 13.1에 나온 문제는 우리가 흔히 접하는 다른 문제의 답도 한꺼번에 제공해 준다. 예를 들어 그림 13.5에 보인 것과 같이 마찰이 없는 책상 위에 놓인 물체와 공중에 매달린 물체가 도르래를 지나는 줄을 통하여 연결된 경우 두 물체의 가속도와 줄에 걸리는 장력을 구하는 문제가 있다고 하자. 그 문제의 답은 그림 13.1에 나온 경사면 문제에서 경사면의 각이 θ=0°인 경우와 같다.

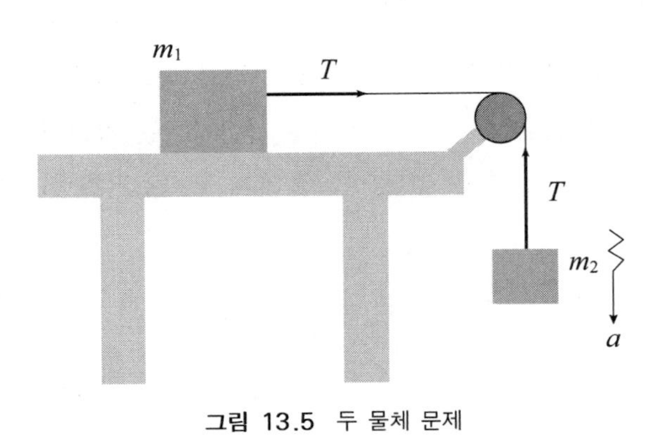

그림 13.5 두 물체 문제

그러므로 (13.7)식과 (13.8)식에 나온 결과에 $\theta=0°$를 대입하면 그림 13.5에 보인 문제의 풀이가 된다. 다시 말하면, 책상 위에 놓인 질량이 m_1인 물체에 작용하는 수직항력 N과 두 물체가 움직이는 가속도 a, 그리고 두 물체를 연결한 줄에 걸리는 장력 T는 (13.7)식과 (13.8)식으로부터 각각

$$N = m_1 g, \quad a = \frac{m_2}{m_1 + m_2} g, \quad T = \frac{m_1 m_2}{m_1 + m_2} g \tag{13.9}$$

가 된다.

이렇게 문제의 답을 구하면 그 답이 옳은지 조사해보는 것도 좋은 습관이다. 답을 검사해보기 위해서는 문제를 풀기도 전부터 미리 답을 예상할 수 있는 특별한 경우에 구한 답이 그럴듯한지를 조사해보는 것이다. 그림 13.5로 주어진 문제에서 답을 미리 예상할 수 있는 특별한 경우로는 $m_1 \gg m_2$인 경우와 $m_1 \ll m_2$인 경우 그리고 $m_1 = m_2$인 경우 등을 들 수 있다. $m_1 \gg m_2$인 경우에는 책상 위의 물체가 너무 무거우므로 가속도가 0이 되리라고 예상할 수 있으며 $m_1 \ll m_2$인 경우에는 공중에 매달린 물체에 비하여 책상 위의 물체를 무시할 수 있으므로 질량 m_2의 가속도는 그냥 중력가속도 g가 되리라고 예상할 수 있다. 한편 $m_1 = m_2$인 경우에는 답이 무엇일지 바로 짐작하기는 어렵지만 그 답이 무엇인지 매우 궁금한 특별한 경우라고 말할 수 있다.

$m_1 \gg m_2$로 m_1이 m_2에 비하여 훨씬 더 커지는 극한의 경우와 같이 특별한 경우의 답을 구하려면 우선 (13.9)식에 나오는 분자와 분모를 m_1으로 나누고 유한한 수를 매우 큰 수로 나누면 0이 되는 것을 이용하여

$$\frac{m_2}{m_1} \ll 1$$

$$\text{따라서} \quad \frac{m_2}{m_1} \to 0 \ \text{으로 놓음} \tag{13.10}$$

와 같이 한다. 다시 말하면, (13.9)식에서

$$a = \frac{m_2}{m_1 + m_2} g = \frac{\dfrac{m_2}{m_1}}{1 + \dfrac{m_2}{m_1}} g \to 0, \quad T = \frac{m_1 m_2}{m_1 + m_2} g = \frac{m_2}{1 + \dfrac{m_2}{m_1}} g = m_2 g \tag{13.11}$$

와 같이 된다. 그래서 미리 예상한 것처럼 두 물체의 가속도는 0이다. 다시 말하면 마찰이 없는 책상 위에 놓인 물체의 질량 m_1이 공중에 매달린 물체의 질량 m_2에 비하여 매우 크면 두 물체는 등속도 운동을 한다. 그래서 원래 정지해 있었으면 계속 정지해 있고 원래 움직이고 있었으면 동일한 속도로 계속 움직인다. 또한 줄에 걸리는 장력은 공중에 매달린 물체에 작용하는 중력의 크기인 m_2g와 같다. 언뜻 생각하면 줄에 매달린 물체에 작용하는 장력의 크기가 항상 물체에 작용하는 중력의 크기와 같을 것처럼 예상되지만 그렇지 않다. 물체가 정지해 있거나 등속도 운동을 할 경우에만 줄에 걸리는 장력의 크기가 물체에 작용하는 중력의 크기와 같다는 점을 명심해야 한다.

그러면 이번에는 $m_1 \ll m_2$인 극한을 보자. 그러면 (13.9)식에 나오는 분자와 분모를 m_2로 나누고 $m_1/m_2 \to 0$인 것을 이용하면

$$a = \frac{m_2}{m_1 + m_2} g = \frac{1}{\frac{m_1}{m_2} + 1} g \to g, \quad T = \frac{m_1 m_2}{m_1 + m_2} g = \frac{m_1}{\frac{m_1}{m_2} + 1} g = m_1 g \qquad (13.12)$$

가 된다. 예상대로 두 물체가 움직이는 가속도 a는 중력가속도 g와 같음을 알 수 있다. 그런데 줄에 걸리는 장력의 크기는 재미있게도 책상 위에 놓인 물체에 작용하는 중력의 크기와 같다. 사실 이것은 공중에 매달린 물체에 작용하는 중력에 비해 매우 작으므로 장력 T는 거의 무시할 만 하다는 결과와 같은 것이다.

마지막으로 $m_1 = m_2 = m$인 경우를 보자. (13.9)식에 이 조건을 대입하면

$$N = mg, \quad a = \frac{m}{m+m} g = \frac{1}{2} g,$$

$$T = \frac{m^2}{m+m} g = \frac{1}{2} mg \qquad (13.13)$$

가 됨을 알 수 있다. 이처럼 책상 위에 놓인 물체의 질량과 공중에 매달린 물체의 질량이 같으면 두 물체가 움직이는 가속도는 중력가속도의 절반이고 줄에 걸리는 장력의 크기는 공중에 매달린 물체에 작용하는 중력의 절반이라는 흥미로운 결과가 된다.

그림 13.1에 나온 문제로부터 답을 얻을 수 있는 또 다른 예로 그림 13.6에 애투드 기계 문제를 들 수 있다. 애투드 기계란 고정 도르래의 양쪽에 두 물체가 매달려 있는 것을 말한다. 애투드

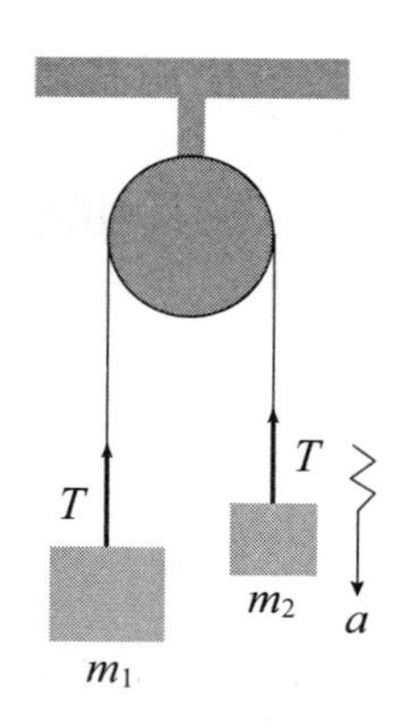

그림 13.6
애투드 기계

기계에서도 양쪽에 매달린 두 물체의 가속도와 두 물체를 연결하는 줄에 걸린 장력을 구하는 것이 문제이다. 그림 13.1에서 명백하듯이 만일 경사면의 경사각이 $\theta=90°$라면 경사면에 놓인 물체가 마치 애투드 기계에서와 같이 공중에 매달리게 된다. 그러므로 (13.8)식의 결과에 $\theta=90°$를 대입하면 애투드 기계 문제의 답을 구할 수 있다. 그리고 그렇게 한 결과는

$$a=-\frac{m_1-m_2}{m_1+m_2}g \quad \text{그리고} \quad T=\frac{2m_1m_2}{m_1+m_2}g \tag{13.14}$$

이다.

이 결과에 대해서도 $m_1 \gg m_2$인 경우라든지 $m_1 \ll m_2$인 경우 그리고 $m_1=m_2$인 경우를 살펴보면 답이 제대로 나왔는지 짐작할 수 있다. 먼저 $m_1 \gg m_2$인 경우를 보자. 그러면 (13.14)식으로부터

$$\begin{aligned} a&=-\frac{m_1-m_2}{m_1+m_2}g=-\frac{1-\frac{m_2}{m_1}}{1+\frac{m_2}{m_1}}g=-g, \\ T&=\frac{2m_1m_2}{m_1+m_2}g=\frac{2m_2}{1+\frac{m_2}{m_1}}g=2m_2g \end{aligned} \tag{13.15}$$

를 얻는다. 또한 $m_1 \ll m_2$인 경우에는 마찬가지 방법으로

$$a=g, \quad T=2m_1g \tag{13.16}$$

임을 알 수 있다. 그리고 $m_1=m_2=m$인 경우에는

$$a=0, \quad T=mg \tag{13.17}$$

가 된다. (13.15)식과 (13.16)식으로 주어진 결과는 애투드 기계에 연결된 두 물체 중 한 물체의 질량이 다른 물체의 질량에 비해 매우 크다면 질량이 큰 물체는 중력가속도와 같은 가속도로 떨어진다는 미리 예상할 수 있는 결과를 알려준다. 그리고 (13.17)식으로 주어진 결과로부터 우리는 만일 애투드 기계에 연결된 두 물체의 질량이 같다면 물체는 등속도 운동을 하고 줄에 걸리는 장력의 크기는 물체에 작용하는 중력의 크기와 같음을 알려준다. 이처럼 물체가 등속도 운동을 할 경우에 한하여 물체에 연결된

줄에 걸리는 장력의 크기가 물체에 작용하는 중력의 크기와 같다는 점을 다시 한 번 더 명심하자.

위에서 다룬 문제에서 보듯이 장력이란 물체에 연결된 줄이 물체를 잡아당기는 힘을 말한다. 장력이 작용하기 위해서는 물체와 연결된 줄이 팽팽하여야 한다. 그러면 줄의 양쪽 끝은 각각 그 끝에 연결된 물체를 잡아당긴다. 한편 물체에 연결된 줄이 물체를 잡아당기는 장력의 반작용은 물체가 줄을 잡아당기는 힘이다. 그래서 줄의 양쪽 끝에 연결된 물체가 줄을 서로 반대 방향으로 잡아당긴다. 그 결과로 줄이 팽팽하게 유지되는 것이다. 일반적으로는 줄의 양쪽 끝에서 연결된 물체를 잡아당기는 두 장력이 서로 같지 않다. 그러나 특별한 조건이 만족되면 이 두 장력이 같은 경우가 있다. 그러면 이 두 장력을 한꺼번에 줄에 걸리는 장력이라고 부르기도 한다. 어떤 조건에서 줄의 양쪽 끝에서 물체를 잡아당기는 장력의 크기가 같은지 알아보기 위해 다음 예제를 풀어보자.

예제 1 그림에 보인 것과 같이 마찰이 없는 수평면에 놓인 물체에 줄을 연결하고 이 줄을 수평방향을 향하여 크기가 F인 힘으로 잡아당긴다. 이때 줄이 물체를 잡아당기는 장력 T의 크기를 구하라. 물체와 줄의 질량은 각각 m_1과 m_2라고 하라.

이 문제에서 관심의 대상이 되는 물체는 수평면 위에 놓인 질량이 m_1인 물체와 질량이 m_2인 줄이다. 먼저 수평면 위에 놓인 물체인 질량 m_1에 작용하는 힘은 중력 m_1g와 수직항력 N 그리고 줄이 물체를 잡아당기는 장력 T가 있다. 따라서 이 물체에 대한 free-body diagram을 그리면 그림 A에 보인 것과 같이 된다. 그리고 질량이 m_2인 줄에 작용하는 힘으로는 내가 오른쪽으로 잡아당기는 힘 F와 질량이 m_1인 물체가 줄을 왼쪽으로 잡아당기는 힘 T'가 있다. 여기서 힘 T'는 질량이 m_1인 물체에 작용하는 장력 T의 반작용이다. 따라서 줄에 대한 free-body diagram을 그리면 그림 B에 보인 것과 같이 된다. 줄에 작용하는 중력 m_2g는 아주 작다고 생각하고 고려하지 않는다.

그러면 이제 그림 A와 그림 B를 보고 두 물체에 적용할 뉴턴의 운동방정식을 쓰자. 운동방정식을 두 free-body diagram에 나오는 각 축 방향 성분으로 나누어 쓰면

질량 m_1의 x축 방향 : $T = m_1 a_{1x}$

질량 m_1의 y축 방향 : $N - m_1 g = m_1 a_{1y}$

질량 m_2의 x축 방향 : $F - T' = m_2 a_{2x}$

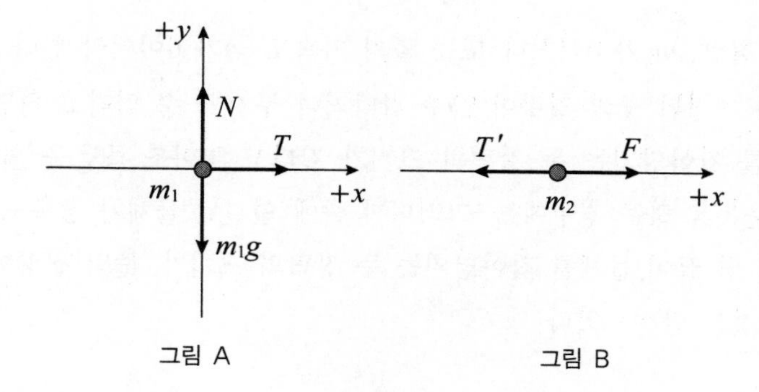

그림 A 그림 B

가 된다. 여기서 우리가 구해야 할 물리량은 a_{1x}, a_{1y}, a_{2x}, T, T', N 등 여섯 가지이다. 그런데 운동방정식은 세 개밖에 세우지 못하였다. 그렇지만 우리는 문제의 구속조건으로부터

$$a_{1y}=0, \quad T'=T, \quad a_{1x}=a_{2x}=a$$

임을 미리 알 수 있다. 위의 두 번째 식은 T'이 T의 반작용임을 이용한 결과이다. 이 조건들을 원래 구한 운동방정식에 대입하면

$$N=m_1 g, \quad T=m_1 a, \quad F-T=m_2 a$$

가 된다. 여기서 나중 두 식을 연립으로 풀면 가속도 a와 장력 T는

$$a=\frac{F}{m_1+m_2}, \quad T=\frac{m_1}{m_1+m_2}F$$

가 됨을 알 수 있다.

이 예제로부터 우리는 아주 중요한 결과를 얻는다. 물체에 연결된 줄의 양쪽 끝에 작용하는 두 힘 F와 T사이에는

$$F-T=m_2 a \tag{13.18}$$

인 관계가 성립한다. 그러므로 F와 T의 크기가 같으려면

$$F-T=m_2 a=0 \;\rightarrow\; m_2=0 \;\text{ 또는 }\; a=0 \tag{13.19}$$

와 같이 줄의 질량 m_2가 0이거나 또는 줄의 가속도 a가 0이어야 한다. 그러므로 문제에서 물체에 연결된 줄의 질량이 아주 작다거나 무시될 수 있다고 하면 그 줄의 양쪽 끝이 물체를 잡아당기는 두 장력의 크기가 같다고 놓아도 좋음을 의미한다. 또는 줄이 등속도 운동을 하는 경우에는, 그러니까 줄에 연결된 물체가 등속도 운동을 하는 경우에는 줄의 양 끝이 물체를 잡아당기는 두 장력의 크기가, 줄의 질량이 0이 아니더라도, 같다는 것을 알 수 있다.

14. 일정한 힘을 받는 물체의 운동 II

- 물체가 면 위에서 미끄러지며 움직일 때 이동방향과 반대방향으로 마찰력이 작용한다. 마찰력이 존재하는 경우에 문제를 어떻게 풀어야 하는가?
- 유체 내에서 움직이는 물체는 물체의 속력에 비례하는 마찰력을 받는다. 그런 경우에는 물체의 속도가 종단속도에 도달하게 되는데 그 이유는 무엇인가?
- 등속원운동에서는 크기는 일정하지만 방향이 항상 중심을 향하도록 바뀌는 구심력이 작용한다. 그래서 등속원운동을 하게하는 힘이 일정한 힘이라고 말할 수는 없다. 등속원운동을 쉽게 기술하는 방법은 없을까?

지난 13장에 이어서 14장에서도 일정한 힘을 받는 물체에 뉴턴의 운동방정식을 적용하는 예를 계속해서 들면서 공부하고자 한다. 13장에서는 마찰이 없는 경우만 고려하였다. 그러나 실제 자연현상에서 물체가 이동하면 반드시 마찰력이 작용하게 되어 있다. 그러면 마찰력은 어떤 성질을 가졌으며 어떻게 다루면 좋은지 살펴보자.

우리 주위에서 관찰되는 마찰력은 두 가지 종류로 나눌 수 있다. 하나는 서로 다른 두 물체의 면과 면이 접촉하면서 움직일 때 작용하는 마찰력이고 다른 하나는 물체가 유체 내에서 움직일 때 작용하는 마찰력이다. 두 경우 모두 마찰력은 물체가 운동하는 방향과 반대 방향으로 작용하면서 운동을 방해한다. 다시 말하면 마찰력의 방향은 항상 물체의 이동방향과 반대 방향이다. 어떤 경우에는 물체가 이동하고 있지 않더라도 마찰력이

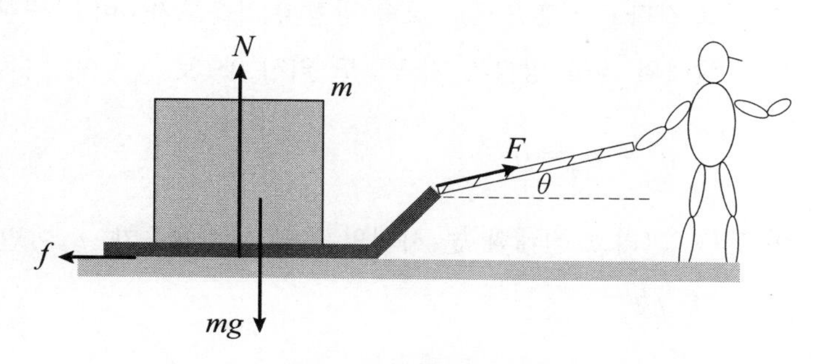

그림 14.1 썰매 끌고 가기

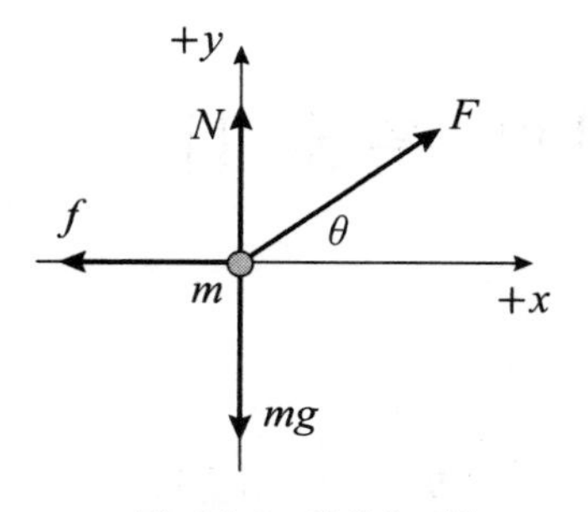

그림 14.2 썰매에 대한 free-body diagram

작용할 때가 있다. 그런 경우에는 물체가 이동하려고 시도하는 방향과 반대 방향으로 마찰력이 작용한다. 이렇게 마찰력의 방향은 물체의 운동 방향에 의해 결정된다.

마찰력이 작용하는 문제의 예로 그림 14.1에 보인 것과 같이 질량이 m인 썰매에 줄을 연결하여 수평면과 각 θ를 이루며 썰매를 일정한 속도로 끌고 가는 문제를 보자. 썰매와 눈 사이의 운동마찰계수가 μ_k일 때 썰매를 끌고 가는 힘을 구하는 문제이다. 이 문제를 통하여 면과 면 사이에 작용하는 마찰력에 대해서도 이해해 보기로 하자.

이 문제에서 뉴턴의 운동방정식을 적용할 대상은 썰매이다. 그림 14.1에 보인 것처럼, 썰매에는 썰매를 끌고 가는 힘 F와 중력 mg, 수직항력 N, 그리고 마찰력 f가 작용한다. 마찰력은 항상 움직이는 방향인 속도의 방향과 반대 방향으로 작용한다.

썰매에 대한 free-body diagram을 그리면 그림 14.2와 같다. 썰매의 x축 방향 가속도를 a_x 그리고 y축 방향 가속도를 a_y라고 놓고 free-body diagram을 보면서 뉴턴의 운동 방정식을 세우면

$$\begin{aligned} x\text{축 방향}: &\quad F\cos\theta - f = m\,a_x \\ y\text{축 방향}: &\quad N + F\sin\theta - mg = m\,a_y \end{aligned} \tag{14.1}$$

이 된다. 여기서 구할 양은 두 가속도 a_x와 a_y, 수직항력 N, 마찰력 f, 그리고 끌고 가는 힘 F등 모두 다섯 개인데 풀어야 하는 식은 두 개밖에 없다. 그러면 구속조건에 의해서 미리 알 수 있는 것으로 무엇이 있나 보자. 우선 문제에서 썰매를 일정한 속도로 끌고 간다고 하였으므로 x축 방향의 가속도가 0이고 또한 썰매는 지면에서 움직이므로 썰매의 y축 방향의 가속도도 역시 0으로

$$a_x = a_y = 0 \tag{14.2}$$

이 된다. 그리고 썰매와 눈 사이의 운동 마찰계수가 μ_k이면 썰매에 작용하는 마찰력의 크기 f는

$$\text{마찰력에 대한 힘의 법칙}: \quad f = \mu_k N \tag{14.3}$$

으로 정해진다. 마찰력이 이렇게 정해지는 것은 조금 뒤에 설명하기로 하자. 이제 (14.2)식과 (14.3)식을 (14.1)식에 대입하면 우리가 풀어야 하는 식은

$$F\cos\theta - f = 0,\quad N + F\sin\theta - mg = 0,\quad f = \mu_k N \tag{14.4}$$

등 세 개이고, 이 세 식을 연립으로 풀어 F와 N 그리고 f를 구하면 그 결과는

$$F = \frac{\mu_k mg}{\cos\theta + \mu_k \sin\theta},\quad N = \frac{mg}{1 + \mu_k \tan\theta},\quad f = \frac{\mu_k mg}{1 + \mu_k \tan\theta} \tag{14.5}$$

이 된다.

이제 마찰력에 대해 좀 더 자세히 알아보자. 그림 14.2의 썰매에 작용하는 마찰력은 물체가 운동할 때 주위의 물체와 접촉하여 운동을 방해받기 때문에 물체에 작용하는 힘이다. 운동을 방해하는 마찰력은 일반적으로 물체가 움직이는 방향인 물체의 속도 방향과 반대 방향으로 작용하며 물체의 빠르기를 감소시키는 역할을 한다. 정지한 물체를 밀거나 비탈면에 놓인 물체가 움직이지 않는 경우 등에서처럼 물체가 움직이지 않는데도 마찰력이 작용하는 수도 있다. 그런 경우에는 물체가 움직이려는 방향과 반대 방향으로 마찰력이 작용하고 그때 마찰력의 크기는 물체에 작용하는 다른 힘들과 더하여 물체가 받는 합력이 0이 되도록 정해진다.

물체의 면과 면이 접촉하여 작용하는 마찰력 외에도 물체가 기체나 액체와 같은 유체 내부에서 움직일 때 작용하는 마찰력도 있다. 물체가 유체 내부에서 움직이면 유체를 이루는 분자들이 물체와 충돌하기 때문에 마찰력이 작용한다. 이렇게 유체 내부에서 움직이는 물체에 작용하는 마찰력의 방향은 물체의 속도 방향과 반대 방향이며 마찰력의 크기는 물체의 속도에 따라 변화한다. 그래서 유체 내에서 물체가 더 빨리 움직일수록 마찰력의 크기도 더 커진다. 보통 속도의 경우에는 마찰력의 크기가 물체의 속력에 비례하지만 아주 빠른 물체의 경우에는 속력의 제곱에 비례하여 마찰력이 훨씬 더 빨리 증가하기도 한다.

물체의 한 면이 다른 물체의 면과 접촉하여 작용하는 마찰력은 정지마찰력과 운동마찰력 등 두 가지로 구분된다. 정지마찰력은 물체의 면과 면이 접촉하여 두 면이 상대적으로 이동하지 않는 경우에 작용하는 마찰력을 말하고 운동마찰력은 물체의 면과 면이 서로 비비며 지나가는 경우에 작용하는 마찰력을 말한다.

마루 위에 놓인 책상을 살짝 밀면 움직이지 않는다. 이것은 마루 면과 책상 면 사이에 마찰력이 작용하기 때문이다. 만일 마찰이 없다면 책상을 아무리 살짝 밀더라도 책

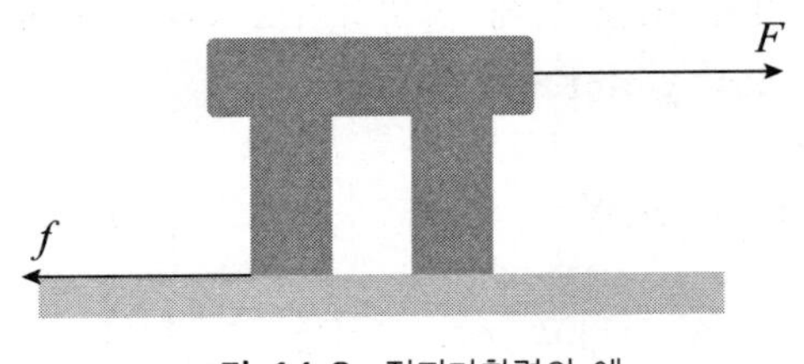

그림 14.3 정지마찰력의 예

상이 미끄러지기 시작하고 일단 한번 움직이면 더 이상 밀어주지 않더라도 책상은 계속 일정한 속도로 움직여야 한다.

그림14.3에 보인 것처럼 내가 책상을 크기가 F인 힘으로 오른쪽으로 잡아당기는데도 책상이 움직이지 않는다면, 책상에는 내가 잡아당기는 힘의 방향과 반대 방향으로 정지마찰력 f가 작용하고 있음을 뜻한다. 이 정지마찰력의 크기는 내가 잡아당긴 힘의 크기와 똑같아서 $f = F$이다. 만일 내가 점점 더 큰 힘으로 미는데도 책상이 움직이지 않으면 책상에 작용하는 정지 마찰력의 크기도 점점 더 커진다. 이와 같이 정지마찰력의 크기는 어떤 법칙에 의해 정해지는 것이 아니라 물체를 움직이려고 가해준 힘과 똑같은 크기의 힘으로, 또는 물체에 작용하는 모든 힘의 합력이 0이 되기에 딱 알맞은 크기로 작용한다.

그러나 정지마찰력이 무한정 커지지는 않는다. 내가 잡아당기는 힘이 충분히 커지면 책상은 마침내 움직이기 시작한다. 그리고 내가 잡아당긴 힘과 똑같은 크기로 커지던 정지마찰력이 더 이상 커지지 못하면 내가 잡아당기는 힘의 크기가 정지마찰력의 크기보다 더 커져서 책상이 움직이기 시작하게 된다. 이때 책상이 움직이기 직전의 가능한 가장 큰 크기의 정지마찰력을 최대 정지마찰력이라고 한다. 그리고 책상이 움직이기 시작한 이후에 책상에 작용하는 마찰력을 운동마찰력이라고 한다.

정지마찰력은 물체가 움직이지 않을 만큼 딱 알맞은 크기로 작용하지만, 최대 정지마찰력이나 운동마찰력은 두 접촉하는 면의 성질에 의해 결정되는 마찰계수와 두 접촉면이 서로 상대방 접촉면을 미는 수직항력에 따라 결정되는 힘의 법칙

$$\begin{aligned} &\text{최대 정지마찰력 :} \quad f_s = \mu_s N \\ &\text{운동마찰력 :} \quad f_k = \mu_k N \end{aligned} \tag{14.6}$$

에 의해 정해진다. 여기서 μ_s와 μ_k를 각각 정지마찰계수와 운동마찰계수라고 부르는데 운동마찰계수가 정지마찰계수보다 조금 작다. 그러므로 물체가 일단 움직이기 시작하면 물체에 작용하는 운동마찰력의 크기는 물체가 움직이지 않을 때 물체에 작용되는 최대 정지마찰력의 크기보다 조금 작다.

마찰력을 정지마찰력과 운동마찰력으로 나누면, 움직이는 물체에 작용하는 마찰력은 운동마찰력이고 정지한 물체에 작용하는 마찰력은 정지마찰력이라고 생각하기 쉽

다. 그러나 정지마찰력과 운동마찰력은 물체 자체가 움직이느냐 움직이지 않느냐로 구분되는 것이 아니고 접촉한 두 면이 서로 상대 면에 대하여 이동하느냐 이동하지 않느냐로 구분된다는 점을 명심하여야 한다.

예를 들어, 자동차가 움직일 때 자동차 타이어와 지면 사이에 작용하는 마찰력은 정지마찰력이다. 그런데 겨울에 길이 얼은 빙판과 같은 곳에서 자동차 바퀴가 돌지 않고 미끄러지게 된다. 이 때 타이어와 빙판 사이에 작용하는 마찰력은 운동마찰력이다. 물체가 미끄러지며 이동할 때는 운동마찰력이 작용하며 바퀴나 원통과 같은 것이 전혀 미끄러지지 않고 굴러갈 때는 정지마찰력이 작용한다. 그래서 자동차가 움직이게 만드는 마찰력은 정지마찰력이고 브레이크를 밟은 뒤 자동차가 멈추게 만드는 마찰력은 운동마찰력이다.

다음에는 물체가 유체 내부를 지나갈 때 받는 마찰력과 관계된 문제를 다루어보자. 그림 14.4(a)에는 일정한 빠르기 v로 떨어지고 있는 질량이 m인 빗방울이 그려져 있다. 이 빗방울에 작용하는 공기의 마찰력이 속력에 비례한다고 하고 비례 상수를 구해보자.

높은 아파트 옥상에서 돌멩이를 떨어뜨리면 돌멩이는 떨어질수록 점점 더 빨리 떨어진다. 실제로 돌멩이의 속도는 중력가속도인 $9.8\ \mathrm{m/s^2}$의 가속도로 점전 더 빨라진다. 그런데 빗방울의 경우에는 거의 일정한 빠르기로 떨어진다. 그것은 빗방울에 작용하는 공기의 마찰력 때문이다. 유체 속을 지나는 물체의 마찰력 f는 속력이 매우 크지 않다는 조건 아래서 때 속력에 비례하여

$$f = kv \tag{14.7}$$

처럼 증가한다. 여기서 k는 비례상수이다.

빗방울에 작용하는 힘으로는 중력 mg와 공기의 마찰력 f가 있다. 빗방울에 대한 free-body diagram을 그리면 그림 14.4(b)에 보인 것과 같다. 빗방울의 가속도를 a라 놓고 빗방울에 대한 뉴턴 방정식을 쓰면

$$y\text{축 방향 : } mg - f = ma \tag{14.8}$$

가 된다. 문제에서 빗방울이 일정한 빠르기로 떨어지고

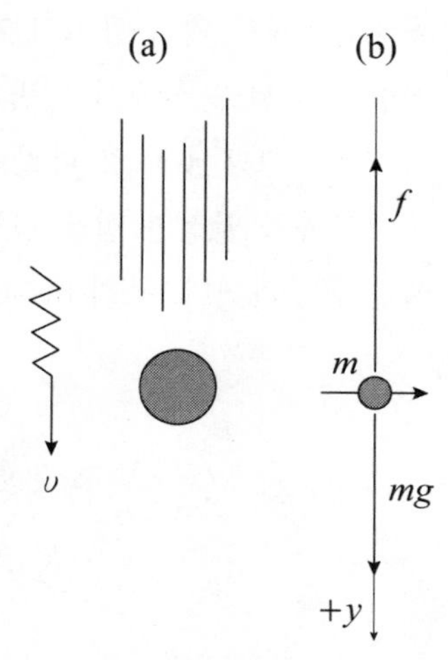

그림 14.4 (a) 일정한 빠르기로 떨어지는 빗방울 (b) 빗방울에 대한 free-body diagram

있다고 하였으므로 (14.8)식에 나오는 빗방울의 가속도 a는 0이다. 그러므로 이것을 뉴턴 방정식 (14.8)식에 대입하고 (14.7)식을 이용하면

$$f = mg = kv \tag{14.9}$$

이므로 구하는 비례상수 k는

$$k = \frac{mg}{v} \tag{14.10}$$

가 된다.

빗방울에 작용하는 공기의 마찰력은 빗방울의 속력이 점점 커질수록 그 크기가 중력의 크기와 같을 때까지 점점 더 커진다. 마찰력의 크기가 중력의 크기와 같아지면 빗방울에 작용하는 합력이 0이므로 빗방울은 등속도 운동을 하며, 속도가 일정하므로 빗방울에 작용하는 마찰력도 더 커지지 않고 일정하게 유지된다. 이렇게 속력에 비례하는 마찰력을 받고 움직이는 물체는 어느 속도에 도달하면 더 이상 가속되지 않고 일정한 속도로 움직인다. 이런 마지막 속도를 종단속도라고 부른다. 빗방울의 질량과 종단 속도를 알면 공기의 마찰력을 결정하는 비례상수를 구할 수 있다.

그러면 왜 높은 아파트 옥상에서 떨어뜨린 돌멩이는 종단속도에 이르지 않고 계속 가속되면서 떨어질까? 돌멩이에는 공기 저항에 의한 마찰력이 작용하지 않는 것일까? 돌멩이에게도 역시 공기의 저항에 의한 마찰력이 작용한다. 그러나 돌멩이의 경우에는 질량이 커서 옥상에서 지면까지 떨어지는 동안 커진 마찰력도 중력과 비교하면 턱없이 작다. 그래서 마치 마찰력이 전혀 작용하지 않은 것처럼 보인다.

지금까지 일정한 힘을 받는 물체의 운동에 대해 뉴턴의 운동방정식을 푸는 몇 가지 예를 공부하였다. 특히 free-body diagram을 그리면 뉴턴의 운동방정식을 쉽게 쓸 수 있음을 알았다. 그런데 등속원운동을 하는 문제의 경우에도 지금까지 우리가 한 것과 비슷한 방법을 적용할 수 있다. 예를 들어 그림 14.5에 보인 것처럼 반지름이 R인 원형의 길을 속력 v로 달리는 자동차를 생각하자. 자동차 타이어와 길 사이의 최대 정지마찰계수가 μ_s라고 할 때 자동차가 미끄러지지 않고 달릴 수 있는 최대 속력 v_M을 구해

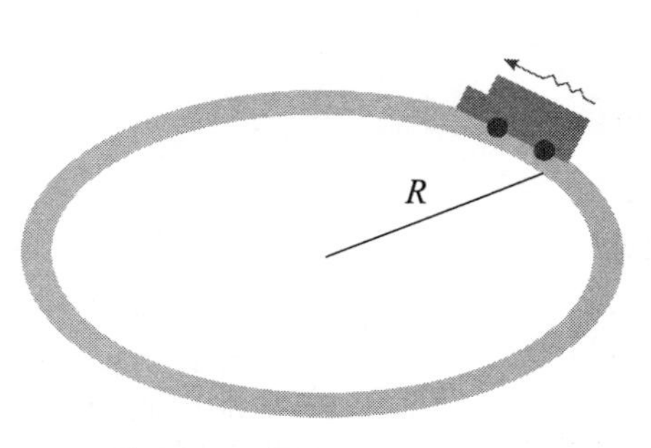

그림 14.5 원형 길을 달리는 자동차

보자.

자동차의 질량을 m이라고 할 때 자동차에 작용하는 힘은 그림 14.6에 보인 free-body diagram에 그려져 있는 것처럼 중력 mg와 수직항력 N 그리고 마찰력 f 등 세 가지이다. 이 free-body diagram에서는 원통좌표계를 이용하였고 도표에는 $+\rho$방향과 $+z$방향을 표시하였다. 등속원운동하는 물체에 작용하는 구심력은 항상 ρ방향을 향하는 것을 이용한 것이다.

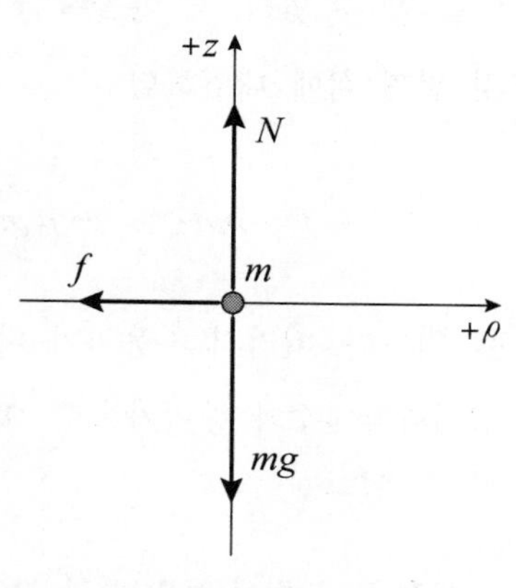

그림 14.6 자동차에 대한 free-body diagram

전과 마찬가지로 그림 14.6에 보인 free-body diagram을 보고 뉴턴의 운동방정식의 각 축 방향 성분을 쓰면

$$\begin{aligned} &\rho\text{축 방향}: \quad -f = ma_\rho \\ &z\text{축 방향}: \quad N - mg = ma_z \end{aligned} \tag{14.11}$$

가 된다. 이 식에서 구해야 할 것은 f와 a_ρ, N, 그리고 a_z 등 네 가지이다. 그리고 구속조건 등에 의해서 미리 알 수 있는 것으로는 자동차가 z축 방향으로는 움직이지 않는다는 사실과 등속원운동의 가속도는 ρ방향을 향하며 그 크기는 (9.36)식으로 주어진다는 것 그리고 자동차에 작용하는 최대 정지마찰력은 (14.6)식으로 주어진다는 것 등이다. 그런 정보들을 식으로 표현하면

$$a_z = 0, \quad a_\rho = -\frac{v^2}{R}, \quad f = \mu_s N \tag{14.12}$$

가 된다. 따라서 (14.12)식을 이용하면 (14.11)식으로부터 자동차에 작용하는 수직항력의 크기는

$$N = mg \tag{14.13}$$

로 자동차에 작용하는 중력의 크기와 같고 그러므로 자동차에 작용하는 마찰력의 크기는

$$f = \mu_s N = \mu_s mg \tag{14.14}$$

임을 알 수 있다. 이 마찰력 f의 값과 (14.12)식에서 주어진 a_ρ값을 (14.11)식에 나온 첫 번째 식에 대입하면

$$-f = ma_\rho \Rightarrow -\mu_s mg = -m\frac{v_M^2}{R} \quad \therefore \; v_M = \sqrt{\mu_s gR} \tag{14.15}$$

를 얻는다. 따라서 자동차가 미끄러지지 않고 원운동할 수 있는 최대속력 v_M은 최대 정지마찰계수와 중력가속도 그리고 원궤도의 반지름을 곱한 결과의 제곱근과 같음을 알 수 있다.

예제 1 그림에 보인 것과 같이 마찰이 없는 경사면으로 이루어진 원형 트랙을 질량이 m인 경주용 자동차가 등속원운동을 한다. 경사면의 경사각은 θ이다. 자동차가 일정한 반지름 R을 유지하고 달릴 때 자동차의 속력 v를 구하라.

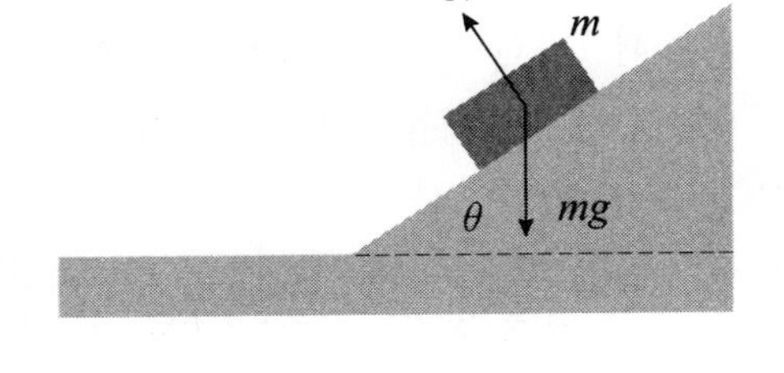

자동차와 경사면 사이에 마찰이 없다고 했으므로 자동차에 작용하는 힘은 중력 mg와 수직항력 N 두 가지 뿐이다. 그 두 힘을 원통좌표계를 이용하여 free-body diagram에 그리면 오른쪽 그림과 같다. 이 도표로부터 자동차에 적용될 뉴턴의 운동방정식을 ρ축 방향 성분과 z축 방향 성분으로 나누어 쓰면

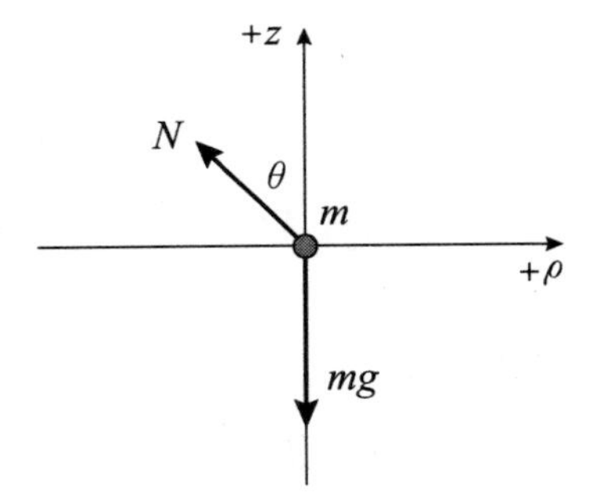

자동차에 대한 free-body diagram

$$\rho\text{축 방향 : } -N\sin\theta = ma_\rho$$
$$z\text{축 방향 : } N\cos\theta - mg = ma_z$$

가 된다. 그리고 전과 마찬가지로 자동차의 두 가속도 a_z와 a_ρ 값으로 각각 (14.12)식으로 주어진 것을 이용하여 원래 운동방정식에 대입하면

$$-N\sin\theta = -m\frac{v^2}{R}, \; N\cos\theta = mg \quad \therefore \; v = \sqrt{Rg\tan\theta}$$

를 얻는다.

예제 2 인공위성 중에서 정지위성은 통신용 위성으로 요긴하게 이용된다. 정지위성이란 위성의 공전주기가 지구의 자전주기와 같아서 지구에서 볼 때 움직이지 않고 항상 제자리에 있는 것처럼 보이는 위성이다. 질량이 m인 정지위성이 지상으로부터 높이가 h인 궤도를 따라 지구 주위를 회전한다고 하자. 이 정지위성의 속력 v를 구하라.

이 정지위성에 작용하는 힘은, 오른쪽 free-body diagram에 표시한 것처럼, 지구가 위성을 잡아당기는 만유인력 F 한 가지뿐이다. 그러므로 인공위성에 대한 뉴턴의 운동방정식은

$$\rho\text{축 방향}: \quad -F = ma_\rho$$

이다. 그런데 인공위성에 작용하는 만유인력의 크기 F와 인공위성의 가속도 a_ρ는 각각

$$F = G\frac{mM}{(R+h)^2}, \quad a_\rho = -\frac{v^2}{R+h}$$

이다. 여기서 M와 R은 각각 지구의 질량과 지구의 평균 반지름이다. 이 두 값을 인공위성에 대한 운동방정식에 대입하면

$$-G\frac{mM}{(R+h)^2} = -m\frac{v^2}{R+h} \qquad \therefore\ v = \sqrt{\frac{GM}{R+h}}$$

인공위성에 대한 free-body diagram

가 된다. 만유인력 상수 G의 값은 (12.2)식에 나와 있다. 또한 지구의 질량 M과 지구의 반지름 R의 값으로 (12.4)식에 주어진 것을 이용하고 정지위성의 고도가 $h = 3.58\times10^7$ m라면 이 정지위성의 속력 v는

$$v = \sqrt{\frac{GM}{R+h}} = \sqrt{\frac{(6.7\times10^{-11}\ \mathrm{N\,m^2/kg^2})\times(6.0\times10^{24}\ \mathrm{kg})}{(6.4\times10^6 + 3.58\times10^7)\ \mathrm{m}}} = 3.09\times10^3\ \mathrm{m/s}$$

이다. 이처럼 고도가 약 36,000 km인 곳에서 공전하는 정지위성의 속력은 초속 3 km 정도임을 알 수 있다.

15. 일정한 힘을 받는 물체의 운동 III

- 중력 또는 만유인력만 받고 움직이는 물체의 운동을 자유낙하 운동이라 한다. 자유낙하 운동은 어떤 특징을 갖는가?
- 자유낙하 운동을 하는 계 내부에서 물체의 운동을 관찰하면 물체는 무중력 상태에 있게 된다. 무중력 상태란 무엇인가?
- 나무에 매달린 원숭이를 멀리서 똑바로 조준하여 총을 발사하였다고 하자. 원숭이는 총이 발사되는 소리를 듣고 즉시 나무를 붙잡은 손을 놓고 밑으로 떨어지기 시작하였다고 하더라도 탄환은 원숭이를 맞추고야 만다. 어찌된 일일까?

지상에서 움직이는 질량이 m인 물체가 받는 중력의 크기는 물체의 무게인 mg와 같고 방향은 연직 아래 방향으로 일정하다. 따라서 지상에서 중력만 받고 운동하는 물체의 운동도 역시 일정한 힘을 받는 물체의 운동에 속한다. 지상에서 오직 중력만 받고 움직이는 운동을 자유낙하 운동이라고 한다. 고등학교 일부 교과서에서는 지상에서 가만히 떨어뜨린 물체의 운동만을 자유낙하 운동이라고 부른다고 하는 경우가 있는데 그것은 옳지 않다. 예를 들어 지금 떨어지고 있는 어떤 물체를 보고 있다고 하자. 그 물체가 떨어지는 모습을 보고 처음에 가만히 떨어졌는지 그렇지 않은지를 구별할 도리가 없다. 운동을 처음에 어떻게 운동하기 시작하였느냐에 따라, 다시 말하면 그 물체가 운동을 시작한 초기조건에 따라 운동을 구분한다는 것은 아무런 의미도 없다.

물체가 운동하는 특징은 그 물체에 어떤 힘이 작용하였느냐에 따라 결정된다. 그래서 중력만 받고 움직이는 물체에 자유낙하 운동이라는 특별한 명칭을 부여한 것은 아주 그럴듯한 일이다. 공중에서 떨어지는 물체의 운동 중에서 자유낙하 운동인지 아닌지를 구분하는 가장 중요한 요소는 그 물체에 작용하는 공기저항이다. 예를 들어 빗방울의 경우에는 빗방울에 작용하는 공기 저항력이 빗방울의 무게와 비슷할 만큼 커진다. 그래서 빗방울의 운동을 자유낙하 운동이라고 부를 수 없다. 그러나 야구공이나 돌멩이와 같이 공중에 던진 대부분 물체의 경우에는 공기 저항력이 그 물체의 중력에 비하여 매우 작으므로 무시될 수 있다. 그러면 그런 물체의 운동을 자유낙하 운동이라고 부를 수 있다. 하늘 높은 곳에서 공중 낙하한 사람이 낙하산을 펴고 떨어진다고 하면 그 사람의 운동은 자유낙하 운동일까 아니면 자유낙하 운동이 아닐까?

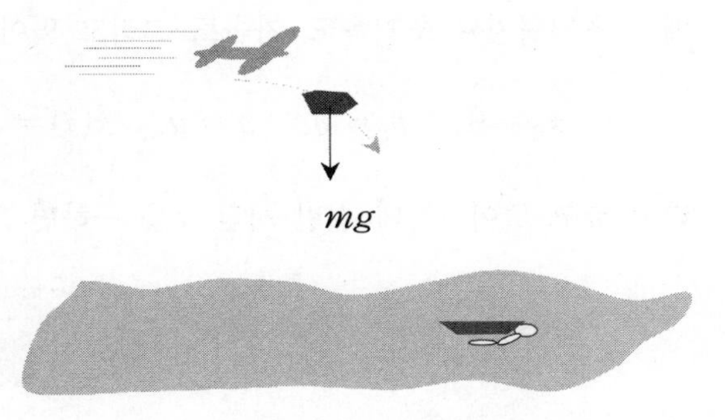

그림 15.1 비행기에서 떨어뜨린 물체의 운동

자유낙하 운동을 기술하는 방법을 익히기 위해서 그림 15.1에 그린 문제를 보자. 수평방향을 향해 속도 v_0로 운항중인 비행기가 바다에서 조난을 당한 사람을 발견하고 질량이 m인 구조대를 떨어뜨려 주었다. 비행기의 고도가 h라면 어느 지점에서 구조대를 떨어뜨려야 되겠는가?

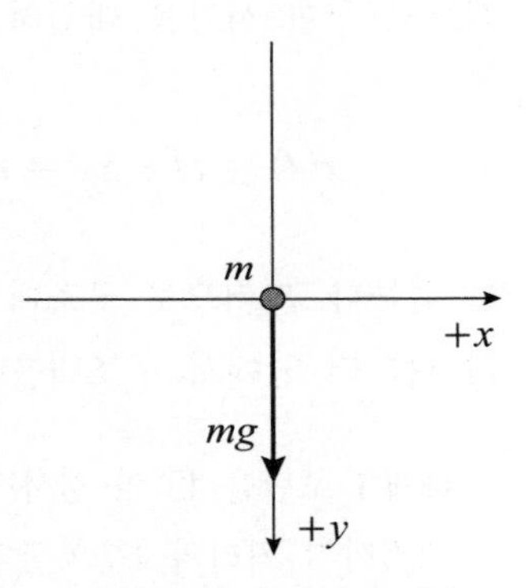

그림 15.2 구조대에 대한 free-body diagram

구조대에 대한 free-body diagram을 그리면 그림 15.2에 보인 것과 같다. 그림처럼 두 좌표축의 방향을 정하면 free-body diagram으로부터 구조대에 대한 뉴턴의 운동방정식은

$$\begin{aligned} x\text{축 방향} &:\ 0 = ma_x \\ y\text{축 방향} &:\ mg = ma_y \end{aligned} \tag{15.1}$$

임을 알 수 있다. 따라서 (15.1)식을 풀면

$$a_x = 0, \quad a_y = g \tag{15.2}$$

를 얻는다. 다시 말하면 구조대는 수평방향으로는 등속도 운동을 하고 연직방향으로는 가속도가 g인 등가속도 운동을 한다. 따라서 9장에서 이미 구한 등속도 운동에 대한 결과와 등가속도 운동에 대한 결과를 이용할 수 있다. 우선 구조대가 조난자에게까지 떨어지는데 걸리는 시간을 구하자. (9.22)식의 결과인

$$x(t) = \frac{1}{2}at^2 + v_0 t + x_0 \tag{15.3}$$

에서 초기위치와 초기속도, 가속도 그리고 떨어진 거리가 각각

$$x_0 = 0, \quad v_0 = 0, \quad a = g, \quad x(t) = h \tag{15.4}$$

라고 놓고 떨어지는데 걸린 시간 t를 구하면

$$t = \sqrt{\frac{2h}{g}} \tag{15.5}$$

가 된다. 그러면 이 시간 동안 구조대가 수평방향으로 진행한 거리는 (9.9)식에 (15.5)식으로 구한 시간을 대입하고 초기위치가 $x_0 = 0$임을 이용하면

$$x(t) = vt + x_0 = v_0\sqrt{\frac{2h}{g}} \tag{15.6}$$

를 얻는다. 그러므로 구조대가 조난자 부근에 떨어지게 하려면 (15.6)식으로 주어진 거리만큼 더 앞에서 구조대를 떨어뜨려야 한다.

예제 1 포탄을 45°의 경사각으로 발사하면 포탄이 도달하는 최고 높이는 포탄이 떨어진 지점까지 거리의 4분의 1임을 보여라.

지상에서 중력만 받고 움직이는 물체는 연직방향으로는 가속도가 중력가속도 g인 등가속도 운동을 하고 수평방향으로는 등속도 운동을 한다. 연직 위 방향을 $+y$ 방향으로 정하면 9장의 결과를 이용하여 탄환의 속도와 위치가

수평방향 : $v_x(t) = v_{x0}$, $x(t) = v_{0x}t$

연직방향 : $v_y(t) = -gt + v_{yo}$, $y(t) = -\frac{1}{2}gt^2 + v_{yo}t$

임을 알 수 있다. 여기서 연직 위 방향을 $+y$ 방향으로 정하였기 때문에 가속도 a가 $-g$와 같다고 놓았다. 이제 포탄을 발사한 처음 속력이 v_0이고 발사각이 θ라고 하면 초속도의 수평방향 성분 v_{x0}와 연직방향 성분 v_{y0}는 각각

$$v_{x0} = v_0 \cos\theta, \quad v_{y0} = v_0 \sin\theta$$

가 된다. 그리고 이 포탄이 최고점까지 도달하는 시간을 t_1이라고 하면 최고점에서는 속도의 연직방향 성분이 0이 되므로

$$v_y(t_1) = -gt_1 + v_0 \sin\theta = 0 \quad \therefore\ t_1 = \frac{v_0 \sin\theta}{g}$$

를 얻게 된다. 그러면 포탄이 다시 지면에 떨어지는 시간 t_2는 최고점에 이르는 시간의 두 배로 $t_2 = 2t_1$이 된다. 그러므로 마지막으로 최고점까지의 높이인 $y(t_1)$과 포탄의 진행거리인 $x(t_2)$를 구하면

$$\text{최고점의 높이 : } y(t_1) = -\frac{1}{2}g\left(\frac{v_0 \sin\theta}{g}\right)^2 + v_0 \sin\theta\left(\frac{v_0 \sin\theta}{g}\right) = \frac{1}{2}\frac{v_0^2 \sin^2\theta}{g}$$

$$\text{수평 진행거리 : } x(t_2) = v_0 \cos\theta \frac{2v_0 \sin\theta}{g} = 2\frac{v_0^2 \cos\theta \sin\theta}{g}$$

가 된다. 그런데 $\theta = 45°$이면 $\cos\theta = \sin\theta$이므로 $x(t_2) = 4y(t_1)$임을 알 수 있다.

다음 일정한 힘을 받는 물체에 뉴턴의 운동방정식을 적용하는 예로 그림 15.3에 보인 것과 같이 엘리베이터 바닥에 놓인 저울 위에 질량이 m인 사람이 서 있을 때 저울이 가리키는 눈금이 얼마인지 구해보자. 엘리베이터는 위쪽으로 점점 더 빨리 올라가고 있으며 이때 엘리베이터의 가속도 크기는 a라고 하자.

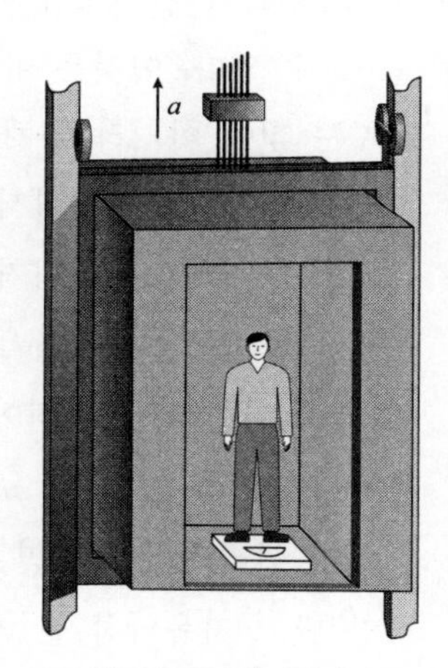

그림 15.3 엘리베이터에 서 있는 사람

이 문제에서 뉴턴의 운동방정식을 적용할 물체를 무엇으로 정하면 좋을까? 저울 위에 서 있는 사람 하나에게만 적용하면 된다. 그림에는 여러 물체가 나와 있지만 문제에서 구하는 답을 얻기 위해서는 대상 물체로 사람 하나면 충분하다.

사람에게 적용하는 힘을 모두 찾아보자. 사람에게 작용하는 힘은 중력 mg와 저울 면이 사람을 떠받치는 수직항력 N 두 가지 뿐이다. 이 두 힘 이외에 다른 힘은 사람에게 작용하지 않는다. 그러면 사람에 대한 free-body diagram은 그림 15.4에 보인 것과 같아진다.

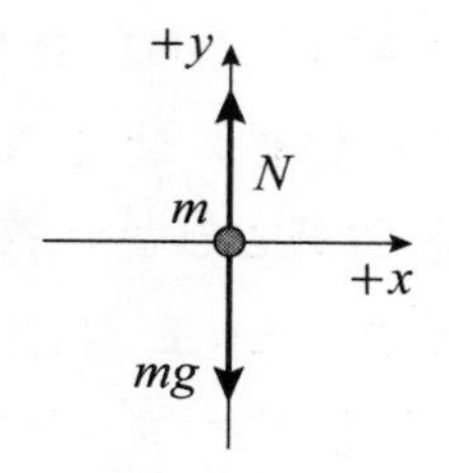

그림 15.4 사람의 free-body diagram

그림 15.4와 같이 연직 위쪽을 $+y$방향으로 정하면 free-body diagram으로부터 사람에 대한 뉴턴의 운동방정식은

$$y\text{축 방향 : } N - mg = ma \tag{15.7}$$

가 됨을 알 수 있다. 여기서 사람의 가속도 a는 엘리베이터의 가속도와 같은 것으로 미리 주어져 있다. 따라서 (15.7)식으로부터 구하는 양은 수직항력 N 하나뿐이며 그 값은

$$N = m(g + a) \tag{15.8}$$

이다. 문제에서는 저울이 가리키는 눈금을 물어보았는데, 저울의 눈금은 사람이 저울 면을 내리 누르는 힘과 같고, 그 힘은 바로 저울 면이 사람을 떠받치는 수직항력 N의 반작용이다. 다라서 저울의 눈금은 수직항력 N과 같다.

우리는 흔히 수직항력의 크기는 물체의 중력의 크기와 같다고 생각하기 쉽다. 그런데 (15.8)식의 결과에서처럼 수직항력의 크기는 물체의 가속도의 크기에 따라 달라짐을 알 수 있다. 이것은 이미 배운 것처럼 수직항력이나 장력과 같은 구속력은 미리 정해지는 것이 아니라 물체의 운동이 어떻게 제한받느냐에 따라 결정된다는 말과 일치한다. 그래서 (15.8)식에서 만일 a가 0보다 크다면, 다시 말하면 엘리베이터가 위쪽으로 점점 더 빨리 움직이거나 아래쪽으로 점점 더 느리게 움직인다면 수직항력 N은 물체에 작용하는 중력 mg보다 더 커진다. 반대로 가속도 a가 0보다 더 작아서 위쪽으로 점점 더 느리게 움직이거나 아래쪽으로 점점 더 빠르게 움직인다면 수직항력 N은 물체에 작용하는 중력 mg보다 더 작아진다.

만일 엘리베이터와 연결된 줄이 끊어진다면 어떻게 될까? 그러면 엘리베이터는 중력만 받고 자유낙하 운동을 하며 그래서 엘리베이터의 가속도 a는

$$a = -g \tag{15.9}$$

가 된다. 그리고 (15.8)식의 a에 (15.9)식을 대입하면 사람에게 작용하는 수직항력 N이 0이 됨을 알 수 있다. 다시 말하면 사람이 올라서 있는 저울의 눈금은 0을 가리킨다. 그러므로 줄이 끊어져서 자유낙하하는 엘리베이터를 타고 있는 사람이 바닥을 누르는데 조금도 힘이 들지 않는 것이다. 이런 상태를 무중력 상태라고 한다. 자유낙하 운동을 하는 계 내부에서는 항상 이러한 일이 벌어진다.

무중력 상태는 그림 15.5에 보인 1865년 프랑스의 소설가 쥘 베른이 '지구에서 달까지'라는 제목의 공상 과학소설을 발표하면서 세인의 관심을 끌기 시작하였다. 그는 이 소설에서 크게 확대한 모양의 대포 탄두에 사람을 태우고 지구에서 달까지 보내는 여

행을 묘사하였다. 그런데 이 소설에서는 탄두에 작용하는 지구의 중력이 점점 감소하고 달의 중력이 점점 증가하여 지구와 달로부터의 거리의 비가 정확히 53:47이 되는 한 지점에서 탄두에 탄 사람들은 무중력 상태를 경험하게 된다고 설명한다. 그 지점은 지구의 중력과 달의 중력의 합이 0이 되는 곳이다.

그림 15.5 쥘 베른 (프랑스, 1828-1905)

그러나 우리는 이미 달을 탐험하는 아폴로나 셀리웃 등 우주선에서 일단 로켓이 분사를 멈추기만 하면 언제나 무중력 상태에 있는 우주 비행사들의 모습을 텔레비전으로 보았다. 동력을 모두 끈 우주선은 만일 우주선에 힘이 작용한다면 그 힘을 받으며 그대로 운동한다. 우주선에 작용하는 힘이 오직 만유인력뿐이라면 우주선은 자유낙하 운동을 한다. 그리고 자유낙하하는 기준계에서 보면 물체는 언제나 무중력 상태에 있다. 그래서 우주선을 쏘아 올리기 위해 분사하는 로켓이 멈추고 우주선이 중력만 받고 움직이면 곧 우주선 내부에 있는 모든 물체에게는 바로 무중력 상태가 시작된다. 그리고 앞에서 본 줄이 끊어진 엘리베이터의 경우에도 엘리베이터가 자유낙하하는 동안 엘리베이터 내부의 물체는 모두 무중력 상태에 있게 되는 것이다.

줄이 끊어져서 자유낙하하는 엘리베이터 내부의 물체가 무중력 상태에 있다는 말의 의미가 무엇일지 잘 생각해 보자. 이 물체가 무중력 상태에 있다는 말에 대해 두 가지 서로 다른 해석을 내릴 수 있다. 하나는 지구가 이 물체를 잡아당기는 중력은 분명히 작용하고 있지만 관찰하는 기준계가 물체와 함께 자유낙하하고 있기 때문에 단지 이 기준계에 대해서 물체가 정지해 있는 것처럼 보일 뿐이라는 해석이다. 다른 하나는 자유낙하하는 물체에는 아무런 힘도 작용하지 않는 글자 그대로 무중력 상태라는 해석이다.

두 해석 중에서 어느 것이 옳은지 알아보기 위해서 미국 항공 우주국에서는 그들이 발사한 인공위성에 켜 논 촛불이 어떻게 되는지에 대해 실험을 했다. 그림 15.6의 왼쪽 사진은 지상에

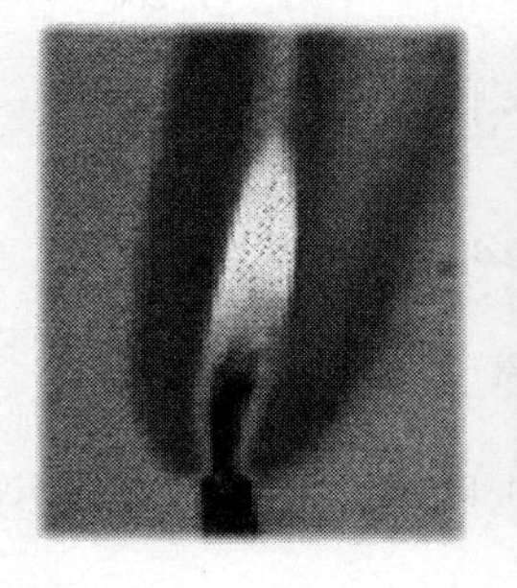
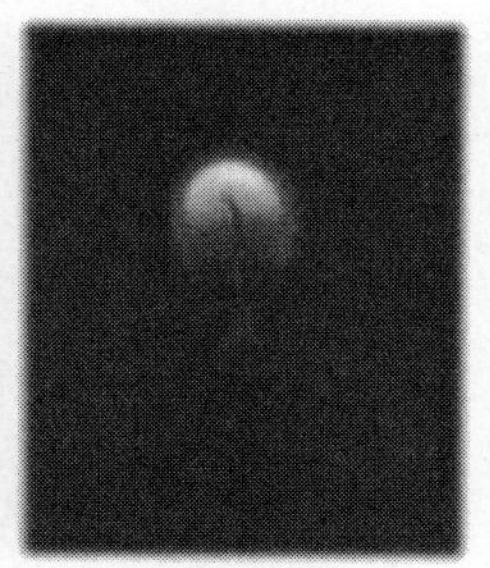
그림 15.6 지상과 무중력 상태에서 촛불 모양

서 관찰한 촛불 모양이고 오른쪽 사진은 인공위성에서 찍은 촛불 사진이다. 자유낙하 운동을 하는 인공위성에서 찍은 촛불 모양은 우주의 한복판에 위치한 그래서 중력의 영향을 전혀 안 받는 무중력 상태에서 찍은 촛불 모양과 동일하다고 여겨진다.

이처럼 지상(地上)과 같이 중력장에 놓여있다고 하더라도 자유낙하하는 물체는 실제로 무중력 상태에 있음을 알 수 있다. 그러므로 쥘 베른이 그의 소설에 묘사한 것처럼 지구와 달로부터 받는 만유인력의 합력이 0이 될 때만 무중력 상태라는 것은 잘못된 생각임이 밝혀졌다. 미국 항공 우주국에서 우주선을 탈 예정인 우주비행사들에게 무중력 상태를 경험시키는 훈련을 할 때 실제로 비행기를 높은 고도로 올린 다음 자유낙하시키는 방법을 이용한다. 자유낙하하는 기체 내에서 훈련을 받는 우주비행사들은 무중력 상태를 경험하게 된다.

예제 2 가속도 a로 등가속도 운동을 하는 엘리베이터 바닥에 체중계가 놓여 있다. 철수가 체중계에 올라서니 눈금이 960 N을 가리켰다. 그리고 철수가 옆에 놓인 질량이 20 kg인 상자를 들고 체중계 위에 올라서니 눈금이 1,200 N을 가리켰다. (a) 엘리베이터의 가속도 a를 구하라. (b) 철수의 실제 체중은 얼마인가?

(15.8)식을 이용하면 철수의 질량이 m_1이라고 할 때 처음 체중계에 올라섰을 때의 눈금은

$$N_1=m_1(g+a)$$

를 가리키고, 상자의 질량을 m_2라고 하면 두 번째로 체중계에 올라섰을 때의 눈금은

$$N_2=(m_1+m_2)(g+a)$$

를 가리킨다. 그래서 문제에 나온 수치를 대입하면 풀어야 하는 식은

$$(960\ \text{N})=m_1[(9.8\ \text{m}/s^2)+a],\ (1{,}200\ \text{N})=[m_1+(20\ \text{kg})][(9.8\ \text{m}/s^2)+a]$$

이다. 이 두 식을 연립으로 풀어 m_1과 a를 구하면

$$m_1=80\ \text{kg},\quad a=2.2\text{m}/s^2$$

이 된다. 즉 철수의 몸무게는

$$W=m_1g=(80\ \text{kg})\times(9.8\ \text{m}/s^2)=784\ \text{N}$$

이고 엘리베이터는 위쪽 방향으로 $a=2.2\text{m}/s^2$임을 알 수 있다.

일정한 힘을 받는 물체의 운동에 대한 마지막 예로 그림 15.7에 보인 문제를 보자. 높이가 h인 나뭇가지에 원숭이 한 마리가 매달려 있다. 포수가 원숭이를 똑바로 향해서 경사각 θ로 사냥총을 발사한다. 총이 발사되는 것과 동시에 원숭이가 나무에서 떨어지기 시작한다면 탄환은 원숭이를 맞출 수 있을까?

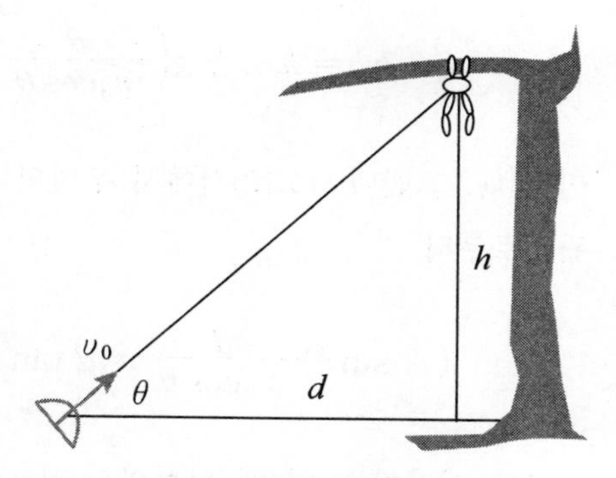

그림 15.7 나무에서 떨어지는 원숭이

탄환은 수평방향으로는 등속도 운동을 하고 연직방향으로는 가속도가 g인 등가속도 운동을 하므로, 탄환의 처음 속력을 v_0라고 하면 탄환의 수평방향 운동과 연직방향 운동에 대한 식은

$$\begin{aligned} &\text{수평방향}: \quad v_x(t) = v_0 \cos\theta = \text{일정}, \quad x(t) = (v_0 \cos\theta)\,t \\ &\text{연직방향}: \quad v_y(t) = -gt + v_0 \sin\theta, \quad y(t) = -\frac{1}{2}gt^2 + (v_0 \sin\theta)t \end{aligned} \tag{15.10}$$

가 된다. 그러므로 탄환이 수평방향으로 d만큼 진행하는데 걸리는 시간 t_1은 위에서 구한 탄환에 대한 수평방향 운동 결과로부터

$$x(t_1) = (v_0 \cos\theta)t_1 = d \qquad \therefore\ t_1 = \frac{d}{v_0 \cos\theta} \tag{15.11}$$

임을 알 수 있다. 이 시간에 탄환이 도달하는 y좌표는 역시 (15.10)식으로부터

$$y(t_1) = -\frac{1}{2}g\left(\frac{d}{v_0 \cos\theta}\right)^2 + (v_0 \sin\theta)\frac{d}{v_0 \cos\theta} \tag{15.12}$$

를 얻는다. 그런데 원숭이가 나무에서 손을 놓고 t_1이라는 시간동안 떨어지는 거리 h'는

$$h' = \frac{1}{2}gt_1^2 = \frac{1}{2}g\left(\frac{d}{v_0 \cos\theta}\right)^2 \tag{15.13}$$

과 같다. 그러므로 탄환을 발사하고 t_1이 지난 뒤 원숭이가 위치한 높이 $h-h'$은

$$h - h' = h - \frac{1}{2}g\left(\frac{d}{v_0 \cos\theta}\right)^2 \tag{15.14}$$

이 된다. 그런데 (15.12)식에서 우변의 두 번째 항은, 그림 15.7에 나온 d와 h사이의 관계로부터

$$(v_0 \sin\theta)\frac{d}{v_0 \cos\theta} = d\tan\theta = h \tag{15.15}$$

이므로 시간이 t_1일 때 탄환의 y좌표인 (15.12)식의 값과 원숭이의 높이인 (15.14)식의 값이 동일함을 알 수 있다. 이처럼 원숭이를 똑바로 조준하여 탄환을 발사하면 원숭이가 탄환의 발사와 함께 밑으로 떨어지더라도 탄환은 원숭이에 명중됨을 알 수 있다. 그래서 원숭이는 탄환을 맞지 않으려면 떨어지지 않고 제자리에 그대로 있어야 한다. 또는 포수가 원숭이를 맞추려면 원숭이를 똑바로 향해 조준하기 보다는 원숭이가 있는 곳보다 조금 더 위쪽을 향하여 조준하여야 한다.

VI. 에너지

제임스 줄 (영국, 1818-1889)

지난주에 우리는 처음으로 그동안 자연의 기본법칙이라고 배운 운동법칙인 뉴턴의 운동방정식을 실제 문제에 어떻게 적용하는지에 대해 공부하였습니다. 지난주에는 우선 가장 간단한 경우인 물체가 일정한 힘을 받는 경우만을 살펴보았습니다. 먼저 뉴턴의 운동방정식을 적용할 물체들을 정하고 각 물체에 작용하는 힘을 모두 찾아내고 그 힘들을 free-body diagram에 표시한 뒤 좌표계의 각 축 방향 성분 별로 뉴턴의 운동방정식을 세워서 풀면 되었습니다. 각 물체의 가속도가 구하는 목표이고 각 물체에 작용하는 수직항력이나 장력 또한 미리 정해지지 않고 운동방정식의 풀이로 구해진다는 사실을 알았습니다.

이제 이번 주 강의에서는 물체가 받는 힘이 물체가 움직이면서 바뀌는 경우로 확장하고자 합니다. 그러면 지난주에 일정한 힘을 받는 경우처럼 물체의 가속도를 구하는 것으로 문제가 다 풀리지 않습니다. 물체가 받는 힘이 일정하지 않으면 등가속도 운동을 하지 않기 때문입니다. 이렇게 새로운 유형의 문제를 다루기 위해서 새로운 물리량을 도입할 예정입니다. 물리학자들은 문제가 복잡해지면 새로운 물리량을 도입하여 문제를 다시 간단하게 만들어 놓곤 합니다.

지난주에는 뉴턴의 운동방정식을 풀면서 물체의 운동을 기술하는데 위치벡터, 변위, 속도, 가속도, 힘 등 우리에게 아주 친숙한 물리량들을 이용하였습니다. 그리고 그러한 물리량으로 물체의 운동을 기술하는데 충분하고 또 다른 물리량이 전혀 필요하지 않을 수도 있지만 이번 주에는 일과 에너지라는 새로운 물리량을 도입하게 됩니다. 일이나 에너지라는 용어가 모두 우리에게는 일상생활로부터 친숙한 말입니다. 그러나 물리에서는 힘의 경우에서와 마찬가지로 일과 에너지라는 용어도 일상생활에서 쓰이는 것과는 달리 특별한 의미로 사용됩니다. 물리에서는 힘이나 일 또는 에너지 뿐 아니라 어떤 물리량이든지 먼저 그것을 무슨 의미로 사용할지에 대해 정확히 정의를 해 놓습니다. 그래서 물리를 제대로 이해하려면 물리에서 사용되는 물리량들이 어떤 의미라고 정의되었는지 정확히 알아야만 합니다. 대부분의 물리량에 대한 정의는 자기 혼자서 골똘히 생각해 보기만 해서는 결코 알아낼 수가 없습니다. 물리량에 대한 정의는 사람들이 그렇게 하자고 정했기 때문입니다. 그래서 혼자서 아무리 잘 사색한다고 하더라도 남이 어떻게 정했는지를 정확히 알아낼 도리가 없는 것입니다. 그러므로 먼저 물리량에 대해 사람들이 정한 정의가 무엇인지 교과서와 같은 문헌을 통해 알아본 뒤에 그 정의를 외워야 합니다. 한 번 더 강조하지만, 물리량들에 대한 정의를 제대로 알고 있는 것이 물리를 잘하는데 절대로 필요한 아주 중요한 요소입니다.

이제 우리가 일과 에너지는 무엇을 의미하는지 그 정의를 잘 이해하고 있다고 합시다. 그런데 물리에서는 왜 그렇게 새로운 물리량을 도입해야만 하는지 궁금하지 않습니까? 그렇게 새로운 물리량을 도입하지 않으면 자연을 제대로 설명할 수 없기 때문일 것 같이 생각됩니까? 아니면 무슨 다른 이유가 있을 것으로 생각됩니까?

새로운 물리량을 도입하지 않는다고 하더라도 자연현상을 설명하는데 크게 문제가 없을 수도 있습니다. 그러나 물리학자들은 다음 두 가지 이유 때문에 기꺼이 새로운 물리량을 도입합니다. 첫째로는 앞에서도 잠시 언급하였듯이 문제를 설명하기가 복잡해질 때 그 문제를 더 편리하고 더 쉽게 설명하기 위하여 새로운 물리량을 도입합니다. 그런데 단순히 문제를 더 쉽고 더 편리하게 기술할 수 있도록 하기 위해서만 새로운 물리량을 도입하는 것은 아닙니다. 새로운 물리량을 도입하는 데는 좀 더 근본적인 이유가 있습니다. 둘째로 물리학자들은 자연법칙을 일반화시키기 위하여 새로운 물리량을 도입합니다.

위에서 이야기한 첫 번째 이유에 대해 조금 더 자세히 살펴봅시다. 지난주에는 뉴턴의 운동방정식을 실제 문제에 적용하는 몇 가지 예제들을 공부하였습니다. 다만 지난

주에 다룬 문제들은 모두 물체가 움직이는 동안 받는 힘이 바뀌지 않고 일정한 경우로 제한하였습니다. 그런 경우에는 물체의 가속도도 바뀌지 않고 일정하여 물체는 등가속도 운동을 합니다. 이런 유형의 문제는 지난주에 보았듯이 뉴턴의 운동방정식으로부터 바로 가속도만 구하면 문제를 다 푼 것이나 마찬가지였습니다. 등가속도 운동을 하는 물체에 대해서는 가속도만 알면 그 물체의 위치를 시간의 함수로 곧 구할 수 있기 때문입니다.

그러나 물체가 운동하는 동안 물체에 작용하는 힘이 일정하지 않고 바뀔 때는 뉴턴의 운동방정식을 푸는 문제가 전과 같이 그렇게 간단히 해결되지 않습니다. 다시 말하면 지난주에 했던 것처럼 단지 곱하기와 나누기만으로 답을 구할 수가 없다는 의미입니다. 뉴턴의 운동방정식은 원래 미분방정식이며 그 미분방정식을 풀어야 합니다. 보통 미분방정식은 그 방정식의 형태에 따라 푸는 방법이 정해져 있습니다. 어떤 경우에는 쉽게 풀리기도 하지만 어떤 경우에는 풀기가 매우 어렵습니다. 그런데 만일 물체에 작용하는 힘이 어떤 조건을 만족한다면 문제를 다루기가 아주 쉬워집니다. 물체에 작용하는 힘이 어떤 조건을 만족하면 그 힘이 퍼텐셜에너지에 의해 대표될 수가 있습니다. 이런 경우가 바로 내가 복잡한 문제를 쉽게 해결하기 위해 새로운 물리량을 도입하는 이유에 해당합니다. 여기서 도입하는 새로운 물리량이 일과 에너지입니다.

이번에는 앞에서 언급한 두 번째 이유에 대해 자세히 알아봅시다. 이번 주의 16장에서 일과 에너지라는 물리량을 도입한 뒤에 18장에서는 역학적 에너지 보존법칙에 도달하게 됩니다. 그런데 역학적 에너지 보존법칙이란 무슨 새로운 법칙이 아닙니다. 역학적 에너지 보존법칙은 뉴턴의 운동법칙과 똑같은 법칙입니다. 그것은 역학적 에너지 보존법칙이 뉴턴의 운동방정식으로부터 유도되는 법칙이라는 의미입니다. 역학적 에너지 보존법칙은 뉴턴이 사망한 오래 뒤에 출현하였지만, 역학적 에너지 보존법칙 앞에 어떤 다른 사람의 이름도 붙어있지 않는 이유가 바로 그 때문입니다.

이제 우리는 똑같은 자연현상을 설명하는데 뉴턴의 운동법칙과 역학적 에너지 보존법칙이라는 똑같은 내용으로 된 두 가지 법칙을 갖게 되었습니다. 우리는 두 법칙이 의미하는 내용은 같지만 표현만 달리하였다고 말합니다. 왜 그렇게 말하는지 궁금하면 이번 주 강의를 열심히 공부하세요. 그러면 알 수 있습니다. 그런데 여러분은 왜 동일한 내용을 가지고 이렇게 다르게 표현된 두 가지 법칙을 필요로 한다고 생각합니까?

우리는 1장에서 자연을 거시세계와 미시세계로 나눌 수 있다는 것을 알았습니다. 그리고 뉴턴 물리학과 같이 거시세계에서는 완벽하게 성립하는 물리학의 법칙들이 미시세계에서는 성립하지 않는다는 것을 배웠습니다. 그렇습니다. 뉴턴의 운동방정식인 $F=ma$는 거시세계에서만 성립하고 미시세계에서는 성립하지 않습니다. 그래서 미시세계에서 일어나는 현상에 대해서는 $F=ma$를 적용하지 않습니다. 그렇지만 그것을 뉴턴의 운동법칙이 틀렸기 때문이라고 이해하지 않기 바랍니다. 거시세계와 미시세계는 똑같은 자연법칙이 성립하는 그런 세계가 아닙니다. 그런데 재미있는 것은 앞에서 뉴턴의 운동방정식과 똑같은 내용을 다르게 표현한 것이라는 역학적 에너지 보존법칙은 미시세계에서도 역시 성립한다는 사실입니다.

지금까지 무슨 말을 했는지 정리해 봅시다. 일과 에너지라는 새로운 물리량을 도입함으로써 거시세계에서 동일한 자연법칙이 두 가지로 표현됩니다. 하나는 뉴턴의 운동방정식이고 다른 하나는 역학적 에너지 보존법칙입니다. 그런데 역학적 에너지 보존법칙이라는 이름으로 표현된 자연법칙은 거시세계뿐 아니라 미시세계에서도 성립합니다. 이것이 바로 법칙을 좀 더 넓은 영역에서 성립할 수 있도록 일반화시킬 수 있는 형태로 확장한다는 말의 의미입니다. 미시세계는 거시세계와는 완전히 다른 새로운 세계입니다. 그러한 새로운 세계의 자연법칙을 알아내기는 실로 어렵습니다. 그런데 이미 알고 있는 거시세계의 자연법칙을 새로운 물리량을 이용하여 형태를 바꾸어 표현하니 미시세계에서도 성립하도록 일반화가 가능해집니다. 바로 이런 일들을 물리학자들이 하고 있습니다. 물리학자들은 그렇게 하여 결코 직접 관찰할 수 없는 아주 작은 세계나 역시 결코 직접 관찰할 수 없는 대단히 큰 세계에 이르기까지 자연의 구석구석을 모두 설명하는 자연법칙을 찾아내었습니다.

앞에 보인 제임스 줄은 열과 일이 동일한 본성을 지닌 물리량임을 실험을 통하여 구체적으로 보여준 영국의 물리학자입니다. 이번 주에는 16장에서 뉴턴의 운동방정식을 일과 운동에너지를 통하여 표현하는 방법을 배웁니다. 그것을 일-에너지 정리라고 부릅니다. 그리고 17장에서는 물체가 퍼텐셜에너지로 표현될 수 있는 보존력을 받는다면 일-에너지 정리가 역학적 에너지 보존법칙으로 되는 것을 알게 됩니다. 마지막으로 18장에서는 에너지란 창조되지도 소멸되지도 않는 신통한 물리량임을 강조하면서 마치 에너지가 없어진 것처럼 보이는 곳에서는 항상 에너지가 지금까지는 알지 못하던 다른 형태로 바뀐다는 것을 알게 됩니다. 열이 바로 에너지의 한 형태라는 것도 그런 의미에서 아주 중요합니다.

16. 운동에너지와 일-에너지 정리

- 우리는 힘이란 A가 B에게 힘을 작용한다는 식으로 이야기한다는 것을 배웠다. 일도 마찬가지로 A가 B에게 일을 한다고 이야기하여야 한다. A가 B에게 일을 한다면 A와 B에게는 어떤 변화가 일어나는 것인가?
- 질량이 m인 물체가 속력 v로 움직이면 그 물체의 운동에너지 K는 $K=mv^2/2$이다. 왜 운동에너지를 정의할 때 질량에 속력의 제곱을 곱한 뒤 하필 2로 나누었을까?
- 뉴턴의 운동방정식 $F=ma$를 물체에 적용하여 물체의 운동을 기술하기 위해서는 반드시 물체에 작용하는 힘을 모두 다 찾아서 그 합력을 $F=ma$의 F로 사용해야 한다. 마찬가지로 일-에너지 정리는 물체에 작용한 합력이 한 일이 무엇으로 바뀐다고 말한다. 여기서 무엇이 무엇인가?

10장에서 배웠듯이, 힘이란 두 물체 사이에 작용하는 상호작용의 정도를 나타내는 물리량이다. 그래서 힘이 작용하는 것을 묘사할 때 물체 A가 물체 B에 힘을 작용한다고 말하면 더 분명해진다. 이렇게 말하면 물체 A와 물체 B가 서로 상호작용하고 있음을 의미하고 그러므로 물체 A가 물체 B에 힘을 작용한다면 우리는 그와 동시에 물체 B도 물체 A에 힘을 작용하고 있다는 것을 알 수 있다. 그것이 바로 작용 반작용 법칙의 의미임을 10장에서 강조하였다.

물체 A가 물체 B에 힘을 작용하면 어떤 변화가 일어나는 것인가? 물체 B가 힘을 받으면 물체 B는 뉴턴의 운동방정식에 의하여 물체의 운동 상태 즉 물체의 속도가 바뀐다. B의 속도가 얼마나 바뀌는지는 뉴턴의 운동방정식을 이용하여 알아낼 수 있다. 그런데 우리가 이미 10장에서 정의한 일이라는 물리량을 이용하면 B의 속도가 얼마나 바뀌는지를 다른 방법으로 설명할 수도 있다.

이제 그림 16.1에 그려놓은 것을 보면서 일과 에너지라는 물리량의 정의를 자세히 살펴보자. 그림 16.1에서 사람이 상자를 밀고 간다. 사람이 상자를 밀고가면서 사람은 상자에게 힘 F를 작용한다. 그런데 상자는, 우리가 분명히 알 수 있는 것처럼, 사람으

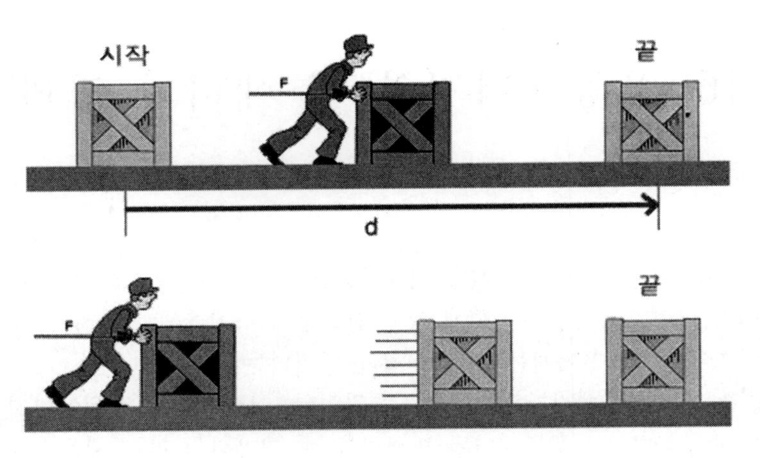

그림 16.1 일의 정의

로부터만 힘을 받는 것이 아니다. 상자에게는 중력도 작용하고 수직항력도 작용하며 마찰력도 작용한다. 그렇지만 우선 사람이 상자를 미는 힘만 생각해보자. 이렇게 한 가지 힘만 생각하는 방법이 뉴턴의 운동방정식을 적용할 때는 별 쓸모가 없었다. 뉴턴의 운동방정식 $F=ma$를 적용할 때 F에는 물체에 작용하는 힘을 모두 찾아 그 합력을 대입하여야만 되었기 때문이다. 그러나 일이라는 물리량을 이용할 때는 뉴턴의 운동방정식을 적용할 때와는 다르게 물체에 작용하는 여러 힘들 중에서 개별적인 힘 하나하나에 대해서도 생각해볼 수가 있다. 바로 이점을 일이라는 물리량을 도입하면 편리한 첫 번째 이유라고 말할 수 있다.

그림 16.1에 나온 두 그림 중 위쪽 그림에서 사람은 상자를 일정한 힘 $\vec{F}$로 밀고 간다. 시작부터 끝까지 물체가 움직인 변위가 $\vec{d}$라고 하자. 이 경우에, 그러니까 물체에 힘을 계속 작용하면서 물체를 이동시켰을 때, 사람은 물체에 일을 하였다고 말한다. 물체에 일정한 힘 $\vec{F}$를 가하면서 물체를 변위 $\vec{d}$만큼 이동시켰을 때 물체에 한 일 W는 힘 $\vec{F}$와 변위 $\vec{d}$를 곱하여 얻는다. 그런데 일은 스칼라량이고 힘과 변위는 벡터양이다. 두 벡터양인 힘과 변위를 곱하여 스칼라량인 일이 정의된다. 두 벡터를 곱하여 스칼라가 되게 하는 곱은 5장에서 배운 것처럼 (5.8)식으로 정의된 스칼라곱이며 스칼라곱을 식으로 쓰면

$$W=\vec{F}\cdot\vec{d}=Fd\cos\theta=F_x d_x+F_y d_y+F_z d_z \tag{16.1}$$

이 된다. 이 식이 물체에 작용한 힘과 물체가 이동한 변위로부터 일을 정의한 식으로,

θ는 힘의 방향과 변위 방향 사이의 사잇각인데, 그림 16.1에 나온 경우에는 $\theta=0$이다.

일을 정의한 (16.1)식에서 알 수 있는 것처럼, 물리에서는 일에 대해 말할 때 물체 A가 물체 B에 힘을 작용하며 물체 B를 이동하게 하면 물체 A는 물체 B에게 작용한 힘에 이동한 변위를 스칼라곱한 양만큼 일을 한 것이라고 한다. 그래서 한 물체가 다른 물체에 일을 하기 위해서는 두 가지 요소가 필요하다. 하나는 힘을 작용하는 것이고 다른 하나는 대상 물체를 이동시키는 것이다.

그리고 (16.1)식에 나오는 $\cos\theta$는 물체에 작용한 힘의 방향과 물체가 이동한 변위 방향 사이의 사잇각에 대한 코사인 값이다. 이 코사인 값에 따라 일은 0보다 클 수도 있고 0일 수도 있고 0보다 작을 수도 있다. 물체가 이동한 변위의 방향과 물체에 작용한 힘의 방향 사이의 사잇각이 90°보다 작으면 코사인 값이 0보다 크고 90°보다 크면 코사인 값이 0보다 작다. 그러므로 쉽게 말하면 힘을 작용한 방향으로 물체가 이동하였으면 일은 0보다 크고 힘을 작용한 방향과 물체가 이동한 방향이 반대 반향이면 일은 0보다 작다. 그리고 물체에 작용한 힘의 방향과 물체가 이동한 변위의 방향이 서로 수직이면 $\cos 90° = 0$ 이기 때문에 물체에 해준 일이 0이다.

그림 16.1에서는 힘의 방향과 변위의 방향이 동일하여 사잇각이 0°이다. 이 경우에는 $\cos 0° = 1$ 이므로 사람이 물체에 한 일은 $W=+Fd$이다. 상자를 밀고 간 사람이 상자에 0보다 더 큰 일을 해 주었다. 이처럼 일에 대해 이야기할 때도, 힘을 이야기할 때 물체 A가 물체 B에 힘을 작용한다고 이야기하는 것과 같이, 물체 A가 물체 B에 일을 한다고 말하는 것이 좋다. 그런데 일이 0보다 크면 물체 A가 물체 B에 일을 준 것이고 일이 0보다 작으면 물체 A가 물체 B로부터 일을 받은 것이라고 이해하여도 좋다.

이번에는 그림 16.1의 아래쪽 그림을 보자. 아래쪽 그림에서는 사람이 왼쪽에서 상자를 힘 F로 밀고 곧 손을 놓은 다음 상자가 사람으로부터는 힘을 받지 않고 미끄러지며 움직이고 있다. 이렇게 상자가 미끄러지며 움직이고 있는 동안 사람은 상자에 일을 한 것이 아니다. 일을 하려면 계속하여 힘이 작용하고 있어야만 한다.

이와 같이 물리에서 한 물체가 다른 물체에 일을 하였다고 말하려면 꼭 힘을 계속해서 작용하고 힘을 받는 물체가 이동하여야만 한다. 그리고 물체에 작용한 힘의 방향과 물체가 이동한 변위의 방향이 서로 수직이지 않아야 한다. 그래야만 한 일이 0이 아니다.

일을 정의한 (16.1)식은 물체가 이동하는 동안 물체에 작용한 힘이 바뀌지 않고 일정할 때만 옳은 식이다. 만일 물체가 이동하는 동안 힘의 크기나 방향이 바뀌고 있었다

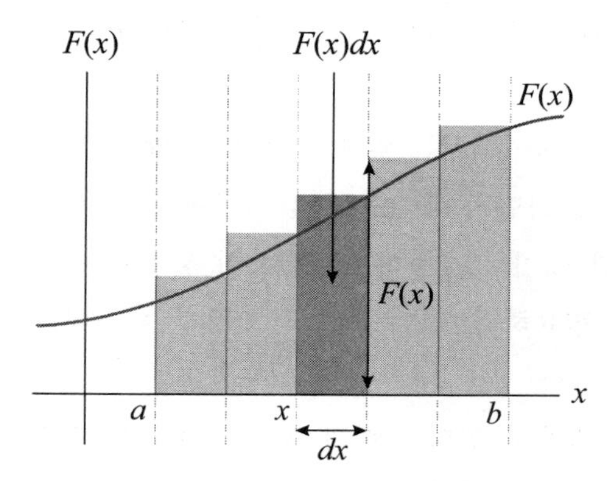

그림 16.2 크기가 위치에 의존하는 힘이 한 일

면 더 이상 (16.1)식으로 일을 계산할 수가 없다. 예를 들어 그림 16.2에 그려놓은 그래프에 보인 것과 같이 힘을 받는 물체가 x축을 따라서 $x=a$로부터 $x=b$까지 이동하는 동안 물체가 받은 힘이 $F(x)$처럼 바뀌었다고 할 때, 이 힘이 한 일을 어떻게 구하면 좋을지 생각해보자. 우선 그림 16.2에 보인 것처럼, 이동한 구간을 아주 짧은 변위를 나타내는 간격들로 나눈다. 이렇게 나눈 짧은 변위 dx동안에는 힘이 거의 바뀌지가 않고 위치가 x일 때 작용한 힘은 $F(x)$이었다고 할 수 있다. 그러면 바뀌지 않는 힘이 한 일에 대한 식을 이용할 수 있으므로, 물체가 이 짧은 변위 dx만큼 이동하는 동안 물체가 받은 약간의 일 dW는 (16.1)식을 이용하여 힘 곱하기 변위로

$$dW = F(x)\,dx \tag{16.2}$$

라고 쓸 수 있다. 여기서 일을 dW라고 표현한 이유는 물체가 dx라는 짧은 구간 동안 받은 약간의 일이기 때문이다. 이렇게 짧은 구간마다 한 일을 모두 더하면 물체가 $x=a$로부터 출발하여 $x=b$에 도달할 때까지 받은 전체 일이 된다. 이렇게 더하는 것이 바로 적분의 의미이다. 그래서 그림 16.2에 보인 경우와 같이 위치에 따라 바뀌는 힘 $F(x)$를 받으며 움직인 물체가 받은 일을

$$W = \int_a^b F(x)\,dx \tag{16.3}$$

와 같이 표현하면 좋다. 이 식은 물체가 x방향으로 직선운동을 하는 경우에만 성립한다. 일반적으로 물체에 작용하는 힘이 물체의 위치벡터 $\vec{r}$에 의존하며 물체가 처음에는 위치벡터가 $\vec{r}=\vec{a}$인 곳에서 출발하여 위치벡터가 $\vec{r}=\vec{b}$인 곳까지 도달하는 동안 물체가 받은 일은

$$W = \int_{\vec{a}}^{\vec{b}} \vec{F}(\vec{r}) \cdot d\vec{r} \tag{16.4}$$

이라고 표현되며 이 적분은 물체가 이동한 경로에 따라 수행되는 선적분이다.

예제 1 어떤 물체가 받는 힘이 $\vec{F}(\vec{r}) = a\vec{r}$과 같이 표현된다고 하자.

(a) 물체가 이 힘을 받으면서 원점으로부터 x축을 따라 $\vec{r}_1 = b\,\mathbf{i}$까지 이동한 뒤에 다시 $x = b$인 선을 따라 이동하여 $\vec{r}\,' = b\,\mathbf{i} + c\,\mathbf{j}$까지 이동하는 동안 물체가 받은 일을 구하라.

(b) 물체가 이 힘을 받으면서 원점으로부터 $y = cx/b$인 선을 따라 $\vec{r}\,' = b\,\mathbf{i} + c\,\mathbf{j}$까지 이동하는 동안 물체가 받은 일을 구하라.

힘 $\vec{F}(\vec{r}) = a\vec{r}$과 변위 $d\vec{r}$을 직교좌표계로 표현하면

$$\vec{F}(\vec{r}) = a\vec{r} = a(x\,\mathbf{i} + y\,\mathbf{j} + z\,\mathbf{k}),\quad d\vec{r} = \mathbf{i}dx + \mathbf{j}dy + \mathbf{k}dz$$

이다. 그러므로 (16.3)식의 적분에 나오는 피적분 함수를

$$\vec{F}(\vec{r}) \cdot d\vec{r} = a(x\,dx + y\,dy + z\,dz)$$

라고 쓸 수 있다. 그러므로 (a)에서 구하는 일 W_1를 계산하면

$$W_1 = \int_0^b ax\,dx + \int_0^c ay\,dy = \frac{1}{2}ab^2 + \frac{1}{2}ac^2 = \frac{1}{2}a(b^2 + c^2)$$

이 된다. 여기서 물체가 xy평면에서 이동하므로 $z = 0$임을 이용하였고, 두 번째 변의 첫 번째 항에서는 물체가 $y = 0$인 x축을 따라 이동하므로 $dy = 0$임을 고려하였고 두 번째 항에서는 물체가 $x = b$인 y축에 평행한 선을 다라 이동하므로 $dx = 0$임을 고려하였다. 다음으로 (b)에서 구하는 일 W_2를 계산하기 위해서

$$\vec{F}(\vec{r}) \cdot d\vec{r} = a(x\,dx + y\,dy + z\,dz) = ax\,dx + a\frac{c}{b}x\frac{c}{b}dx = a\left(1 + \frac{c^2}{b^2}\right)x\,dx$$

라고 쓰자. 여기서는 $z = 0$과 함께 두 번째 항의 y와 dy에 물체가 이동하는 경로의 방정식을 이용하여

$$y = \frac{c}{b}x, \qquad dy = \frac{c}{b}dx$$

를 대입하였다. 그러면 일을 계산하는 적분은

$$W_2 = \int_0^b a\left(1 + \frac{c^2}{b^2}\right)x\,dx = a\left(1 + \frac{c^2}{b^2}\right)\frac{b^2}{2} = \frac{1}{2}\,a(b^2 + c^2)$$

와 같이 된다. 두 결과인 W_1과 W_2는 동일하게 나왔다. 이 예제에서 주어진 힘의 경우에는 출발점과 도착점만 같으면 물체가 받은 일은 경로가 달라도 동일하다는 결과를 얻었다. 모든 힘에서 항상 이러한 결과가 나오는 것은 아니다. 이렇게 물체에 작용한 힘 중에서 물체가 받은 일이 물체가 이동한 경로에 의존하지 않는 경우는 특별하게 취급되며 그러한 힘을 보존력이라고 부른다.

이제 한 물체가 다른 물체에 힘을 작용하면서 그 물체를 이동시키면 힘을 가한 물체가 힘을 받은 물체에 일을 해준다는 의미도 갖는다는 것을 알았다. 이것은 다시 말하면 힘이란 한 물체에서 다른 물체에 일을 해주는 방편 중의 하나임을 의미한다고 할 수 있다. 그러면 한 물체가 다른 물체에 일을 하였다면 두 물체에는 어떤 변화가 일어나는 것일까? 여기서 에너지라는 물리량이 필요하다. 물체가 일을 받으면 그 물체가 갖고 있는 에너지가 증가한다. 그러면 물체의 에너지가 증가한다면 도대체 물체의 무엇이 증가한다는 말인가? 물체의 에너지가 증가하면 그 물체는 다른 물체에 일을 해줄 능력을 증가한 에너지만큼 더 갖게 된다. 그래서 고등학교에서는 에너지를 정의할 때 일을 할 수 있는 능력이 에너지라고 말한다.

이처럼 어떤 물체가 다른 물체에 일을 해줄 능력을 지니고 있을 때 그 능력을 에너지라고 부르는데, 에너지는 어떤 방법으로 물체가 일을 할 능력을 갖게 되느냐에 따라 아주 여러 가지 형태로 존재한다. 그래서 에너지 앞에는 꼭 수식어가 붙어있다. 우리가 흔히 듣는 운동에너지, 퍼텐셜에너지, 열에너지, 화학에너지, 전기에너지 이런 식으로 앞에 무슨 수식어가 한 가지씩 붙어 있는 것이다.

일을 받은 물체의 경우에는 그 물체의 에너지가 증가한다. 그렇다면 이번에는 다른 물체에 일을 한 물체의 경우는 어떤가? 일을 한 물체에는 어떤 변화가 생기는가? 다른 물체에 일을 해준 물체의 경우에는 그 물체가 지니고 있는 에너지가 감소한다. 그래서 다른 물체에 일을 해준 원래 물체는 다른 물체에 해준 일보다 더 큰 에너지를 가지고 있어야만 다른 물체에 그만큼의 일을 해 줄 수 있다.

정리하면 에너지와 일이라는 물리량이 있는데, 일이란 한 물체에서 다른 물체로 에너지를 이동시키는 형태 중의 하나이다. 여기서 한 물체에서 다른 물체로 에너지를 이동시키는데 꼭 일의 형태로만 이동시켜야 하는 것은 아니다. 앞으로 공부하겠지만, 다른 형태로 에너지를 이동시킬 수도 있다. 일이란 힘을 작용하여 물체를 이동시키는 방법으로 에너지를 이동시키는 것을 일컫는다.

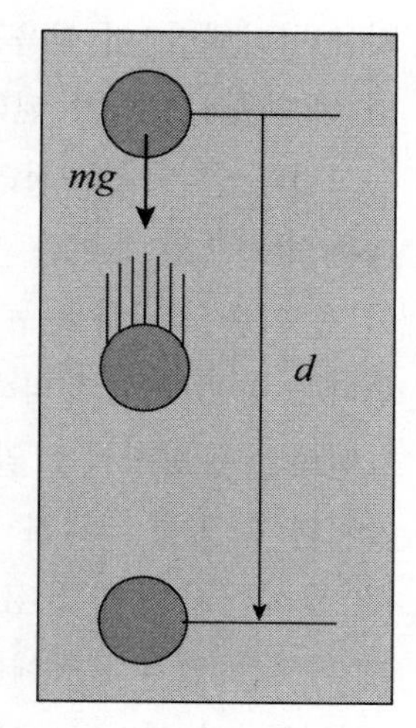

그림 16.3 중력을 받고 떨어지는 공

이제 물체가 일을 받으면 그 일이 어떻게 물체의 에너지로 보관되는지에 대한 한 가지 예를 보자. 그림 16.3에는 질량이 m인 공을 가만히 놓았을 때 공이 떨어지는 모습을 그려 놓았다. 공기의 저항을 무시하면 공에는 지구가 잡아당기는 중력만 작용한다. 질량이 m인 공에 작용하는 중력은 크기가 mg이고 연직 아래쪽을 향한다. 공에는 지구가 공을 잡아당기는 중력만 작용하니까 지구가 이 중력을 통하여 공에게 한 일을 계산하자. 공이 변위 d만큼 떨어지는 동안 지구가 공에 한 일 W는, 중력의 방향과 변위의 방향이 같고 공이 떨어지는 동안 중력의 크기가 바뀌지 않으므로, 중력과 변위를 곱하여

$$W = +mgd \tag{16.5}$$

이다. 이 일을 받으면서 공은 점점 더 빨리 떨어진다. 그러므로 공의 운동에너지가 증가한다. 다시 말하면 공이 중력을 통하여 받은 일은 공의 운동에너지로 보관된다.

물체가 일을 받으면 그 일이 항상 운동에너지로 보관되는 것은 아니다. 그런데 꼭 운동에너지로 보관되어야만 하는 경우를 미리 알 수도 있다. 그것은 물체가 받는 합력이 0이 아닐 때이다. 물체가 여러 개의 힘을 받으면서 이동하면 각 힘이 한 일을 따로 따로 계산할 수 있다. 이렇게 각 힘이 한 일을 따로 따로 계산하여 모두 더한 것은 힘을 미리 더한 다음 합력이 한 일을 계산한 것과 같다. 이 때 합력이 한 일은 항상 운동에너지로 보관된다. 다시 말하면 물체에 작용한 합력이 물체에 한 일만큼 물체의 운동에너지가 바뀐다. 이것을 일－에너지 정리라고 부르고 식으로 표현하면

$$W = \Delta K = K_2 - K_1 \tag{16.6}$$

라고 쓴다. 이 식에서 W는 물체가 힘을 받으며 처음 위치에서 나중 위치로 이동하는 동안 이 힘을 통하여 물체에 한 일이고 K는 운동에너지를 나타내는 문자인데 $\Delta K = K_2 - K_1$은 나중 위치에서의 운동에너지에서 처음 위치에서의 운동에너지를 뺀

것을 나타낸다. 이 식을 말로 하면 합력을 통하여 물체에 한 일은 그 물체의 운동에너지 변화량과 같다가 된다.

그런데 일-에너지 정리가 실제로는 새로운 자연법칙이 아니다. 뉴턴의 운동방정식을 다른 방법으로 표현한 것에 불과함을 곧 알게 될 것이다. 일-에너지 정리에서도 합력이 한 일을 생각하고 뉴턴의 운동방정식을 적용할 때도 물체에 작용하는 합력을 이용한다는 점을 특히 유의해야 한다. 그리고 일과 운동에너지라는 물리량을 도입함으로써 뉴턴의 운동방정식을 일-에너지 정리라는 훨씬 더 편리한 형태로 표현할 수 있게 된 것이다. 특별히 편리한 이유 중에 하나는 뉴턴의 운동방정식은 벡터 방정식인데 비하여 일-에너지 정리를 표현한 (16.6)식은 스칼라 방정식이라는데 있다. 일-에너지 정리에 나오는 일과 운동에너지는 모두 스칼라양이다.

일-에너지 정리가 새로운 법칙이 아니라 뉴턴의 운동방정식을 다른 형태로 표현한 것에 불과하다는 말은 일-에너지 정리가 뉴턴의 운동방정식으로부터 유도되는 정리임을 의미한다. 이제 일-에너지 정리가 뉴턴의 운동방정식으로부터 어떻게 유도되는지 보자. 뉴턴의 운동방정식의 양변에 $d\vec{r}$을 스칼라곱한 것을

$$\vec{F}(\vec{r})\cdot d\vec{r}=m\vec{a}\cdot d\vec{r}=m\frac{d\vec{v}}{dt}\cdot d\vec{r}=m\,d\vec{v}\cdot\frac{d\vec{r}}{dt}=m\vec{v}\cdot d\vec{v}=mv\,dv \qquad (16.7)$$

라고 쓸 수 있다. 이 식의 세 번째 등식에서는 $d\vec{v}$의 밑에 위치한 분모에 나온 dt를 $d\vec{r}$의 밑에 위치한 분모로 이동하였을 뿐이다. 그리고 (16.7)식의 맨 우변은

$$v^2=\vec{v}\cdot\vec{v} \qquad (16.8)$$

이기 때문에 양변의 미분을 취하면

$$d(v^2)=2v\,dv=d(\vec{v}\cdot\vec{v})=(d\vec{v})\cdot\vec{v}+\vec{v}\cdot(d\vec{v})=2\vec{v}\cdot(d\vec{v}) \qquad (16.9)$$

임을 이용하여 얻었다.

이제 (16.7)식을 풀기 위해 양변을 적분하자. 양변을 적분한 결과를 등식으로 만들려면, 9장에서 자세히 논의하였던 것처럼, 정적분을 하여야 하는데 (16.7)식에서 가장 왼쪽 변의 적분은 $\vec{r}$에 대한 적분이고 가장 오른쪽 변의 적분은 v에 대한 적분이 된다. 이렇게 서로 다른 변수를 적분하는 경우 양변이 같도록 만들려면 적분 구간이 서로 관련이 있어야 한다. 그래서 위치벡터가 $\vec{r}_1$인 곳에 물체가 있을 때 물체의 속력을 v_1

이라 하고 위치벡터가 $\vec{r}_2$인 곳에 물체가 있을 때 물체의 속력을 v_2라 하면 (16.7)식을 적분한 결과는

$$\int_{\vec{r}_1}^{\vec{r}_2} \vec{F}(\vec{r}) \cdot d\vec{r} = \int_{v_1}^{v_2} mv\,dv = \frac{1}{2}\,m\,v_2^2 - \frac{1}{2}\,m\,v_1^2 = K_2 - K_1 = \Delta K \qquad (16.10)$$

라고 쓸 수 있다. 이 식의 좌변은 바로 물체가 $\vec{F}(\vec{r})$인 힘을 받으며 $\vec{r}_1$으로부터 $\vec{r}_2$인 곳까지 이동하는 동안 받은 일이다. 그리고 우변은 물체가 그렇게 이동하는 동안 물체의 운동에너지가 변화한 양이다. 그러므로 (16.10)식은 (16.6)식과 동일한 바로 일-에너지 정리를 말해준다.

우리는 (16.10)식을 구하기 위해 단순히 뉴턴의 운동방정식을 한번 적분하였을 뿐이다. 그러므로 이 식은 뉴턴의 운동방정식과 똑같은 내용이라고 말할 수 있다. 그리고 이 식으로부터 운동에너지가 정의되었다고 말할 수 있다. 다시 말하면, (16.10)식을 유도하면서 특별히

$$K = \frac{1}{2}\,mv^2 \qquad (16.11)$$

를 운동에너지라고 부르게 되었다는 의미이다. 그래서 질량이 m인 물체가 속력 v로 움직이면 움직이는 방향과는 아무런 관계없이 무조건 운동에너지 K는 (16.11)식으로 주어진다. (16.11)식으로 주어진 운동에너지에 대한 표현은 사실 우리가 늘 이용하던 것인데, 이제 우리는 운동에너지를 왜 이렇게 표현하게 되었는지 알았다. 예를 들어 운동에너지 앞에는 왜 하필 1/2이 붙었는지, 또 운동에너지는 왜 속력의 제곱에 비례하게 만들었는지 그런 이유를 알게 되었다.

일-에너지 정리에서 분명하듯이 만일 합력을 통하여 한 일이 0보다 크면 운동에너지는 증가하고 0보다 작으면 운동에너지는 감소한다. 이것은 사실 뉴턴의 운동방정식을 푼 결과와 정확히 일치한다. 물체에 작용하는 합력은 $F = ma$에 의해 물체의 속도를 바꾼다. 만일 힘이 물체가 움직이는 방향 즉 속도의 방향과 동일한 방향으로 작용한다면 물체에 생기는 가속도의 방향이 속도의 방향과 동일하게 생기기 때문에 물체는 점점 더 빨리 움직이게 된다. 그래서 운동에너지가 증가한다. 그러나 만일 물체에 작용하는 힘의 방향이 물체가 원래 움직이는 속도의 방향과 반대 방향으로 작용한다면 속도는 점점 더 느려진다. 그래서 운동에너지가 감소한다. 그리고 만일 물체에 작용하는 힘의 방향이 물체가 원래 움직이는 속도의 방향과 수직이면, 그 힘은 물체가 움직이는

속도의 방향만 바꿀 뿐이지 속도의 크기를 바꾸지는 못한다. 그래서 운동에너지는 변화하지 않는다. 이 경우에는 힘과 물체가 움직인 방향이 수직이므로 물체에 한 일도 0이다. 그러므로 물체의 운동에너지에도 변화가 없다. 이것이 바로 일－에너지 정리가 말하는 내용이며, 일-에너지 정리는 뉴턴의 운동 방정식과 똑같은 법칙인 것이다. 그래서 일-에너지 정리에는 다른 사람의 이름이 붙어있지도 않다.

예제 2 그림과 같이 마찰이 없는 빗면에 질량이 m인 물체가 정지 상태로부터 미끄러져 내려온다. 물체가 바닥에 도달한 순간에 물체의 운동에너지를 구하라.

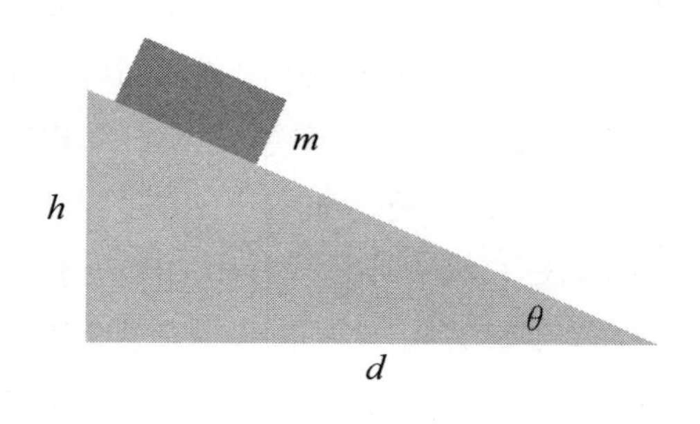

물체와 빗면 사이에 마찰이 작용하지 않으므로 물체에 작용하는 힘은 중력과 수직항력 두 가지 뿐이다. 그런데 물체가 미끄러져 내려오는 동안 수직항력의 방향과 물체의 이동방향은 항상 수직이므로 수직항력에 의해 물체가 받는 일은 0이다.

물체가 꼭대기에서 바닥까지 움직이는 동안 중력이 작용하여 물체가 받은 일 W는 l을 빗면의 길이라고 할 때 $W = mg\,l\sin\theta = mgh$이다. 따라서 일-에너지 정리에 의해 바닥에서 물체의 운동에너지는 mgh가 된다.

17. 퍼텐셜에너지와 보존력

- 차교수는 위치에너지란 용어가 그 에너지를 잘못 이해하게 만든다고 주장한다. 그래서 위치에너지 대신에 퍼텐셜에너지라고 부르자고 제안한다. 퍼텐셜에너지란 무엇인가?
- 퍼텐셜에너지의 절댓값이 얼마인지는 중요하지 않다. 어떤 기준점과 비교하여 퍼텐셜에너지의 차이가 얼마인지가 중요하다. 퍼텐셜에너지의 기준점은 어떻게 정하는가?
- 힘은 힘의 법칙으로 주어진다. 퍼텐셜에너지는 힘의 법칙을 말해주는 역할을 한다. 힘과 퍼텐셜에너지 사이에는 어떤 관계가 있는가?

우리는 흔히 물체를 위로 들어 올리면 그 물체의 위치에너지가 증가한다고 말하는 것을 들어본 경험이 있다. 그래서 마치 물체의 속력에 의해 그 물체가 지닌 운동에너지가 정해지듯이 물체의 높이에 의해 그 물체가 지닌 위치에너지라 불리는 어떤 에너지가 정해지는 모양이라고 생각하기 쉽다. 그러나 위치에너지란 물체가 가지고 있는 에너지가 아니다. 그리고 위치에너지란 영어로 potential energy라고 부르는 것을 번역한 용어인데 potential이라는 영어 단어는 위치란 의미를 가지고 있지 않다. 그런 이유에서 위치에너지라고 부르는 것을 퍼텐셜에너지라고 부르는 책이 많아지고 있다. 나도 퍼텐셜에너지라는 용어를 사용하는 것이 좋다고 생각한다.

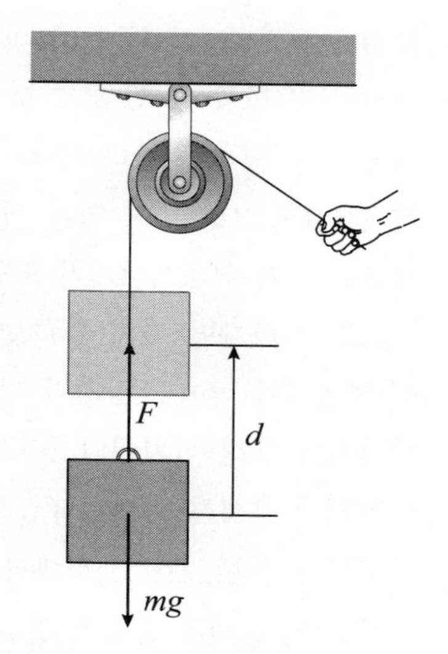

그림 17.1 퍼텐셜에너지의 이해

퍼텐셜에너지를 제대로 이해하기 위해서 그림 17.1에 보인 것처럼 위로 천천히 들어 올리는 상자를 생각하자. 여기서 천천히 들어 올린다고 하는 말은 상자가 등속도 운동을 하도록 들어 올린다는 의미이다. 그림 17.1에서 상자에 작용하는 힘은 두 가지이다. 하나는 지구가 상자를 연직 아래방향으로 잡아당기는 중력 mg이고 다른 하나는 내가 줄을 통하여 연직 위 방향으로 들어 올리는 힘 F이다. 상자가 등속도 운동을 하며 위로 올라가려면 상자에 작용하는 합력이 0이어야 한다. 그러므로 내가 들어 올리는 힘의 크기 F는 중력의 크기 mg와 같고 이 두 힘의 방향은 정 반대이다.

이제 16장에서 배운 일의 정의를 상자에 작용된 두 힘에 적용해 두 힘에 의해 상자에 한 일을 구해보자. 상자가 변위 d만큼 위로 올라갔을 때까지 내가 힘 F를 통하여 상자에 한 일 W_F는 상자에 작용한 힘의 방향과 상자가 이동한 변위의 방향이 같으므로

$$W_F = Fd = +mgd > 0 \qquad (17.1)$$

이다. 내가 상자에 0보다 더 큰 일을 해 주었으므로 내가 상자에 한 일만 생각하면 일-에너지 정리에 의해 상자의 에너지는 증가해 있을 것이다. 그런데 상자가 등속도로 움직이고 있으므로 적어도 상자의 운동에너지는 증가하지 않았다. 내가 상자에 해 준 일은 어떻게 되었을까?

상자에는 내가 들어 올린 힘 이외에도 지구가 잡아당기는 중력이 작용하고 있다. 지구가 중력을 통해 상자에 한 일은 얼마일까? 상자가 이동한 변위의 방향과 중력의 방향이 정 반대이므로 지구가 상자에 한 일 W_{mg}은

$$W_{mg} = -mgd < 0 \qquad (17.2)$$

로 0보다 작다. 이 일이 0보다 작으므로 지구는 중력을 통하여 상자의 에너지를 빼앗아 갔다고 말할 수 있다. 그런데 지구가 상자로부터 빼앗아 간 일의 양은 내가 상자에 해준 일의 양과 똑같다. 그러므로 내가 상자에 해 준 일을 상자는 고스란히 빼앗겨버린 것이다. 그러면 이 일은 어디로 갔을까? 고등학교에서 물리를 공부한 기억이 나는 사람은 그거 위치에너지가 되었다던데 라고 말할지도 모르겠다. 물체가 지상에서 높은 곳으로 올라가면 위치에너지가 증가한다고 배운다. 그렇지만 앞에서 강조한 것처럼, 이 에너지가 적어도 상자가 지닌 에너지는 아님을 알게 되었을 것이다. 이렇게 빼앗긴 에너지는 흔히 위치에너지라고 불리는 퍼텐셜에너지가 되었다. 이제 퍼텐셜에너지가 무엇인지 자세히 살펴보자.

운동에너지는 (16.11)식에서 알 수 있듯이 물체의 질량 m과 속력 v로 결정되며 그래서 어떤 물체든 물체의 질량과 속력만 알면 그 물체의 운동에너지가 얼마인지 안다. 그런데 퍼텐셜에너지는 좀 다르다. 우선 퍼텐셜에너지를 제대로 말하려면 그 앞에 수

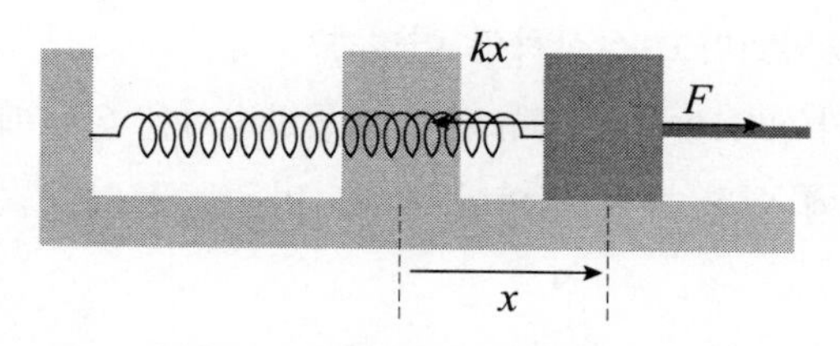

그림 17.2 퍼텐셜에너지의 이해

식어가 붙어야 한다. 예를 들어 중력 퍼텐셜에너지, 탄성력 퍼텐셜에너지, 전기력 퍼텐셜에너지 등으로 앞에 수식어가 붙고 이렇게 다른 수식어가 붙는 퍼텐셜에너지는 서로 다른 방법으로 정해진다.

퍼텐셜에너지는 어디에 저장되는지를 이해하기 위해 이번에는 그림 17.2에 보인 것과 같이 스프링에 연결된 상자의 경우를 생각하자. 상자와 바닥 면 사이에 마찰은 없다고 가정한다. 내가 힘 F를 작용하면서 상자를 천천히 오른쪽으로 잡아당겨서 상자가 오른쪽으로 이동하고 있다고 하면 나는 상자에 작용한 힘 F를 통하여 상자에 일을 한다. 그러나 상자에는 내가 작용하는 힘 외에도 스프링이 왼쪽으로 잡아당기는 힘인 탄성력이 작용하고 있다. 이 힘은 상자가 이동한 방향과 반대방향으로 작용하기 때문에 스프링이 잡아당기는 탄성력을 통하여 한 상자에 한 일은 0보다 작다.

그런데 상자가 등속도로 움직인다면 내가 오른쪽으로 잡아당기는 힘의 크기와 스프링이 왼쪽으로 잡아당기는 탄성력의 크기는 같을 것이므로 내가 상자에 한 일과 스프링이 상자로부터 빼앗아 간 일의 크기는 같다. 스프링이 이렇게 빼앗아 간 일은 어떻게 되었을까? 늘어난 스프링에 저장되었다고 생각하면 좋을 것 같다. 정말로 이 일은 늘어난 스프링에 퍼텐셜에너지의 형태로 저장되어 있다. 그리고 만일 오른쪽으로 잡아당겼던 상자를 가만히 놓는다면 상자는 다시 왼쪽으로 이동하면서 스프링의 길이는 줄어들고 스프링에 저장된 퍼텐셜에너지가 감소하면서 그렇게 감소한 에너지는 상자의 운동에너지로 바뀐다.

스프링 대신에 그림 17.1에서와 같이 중력이 작용하는 경우도 마찬가지로 설명할 수가 있다. 그런데 지구가 상자를 잡아당기는 경우에는 스프링과 같이 눈에 보이는 것이 없으므로 중력이 한 0보다 작은 일 즉 중력에 의해 상자로부터 빼앗아 온 일이 어디에 저장되는지 구체적으로 보기가 어렵다. 그래서 중력이란 상자와 지구 중심사이에 보이지 않는 스프링과 같은 것이 연결되어서 작용하는 것이라고 상상하면 어떨까? 그러면 상자를 들어 올리면서 내가 상자에 해 준 일은 바로 이 눈에 보이지 않는 스프링이 늘어나면서 그곳에 저장되었다고 상상하면 어떨까?

우리는 지난 16장의 (16.10)식에서 뉴턴의 운동방정식을 일－에너지 정리로 바꾸는 과정에서 운동에너지에 대한 표현 방법이 정의되었음을 보았다. 그 식을 여기에 다시 쓰면

$$\int_{\vec{r}_1}^{\vec{r}_2} \vec{F}(\vec{r}) \cdot d\vec{r} = \frac{1}{2} m v_2^2 - \frac{1}{2} m v_1^2 = K_2 - K_1 \qquad (17.3)$$

이다. 16장에서 이 식의 $\vec{F}(\vec{r})$는 물체에 작용하는 모든 힘을 합한 합력을 대표한다. 그런데 여기서는 $\vec{F}(\vec{r})$가 물체에 작용하는 단 하나의 힘으로 그림 17.1에 보인 중력이거나 또는 그림 17.2에 보인 탄성력이라고 하자. 이런 힘들은 퍼텐셜에너지로 대표될 수 있고, 퍼텐셜에너지로 대표될 수 있는 힘을 특별히 보존력이라고 부른다. 어떤 힘이 보존력인지에 대해서는 나중에 다시 공부하게 되겠지만, 마찰력을 제외한 다른 힘들은 모두 보존력이라고 생각하면 아주 틀리지는 않는다. 마찰력은 대표적인 비보존력이다.

보존력 $\vec{F}(\vec{r})$에 대한 퍼텐셜에너지 $U(\vec{r})$를 다음과 같이

$$U(\vec{r}) = -\int_{\vec{r}_s}^{\vec{r}} \vec{F}(\vec{r}) \cdot d\vec{r} \qquad (17.4)$$

로 정의한다. 여기서 (17.4)식의 아래 적분 구간인 $\vec{r}_s$는 퍼텐셜에너지의 기준점이라고 부르는 위치를 가리키는 위치벡터로 퍼텐셜에너지의 기준점이란 퍼텐셜에너지가 0이라고 정한 점을 말한다. (17.4)식의 좌변 $U(\vec{r})$의 $\vec{r}$에 $\vec{r}_s$를 대입하면 우변의 위 적분 구간과 아래 적분 구간이 같아져서

$$U(\vec{r} = \vec{r}_s) = -\int_{\vec{r}_s}^{\vec{r}_s} \vec{F}(\vec{r}) \cdot d\vec{r} = 0 \qquad (17.5)$$

으므로 기준점 $\vec{r}_s$에서의 퍼텐셜에너지는 0임을 알 수 있다. 퍼텐셜에너지의 기준점은 앞으로 자세히 설명하겠지만 우리 마음대로 정할 수 있다. 마음대로 정할 수 있을 때는 가장 편리하게 정하는 것이 좋다.

퍼텐셜에너지의 정의식인 (17.4)식의 적분 앞에 마이너스 부호가 붙은 것을 유의하자. 그림 17.1이나 그림 17.2에서 상자를 이동시킬 때 내가 상자에 해준 일을 중력 또

는 탄성력이 빼앗아 갔고, 이렇게 빼앗아 간 것이 퍼텐셜에너지로 저장되었다. 그런데 내가 상자를 이동시킬 때 해준 일은 중력이나 탄성력과 같은 보존력의 방향과 반대 방향으로 상자를 이동시키면서 내가 작용하는 힘이 한 일이 퍼텐셜에너지로 저장되었음을 기억하면 (17.4)식에 마이너스 부호가 붙은 이유를 이해할 수 있다.

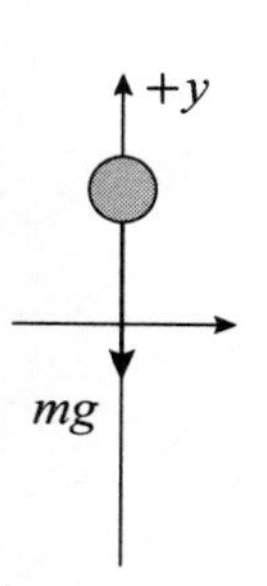

그림 17.3 중력을 기술하기 위한 좌표계

그러면 우리가 잘 알고 있는 몇 가지 보존력에 대한 퍼텐셜에너지가 어떻게 표현되는지 퍼텐셜에너지를 정의한 (17.4)식을 가지고 알아보자. 먼저 중력을 생각한다. 질량이 m인 물체에 작용하는 중력을 기술하기 위해 그림 17.3에 보인 것과 같이 좌표계를 정하면, 연직 위방향을 $+y$ 방향으로 정하였으므로, 중력을 표시하는 힘은

$$\vec{F}(\vec{r}) = -mg\ \mathbf{j} \tag{17.6}$$

가 된다. 이 힘을 (17.4)식에 대입하면 변위 $d\vec{r}$은 직교좌표계에서

$$d\vec{r} = \mathbf{i}dx + \mathbf{j}dy + \mathbf{k}dz \tag{17.7}$$

이므로 (17.6)식으로 주어진 힘에 대해

$$\vec{F}(\vec{r}) \cdot d\vec{r} = -mg\,dy \tag{17.8}$$

이 되고 따라서 중력 퍼텐셜에너지 $U(y)$는

$$U(y) = -\int_{y_s}^{y} (-mg)\,dy = mgy - mgy_s \tag{17.9}$$

임을 알 수 있다. 여기서 중력 퍼텐셜에너지는 y좌표에만 의존하므로 $U(\vec{r})$을 $U(y)$라고 표기하였다. 그리고 여기서 y_s는 중력 퍼텐셜에너지 $U(y)$를 0으로 정한 위치로 내 마음대로 고를 수 있다. 중력 퍼텐셜에너지에 대한 표현인 (17.9)식을 가만히 보면 만일 기준점을 $y_s = 0$ 라고 정하면 중력 퍼텐셜에너지가 아주 간단하게

$$U(y) = mgy \tag{17.10}$$

로 쓸 수 있음을 알 수 있다. 여기서 $y_s = 0$ 이라는 위치는 어디를 가리키는 것일까? 바로 내가 정한 좌표계의 원점이다. 그러면 좌표계의 원점은 어떻게 정하는가? 3장에

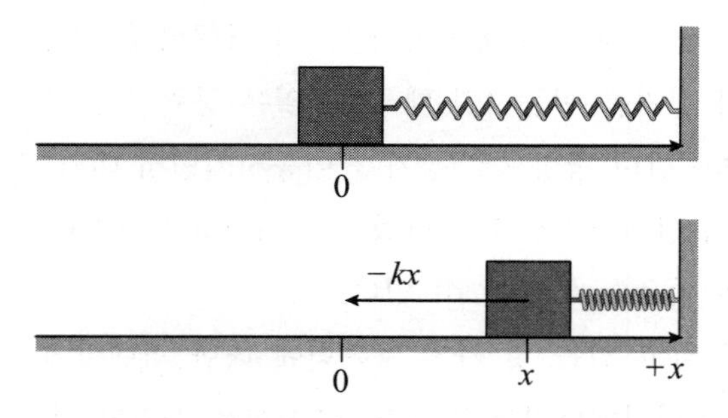

그림 17.4 탄성력을 기술하기 위한 좌표계

서 배운 것처럼, 좌표계도 내 마음대로 정할 수 있으므로, 가장 편리하게 정하는 것이 좋다. 그래서 중력 퍼텐셜에너지의 경우에는 아무 곳이나 좌표계의 원점을 정하고 그 곳을 퍼텐셜에너지의 기준점으로 정하면 된다.

다음으로 스프링에 연결된 물체에 작용하는 탄성력을 생각하자. 그림 17.4에 보인 것과 같이 물체가 움직이는 경로를 x축으로 정하고, 스프링이 늘어나지도 줄어들지도 않은 위치를 좌표계의 원점으로 정하자. 그러면 물체의 변위 x가 +방향일 때 탄성력 F는 −방향을 향하고, 변위 x가 −방향일 때 탄성력 F는 +방향을 향하므로, 물체에 작용하는 탄성력은 $\vec{F}(\vec{r})$는

$$\vec{F}(\vec{r}) = -kx\,\mathbf{i} \tag{17.11}$$

가 된다. 그러면 이번에도 (17.7)식을 이용하여

$$\vec{F}(\vec{r}) \cdot d\vec{r} = (-kx\,\mathbf{i}) \cdot (\,\mathbf{i}dx + \mathbf{j}dy + \mathbf{k}dz) = -kx\,dx \tag{17.12}$$

이므로 퍼텐셜에너지의 정의식인 (17.4)식을 이용하여 탄성력 퍼텐셜에너지는

$$U(x) = -\int_{x_s}^{x} (-kx)\,dx = \frac{1}{2}kx^2 - \frac{1}{2}kx_s^2 \tag{17.13}$$

가 된다. 여기서는 탄성력 퍼텐셜에너지가 좌표 x에만 의존한다는 점을 이용하여 탄성력 퍼텐셜에너지를 $U(x)$라고 표기하였다. 그리고 여기서는 탄성력 퍼텐셜에너지의 기준점을 $x_s = 0$으로 하면, (17.13)식의 우변의 둘째 항이 없어지고, 탄성력 퍼텐셜에너지에 대한 표현이 아주 간단하게

$$U(x) = \frac{1}{2}kx^2 \tag{17.14}$$

으로 되는 것을 알 수 있다. 이 기준점도 역시, 중력 퍼텐셜에너지의 기준점을 정할 때와 마찬가지로, 좌표계의 원점이다. 그러나 탄성력 퍼텐셜에너지의 경우에는 이 원점으로 아무 위치나 마음대로 정하는 것보다는 스프링이 늘어나지도 줄어들지도 않은 위치에 정하는 것이 더 좋다.

마지막으로 만유인력을 생각하자. 그림 17.5에 보인 것과 같이 좌표계를 정하면, 질량이 M인 물체에서 거리가 r인 곳에 위치한 질량이 m인 물체에 작용하는 만유인력을

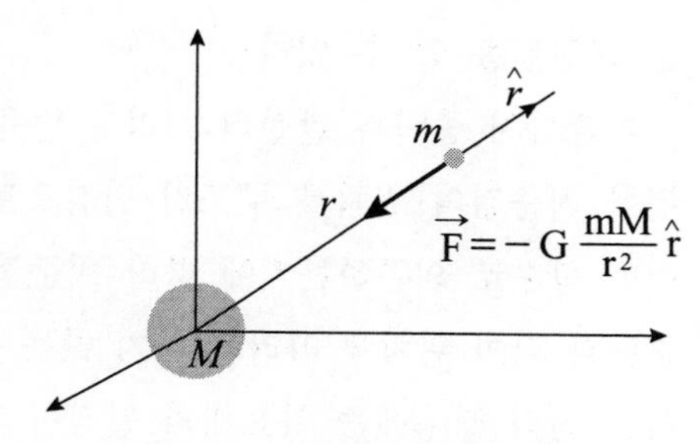

그림 17.5 만유인력을 기술하기 위한 좌표계

$$\vec{F}(\vec{r}) = -G\frac{Mm}{r^2}\hat{r} \tag{17.15}$$

라고 쓸 수 있다. (17.15)식의 우변에 나온 마이너스 부호는 만유인력이 $-\hat{r}$ 방향임을 나타낸다. 변위 $d\vec{r}$은 구면좌표계에서 표현하면

$$d\vec{r} = \hat{r}\,dr + \hat{\theta}r\,d\theta + \hat{\phi}r\sin\theta\,d\phi \tag{17.16}$$

이므로

$$\vec{F}(\vec{r})\cdot d\vec{r} = \left(-G\frac{Mm}{r^2}\hat{r}\right)\cdot(\hat{r}\,dr + \hat{\theta}r\,d\theta + \hat{\phi}r\sin\theta\,d\phi) = -G\frac{Mm}{r^2}dr \tag{17.17}$$

이 된다. 이제 퍼텐셜에너지를 정의한 (17.4)식에 (17.17)식을 대입하면 만유인력 퍼텐셜에너지 $U(r)$은

$$U(r) = -\int_{r_s}^{r}\left(-G\frac{Mm}{r^2}\right)dr = -G\frac{Mm}{r} + G\frac{Mm}{r_s} \tag{17.18}$$

이 된다. 여기서는 만유인력 퍼텐셜에너지가 r에만 의존하므로 $U(r)$이라고 표기하였다. 그러면 (17.18)식으로 주어진 만유인력 퍼텐셜에너지를 위한 기준점의 위치 r_s로는 어디가 적당할까? (17.18)식을 살펴보면 바로 알 수 있는 것처럼, $r_s = \infty$로 정하면 만유인력 퍼텐셜에너지가 아주 간단하게

$$U(r) = -G\frac{Mm}{r} \tag{17.19}$$

로 표현됨을 알 수 있다.

지금까지 중력과 탄성력 그리고 만유인력의 경우에 살펴본 것처럼, 퍼텐셜에너지를 위한 기준점의 위치를 무조건 원점으로 정하는 것이 아니라 보존력이 위치에 대하여 어떤 함수로 의존하는지에 따라 기준점의 위치를 각각 다르게 정하는 것이 편리하다. 중력과 같이 위치에 따라 변하지 않는 상수인 힘이나 또는 탄성력과 같이 변위에 비례하는 힘의 경우에는 좌표계의 원점이 퍼텐셜에너지의 기준점으로 편리하고, 만유인력과 같이 거리의 제곱에 반비례하는 힘의 경우에는 좌표계의 원점에서 무한히 멀리 떨어진 곳이 퍼텐셜에너지의 기준점으로 더 편리하다.

우리는 10장에서 힘에 대해 배울 때 힘은 종류에 따라 독자적인 힘의 법칙에 의해 지정된다는 점을 강조하였다. 중력에 대한 힘의 법칙이 바로 (17.6)식이고, 탄성력에 대한 힘의 법칙이 바로 후크의 법칙이라 불리는 (17.11)식이며, 만유인력에 대한 힘의 법칙이 바로 뉴턴의 만유인력 법칙이라 불리는 (17.15)식이다. 그리고 이들 세 힘이 보존력의 대표적인 예이다.

한편, 이들 보존력에 대한 퍼텐셜에너지도 특별한 식으로 표시된다. 중력 퍼텐셜에너지는 (17.10)식으로 표현되며, 탄성력 퍼텐셜에너지는 (17.14)식으로 표현되고, 만유인력 퍼텐셜에너지는 (17.19)식으로 표현된다. 그리고 이들 퍼텐셜에너지에 대한 표현은 바로 대응하는 보존력에 대한 힘의 법칙을 적분하여 구하였다. 그리고 다음 관계

$$\begin{aligned}
&\text{중 력}: \ U(y) = mgy && \rightarrow \ F(y) = -\frac{d}{dy}U(y) = -mg \\
&\text{탄 성 력}: \ U(x) = \frac{1}{2}kx^2 && \rightarrow \ F(x) = -\frac{d}{dx}U(x) = -kx \\
&\text{만유인력}: \ U(r) = -G\frac{Mm}{r} && \rightarrow \ F(r) = -\frac{d}{dr}U(r) = -G\frac{Mm}{r^2}
\end{aligned} \tag{17.20}$$

에서 알 수 있는 것처럼, 각 보존력은 그 보존력에 대응하는 퍼텐셜에너지를 거리에 대해 미분한 것의 마이너스로 주어진다. 그러므로 퍼텐셜에너지란 그 함수 형태가 바로 보존력의 힘의 법칙을 알려준다고 말할 수 있다. 좀 더 적절하게 표현한다면, 퍼텐셜에너지는 바로 그 퍼텐셜에너지에 대응하는 보존력에 대해 말해주는 것이나 마찬가지이다.

18. 열에너지와 에너지 보존법칙

- 우리는 17장에서 보존력을 퍼텐셜에너지로 표현할 수 있음을 알았다. 보존력이란 어떤 힘을 말하는가?
- 오랫동안 열현상은 물체의 운동을 기술하는 역학과는 무관한 현상으로 잘못 알고 있었다. 열에너지란 무엇을 말하는가?
- 우리는 에너지 보존법칙이라는 말을 자주 듣는다. 에너지 보존법칙이란 무엇을 말하는가?

지난 16장에서 우리는 물체에 작용한 합력을 통하여 그 물체가 받은 일은 물체의 운동에너지 증가로 나타난다는 일-에너지 정리를 공부하였다. 또한 17장에서는 중력이나 탄성력과 같이 보존력을 받고 있는 물체를 내가 그 보존력이 작용하는 방향과 반대 방향으로 물체를 이동시키면서 물체에 힘을 작용하였을 때를 예로 들어서 각 보존력에 대응하는 퍼텐셜에너지를 정의하였다. 내가 보존력에 거스르며 물체에 가한 힘을 통하여 물체에 한 일이 물체에 에너지로 보관되는 것이 아니라, 물체에 작용된 보존력을 통하여 물체에 한 일인 0보다 작은 일에 의해서 물체로부터 빼앗기고 그렇게 빼앗긴 일이 퍼텐셜에너지로 정의됨을 알았다.

그런데 이번에는 그림 18.1에 보인 것처럼, 16장의 그림 16.1에서 일을 정의하면서 설명한 상자를 밀 때 내가 상자에 한 일의 경우를 다시 살펴보자. 여기서도 역시 상자를 천천히 밀고 가지만 이번에는 상자와 마루 사이에 마찰이 존재한다고 하다. 그러면

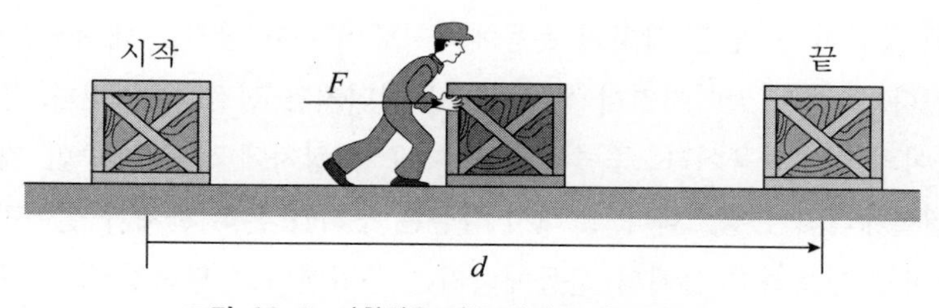

그림 18.1 마찰력을 받는 상자를 밀고 가는 경우

상자에 작용하는 힘으로는 내가 상자를 미는 힘 F와 마루가 상자에 작용하는 마찰력 f를 생각할 수 있다. 천천히 밀고 간다고 말하면 상자가 등속도 운동을 한다는 의미이며, 그러므로 상자가 받는 합력은 0이어서, 내가 상자를 미는 힘 F와 마찰력 f는 크기가 같고 방향이 반대임을 알 수 있다. 여기서 상자는 일정한 속도로 움직이고 있으므로 내가 상자에 해준 일이 상자의 운동에너지를 증가시키지 않는다. 그렇다고 이 경우는 17장의 그림 17.1에서 상자를 들어 올리는 경우와는 다르다. 상자를 들어 올리는 경우에는 상자를 가만히 놓으면 상자는 저절로 다시 떨어져 원래 위치로 돌아온다. 그러나 그림 18.1의 경우에는 상자를 밀고 가다가 가만히 놓으면 상자는 원래 자리로 돌아가는 것이 아니라 그 자리에 그대로 서 있게 된다.

그림 18.1의 경우에 상자에 작용하는 마찰력의 성질이 그림 17.1에 보인 중력이나 그림 17.2에 보인 탄성력의 성질과 다르기 때문에 마찰력에 의해 상자가 빼앗긴 일이 퍼텐셜에너지로 저장되지 않는다. 여기서 퍼텐셜에너지로 저장된다는 것은 물체를 가만히 놓으면 물체가 원래의 위치로 돌아가면서 빼앗긴 일이 물체의 에너지로 다시 회복된다는 의미이다. 그런데 마찰력의 경우에는 그런 일이 벌어지지 않는다. 중력이나 탄성력처럼 물체가 빼앗긴 일이 퍼텐셜에너지로 저장되었다가 다시 토해지게 만드는 힘을 보존력이라 하고 그렇게 만들지 않는 힘을 비보존력이라 한다. 마찰력은 비보존력의 대표적이며 거의 유일한 경우에 해당하는 힘이다.

그러면 물체가 마찰력에 의해 빼앗긴 일은 어디로 간 것일까? 우리는 흔히 이것이 열로 바뀐다고 말한다. 다시 말하면 마찰력이 한 일은 열에너지로 바뀐다고 한다. 두 손바닥을 맞대고 비벼보자. 한참 비비면 뜨뜻하게 느낀다. 아하, 우리는 손바닥과 손바닥 사이의 마찰력에 의해서 내가 손바닥을 비비며 한 일이 열에너지로 바뀌는 것을 느끼는 것인가 보다.

열에 대해서는 나중에 자세히 공부하게 되지만, 우선 열에너지가 무엇인지 알기 위해 그림 18.2를 보자. 이 그림은 지상에서 상자가 중력만을 받으며 떨어지는 경우를 보여주고 있다. 공중에서 떨어지고 있는 상자에는 중력만 작용한다. 그래서 일－에너지 정리에 의해 중력이 한 일은 상자의 운동에너지로 바뀌고 상자는 내려오면서 점점 더 빨리 떨어진다. 그래서 떨어지면서 상자의 운동에너지가 점점 더 커진다. 중력은 지구와 상자 사이의 상호작용이다. 중력에 의해 지구가 상자에 일을 해주면 지구와 상자 사이의 퍼텐셜에너지가 감소한다. 그래서 사실은 우리가 흔히 물체가 떨어지면 물체의 퍼텐셜에너지는 감소하고 물체의 운동에너지는 증가한다고 말하는데, 17장에서 이미 자세하게 배운 것처럼, 그 말에서 퍼텐셜에너지가 물체의 에너지는 아니라는 것을, 다시 말하면 물체가 가지고 있는 에너지는 아니라는 것을, 이해하여야 한다. 그런데 그림 18.2에서 상자가 지면에 닿았을 때를 생각해 보자. 상자가 지면에 닿아 정지하면 상자의 운동에너지는 갑자기 0이 된다. 이 운동에너지는 모두 어디로 간 것일까?

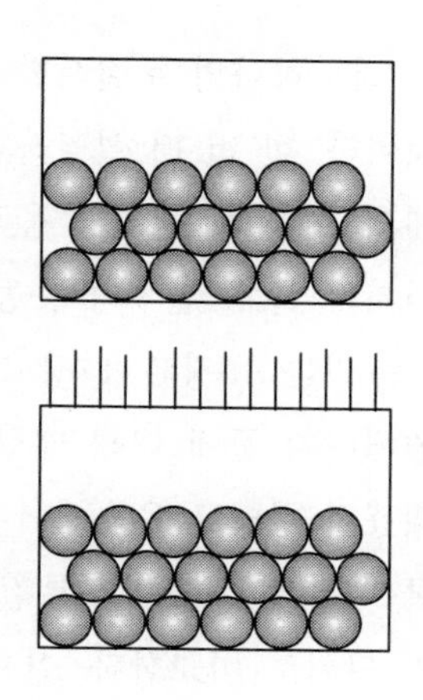

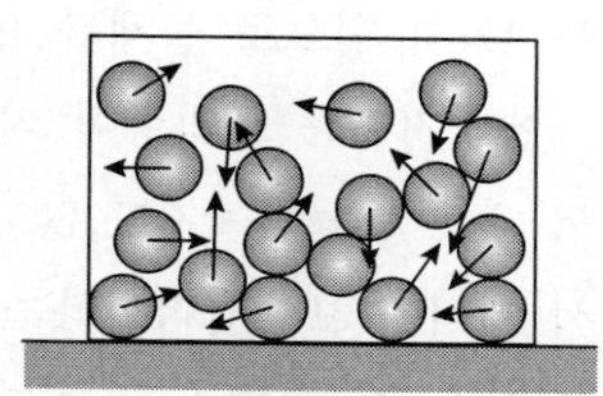

그림 18.2 열에너지의 이해

그림 18.2에 보인 것처럼, 상자는 질량을 무시할 수 있는 얇은 상자 껍질에 들어있는 수많은 구슬로 이루어져 있다고 상상하자. 그러면 상자의 질량은 이 구슬들의 질량의 합과 같다고 생각할 수 있다. 그리고 상자가 떨어진다고 하는 것은 구슬들이 모두 다 똑같은 속도로 떨어진다고 말하는 것과 같다고 볼 수 있다. 그리고 상자 전체의 운동에너지는 구슬 하나하나의 운동에너지를 모두 더한 것과 같다.

그런데 상자가 지면에 닿는 순간 어떤 일이 벌어질까? 그림 18.2에 보인 것처럼 상자가 지면에 닿은 직후에 상자 안에서 구슬들은 무질서하게 몸부림치면서 움직이게 된다. 구슬 하나하나는 모두 제멋대로 아무런 방향으로나 움직인다. 만일 우연하게도 구슬들이 모두 다 똑같은 방향으로 움직인다면 상자 전체가 그 방향으로 이동할 것이다. 그런데 지면에 닿은 뒤 구슬들은 비록 상자 안에서 무질서하게 움직이고 있지만 이들 운동을 모두 더한 상자 전체로는 안 움직이고 지면에 닿은 뒤 상자 자체는 정지해 있게 된다.

상자가 지면에 닿은 순간, 비록 상자는 정지하게 되더라도 상자를 구성하고 있는 구슬들은 무질서하고 격렬하게 움직이고 있다. 그리고 이렇게 움직이는 구슬 하나하나의 운동에너지를 모두 더하면 상자가 지면에 닿기 직전 상자 전체의 운동에너지와 정확히 같다. 이와 같이 상자 전체의 운동에너지가 지면에 닿은 직후에는 상자를 구성하는 구성입자들의 무질서한 운동에 의한 운동에너지로 바뀌었다고 생각할 수 있다.

이와 같이 수많은 입자들로 구성된 계에서 구성입자들의 무질서한 운동이 갖는 운동에너지의 합이 바로 열에너지이다. 비록 계에 속한 구성입자들은 격렬하게 움직이고 있지만 계 전체는 움직이지 않으므로 계 전체의 운동에너지는 0이다. 이처럼 구성입자들 하나하나의 무질서한 운동이 지닌 운동에너지는 계 전체의 운동에너지와 구별되는 것이다. 한 번 더 설명하면, 물체를 구성하는 입자들이 무질서하게 움직이는 운동에 의해서 그 물체 전체가 움직이게 되지는 않으며, 그래서 구성입자들의 무질서한 운동에너지는 물체 전체의 운동에너지에 기여하지 못한다.

우리는 16장과 17장 그리고 18장에 걸쳐서 일, 운동에너지, 퍼텐셜에너지, 그리고 열에너지 등에 대해 배웠다. 에너지는 여러 가지 형태로 존재하는데 에너지가 취하는 대표적 형태로 운동에너지와 퍼텐셜에너지 그리고 열에너지를 배운 것이다. 이들이 비록 이름은 다르지만 본질적으로 동일한 물리량이기 때문에 그 양을 비교할 때도 한 가지 단위로 비교한다. 실용 단위계에서 에너지와 일은 J(줄)이라는 단위로 측정된다. 1J은 1N의 힘으로 물체를 1m 이동시키는데 필요한 일을 말한다.

에너지라는 물리량이 기가 막히게 멋진 물리량인 이유는 에너지가 도무지 없던 데서 새로 만들어지지도 않고 절대로 없어지지도 않는 성질을 갖고 있기 때문이다. 그래서 에너지 보존법칙이라는 말을 흔히 듣는데, 이 법칙은 아주 쉬운 법칙이다. 어떤 물체 또는 어떤 계가 가지고 있는 에너지는 그 물체가 다른 물체로부터 에너지를 받지 않는 이상 절대로 증가하지 않고 다른 물체에게 에너지를 주지 않는 이상 절대로 감소하지 않는다는 것이 바로 에너지 보존법칙이다.

에너지가 보존되는지 아닌지 보는 대상을 한 물체 또는 여러 물체의 모임으로 삼을 수 있다. 여러 물체의 모임을 우리는 계라고 부른다. 그래서 어떤 주어진 계의 총에너지는 그 계를 구성하는 물체들이 갖고 있는 에너지를 다 더하면 된다. 특히 에너지는 스칼라양이므로 각 물체의 에너지를 그냥 수(數) 더하듯이 더하면 된다.

주어진 계가 외부의 다른 계로부터 에너지를 받으면 그 계의 총에너지는 받은 에너지와 똑같은 양만큼 증가하고 주어진 계가 외부의 다른 계로 에너지를 방출하면 그 계의 총에너지는 방출한 에너지와 똑같은 양만큼 감소한다. 여기서 한 계가 다른 계와 에너지를 주고받는 방법에는 여러 가지가 있는데 그 중 한 가지가 16장에서 공부한 일이다. 그리고 한 계가 다른 계와 에너지를 주고받는 것을 총칭하여 우리는 두 계가 상호작용을 한다고 말한다. 만일 어떤 계가 외부와 에너지를 전혀 주고받지 않는다면, 즉 다른 계와 전혀 상호작용을 하지 않는다면, 우리는 그 계를 고립계라고 부른다. 그러므로 가장 일반적으로 에너지 보존법칙은 고립계의 총에너지는 결코 바뀌지 않고 일정하다고 표현된다.

이제 몇 가지 예를 들어가며 에너지 보존법칙을 좀 더 자세히 이해하도록 하자. 우리는 고등학교에서 에너지 보존법칙 중 특별히 역학적 에너지 보존법칙이라는 것을 배운 기억이 나는 학생도 있을 것이다. 운동에너지와 퍼텐셜에너지를 합하여 역학적 에너지라고 부른다. 역학적 에너지 보존법칙은 일-에너지 정리에서 합력이 한 일의 합력 $\vec{F}(\vec{r})$ 자리에 보존력을 대입하면 바로 나온다. 일-에너지 정리는 16장에서 (16.10)식에 의해

$$\int_{\vec{r}_1}^{\vec{r}_2} \vec{F}(\vec{r}) \cdot d\vec{r} = \frac{1}{2} m v_2^2 - \frac{1}{2} m v_1^2 = K_2 - K_1 \tag{18.1}$$

로 주어진다. 이제 물체에 단 하나의 힘만 작용하고 있고 그 힘이 바로 보존력이라면 (18.1)식의 좌변을

$$\begin{aligned} \int_{\vec{r}_1}^{\vec{r}_2} \vec{F}(\vec{r}) \cdot d\vec{r} &= \int_{\vec{r}_1}^{\vec{r}_s} \vec{F}(\vec{r}) \cdot d\vec{r} + \int_{\vec{r}_s}^{\vec{r}_2} \vec{F}(\vec{r}) \cdot d\vec{r} \\ &= -\int_{\vec{r}_s}^{\vec{r}_1} \vec{F}(\vec{r}) \cdot d\vec{r} + \int_{\vec{r}_s}^{\vec{r}_2} \vec{F}(\vec{r}) \cdot d\vec{r} \\ &= U(\vec{r}_1) - U(\vec{r}_2) \end{aligned} \tag{18.2}$$

와 같이 바꾸어 쓸 수 있다. 첫 번째 등식은 단순히 $\vec{r}_1$으로부터 $\vec{r}_2$까지 수행한 적분을 중간 점 $\vec{r}_s$를 정해서 첫 번째 항에서는 $\vec{r}_1$에서 $\vec{r}_s$까지 적분하고 두 번째 항에서는 $\vec{r}_s$에서 $\vec{r}_2$까지 적분한 것으로 나누었을 뿐이다. 그리고 두 번째 등식의 첫 번째 항에서는 단순히 적분구간을 바꾸어 썼을 뿐이다. 그래서 (18.2)식에 나오는 힘 $\vec{F}$가 보존력이라면 (18.2)식의 우변에 나오는 각 적분은 바로 (17.4)식으로 주어지는 퍼텐셜에너지를 대표하며 따라서 (18.3)식의 두 번째 등식이 성립한다. 이제 이렇게 보존력이 한 일을 퍼텐셜에너지로 표현하여 일-에너지 정리를 말하는 (18.1)식에 대입하면 놀라운 결과가 나온다. (18.1)식은

$$\int_{\vec{r}_1}^{\vec{r}_2} \vec{F}(\vec{r}) \cdot d\vec{r} = U(\vec{r}_1) - U(\vec{r}_2) = K_2 - K_1 \tag{18.3}$$

로 되는데, 이 식의 각 항들을 이항하여

$$U(\vec{r}_1) + K_1 = U(\vec{r}_2) + K_2 = E \tag{18.4}$$

라고 쓰자. 이 식의 좌변은 물체가 $\vec{r}_1$이라는 위치에 있을 때 퍼텐셜에너지 $U(\vec{r}_1)$과

운동에너지 K_1의 합이다. 두 번째 식은 물체가 운동하다가 $\vec{r}_2$라는 위치에 있을 때 퍼텐셜에너지 $U(\vec{r}_2)$와 운동에너지 K_2의 합이다. 그런데 여기서 $\vec{r}_1$과 $\vec{r}_2$가 어떤 특별한 위치가 아니라 물체가 운동하는 중 지나가는 아무런 위치나 두 개를 골라놓은 것이다. 따라서 이 식은 물체가 움직이는 중 어느 위치에 있더라도 그 위치에서 퍼텐셜에너지와 운동에너지의 합은 바뀌지 않고 모두 같다고 말한다. 그래서 어느 한 위치에서 퍼텐셜에너지와 운동에너지의 합을 알면 어떤 다른 위치에서도 퍼텐셜 에너지와 운동에너지의 합을 알 수 있다. 그리고 이 바뀌지 않는 양으로 퍼텐셜에너지와 운동에너지의 합인

$$E = U(\vec{r}) + K \tag{18.5}$$

를 특별히 역학적 에너지라고 부르고 위의 결과를 역학적 에너지 보존법칙이라고 한다.

(18.4)식으로 표현된 역학적 에너지 보존법칙이라는 결과는 우리가 모르던 새로운 법칙을 말해주는 것이 아니다. 일-에너지 정리에서 합력의 자리에 보존력을 대입하였더니 역학적 보존법칙이라는 결과가 저절로 나왔다. 그리고 일-에너지 정리는 뉴턴의 운동방정식과 동일한 법칙임을 잘 알고 있다. 그러므로 역학적 에너지 보존법칙은 일-에너지 정리와 같은 법칙이며 또한 뉴턴의 운동방정식과도 동일한 법칙으로, 보존력을 받으며 움직이는 물체의 경우에 적용되는 뉴턴의 운동 제2법칙인 것이다.

우리는 13, 14, 15장 등 세 장에 걸쳐서 물체가 움직이더라도 바뀌지 않고 일정한 힘을 받는 경우에 뉴턴의 운동방정식을 적용하여 문제를 해결하는 방법을 배웠다. 그러나 물체가 운동하는 동안 물체에 작용하는 힘이 바뀌면 그런 방법을 이용할 수가 없다. 그런데 역학적 에너지 보존법칙은 만일 물체에 작용하는 힘이 물체가 운동하는 동안 바뀌더라도 그 힘이 보존력이기만 하면 문제를 쉽게 해결하도록 적용될 수 있는 방법이라고 볼 수 있다. 그것은 운동에너지와 퍼텐셜에너지라는 새로운 물리량을 정의함으로써 가능하게 되었다. 그리고 새로운 방법으로 다시 표현된 운동 법칙은 너무 간단하다. 물체가 어떤 위치에 있더라도 운동에너지와 퍼텐셜에너지의 합인 역학적 에너지는 상수라는 것만 적용하면 된다. 그렇게 해서 물체의 위치에 따라 힘이 바뀌더라도 문제를 풀 수 있게 된 것이다.

이제 역학적 에너지 보존법칙을 좀 더 확장하여 보자. 그림 18.3에 그려놓은 스프링과 상자로 이루어진 계를 생각하자. 상자와 마루 사이에는 마찰이 없다고 가정한다. 상자를 지구가 잡아당기는 중력과 마루가 상자를 떠받치는 수직항력이 상자에 작용하고

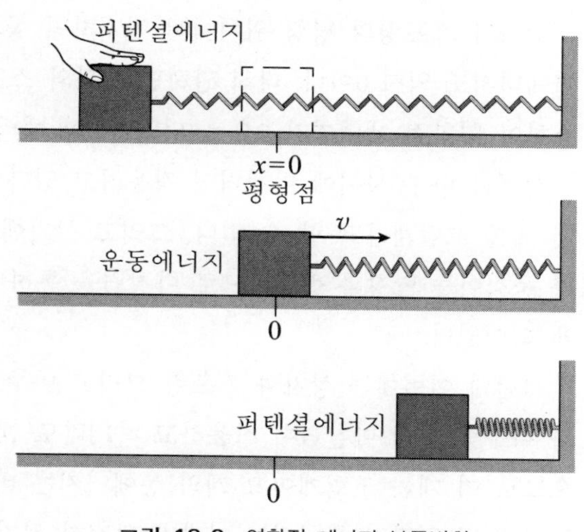

그림 18.3 역학적 에너지 보존법칙

있지만 상자가 움직이는 방향이 중력이나 수직항력 방향과 수직임으로 중력이나 수직항력을 통하여 상자에 아무런 일도 하지 않는다. 그래서 상자와 스프링으로 이루어진 계를 고립계라고 말할 수 있다. 그리고 상자와 스프링의 에너지를 합한 이 계의 총에너지는 결코 바뀌지 않는다.

그림 18.3에서 가운데 그림의 경우가 스프링이 늘어나지도 줄어들지도 않은 때이라고 하자. 스프링은 원래 길이로부터 x만큼 늘어나거나 줄어들면 두 경우 모두 탄성력 퍼텐셜 에너지를 정의한 (17.20)식에 의해 $kx^2/2$만큼의 퍼텐셜에너지를 갖게 된다. 만일 상자가 그림 18.3의 가운데 그림과 같이 스프링이 늘어나지도 줄어들지도 않은 위치에서 움직이지 않고 있다면 상자와 스프링으로 이루어진 이 계의 총 역학적 에너지는 0이다.

이제 그림 18.3에서 맨 위의 그림처럼 내가 상자를 왼쪽으로 A만큼 이동시킨 다음 가만히 놓았다고 하자. 그러면 이 위치에서 상자의 운동에너지는 0이고 스프링은 탄성력 퍼텐셜에너지를 $kA^2/2$만큼 갖고 있게 된다. 상자를 놓으면 상자가 오른쪽으로 움직이고 상자가 가운데 그림처럼 스프링의 평형 위치를 지날 때는 스프링의 퍼텐셜에너지는 0이고 상자는 운동에너지의 크기가 딱 $kA^2/2$인 만큼일 속도로 움직인다. 상자는 계속 오른쪽으로 움직이면서 점점 느려져서 그림 18.3의 맨 아래 그림처럼 결국 속도가 0이 되는데, 이때는 스프링이 딱 A만큼 줄어들어서 스프링의 퍼텐셜에너지가 $kA^2/2$이 된다. 이와 같이 상자가 왕복 운동하는 과정에서 상자의 속도는 스프링의 퍼텐셜에너지와 합하여 이 계의 총에너지인 역학적 에너지가 바뀌지 않도록 만들면서 움직인다.

이번에는 상자와 마루 사이에 마찰이 있다고 가정하자. 그러면 전과 마찬가지로 상자를 왼쪽으로 A만큼 이동시킨 다음 가만히 놓았을 때 상자가 왕복 운동을 하지만 왕복 운동을 하는 범위가 점점 줄어들어서 결국에는 스프링의 평형 위치에서 상자가 정지하게 될 것이라고 예상할 수 있다.

상자가 스프링의 평형 위치에서 정지하면 상자의 운동에너지가 0이고 탄성력 퍼텐셜에너지도 역시 0이다. 다시 말하면 상자와 스프링으로 이루어진 계의 총에너지가 감소하여 역학적 에너지가 0으로 되었다. 이 에너지가 모두 어디로 갔을까?

상자와 마루 사이에 마찰력이 작용하고 있다면, 더 이상 상자와 스프링으로 이루어진 계를 고립계라고 할 수 없다. 그리고 상자에 작용하는 마찰력의 방향은 항상 상자가 움직이는 방향과 반대이므로 마찰력을 통하여 한 일은 상자의 에너지를 빼앗아 가게 되어있다.

그런데 이번에는 상자와 스프링 그리고 마루로 이루어진 계를 생각하자. 비록 상자와 마루 사이에 마찰력이 작용하고 하더라도 계 외부와는 아무런 상호작용도 하지 않으므로 이 계는 고립계이고 계의 총에너지는 바뀌지 않는다. 그리고 상자와 스프링이 갖고 있던 역학적 에너지는 상자가 완전히 정지한 다음에는 다른 형태의 에너지로 바뀌어 있다. 만일 상자와 마루의 온도를 정밀하게 측정한다면 온도가 처음보다 조금 올라있는 것을 알게 되고 그만큼 온도를 오르게 만들 열에너지의 양을 계산하면 맨 처음의 역학적 에너지 양과 정확히 같다는 것도 알게 될 것이다.

예제 1 그림과 같은 빗면에서 질량이 m인 물체가 정지 상태로부터 미끄러져 내려온다. 물체가 바닥에 도달한 순간에 물체의 운동에너지를 구하라. 단, 물체와 빗면 사이의 운동마찰계수는 μ_k이다.

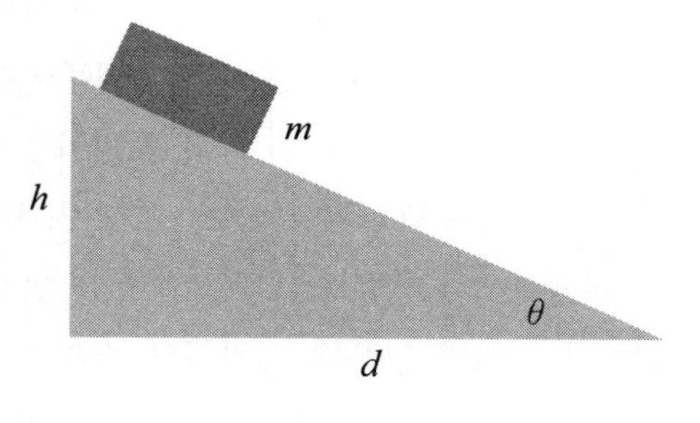

물체에 작용하는 힘은 중력 mg와 수직항력 N 그리고 마찰력 f 등 세 가지이다. 물체가 미끄러져 내려오는 동안 수직항력의 방향과 물체의 이동방향은 항상 수직이므로 수직항력에 의해 물체가 받는 일은 0이다. 그러나 마찰력은 물체의 이동방향과 정 반대이므로 마찰력에 의해 물체에 한 일 W_f는

$$W_f = -fl = -\mu_k Nl = -\mu_k mgl\cos\theta$$

가 된다. 여기서 마찰력의 크기는 수직항력에 의해 $f = \mu_k N$으로 결정되며 또한 빗면에 수직인 방향에 대한 뉴턴의 운동방정식으로부터 수직항력 N은 $N = mg\cos\theta$가 되는 것을 이용하였다.

한편, 물체가 꼭대기에서 바닥까지 움직이는 동안 중력이 작용하여 물체가 받은 일 W는 l을 빗면의 길이라고 할 때 $W = mg\, l\sin\theta = mgh$이다. 만일 마찰이 없다면 일-에너

지 정리에 의해 바닥에 도달할 때 물체의 운동에너지는 mgh가 된다. 그러나 마찰력에 의해 물체가 에너지를 빼앗기므로 바닥에 도달했을 때 물체의 운동에너지 K는

$$K = mgh - \mu_k mgl\cos\theta = mgl(\sin\theta - \mu_k \cos\theta)$$

가 된다.

지금까지 운동에너지와 퍼텐셜에너지 그리고 열에너지 등에 대해 살펴보았지만 에너지는 이들뿐 아니라 다른 여러 가지 형태로도 존재한다. 위에서 떨어지는 물체의 운동에너지가 증가하면서 퍼텐셜에너지가 감소하듯이 에너지는 한 형태에서 다른 형태로 바뀔 수 있다. 또한 마찰력을 받으면 역학적 에너지의 일부가 열에너지로 바뀌기도 한다. 이와 같이 여러 가지 형태의 에너지를 모두 고려하면 에너지는 한 형태의 에너지에서 다른 형태의 에너지로 변환될 수는 있지만 결코 창조되거나 소멸되지는 않는다. 이것이 유명한 에너지 보존법칙이며 그래서 에너지란 물리량이 매우 신통한 물리량이다. 에너지 이외에 결코 창조되거나 소멸되지 않는 다른 물리량은 없다.

에너지 보존법칙을 좀 더 잘 이해하기 위해 이번에는 화학반응을 보자. 화학반응의 대표적인 예로 연소가 있다. 초에 불을 붙이면 갑자기 뜨거운 열에너지가 막 나온다. 이게 어찌된 일인가? 에너지가 창조되는 것이 아닌가? 그렇다고 초 속에 운동에너지나 퍼텐셜에너지가 숨어 있다가 열에너지로 바뀐 것인가? 그렇지는 않은 것 같다.

화학반응에는 흡열반응과 발열반응이 있다. 반응 전과 반응 후를 비교하여 열이 흡수되는 경우를 흡열반응, 열이 발생하는 경우를 발열반응이라고 한다. 이 때 꼭 에너지가 보존되지 않는 것처럼 보인다. 그런데 이것은 질량과 관계가 있다. 화학 책에 나오는 중요한 보존법칙 중의 하나가 질량 보존법칙이다. 반응 전과 반응 후에 반응 물질의 질량이 바뀌지 않는다는 법칙이다. 그런데 화학 반응에서는 사실 질량이 보존되지 않는다.

발열 반응에서는 반응과 함께 질량이 감소하고 흡열 반응에서는 질량이 증가한다. 여기서 보존되는 것은 에너지이고 사실은 질량이 에너지의 한 형태이다. 아인슈타인의 특수상대론에서 말하는 유명한 식

$$E = mc^2 \tag{18.6}$$

이 바로 그것을 말해준다.

화학 반응에서 반응 전과 반응 후의 에너지는 보존되지만 질량은 보존되지 않는다. 그래서 만일 어떤 발열 반응에서 백만 칼로리의 열이 발생하였다면 반응 후의 질량은 반응 전의 질량보다 0.00000000004 kg만큼 줄어들었으며 이렇게 줄어든 질량이 열에너지로 바뀐 것이다. 실제로 우리 주위에서 관찰하는 화학 반응에서는 많아야 수십 칼로리의 열량이 발생함으로 반응 전과 반응 후의 질량 차이가 얼마나 작을지 상상할 수 있다. 그래서 화학에서는 아직도 질량 보존법칙이 성립한다고 말하고 있으며, 질량 보존법칙에 근거하여 화학 반응 계산을 수행하더라도 조금도 틀리지 않는 결과를 얻는 것이다. 그러나 개념적으로 질량 보존법칙이란 성립하지 않는 법칙이다.

질량과 에너지가 같다는 (18.6)식은 아인슈타인이 특수상대성 이론을 발표한 1905년에 알려지게 되었지만 그 식의 의미가 무엇인지 이해한 것은 그로부터 한참 뒤였다. 질량이 에너지와 같다는 것을 쉽게 받아드리기가 어려웠던 것이다. 질량이 에너지의 한 형태라는 것을 깨닫는 극적인 사건이 핵분열의 발견이었다. 1938년 히틀러 치하의 독일 빌헬름 연구소에서 우라늄 원자핵이 두 개의 작은 원자핵으로 쪼개진 것이 발견된 것이다. 여기서 핵분열의 발견이 제시한 문제는 다음과 같다. 당시에 모든 원자핵의 질량을 아주 정확히 측정하여 잘 알고 있었다. 그래서 우라늄 원자핵의 질량과 두 개로 쪼개진 더 작은 원자핵의 질량도 정확히 알고 있었는데, 두 개로 쪼개진 더 작은 원자핵의 질량을 더했더니 우라늄 원자핵의 질량보다 약 10% 정도 더 작았던 것이다. 질량 보존법칙이 우상처럼 신성시되던 시대에 질량이 감쪽같이 사라져 버린 것이다!

이 발견이 서방세계로 전해지자 당시 미국으로 망명한 아인슈타인을 비롯한 많은 핵물리학자들은 이것이 의미하는 바가 무엇인지 즉시 깨닫게 되었다. 그것은 다름이 아닌 바로 (18.6)식이 현실로 나타난 것이다. 그리고 질량이 에너지로 바뀌면 얼마나 큰 에너지가 되는 것인지를 그들은 잘 알고 있었다. 그리고 바로 (18.6)식에 근거하여 미국에서는 원자폭탄이 개발되었고 미국은 제2차 세계대전에서 승리할 수 있었다. 그렇다. 전투기나 항공모함 또는 탱크가 미국을 승리로 이끈 것이 아니라 (18.6)식을 일찍 이용한 덕택에 승리를 거머쥘 수 있었던 것이다.

VII. 여러 물체의 운동

로켓발사

우리는 지난 두 주에 걸쳐서 물체의 운동을 기술하는데 뉴턴의 운동방정식을 어떻게 적용하는지에 대해서 공부하였습니다. 첫 번째 주에는 물체가 움직이고 있더라도 받는 힘이 바뀌지 않고 일정한 경우를 다루었습니다. 그런 경우에 물체는 등가속도 운동을 하고 그래서 뉴턴의 운동방정식인 $F = ma$를 대수식으로 취급하여 물체의 가속도를 구하면 된다는 것을 알았습니다. 지상에서 중력을 받고 운동하는 물체라든가 빗면 위에 놓인 물체 또는 도르래를 지나는 줄에 연결된 물체의 경우에 모두 그런 방법을 이용하면 문제가 해결되는 것을 보았습니다. 여러분은 물체가 받는 힘이 바뀌지 않고 일정한 경우에는 이렇게 문제를 풀기가 무척 쉽다는 사실을 확인하였을 줄 믿습니다. 다만 물체가 받는 수직항력이나 장력은 미리 알 수 없고 뉴턴의 운동방정식을 푸는 과정에서 구해진다는 사실을 명심해야만 된다는 점도 공부하였습니다.

그러나 자연현상에는 물체가 받는 힘이 일정하지 않은 경우도 많이 존재합니다. 두 번째 주에는 물체가 스프링에 연결되어 있어서 힘이 변위에 비례한다는 후크의 법칙에 의해 결정되거나 또는 두 물체 사이의 거리의 제곱에 반비례한다는 만유인력 법칙에 의해 결정되는 것처럼, 물체가 움직이는 동안 물체가 받는 힘이 물체의 위치에 의존하며 바뀌는 문제를 간단히 해결하는 방법을 배웠습니다. 그리고 그 방법이란 바로 새로운 물리량을 도입하는 것임을 알았습니다. 지난주 강의에서는 일과 운동에너지, 퍼텐셜에너지, 그리고 열에너지 등을 도입하면 뉴턴의 운동방정식이 일-에너지 정리로 표현되든지 또 보존력이라는 힘이 작용하는 경우에는 뉴턴의 운동방정식이 역학적 에너지 보존법칙으로 표현된다는 놀라운 결과를 알게 되었습니다. 이와 같이 물리에서는 문제가 복잡해지면 종종 새로운 물리량을 도입하여 문제를 간단히 해결할 수 있도록 만들곤 합니다.

이번 주에는 또 다시 조금 더 복잡한 문제를 어떻게 다룰지 공부해 보려고 합니다. 문제가 복잡해지면 종전의 방법으로는 해결하기가 어려워집니다. 그러면 앞에서 했던 것과 마찬가지로, 물리학자들은 새로운 물리량을 도입합니다. 그러면 조금 더 복잡해진 경우도 역시 간단하게 해결하는 방법을 찾아내고야 맙니다.

지금까지 우리는 한 물체의 운동만 다루었습니다. 예를 들어, 지상에서 움직이는 물체의 경우에 물체에는 지구가 잡아당기는 중력이 작용합니다. 그런데 지구의 운동에는 관심을 두지 않고 물체의 운동만 기술하였습니다. 물체의 질량에 비하여 지구의 질량이 너무 크기 때문에 지구는 정지해 있고 지구에 대하여 물체만 움직인다고 생각한 것입니다.

이번 주에는 여러 물체의 운동을 다루려고 합니다. 여러 물체의 운동이란 서로 상호작용하여 힘을 주고받는 물체들의 운동이란 의미입니다. 지상에서 돌멩이 두 개가 나란히 떨어지는 문제는 두 물체 문제가 아닙니다. 그것은 두 개의 한 물체 문제입니다. 그런데 질량이 비슷한 별 두 개가 서로 잡아당기는 만유인력을 받으며 어떻게 움직이는가 하는 문제는 두 물체 문제입니다. 또는 스프링으로 연결된 두 물체를 공중으로 던졌을 때 두 물체는 서로에 대하여 상대적으로 어떻게 움직일까 하는 문제는 두 물체 문제입니다. 이번 주에는 이처럼 서로 상호작용하는 여러 물체의 운동을 어떻게 기술하면 좋을지 공부하려고 합니다.

이제는 우리가 잘 알고 있는 것처럼, 여러 물체의 운동을 기술하기 위해서 새로운 법칙이 필요하지는 않습니다. 우리가 이미 배운 자연의 기본법칙인 뉴턴의 운동방정식만 적용하면 됩니다. 그런데 여러 물체를 다루려면 물체의 수와 같은 수의 운동방정식을 풀어야 합니다. 그리고 그 운동방정식들은 모두 서로 연결되어 있어서 연립 방정식을 풀어야 합니다. 뉴턴의 운동방정식은 미분방정식이므로 연립 미분방정식을 풀어야 합니다. 혹시 미분방정식을 배운 학생들은 알겠지만 연립 미분방정식을 풀기가 쉬운 일이 아닙니다. 그렇지만 이번에도 새로운 물리량을 도입하면 다시 문제가 쉽게 해결되리라는 것을 여러분은 이미 예상하고 있을지도 모릅니다. 정말 그렇습니다. 우리는 여러 물체의 운동을 쉽게 기술하기 위해서 몇 가지 새로운 물리량을 새로 도입할 것입니다.

여러 물체의 운동을 편리하게 기술하기 위해서 새로 도입할 물리량 중에서 가장 대표적인 것이 선운동량입니다. 선운동량은 우리가 그냥 운동량이라고 부르는 물리량입니다. 운동량에는 선운동량과 각운동량 두 가지가 존재합니다. 그래서 그 둘을 구별하기 위하여 필요할 때는 선운동량이라고 부르고 혼동이 일어나지 않을 때는 그냥 운동량이라고 부르기도 합니다.

선운동량이란 새로운 물리량을 도입하면 여러 물체의 운동을 쉽게 기술할 수 있을 뿐만 아니라 뉴턴의 운동방정식을 $F=ma$라고 표현하였을 때는 설명하기가 어려운 문제를 해결할 수도 있습니다. 선운동량 p는 물체의 질량 m과 속도 v를 곱하여 $p=mv$라고 정의됩니다. 그래서 앞으로 이번 주 강의에서 자세히 배우게 되겠지만 선운동량 p를 이용하면 뉴턴의 운동방정식 $F=ma$를 $F=dp/dt$라고 표현할 수도 있습니다. 물체의 질량이 바뀌지 않는다면 이 두 식은 완전히 동일합니다. 그런데 뉴턴의 운동방정식을 $F=ma$라고 쓰면 물체의 질량이 바뀌는 경우에는 적용될 수가 없습니다. 그렇지만 뉴턴의 운동방정식을 $F=dp/dt$라고 쓰면 물체의 질량이 바뀌는 경우에도 역시 적용됩니다. 앞에 보인 로켓발사와 같은 문제가 바로 물체의 질량이 바뀌는 경우에 해당합니다. 로켓은 연료를 내뿜으면서 가속됩니다. 그리고 로켓에서 연료가 방출되면 로켓의 질량이 점점 감소합니다. 로켓이 큰 속도를 얻는 원리가 바로 질량의 분출입니다. 그리고 $F=dp/dt$라고 표현된 뉴턴의 운동방정식이 이 문제를 아주 잘 설명할 수가 있습니다.

여러 물체를 기술하는데 편리하게 이용되는 새로운 물리량으로 질량중심이 있습니다. 앞으로 배우게 되겠지만 여러 물체의 운동은 질량중심에 물체들의 질량이 모두 모여 있는 경우의 운동으로 대표될 수 있습니다. 그래서 여러 물체의 질량을 모두 더한 총질량에 해당하는 물체가 질량중심의 좌표가 운동하는 것처럼 운동한다면 그런 질량중심의 선운동량은 여러 물체의 선운동량을 모두 더한 총선운동량과 같음을 알게 될 것입니다. 그뿐 아니라 특별한 조건 아래서 이 총선운동량은 바뀌지 않고 일정하게 유지됩니다. 이것을 선운동량 보존법칙이라고 합니다. 선운동량 보존법칙도 역시 새로운 법칙이 아니라 특별한 조건 아래서 성립되는 뉴턴의 운동법칙이 선운동량이라는 물리량에 의해서 표현되었을 뿐입니다.

여러 물체들이 서로 상호작용하면서 운동할 때 그것을 여러 물체 운동이라고 부른다고 하였습니다. 여러 물체들이 다른 물체와는 독립적으로 운동할 때는 비록 물체의 수는 여러 개라고 하더라도 여러 물체 운동이라고 부르지는 않습니다. 여러 물체 운동이라고 부를 수 있는 대표적인 경우가 충돌문제입니다. 우리 주위에서 관찰되는 충돌문제의 대표적인 예가 당구 게임입니다. 또한 미시세계에 존재하는 대상을 연구할 때는 그 대상이 되는 물체를 표적으로 하고 매우 빠른 속도로 가속된 미시세계의 입자들을 충돌시키는 방법을 이용합니다. 이때도 충돌문제가 적용됩니다.

이제 19장에서는 선운동량을 도입하여 여러 물체의 운동을 어떻게 기술하는지 설명할 예정입니다. 뉴턴의 운동방정식이 선운동량을 도입하면 어떻게 바뀌는지 배우게 될 것입니다. 또한 20장에서는 여러 물체의 질량중심이 어떻게 정의되는지, 왜 그렇게 정의되는지를 설명하고 질량중심이라는 물리량을 도입하면 여러 물체의 운동이 어떻게 간단하게 설명되는지를 공부하게 될 것입니다. 질량중심의 운동에 대한 선운동량이 여러 물체의 총선운동량과 어떤 관계에 있는지 그리고 어떤 조건 아래서 총선운동량이 보존되는지에 대해서도 배우게 됩니다. 마지막으로 21장에서는 선운동량 보존법칙을 이용하여 충돌문제를 푸는 방법을 공부하게 될 것입니다.

19. 선운동량

- 물체에게 작용하는 힘이 외력인지 내력인지 미리 구분하는 것은 매우 중요하다. 어떤 힘을 외력이라 하고 어떤 힘을 내력이라고 하는가?
- 여러 물체의 운동을 기술하는데 선운동량이라는 물리량이 편리하게 이용된다. 선운동량 $\vec{p}$은 물체의 질량 m과 속도 $\vec{v}$를 곱하여 $\vec{p}=m\vec{v}$라고 정의된다. 선운동량을 왜 그렇게 정의할까?
- 선운동량 $\vec{p}$를 도입하면 뉴턴의 운동방정식 $\vec{F}=m\vec{a}$를 선운동량을 이용하여 $\vec{F}=d\vec{p}/dt$라고 쓸 수도 있다. 뉴턴의 운동방정식에 대한 두 표현 중에서 어느 표현이 더 일반적으로 성립될까?
- 뉴턴의 운동방정식을 $\vec{F}=d\vec{p}/dt$라고 표현할 때, 양변에 짧은 시간간격 Δt를 곱하여 운동방정식을 $\vec{F}\Delta t=\Delta\vec{p}=\vec{p}_2-\vec{p}_1$이라고 표현할 수도 있다. 이 식의 좌변에 나온 $\vec{F}\Delta t$를 물체에 가한 충격량이라고 부른다. 충격량은 무엇인가?

그림 19.1에 보인 것과 같이 태양과 지구 그리고 달의 운동은 여러 물체 운동의 예이다. 태양과 지구 그리고 달은 서로 작용하는 만유인력에 의해서 운동한다. 이러한 여러 물체의 운동은 어떻게 기술될까?

이들의 운동을 기술하려면 먼저 운동을 기술하려는 대상을 선정하여야 한다. 달 하나만의 운동을 기술하려고 할 수도 있고 지구와 달의 운동을 한꺼번에 기술하려고 할 수도 있고 태양과 지구와 달을 포함한 태양계 전체의 운동을 기술하려고 할 수도 있다. 이렇게 운동을 기술하려고 마음에 정한 물체들의 모임을 운동을 기술하려는 물체들의 계라고 부른다. 이처럼 계는 운동을 기술하려는 당사자가 정하는 것이다. 그러므로 문제를 풀 때는 내가 정한 계가 무엇인지 구체적으로 언급해 놓는 것이 좋다.

여러 물체의 운동에 관심을 가질 때는 이렇게 먼저 우리가 기술하려는 물체들을 선정해야 하고 그렇게 선정한 물체들의 모임을 계라고 부른다. 그림 19.1에 보인 문제에서 달의 운동만 관심의 대상으로 정한다면 달이 계가 되고 달과 지구의 운동을 관심의

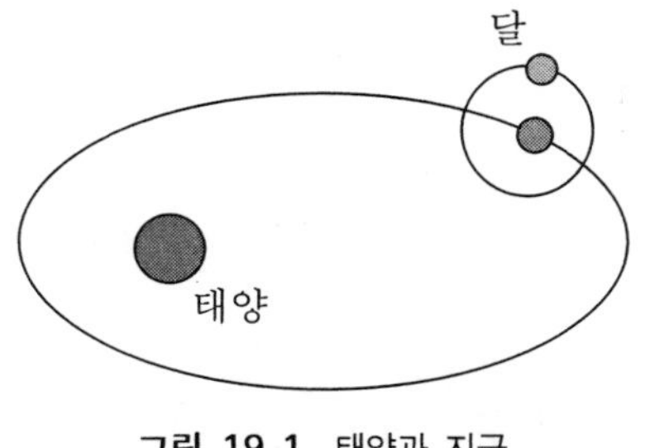

그림 19.1 태양과 지구 그리고 달의 운동

대상으로 정한다면 달과 지구가 계를 이루며 태양과 지구 그리고 달 모두의 운동을 관심의 대상으로 정한다면 이들이 내가 정한 계를 이룬다.

태양계는 태양과 태양 주위를 회전하는 열 개가 넘는 행성들 그리고 행성들 주위를 회전하는 달과 같은 위성들로 이루어져 있다. 이렇게 태양과 행성 그리고 위성들이 태양 주위에서 특별한 구조를 이루며 함께 모여 있는 것은 이들 사이에 상호작용이 작용하고 있기 때문이다. 태양과 행성 그리고 달 사이에는 만유인력이 작용한다. 그래서 만유인력이 태양계를 형성한다고도 말한다. 태양계 뿐 아니라 태양과 같은 별들이 수천억 개가 모여서 특별한 형태를 이루고 있는 은하계도 역시 수천억 개의 별 사이에 만유인력이 작용하고 있기 때문에 그러한 모양을 가지고 있다. 만일 이들 별 사이에 만유인력이 작용하지 않는다면 모든 별들이 그냥 일정한 빠르기로 직선상을 한 방향으로 움직일 뿐 별들이 은하를 만들도록 모여 있지 못한다.

이와 같이 물체들의 모임인 계가 특별한 구조를 이루는 것은 이들 사이에 힘이 작용하기 때문인데, 여러 물체들의 운동을 기술할 때는 계에 속한 물체들에게 작용하는 힘을 내력과 외력으로 구분하는 것이 좋다. 여기서 내력이란 미리 정한 계에 속한 물체들 사이에 작용하는 힘을 말하고 외력이란 물체가 속한 계 바깥의 물체로부터 작용하는 힘을 말한다. 그런데 앞에서도 지적하였듯이 물체들의 계란 미리 정해져 있는 것이 아니라 물체들의 운동을 기술하는 당사자가 정한다. 그러므로 물체에 작용하는 힘을 내력과 외력으로 구분하는 것도 계를 어떻게 정했느냐에 따라 바뀔 수 있다.

그림 19.1에서 우리의 관심사가 오직 달의 운동이라고 하자. 그러면 우리가 마음에 둔 계에는 오직 달만 포함되어 있으므로 이 계의 바깥 물체로부터 달에 작용하는 힘은 모두 외력이다. 그림 19.1에서 달에는 지구가 잡아당기는 만유인력과 그리고 태양이 잡아당기는 만유인력이 작용한다. 이들 두 힘이 달에게는 모두 외력이다. 일반적으로 한 물체의 운동만이 관심의 대상일 때는 그 물체에 작용하는 힘은 모두 다 외력이다. 바로 그런 이유 때문에 한 물체의 운동만을 다루었던 지금까지는 힘을 외력과 내력으로 구분하지 않고 그냥 그 물체에 작용하는 힘이라고만 불렀다.

그러면 이번에는 달과 지구의 운동이 우리의 관심의 대상이라고 하자. 그런 경우에는 우리가 정한 계는 달과 지구로 구성되어있다. 그래서 지구가 달을 잡아당기는 만유인력은 내력이다. 지구만 달을 잡아당기는 것이 아니고 달도 지구를 잡아당긴다. 이 힘도 역시 내력이다. 그러나 태양이 달을 잡아당기는 만유인력과 태양이 지구를 잡아당기는 만유인력은 이 계에 대해서는 외력이 된다.

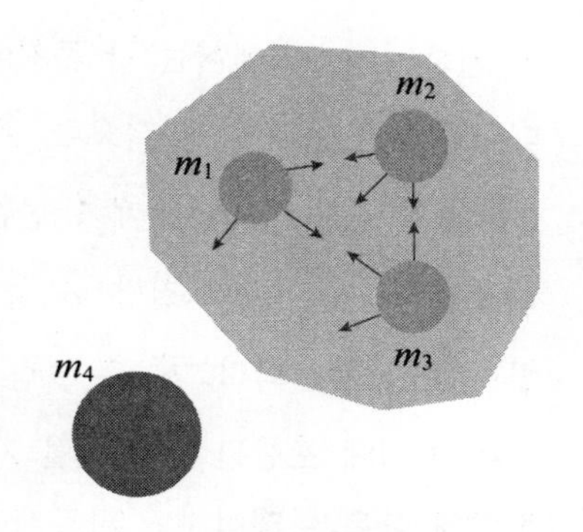

그림 19.2 여러 물체에 작용하는 내력과 외력

마지막으로 태양과 지구 그리고 달을 계로 생각하기로 정한다고 하자. 그러면 이들 사이에 작용하는 만유인력은 모두 내력이 된다. 그런데 은하계에 포함된 다른 별이 태양을 잡아당기는 만유인력도 작용한다. 그리고 물론 이 힘은 태양과 지구 그리고 달로 이루어진 계에 대해서는 외력이다. 이와 같이 물체에 작용하는 힘을 외력과 내력으로 가르는 것은 어떤 물체가 계를 형성하고 있느냐고 보는 우리의 견해에 따라 정해진다. 같은 힘이라도 보는 입장에 따라 외력이 될 수도 있고 내력이 될 수도 있다.

그림 19.2에는 질량이 각각 m_1, m_2, m_3인 세 물체가 서로 상호작용하면서 운동을 한다고 하자. 이들 세 물체를 계로 보기로 정할 때 이 세 물체의 운동을 뉴턴의 운동방정식으로 어떻게 기술하여야 할까? 물론 13장에서 자세히 배운 것처럼 각 물체마다 뉴턴의 운동방정식을 하나씩 세워서 푼다. 물체가 세 개이므로 뉴턴의 운동 방정식이 세 개 필요하다. 그림 19.3에 보인 것과 같이 적당히 정한 좌표계에서 세 질량까지의 위치벡터를 각각 $\vec{r}_1$, $\vec{r}_2$, $\vec{r}_3$, 라고 하고 그 위치에서 물체들의 속도를 각각 $\vec{v}_1$, $\vec{v}_2$, $\vec{v}_3$라고 하자. 속도를 시간에 대해 미분하면 가속도가 됨으로, 세 물체에 대해 적용할 뉴턴의 운동방정식 세 개는

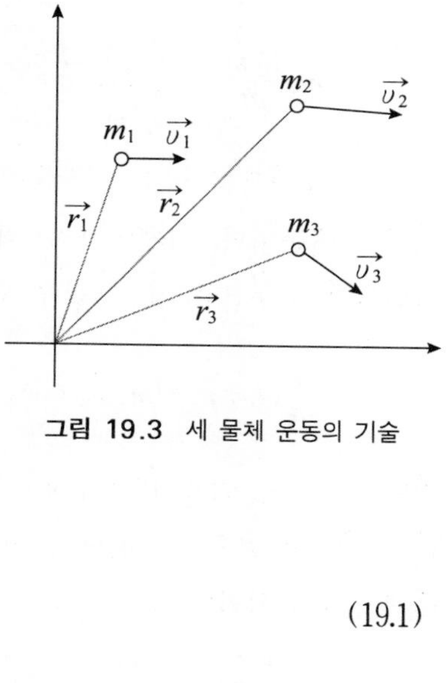

그림 19.3 세 물체 운동의 기술

$$
\begin{aligned}
m_1 \frac{d\vec{v}_1}{dt} &= \vec{f}_1 + \vec{F}_1 \\
m_2 \frac{d\vec{v}_2}{dt} &= \vec{f}_2 + \vec{F}_2 \\
m_3 \frac{d\vec{v}_3}{dt} &= \vec{f}_3 + \vec{F}_3
\end{aligned}
\tag{19.1}
$$

이 된다. (19.1)식에서는 각 물체에 작용하는 힘을 내력과 외력으로 구분하여 표시하였다. (19.1)식의 우변에 나오는 $\vec{f}_1$, $\vec{f}_2$, $\vec{f}_3$ 은 각 물체가 받는 내력의 합을 표시하고 $\vec{F}_1$, $\vec{F}_2$, $\vec{F}_3$ 은 각 물체가 받는 외력의 합을 표시한다. 예를 들어 내력 $\vec{f}_1$은 그림 19.2에서 질량 m_2가 질량 m_1을 잡아당기는 힘과 질량 m_3가 질량 m_1을 잡아당기는 힘의 합력이고 외력 $\vec{F}_1$ 은 그림 19.2에서 질량 m_4가 질량 m_1을 잡아당기는 힘이다.

(19.1)식에 포함된 세 식들을 가만히 살펴보면 모두 똑같은 형태로 되어 있으면서 각 변수에 붙은 아래첨자만 다르게 되어있다. 이런 경우에는 (19.1)식을 문자를 이용하여 다음과 같이

$$m_i \frac{d\vec{v}_i}{dt} = \vec{f}_i + \vec{F}_i \qquad \text{여기서} \quad i = 1,\, 2,\, 3 \tag{19.2}$$

이라고 간단히 하나의 식으로 쓸 수 있다. 이 식은 아래첨자 i에 1을 대입하면 (19.1)식의 첫 번째 식이 되고 2를 대입하면 두 번째 식이 되며 3을 대입하면 세 번째 식이 됨을 의미한다.

이제 (19.2)식의 형태를 조금 바꾸어 보자. 만일 물체의 질량이 바뀌지 않고 상수라면 (19.2)식의 좌변을

$$m_i \frac{d\vec{v}_i}{dt} = \frac{d}{dt}(m_i \vec{v}_i) \tag{19.3}$$

라고 쓸 수 있다. m_i는 상수이므로 미분연산자의 안쪽에 쓰나 바깥쪽에 쓰나 마찬가지이기 때문이다. 이제 (19.2)식에 주어진 세 식들의 우변은 우변끼리 그리고 좌변은 좌변끼리 모두 더하자. 그렇게 모두 더한 결과는

$$\frac{d}{dt}(m_1 \vec{v}_1 + m_2 \vec{v}_2 + m_3 \vec{v}_3) = \vec{f}_1 + \vec{f}_2 + \vec{f}_3 + \vec{F}_1 + \vec{F}_2 + \vec{F}_3 \tag{19.4}$$

이다. 이 식은, 그림 19.2에 보인 예에서와 같이, 계에 포함된 물체의 수가 단지 세 개라고 가정한 경우를 대표한다. 계에 포함된 물체의 수가 일반적으로 n개인 경우로 이 결과를 확장시키면 (19.4)식을

$$\frac{d}{dt}\left(\sum_{i=1}^{n} m_i \vec{v}_i\right) = \sum_{i=1}^{n} \vec{f}_i + \sum_{i=1}^{n} \vec{F}_i \tag{19.5}$$

라고 쓰면 된다.

(19.5)식의 우변을 가만히 보면 재미있는 결론을 내릴 수 있다. 우변은 계에 속한 물체에 작용하는 내력을 모두 더한 것과 외력을 모두 더한 것의 합으로 되어있다. 그런데 그림 19.2에 나와 있듯이 각 물체에 작용하는 내력의 합 $\vec{f}_1$, $\vec{f}_2$, $\vec{f}_3$는 모두 2개씩의 힘을 합한 것이다. 그래서 그림 19.2에 나오는 세 물체에 작용하는 6개의 내력을 모두 더하면 0이 된다. 내력 6개는 모두 작용과 반작용 짝 3개로 이루어져 있고 각 짝에 포함된 작용과 반작용은 크기가 같고 방향이 반대이기 때문에 그 둘을 더하면 0이 된다. 계에 속한 물체들에 작용하는 내력을 모두 더하면 0이 된다는 것은 계에 속한 물체의 수에 관계없이 항상 성립된다. 그래서 (19.5)식의 우변에는 외력의 합만 남게 된다. 이 외력의 합을

$$\vec{F} = \sum_{i=1}^{n} \vec{F}_i \tag{19.6}$$

라고 놓자. 그러면 계에 속한 n개의 물체에 대한 뉴턴의 운동방정식을 모두 더한 결과인 (19.5)식을

$$\frac{d}{dt}\left(\sum_{i=1}^{n} m_i \vec{v}_i\right) = \vec{F} \tag{19.7}$$

라고 쓸 수 있다. 다시 말하면, 계에 속한 물체들에 대한 뉴턴의 운동방정식을 모두 더한 방정식에는 내력은 전혀 들어오지 않고 외력의 합만 영향을 주게 된다. 이것은 무엇을 의미하는 것일까? 이제 새로운 물리량을 도입할 때가 되었다. 자연현상을 설명하기 위하여 지금까지 배운 것 외에 또 다른 물리량이 꼭 필요한 것은 아니지만 지금 새로 도입하려는 물리량을 이용하면 여러 물체의 운동을 기술하는데 참 편리하다는 것을 알게 된다. 그뿐 아니라 자연의 진리에 대해 좀 더 깊은 통찰력을 얻게 된다.

새로 도입하려는 물리량에 대해서는 위에서 구한 (19.7)식의 좌변에서 힌트를 얻을 수 있다. (19.7)식 좌변의 괄호 안을 보면 질량과 속도를 곱한 항들의 합으로 되어 있다. 그래서 이제 i번째 물체의 선운동량 $\vec{p}_i$를

$$\vec{p}_i = m_i \vec{v}_i \tag{19.8}$$

라고 정의하고자 한다. 그러니까 운동하는 물체의 선운동량은 그 물체의 질량과 속도를 곱한 것이다. 이 선운동량을 보통 그냥 운동량이라고 부르기도 한다. 질량은 스칼라

양이고 속도는 벡터양인데 스칼라와 벡터를 곱한 결과는 벡터이므로 선운동량은 벡터양이다. 이렇게 선운동량이라는 새로운 물리량을 정의하고 나서 두 가지 의문을 가질 수 있으리라고 생각한다. 하나는 잘 알고 있는 질량과 잘 알고 있는 속도를 곱하여 선운동량이라는 새로운 물리량을 꼭 만들 필요가 있느냐는 것이고 다른 하나는 그러면 이 선운동량은 무엇을 나타내는 물리량이냐는 것이다.

첫 번째 의문에 대한 답은 다음과 같다. 속도는 움직이는 물체로부터 직관적으로 명확하게 측정될 수 있다. 그래서 속도가 무엇을 의미하는 물리량인지 바로 이해할 수가 있다. 그런 이유로 움직이는 물체에 대해 속도라는 물리량이 먼저 나오게 되었지만, 알고 보니 속도보다는 선운동량이 더 기본이 되는 물리량이다. 그래서 질량과 속도를 곱하여 선운동량이 된다고 말하는 것보다 선운동량을 질량으로 나누면 속도가 된다고 생각하는 것이 더 타당하다. 선운동량이 속도보다 더 기본적인 물리량이라고 말하는 이유는 선운동량은 보존될 수 있는 물리량이기 때문이다. 보존되는 물리량이란 시간이 흐르더라도 바뀌지 않는 물리량을 말한다. 어떤 물리량이 시간이 흐르더라도 바뀌지 않는다고 말하면 그것은 자연법칙의 하나를 말하는 셈인데, 그렇게 말한 자연법칙은 우리가 생각할 수 있는 가장 간단한 형태의 법칙이다. 그래서 그렇게 표현할 수 있는 물리량이 그렇게 할 수 없는 물리량보다 더 기본적인 물리량이어야 하는 것이다. 이와 비슷한 이야기를 우리는 에너지에 대해 이야기할 때도 언급하였다. 에너지 보존법칙은 어떤 조건도 없이 항상 성립하기 때문에 에너지란 물리량이 어떤 물리량보다도 더 기본적인 물리량이라고 할 수 있다. 선운동량이 속도보다 더 좋은 물리량인 이유를 하나 더 말할 수도 있다. 여러 물체들이 운동하고 있을 때 각 물체의 선운동량을 모두 더하여 총선운동량을 계산할 수 있지만 속도의 경우에는 그렇지가 못하다. 다시 말하면 여러 물체의 속도를 모두 더하여 총속도를 정의할 수가 없다. 그런 양이 아무런 물리적 의미도 갖지 못하기 때문이다. 그러나 (19.7)식의 좌변 괄호 속에 나오는 양이 바로 여러 물체들의 선운동량을 모두 더한 총선운동량이 된다.

두 번째 의문에 대한 답으로, 선운동량은 물체가 어느 정도로 격렬하게 운동하고 있느냐를 나타내는 양이다. 선운동량이 큰 물체의 경우에는 그 물체의 운동을 멈추게 하기가 어렵고 반면에 선운동량이 작은 물체의 경우에는 그 물체의 그 운동을 멈추게 하기가 상대적으로 더 쉽다고 말할 수도 있다. 예를 들어, 트럭과 자전거가 모두 시속 10킬로미터라는 똑같은 속도로 오고 있다고 하자. 자전거의 경우에는 내가 앞에서 막고 못 가도록 할 수도 있겠지만 오고 있는 트럭 앞에서 내가 손으로 못 가게 막을 엄두를 내지 못할 것이다. 자전거의 질량에 비해 트럭의 질량이 무척 더 크기 때문에 그런 생각이 들게 된다. 이번에는 질량이 똑같은 탄환과 돌멩이를 비교하자. 누가 작은 돌멩이를 던지면 손으로 막을 수도 있다. 그렇지만 비록 질량은 돌멩이와 같다고 하더라도 탄환이 총구로부터 발사되면 그것을 손으로 막을 엄두를 내지 못한다. 이 경우는 질량은 같지만 속도가 다르기 때문에 그렇게 생각하게 된다. 이와 같이 운동이 얼마나 격렬하게 일어나는지는 속도에 의해서만 결정되지도 않고, 질량에 의해서만 결정되지도 않고, 이들 둘의 곱에 의해 결정됨을 알 수 있다. 좀 더 정확히 말하면 질량이 크고 속도가 느린 물체와 질량이 작고 속도가 빠른 물체가 있는데 이들 둘의 곱이 같다면, 즉 두 물체의 운동량이 같다면, 두 물체의 운동을 멈추게 하는데 정확히 동일한 노력이 필요하다.

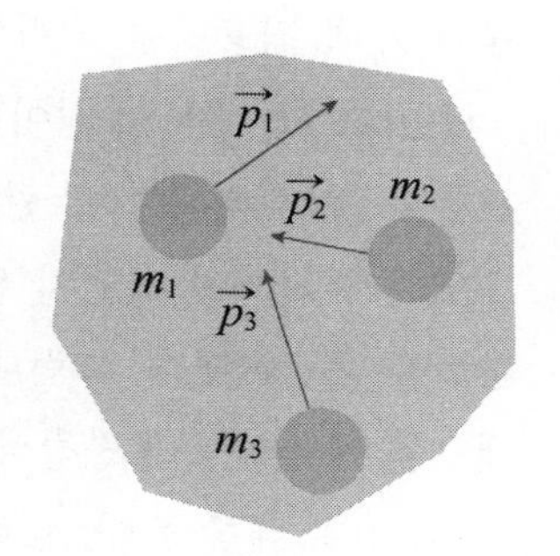

그림 19.4
여러 물체 계의 선운동량

이제 그림 19.4에 보인 것과 같은 여러 물체로 이루어진 계를 생각하자. 이 그림에는 각 물체의 선운동량만을 표시하여 놓았다. 계에 속한 물체의 수가 n개이고 각 물체의 선운동량을 각각 $\vec{p}_1$, $\vec{p}_2$, $\cdots$ $\vec{p}_n$ 라고 할 때, 그 계에 속한 물체들의 총선운동량은 이들을 다 더한 것으로

$$\vec{P} = \sum_{i=1}^{n} \vec{p}_i = \sum_{i=1}^{n} m_i \vec{v}_i \tag{19.9}$$

와 같이 정의된다. 선운동량을 도입하고 (19.9)식과 같이 계의 총선운동량 $\vec{P}$를 정의하면 앞에서 계에 속한 물체들에 적용된 뉴턴의 운동방정식을 모두 더한 결과인 (19.7)식을 간단히

$$\frac{d}{dt}\vec{P} = \vec{F} \tag{19.10}$$

라고 쓸 수 있다. 이 식을 말로 설명한다면 계의 총선운동량이 시간에 대해 변하는 비율은 계의 각 물체에 작용하는 외력의 합과 같다고 할 수 있다.

선운동량이라는 물리량을 꼭 여러 물체를 기술하는 경우에만 이용해야 되는 것은 아니다. 한 물체가 관심의 대상이라고 하더라도 선운동량의 개념을 도입하여 뉴턴의 운동방정식을 표현할 수 있다. 한 물체에 대한 뉴턴의 운동방정식을 보자. 시간이 흐르더라도 물체의 질량이 결코 바뀌지 않는다면 물체의 질량을 미분 안으로 집어넣을 수

가 있으므로 뉴턴의 운동방정식을

$$m\frac{d\vec{v}}{dt} = \frac{d}{dt}(m\vec{v}) = \frac{d}{dt}\vec{p} = \vec{F} \quad 즉 \quad \frac{d}{dt}\vec{p} = \vec{F} \tag{19.11}$$

라고 표현할 수 있다. 한 물체에 대한 뉴턴의 운동방정식인 (19.11)식을 보면 여러 물체로 이루어져 있는 계에 대한 운동방정식인 (19.10)식과 똑같다는 것을 알 수 있다. 단지 한 물체에 대해서는 그 물체의 선운동량의 시간에 대한 변화량이 그 물체에 작용하는 힘의 합력과 같고 여러 물체 계에 대해서는 계의 총선운동량의 시간에 대한 변화량이 계에 작용하는 외력의 합과 같다는 점을 유의하면 된다.

(19.11)식은 선운동량이라는 새로운 물리량을 이용하여 뉴턴의 운동방정식을 다시 표현한 것일 따름이다. 원래 알고 있던 뉴턴의 운동방정식인 $F=ma$로부터 이 식을 유도하기 위하여 바뀌지 않는다고 가정한 질량을 시간에 대한 미분 안쪽으로 보내는 방법을 이용하였다. 그런데 놀라운 사실은, 질량이 바뀌지 않는다는 가정 아래서 구한 새로운 형태의 운동방정식인 (19.11)식은 물체의 질량이 바뀔 경우에도 역시 성립한다는 것이다. 예를 들어, 트럭에 싣고 가는 모래가 트럭의 틈새를 통하여 끊임없이 흘러나오고 있으면 트럭의 질량이 계속 감소할 것이다. 이런 경우에 트럭에 뉴턴의 운동방정식 $F=ma$를 적용하자면 트럭의 질량이 계속해서 바뀌고 있기 때문에 트럭의 질량 값으로 무엇을 대입하여야 할지 알 수 없게 된다. 그런데 (19.11)식에서 주어진 선운동량을 이용하여 표현한 뉴턴의 운동방정식을 이용하면 아무런 어려움이 없다. 바로 이점이 또한 선운동량이란 물리량을 도입하여 뉴턴의 운동방정식을 좀 더 일반적으로 성립할 수 있도록 만든 예가 된다. 또 다른 질량이 바뀌는 예를 들어보자. 특수 상대성 이론에 의하면 움직이는 물체는 더 빨리 움직일수록 물체의 질량이 증가한다. 뉴턴의 운동방정식을 선운동량을 이용하여 표현하면 그런 경우에도 역시 잘 적용할 수 있다.

(19.11)식이 편리하게 이용되는 경우가 또 있다. 이 식의 좌변은 선운동량의 미분 $d\vec{p}$와 시간의 미분 dt사이의 비라고 해석할 수도 있다. 그래서 양변에 짧은 시간간격 Δt를 곱하면 (19.11)식을

$$\vec{F}\Delta t = \Delta\vec{p} = \vec{p}_2 - \vec{p}_1 \tag{19.12}$$

이라고 고쳐 쓸 수도 있다. 이 식의 좌변에 나온 물체에 작용하는 힘과 그 힘이 작용한 시간간격의 곱인 $\vec{F}\Delta t$를 충격량이라고 부른다. 그래서 (19.12)식은 물체에 작용한 충

격량은 그 물체의 선운동량의 변화량과 같다고 말한다. 예를 들어, 굉장히 빨리 들어오는 야구공을 타자가 힘껏 쳤다고 하자. 그러면 야구공은 타자 쪽으로 오던 방향과는 반대 방향으로 날아가므로 타자가 야구공을 치기 전과 후에 야구공의 선운동량 변화량은 매우 크다. 그 선운동량 변화량은 야구공에 가한 충격량과 같다. 또 다른 예로, 포수가 야구공을 받을 때 클럽을 뒤로 빼면서 받는다. 그러면 야구공에 힘을 가하는 시간간격이 길어지므로 작은 힘으로도 동일한 충격량을 얻을 수 있어서 손이 덜 아프게 야구공을 받게 된다.

예제 1 철수는 큐막대를 가지고 24N의 힘으로 당구공을 쳤는데, 힘이 작용한 시간 간격은 0.028s이었다고 하자. 당구공의 질량이 0.16kg이라면 철수가 당구공을 친 뒤에 당구공이 움직이는 속력을 구하라.

철수가 당구공에 가한 충격량은

$$F\Delta t = (24\ \mathrm{N})\cdot(0.028\ \mathrm{s}) = 0.67\ \mathrm{N\,s}$$

이다. 한편 당구공은 정지 상태에서 시작하여 운동량이 p로 되었다면 당구공이 충격량을 받은 뒤 선운동량 변화량은

$$\Delta p = p - 0 = p = mv$$

이다. 그런데 (19.12)식에 의하여 당구공에 작용한 충격량은 당구공의 선운동량 변화량과 같으므로

$$F\Delta t = \Delta p = p = mv$$

이고 따라서 당구공의 속력 v는

$$v = \frac{F\Delta t}{m} = \frac{0.67\ \mathrm{N}\,s}{0.16\ \mathrm{kg}} = 4.2\ \mathrm{m/s}$$

이다.

예제 2 시속 100 km로 달리고 있는 자동차의 브레이크를 밟아서 5 s만에 정지하게 되었다. 자동차의 질량이 1,000 kg이라고 할 때 브레이크를 밟으면서 자동차에 수평 방향으로 가한 평균 힘은 얼마인가? 길은 수평방향으로 곧게 나 있다고 가정하라.

역시 (19.12)식을 이용하는 문제이다. 문제에서 힘을 제외하고 시간간격과 질량 그리고 처음 속력과 나중 속력이 주어졌으므로 (19.12)식으로부터 브레이크에 작용한 평균 힘은

$$F=\frac{p_2-p_1}{\Delta t}=\frac{0-(10^3\ \mathrm{kg})\cdot\left(\dfrac{10^5\ \mathrm{m}}{3.6\times 10^2\ \mathrm{s}}\right)}{5\ \mathrm{s}}=-5.6\times 10^3\ \mathrm{N}$$

이다. 여기서 답의 마이너스 부호는 브레이크가 가한 힘이 원래 자동차가 달리는 방향과 반대 방향으로 작용되었음을 알려준다.

20. 질량중심

- 여러 물체로 이루어진 계의 총선운동량은 계에 속한 물체들의 총질량이 질량중심에 모여서 운동할 때의 선운동량과 같다. 질량중심을 정의하기까지의 과정을 설명할 수 있는가?
- 선운동량은 보존되는 물리량이기 때문에 중요하다. 선운동량 보존법칙은 뉴턴의 운동방정식과 어떤 관계를 가지고 있으며 어떤 조건 아래서 성립하는가?
- 선운동량 보존법칙을 이용하면 쉽게 설명될 수 있는 현상에는 어떤 것들이 있는지 찾아보자.

지난 19장에서 우리는 n개의 물체로 이루어진 계에서 성립하는 뉴턴의 운동방정식을 (19.7)에 의해

$$\frac{d}{dt}\left(\sum_{i=1}^{n} m_i \vec{v}_i\right) = \vec{F} \tag{20.1}$$

라고 쓸 수 있음을 알았다. 이 식에서 우변의 $\vec{F}$는 계에 속한 물체에 작용하는 외력의 합이다. 이제 i번째 물체의 속도 $\vec{v}_i$는

$$\vec{v}_i = \frac{d}{dt}\vec{r}_i \tag{20.2}$$

로 주어진다는 사실을 이용하고 질량 m_i는 바뀌지 않는다고 가정하면 (20.1)식의 좌변을

$$\frac{d}{dt}\left(\sum_{i=1}^{n} m_i \vec{v}_i\right) = \frac{d}{dt}\left(\sum_{i=1}^{n} m_i \frac{d}{dt}\vec{r}_i\right) = \frac{d^2}{dt^2}\left(\sum_{i=1}^{n} m_i \vec{r}_i\right) \tag{20.3}$$

라고 쓸 수 있다. 이제 (20.3)식의 우변 괄호 안에 포함된 것을

$$\sum_{i=1}^{n} m_i \vec{r}_i = M\vec{R} \tag{20.4}$$

이라고 대표하기로 하자. 여기서 우변의 M은 계에 속한 물체들의 질량을 모두 더한 총질량으로

$$M = \sum_{i=1}^{n} m_i \tag{20.5}$$

이고 따라서 우변의 $\vec{R}$은 계의 질량중심을 대표하며

$$\vec{R} = \frac{1}{M}\sum_{i=1}^{n} m_i \vec{r}_i = \frac{\sum_{i=1}^{n} m_i \vec{r}_i}{\sum_{i=1}^{n} m_i} \tag{20.6}$$

라고 정의된다. n개의 물체로 이루어진 계에서 (20.6)식으로 주어지는 $\vec{R}$은 질량중심이라고 불리는 특별한 위치를 대표하는데, 이 특별한 위치가 무엇을 의미하는지 보기 위해 이 계에 대해 성립하는 뉴턴의 운동방정식인 (20.1)식에 (20.3)식과 (20.4)식을 대입하여 (20.1)식을

$$\frac{d}{dt}\left(\sum_{i=1}^{n} m_i \vec{v}_i\right) = \frac{d^2}{dt^2} M\vec{R} = M\frac{d^2}{dt^2}\vec{R} = \vec{F} \tag{20.7}$$

라고 표현하자. 이 식은 합력 $\vec{F}$를 받는 질량이 m인 한 물체에 대한 운동방정식인

$$m\frac{d^2\vec{r}}{dt^2} = \vec{F} \tag{20.8}$$

와 똑같은 형태이다. 한 물체에 대한 (20.8) 식에서 물체의 질량 m 대신에 계에 속한 물체들의 총 질량 M을 쓰고 물체에 작용하는 합력 대신에 계에 작용하는 외력의 합을 쓰면 (20.7)식이 된다. 이 결과는 무엇을 의미하는가?

여러 물체 계에 대해서 (20.7)식으로 표현된 결과는 여러 물체의 운동을 마치 한 물체의 운동처럼 기술할 수 있음을 의미한다. 여러 물체의 운동이 질량중심 좌표를 이용하면 한 물체의 운동처럼 기술할 수 있도록 바뀐 것이다. 그렇게 될 수 있었던 것은 (20.6)식으로 정의된 질량중심이라는 새로운 물리량을 찾아내었기 때문이다. 이와 같이

새로운 물리량은 문제를 쉽고 간단하게 기술할 수 있게 해 준다. 새로운 자연법칙이 나온 것이 아니라 단순히 문제를 간단하게 설명할 수 있게 된 것이다.

(20.7)식으로 표현된 결과를 말로 설명하면 다음과 같다. 어떤 계에 속한 여러 물체가 운동할 때 그 계 전체의 운동이 질량중심의 운동으로 대표될 수 있는데, 이 질량중심의 운동은 마치 계에 속한 모든 물체가 질량중심에 모여 만들어진 한 물체의 운동과 똑같이 운동한다. 이때 질량중심에 놓여있다고 생각하는 한 물체가 계에 작용하는 외력의 합과 같은 힘을 받는다고 생각하면 된다. 이와 같이 질량중심을 이용하면 계에 속한 여러 물체의 운동을 마치 한 물체의 운동을 기술하는 것과 똑같은 방법으로 설명할 수 있게 된다.

예제 1 질량이 각각 m, $3m$, 그리고 $5m$인 세 물체가 그림에 보인 것과 같이 놓여 있다. 이 세 물체의 질량중심을 대표하는 x좌표와 y좌표를 구하라.

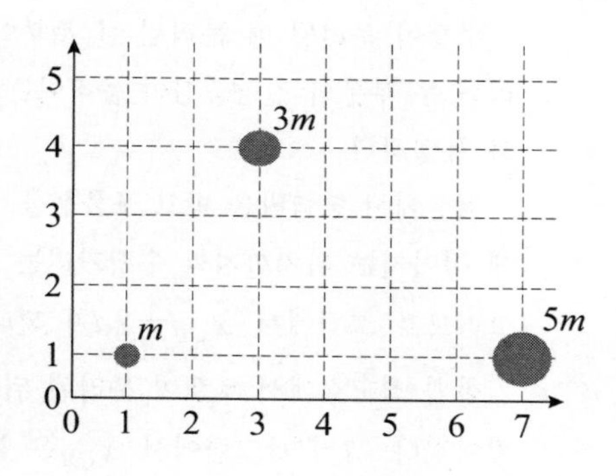

질량중심을 표시하는 좌표를 구하려면 (20.6)식을 이용한다. (20.6)식의 양변에서 각각 x축 성분과 y축 성분을 구하면 질량중심의 x축 좌표인 X_{CM}과 y축 좌표인 Y_{CM}는

$$X_{CM}=\frac{1}{M}\sum_{i=1}^{n}m_i x_i \quad \text{그리고} \quad Y_{CM}=\frac{1}{M}\sum_{i=1}^{n}m_i y_i$$

가 된다. 문제에서 총질량 M은

$$M=m+3m+5m=9m$$

이고 그림에 보인 좌표를 이용하면 질량중심의 좌표는

$$X_{CM}=\frac{1}{M}\sum_{i=1}^{n}m_i x_i=\frac{1}{9m}(1\times m+3\times 3m+7\times 5m)=5$$

$$Y_{CM}=\frac{1}{M}\sum_{i=1}^{n}m_i y_i=\frac{1}{9m}(1\times m+4\times 3m+1\times 5m)=2$$

가 된다.

예제 2 그림과 같이 모형 로켓이 발사된 뒤 포물선 궤도를 날아가다가 최고점에서 로켓 질량의 3분의 1에 해당하는 부분이 분리되어 바로 연직 아래로 떨어졌다. 로켓의 나머지 부분은 발사지점으로부터 얼마나 먼 수평거리에 도달하였는가? 발사지점으로부터 최고점의 위치까지 수평거리는 d이다.

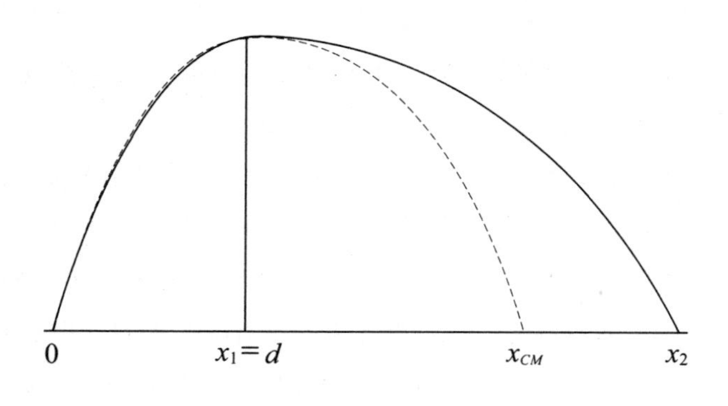

로켓이 분리될 때 분리된 한 부분이 다른 부분에 작용하는 힘은 내력이다. 그러므로 분리된 두 부분의 질량중심이 움직이는 모습은 로켓이 분리되지 않은 경우에 움직이는 모습과 동일하다.

지상에서 중력만을 받고 포물선을 그리며 운동하는 물체가 발사지점으로부터 다시 지면에 떨어지는 위치까지의 수평거리는 최고점에 도달할 때 진행하는 수평거리의 두 배이다. 그러므로 그림에서 $x_{CM}=2d$가 된다.

한편 최고점에서 로켓이 분리된 뒤에 분리된 두 부분은 서로 동일한 높이를 유지하면서 떨어진다. 그리고 그림에서 x_{CM}은 분리된 두 부분의 질량중심이므로 질량중심을 정의한 (20.6)식을 이용하여

$$x_{CM}=2d=\frac{1}{m}\left(\frac{m}{3}d+\frac{2m}{3}x_2\right) \quad \therefore\ x_2=\frac{5}{2}d$$

임을 알 수 있다. 즉 나머지 부분은 발사지점으로부터 $5d/2$인 위치에 떨어진다.

여러 물체 계에 대한 뉴턴의 운동방정식인 (20.1)식은 선운동량을 이용하면

$$\frac{d}{dt}\vec{P}=\vec{F} \tag{20.9}$$

라고 쓸 수 있다. 이 식 좌변에 나오는 $\vec{P}$는

$$\vec{P}=\sum_{i=1}^{n}\vec{p}_i=\sum_{i=1}^{n}m_i\vec{v}_i \tag{20.10}$$

로 주어지는 계의 총선운동량이고 우변의 $\vec{F}$는 계에 속한 물체에 작용하는 외력의 합이다. (20.9)식을 보면, 만일 우변에 나오는 외력의 합력인 $\vec{F}$가 0이면 어떻게 무슨 일이 벌어질까라는 의문을 가질 수 있다. 상수 즉 변하지 않는 수를 미분하면 0이라는 점을 잘 알고 있다. 그래서 (20.9)식에서 $\vec{F}$가 0이라면 총선운동량 $\vec{P}$를 시간에 대해 미분한 것이 0이므로 총선운동량은 시간이 흐르더라도 바뀌지 않게 된다. 다시 말하면

$$\textbf{선운동량 보존법칙} : \vec{P} = \text{일정} \tag{20.11}$$

이라고 쓸 수 있으며 시간이 지나더라도 계의 총선운동량 $\vec{P}$는 일정하게 유지됨을 알 수 있다. 이것을 선운동량 보존법칙이라고 부른다. 자연에 존재하는 가장 간단한 형태의 자연법칙이 바로 이렇게 보존법칙의 형식으로 주어지는 것이다. 그래서 보존법칙으로 표현되는 물리량이 물리에서 중요한 위치를 차지한다. 그런데 18장에서 다룬 다른 보존법칙인 에너지 보존법칙은 아무런 조건도 없이 항상 성립하였지만 그러나 여기서 배운 선운동량 보존법칙은 외력의 합이 0이라는 조건 아래서만 성립한다는 점을 명심하여야 한다.

선운동량 보존법칙인 (20.11)식은 계가 단지 한 물체만으로 이루어져 있을 때도 역시 성립한다. 한 물체로 이루어진 계에서 총선운동량은 그 물체의 선운동량이며 그 물체에 작용하는 힘은 모두 외력이므로 외력의 합은 바로 그 물체에 작용하는 모든 힘의 합이 된다. 따라서 단 한 물체로 이루어진 계에 대해서는 (20.11)식을 만일 계에 작용하는 모든 힘의 합력이 0이라면

$$\vec{p} = m\vec{v} = \text{일정} \tag{20.12}$$

이라고 쓸 수 있다. 이것은 별다른 법칙이 아니라 우리가 이미 알고 있는 내용을 달리 표현했을 뿐이다. (20.12)식은 물체에 작용하는 힘들을 모두 더한 합력이 0이면 물체는 등속도 운동을 한다는 관성의 법칙과 동일한 내용이다. 힘을 받지 않는 물체 또는 작용한 힘들의 합력이 0인 물체의 속도는 바뀌지 않는다. 한 물체의 경우 속도가 바뀌지 않으므로 그 속도에 바뀌지 않는 질량을 곱하면 역시 바뀌지 않을 것은 뻔하고 그래서 한 물체의 경우에는 선운동량 보존법칙은 관성의 법칙과 동일한 내용을 담고 있다.

선운동량 보존법칙이 놀라운 결과를 주는 것은 여러 물체로 이루어진 계에 적용될 때이다. 이 계에 속한 물체에 작용하는 외력이 없으면, 그러니까 계에 속한 물체들 사이의 상호작용에 의해 서로 힘을 작용하는 내력만 존재하면, 또는 계에 속한 물체에

작용하는 외력의 합이 0이면, 계의 총선운동량은 일정하게 보존된다는 것이 선운동량 보존법칙이 말해주는 내용이다. 이 결과의 놀라운 점은 만일 계의 각 물체에 작용하는 외력이 없거나 외력의 합이 0이면 각 물체의 선운동량은 바뀌더라도 총선운동량은 바뀌지 않는다는 점이다. 각 물체의 선운동량은 내력에 의해서 바뀔 수가 있다. 그러나 한 물체의 선운동량이 어떤 방향으로 증가하면 다른 물체의 선운동량이 그 방향으로 감소하거나 또는 반대방향으로 증가하는 방법 등으로 총 선운동량은 바뀌지 않고 일정하게 유지된다.

선운동량 보존법칙은 우리 주위에서 관찰되는 많은 현상을 간단히 설명하는데 자주 활용된다. 가장 많이 이야기되는 경우가 충돌 문제이다. 두 물체가 충돌하는 경우에 충돌하는 두 물체를 계로 생각하자. 두 물체가 충돌하면서 주고받는 힘은 명백히 내력이다. 그래서 두 물체 사이에 충돌하면서 작용하는 힘 이외에 다른 힘이 작용하지 않거나 다른 힘이 작용하더라도 그 힘들의 합이 0이면 충돌하는 두 물체에 대해서는 선운동량 보존법칙이 성립한다. 가장 흔히 볼 수 있는 예가 당구 게임이다. 두 당구공이 충돌할 때는 한 당구공이 다른 당구공에 작용하는 내력 이외에도 외력으로 중력과 수직항력이 작용하지만 중력과 수직항력을 합하면 항상 0이므로 당구공의 충돌 문제에서는 선운동량 보존법칙이 성립한다. 여러분은 당구를 치면서 본능적으로 선운동량 보존법칙을 적용하고 있다.

군대에 다녀온 학생이라면 총을 쏠 때 반동(反動)을 경험했을 것이다. 이것도 선운동량 보존법칙을 이용하면 간단히 설명된다. 총을 쏘기 전에 총신과 총알은 움직이지 않고 있으므로 총신과 총알로 이루어진 계의 총선운동량은 0이다. 총을 쏘면 총알이 앞으로 나가는데 이 총알의 선운동량을 상쇄해 주도록 총신이 반대방향으로 나가지 않으면 안 된다. 단지 총신의 질량이 총알의 질량에 비해 매우 크므로 총알의 선운동량과 총신의 선운동량이 크기는 갖고 방향이 반대이기 위해서는 총신이 총알과 반대방향으로 움직이는 반동의 속력은 총알의 속력에 비해 매우 작게 된다. 이 총신의 속도가 바로 반동 속도이다. 또한 반동 속도를 감소시키기 위하여 총신을 어깨에 밀착시킨다. 그러면 총신과 몸이 함께 움직이므로 반동하는 질량이 더 커지고 따라서 반동 속도는 더 작아진다.

로켓의 발사도 선운동량 보존 법칙으로 설명하면 간단하다. 로켓 발사 전에는 아무것도 움직이는 것이 없으므로 총 선운동량은 0이다. 로켓이 발사되면 연료를 분출한다. 이 연료의 선운동량을 상쇄하여 총 선운동량을 0으로 만들기 위해 로켓이 위로 올라가는 것이다.

예제 3 전투기가 추락하여 낙하산을 타고 비행기로부터 탈출한 조종사가 표면이 단단히 얼은 호수 위로 내렸다고 하자. 바람도 불지 않고 호수 표면이 너무 미끄러워 움직일 수 없다면 조종사는 어떻게 호수 바깥으로 나올 수 있겠는가?

매우 미끄럽다면 아무리 걸으려고 하든지 아니면 아무리 발버둥 쳐도 조종사는 제자리에서 한 걸음도 더 나오지 못하고 그 자리에 그대로 있게 된다. 다행이 조종사가 선운동량 보존법칙을 알고 있다면 한 가지 방법은 있다. 낙하산을 둘둘 말아서 뭍과 가까운 쪽의 반대 방향으로 던지면 된다.

낙하산을 한쪽 방향으로 던지기 전에는 낙하산과 조종사가 모두 정지해 있으므로 이 계의 총선운동량은 0이다. 이제 조종사가 낙하산을 한쪽 방향으로 힘껏 던지면 조종사가 낙하산에 작용한 힘이나 그 힘의 반작용인 낙하산이 조종사에 작용한 힘은 모두 내력이다. 따라서 조종사와 낙하산으로 이루어진 계의 운동에는 선운동량 보존법칙이 성립된다. 그러므로 낙하산을 한쪽 방향으로 힘껏 던지면 조종사는 낙하산의 선운동량과 크기는 갖고 방향은 반대인 선운동량을 가지고 움직이게 된다. 만일 조종사와 빙판 사이에 마찰이 전혀 없다면 조종사는 뭍에 도달할 때까지 일정한 속도로 움직일 것이다.

예제 4 잔잔한 호수 위에 움직이지 않고 떠 있는 뗏목의 한쪽 끝에 영희가 서 있다. 이제 영희가 한 쪽으로 천천히 걷는다고 하면 뗏목은 어떻게 움직일까? 뗏목의 질량은 200 kg이고 영희의 질량은 50 kg이며 영희가 뗏목 위에서 잔잔한 물에 대해 시속 4 km의 속력으로 걷는다고 할 때 뗏목이 물을 흘러가는 속력을 구하라.

영희가 뗏목 위를 걸으면서 뗏목에게 작용하는 힘이나 뗏목이 영희에게 작용하는 힘은 영희와 뗏목을 계로 생각하면 내력이다. 그러므로 뗏목과 물 사이의 마찰력을 무시할 수 있다면 영희와 뗏목의 총선운동량은 보존된다.

영희가 걷기 전에는 영희와 뗏목이 모두 정지해 있으므로 총선운동량 P가

$$P=0$$

이다. 영희와 뗏목의 질량을 각각 m_1과 m_2라 하고 영희가 움직이는 속도를 v_1 그리고 뗏목이 움직이는 속도를 v_2라고 하면 영희가 걷고 있을 때 영희와 뗏목의 총선운동량 P'은 영희의 선운동량과 뗏목의 선운동량을 더하여

$$P' = m_1 v_1 + m_2 v_2$$

가 된다. 이제 선운동량 보존법칙을 적용하면 $P = P'$ 이므로

$$0 = m_1 v_1 + m_2 v_2 \quad \therefore\ v_2 = -\frac{m_1}{m_2} v_1 = -\frac{50\ \text{kg}}{200\ \text{kg}} \times 4\ \text{km/hr} = -1\ \text{km/hr}$$

가 된다. 즉 뗏목이 움직이는 속력은 시속 1 km이다. 위의 결과에서 마이너스 부호는 뗏목이 움직이는 방향은 영희가 걷는 방향과 반대임을 가리킨다.

21. 충돌문제

- 선운동량 보존법칙이 성립하는 대표적인 경우가 충돌문제이다. 충돌은 탄성충돌과 비탄성충돌 그리고 완전 비탄성충돌로 나뉘는데 이렇게 나뉘는 기준은 무엇인가?
- 직선상에서 질량이 동일한 두 물체가 탄성충돌하면 속도 교환이 일어난다. 우리 주위에서 이렇게 속도 교환이 일어나는 현상의 예를 들어보라.
- 당구 게임은 대표적인 2차원 충돌문제이다. 당구 게임이 재미있는 이유가 무엇인지에 대해 충돌문제의 관점에서 토의해보자.

선운동량 보존법칙이 성립하는 대표적인 경우로 충돌문제가 있다. 이상적인 충돌문제는 두 물체가 충돌하기 전에는 아무런 힘도 받지 않고 일정한 속도로 진행하다가 짧은 시간간격 동안 힘을 주고받으며 충돌하고 나서 다시 아무런 힘도 받지 않고 일정한 속도로 진행하는 문제를 말한다. 두 충돌하는 물체를 계로 정하면 두 물체가 충돌하면서 서로 작용하는 힘은 명백히 내력이므로 충돌문제에서는 반드시 선운동량 보존법칙이 성립한다.

충돌문제에서는 충돌 전 두 물체의 속도인 $\vec{v}_1$과 $\vec{v}_2$가 주어지고 충돌이 일어난 후 두 물체의 속도인 $\vec{v}_1{}'$과 $\vec{v}_2{}'$을 구하는 것이 목표이다. 충돌문제가 아닌 다른 역학문제에서는 문제에 나오는 물체에 작용하는 힘이 주어지고 그 힘에 의해서 물체들이 어떻게 운동하는지를 구하게 되어 있다. 그러나 충돌문제에서는 충돌하는 동안 구체적으로 어떤 힘이 작용하는지에 대해서는 별 관심을 갖지 않는다. 단지 충돌문제에서는 항상 선운동량 보존법칙이 성립한다는 사실 하나만으로 문제의 많은 부분을 해결한다.

충돌은 다시 탄성충돌과 비탄성충돌로 나뉜다. 탄성충돌은 충돌 전 두 물체의 총 운동에너지와 충돌 후 두 물체의 총 운동에너지가 동일한 경우이고 비탄성 충돌은 동일하지 않은 경우 즉 운동에너지가 보존되지 않는 경우이다. 만일 두 물체가 충돌할 때 운동에너지의 일부가 열에너지로 손실되면 운동에너지가 보존되지 않는다.

운동에너지의 일부가 손실되는 비탄성충돌의 경우에 손실되는 에너지가 얼마인지는 충돌하는 두 물체의 성질에 따라 결정되므로 비탄성충돌에서 손실되는 운동에너지의 비율을 일반적으로 말할 수는 없다. 그러나 비탄성충돌에 의해서 운동에너지가 가장 많이 손실되는 경우에 대해서는 미리 이야기할 수 있다. 비탄성충돌 중에서 특히 운동에너지의 손실이 최대로 일어나는 경우를 완전 비탄성충돌이라 한다.

충돌 전 두 물체의 총 운동에너지 중에서 얼마만큼이 손실되어야 완전 비탄성충돌이라고 말할 수 있을까? 언뜻 생각하면 충돌 전 총 운동에너지가 모두 다 손실되어야 완전 비탄성충돌이라고 할 수 있을 것 같이 생각되기도 한다. 충돌 전 두 물체의 총 운동에너지가 모두 다 손실되어 충돌 후 총 운동에너지가 0이 된다면 충돌과 함께 두 물체는 움직이지 않고 정지해 있어야 하는데 그것은 가능하지 않은 일이다. 탄성충돌 뿐 아니라 비탄성충돌 그리고 완전 비탄성충돌에서도 선운동량은 꼭 보존되어야 한다. 그래서 만일 충돌 전 총선운동량이 0이 아니라면 충돌 후 총선운동량도 결코 0이 될 수 없고 그렇다면 충돌 후 두 물체가 모두 정지해 있는 것은 가능하지 않다.

충돌과 함께 운동에너지의 손실이 최대인 완전 비탄성충돌은 충돌 후 두 물체가 하나로 결합하여 움직이는 경우에 일어난다. 이때가 선운동량 보존법칙을 만족하면서 운동에너지의 손실이 최대로 발생하는 경우이다. 그림 21.1에 보인 것과 같이 질량이 각각 m_1과 m_2인 두 물체가 충돌 전에 각각 속도 $\vec{v}_1$과 $\vec{v}_2$로 움직이다가 충돌 후 결합하여 속도 $\vec{V}$로 움직인다고 하자. 그러면 이때 성립하는 선운동량 보존법칙을

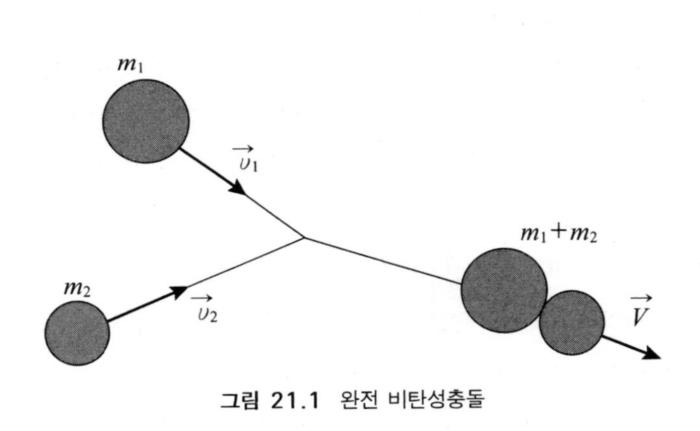

그림 21.1 완전 비탄성충돌

$$m_1 \vec{v}_1 + m_2 \vec{v}_2 = (m_1 + m_2)\vec{V} \quad \therefore \ \vec{V} = \frac{m_1 \vec{v}_1 + m_2 \vec{v}_2}{m_1 + m_2} \qquad (21.1)$$

라고 쓸 수 있다. 따라서 완전 비탄성충돌 후 결합된 두 물체의 속도 $\vec{V}$는 오직 선운동량 보존법칙 만에 의해서 (21.1)식의 나중 식에 의해 결정된다.

완전 비탄성충돌에서는 충돌 후 두 물체가 움직이는 속도가 (21.1)식에 의해 결정되므로 충돌 전과 충돌 후 두 물체의 총 운동에너지 K와 K'를 계산할 수 있으며 그 결과는

$$K=\frac{1}{2}m_1v_1^2+\frac{1}{2}m_2v_2^2,$$
$$K'=\frac{1}{2}(m_1+m_2)V^2=\frac{1}{2}\frac{m_1^2v_1^2+m_2^2v_2^2+2m_1m_2\vec{v}_1\cdot\vec{v}_2}{m_1+m_2} \tag{21.2}$$

이다. 한 가지 예로 충돌 전에 두 번째 물체가 정지해 있어서 $v_2=0$인 경우를 보자. 그러면 총 운동에너지의 변화량 $\Delta K=K'-K$는

$$\Delta K=K'-K$$
$$=\frac{1}{2}\frac{m_1^2v_1^2}{m_1+m_2}-\frac{1}{2}m_1v_1^2=\frac{1}{2}m_1v_1^2\left(\frac{m_1}{m_1+m_2}-1\right)=-\frac{1}{2}\frac{m_1m_2}{m_1+m_2}v_1^2<0 \tag{21.3}$$

로 항상 0보다 작아서 총 운동에너지가 손실됨을 알 수 있다.

예제 1 그림에 보인 것과 같은 완전 비탄성충돌을 이용하면 빨리 움직이는 탄환의 속도를 측정할 수 있다. 줄에 매달린 질량이 M인 나무토막을 향하여 질량이 m인 탄환을 발사하였더니 탄환이 박힌 나무토막은 높이 h만큼 위로 올라갔다. 탄환의 속도 v를 구하라.

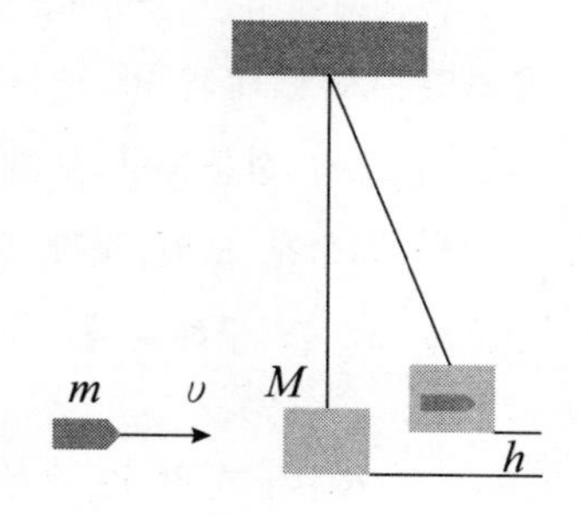

탄환이 나무토막에 박힌 직후 탄환과 나무토막의 속도 V는 (21.1)식에 의해

$$V=\frac{m}{m+M}v$$

가 된다. 한편 탄환이 박히고 나서 탄환과 나무토막은 중력을 받으며 위로 올라간다. 중력은 보존력이므로 이 운동에는 역학적 에너지 보존법칙을 적용할 수 있다. 나무토막이 움직이지 않은 위치를 중력 퍼텐셜에너지의 기준점으로 정하면 탄환이 나무토막에 박힌 직후에 탄환과 나무토막의 역학적 에너지 E는

$$E=\frac{1}{2}(m+M)V^2=\frac{1}{2}\frac{m^2v^2}{m+M}$$

이고 탄환과 나무토막이 최고점에 도달하였을 때 역학적 에너지 E'은

$$E' = (m+M)gh$$

이다. 여기서는 최고점에서 탄환과 나무토막의 속도가 0임을 이용하였다. 이제 역학적 에너지가 보존되는 것을 이용하면

$$E = E' \quad \rightarrow \quad \frac{1}{2}\frac{m^2v^2}{m+M} = (m+M)gh \quad \therefore v = \frac{m+M}{m}\sqrt{2gh}$$

가 된다.

충돌문제에서는 두 물체가 충돌 전에 움직이던 속도 $\vec{v}_1$과 $\vec{v}_2$를 알고 충돌 후에 두 물체가 움직이는 속도 $\vec{v}_1{}'$과 $\vec{v}_2{}'$을 구하는 것이 목표이다. 여기서는 우선 그림 21.2에 보인 것과 같은 1차원 충돌문제를 보자. 1차원 충돌문제란 두 물체가 모두 직선 위에서 움직이다가 충돌한 뒤 역시 충돌 전과 동일한 직선 위에서 움직이는 경우를 말한다.

충돌문제에서는 충돌하는 짧은 시간간격 동안 두 물체 사이에 어떤 힘이 어떻게 작용하였는지에 대해 별 관심을 보이지 않는다. 다만 이들 힘은 내력이므로 충돌문제에서는 반드시 선운동량 보존법칙이 성립한다는 사실을 이용한다.

그림 21.2에 보인 것과 같은 1차원 충돌문제의 경우에 충돌 후 두 물체의 속도인 $v_1{}'$과 $v_2{}'$을 구해보자. 선운동량 보존법칙을 식으로 쓰면

$$m_1v_1 + m_2v_2 = m_1v_1{}' + m_2v_2{}' \tag{21.4}$$

이 된다. 그런데 우리가 구할 것은 $v_1{}'$과 $v_2{}'$ 두 가지이기 때문에 (21.4)식 하나만 가지고는 문제를 풀 수가 없다. 필요한 다른 하나의 식은 이 충돌이 탄성충돌인지 또는 비탄성충돌인지를 알아야 나온다. 만일 탄성충돌이라면 운동에너지가 보존되므로

$$\frac{1}{2}m_1v_1^2 + \frac{1}{2}m_2v_2^2 = \frac{1}{2}m_1v_1{}'^2 + \frac{1}{2}m_2v_2{}'^2 \tag{21.5}$$

이 성립한다. 그러므로 (21.4)식과 (21.5)식을 연립으로 풀면 충돌 후 두 물체의 속도인 $v_1{}'$과 $v_2{}'$를 구할 수 있다. 그리고 만일 이 충돌이 완전 비탄성충돌이라면 충돌 후

두 물체의 속도가 같으므로 (21.4)식 하나만으로도 문제가 해결된다. 그러나 에너지 손실이 얼마인지 모르는 비탄성충돌의 경우에는 다른 정보가 또 주어지지 않는 한 문제를 풀 수가 없다.

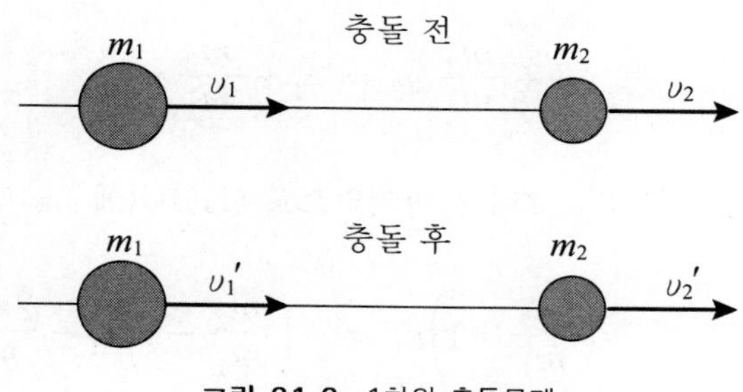

그림 21.2 1차원 충돌문제

고등학교에서는 두 물체의 충돌 문제를 다룰 때 충돌 전 두 물체의 상대속도와 충돌 후 두 물체의 상대속도 사이의 비에 의해

$$e = -\frac{v_2' - v_1'}{v_2 - v_1} \tag{21.6}$$

로 정의되는 e를 충돌의 반발계수라고 정의하고, $e=1$일 때는 완전 탄성충돌, 그리고 $0<e<1$일 때를 탄성충돌, 마지막으로 $e=0$일 때를 비탄성충돌이라고 부른 것을 기억할지도 모른다. 그러나 우리는 운동에너지가 보존되는지 또는 보존되지 않는지와 같은 좀 더 기본적인 기준에 의해 탄성충돌과 비탄성충돌을 나누었으므로 구태여 반발계수를 도입할 필요는 없다.

1차원 탄성충돌의 경우에 (21.4)식과 (21.5)식을 연립으로 푸는 문제가 그렇게 쉽지만은 않다. 이 문제가 어려운 이유는 (21.5)식이 2차 방정식이기 때문이다. 그런데 (21.4)식을

$$m_1(v_1 - v_1') = -m_2(v_2 - v_2') \tag{21.7}$$

와 같이 바꾸어 쓰고 (21.5)식을

$$m_1(v_1^2 - v_1'^2) = -m_2(v_2^2 - v_2'^2) \tag{21.8}$$

라고 바꾸어 쓰면 문제가 쉽게 해결된다. 우선 (21.8)식을 (21.7)식으로 나누면

$$v_1 + v_1' = v_2 + v_2' \quad \rightarrow \quad v_1' - v_2' = -v_1 + v_2 \tag{21.9}$$

가 된다. 그 다음에 (21.7)식의 양변을 m_1으로 나누고 정리하면

$$v_1{}' + \frac{m_2}{m_1} v_2{}' = v_1 + \frac{m_2}{m_1} v_2 \tag{21.10}$$

를 얻는다. 그러고 마지막으로 (21.9)식에 m_2/m_1을 곱한 다음 (21.10)식과 더하면

$$\begin{aligned} &\left(\frac{m_2}{m_1} + 1\right) v_1{}' = -\left(\frac{m_2}{m_1} - 1\right) v_1 + \frac{2m_2}{m_1} v_2 \\ &\therefore\ v_1{}' = \frac{m_1 - m_2}{m_1 + m_2} v_1 + \frac{2m_2}{m_1 + m_2} v_2 \end{aligned} \tag{21.11}$$

를 얻는다. 그리고 이 결과를 (21.9)식에 대입하면 $v_2{}'$은

$$\begin{aligned} v_2{}' &= v_1{}' + v_1 - v_2 \\ &= \frac{m_1 - m_2 + m_1 + m_2}{m_1 + m_2} v_1 + \frac{2m_2 - m_1 - m_2}{m_1 + m_2} v_2 \\ \therefore\ v_2{}' &= \frac{2m_1}{m_1 + m_2} v_1 - \frac{m_1 - m_2}{m_1 + m_2} v_2 \end{aligned} \tag{21.12}$$

가 됨을 알 수 있다. (21.11)식과 (21.12)식은 1차원 탄성충돌 문제에 대한 가장 일반적인 풀이이다. 충돌 후 두 물체의 속도인 $v_1{}'$과 $v_2{}'$의 내용을 보면 답이 맞았다고 느낄 수 있을 만큼 아주 아름다운 대칭적 표현으로 되어 있음을 느끼게 된다.

실제 충돌문제에서는 대부분 표적이라고 불리는 한 물체가 정지해 있고 표적을 향하여 입사체를 발사하여 충돌이 일어난다. 그런데 11장에서 자세히 설명된 것처럼 물체의 속도란 항상 그 속도를 측정하는 기준에 대한 상대속도이다. 그래서 충돌문제에서 표적이 정지해 있다는 말은 표적의 속도가 0이라고 기술되는 기준계를 이용한다는 말과 똑같은 의미이다. 이렇게 표적이 정지해 있다고 기술되는 기준계를 특별히 실험실 기준계라고 부른다. 미시세계의 기본입자를 탐구하는 데는 충돌실험이 자주 이용되는데, 그런 실험은 실험실 기준계를 이용하여 기술되는 것이 보통이다. 실험실 기준계에서는 그림 21.2에서 $v_2 = 0$이 된다. 그러므로 실험실 기준계에서 충돌 후 입사체의 속도 $v_1{}'$과 표적의 속도 $v_2{}'$은 (21.11)식과 (21.12)식에서 구한 결과에 $v_2 = 0$를 대입하여

$$\text{실험실 좌표계}:\ v_1' = \frac{m_1 - m_2}{m_1 + m_2} v_1,\ \ v_2' = \frac{2m_1}{m_1 + m_2} v_1 \tag{21.13}$$

임을 알 수 있다.

충돌문제를 분석하는 데는 실험실 좌표계보다도 더 편리한 좌표계로 질량중심 좌표계가 있다. 질량중심 좌표계는 충돌하는 두 물체의 질량중심이 정지해 있는 것으로 기술되는 좌표계이다. 우리가 이미 20장에서 자세히 공부한 것처럼, 어떤 계의 총질량이 질량중심에 놓여 질량중심과 함께 움직인다면 바로 그 총질량의 선운동량은 계의 총 선운동량과 같음을 알고 있다. 그래서 질량중심 좌표계를 이용하여 충돌문제를 기술하면 충돌 전과 충돌 후 두 물체의 총선운동량이 0이다. 그러므로 질량중심 좌표계는 충돌문제를 분석하는데 아주 편리하게 이용된다.

충돌문제를 이렇게 여러 가지 좌표계에서 기술할 수 있지만, 어떤 좌표계를 이용하더라도 물리적인 결과는 달라지지 않는다. 따라서 다루고자 하는 문제에서 구하는 것이 무엇이냐에 따라 문제를 해결하는데 가장 편리하다고 판단되는 좌표계를 골라서 사용하면 된다.

그림 21.3 속도 교환을 보여주는 장치

1차원 충돌문제의 결과에서 특별한 경우에 어떤 일이 벌어지는지 살펴보자. 특별한 경우란 (i) 두 질량이 같아서 $m_1 = m_2 = m$인 경우, (ii) 두 질량 중에서 하나가 다른 하나보다 훨씬 더 커서 $m_1 \ll m_2$ 또는 $m_1 \gg m_2$인 경우 등을 들 수 있다. 먼저 두 질량이 같은 경우를 보자. (21.11)식과 (21.12)식으로 주어진 결과에 두 질량이 같다는 조건인 $m_1 = m_2 = m$를 대입하면, 충돌 후 두 물체의 속도인 v_1'과 v_2'는

$$v_1' = v_2\,, \quad v_2' = v_1 \tag{21.14}$$

이 된다. 이것은 충돌 후 첫 번째 물체의 속도 v_1'는 충돌 전 두 번째 물체의 속도 v_2와 같고 충돌 후 두 번째 물체의 속도 v_2'은 충돌 전 첫 번째 물체의 속도 v_1과 같다는 것을 이야기해 준다. 이런 결과를 속도 교환이라고 부른다. 1차원 충돌문제에서 두 물체가 탄성충돌을 할 때 만일 두 물체의 질량이 같다면 항상 속도 교환이 일어난다.

속도 교환이 일어나는 현상을 당구 게임에서 종종 관찰할 수 있다. 정지해 있는 빨간 공을 흰 공으로 힘껏 때리면 어떤 경우에는 충돌과 함께 흰 공이 원래 빨강공이 있던 위치에서 멈추고 빨강공만 앞으로 진행하는 것을 볼 수 있다. 이때 충돌 수 빨강공이 앞으로 나가는 속도는 충돌 전 흰 공이 달려온 속도와 똑같다. 이것은 두 공이 정면으로 충돌하여 1차원 탄성충돌이 일어났으며 빨강공과 흰 공의 질량이 같기 때문이다.

당구 게임에서 관찰되는 속도 교환과 비슷한 현상을 그림 21.3에 보인 실험기구에서도 볼 수 있다. 이 실험기구에는 질량이 동일한 금속구들이 가벼운 실에 의해 매달려 있다. 그림에 보인 것과 같이 만일 왼쪽에서 금속구 두 개를 들었다가 가만히 놓으면 오른쪽에서 금속구가 두 개만 위로 올라간다. 만일 왼쪽에서 금속구를 한 개만 들었다가 가만히 놓으면 오른쪽에서는 금속구가 하나만 위로 올라간다. 이것은 금속구들이 충돌하는 순간 1차원 탄성충돌이 일어나 속도가 교환되기 때문이다.

다음으로는 1차원 탄성충돌 문제에서 $m_1 \ll m_2$인 경우를 살펴보자. 이 경우에 어떤 일이 벌어지는지를 알아보려면 (21.11)식과 (21.12)식으로 주어진 결과의 우변에 나오는 분자와 분모를 모두 m_2로 나누고 $m_1/m_2 \to 0$으로 보내면 되는데 그렇게 한 결과로

$$v_1' = -v_1 + 2v_2\,, \quad v_2' = v_2 \tag{21.15}$$

를 얻는다. 이 결과를 해석하기 위해서 훨씬 더 질량이 큰 표적인 m_2가 원래 정지해 있어서 $v_2 = 0$인 경우를 보자. 그러면 질량이 큰 표적인 m_2는 충돌 후에도 여전히 정지해 있고, 질량이 작은 입사체인 m_1은 속도가 v_1으로 표적을 향해 달려오다가 충돌 후에는 $v_1' = -v_1$인 속도로 움직이는 것을 알 수 있다. 다시 말하면, 충돌 후에 m_1은 충돌 전과 동일한 빠르기로 방향을 바꿔서 멀어져 간다. 이것은 움직이지 않는 벽에 공을 부딪쳤을 때 공이 벽과 탄성충돌을 한다면 동일한 빠르기로 튕겨져 나간다고 직관적으로 알 수 있는 결과와 동일한 것이다.

이번에는 마지막으로 표적인 m_2가 오히려 입사체인 m_1보다 질량이 훨씬 더 작아서 $m_1 \gg m_2$인 경우를 보자. 이 경우에 어떤 일이 벌어지는지를 알아보려면, 전과 마찬가지로, (21.11)식과 (21.12)식으로 주어진 결과의 우변에 나오는 분자와 분모를 모두 m_1으로 나누고 $m_2/m_1 \to 0$으로 보내면 되는데, 그렇게 한 결과로

$$v_1{}' = v_1\,, \quad v_2{}' = 2v_1 - v_2 \tag{21.16}$$

를 얻는다. 이 결과는, 우리가 어렵지 않게 예상할 수 있는 것처럼, 만일 표적의 질량 m_2에 비해 입사체의 질량 m_1이 매우 크다면 충돌 후 질량 m_1의 속도 $v_1{}'$은 충돌 전 m_1의 속도 v_1과 같다는 점을 알려준다. 그런데 질량이 매우 큰 입사체가 질량이 매우 작은 표적과 충돌한다면 충돌 후 표적의 운동은 어떻게 될까? (21.16)식은 흥미롭게도 충돌 전 표적이 정지해 있다고 할 때 충돌 후에는 입사체의 속도의 두 배의 속도로 도망간다고 말해준다.

예제 2 마찰이 없는 수평면에서 질량이 1 kg인 물체가 10 m/s의 속력으로 달려와 정지해있는 질량이 5 kg인 물체와 충돌한다. 충돌 후에 질량이 1 kg인 물체는 두 물체를 잇는 직선상에서 오던 방향과 반대방향을 향하여 5 m/s의 속력으로 움직인다면 원래 정지해 있던 질량이 5 kg인 물체는 충돌 후에 어느 방향을 향하여 얼마의 속력으로 움직이겠는가? 이 충돌은 탄성충돌인가, 비탄성충돌인가, 아니면 완전 비탄성충돌인가? 만일 비탄성충돌이라면 손실된 에너지는 몇 J인가?

충돌문제에서는 선운동량 보존법칙이 반드시 성립한다. 이 문제에서 충돌 전 총선운동량 P는

$$P = (1\ \text{kg}) \times (10\ \text{m}/s) + (5\ \text{kg}) \times (0) = 10\ \text{kg}\ m/s$$

이고 충돌 후 총 선운동량 P'은, 정지해 있던 물체가 충돌 후 v m/s로 움직인다면

$$P' = (1\ \text{kg}) \times (-5\ \text{m}/s) + (5\ \text{kg}) \times (v\ \text{m}/s) = (5v - 5)\ \text{kg}\ m/s$$

이다. 그러므로 선운동량 보존법칙에 의해서

$$P = P' \qquad \therefore\ v = 3\ \text{m}/s$$

가 된다. 다시 말하면 원래 정지해 있던 물체는 충돌 전 질량이 1 kg인 물체가 움직이던 방향과 동일한 방향을 향하여 3 m/s의 속력으로 움직인다.

이 충돌이 완전 비탄성충돌은 아니다. 오직 충돌 후에 두 물체가 결합하여 움직이는 경우에만 완전 비탄성충돌이기 때문이다. 이제 이 충돌이 탄성충돌인지 비탄성충돌인지 구분하기 위하여 충돌 전 총 운동에너지 K와 충돌 후 총 운동에너지 K'을 계산해 보자. 위의 결과로부터 K와 K'은 각각

$$K=\frac{1}{2}(1\ \text{kg})\times(10\ m/s)^2+\frac{1}{2}(5\ kg)\times(0)^2=50\ \text{J}$$

$$K'=\frac{1}{2}(1\ \text{kg})\times(-5\ m/s)^2+\frac{1}{2}(5\ \text{kg})\times(3\ \text{m}/s)^2=35\ \text{J}$$

임을 알 수 있다. 이처럼 총 운동에너지가 감소하였으므로 이 충돌은 비탄성충돌이며 이 충돌에서 손실된 운동에너지는 $\Delta K=K'-K=-15$ J이다.

지금까지는 1차원 충돌문제를 공부하였다. 그러면 2차원 충돌문제는 어떻게 다룰까? 그림 21.4에 2차원 충돌문제의 예를 그려 놓았다. 문제를 간단하게 만들기 위하여 충돌하는 두 물체 중에서 표적이 정지해 있어서 $v_2=0$인 경우로 한정해 살펴보자. 이렇게 한정하는 것이 실제로는 제한을 가하는 것도 아니다. 우리가 잘 아는 것처럼, 물체의 속도란 무엇을 기준으로 말하느냐에 따라 결정되며 기준을 무엇으로 하느냐에 따라 물리적 내용이 결코 바뀌지 않는다. 그래서 만일 어떤 기준계에서 표적이 v_2인 속도로 움직이고 있다면 그 기준계에 대해 상대적으로 v_2인 속도로 움직이는 기준계에서 표적은 정지해 있게 된다. 그런 기준계를, 앞에서 설명한 것처럼, 실험실 좌표계라고 한다. 다시 말하면 두 물체 중에서 한 물체가 정지해 있는 기준계를 선정할 때 어떤 제한을 가한다고 보기보다는 단순히 편리한 기준계를 선정한다고 보면 된다. 그리고 이렇게 실험실 좌표계를 선정하였을 때 충돌 전에 정지해 있는 물체를 표적이라 부

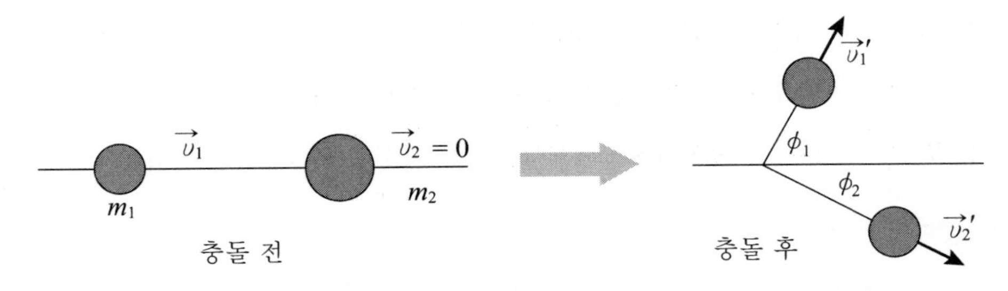

그림 21.4 2차원 충돌문제

르고 움직이는 물체를 입사체라고 부른다.

그림 21.4에는 실험실 좌표계에서 2차원 충돌문제를 그려놓았다. 충돌 전에 질량이 m_2인 표적은 정지해 있어서 $\vec{v}_2=0$이고 질량이 m_1인 입사체는 $\vec{v}_1$의 속도로 표적을 향해 움직인다. 충돌 뒤에 입사체는 원래 입사체가 진행한 방향과 ϕ_1의 각을 이루며 $\vec{v}_1{}'$의 속도로 진행하고 표적은 원래 입사체가 진행한 방향과 ϕ_2의 각을 이루며 $\vec{v}_2{}'$의 속도로 진행한다. 이러한 2차원 충돌문제에서도 물론 선운동량 보존법칙이 성립하여 충돌 전의 총선운동량 $\vec{P}$와 충돌 후의 총선운동량 $\vec{P}'$은 같아야 한다. 또한 총선운동량은 벡터양이기 때문에 각 성분별로 선운동량이 보존된다. 그림 21.4에서 입사체가 진행하는 방향을 $+x$방향이라고 하고 입사체가 진행하는 방향과 수직인 위쪽 방향을 $+y$방향이라고 하면 2차원 충돌문제에서 선운동량 보존법칙을

$$\begin{aligned} &x\text{축 방향 성분 : } \ m_1 v_1 = m_1 v_1{}' \cos\phi_1 + m_2 v_2{}' \cos\phi_2 \\ &y\text{축 방향 성분 : } \ 0 = m_1 v_1{}' \sin\phi_1 - m_2 v_2{}' \sin\phi_2 \end{aligned} \tag{21.17}$$

라고 쓸 수 있다.

2차원 충돌문제에서는 충돌 전 입사체와 표적의 속도가 주어지고 충돌 후 입사체와 표적의 속도를 구하는 것이 목표이다. 그러므로 (21.17)식에서 충돌 뒤 입사체와 표적의 속력인 $v_1{}'$과 $v_2{}'$ 그리고 입사체와 표적이 충돌 전 입사체가 진행하던 방향과 이루는 각인 ϕ_1과 ϕ_2를 구해야 한다. 그러나 (21.17)식에 나온 선운동량 보존법칙은 단지 두 개의 식만을 제공하고 우리가 구해야 할 것은 네 가지 양이므로 아직 문제를 해결할 수가 없다.

그림 21.4에 보인 2차원 충돌문제에서 만일 완전 비탄성충돌이 일어난다면 충돌 후 두 물체는 하나로 결합되어 진행한다. 그러면 선운동량 보존법칙에 의해서 이렇게 결합된 물체는 반드시 원래 입사체가 움직인 방향과 동일한 방향으로 진행하여야만 한다. 다시 말하면 완전 비탄성충돌은 항상 1차원 문제이다. 그리고 만일 그림 21.4에 보인 2차원 충돌문제가 탄성충돌이라면 운동에너지 보존법칙이 적용됨으로

$$\frac{1}{2} m_1 v_1^2 = \frac{1}{2} m_1 v_1{}'^2 + \frac{1}{2} m_2 v_2{}'^2 \tag{21.18}$$

가 성립하여야 한다.

그런데 2차원 충돌문제에서는 탄성충돌이라고 하더라도 선운동량 보존법칙에서 성립하는 식 두 개와 운동에너지 보존법칙에서 성립하는 식 한 개 등 적용할 식이 모두 세 개뿐이지만 우리가 구할 양들은 v_1', v_2', ϕ_1 그리고 ϕ_2 등 네 가지 이다. 그러므로 이들 중에서 어느 한 가지가 다른 방법에 의해 정해져야만 2차원 충돌문제가 해결될 수 있다. 바로 이 사실이 당구 게임이 재미있도록 만들어 준다. 만일 흰 공을 빨간 공의 정면에 충돌시킨다면 질량이 동일한 두 물체의 1차원 탄성충돌이 되어 속도 교환이 일어난다. 그러나 흰 공이 빨간 공과 충돌할 때 접촉되는 부분이 약간이라도 정면에서 비껴져 있다면 2차원 탄성충돌 문제가 되며 그 미세한 차이에 의하여 충돌이 일어나는 두 각 ϕ_1과 ϕ_2가 결정되고 따라서 흰 공을 빨간 공에 동일한 방법을 충돌시켰다고 생각하고 있을지라도 충돌 뒤에 흰 공과 빨간 공이 진행하는 모습은 무수히 다양한 방법으로 나타난다.

VIII. 원운동

롤러코스터

우리는 그동안 일정한 힘을 받는 물체의 운동, 물체의 위치에 따라 변하는 힘을 받는 물체의 운동, 여러 물체의 운동 등을 어떻게 기술하는지에 대해 배웠습니다. 물체가 움직이고 있더라도 받는 힘이 일정하면 뉴턴의 운동방정식에 의해서 그 물체는 등가속도 운동을 한다는 것을 알았습니다. 그런 경우에는 단순히 물체가 받는 힘을 그 물체의 질량으로 나누어 물체의 가속도만 구하면 되었습니다. 가속도만 알면 등가속도 운동은 다 해결된 것이나 마찬가지이기 때문입니다. 물체의 위치에 따라 변하는 힘을 받는 물체의 운동을 기술하기 위해 2차 미분방정식의 형태로 된 뉴턴의 운동방정식을 직접 푸는 문제는 그렇게 쉽지 않습니다. 그런데 우리는 일과 운동에너지라는 물리량을 도입하고 뉴턴의 운동방정식을 일-에너지 정리로 표현하면 좋다는 것을 알았습니다. 그러면 문제가 쉽게 해결되었습니다. 특히 물체에 작용하는 힘이 보존력이라면 그 힘에 대응하는 퍼텐셜에너지를 정의할 수 있고 그렇게 하면 일-에너지 정리는 바로 역학적 에너지 보존법칙이 되는 것도 알았습니다.

그리고 바로 지난주에는 서로 상호작용하는 여러 물체로 구성된 계의 운동을 기술하는 방법을 배웠습니다. 그런 경우에 뉴턴의 운동방정식을 직접 풀려면 연립 2차 미분방정식을 풀어야 하는데 쉬운 일이 아닙니다. 그런데 이번에도 질량중심과 선운동량이라는 새로운 물리량을 도입하면 문제를 쉽게 해결할 수 있음을 알았습니다. 심지어 두 물체가 짧은 시간간격 동안만 상호작용을 주고받는 충돌문제의 경우에는 힘에 대해서는 알려고 하지도 않고 선운동량 보존법칙을 이용하여 문제가 해결되는 것을 보았습니다.

그런데 지금까지 우리는 물체의 운동을 기술하면서 물체의 크기는 고려하지 않았습니다. 뉴턴의 운동방정식 $F=ma$에 나오는 물체에 대한 정보는 오직 물체의 질량 m 뿐입니다. 물체의 운동을 기술하는데 그 크기를 고려하지 않아도 되는 두 가지 경우가 있습니다. 그 중 한 경우는 문제에서 물체의 크기가 상대적으로 작아서 점으로 취급해도 좋을 때입니다. 예를 들어, 태양 주위를 회전하는 지구 문제를 푼다고 할 때, 태양에서 지구까지의 거리에 비해 지구의 지름은 점이나 마찬가지입니다. 그 중 다른 경우는 크기를 갖는 물체가 병진운동을 할 때입니다. 크기를 갖는 물체가 병진운동을 하면 물체의 모든 부분이 다 똑같은 변위에 의해 이동합니다. 그래서 물체에서 어떤 한 위치를 선정하고 그 위치에 크기를 갖는 물체의 질량이 모두 다 놓여있다고 가정하고 문제를 풀어도 똑같은 결과를 얻습니다. 그래서 물체의 크기를 고려할 필요가 없습니다.

그러나 크기를 갖는 물체가 회전운동을 할 때는 이야기가 다릅니다. 그런 경우에는 물체의 운동을 기술하는데 물체의 크기뿐 아니라 물체 내에 질량이 어떻게 분포되어 있는지도 중요하게 됩니다. 이번 주에서 다음 주까지 2주 동안에 걸쳐서 물체의 크기를 고려해야만 하는 바로 그런 문제를 다룰 예정입니다.

그런데 우선 물체의 운동을 묘사하는데 사용되는 비슷하게 들리지만 뜻이 다른 네 가지 용어로 직선운동과 원운동, 병진운동, 그리고 회전운동이 어떻게 구분되는지 생각해 봅시다. 여러분은 직선운동과 병진운동 그리고 원운동과 회전운동을 서로 구별할 수 있습니까? 직선운동과 원운동은 물체의 크기를 고려하지 않고 기술할 때 이용됩니다. 물론 직선운동은 물체가 직선을 따라 움직이는 운동이고 원운동은 물체가 원의 둘레를 따라 움직이는 운동입니다. 그런데 병진운동과 회전운동은 움직이는 물체가 크기를 가지고 있고 물체의 각 부분이 어떻게 이동하느냐에 의해 구분되는 용어입니다. 병진운동은 물체가 이동할 때 물체에 속한 모든 부분이 다 동일한 변위에 의해서 기술되는 운동입니다. 이에 대하여 회전운동은 물체가 움직일 때 물체에 속한 한 점 또는 연속된 점들은 움직이지 않고 고정된 운동입니다.

크기를 갖고 있는 물체의 일반적인 운동은 순수한 병진운동과 순수한 회전운동으로 분리될 수 있습니다. 그런데 물체의 순수한 병진운동은 지금까지 물체의 크기를 고려하지 않고 설명된 것과 동일한 방법으로 기술됩니다. 그래서 따로 배울 필요가 없습니다. 그렇지만 크기를 갖는 물체의 회전운동을 기술하기 위해서는 또 새로운 물리량을 도입하여 문제를 간단하게 만듭니다. 강체의 회전운동에 대해서는 다음 주에 본격적으로 다룰 것입니다. 이번 주에는 우선 회전운동을 이해하기 위해 원운동을 자세히 공부할 예정입니다. 우리는 이미 지난 8장에서 원통좌표계와 구면좌표계 그리고 극좌표계를 이용하여 원운동을 기술하는 방법을 배웠습니다. 이제 이번 주에 우리는 물체가 원운동을 하도록 만드는 구심력에 대해서 배우고 원운동을 쉽게 설명하기 위해서 뉴턴의 운동방정식을 어떻게 변형하여 표현하는지에 대해서도 배웁니다. 그렇게 하기 위해서 우리는 또 새로운 물리량인 토크와 각운동량을 소개합니다. 이번 주 마지막 장에서는 중심력을 받고 움직이는 물체의 운동을 기술하는 방법을 배웁니다. 중력과 만유인력 그리고 전기력 등 우리 주위에서 흔히 보는 많은 힘들이 중심력입니다. 그래서 중심력을 받고 움직이는 물체의 운동을 잘 이해하는 것이 중요합니다.

22. 원운동과 구심력

- 직선운동을 기술하는 방법을 그대로 이용하여 원운동을 기술할 수 있다. 그렇게 하기 위해서는 직선운동을 기술하는데 이용된 물리량에 대응하는 원운동의 물리량을 찾아내기만 하면 된다.
- 직선운동에서 변위, 속도, 가속도 등은 좌표축의 +방향과 −방향 등 두 가지 방향을 향할 수 있다. 원운동에서 회전각, 각속도, 각가속도의 방향은 어떻게 결정되는가?
- 직선 위를 일정한 빠르기로 움직이는 물체에게는 아무런 힘도 작용하지 않지만, 원의 둘레를 일정한 빠르기로 움직이는 물체에게는 구심력이 작용한다.

지난 7장과 8장에서는 직교좌표계와 원통좌표계 그리고 구면좌표계 등 여러 가지 좌표계를 이용하여 운동을 기술하는 일반적인 방법을 배웠다. 어떤 좌표계를 이용하여 운동을 기술한다고 말하는 것은 그 좌표계에 속한 좌표와 단위벡터로 운동을 기술하는 위치벡터와 변위, 속도 그리고 가속도 등을 표현한다는 의미이다. 7장과 8장에서 구한 결과를 이용하면 어떤 운동이라도 잘 묘사할 수 있다.

그런데 이제 특별히 간단한 운동인 직선운동과 원운동을 비교하여 설명하면서 이 장을 시작하고자 한다. 우리의 목표는 다음 주에 배울 강체의 회전운동을 잘 이해하는 것이다. 회전운동을 잘 이해하기 위해서는 먼저 원운동을 기술하는 방법에 익숙해지는 것이 유리하다. 그런데 원운동을 기술하는 방법과 직선운동을 기술하는 방법이 매우 유사하다. 두 가지 운동이 모두 단 한 개의 좌표로 기술되는 1차원 운동이기 때문이다. 그래서 직선운동에서 이용되는 식들을 그대로 원운동에서도 똑같이 이용될 수 있다. 다만 직선운동을 기술하는 물리량에 대응하는 원운동을 기술하는 물리량을 찾아내기만 하면 된다. 나는 이 방법을 직선운동으로부터 원운동으로 번역하는 방법이라고 부른다.

직선운동과 원운동을 비교하기 위하여 직선운동은 그림 22.1에 보인 직교좌표계를 이용하여 표현하고 원운동은 그림 22.2에 보인 극좌표계를 이용하여 표현하자. 직선운동은 그림 22.1에 보인 직교좌표계에서 $y=$ 일정이라고 놓고 좌표 x만으로 기술되는 운동이고 원운동은 그림 22.2에 보인 극좌표계에서 $r=$ 일정이라고 놓고 좌표 θ만으로 기술되는 운동이다.

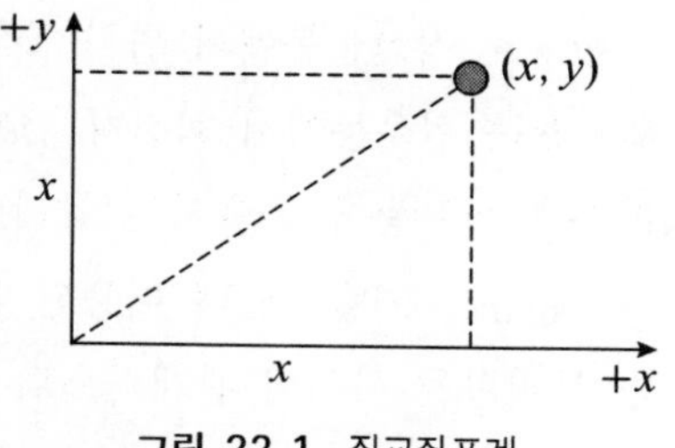

그림 22.1 직교좌표계

그러므로 직선운동에서 물체의 위치는 x좌표 값만으로 결정된다. 한편 원운동에서 물체의 위치는 θ값만으로 결정된다. 그리고 직선운동에서 물체가 한 위치 x_1에서 다른 위치 x_2로 이동하였다면 이 물체의 변위 Δx는

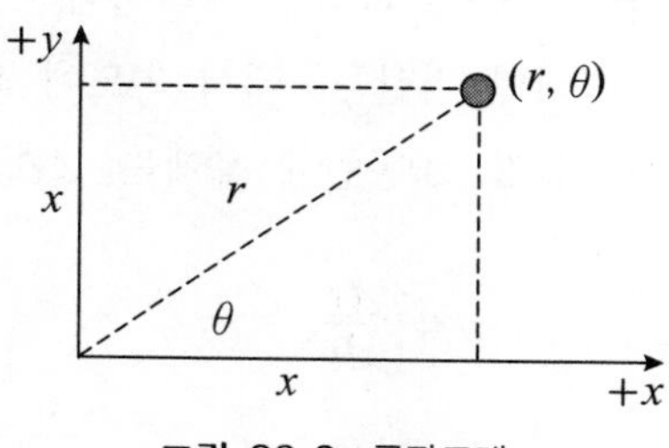

그림 22.2 극좌표계

$$\Delta x = x_2 - x_1 \tag{22.1}$$

과 같이 위치를 나타내는 두 좌표 사이의 차이로 주어진다.

이와 마찬가지로 원운동에서 물체가 각도를 표시한 한 위치 θ_1에서 다른 위치 θ_2로 이동하였다면 이 물체의 이동을

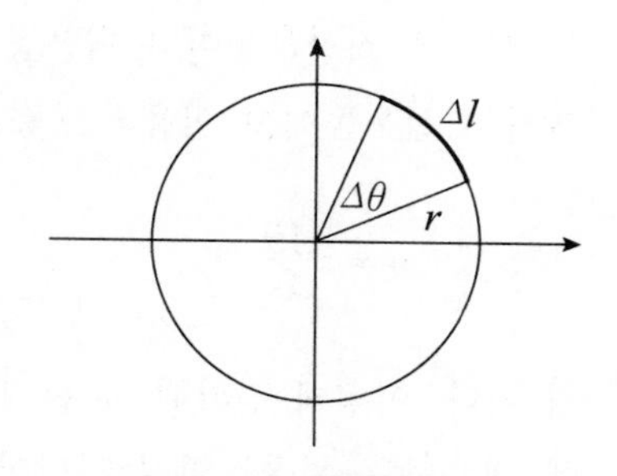

그림 22.3 회전각의 정의

$$\Delta\theta = \theta_2 - \theta_1 \tag{22.2}$$

과 같이 원운동에서 위치를 나타내는 두 각도 사이의 차이로 주어지는데 여기서 $\Delta\theta$를 회전각이라고 부른다. 각도는 주로 θ와 같은 그리스 문자로 표시되는데, 그림 22.3에 보인 회전각 $\Delta\theta$는 그 회전각에 대응하는 원호의 길이 Δl을 원의 반지름 r로 나눈 것으로

$$\Delta\theta = \frac{\Delta l}{r} \tag{22.3}$$

에 의해 정의된다. 이렇게 정의된 회전각을 표시하는 단위를 라디안이라 하고 rad라고 표기한다. (22.3)식의 우변에 나오는 Δl과 r이 모두 길이를 나타내므로 회전각 $\Delta\theta$는 길이를 길이로 나눈 것이다. 그래서 회전각의 단위를 라디안이라고 표시하지만 라디안은 차원을 갖는 단위가 아니다. 그러므로 물리량이 길이나 시간 또는 질량의 차원을 갖는다는 식으로 말할 때 회전각은 아무런 차원도 갖지 않는다고 말한다.

이렇게 직선운동에서 위치 x를 원운동에서 각도 θ와 대응시키면 직선운동에서 변위 Δx는 원운동에서 회전각 $\Delta\theta$와 대응된다. 이제 계속해서 직선운동을 기술하는 물리량과 원운동을 기술하는 물리량 사이에 어떤 대응관계가 있는지 살펴보자. 그러면 직선운동을 기술하는데 이용된 물리량들 사이의 관계식이 그대로 원운동에서 대응되는 물리량들 사이의 관계식으로 이용된다는 사실을 보게 될 것이다. 그런데 직선운동과 원운동 모두에서 똑같은 물리량이 사용되는 경우로 딱 두 가지가 있다. 하나는 시간이고 다른 하나는 에너지이다.

그러면 직선운동에서 속도에 해당하는 원운동의 물리량은 무엇일까? 직선운동에서 시간간격 Δt동안에 물체는 Δx만큼의 변위를 이동했다면 그 물체의 속도 v는

$$v = \frac{\Delta x}{\Delta t} \tag{22.4}$$

로 정의된다. 이 식에서 변위 Δx에 대응하는 원운동의 물리량은 회전각 $\Delta\theta$이다. 그리고 시간은 직선운동이나 원운동 모두에서 동일하게 이용되므로 그대로 두면 된다. 그래서 직선운동에서 이용되는 (22.4)식을 원운동에서 이용되는 물리량으로 바꾸면

$$\omega = \frac{\Delta\theta}{\Delta t} \tag{22.5}$$

가 된다. 이렇게 정의된 ω를 각속도라고 부른다. 여기서 각속도는 직선운동에서 속도에 대응하는 원운동의 물리량이다.

마지막으로 직선운동에서 가속도에 해당하는 원운동의 물리량을 구하자. 가속도 a란 시간간격 Δt동안에 물체의 속도가 Δv만큼 변했다면

$$a = \frac{\Delta v}{\Delta t} \tag{22.6}$$

로 정의된다. (22.5)식을 구할 때와 마찬가지로, 직선운동의 가속도를 정의한 (22.6)식에서 Δv에 해당하는 원운동의 물리량은 $\Delta\omega$이므로, 원운동에서는

$$\alpha = \frac{\Delta\omega}{\Delta t} \tag{22.7}$$

라고 쓸 수 있으며 이것을 각가속도라 한다.

직선운동에서 변위, 속도, 그리고 가속도의 방향은 어떻게 결정되는가? 직선운동에

서 각 물리량이 가리키는 방향은 좌표축의 +방향과 −방향 두 가지 뿐이다. 그래서 변위 Δx가 0보다 크다면 $+x$축 방향을 가리키고 0보다 작다면 $-x$축 방향을 가리킨다. 그리고 변위가 $+x$축을 가리킨다고 하는 것은 물체가 $+x$축 방향으로 이동하였음을 의미한다. (22.4)식으로 주어지는 속도의 방향은 변위의 방향과 같음을 알 수 있다. 그래서 속도 v가 0보다 크다면 $+x$축 방향을 가리키고 0보다 작다면 $-x$축 방향을 가리킨다. 그리고 변위와 마찬가지로 속도가 $+x$축 방향을 가리킨다고 하는 것은 물체가 $+x$축 방향으로 이동하고 있음을 의미한다.

직선운동에서 가속도 a가 0보다 크면 가속도는 $+x$축 방향을 가리키고 0보다 작으면 가속도는 $-x$축 방향을 가리킨다는 점에서는 변위나 속도와 마찬가지이다. 그러나 7장에서 자세히 논의되었던 것처럼, 가속도의 방향이 $+x$축을 가리킨다고 해서 물체가 $+x$축 방향으로 이동한다는 의미는 아니다. 물체가 $+x$축 방향으로 이동하고 있는데 빠르기가 점점 더 증가한다면 가속도는 $+x$축 방향을 향하고 빠르기가 점점 더 감소한다면 가속도는 축 방향을 향한다. 그리고 물체가 $-x$축 방향으로 이동하고 있는데 빠르기가 점점 더 증가한다면 가속도는 $-x$축 방향을 향하고 빠르기가 점점 더 감소한다면 가속도는 $+x$축 방향을 향한다.

원운동에서 회전각, 각속도, 각가속도 등의 방향은 어떻게 결정될까? 물체가 그림 22.4에 보인 것처럼 xy평면 위에서 좌표계의 원점을 중심으로 원운동을 한다고 하자. 그러면 원의 중심을 지나고 원운동하는 평면에 수직인 직선을 이 원운동의 회전축이라고 한다. 그림 22.4에 보인 원운동의 회전축은 z축이다. 회전축이 고정된 원운동에서는 직선운동에서와 마찬가지로 회전각, 각속도, 각가속도 등이 향하는 방향은 단 두 가지뿐이다.

물체가 그림 22.4에 보인 화살표의 방향으로 이동하면서 원운동을 한다고 하자. 이런 방향으로 원운동을 하면 회전각 $\Delta\theta$가 0보다 크며 이때 이 회전각은 그림 22.4에서 $+z$축 방향을 향한다고 말한다. 이 방향은 물체가 회전하는 방향으로 오른나사를 돌릴 때 나사가 진행하는 방향과 같다. 이렇게 원운동과 관련된 물리량의 방향은 회전축의 +방향 또는 −방향을 향한다고 말한다. 그래서 각속도 ω가 0보다 큰 경우에 각속도의 방향은 그림 22.4에서 $+z$

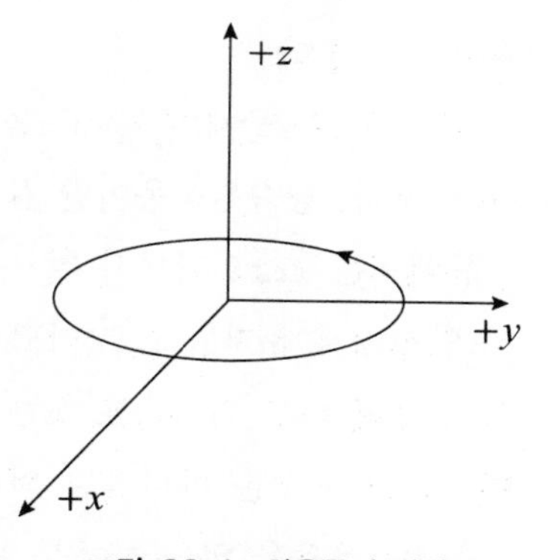

그림 22.4 원운동의 방향

축을 향하며 0보다 작은 경우에는 $-z$축 방향을 향한다.

원운동에서 각가속도 α가 0보다 크면 각가속도는 그림 22.4에서 $+z$축 방향을 가리키고 0보다 작으면 $-z$축 방향을 가리킨다는 점에서는 회전각이나 각속도와 마찬가지이다. 그러나 직선운동에서 가속도의 경우와 마찬가지로, 각가속도의 방향이 $+z$축을 가리킨다고 해서 물체가 그림 22.4의 위에서 보았을 때 시계 반대방향으로 회전한다는 의미가 아니다. 물체가 시계 반대방향으로 원운동하고 있는데 그 빠르기가 점점 더 증가한다면 각가속도는 $+z$축 방향을 향하고 빠르기가 점점 더 감소한다면 각가속도는 $-z$축 방향을 향한다. 그리고 물체가 위에서 볼 때 시계 방향으로 회전하고 있는데 물체의 빠르기가 점점 더 증가한다면 각가속도의 방향은 $-z$축 방향을 향하고 점점 더 감소한다면 $+z$축 방향을 향한다.

지금까지는 원운동하는 물체의 운동을 회전각, 각속도, 그리고 각가속도로 기술하였다. 이제 원운동하는 물체의 운동을 물체가 움직인 거리, 속도, 각속도 등으로 기술하려면 어떻게 되는지 알아보자. 그림 22.3에서 물체가 회전각 $\Delta\theta$만큼 움직였다면 물체가 이동한 거리 Δl은 회전각의 정의인 (22.3)식에 의해서

$$\Delta l = r\Delta\theta \tag{22.8}$$

가 됨을 알 수 있다. 그리고 (22.8)식의 양변을 물체가 $\Delta\theta$만큼 이동하는데 걸린 시간 간격 Δt로 나누면

$$\frac{\Delta l}{\Delta t} = r\frac{\Delta\theta}{\Delta t} \quad \rightarrow \quad v = \frac{\Delta l}{\Delta t}, \quad v = r\omega \tag{22.9}$$

가 된다. 다시 말하면 물체가 원운동하는 속력 v는 각속도 ω에 원운동의 반지름 r을 곱하면 나온다.

원운동하는 물체의 가속도를 알아보는 문제는 간단하지 않다. 먼저 등속원운동의 경우를 보자. 등속원운동이란 물체의 속력 v가 일정하게 유지되는 원운동이다. 등속원운동에서는, (22.9)식에서 알 수 있는 것처럼, v가 일정하게 유지되면 각속도 ω도 역시 일정하게 유지된다. 그러므로 $\Delta\omega = 0$이고 따라서 각가속도 $\alpha = 0$이다. 등속원운동의 경우에 비록 각가속도 α는 0이지만 등속원운동이 등속도운동은 아니다. 다시 말하면 가속도가 0은 아니라는 의미이다.

등속원운동을 하는 물체를 보인 그림 22.5에서 명백하듯이, 비록 물체가 원운동하면서 속도의 크기인 속력은 일정하게 유지되더라도 속도의 방향이 끊임없이 바뀌므로

물체는 등속도운동을 하지 않는다. 등속원운동에서 가속도의 크기를 구하기 위하여 그림 22.5의 왼쪽에 보인 두 개의 반지름 r과 원호 Δl로 이루어진 이등변삼각형과 그림 22.5의 오른쪽에 보인 두 속도 $\vec{v}$와 $\vec{v}'$ 그리고 속도의 차이인 Δv로 이루어진 이등변삼각형을 비교하자. 두 이등변삼각형의 사잇각이 $\Delta\theta$로 같으므로 두 이등변삼각형은 닮은꼴이고 따라서

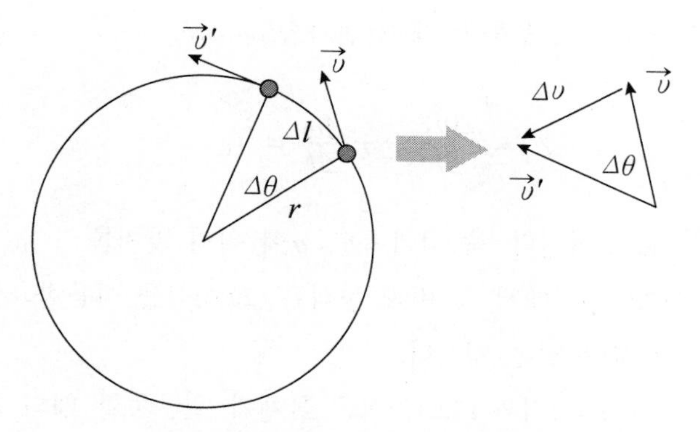

그림 22.5 등속원운동의 가속도 구하기

$$\frac{\Delta v}{v} = \frac{\Delta l}{r} \tag{22.10}$$

이 성립한다. 여기서 물체는 등속원운동을 하고 있으므로 두 속도 $\vec{v}$와 $\vec{v}'$의 크기는 모두 v임을 이용하였다.

(22.10)식을 이용하면 등속원운동의 가속도 a_c를 구할 수 있다. 이 가속도는 그림 22.5에서 볼 수 있듯이 원의 중심 방향을 향한다. 중심을 향한다는 의미에서 이 가속도를 특별히 구심가속도라고 부르고 영어로는 centripetal acceleration이라고 하며 가속도를 표시한 a에 아래첨자 c를 붙여서 구심가속도임을 표시한다. 구심가속도의 크기 a_c는 시간간격 Δt 동안에 속도의 변화량이 Δv라면

$$a_c = \frac{\Delta v}{\Delta t} = \frac{v}{r}\frac{\Delta l}{\Delta t} = \frac{v^2}{r} = r\omega^2 \tag{22.11}$$

이 된다. (22.11)식의 두 번째 등식은 (22.10)식을 이용한 결과이며 세 번째 등식은 (22.9)식에서 $v = \Delta l/\Delta t$를 이용한 결과이고 네 번째 등식도 역시 (22.9)식에서 $v = r\omega$를 이용한 결과이다.

지금까지는 각가속도 α가 0인 등속원운동만을 고려하였다. 이제 물체가 원운동을 하지만 움직이는 빠르기가 점점 더 증가한다고 하자. 그러면 가속도의 방향은 원의 접선방향을 향하므로 이 방향을 향하는 가속도 성분을 접선가속도라고 부르고 영어로는 tangential acceleration이라고 하며 가속도 a에 아래첨자 t를 붙여서 a_t로 표시한다.

물체가 원운동할 때 접선가속도 a_t는

$$a_t = \frac{\Delta v_t}{\Delta t} = r\frac{\Delta\omega}{\Delta t} = r\alpha \tag{22.12}$$

로 주어진다. 즉 각가속도 α에 원의 반지름 r을 곱하면 접선가속도를 구할 수 있다. (22.12)식에서 첫 번째 등식은 (22.6)식을 이용한 것이고 두 번째 등식은 (22.9)식을 이용하여 얻은 것이다.

(22.11)식과 (22.12)식은 물체가 원운동할 때의 가속도는 두 방향의 성분으로 나눌 수 있는데, 하나는 원의 중심방향을 향하는 구심가속도이고 다른 하나는 원의 접선방향을 향하는 접선가속도임을 말해준다. 원운동을 하는 물체는 항상 속력의 제곱을 원의 반지름으로 나눈 것과 같은 구심가속도를 가지고 운동한다. 그렇지만 접선가속도의 경우에는 등속원운동이 아닌 경우에만 존재한다. 이것은 극좌표계를 이용하여 속도와 가속도를 구한 8장에서 이미 얻은 결과와 동일하다. (8.24)식에서 a_ρ가 구심가속도에 해당하며 a_ϕ가 접선가속도에 해당한다. 특별히 반지름이 r인 원운동을 하는 경우에 (8.24)식에

$$\rho = r, \quad \frac{d\rho}{dt} = 0 \tag{22.13}$$

를 대입하면 구심가속도 a_ρ와 접선가속도 a_ϕ는 각각

$$a_\rho = -r\left(\frac{d\phi}{dt}\right)^2 = -r\omega^2, \quad a_\phi = r\frac{d^2\phi}{dt^2} = r\alpha \tag{22.14}$$

가 되고 이것은 바로 (22.11)식 그리고 (22.12)식과 동일한 결과이다. (22.14)식에 나온 첫 번째 식 우변에 마이너스 부호가 붙은 것은 이 가속도의 방향이 $\hat{\rho}$의 방향과 반대 방향 즉 원의 중심을 향하는 방향이라는 의미이다.

예제 1 지구는 반지름이 6,370 km인 구형이라고 보아도 좋다. 지구는 남극과 북극을 잇는 선을 축으로 하루에 한 번씩 자전한다. 적도에 놓인 물체가 자전에 의해서 움직이는 속력과 각속도를 구하라.

적도에 놓인 물체는 지구의 반지름과 같은 반지름의 원둘레 위를 24시간마다 한 바퀴씩 등속원운동을 한다. 따라서 이 물체의 속력 v는

$$v=\frac{2\pi r}{\Delta t}=\frac{2\times3.14\times(6,370\ \text{km})}{24\ \text{hr}}=1,667\ \text{km/hr}=463\ \text{m/s}$$

이다. 다시 말하면 적도에 가만히 놓인 물체가 단지 지구가 자전하기 때문에 우리나라 고속철 기차가 낼 수 있는 최고 속력의 여섯 배에 해당하는 속력으로 움직이고 있다는 것이다.

한편, 이 물체의 각속도 ω는 (22.9)식을 이용하여 속력을 반지름으로 나누어

$$\omega=\frac{v}{r}=\frac{463\ \text{m/s}}{6.370\times10^{6}\ \text{m}}=7.3\times10^{-5}\ \text{rad/s}$$

가 된다. 이 문제는 24시간 동안에 회전각이 한 바퀴 즉 2π rad이라는 사실을 이용해서도 구할 수 있으므로

$$\omega=\frac{\Delta\theta}{\Delta t}=\frac{2\times3.14\ \text{rad}}{24\times3,600\ \text{s}}=7.3\times10^{-5}\ \text{rad/s}$$

이 되는데, 이것은 예상과 마찬가지로 전과 동일한 결과이다.

등속원운동을 하는 물체의 예로 인공위성을 들 수 있다. 인공위성은 지구 주위를 등속원운동하면서 회전하고 있다. 그런데 간혹 다음과 같은 의문을 갖는 사람도 있다. 인공위성에는 지구가 인공위성을 잡아당기는 만유인력이 작용하는 것이 분명한데 인공위성은 왜 떨어지지 않고 계속 하늘에 떠 있는 것일까? 인공위성은 떨어지지 않는 동력장치를 사용하고 있는 것일까?

인공위성이 지구로부터 만유인력을 받고 있지만 만유인력의 역할이 인공위성을 지구로 떨어뜨리게 만드는 것이 아니다. 등속원운동은 (22.11)식으로 주어지는 구심가속도로로 움직이는 가속도 운동이기 때문에 그러한 가속도 운동을 하기 위해서는 뉴턴의 운동방정식에 의해서 그 가속도에 물체의 질량을 곱한 것과 같은 힘을 받아야만 한다. 다시 말하면 등속원운동을 계속하기 위해서는 물체는 원의 중심을 향하는 방향으로 계속 힘을 받고 있어야 한다. 이렇게 등속원운동을 하게 만드는 원의 중심을 향하는 힘을 구심력이라고 한다. 인공위성의 경우에는 지구가 인공위성을 잡아당기는 만유인력이 구심력의 역할을 한다. 그래서 인공위성이 등속원운동을 하기 위해서는 구심력만 받으면 되지 다른 동력장치가 필요한 것이 아니다.

그런데 물리를 좀 안다는 사람도 인공위성에서는 지구가 잡아당기는 구심력과 원심

력이 평형을 이루어 떨어지지 않고 하늘에 떠있다고 말하는 경우가 있다. 이 문제에 대해서는 이미 11장에서 관성계와 관성력에 대해 공부하면서 자세히 설명되었다. 인공위성에 작용하는 힘은 만유인력 하나뿐이며 만유인력이 구심력으로 작용하여 인공위성은 등속원운동을 계속한다. 그런데 인공위성에 부착된 기준계에서 보면 인공위성의 가속도는 0이어서 인공위성에 작용하는 합력이 0이어야 한다고 생각되며 그래서 그런 기준계에서는 실제 힘이 아닌 원심력이 작용하고 있다고 잘못 생각하는 것이다.

23. 토크와 각운동량

- 직선운동을 기술하는 물리량인 변위, 속도, 가속도와 원운동을 기술하는 물리량인 회전각, 각속도, 각가속도 사이에는 대응관계가 성립한다. 직선운동을 기술하는 식과 원운동을 기술하는 식 사이의 대응관계를 알아보자.
- 직선운동에 적용되는 뉴턴의 운동방정식을 원운동에 적용되도록 바꾸어 쓰면 어떻게 될까? 다시 말하면 뉴턴의 운동방정식에 나오는 가속도를 각가속도로 바꾸어 쓰거나 선운동량을 각운동량으로 바꾸어 쓸 수 있을까?
- 직선운동에 적용되는 선운동량 보존법칙을 원운동에 적용되도록 바꾸어 쓰면 어떻게 될까? 다시 말하면, 선운동량에 대응하는 각운동량을 정의하면 어떤 조건 아래서 각운동량 보존법칙이 성립할까?

지난 22장에서는 직선운동을 기술하는 변위, 속도, 가속도와 원운동을 기술하는 회전각, 각속도, 각가속도 사이의 관계에 대해 알아보았다. 직선운동을 기술하는 물리량들 사이에 성립하는 관계식의 형태가 원운동을 기술하는 물리량들 사이에 성립하는 관계식의 형태와 같음을 확인하였다. 이때 직선운동의 물리량에 대응하는 원운동의 물리량을 찾아내기만 하면 되었다. 예를 들어 직선운동에서 속도를 나타내는 관계식은 원운동에서 각속도를 나타내는 관계식과

$$v = \frac{\Delta x}{\Delta t} \quad \leftrightarrow \quad \omega = \frac{\Delta \theta}{\Delta t} \tag{23.1}$$

와 같이 동일한 형태를 가지고 있었고, 속도 v는 각속도 ω와, 변위 Δx는 회전각 $\Delta \theta$와 대응한다는 것만 알면 되었다.

그러면 이번에는 직선운동에서 질량에 대응하는 원운동의 물리량이 무엇일지 알아보자. 질량은 아주 기본적인 양이므로 원운동에서도 역시 질량일 것처럼 생각되기도 한다. 그러나 그렇기 않다. 이미 이야기한 것처럼, 동일한 물리량이 직선운동과 원운동 모두에서 동일한 역할을 하는 것은 시간과 에너지 두 가지 밖에 없다. 직선운동의 질량에 대응하는 회전운동의 물리량이 무엇인지 알아보기 위해 운동에너지에 대한 표현

식을 보자. 운동에너지는 직선운동과 원운동에서 모두 동일하게 이용되기 때문에 도움이 될지도 모른다. 이제 질량이 m인 물체가 반지름이 r인 원을 따라 속력 v로 움직인다고 하자. 그러면 이 물체의 운동에너지 K는 (16.11)식에 의해

$$K = \frac{1}{2} mv^2 \tag{23.2}$$

으로 주어진다. 그런데 원운동을 하는 물체의 속력 v는 각속도 ω와 (22.9)식으로 주어지는 것처럼

$$v = r\omega \tag{23.3}$$

인 관계에 있다. 그러므로 (23.2)식의 v 자리에 (23.3)식을 대입하면

$$K = \frac{1}{2} mv^2 = \frac{1}{2} m(r\omega)^2 = \frac{1}{2}(mr^2)\omega^2 = \frac{1}{2} I\omega^2 \tag{23.4}$$

이라고 쓸 수가 있는데, 여기서 마지막 우변은 원운동을 대표하는 물리량만으로 표현된 것으로 직선운동의 물리량으로 표현한 (23.2)식과 비교될 수 있다. 그러한 비교로부터 직선운동의 속도는 원운동의 각속도와 대응하고 직선운동의 질량은 원운동의 I와 대응함을 할 수 있다. (23.4)식으로부터 I는

$$I = mr^2 \tag{23.5}$$

으로 정의되는데, 이 물리량이 직선운동에서 질량에 대응하는 원운동의 물리량으로 회전관성이라고 불린다.

그러면 원운동에서 이용되는 회전관성이라는 물리량이 무엇을 의미하는지 살펴보자. 그렇게 하기 위해 먼저 직선운동에서 이용되는 질량의 의미를 복습하자. 질량은 뉴턴의 운동방정식 $F = ma$에 나오고 이 질량은 물체의 관성을 대표한다고 하였다. 그리고 이때 관성은 물체의 속도를 그대로 유지하려는 성질이다. 이것을 그대로 원운동에 대한 것으로 바꾸어 써보면 회전관성은 물체의 각속도를 그대로 유지하려는 성질이라고 말하면 그럴듯할 것 같다. 정말 그렇다. 회전관성이란 물체가 원운동할 때 물체의 각속도를 그대로 유지하려는 성질이라고 말하면 딱 맞다.

다음에는 직선운동에서 선운동량이 원운동에서 어떤 물리량에 해당하는지 알아보자. 선운동량은 (19.8)식에 의해

$$\vec{p} = m\vec{v} \tag{23.6}$$

라고 정의된다. 이제 질량 m에 대응하는 원운동의 물리량은 회전관성 I이고 속도 $\vec{v}$에 대응하는 원운동의 물리량은 각속도 $\vec{\omega}$임을 알았으므로 (23.6)식으로부터 선운동량 $\vec{p}$에 대응하는 원운동의 물리량을 각운동량 $\vec{L}$이라고 부른다면 각운동량을

$$\vec{L} = I\vec{\omega} \tag{23.7}$$

라고 정의하면 딱 좋으리라고 예상된다.

이번에는 직선운동에서 힘에 대응하는 원운동의 물리량이 무엇인지 알아보자. 그렇게 하기 위해서 그림 23.1에 보인 것과 같이 아주 가벼운 막대기에 연결된 질량 m이 반지름이 r인 원운동을 한다고 하자. 그림 23.1에서 시간이 t일 때 질량 m이 놓인 각이 $\theta(t)$라면 원호의 길이 $l(t)$는 각의 정의인 (22.3)식으로부터

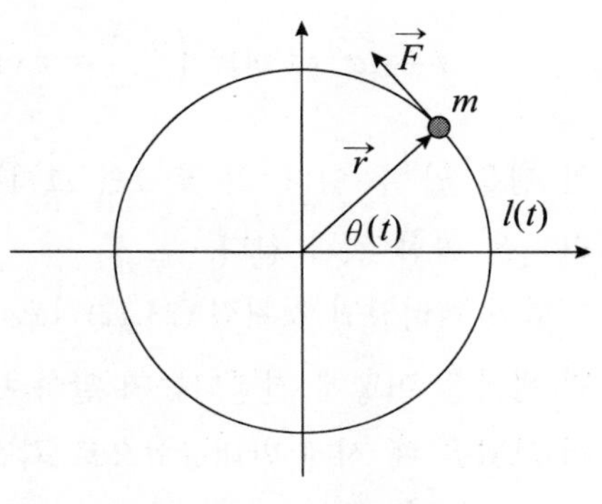

그림 23.1 토크의 설명

$$l(t) = r\,\theta(t) \tag{23.8}$$

이다. 그러면 질량 m의 속력 v와 각속도 ω 사이에는

$$v = \frac{dl}{dt} = r\frac{d\theta}{dt} = r\omega \tag{23.9}$$

의 관계에 있고, 질량 m의 접선가속도 a와 각가속도 α 사이에는

$$a = \frac{dv}{dt} = r\frac{d\omega}{dt} = r\alpha \tag{23.10}$$

인 관계에 있다.

이제 그림 23.1에 보인 것과 같이 물체에 원의 접선방향으로 힘 $\vec{F}$를 작용할 때 이 물체에게 적용할 뉴턴의 운동방정식을 쓰면 접선방향의 성분은

$$F = ma \tag{23.11}$$

가 된다. 이 식의 우변에 나오는 질량 m 대신에 회전관성을 그리고 가속도 a대신에 각가속도 α를 쓰면 그것이 바로 원운동에서 힘에 대응하는 물리량에 해당되며 토크라고 불리는 물리량이다. 다시 말하면 토크 τ는

$$\tau = I\alpha \tag{23.12}$$

가 된다. 토크가 어떤 양인지 알아보기 위하여 회전관성 I에는 (23.5)식을 그리고 각가속도 α에는 (23.10)식을 대입하면

$$\tau = I\alpha = (mr^2)\left(\frac{a}{r}\right) = r(ma) = rF \tag{23.13}$$

가 됨을 알 수 있다. 즉 토크의 크기는 힘의 크기 F에 회전축에서 질량 m까지의 거리 r을 곱한 것과 같다.

힘이 벡터양인 것처럼 (23.12)식으로 정의되는 토크도 역시 벡터양이다. 그러면 토크의 방향은 어떻게 결정되는지 알아보자. 그림 23.1에서 힘 $\vec{F}$가 질량 m을 지면 위에서 보았을 때 시계 반대방향으로 회전하게 하므로 토크의 방향은 m이 회전하는 방향으로 오른나사를 돌릴 때 오른나사가 진행하는 방향 즉 지면에서 위로 올라오는 방향이다. 따라서 r과 F를 곱한 것이 토크의 크기이고 방향이 지면에서 위로 올라오는 방향이라면 그림 23.1에서 토크 $\vec{\tau}$를

$$\vec{\tau} = \vec{r} \times \vec{F} \tag{23.14}$$

라고 쓸 수 있음을 알 수 있다. 그림 23.1에서는 $\vec{r}$과 $\vec{F}$사이의 사잇각이 90°이므로 토크의 크기는 rF이고 두 벡터의 벡터곱의 정의로부터 (23.14)식으로 주어진 토크는 지면 위로 올라오는 방향임을 알 수 있다. 그런데 (23.14)식으로 정의된 토크는 $\vec{r}$과 $\vec{F}$사이의 사잇각이 90°뿐 아니라 어떤 각에서나 일반적으로 성립한다. 예를 들어, 그림 23.2에 보인 것처럼 $\vec{r}$과 $\vec{F}$ 사이의 사잇각이 0°라면 (23.14)식으로 구한 물체에 작용하는 토크는 0이다. 힘이 그림 23.2에 보인 것처럼 작

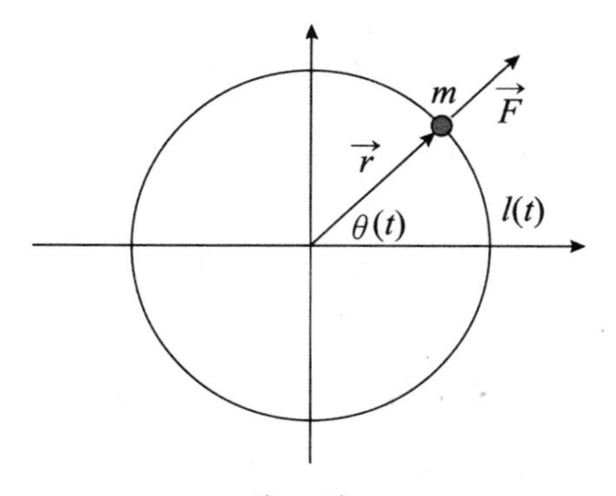

그림 23.2 $\vec{r}$과 $\vec{F}$가 평행인 경우

용하면 물체가 회전하지 못할 것이므로 (23.14)식의 표현은 그럴듯하다고 느껴진다.

지난 19장의 (19.11)식에서 선운동량을 이용하여 뉴턴의 운동방정식을

$$\vec{F}=\frac{d\vec{p}}{dt} \tag{23.15}$$

라고 표현할 수 있으며 이 표현이 오히려 더 일반적으로 성립함을 알았다. 이제 (23.15)식에 나오는 양들을 원운동에서 이용되는 양으로 바꾸어 쓰면

$$\vec{F}=\frac{d\vec{p}}{dt} \quad \rightarrow \quad \vec{\tau}=\frac{d\vec{L}}{dt} \tag{23.16}$$

이 된다. 여기서 오른쪽에 나온 식은 원운동에 적용되는 뉴턴의 운동방정식이라고 말하여도 좋다. 그런데 (23.16)식의 왼쪽에 나온 식의 양변을 왼쪽에서 $\vec{r}$로 벡터곱하고 (23.14)식을 이용하면

$$\vec{r}\times\vec{F}=\vec{\tau}=\vec{r}\times\frac{d\vec{p}}{dt} \tag{23.17}$$

가 된다.

그런데 다음 식

$$\frac{d}{dt}(\vec{r}\times\vec{p})=\frac{d\vec{r}}{dt}\times\vec{p}+\vec{r}\times\frac{d\vec{p}}{dt}=\vec{r}\times\frac{d\vec{p}}{dt} \tag{23.18}$$

가 항상 성립하는데, 이것은

$$\frac{d\vec{r}}{dt}\times\vec{p}=\vec{v}\times(m\vec{v})=m\vec{v}\times\vec{v}=0 \tag{23.19}$$

이 항상 성립하기 때문이다. 그러므로 (23.18)식을 (23.17)식에 대입하면

$$\vec{\tau}=\vec{r}\times\frac{d\vec{p}}{dt}=\frac{d}{dt}(\vec{r}\times\vec{p})=\frac{d\vec{L}}{dt} \tag{23.20}$$

가 되는데 여기서 마지막 등식은 (23.16)식에 나오는 오른쪽 식을 이용한 것이다. 이 결과로부터 우리는 각운동량 $\vec{L}$을

$$\vec{L}=\vec{r}\times\vec{p} \tag{23.21}$$

라고 정의할 수도 있음을 알게 된다.

각운동량에 대한 두 가지 표현인 (23.7)식과 (23.21)식이 동일한 내용이어야만 한다. 먼저 두 표현으로부터 각운동량의 크기를 비교하여 보자. 물체가 그림 23.1에 보인 것과 같이 운동하는 경우에, 각운동량의 크기 L는 (23.7)식을 이용하면

$$L=I\omega=(mr^2)\left(\frac{v}{r}\right)=mvr \tag{23.22}$$

이고 (23.21)식을 이용하면

$$L=rp\sin 90^\circ=(r)(mv)=mvr \tag{23.23}$$

이므로 두 경우의 결과가 동일함을 알 수 있다. 그리고 물체가 역시 그림 23.1에 보인 것과 같이 운동하는 경우에 (23.7)으로 주어진 각운동량의 방향은 각속도의 방향과 같으므로 지면 위로 올라가는 방향이고 (23.21)식으로 주어진 각운동량의 방향은 $\vec{r}$의 방향으로부터 $\vec{p}$의 방향으로 오른나사를 돌렸을 때 오른나사가 진행하는 방향도 역시 지면 위로 올라가는 방향이다. 그러므로 각운동량 $\vec{L}$에 대해 (2.37)식과 (23.21)식으로 주어진 두 가지 표현은 동일한 내용임을 확인할 수 있다.

선운동량 보존법칙은 뉴턴의 운동방정식을 (23.15)식과 같이 표현함으로써 성립하는 것을 알았다. 즉 물체에 작용하는 외력 $\vec{F}$가 0이면 선운동량 $\vec{p}$는 변하지 않고 일정하게 유지된다는 것이다. 그러므로 원운동에서 성립하는 뉴턴의 운동방정식인 (23.16)을 이용하면 똑같은 방법으로 각운동량 보존법칙에 도달할 수 있다. 각운동량 보존법칙은 만일 물체에 작용하는 토크 $\vec{\tau}$가 0이면 물체의 각운동량 $\vec{L}$은 변하지 않고 일정하게 유지된다고 말한다. 그런데 토크는 (23.14)식에 의해 주어지므로 토크 $\vec{\tau}$가 0이 될 수 있는 방법은 힘 $\vec{F}$가 0이거나 $\vec{r}$이 0이거나 또는 $\vec{r}$과 $\vec{F}$ 사이의 사잇각이 0°등 세 가지가 존재한다. 다시 말하면 물체에 작용하는 힘이 0이 아니더라도 특별한 조건 아래서는 토크가 0이 되고 각운동량 보존법칙이 선운동량 보존법칙보다 더 넓은 영역에서 성립함을 알 수 있다.

예제 1 그림과 같이 줄에 연결된 질량이 m 인 물체가 속력 v로 반지름이 r인 원을 따라 등속원운동을 하고 있다. 이제 내가 대롱을 통해 줄을 아래로 잡아당겨서 물체는 반지름이 $r/2$인 원을 따라 등속원운동을 하고 있다고 하자. 그러면 물체의 속력 v는 어떻게 변하겠는가?

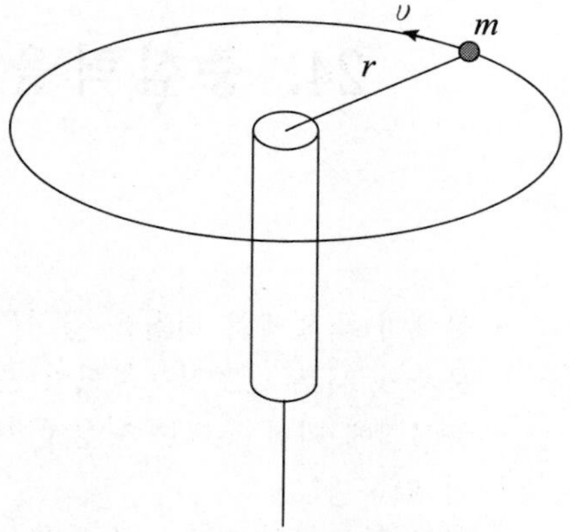

내가 줄을 아래로 잡아당기면 줄이 물체를 원의 중심방향으로 잡아당기는 셈이 된다. 이 힘에 의한 토크 $\vec{\tau}$는 줄이 물체를 잡아당기는 힘 $\vec{F}$와 위치벡터 $\vec{r}$ 사이의 사잇각이 180°이므로

$$\vec{\tau}=\vec{r}\times\vec{F}=0$$

이다. 따라서 질량이 m인 물체의 각운동량은 보존된다. 줄을 잡아당기기 전의 각운동량 L과 반지름이 $r'=r/2$로 짧아졌을 때의 각운동량 L'은 각각

$$L=mvr,\quad L'=mv'\frac{r}{2}$$

이므로 각운동량 보존법칙에 의해

$$mvr=mv'\frac{r}{2}\qquad \therefore\ v'=2v$$

가 된다.

24. 중심력을 받는 물체의 운동

- 물체가 좌표계의 원점을 향하는 힘을 받을 때 이 힘을 중심력이라 한다. 두 물체가 서로 상호작용하면서 운동할 때 중심력을 받는다고 말할 수 있는가?
- 중심력에 의한 토크는 항상 0이다. 중심력을 받는 물체의 운동에는 어떤 특징이 있을까?
- 케플러가 행성의 운동에 관한 세 가지 법칙을 알아내는데 수십 년이 걸렸다. 그러나 우리는 거리의 제곱에 반비례하는 중심력을 받는 행성들은 케플러 법칙을 만족하며 운동하는 것을 증명하는데 수십 분이면 충분하다.

크기가 일정한 구심력을 받고 움직이는 물체는 등속원운동을 한다. 구심력처럼 항상 정해진 한 점을 향하는 힘을 중심력이라고 한다. 그 한 점을 원점으로 정한 좌표계에서 중심력 $\vec{F}$는

$$\vec{F}(\vec{r}) = F(\vec{r})\,\hat{\mathrm{r}} \tag{24.1}$$

이라고 표현된다. 대표적인 중심력으로 만유인력이 있다. 그러므로 태양 주위를 회전하는 지구도 중심력을 받고 움직이는 운동이고 지구 주위를 회전하는 인공위성도 중심력을 받고 움직이는 운동이다. 중심력을 받고 움직이는 물체의 운동에는 어떤 특징이 있는지 알면 많은 도움이 된다.

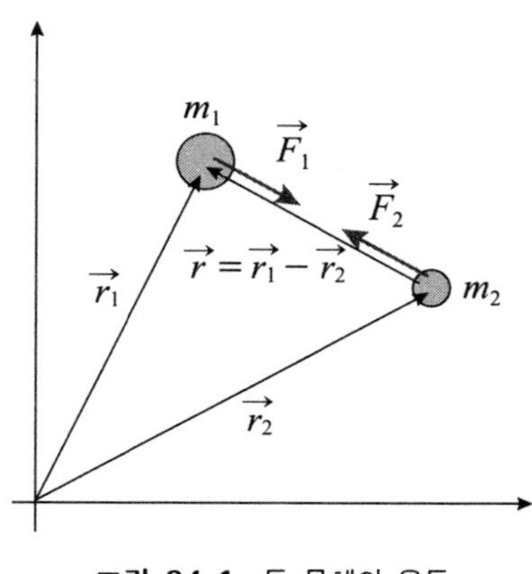

그림 24.1 두 물체의 운동

이제 그림 24.1에 보인 것과 같이 질량이 각각 m_1과 m_2인 두 물체가 서로 상호작용하면서 움직이는 경우를 어떻게 기술할지 보자. 두 물체는 태양과 지구일 수도 있고 지구와 달 일수도 있다. 이 문제를 풀기 위해서는 먼저 두 물체에 대한

뉴턴의 운동방정식을 세워야 한다. 질량이 m_1인 물체에 작용하는 힘을 $\vec{F}_1$ 그리고 질량이 m_2인 물체에 작용하는 힘을 $\vec{F}_2$라 하고 두 물체의 위치벡터를 그림 24.1에 보인 것과 같이 각각 $\vec{r}_1$과 $\vec{r}_2$라고 하면 두 물체에 대한 뉴턴의 운동방정식은

$$m_1 \frac{d^2 \vec{r}_1}{dt^2} = \vec{F}_1 , \quad m_2 \frac{d^2 \vec{r}_2}{dt^2} = \vec{F}_2 \tag{24.2}$$

가 된다.

이제 이 두 물체의 운동을 위치벡터 $\vec{r}_1$과 $\vec{r}_2$ 대신 다음

$$\vec{R} = \frac{m_1 \vec{r}_1 + m_2 \vec{r}_2}{m_1 + m_2} , \quad \vec{r} = \vec{r}_1 - \vec{r}_2 \tag{24.3}$$

와 같이 정의된 위치벡터 $\vec{R}$과 $\vec{r}$에 의해서 기술하기로 하자. $\vec{R}$은 두 물체의 질량중심을 대표하는 위치벡터이고 $\vec{r}$은 상대좌표라고 불리는 것으로 그림 24.1에 보인 것과 같이 한 물체에서 다른 물체까지 그린 벡터이다. (24.2)에 나온 운동방정식의 $\vec{r}_1$과 $\vec{r}_2$를 $\vec{R}$과 $\vec{r}$로 바꾸기 위해 (24.3)식을 이용하여 $\vec{r}_1$과 $\vec{r}_2$를 $\vec{R}$과 $\vec{r}$로 표현하자. 두 질량의 합을

$$M = m_1 + m_2 \tag{24.4}$$

이라고 놓으면 그 결과는

$$\vec{r}_1 = \vec{R} + \frac{m_2}{M} \vec{r} , \quad \vec{r}_2 = \vec{R} - \frac{m_1}{M} \vec{r} \tag{24.5}$$

이다.

한편 그림 24.1에 표시된 질량이 m_1인 물체에 작용하는 힘 $\vec{F}_1$과 질량이 m_2인 물체에 작용하는 힘 $\vec{F}_2$는 서로 작용 반작용의 관계에 있다. 그러므로 $\vec{F}_1$과 $\vec{F}_2$는 크기가 같고 방향이 반대이다. 따라서 두 힘을

$$\vec{F}_1 = -F \, \hat{\mathrm{r}} , \quad \vec{F}_2 = F \, \hat{\mathrm{r}} \tag{24.6}$$

이라고 쓸 수 있다. 여기서는 두 힘이 가리키는 방향이 (24.3)식에서 정의된 상대좌표

의 방향과 같음을 이용하였다. 이제 (24.5)식과 (24.6)식을 뉴턴의 운동방정식인 (24.2)식에 대입하면

$$\frac{d^2}{dt^2}\left(m_1\vec{R}+\frac{m_1m_2}{M}\vec{r}\right)=-F\,\hat{\mathrm{r}}\,,\quad \frac{d^2}{dt^2}\left(m_2\vec{R}-\frac{m_1m_2}{M}\vec{r}\right)=F\,\hat{\mathrm{r}} \tag{24.7}$$

를 얻는다. 그런데 이 두 식을 더하면 질량중심 좌표 $\vec{R}$만에 대한 운동방정식이 나오는데 그 결과는

$$M\frac{d^2\vec{R}}{dt^2}=0 \tag{24.8}$$

이다. 그리고 (24.7)식의 첫 번째 식을 m_1으로 나누고 두 번째 식을 m_2로 나누어 첫 번째 식에서 두 번째 식을 빼면 상대좌표 $\vec{r}$만에 대한 운동방정식이 나오는데 그 결과는

$$\frac{m_1m_2}{m_1+m_2}\frac{d^2\vec{r}}{dt^2}=-F\,\hat{\mathrm{r}} \quad\rightarrow\quad \mu\frac{d^2\vec{r}}{dt^2}=-F\,\hat{\mathrm{r}} \tag{24.9}$$

이 된다. 여기서 μ는 두 질량 m_1과 m_2의 환산질량이라고 불리는 양으로

$$\frac{1}{\mu}=\frac{1}{m_1}+\frac{1}{m_2} \tag{24.10}$$

로 정의된다.

두 물체 운동을 질량중심 좌표 $\vec{R}$과 상대좌표 $\vec{r}$로 표현하여 얻은 결과인 (24.8)식과 (24.9)식은 매우 유익한 성질을 가지고 있다. (24.8)식과 (24.9)식은 서로 연관되지 않고 독립적으로 성립된다. 이것은 두 물체의 운동이 질량중심의 운동과 상대운동으로 구분하여 기술될 수 있음을 의미한다. 그리고 질량중심에 놓인 총질량의 운동을 기술하는 (24.8)식을 보면 총질량에 작용하는 힘은 0이므로 질량중심은 등속도 운동을 한다는 것을 알 수 있다. 이것은 우리가 이미 20장에서 배운 것과 동일하다. 여러 물체의 운동에서 질량중심에 놓인 총질량은 계에 작용하는 외력의 합력을 받고 움직인다. 그림 24.1에 보인 두 물체 문제에서는 외력을 고려하지 않았으므로 (24.8)식에서 총질량에 작용하는 힘이 0인 것은 당연하다.

질량중심 좌표계에서 두 물체의 운동을 보면 두 물체의 질량중심은 원점에 고정되

어 있다. 태양의 주위를 회전하는 지구에 대해 말할 때 우리는 흔히 태양은 고정되어 있고 지구가 태양 주위를 회전한다고 생각한다. 물론 지구의 질량에 비하여 태양의 질량이 대단히 크며 그래서 질량중심이 태양의 위치와 거의 일치하기 때문에 그렇게 말하여도 크게 틀리지는 않는다. 그러나 일반적으로는 두 물체가 서로 상호작용하며 운동하면 두 물체의 질량중심 주위를 두 물체 모두가 회전한다.

두 물체의 운동을 질량중심의 운동과 상대좌표의 운동으로 구분하면, 질량중심의 운동은 질량중심 좌표계에서는 질량중심에 정지해 있는 싱거운 운동에 불과하다. 그러므로 두 물체 운동에 대한 의미를 지닌 정보는 모두 상대좌표에 대한 운동에서 나온다. (24.9)식은 질량이 두 물체 질량의 환산질량 μ인 물체가 상대좌표에서 두 물체 사이에 작용하는 힘을 받고 움직일 때 적용되는 식이다. 만일 두 물체의 질량 중 하나가 다른 하나보다 몹시 커서 $m_2 \gg m_1$이라면 환산질량 μ는

$$\mu = \frac{m_1 m_2}{m_1 + m_2} = \frac{m_1}{\dfrac{m_1}{m_2} + 1} \quad \rightarrow \quad m_1 \tag{24.11}$$

과 같이 m_1과 같아진다. 그래서 태양과 질량의 운동에서 m_2가 태양의 질량이고 m_1이 지구의 질량이라면 (24.9)식으로 주어진 운동방정식은 환산질량 μ가 지구 질량에 해당하는 운동방정식이 된다.

두 물체의 위치벡터 $\vec{r}_1$과 $\vec{r}_2$ 대신 질량중심 좌표 $\vec{R}$과 상대좌표 $\vec{r}$을 이용하면 다른 물리량들도 질량중심에 관한 항과 상대좌표에 관한 항으로 나누어진다. 예를 들어, 두 물체의 총선운동량 $\vec{P}$는

$$\vec{P} = \vec{p}_1 + \vec{p}_2 = m_1 \vec{v}_1 + m_2 \vec{v}_2 = m_1\left(\vec{V} + \frac{m_2}{M}\vec{v}\right) + m_2\left(\vec{V} - \frac{m_1}{M}\vec{v}\right) = M\vec{V} \tag{24.12}$$

가 된다. 여기서는 (24.5)식을 이용하여

$$\begin{aligned} \vec{v}_1 &= \frac{d\vec{r}_1}{dt} = \frac{d\vec{R}}{dt} + \frac{m_2}{M}\frac{d\vec{r}}{dt} = \vec{V} + \frac{m_2}{M}\vec{v} \\ \vec{v}_2 &= \frac{d\vec{r}_2}{dt} = \frac{d\vec{R}}{dt} - \frac{m_1}{M}\frac{d\vec{r}}{dt} = \vec{V} - \frac{m_1}{M}\vec{v} \end{aligned} \tag{24.13}$$

임을 이용하였고 여기서 $\vec{V}$와 $\vec{v}$는 각각 질량중심의 속도와 상대좌표의 속도로

$$\vec{V}=\frac{d\vec{R}}{dt}\ ,\quad \vec{v}=\frac{d\vec{r}}{dt} \tag{24.14}$$

를 의미한다. 총선운동량에 대한 결과인 (24.12)식은 우리가 이미 잘 알고 있는 결과로 총선운동량은 질량중심에 총질량이 놓여 있으면서 운동할 때의 선운동량과 같다고 말해준다.

다음으로 두 물체의 총 운동에너지를 보자. 총 운동에너지는

$$\begin{aligned} K &= K_1+K_2=\frac{1}{2}m_1v_1^2+\frac{1}{2}m_2v_2^2 \\ &=\frac{1}{2}m_1\left(V^2+\frac{m_2^2}{M^2}v^2+\frac{2m_2}{M}\vec{V}\cdot\vec{v}\right)+\frac{1}{2}m_2\left(V^2+\frac{m_1^2}{M^2}v^2-\frac{2m_1}{M}\vec{V}\cdot\vec{v}\right) \\ &=\frac{1}{2}MV^2+\frac{1}{2}\mu v^2 \end{aligned} \tag{24.15}$$

가 된다. 이 식의 마지막 등식에서 명백하듯이 총 운동에너지는 질량중심에 총질량이 놓인 운동의 운동에너지에 환산질량이 상대좌표에 놓인 운동의 운동에너지를 더한 것과 같다. 그리고 질량중심이 정지해 있는 질량중심 좌표계에서 보면 두 물체의 총 운동에너지는 상대좌표의 운동에너지와 같다.

이와 같이 서로 상호작용하는 두 물체의 운동은 마치 질량이 두 물체 질량의 환산질량과 같은 물체의 한 물체 운동으로 기술될 수 있으며 이때 작용하는 힘은 (24.9)식에서 명백히 알 수 있듯이 중심력이다. 그런데 중심력을 받고 움직이는 물체는 아주 중요한 성질을 가지고 있다. 중심력에 의해서 이 물체에 작용하는 토크 $\vec{\tau}$는

$$\vec{\tau}=\vec{r}\times(F\,\hat{\mathrm{r}})=0 \tag{24.16}$$

이다. 다시 말하면 중심력에 의한 토크는 그 중심력이 어떤 종류의 힘이건 항상 0이라는 것이다. 그리고 중심력을 받고 움직이는 물체에 작용하는 토크는 0이기 때문에 지난 23장에서 구한 결과에 의해 물체의 각운동량 $\vec{L}$이 보존된다.

각운동량 $\vec{L}$이 보존된다는 것은 단순히 각운동량 값이 변하지 않고 일정하다는 것 이상의 의미를 지닌다. 각운동량 $\vec{L}$은 (23.21)식에 의해

$$\vec{L}=\vec{r}\times\vec{p} \tag{24.17}$$

로 정의된다. 그런데 각운동량이 보존된다는 것은 각운동량의 크기뿐 아니라 각운동량

의 방향도 일정하게 유지된다는 의미이다. 각운동량 $\vec{L}$은 그림 24.2에 보인 것처럼 두 벡터 $\vec{r}$과 $\vec{p}$의 벡터곱으로 정의되기 때문에 두 벡터 $\vec{r}$과 $\vec{p}$는 모두 각운동량 벡터 $\vec{L}$과 수직인 방향을 향한다. 다시 말하면 $\vec{r}$과 $\vec{p}$는 모두 $\vec{L}$과 수직인 평면 위에 놓여있다. 그리고 물체가 이동하는 변위의 방향은 속도의 방향과 같기 때문에 선운동량의 방향과도 같다. 다시 말하면 각운동량이 보존되면서 물체가 이동하기 위해서는 반드시 각운동량 벡터에 수직인 평면에서만 이동하여야 한다. 따라서 각운동량이 보존되는 운동을 하는 물체의 운동은 평면에 국한되어 움직인다. 다시 말하면 3차원 공간을 여기 저기 다 움직이는 것이 아니라 반드시 평면 위에서만 움직인다는 것이다.

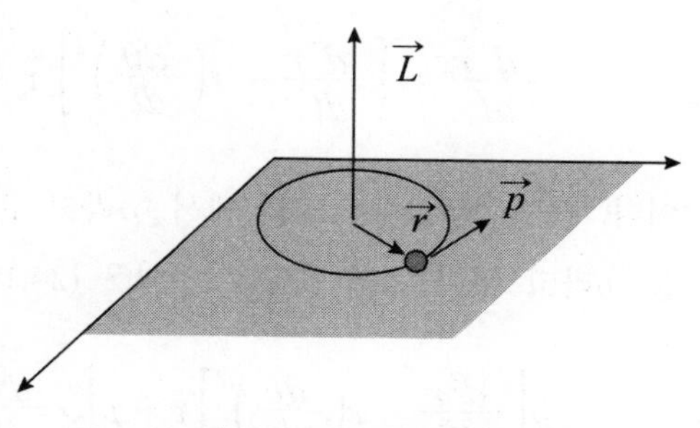

그림 24.2 각운동량 보존

각운동량이 보존되면서 움직이는 물체는 평면 위에서만 운동한다는 증거를 가장 극적으로 보여주는 예가 바로 그림 24.3에 보인 태양계이다. 이 그림으로부터 우리는 태양계에 속한 행성들이 모두 한 평면 위에서 움직이는 것을 알 수 있다. 이것은 바로 행성들에게 작용하는 힘이 만유인력으로 중심력이며 중심력을 받고 움직이는 물체의 각운동량이 보존되기 때문이다.

이제 어떤 물체가 중심력을 받고 움직인다면 그 물체의 운동을 기술하기 위해서 3차원 좌표계를 이용할 필요가 없다. 그 물체는 반드시 평면 위에서만 움직인다고 확신할 수 있기 때문이다. 그러면 한번 태양과의 만유인력에 의해 움직이는 행성의 운동을 극좌표계에서 풀어보자. 태양의 질량을 M 그리고 행성의 질량을 m이라고 한다면 행성과 태양의 상대좌표에 대한 뉴턴의 운동방정식은

그림 24.3 태양계의 모습

$$\mu \frac{d^2\vec{r}}{dt^2} = -G\frac{Mm}{r^2}\,\hat{\mathrm{r}} \tag{24.18}$$

이 된다. 그리고 8장에서 구한 극좌표계에서 가속도에 대한 표현인 (8.23)식을 이용하면

$$\frac{d^2\vec{r}}{dt^2} = \left[\frac{d^2r}{dt^2} - r\left(\frac{d\theta}{dt}\right)^2\right]\hat{\mathrm{r}} + \left[r\frac{d^2\theta}{dt^2} + 2\frac{dr}{dt}\frac{d\theta}{dt}\right]\hat{\theta} \tag{24.19}$$

이다. 이 식에서는 (8.23)식에서 ρ라고 표현한 것을 r이라고 썼고 ϕ라고 표현한 것을 θ라고 썼다. 그러면 (24.19)식을 (24.18)식에 대입하여

$$\mu\left[\frac{d^2r}{dt^2} - r\left(\frac{d\theta}{dt}\right)^2\right]\hat{\mathrm{r}} + \mu\left[r\frac{d^2\theta}{dt^2} + 2\frac{dr}{dt}\frac{d\theta}{dt}\right]\hat{\theta} = -G\frac{Mm}{r^2}\hat{\mathrm{r}} \tag{24.20}$$

를 얻는다. 이 식의 양변을 비교하면 $\hat{\mathrm{r}}$방향 성분과 $\hat{\theta}$방향 성분으로 나누어

$$\mu\left[\frac{d^2r}{dt^2} - r\left(\frac{d\theta}{dt}\right)^2\right] = -G\frac{Mm}{r^2}\ ,\quad \mu\left[r\frac{d^2\theta}{dt^2} + 2\frac{dr}{dt}\frac{d\theta}{dt}\right] = 0 \tag{24.21}$$

와 같은 두 식을 얻게 된다.

위의 (24.21)식에 나온 두 번째 식의 양변에 r/μ를 곱하여

$$r^2\frac{d^2\theta}{dt^2} + 2r\frac{dr}{dt}\frac{d\theta}{dt} = \frac{d}{dt}\left(r^2\frac{d\theta}{dt}\right) = 0 \tag{24.22}$$

이라고 쓸 수 있다. 그러면 우리는 즉시

$$r^2\frac{d\theta}{dt} = \text{일정} \tag{24.23}$$

임을 알 수 있다. (24.23)식의 좌변에 나온 양이 일정하게 보존되므로 이 계의 각운동량 l인

$$l = \mu r^2\frac{d\theta}{dt} \tag{24.24}$$

가 일정하게 유지되는 상수이다. 다시 말하면 뉴턴의 운동방정식 중에서 $\hat{\theta}$방향 성분인 (24.21)식에 나온 두 번째 식으로부터 각운동량이 보존됨을 알게 되었다.

다음으로는 (24.21)식에 나온 첫 번째 식인 뉴턴의 운동방정식 중에서 $\hat{\mathrm{r}}$방향 성분을 풀 차례이다. (24.24)식으로부터 θ좌표의 시간에 대한 미분을

$$\frac{d\theta}{dt} = \frac{l}{\mu r^2} \tag{24.25}$$

이라고 표현하고 이것을 (24.21)식의 첫 번째 식에 대입하면

$$\mu\left[\frac{d^2r}{dt^2} - r\left(\frac{l}{\mu r^2}\right)^2\right] = -G\frac{Mm}{r^2}$$
$$\rightarrow \quad \mu\frac{d^2r}{dt^2} = \frac{l^2}{\mu r^3} - G\frac{Mm}{r^2} \tag{24.26}$$

이 된다. 그래서 $\hat{r}$방향 성분의 뉴턴의 운동방정식은 마치 질량이 μ인 물체가

$$F'(r) = \frac{l^2}{\mu r^3} - G\frac{Mm}{r^2} \tag{24.27}$$

인 중심력을 받으며 운동하는 문제와 같아졌다. (24.27)식으로 주어진 힘을 유효힘이라고 부른다. 이 식을 풀기 위하여

$$v_r = \frac{dr}{dt} \tag{24.28}$$

라고 놓고 (24.26)식의 두 번째 식을

$$\mu\frac{d^2r}{dt^2} = \mu\frac{dv_r}{dt} = \mu\frac{dv_r}{dr}\frac{dr}{dt} = \mu v_r\frac{dv_r}{dr} = \frac{l^2}{\mu r^3} - G\frac{Mm}{r^2} \tag{24.29}$$

이라고 쓰자

(24.29)식으로 주어진 1차 미분방정식은 적분에 의해서 풀 수 있는 형태이다. 양변에 dr을 곱하고 양변을 적분하면

$$\int_{v_r}^{v_r'} \mu v_r dv_r = \int_r^{r'}\left(\frac{l^2}{\mu r^3} - G\frac{Mm}{r^2}\right)dr \tag{24.30}$$

이 된다. 여기서 좌변의 적분은 바로 수행될 수 있으며 그 결과는

$$\int_{v_r}^{v_r'} \mu v_r dv_r = \frac{1}{2}\mu v_r'^2 - \frac{1}{2}\mu v_r^2 = K_r' - K_r \tag{24.31}$$

인데 K_r는 $r=r$일 때의 지름-방향 운동에너지이고 K_r'은 $r=r'$일 때의 지름-방향 운동에너지이다. 여기서 지름-방향 운동에너지 K_r이란 운동에너지 K를

$$K=\frac{1}{2}m\vec{v}\cdot\vec{v}=\frac{1}{2}m\left(\frac{dr}{dt}\hat{\mathrm{r}}+r\frac{d\theta}{dt}\hat{\theta}\right)\cdot\left(\frac{dr}{dt}\hat{\mathrm{r}}+r\frac{d\theta}{dt}\hat{\theta}\right)$$
$$=\frac{1}{2}mv_r^2+\frac{1}{2}mr^2\left(\frac{d\theta}{dt}\right)^2=\frac{1}{2}mv_r^2+\frac{1}{2}\frac{l^2}{mr^2}=K_r+K_\theta \tag{24.32}$$

와 같이 두 성분으로 나눌 수 있는데 그 중에서 첫 번째 항을 말하며, 두 번째 항인 K_θ는 각-방향 운동에너지라고 한다. (24.32)식을 유도하면서 우리는 극좌표계에서 속도를 표현한 (8.19)식을 이용하였다.

(24.30)식의 우변에 나오는 적분은 다음

$$V'(r)=-\int_\infty^r F'(r)dr=-\int_\infty^r\left(\frac{l^2}{\mu r^3}-G\frac{Mm}{r^2}\right)dr=\frac{1}{2}\frac{l^2}{\mu r^2}-G\frac{Mm}{r} \tag{24.33}$$

와 같이 유효퍼텐셜에너지를 정의하면 쉽게 표현될 수 있다. 유효퍼텐셜에너지란 (24.27)식으로 정의된 유효힘을 대표하는 퍼텐셜에너지를 말한다. 그러면 (24.30)식의 우변에 나오는 적분은

$$\int_r^{r'}\left(\frac{l^2}{\mu r^3}-G\frac{Mm}{r^2}\right)dr=\int_r^{\infty}\left(\frac{l^2}{\mu r^3}-G\frac{Mm}{r^2}\right)dr+\int_\infty^{r'}\left(\frac{l^2}{\mu r^3}-G\frac{Mm}{r^2}\right)dr$$
$$=-\int_\infty^{r}\left(\frac{l^2}{\mu r^3}-G\frac{Mm}{r^2}\right)dr+\int_\infty^{r'}\left(\frac{l^2}{\mu r^3}-G\frac{Mm}{r^2}\right)dr \tag{24.34}$$
$$=V'(r)-V'(r')$$

이 된다. 여기서 $V'(r)$은 $r=r$에서 유효퍼텐셜에너지이고 $V'(r')$은 $r=r'$에서 유효퍼텐셜에너지이다.

이제 (24.30)식의 양변을 적분한 결과인 (24.31)식과 (24.34)식을 (24.30)식에 대입하자. 그러면 그 결과는

$$K_r'-K_r=V'(r)-V'(r') \tag{24.35}$$

이 된다. 이 식이 바로 역학적 에너지 보존법칙을 나타낸다. 이 식의 좌변에 있는 K_r'을 우변으로 보내고 우변에 있는 $V'(r)$을 좌변으로 보내면

$$K_r+V'(r)=K_r'+V'(r') \tag{24.36}$$

이 된다. 이것은 18장에서도 강조하였지만 놀라운 결과이다. 이 식은 물체가 $r=r$에

위치할 때 지름-방향 운동에너지와 유효퍼텐셜에너지의 합은 물체가 $r=r'$에 있을 때 지름-방향 운동에너지와 유효퍼텐셜에너지의 합과 같다고 말한다. 그런데 $r=r$과 $r=r'$이 물체가 움직이는 경로에서 어떤 특별한 두 위치가 아니다. 그러므로 어떤 다른 위치를 선택하더라도 (24.36)식이 성립한다. 따라서 (24.36)식을

$$K_r+V'(r)=E=\text{일정} \tag{24.37}$$

이라고 쓸 수 있다.

이번에는 (24.37)식으로 정의된 지름-방향 운동에너지 K_r과 유효퍼텐셜에너지 $V'(r)$의 합이 무엇을 의미하는지 보자. 지름-방향 운동에너지 K_r에 대한 표현인 (24.31)식과 유효퍼텐셜에너지에 대한 표현인 (24.33)식을 (24.37)식에 대입하면

$$\begin{aligned} E=K_r+V'(r)&=\left(\frac{1}{2}\mu v_r^2\right)+\left(\frac{1}{2}\frac{l^2}{\mu r^2}-G\frac{Mm}{r}\right) \\ &=\left(\frac{1}{2}\mu v_r^2+\frac{1}{2}\frac{l^2}{\mu r^2}\right)+\left(-G\frac{Mm}{r}\right)=K+V(r) \end{aligned} \tag{24.38}$$

임을 알 수 있다. 이 식의 세 번째 등식과 같이 유효퍼텐셜에너지에 나오는 첫 번째 항을 지름-방향 운동에너지와 더하면 그 결과는 (24.32)식으로 주어지는 운동에너지 K가 된다. 그리고 유효퍼텐셜에너지의 두 번째 항은 바로 (17.20)식에서 주어진 만유인력에 대한 퍼텐셜에너지임을 알 수 있다. 그러므로 (24.37)식으로 주어지는 E는 바로 (18.5)식으로 정의된 역학적 에너지임이 분명하다.

이제 (24.37)식을 이용하여 v_r을 구하자. 그 결과는

$$K_r=\frac{1}{2}\mu v_r^2=E-V'(r) \quad \therefore\ v_r=\frac{dr}{dt}=\sqrt{\frac{2}{\mu}[E-V'(r)]} \tag{24.39}$$

가 된다. 한편 (24.33)식으로 정의된 유효퍼텐셜에너지 $V'(r)$을 그래프로 그리면 그림 24.4와 같아진다. 유효퍼텐셜에너지는 0보다 큰 각-방향 운동에너지와 0보다 작은 퍼텐셜에너지의 합으로 구성되어 있다. 그런데 r이 매우 작을 때 각-방향 운동에너지는 $+\infty$로 접근하고 퍼텐셜에너지는 $-\infty$로 접근한다. 그렇지만 각방향 운동에너지가 퍼텐셜에너지보다 더 빨리 ∞로 접근하기 때문에 이들 둘을 더하면 매우 작은 r 값에서 유효퍼텐셜에너지는 그림 24.4에 보인 것과 같이 $+\infty$가 된다. 또한 매우 큰 r값에서 각-방향 운동에너지는 0보다 큰 수에서 0으로 접근하고 퍼텐셜에너지는 0보

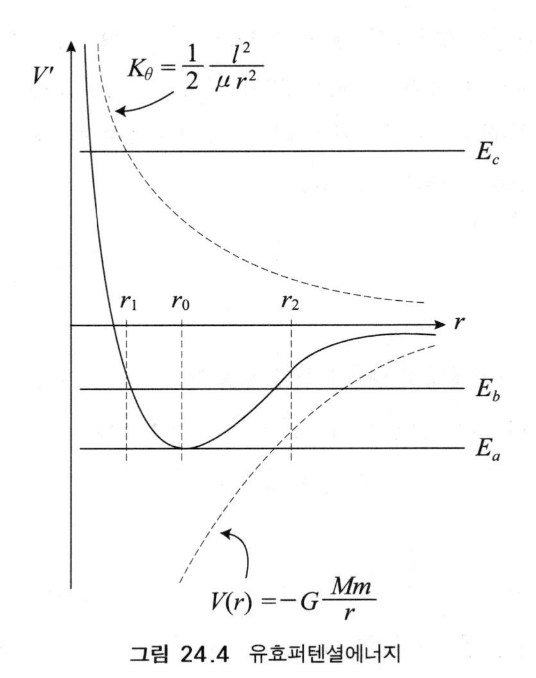

그림 24.4 유효퍼텐셜에너지

다 작은 수에서 0으로 접근하는데 각-방향 운동에너지가 퍼텐셜에너지보다 더 빨리 0으로 접근하기 때문에 유효퍼텐셜에너지는 r이 매우 클 때 0보다 작은 수로부터 0으로 접근한다.

중심력인 만유인력을 받고 움직이는 행성들이 어떤 운동을 하는지는 그림 24.4에 그려놓은 유효퍼텐셜에너지 그래프를 보면 대략 추측할 수 있다. 행성의 운동에서는 앞에서 본 것처럼 각운동량 l과 역학적 에너지 E가 보존된다. 한번 각운동량 l값과 역학적 에너지 E값이 결정되면 행성이 움직이는 동안 그 값이 변하지 않고 일정하게 유지된다는 의미이다. 그래서 행성의 각운동량 l과 역학적 에너지 E값이 무엇이냐에 따라 행성이 어떤 운동을 하는지가 결정된다.

각운동량 l값은 그림 24.4에서 볼 수 있는 것처럼 유효퍼텐셜에너지의 형태를 결정한다. 그리고 (24.39)식에서 분명하듯이 역학적 에너지에서 유효퍼텐셜에너지를 뺀 $E-V'(r)$의 값이 0보다 작다면 지름-방향 속도 성분인 v_r이 존재할 수 없다. 그러므로 그림 24.4에서 만일 역학적 에너지 값이 E_a와 같다면 가능한 r값은 r_0하나 밖에 없다. 그러므로 행성의 역학적 에너지가 E_a이면 행성은 반지름이 r_0인 원궤도를 그리며 운동한다. 또한 그림 24.4에서 만일 역학적 에너지 값이 E_b와 같다면 행성은 $r_1 \le r \le r_2$인 r값에서만 움직일 수가 있다. 그러므로 행성은 짧은반지름의 길이가 r_1이고 긴 반지름의 길이가 r_2인 타원을 그리며 운동한다. 그림 24.4에서 역학적 에너지 E_a와 E_b는 모두 0보다 작은 값이다. 만일 역학적 에너지가 $E=0$이거나 또는 $E_c>0$와 같이 0보다 큰 값이면 행성은 태양으로부터 무한히 멀리 진행해 나갈 수 있다. 엄격하게 말하면 $E=0$일 때 행성은 포물선 궤도를 그리며 움직이고 $E>0$일 때는 쌍곡선 궤도를 그리며 움직인다.

IX. 강체의 운동

(a) (b)

각운동량 보존의 예

이번 주에 공부할 대상은 강체입니다. 크기를 갖고 있지만 모양은 결코 변하지 않는 물체를 강체라고 합니다. 세상에 완벽한 강체는 존재하지 않지만 우리 주위에서 흔히 보는 고체를 강체로 다루어도 큰 무리가 없습니다.

이번 주에는 강체의 운동을 기술하는 방법에 대해 공부합니다. 그러나 우리가 강체의 운동에 대해 공부하는 이유는 강체에 특별한 관심이 있어서가 아닙니다. 방금 위에서 이야기하였듯이 강체란 실제로는 존재하지 않습니다. 그런데도 강체를 대상으로 삼은 이유는 물체의 운동을 기술하는데 물체의 크기가 운동에 영향을 미치는 경우를 다루기 위해서입니다.

지난주까지는 물체의 운동을 기술하는데 물체의 크기를 전혀 고려하지 않았습니다. 물체의 크기와는 전혀 관계가 없는 운동만을 다루었기 때문입니다. 물체의 운동을 기술하는데 그 크기를 생각할 필요가 없는 경우로 두 가지가 있습니다. 하나는 문제에서 물체의 크기가 상대적으로 매우 작아서 점이나 마찬가지인 경우입니다. 예를 들어 태양 주위를 회전하는 행성의 문제를 푼다고 할 때 태양에서 행성들까지의 거리에 비하여 행성들의 크기는 점이나 마찬가지입니다. 다른 하나는 물체가 병진운동을 할 때입니다. 크기를 갖는 물체가 병진운동을 하면 물체의 서로 다른 부분들이 모두 다 똑같은 변위에 의해서 이동합니다. 물체에서 한 위치를 정하고 그 위치에 물체의 질량이 모두 다 모여 있다고 생각하고 문제를 풀어도 똑같은 결과가 나옵니다. 그래서 위의 두 경우는 물체의 크기를 고려할 필요가 전혀 없습니다.

크기를 갖는 물체의 운동은 병진운동과 회전운동으로 구분됩니다. 그리고 크기를 갖는 물체의 운동은 순수한 병진운동과 순수한 회전운동을 나누어 묘사할 수 있습니다. 순수한 병진운동이란 물체의 각 부분들의 운동이 서로 평행한 선을 이루는 운동을 말합니다. 그리고 순수한 회전운동이란 물체가 움직이더라도 물체에 속한 어떤 한 점은 위치를 바꾸지 않고 그대로 있는 운동을 말합니다. 그런데 물체가 한 위치에서 다른 위치로 아무렇게나 움직이면 그 운동을 물체가 한 위치에서 다른 위치로 병진운동을 한 뒤에 마지막 위치에서 회전운동을 한 것과 똑같은 결과라고 볼 수 가 있습니다. 그것을 물체의 운동은 순수한 병진운동과 순수한 회전운동으로 나누어 묘사할 수 있다고 말합니다.

크기를 갖는 물체가 병진운동을 하면 물체에 속한 부분들이 모두 똑같은 변위에 의해서 기술되기 때문에 물체의 크기가 운동을 설명하는데 기여하지 않는다고 했습니다. 그런데 크기를 갖는 물체가 회전운동을 하면 물체에 속한 부분들이 동일한 변위에 의해서 기술되지 않고 모두 다른 변위에 의해서 기술됩니다. 회전운동을 하더라도 위치가 변하지 않는 점에서 멀어질수록 더 큰 변위로 이동하기 때문입니다. 그런데 크기를 갖는 물체가 회전운동을 할 때 물체의 이동을 회전각으로 표시한다면 물체에 속한 부분들이 모두 동일한 회전각으로 기술됩니다. 그래서 회전운동도 병진운동이나 마찬가지로 간단하게 기술할 수 있습니다.

우리는 지난주에 이미 직선운동과 원운동을 비교하면서 직선운동을 기술하는데 필요한 물리량들과 원운동을 기술하는데 필요한 물리량들 사이에 어떻게 대응되는지 그리고 직선운동을 기술하는데 적용된 관계식들에 나오는 물리량들을 단순히 원운동에서 대응되는 물리량으로 바꾸어 쓰기만 하면 원운동을 기술하는데 적용되는 관계식이 만들어지는 것을 보았습니다. 이제 원운동을 기술하는데 이용된 물리량들을 크기를 갖는 물체의 회전운동을 설명하는데 이용할 것입니다.

앞에 보인 그림은 피겨 스케이팅을 하는 사람이 빨리 회전하는 묘기를 부리는 모습입니다. 그렇게 빨리 회전하기 위해서 발을 빨리 움직여서 돌도록 하지 않습니다. 그림 (a)에 보인 것처럼 처음에는 팔과 발을 최대한 옆으로 벌리고 천천히 회전합니다. 그 뒤에 팔과 발을 최대한 오므리면 사람은 저절로 빨리 회전하게 됩니다. 이것은 각운동량 보존법칙이 적용되기 때문입니다. 이번 주에는 이처럼 물체의 크기가 회전운동에 어떠한 영향을 주는지에 대해서 공부할 것입니다.

25. 강체의 운동 I

- 크기를 갖는 물체의 운동은 병진운동과 회전운동으로 구분할 수 있다. 병진운동의 특징과 회전운동의 특징은 무엇인가?
- 병진운동의 관성을 나타내는 질량은 물체가 어떤 운동을 하거나 같다. 그러나 회전운동의 관성을 나타내는 회전관성은 회전축에 따라 달라진다. 강체의 회전관성을 어떻게 구하나?
- 뉴턴의 운동방정식은 병진운동에서나 회전운동에서나 똑같이 적용된다. 다만 병진운동에서는 병진운동을 기술하는 물리량으로, 그리고 회전운동에서는 회전운동을 기술하는 물리량으로 뉴턴의 운동방정식을 표현하면 된다. 회전운동에 뉴턴의 운동방정식을 적용하는 방법을 익히자.

지금까지는 물체의 운동을 다루면서 물체의 크기나 모양에 대해서는 전혀 고려하지 않았다. 그동안 우리가 물체의 운동을 기술하기 위해 사용한 뉴턴의 운동방정식에도 물체의 질량만 포함되어 있었지 물체의 크기나 모양에 대한 정보는 들어있지 않았다. 이제 물체의 크기와 물체에서 질량이 어떻게 분포되어 있는가가 물체의 운동을 기술하는데 영향을 주는 운동에 대해 공부할 때가 되었다. 그러나 우선 물체가 크기를 갖고 있다고 하더라도 강체라고 불리는 이상적인 경우에 대해서만 생각하자. 크기를 갖는 물체는 그 물체를 구성하는 많은 입자들의 모임이라고 생각할 수 있는데, 그림 25.1에 보인 것처럼 그 물체를 구성하는 어떤 두 입자들 사이의 거리도 모두 절대로 바뀌지 않을 때 그러한 물체를 강체라고 부른다.

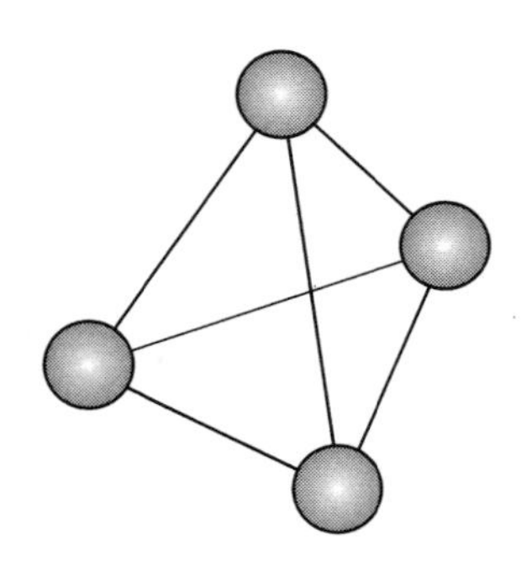

그림 25.1 구성 입자들 사이의 거리가 고정된 강체

강체란 실제로는 존재하지 않는 이상적인 경우의 물체를 말한다. 물질의 세 가지 상태인 기체, 액체, 고체 중에서 고체의 움직임을 기술하기 위하여 강체라는 이상적인 경우를 생각하지만, 실제로는 고체를 구성하는 분자들도 고체 내부에서 매우 격렬하게 움직이고 있다. 단지 분자

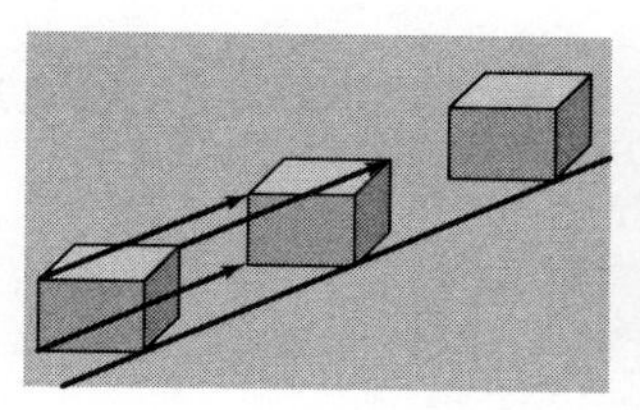
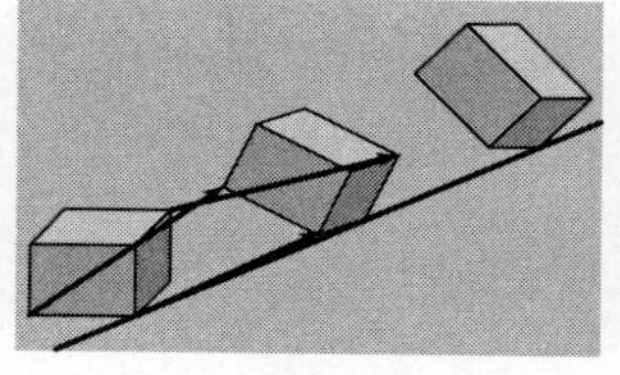
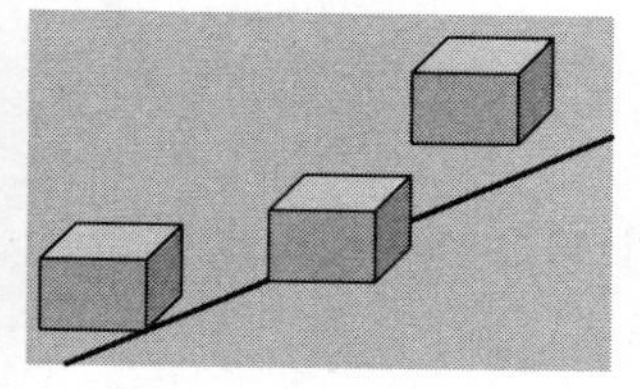

그림 25.2 강체의 병진운동 설명

하나하나가 움직일 수 있는 범위가 정해져 있을 뿐이다. 그렇지만 비록 실제로 존재하지는 않는다고 하더라도 강체라는 이상적인 물체를 생각하면 크기를 갖는 물체의 운동을 기술하는 방법이 무척 간단해 진다. 또한 대부분의 고체의 경우에는 강체라고 취급하여도 그 결과가 실제 고체라고 취급한 경우로부터 크게 어긋나지 않는다.

강체의 운동은 병진운동과 회전운동 등 두 가지로 구분된다. 병진운동과 회전운동이라는 용어는 크기를 갖는 물체에게만 적용되는 말이다. 그래서 물체의 크기를 고려하지 않았던 지금까지는 우리도 병진운동이나 회전운동이라는 용어를 사용하지 않았다. 그림 25.2에서 맨 왼쪽 그림의 경우가 순수한 병진운동을 보여준다. 강체가 병진운동을 하면 강체의 각 부분이 이동하는 변위가 이 그림에 보인 것처럼 모두 같다. 따라서 만일 강체가 병진운동만 한다면 강체의 움직임을 기술하는데 강체 중에서 단지 한 부분의 변위만을 가지고 기술하더라도 강체 전체의 운동을 기술할 수가 있다. 그러므로 강체의 크기나 모양을 고려할 필요가 없다.

그림 25.2의 가운데 그림은 물체가 비록 직선을 따라 움직이고 있다고 하더라도 순수한 병진운동을 하지 않는 경우이다. 이 그림에서 물체는 병진운동과 회전운동을 겸하면서 직선을 따라 움직이고 있다. 이런 경우에 강체의 운동을 한 번에 기술하는 것은 매우 복잡하다. 그런데 그림 25.2에서 맨 오른쪽에 보인 경우는 비록 물체가 직선운동을 하지는 않지만 병진운동을 하는 경우이다.

그림에 25.3보인 것처럼 강체가 순수한 병진운동을 한다고 하자. 그러면 강체의 일부를 구성하는 아무렇게나 선정한 두 부분의 질량 m_1과 m_2가 이동한 변위가 똑같이 $\Delta\vec{r}$이다. 그래서 두 질량에 대해 뉴턴의 운동 방정식을 써보면 질량이 m_1과 m_2인 부분에 대해서 각각

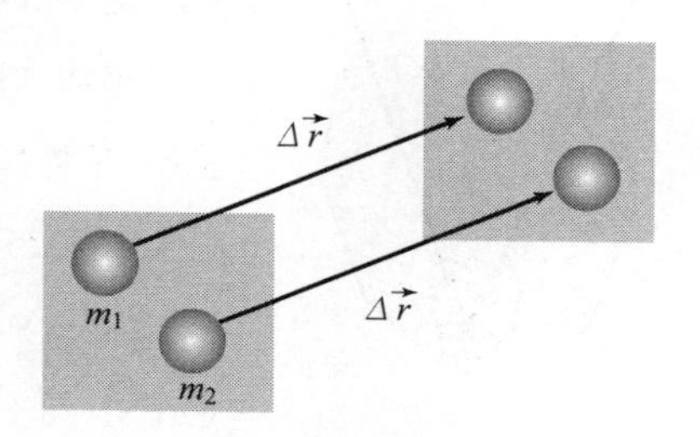

그림 25.3 순수한 병진운동

$$m_1 \frac{d^2\vec{r}}{dt^2} = \vec{F}_1 , \quad m_2 \frac{d^2\vec{r}}{dt^2} = \vec{F}_2 \tag{25.1}$$

가 되고 이 두 식을 더하면

$$(m_1 + m_2)\frac{d^2\vec{r}}{dt^2} = \vec{F}_1 + \vec{F}_2 \tag{25.2}$$

가 된다. 이 결과는 강체 전체를 동일한 하나의 변위 $\Delta\vec{r}$로 기술할 수 있고, 이 때 뉴턴의 운동방정식에는 강체의 총질량과 강체가 받는 외력의 합만 포함됨을 알려준다. 그리고 우리가 이미 잘 아는 것처럼, 강체의 각 부분 사이에 작용되는 내력의 합은 0이다. 바로 그런 이유 때문에 지금까지 물체의 병진운동을 다룰 때는 물체의 크기나 모양은 고려하지 않고 단지 물체의 총 질량만을 생각하였다.

한편 크기를 갖는 물체의 순수한 회전운동이란 물체의 특정한 부분은 이동하지 않고 물체가 움직이는 운동을 말한다. 가장 일반적인 회전운동은 물체의 한 점이 고정되고 물체가 움직이는 경우이다. 그런데 물체 중에서 직선에 해당하는 모든 부분은 이동하지 않고 나머지 부분만 움직일 수도 있다. 이런 회전운동의 경우에 움직이지 않는 부분을 회전축이라 한다.

물체에 속한 부분 중 직선 부분이 이동하지 않는 순수한 회전운동을 그림 25.4에 그려 놓았다. 이 그림에서 굵은 점으로 표시된 곳이 움직이지 않는 직선 부분의 단면을 표시하는데, 이것이 회전축이다. 그림 25.4에는 지면에 수직하게 회전축이 놓여있다. 이 회전축을 중심으로 물체가 회전하면 그림 25.4에 보인 것과 같이 물체의 각 부분이 이동한 변위는 서로 다르다. 이것이 순수한 병진운동과 다른 점이다. 그래서 물체의 회전운동을 한 개의 변위로 기술할 수 없으므로 언뜻 보기에 크기를 갖는 물체의 회전운동을 설명하려면 수많은 변위가 필요할 것으로 생각된다.

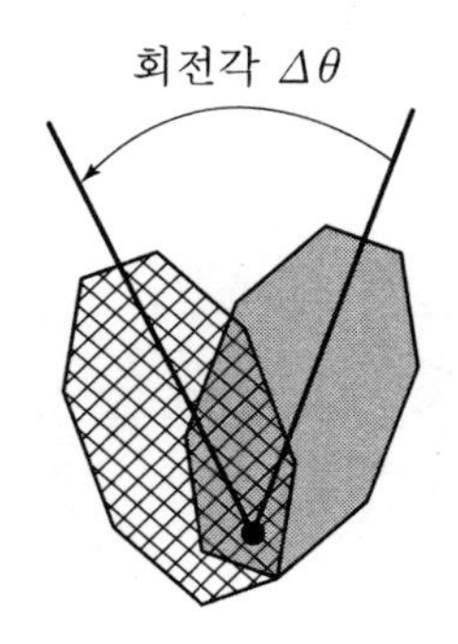

그림 25.4
순수한 회전운동

그런데 만일 변위 Δx 대신에 회전각 $\Delta\theta$를 이용하면 물체의 모든 부분을 이 동일한 회전각으로 설명될 수 있음을 알 수 있다. 그림 25.4에 보인 것과 같이 물체를 회전 시켰을 때 물체의 각 부분들이 모두 다 동일한 회전각 $\Delta\theta$만큼 회전한다. 이것은 순수한 병진운동에서 물체가 이동하면 물체의 모든 부분을 동일한 변위 Δx로 기술할 수 있는 것과 똑같다. 그래서 회전운동을 기술하는데 적당한 물리량을 찾으면 강체의 회전운동도 어렵지 않게 기술할 수 있을 것 같은 예감이 든다.

고정된 회전축 주위의 회전운동은 병진운동에서 직선운동처럼 기술될 수가 있다. 회전운동을 기술하는데 적당한 물리량만 찾아내면 병진운동에서 사용한 것과 똑같은 형태의 식들을 가지고 회전운동을 기술할 수가 있다. 그리고 바로 그렇게 적당한 물리량들이 바로 지난 22장에서 원운동을 기술하기 위하여 도입한 회전각 $\Delta\theta$, 각속도 ω, 각가속도 α, 회전관성 I, 토크 τ, 그리고 각운동량 L 등이다. 또한 지난 22장과 23장에서 본 것처럼, 회전운동을 설명하기 위하여 구태여 적용할 식들을 새로 찾아낼 필요조차도 없다. 병진운동의 식들을 그대로 가져다 이용할 수 있다. 다만 병진운동의 물리량에 대응하는 회전운동의 물리량을 찾아내기만 하면 된다.

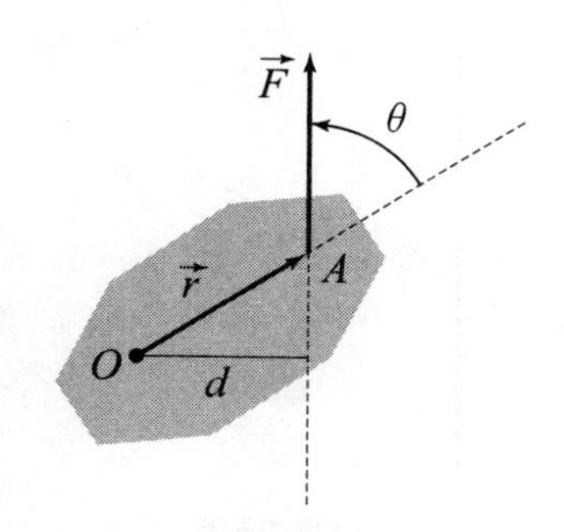

그림 25.5
강체에 작용하는 토크

물체의 병진운동에 적용되는 뉴턴의 운동방정식을 회전운동에 적용하도록 바꾸면 (23.12)식에서 구한 것처럼

$$\vec{F} = m\vec{a} \quad \rightarrow \quad \vec{\tau} = I\vec{\alpha} \tag{25.3}$$

가 되는데 여기서 물체에 작용하는 외력의 합이 $\vec{F}$일 때 물체에 작용하는 토크 $\vec{\tau}$는 (23.14)식에 의해서

$$\vec{\tau} = \vec{r} \times \vec{F} \tag{25.4}$$

로 정의된다. 그림 25.5에 보인 것과 같이, 회전축을 지나는 한 점 O를 원점으로 정하고 강체의 A라고 표시된 부분에 외력 $\vec{F}$가 작용한다면 원점 O에서 힘이 작용하는 A점까지의 위치벡터가 (25.4)식에 나온 $\vec{r}$이다. 그림 25.5에 보인 것처럼 위치벡터 $\vec{r}$과 강체에 작용하는 외력 $\vec{F}$사이의 사잇각이 θ라면 (25.4)식으로 주어지는 토크의 크기 τ는

$$\tau = rF\sin\theta = Fd \tag{25.5}$$

와 같다. 여기서 d는 회전축에서 힘 $\vec{F}$의 작용선까지 수선을 그어서 만나는 점 사이의 거리이다.

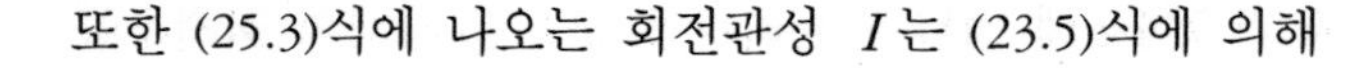

또한 (25.3)식에 나오는 회전관성 I는 (23.5)식에 의해

$$I = mr^2$$

에 의해 정의되지만 이것은 회전축으로부터 거리가 r인 곳에 놓인 질점에 적용되는 정의이다. 그림 25.6에 보인 것처럼 세 개의 질점으로 이루어져 있지만 질점들 사이의 거리는 고정된 물체가 있다면 그 물체의 회전관성 I는

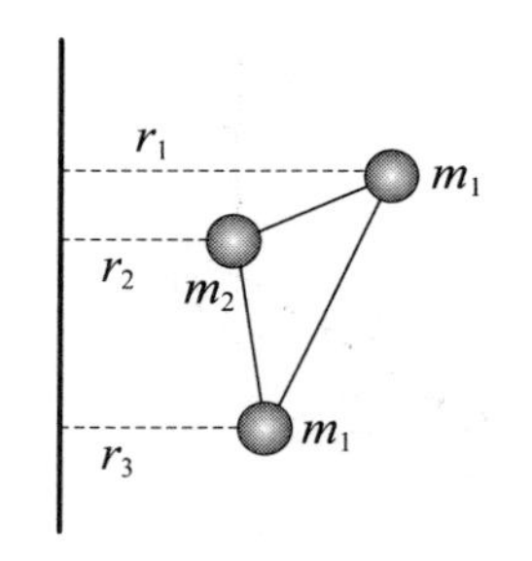

그림 25.6
회전관성 계산

$$I = m_1 r_1^2 + m_2 r_2^2 + m_3 r_3^2 \tag{25.6}$$

이 된다. 일반적으로 질량들 사이의 거리가 고정된 n개의 질량 m_1, m_2, $\cdots$, m_n으로 이루어져 있는 물체에서 각 질량마다 회전축과의 거리가 r_1, r_2, $\cdots$, r_n이라면 그 물체의 회전관성 I는

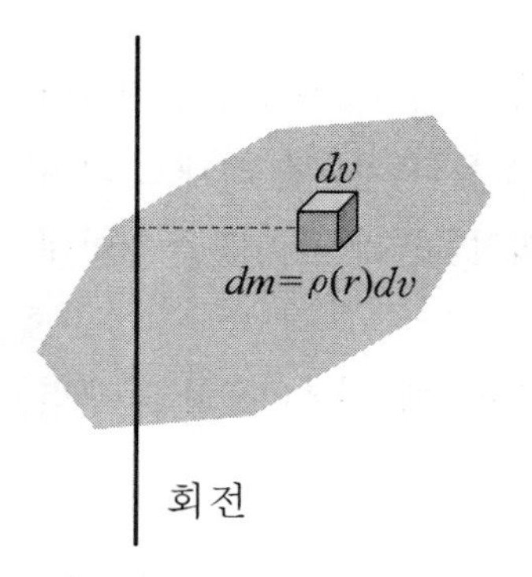

그림 25.7 질량이 연속적으로 분포된 물체의 회전관성 계산

$$I = \sum_{i=1}^{n} m_i r_i^2 \tag{25.7}$$

으로 정의된다. 그리고 그림 25.7에 보인 것과 같이 질량이 연속적으로 분포된 물체가 있고 물체의 밀도분포가 $\rho(r)$이라면 회전축으로부터 거리가 r인 곳의 조그만 부피요소 dv에 포함된 질량은 dm이고 dm의 회전관성은 $r^2 dm$이므로 이런 물체의 회전관성 I는 적분에 의하여

$$I = \int r^2\, dm = \int r^2 \rho(r) dv \tag{25.8}$$

라고 쓸 수 있다.

병진운동에서 질량의 역할을 하는 회전운동의 물리량이 회전관성이라고 하였다. 그런데 병진운동에서 물체의 질량은 물체가 어떻게 움직이느냐에 따라 바뀌지 않았지만 회전운동에서 물체의 회전관성은 (25.6)-(25.8)식에서 분명한 것처럼 동일한 물체이더라도 회전축이 어디냐에 따라 다른 값을 갖는다. 그리고 (25.6)-(25.8)식에 나오는 r은 회전축에서 질량 m까지 거리이다. 원점으로부터의 거리가 아니라는데 주의해야 한다. 그러므로 회전관성에 대한 정의를 말로 한다면, 크기를 갖는 물체의 회전관성이란

물체의 각 부분을 이루는 질량에 회전축에서부터 그 부분까지의 거리의 제곱을 곱한 것을 모두 더한 값과 같다가 된다. 그러므로 동일한 물체라고 하더라도 회전축이 바뀌면 회전관성이 달라진다.

간단한 예로, 그림 25.8에 보인 아령의 회전관성을 계산해보자. 두 쇠공을 연결한 부분의 질량을 무시하면 그림 25.8에서 아령이 회전축 A를 중심으로 회전한다고 할 때 아령의 회전관성은

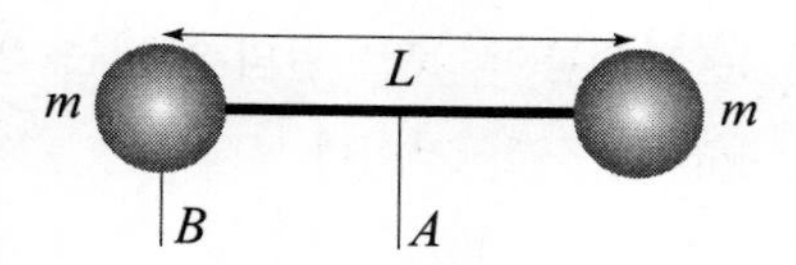

그림 25.8 회전축과 회전관성

$$I_A = m\left(\frac{L}{2}\right)^2 + m\left(\frac{L}{2}\right)^2 = \frac{1}{2}mL^2 \tag{25.9}$$

이고, 회전축 B를 중심으로 회전한다고 하면 아령의 회전관성은

$$I_B = m\times 0 + mL^2 = mL^2 \tag{25.10}$$

이다. 이와 같이 동일한 물체라도 회전축에 따라 회전관성이 다르다.

이번에는 (25.8)식을 이용하여 질량이 연속적으로 분포된 물체의 회전관성을 계산해 보자. 첫 번째로 그림 25.9에 보인 것과 같이 질량이 M이고 반지름이 R인 얇은 반지모양의 물체를 반지의 중심을 지나고 반지 면에 수직인 회전축에 대한 회전관성을 구하자. 반지처럼 물체의 모양이 선을 이루고 있을 때는 전체 질량 M을 선의 길이 l로 나눈 선밀도 λ를

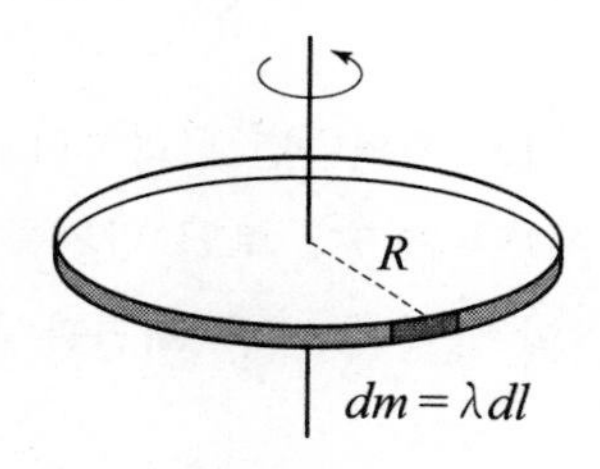

그림 25.9
반지의 회전관성

$$\lambda = \frac{M}{l} \quad (\text{균일한 질량분포}) \quad \text{또는} \quad \lambda = \frac{dm}{dl} \tag{25.11}$$

라고 정의하면 편리하다. 그림 25.9에 보인 반지의 경우에 질량이 반지를 따라 균일하게 분포되어 있다면 선밀도 λ는

$$\text{반지모양의 선밀도 : } \lambda = \frac{M}{2\pi R} \tag{25.12}$$

이 된다. 그러면 그림 25.8에 보인 것처럼, 반지 중에서 짧은 선분요소 dl에 포함된 질량 dm은 (25.11)식에 의해 $dm = \lambda\, dl$이므로 반지의 회전관성은 (25.8)식을 이용하여

$$I = \oint_C r^2 dm = \oint_C R^2 \lambda \, dl = R^2 \lambda \oint_C dl = R^2 \lambda \, 2\pi R = MR^2 \tag{25.13}$$

임을 알 수 있다. 이 식에서 세 번째 등식은 $R^2\lambda$가 상수임을 이용하였고 네 번째 등식은 반지름이 R인 원의 둘레는 $2\pi R$임을 이용하였으며 마지막 등식은 (25.12)식을 이용하여 구한 것이다.

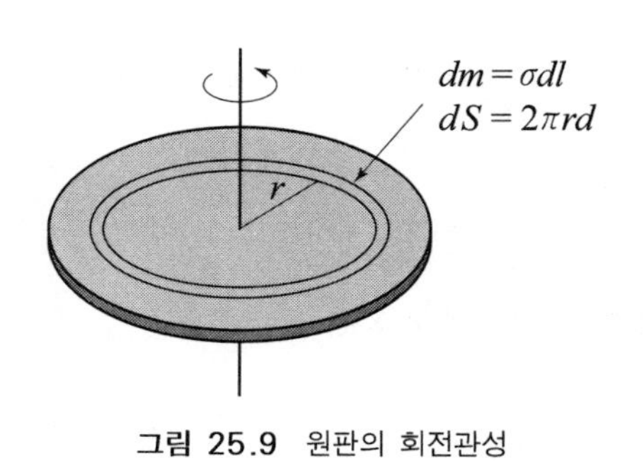

그림 25.9 원판의 회전관성

반지름이 R이고 질량이 M인 반지의 회전관성이 MR^2인 것을 이용하면 그림 25.9에 보인 것과 같이 반지름이 R인 원판에 질량 M이 균일하게 분포된 접시의 회전관성도 쉽게 구할 수 있다. 질량이 면 위에만 분포되어 있을 때는 전체 질량 M을 면의 넓이 S로 나눈 면밀도 σ를

$$\sigma = \frac{M}{S} \ (\text{균일한 질량분포}) \quad \text{또는} \quad \sigma = \frac{dm}{dS} \tag{25.14}$$

라고 정의하면 편리하다. 이제 그림 25.9에 보인 원판의 회전관성을 계산해 보자. 먼저 그림 25.9에 보인 반지름이 r이고 두께가 dr인 반지를 먼저 고려하면, 이 반지모양의 질량에 대한 회전관성 dI는

$$dI = r^2 dm = r^2 (\sigma dS) = r^2 \sigma 2\pi r \, dr = 2\pi\sigma r^3 \, dr \tag{25.15}$$

이다. 여기서 반지모양의 회전관성을 dI라고 쓴 것은 원판의 단지 일부분만을 대표하는 회전관성이기 때문이다. 이제 원판을 반지름이 서로 다른 많은 반지모양으로 나누고 다 더하면 원판의 회전관성 I를 구할 수 있는데, 그렇게 하는 것이 바로 다음 적분으로 그 결과는

$$I = \int dI = \int_0^R 2\pi\sigma r^3 dr = 2\pi\sigma \frac{R^4}{4} = 2\pi \frac{M}{\pi R^2} \frac{R^4}{4} = \frac{1}{2} MR^2 \tag{25.16}$$

가 된다.

원판의 회전관성인 (25.16)식을 쉽게 구할 수 있었던 것은 회전축이 원판의 중심을 지나가기 때문이다. 만일 회전축이 원판의 가장자리를 지나간다면 (25.16)식과 유사한 적분을 수행하기가 보통 어려운 일이 아니다. 그런데 만일 물체의 질량중심을 지나가

는 회전축 주위의 회전관성 I_{CM}을 알고 있다면 질량중심을 지나는 그 회전축과 평행한 어떤 다른 회전축에 대한 회전관성도 아주 쉽게 구하는데 이용될 수 있는 평행축정리라는 이름의 정리가 있다. 질량이 M인 물체에서 어떤 회전축 A에 대한 회전관성을 I_A라고 하고 이 축에 평행이고 질량중심을 지나는 회전축에 대한 회전관성을 I_{CM}이라고 하자. 그리고 두 회전축 사이의 거리를 h라고 하면

$$I_A = I_{CM} + Mh^2 \tag{25.17}$$

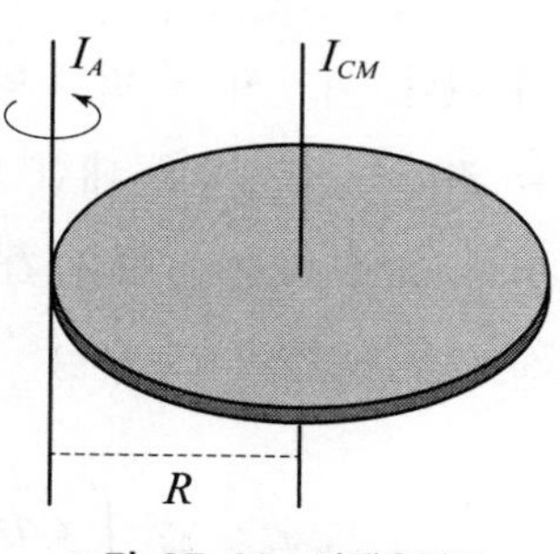

그림 25.10 평행축정리

인 관계가 성립한다. 이 식을 평행축정리라고 부른다.

예를 들어, 그림 25.10에 보인 것과 같이 원판의 가장자리를 지나는 회전축에 대한 회전관성 I_A를 계산하자. 질량중심에 대한 회전관성 I_{CM}은 이미 (25.16)식에 의해 주어짐을 알고 있으므로 평행축정리인 (25.17)식을 이용하여

$$\begin{aligned} I_A &= I_{CM} + Mh^2 \\ &= \frac{1}{2}MR^2 + MR^2 = \frac{3}{2}MR^2 \end{aligned} \tag{25.18}$$

가 됨을 알 수 있다.

평행축정리는 다음과 같이 간단히 증명된다. 그림 25.11에 보인 것과 같이 질량중심이 있는 곳을 원점으로 정하고 x축과 y축을 그리자. 그리고 질량중심을 지나는 회전축에 대한 회전관성을 I_{CM}이라 하고 이 회전축과 평행하고 A점을 지나는 회전축에 대한 회전관성을 I_A라고 하자. 그림 25.11에 보인 것처럼, 질량중심인 원점에서 A점을 지나는 회전축까지 위치벡터를 $\vec{r}_A$, 원점에서 질량 dm까지 위치벡터를 $\vec{r}$이라고 하면, A점을 지나는 회전축에서 질량 dm까지 변위는 $\vec{r} - \vec{r}_A$이다. 따라서 A점을 지나는 회전축 주위의 회전 관성 I_A는 (25.8)식에 의해

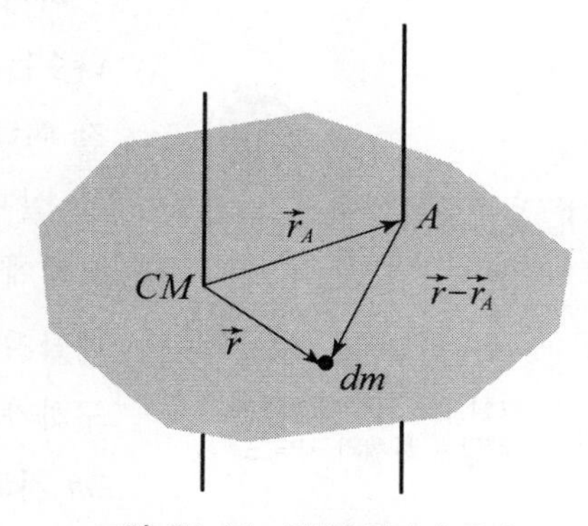

그림 25.11 평행축정리의 증명

$$I_A = \int |\vec{r} - \vec{r}_A|^2 dm = \int [(x-x_A)^2 + (y-y_A)^2] dm$$
$$= \int (x^2+y^2) dm + \int (x_A^2 + y_A^2) dm - \int (2xx_A) dm - \int (2yy_A) dm$$
$$= \int r^2 dm + r_A^2 \int dm - 2x_A \int x\, dm - 2y_A \int y\, dm$$
$$= I_{CM} + Mr_A^2 \tag{25.19}$$

가 된다. 여기서 세 번째 등식의 첫 항은 질량중심을 원점으로 정하였으므로 질량중심을 지나는 회전축에 대한 회전관성 I_{CM}을 나타낸다. 세 번째 등식의 세 번째 항과 네 번째 항에 나오는 식은 각각 질량중심의 x좌표와 y좌표인 x_{CM}과 y_{CM}을 정의하는 식으로 (20.6)식으로부터

$$x_{CM} = \frac{1}{M} \int x\, dm\,, \qquad y_{CM} = \frac{1}{M} \int y\, dm \tag{25.20}$$

이 된다. (20.6)식은 질점들의 모임에서 질량중심을 구하는 식인데, 그 식에서 더하기 기호를 적분으로 바꾸면 (25.20)식과 같이 질량이 연속적으로 분포된 물체의 질량중심을 구하는 식이 된다. 그런데 우리는 질량중심을 원점으로 정해서 x_{CM}도 0이고 y_{CM}도 0이므로 (25.19)식의 세 번째 등식의 세 번째 항과 네 번째 항은 모두 0이 된다. (25.19)식의 마지막 결과가 바로 평행축정리이다.

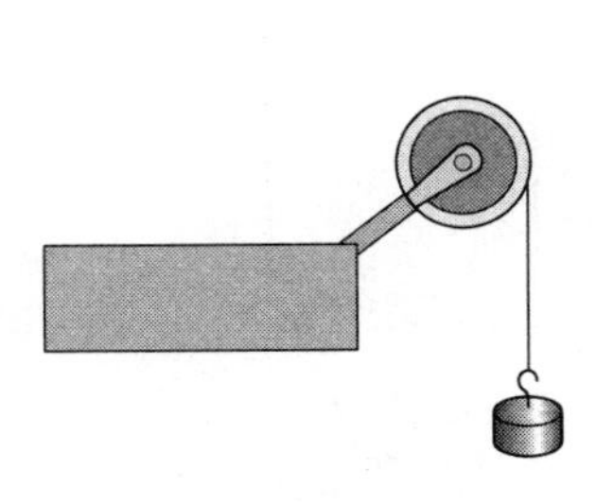

그림 25.12 도르래에 매달린 물체의 가속도

이제 회전운동에 대한 뉴턴의 운동방정식인 (25.3)식에 나오는 토크 τ와 회전관성 I 그리고 각가속도 α에 대해 잘 이해하게 되었다. 그러면 회전운동에 대한 운동방정식을 실제 문제에 적용해보자. 그림 25.12에 보인 것은 도르래에 감겨있는 줄의 한 쪽 끝에 질량이 m_1인 상자가 매달려 있는 경우이다. 이 상자가 내려오는 가속도 a를 구하자. 도르래는 반지름이 R인 균일한 원판으로 질량은 m_2라고 하자.

먼저 질량이 m_1인 물체에 적용할 뉴턴의 운동방정식을 쓰자. 연직 아랫방향을 +방향으로 정하면, 이 물체에는 중력 m_1g와 장력 T가 작용하므로 뉴턴의 운동방정식은

$$m_1 g - T = m_1 a \tag{25.21}$$

가 된다. 도르래에는 장력 T가 작용하므로 이 장력에 의한 토크는

$$\tau = RT \tag{25.22}$$

이다. 그리고 질량이 m_2이고 반지름이 R인 균일한 원판의 회전관성은 (25.16)식에 의해

$$I = \frac{1}{2} m_2 R^2 \tag{25.23}$$

이다. 그러므로 도르래에 적용할 뉴턴의 운동방정식은

$$\tau = I\alpha \quad \rightarrow \quad RT = \frac{1}{2} m_2 R^2 \frac{a}{R} \quad \therefore \quad T = \frac{1}{2} m_2 a \tag{25.24}$$

이다. 여기서 줄이 늘어나거나 줄어들지 않는다면 도르래의 각가속도 α는 상자의 가속도 a와의 사이에

$$\alpha = \frac{a}{R} \tag{25.25}$$

인 관계가 성립하는 것을 이용하였다. 그러면 이제 (25.21)식과 (25.24)식을 연립으로 풀면 답을 구할 수 있다. 먼저 (25.24)식을 (25.21)식에 대입하면

$$m_1 g - \frac{1}{2} m_2 a = m_1 a \quad \therefore \quad a = \frac{m_1}{m_1 + \frac{m_2}{2}} g \tag{25.26}$$

를 얻는다. 이 결과를 (25.24)식에 대입하면 장력 T도 구할 수 있다.

26. 강체의 운동 II

- 회전운동에서도 병진운동에서와 마찬가지로 일-에너지 정리가 성립한다. 병진운동에서 배운 일과 운동에너지가 회전운동에서는 어떻게 표현될까?
- 원통이 경사면을 따라 내려온다고 하자. 경사면과 원통사이에 마찰이 없다면 미끄러져 내려오고 마찰이 있다면 굴러 내려온다. 두 운동 사이에는 어떤 차이가 있는가?
- 크기를 갖는 물체의 회전운동에서는 각운동량이 보존되는 경우가 많다. 각운동량이 보존되는 조건은 무엇이고 각운동량 보존법칙이 적용되는 경우에는 어떤 것들이 있는가?

우리는 지난 16장에서 (16.3)식에 의해 물체에 힘 $F(x)$를 작용하며 $x=a$로부터 $x=b$까지 이동하였을 때 물체가 받은 일이

$$W=\int_a^b F(x)\,dx \tag{26.1}$$

라고 정의하였다. 이 식을 회전운동의 물리량으로 번역하면

$$W=\int_{\theta_1}^{\theta_2} \tau(\theta)\,d\theta \tag{26.2}$$

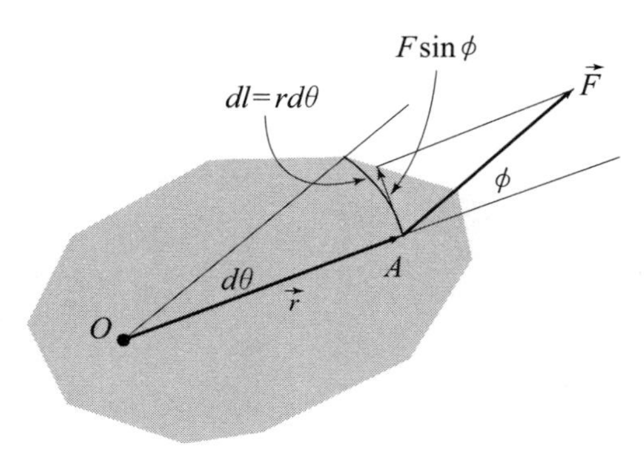

그림 26.1 토크에 의해 한 일

가 된다. 일은 병진운동이나 회전운동에서 동일하게 이용되고 힘 대신에 토크를 변위 대신에 회전각을 쓴 결과이다. (26.2)식으로 주어지는 일이 어떤 의미인지 그림 26.1을 보면서 알아보자. 그림 26.1에 보인 강체에서 O는 회전축이고 힘 $\vec{F}$는 점 A에 작용되고 $\vec{r}$은 회전축에서 점 A까지의 위치벡터이다. 이제

이 힘을 받으며 강체가 $d\theta$만큼 회전하였다면 힘 $\vec{F}$를 통해 강체에 한 일 dW는

$$dW = \vec{F}\cdot d\vec{l} = F\,dl\cos(90^\circ - \phi) = Fr\,d\theta\sin\phi = rF\sin\phi\,d\theta = \tau\,d\theta \qquad (26.3)$$

가 된다. 이 식에서 네 번째 등식은 힘 $\vec{F}$에 의한 토크 $\vec{\tau}$의 크기가

$$\tau = |\vec{\tau}| = |\vec{r}\times\vec{F}| = rF\sin\phi \qquad (26.4)$$

임을 이용하였다. (26.3)식에서 분명한 것처럼 회전하는 강체에 힘 $\vec{F}$가 작용되는데 강체가 $d\vec{l}$만큼 이동하였을 때 강체가 받은 일은 바로 $\tau\,d\theta$와 같음을 알 수 있다. 그러므로 일을 정의한 (26.1)식을 강체의 회전운동에 적용한다면 힘 F 대신에 토크 τ를 그리고 변위 dx대신에 회전각 $d\theta$를 쓰면 된다는 것을 알 수 있다.

이번에는 강체의 병진운동에 대한 운동에너지와 회전운동에 대한 운동에너지가 어떻게 다르게 표현되는지 보자. 그림 26.2에서 상대 거리가 고정된 세 질량이 병진운동을 한다고 하자. 이 그림에 표시된 강체가 병진운동을 한다는 것은 세 질량의 속도가 모두 같아서

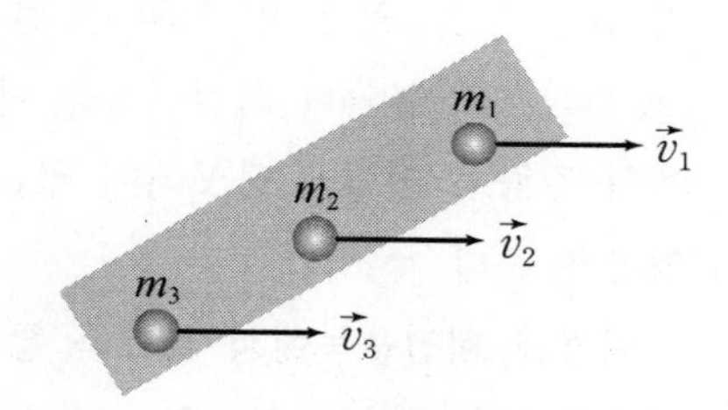

그림 26.2 병진운동하는 강체

$$\vec{v}_1 = \vec{v}_2 = \vec{v}_3 = \vec{v} \qquad (26.5)$$

라는 의미이다. 이 강체의 운동에너지 K는 세 질량의 운동에너지 합과 같으므로

$$\begin{aligned} K &= \frac{1}{2}m_1v_1^2 + \frac{1}{2}m_2v_2^2 + \frac{1}{2}m_3v_3^2 \\ &= \frac{1}{2}(m_1+m_2+m_3)v^2 = \frac{1}{2}Mv^2 \end{aligned} \qquad (26.6)$$

이 된다. 이 식의 두 번째 등식은 (26.5)식을 이용한 결과이고 마지막 등식에서 M은 이 강체의 총질량을 의미한다. 이처럼 강체의 병진운동에서는 강체를 구성하는 질량이 강체 내에서 어떻게 분포되어 있는지는 상관없이 총질량만 알면 된다.

그러나 그림 26.3에 보인 것과 같이 역시 상대 거리가 고정된 세 질량이 회전운동을 하는 경우를 보자. 이 그림에서 강체는 회전축 O를 중심으로 회전한다. 그리고 그림에서 분명한 것처럼 세 질량의 속도인 $\vec{v}_1$, $\vec{v}_2$, $\vec{v}_3$는 모두 다르다. 그렇지만 세 질량

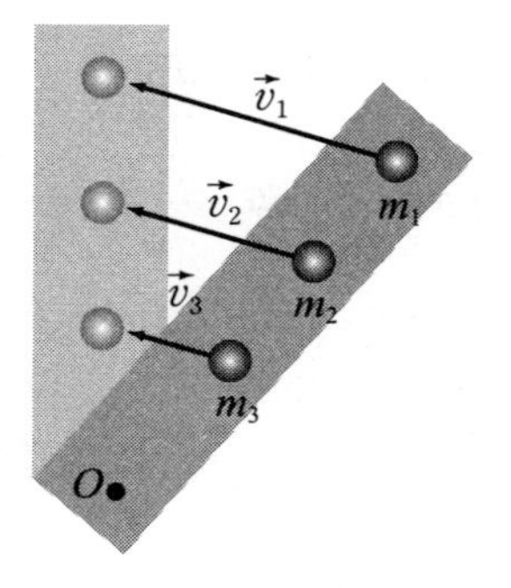

그림 26.3
회전운동하는 강체

의 속도는 회전축으로부터 각 질량까지의 거리를 각각 r_1, r_2, r_3라고 하면

$$v_1 = r_1\omega,\ \ v_2 = r_2\omega,\ \ v_3 = r_3\omega \tag{26.7}$$

인 관계를 만족한다. 그리고 이 회전운동의 운동에너지 K는 세 질량의 운동에너지 합과 같으므로

$$\begin{aligned} K &= \frac{1}{2}m_1v_1^2 + \frac{1}{2}m_2v_2^2 + \frac{1}{2}m_3v_3^2 \\ &= \frac{1}{2}(m_1r_1^2 + m_2r_2^2 + m_3r_3^2)\omega^2 = \frac{1}{2}I\omega^2 \end{aligned} \tag{26.8}$$

이 됨을 알 수 있다. 이 식의 두 번째 등식에서는 (26.7)식을 이용하였고 마지막 등식은 (25.7)식으로 정의된 회전관성을 이용하였다. 이처럼 강체가 회전운동할 때는 강체 내에서 질량이 어떻게 분포되어 있는지가 운동에너지를 결정하는데 회전관성을 통하여 영향을 준다.

이렇게 회전운동에서 토크를 통하여 물체에 한 일과 회전 운동에너지를 정의하면, 일－에너지 정리를 회전운동에 적용할 수가 있다. 16장에서 배운 일－에너지 정리에 의하면 합력에 의한 일은 운동에너지의 변화량과 같다. 이것을 강체의 회전운동에 적용하면 일-에너지 정리는 합력에 의한 토크가 한 일은 회전운동에너지의 변화량과 같아서

$$\int_{\theta_1}^{\theta_2} \tau\, d\theta = \frac{1}{2}I\omega_2^2 - \frac{1}{2}I\omega_1^2 \tag{26.9}$$

라고 쓸 수 있다.

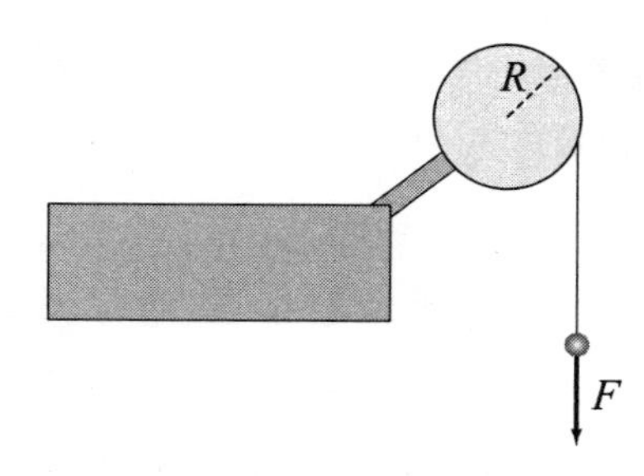

그림 26.4 일-에너지 정리 응용

예를 들어, 그림 26.4에 보인 것처럼 회전관성이 I이며 각속도 ω_1으로 회전하고 있는 반지름이 R인 도르래에 감은 줄을 힘 F로 계속 잡아당기면서 줄의 길이가 L만큼 풀렸을 때 도르래의 각속도 ω_2는 얼마일까? 이 힘이 도르래에 작용하는 토크 τ는 그림 26.4에서 명백하듯이

$$\tau = rF \tag{26.10}$$

이다. 그리고 줄이 길이 L만큼 아래로 내려왔다면 도르래가 회전한 회전각 $\Delta\theta$는

$$\Delta\theta = \frac{L}{r} \tag{26.11}$$

이가. 그러므로 이 토크가 도르래에 한 일 W는

$$W = \tau\Delta\theta = rF\frac{L}{r} = FL \tag{26.12}$$

이다. 이 결과는 이미 예상할 수 있는 것처럼 힘 F를 작용하면서 L만큼 이동했을 때의 일과 같다. 그러면 도르래의 마지막 각속도 ω_2는 (26.9)식에 의해

$$FL = \frac{1}{2}I(\omega_2^2 - \omega_1^2) \quad \therefore\ \omega_2 = \sqrt{\frac{2FL}{I} + \omega_1^2} \tag{26.13}$$

이 된다.

병진운동과 회전운동에서 운동에너지를 다루는 방법을 비교하기 위하여 그림 26.5에 보인 경우를 보자. 그림 26.5의 위에 보인 것은 마찰이 없는 수평면 위에서 질량이 m인 상자를 일정한 힘 $\vec{F}$로 잡아끄는 경우이고 아래 보인 것은 질량이 m이고 반지름이 R이며 회전관성이 I인 원통을 역시 힘 $\vec{F}$로 잡아 끄는데 여기서는 원통과 수평면 사이에 마찰이 있어서 원통이 미끄러지지 않고 굴러가는 경우이다. 두 경우 모두 수평방향으로 거리 L만큼 끌고 갔다면 물체에 해준 일은

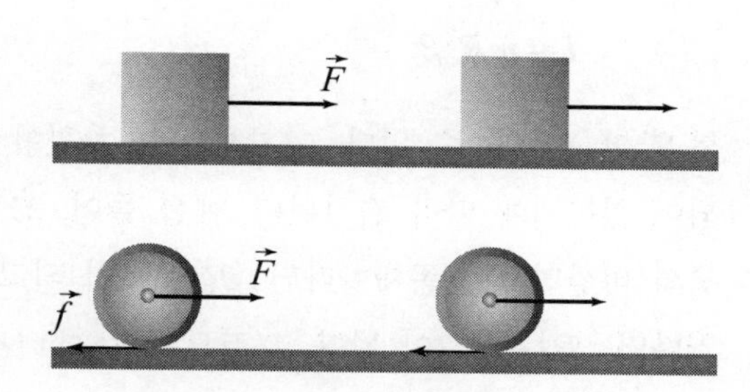

그림 26.5 미끄러지는 운동과 굴러가는 운동

$$W = FL \tag{26.14}$$

이다. 두 경우 모두 상자와 원통이 정지 상태에서 출발했다고 하자. 그러면 상자의 경우에는 일-에너지 정리에 의해서 거리 L만큼 진행한 뒤에 상자의 운동에너지 K와 마지막 속력 v는

$$K = \frac{1}{2}mv^2 = W = FL \qquad \therefore \ v = \sqrt{\frac{2FL}{m}} \tag{26.15}$$

이 된다. 한편 원통의 경우에 미끄러지지 않고 굴러간다면 원통의 운동을 질량중심이 L만큼 진행한 병진운동과 가운데 회전축을 중심으로 회전한 회전운동의 합으로 기술할 수 있다. 그래서 원통이 수평거리 L만큼 진행한 뒤의 운동에너지 K는

$$K = \frac{1}{2}mv^2 + \frac{1}{2}I\omega^2 \tag{26.16}$$

과 같이 두 항으로 이루어진다. 여기서 v는 원통의 질량중심이 수평방향으로 이동하는 속력이고 ω는 원통의 중심축을 회전축으로 회전하는 각속도이다. 그런데 원통이 미끄러지지 않고 굴러간다면 v와 ω 사이에는

$$v = R\omega \tag{26.17}$$

인 관계가 성립한다. 또한 원통의 중심축을 회전축으로 하는 원통의 회전관성 I를

$$I = mR^2\beta \tag{26.18}$$

와 같이 표현할 수 있다. 여기서 β는 차원이 없는 수로 원통에서 질량이 어떻게 분포되어 있는지에 따라 결정된다. 예를 들어, 25장에서 계산해본 것처럼, 질량이 모두 원통의 바깥면에만 존재한다면 β값은 1이 되고 질량이 원통 전체에 균일하게 분포되어 있다면 β값은 1/2이 된다. 그러므로 일-에너지 정리를 이용하면 (26.16)식과 (26.17)식 그리고 (26.18)식으로부터

$$\begin{aligned} &K = \frac{1}{2}mv^2 + \frac{1}{2}I\omega^2 = \frac{1}{2}m(1+\beta)v^2 = FL \\ &\therefore \ v = \sqrt{\frac{2FL}{m(1+\beta)}} \end{aligned} \tag{26.19}$$

가 된다. (26.15)식과 (26.19)식을 비교하면 똑같은 일을 받았을 때 질량이 동일한 미끄러지는 상자와 굴러가는 원통 중에서 미끄러지는 상자의 마지막 속력이 더 빠른 것을 알 수 있다.

일-에너지 정리를 이용하여 굴러가는 원통 문제를 쉽게 풀었는데, 이번에는 왜 그런 결과가 나왔는지를 자세히 이해하기 위해 뉴턴의 운동방정식을 직접 적용하는 방

법으로 똑같은 문제를 다시 풀어보자. 그림 26.5의 위쪽 미끄러지는 상자의 경우 수평 방향으로 일정한 힘으로 잡아당기므로 상자의 가속도 a는

$$a = \frac{F}{m} \tag{26.20}$$

이고 따라서 상자가 거리 L을 진행하는 데 걸리는 시간 t는

$$L = \frac{1}{2}at^2 \quad \therefore \; t = \sqrt{\frac{2L}{a}} = \sqrt{\frac{2Lm}{F}} \tag{26.21}$$

이다. 그러므로 정지 상태로부터 출발하여 (26.20)식으로 주어진 가속도 a에 의해서 (26.21)식으로 주어진 시간 t만큼 가속되면 상자의 마지막 속력 v는

$$v = at = \frac{F}{m}\sqrt{\frac{2Lm}{F}} = \sqrt{\frac{2FL}{m}} \tag{26.22}$$

인데 이것은 일-에너지 정리로 구한 결과인 (26.15)식과 동일하다.

그림 26.5의 아래쪽에 보인 원통 문제에서는 병진운동과 회전운동 각각에 대해 뉴턴의 운동방정식을 세울 수 있다. 원통에 작용하는 수평방향 힘으로는 내가 잡아당기는 힘 F와 마찰력 f가 있다. 그러므로 원통의 병진운동에 대한 뉴턴의 운동방정식은

$$F - f = ma \tag{26.23}$$

이다. 한편 원통에는 두 힘 $\vec{F}$와 $\vec{f}$ 이외에도 연직 아랫방향으로 작용하는 중력 mg와 연직 윗방향으로 작용하는 수직항력 N이 있다. 그런데 내가 수평방향으로 잡아당기는 힘 F와 중력 mg 그리고 수직항력 N 모두 힘의 작용선이 회전축을 지난다. 그러므로 이들 세 힘은 원통의 회전운동에 기여하지 않는다. 다시 말하면 이들 세 힘에 의한 토크는 0이다. 그러므로 원통의 회전운동에 대한 뉴턴의 운동방정식은

$$\tau = I\alpha \;\rightarrow\; fR = mR^2\beta\frac{a}{R} \quad \therefore \; f = m\beta a \tag{26.24}$$

가 된다. 따라서 이제 (26.23)식과 (26.24)식을 연립으로 풀어 a와 f를 구하면 된다. 여기서 주의할 점이 있다. 원통에 작용하는 마찰력 f는 운동마찰력이 아니라 정지마찰력이다. 또한 이 정지마찰력은 최대 정지마찰력이 아니기 때문에 $f = \mu_s N$과 같은 형

태로 주어지지 않고 단순히 (26.23)식과 (26.24)식을 만족하도록 결정된다. 간단히 (26.24)식을 (26.23)식에 대입하면

$$F = ma + f = m(1+\beta)a \qquad \therefore\ a = \frac{F}{m(1+\beta)} \tag{26.25}$$

이고 이 결과는 마치 병진운동에 대한 결과인 (26.20)식에서 질량 m을 $m(1+\beta)$로 바꾼 것과 같다. 그래서 원통의 마지막 속력 v도 (26.22)식의 질량 m을 똑같이 바꾸어 쓰면 되리라는 것을 예상할 수 있는데, 그 결과는 바로 일-에너지 정리로 얻는 (26.19)식으로 주어지는 것과 동일하다.

예제 1 그림과 같이 경사각이 θ인 경사면에 반지름이 R이고 회전관성이 $mR^2\beta$인 원통이 내려온다. 경사면과 원통 사이에 마찰이 없어서 원통이 미끄러져 내려올 경우와 마찰이 있어서 굴러 내려올 경우 중 어느 경우가 더 빨리 내려오는가?

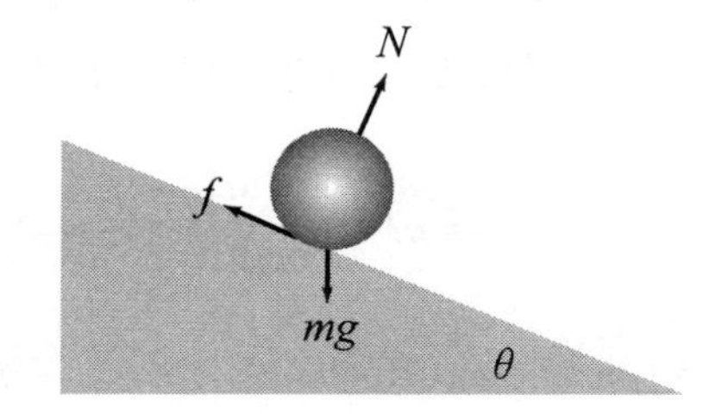

마찰이 없어서 미끄러져 내려올 경우에 원통은 병진운동만 하므로 적용될 뉴턴의 운동방정식으로부터 미끄러져 내려오는 가속도 a_1을 구하면

$$mg\sin\theta = ma_1 \qquad \therefore\ a_1 = g\sin\theta$$

이 된다. 그런데 굴러 내려오는 경우에는 적용될 운동방정식이 병진운동에 대한 것과 회전운동에 대한 것 두 가지로

$$mg\sin\theta - f = ma_2\ , \qquad \tau = I\alpha\ \rightarrow\ Rf = mR^2\beta\frac{a_2}{R}\ \rightarrow\ f = m\beta a_2$$

이며 이 두 식으로부터 원통이 굴러 내려오는 경우의 가속도 a_2를 구하면

$$mg\sin\theta = m(1+\beta)a_2 \qquad \therefore\ a_2 = \frac{g}{1+\beta}\sin\theta$$

가 된다. 그런데 항상 $\beta > 0$이므로 항상 $a_1 > a_2$이고 미끄러져 내려오는 경우가 굴러 내려오는 경우보다 더 빨리 내려온다.

병진운동에 대한 뉴턴의 운동방정식을

$$\vec{F} = m\vec{a}, \quad \vec{F} = \frac{d\vec{P}}{dt} \tag{26.26}$$

등 두 가지로 표현되는 것처럼 회전운동에 대한 뉴턴의 운동방정식도

$$\vec{\tau} = I\vec{\alpha}\,, \quad \vec{\tau} = \frac{d\vec{L}}{dt} \tag{26.27}$$

등 두 가지 방법으로 표현된다. 그리고 (26.26)식의 두 번째 식으로 표현된 뉴턴의 운동방정식으로부터 만일 어떤 계에 작용하는 외력의 합이 0이면 그 계의 총선운동량은 보존된다는 선운동량 보존법칙이 성립한 것처럼, (26.27)식의 두 번째 식으로 표현된 뉴턴의 운동방정식으로부터 만일 어떤 계에 작용하는 외력에 의한 토크의 합이 0이면 그 계의 총각운동량은 보존된다는 각운동량 보존법칙이 성립한다.

각운동량 보존법칙은 선운동량 보존법칙보다 더 광범위하게 성립된다고 말할 수 있다. 선운동량은 외력이 0이어야 보존되지만 토크 $\vec{\tau}$는

$$\vec{\tau} = \vec{r} \times \vec{F} \tag{26.28}$$

로 주어지기 때문에 외력 $\vec{F}$가 0이면 토크도 물론 0이지만 $\vec{F}$가 0이 아니더라도 $\vec{r}$과 $\vec{F}$가 평행하거나 힘 $\vec{F}$의 작용선이 회전축을 지나면 토크는 0이 되므로 선운동량이 보존되는 조건보다 훨씬 더 다양한 조건 아래서 각운동량이 보존된다. 또한 각운동량 $\vec{L}$은 회전관성 I에 의해서

$$\vec{L} = I\vec{\omega} \tag{26.29}$$

로 주어지기 때문에 크기를 갖는 물체가 회전운동을 하는 중에 회전관성이 바뀐다면 각운동량을 일정하게 유지하기 위하여 각속도가 저절로 바뀐다. 예를 들어, 자유롭게 회전할 수 있는 회전의자에 사람이 앉아서 양손에 아령을 들고 팔을 옆으로 쫙 벌린 뒤에 각속도 ω_i로 회전하던 중간에 팔을 안쪽으로 움츠리면 회전의자는 저절로 더 빨리 회전하여 각속도 ω_f로 된다. 사람이 아령을 들로 팔을 벌렸을 때의 회전관성이 I_i이고 팔을 오므렸을 때의 회전관성이 I_f라면 각운동량 보존법칙에 의해

$$L = I_i\omega_i = I_f\omega_f \qquad \therefore\ \omega_f = \frac{I_i}{I_f}\,\omega_i \tag{26.30}$$

가 된다. 다시 말하면 팔을 벌렸을 때 회전관성 I_i가 오므렸을 때 회전관성 I_f의 2배라면 나중 각속도 ω_f는 처음 각속도 ω_i의 두 배가 된다. 사람이 팔을 오므릴 때 작용하는 힘의 작용선은 회전축을 지나가므로 이 힘이 작용하는 토크가 0이기 때문에 각운동량이 보존되는 것이다.

예제 2 그림에 나온 것은 질량이 M이고 반지름이 R인 바퀴가 수평면에서 각속도 ω_0로 회전하고 있다. 그림에 보인 A점에는 질량이 m인 쥐가 바퀴와 함께 회전하고 있다. 이제 이 쥐가 움직이기 시작하여 B점으로 이동하였다면 바퀴가 회전하는 각속도는 어떻게 바뀌겠는가? 단, 바퀴의 질량 M은 모두 바퀴의 맨 바깥쪽에 위치한다고 하자.

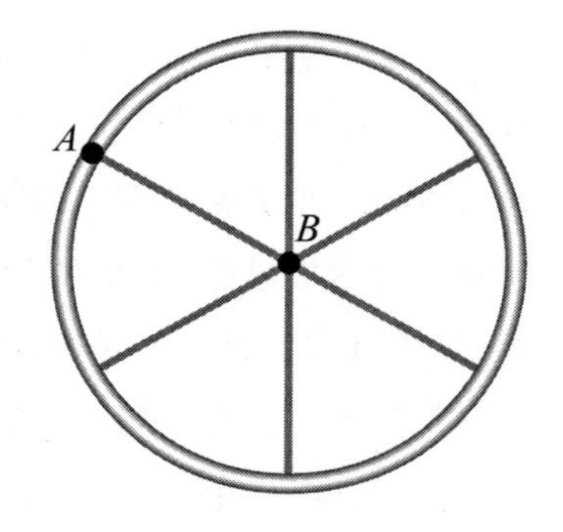

바퀴와 쥐가 각속도 ω_0로 회전운동할 때 각운동량 L_i는

$$L_i = I_i\omega_0 = (m+M)R^2\omega_0$$

이다. 여기서 질량이 M이고 반지름이 R인 반지 모양의 회전관성은 MR^2임을 이용하였다. 그런데 이제 쥐가 B쪽으로 걸어간다면 쥐가 바퀴에 작용하는 힘의 작용선은 회전축을 지나기 때문에 토크에 기여하지 않는다.

이제 쥐가 A에서 B까지 기어간 뒤에 바퀴의 각속도가 ω라고 하자. 그러면 이때의 각운동량 L_f는

$$L_f = I_f\omega = MR^2\omega$$

가 된다. 여기서 질량이 m인 쥐가 회전축인 B에 도달하면 회전관성에 기여하지 않는다는 점을 이용하였다. 그러면 각운동량 보존법칙으로부터

$$L_f = L_i \quad \rightarrow \quad (M+m)R^2\omega_0 = MR^2\omega \quad \therefore\ \omega = \frac{M+m}{M}\,\omega_0$$

가 된다.

27. 강체의 운동 III

- 크기를 갖은 물체가 움직이지 않고 정지해 있을 조건은 무엇일까? 물리학자들은 물체가 움직이지 않고 정지해 있을 조건이라고 말하는 대신에 물체가 평형상태에 있을 조건이라고 말한다. 물체가 평형상태에 있을 조건은 무엇일까?
- 평형문제는 물체에 여러 힘이 작용할 경우 물체가 평형상태에 있기 위해서 어떤 힘이 작용하는지 알아내는 문제를 말한다. 평형문제를 푸는 요령은 무엇일까?
- 강체에 작용하는 토크가 0이면 각운동량이 보존된다. 각운동량은 벡터이므로 각운동량의 크기뿐 아니라 방향도 보존된다. 각운동량의 방향이 보존되는 현상을 뚜렷이 보여주는 예로 무엇이 있을까?

우리는 흔히 물체가 전혀 움직이지 않고 가만히 있으면 그 물체는 평형상태에 있다고 말한다. 그리고 물체가 움직이지 않는다는 것은 그 물체가 병진운동도 하지 않고 회전운동도 하지 않는다는 의미이다. 그런데 여러분도 이제 잘 알고 있겠지만 물리적으로는 물체가 정지해 있을 조건과 등속도 운동을 할 조건이 구별되지 않는다. 사실 정지해 있다는 것은 0인 속도가 계속 유지되는 등속도 운동이라는 것과 같다. 그리고 물체가 등속도 운동을 할 조건은 물체에 작용하는 외력의 합이 0이라는 것이다. 마찬가지로 회전운동에서 물체가 회전하지 않을 조건과 동일한 각속도로 계속 회전할 조건이 다르지 않다. 즉 물체의 각속도가 일정하게 유지될 조건은 물체에 작용하는 외력에 의한 토크의 합이 0이라는 것이다.

똑같은 이야기지만 물체가 평형상태에 있을 조건을 이렇게 말할 수도 있다. 크기를 갖는 물체가 평형상태에 있을 조건은 그 물체에 작용하는 외력의 합 $\vec{F}_{\text{net}}$와 외력에 의한 토크의 합 $\vec{\tau}_{\text{net}}$가

$$\vec{F}_{\text{net}}=0, \qquad \vec{\tau}_{\text{net}}=0 \tag{27.1}$$

와 같이 0이어야만 한다는 것이다. 물체에 작용하는 외력의 합 $\vec{F}_{\text{net}}$이 0이면 병진운동에 대한 뉴턴의 운동방정식

$$\vec{F}_{\text{net}} = \frac{d\vec{p}}{dt} \tag{27.2}$$

에 의해서 물체의 선운동량은 일정하게 유지되고 그러므로 물체는 등속도 운동을 계속하는데 만일 물체가 처음에 정지해 있었다면 물체는 계속 정지해 있게 된다. 그리고 물체에 작용하는 외력에 의한 토크의 합 $\vec{\tau}_{\text{net}}$가 0이면 회전운동에 대한 뉴턴의 운동방정식

$$\vec{\tau}_{\text{net}} = \frac{d\vec{L}}{dt} \tag{27.3}$$

에 의해서 물체의 각운동량이 일정하게 유지되고 그래서 물체는 일정한 각속도로 움직이는 운동을 계속하는데 만일 물체가 처음에 회전하지 않고 있었다면 물체는 계속 회전하지 않고 정지해 있게 된다. 그러므로 어떤 시간에 정지해 있던 물체가 계속 정지해 있을 조건은 (27.1)식으로 주어지며 이 조건을 물체가 정지해 있을 조건 또는 물체가 평형상태에 있을 조건이라고 말할 수 있다.

물체가 평형상태에 있을 조건을 이용하여 평형상태에 있는 물체가 어떤 힘을 받고 있는지를 알아 낼 수가 있으며 이 방법은 실제로 건축이나 각종 기계의 제작 토목공사 등 여러 분야에서 널리 활용되고 있다. 그런 문제의 전형적인 예로 그림 27.1에 보인 것과 같이 벽에 걸쳐서 세워둔 사다리 위에 사람이 올라가 있는 경우를 보자. 이 사다리에 작용하는 힘들을 모두 구하는 것이 문제이다.

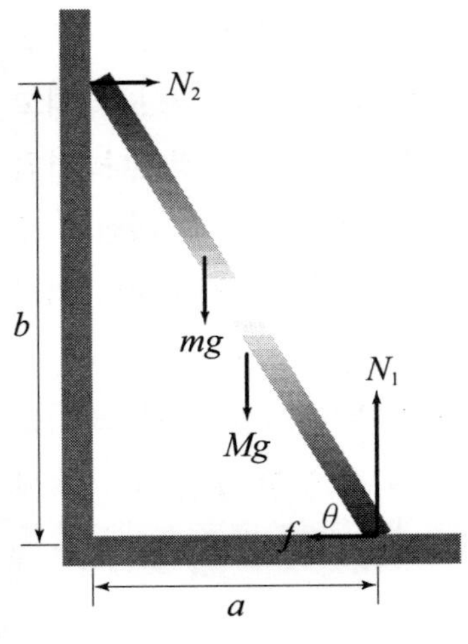

그림 27.1 벽에 기대놓은 사다리에 작용하는 힘

질량이 균일하게 분포된 사다리의 질량이 총질량이 M이고 사다리에 올라가 있는 사람의 질량이 m이라고 하자. 사람은 사다리 위에서 사다리 길이의 3분의 1이 되는 지점에 올라서 있다고 하자. 그러면 사다리에 작용하는 힘은 그림 27.1에 보인 것과 같이 사람이 서 있는 곳에 연직 아래 방향으로 mg의 힘이 작용하고 있으며 사다리의 질량중심에 역시

연직 아래 방향으로 Mg의 힘이 작용하고 있다. 그리고 사다리와 접촉한 바닥과 벽이 사다리에 힘을 작용하고 있다. 면이 물체에 작용하는 힘은 두 가지로 나눌 수 있다. 하나는 수직항력이고 다른 하나는 마찰력이다. 수직항력은 항상 면에 수직한 방향으로 작용하며 마찰력은 항상 면에 평행한 방향으로 작용한다. 그래서 면과 접촉한 물체에 힘이 작용하면 면에 수직한 성분은 수직항력 그리고 면과 평행한 성분은 마찰력이라고 할 수 있다. 그림 27.1에서는 바닥이 사다리에 작용하는 힘을 마찰력 f와 수직항력 N_1으로 표시하였고 벽이 사다리에 작용하는 힘은 단지 수직항력 N_2로만 표시하였다. 그래서 벽과 사다리 사이의 마찰력은 없다고 가정한 셈이다.

이 문제에서는 두 중력 mg와 Mg는 주어지고 두 수직항력 N_1과 N_2 그리고 마찰력 f를 구하는 것이 문제이다. 전에도 여러번 설명한 것과 같이 수직항력을 미리 알려주는 힘의 법칙은 없다. 수직항력은 문제를 풀면서 결정된다. 또한 이 문제에서 작용하는 마찰력 f는 정지마찰력인데 최대 정지마찰력일 이유가 없으므로 f에 대해서도 역시 미리 정해주는 어떤 힘의 법칙도 존재하지 않는다.

이제 사다리가 평형상태에 있을 조건을 적용하자. 먼저 사다리에 작용하는 힘들의 합이 0이어야 하므로

$$\begin{aligned} &\text{수평방향 : } N_2 - f = 0 \\ &\text{연직방향 : } N_1 - mg - Mg = 0 \end{aligned} \qquad (27.4)$$

이 성립해야 한다. 또한 이 힘들에 의한 토크의 합이 0이라는 조건을 이용하자. 토크를 계산하려면 먼저 회전축을 정해주어야 한다. 움직이지 않는 물체의 회전축은 어디로 정하는 것이 좋을까? 사다리가 움직이지 않기 위해서는 사다리의 어떤 부분을 회전축으로 하더라도 토크의 합이 0이어야 한다. 다시 말하면, 회전축을 마음대로 정할 수가 있다. 그런 경우에는 힘의 작용선이 가장 많이 지나가는 부분을 회전축으로 정하는 것이 편리할 때가 많다. 그 힘들에 대한 토크가 0이 되기 때문이다. 그래서 그림 27.1에 나온 경우에는 사다리가 바닥과 접촉하는 곳을 회전축으로 정하자. 그러면 사다리에 작용하는 각 힘에 대한 토크는 힘의 크기에 회전축에서 힘의 작용선까지 그린 수선의 길이를 곱한 것과 같다. 그리고 회전축을 중심으로 +방향의 회전을 정해 놓으면 그 반대방향의 회전의 경우에는 토크에 −부호를 붙여주면 된다. 이 문제에서는 회전축을 중심으로 시계 반대방향으로의 회전을 +방향 회전이라고 하자. 그러면 마찰력 f와 수직항력 N_1에 의한 토크는 0이고 두 중력 mg와 Mg에 의한 토크는 +부호를 갖으

며 수직항력 N_2에 의한 토크는 −부호를 갖는다. 따라서 토크의 합이 0이라는 조건은

$$mg\times\frac{2a}{3}+Mg\times\frac{a}{2}-N_2\times b=0 \tag{27.5}$$

가 된다. (27.4)식과 (27.5)식으로부터 N_1, N_2, f를 구하면

$$N_1=(m+M)g,\quad N_2=f=\left(\frac{2m}{3}+\frac{M}{2}\right)\frac{ag}{b} \tag{27.6}$$

임을 알 수 있다.

그림 27.1에 보인 사다리 문제는 물체가 평형상태에 있을 조건으로부터 물체에 작용하는 힘들을 구하는 전형적인 예이다. 이러한 문제를 특별히 평형문제라고 한다. 평형문제는 다음과 같은 과정으로 풀면 쉽게 해결된다.

첫째, 평형문제에 나오는 여러 물체들 중에서 특별히 평형상태에 있을 조건을 적용할 물체를 찾는다. 예를 들어, 그림 27.1에 보인 문제에는 사다리와 사람 벽, 마루 등 여러 물체가 나오지만 그 중에서 평형상태에 있을 조건을 적용하는 물체는 사다리이다.

둘째, 평형상태의 조건을 적용할 물체에 작용하는 힘을 모두 그린다. 이때 힘이 작용하는 작용점도 정확히 그려야 한다. 중력의 경우에는 물체의 질량중심에 연직 아랫방향으로 작용한다고 그리면 된다.

셋째, 문제에 적당하게 좌표축을 정해서 좌표계를 그리고 외력을 각 좌표축 성분으로 나누어 그 합이 0이라는 조건을 이용한다. 예를 들어, 앞의 그림 27.1에 나온 사다리 문제의 경우 수평방향을 x축 그리고 연직방향을 y축으로 하는 좌표계를 이용하였다.

넷째, 토크를 계산하기 위하여 적당한 회전축을 정한다. 회전축은 어느 곳이나 마음대로 정할 수 있으므로 토크를 계산하는데 가장 편리하게 정하면 좋다. 예를 들어 외력의 작용선이 가장 많이 지나가는 점이 회전축으로 편리하다. 왜냐하면, 작용선이 회전축을 통과하면 그 힘의 토크는 0이기 때문이다.

다섯째, 회전축에 대한 방향은 +방향과 −방향 두 가지 뿐이다. 회전축을 정한 다음 적당한 한 방향을 +방향으로 정한다. 토크를 계산할 때 +방향으로 회전하게 만드는 토크에게는 +부호를 그리고 −방향으로 회전하게 만드는 토크에게는 -부호를 부여한다.

여섯째, 회전축을 꼭 하나만 정해야 되는 것은 아니다. 만일 더 편리하다면 다른 회전축을 또 정해서 조건을 구해도 된다. 그런데 구해야 하는 힘의 수보다 식의 수가 더 많

다면 그것은 구한 식들 중에서는 동일한 내용을 담은 것이 포함되어 있다는 의미이다.

예제 1 그림과 같이 폭이 a이고 높이가 b인 캐비닛을 올려놓은 판자를 경사각이 θ가 될 때까지 들어올렸다. 캐비닛이 쓰러지기 직전의 경사각 θ를 구하라. 캐비닛과 바닥 사이의 마찰계수는 충분히 커서 판자를 들어올리더라도 캐비닛이 미끄러져 내려오지 않는다. 그리고 캐비닛에는 질량이 균일하게 분포되어 있다고 가정하라.

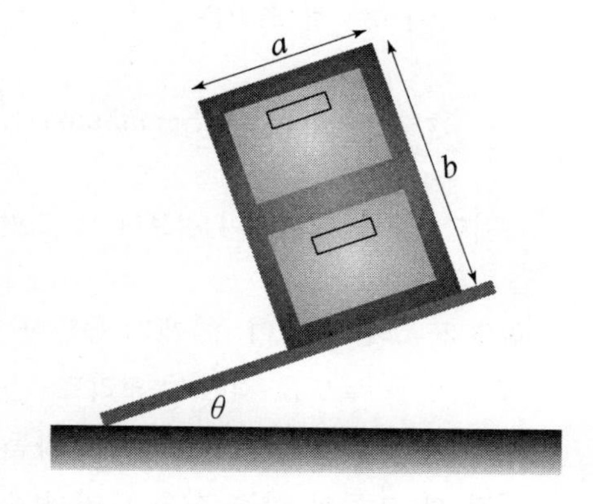

이 문제에서 평형조건을 적용할 물체는 바로 캐비닛이다. 캐비닛에 작용하는 힘은 캐비닛의 질량이 m이라고 할 때 캐비닛에 작용하는 중력 mg와 판자가 캐비닛을 들어 올리는 수직항력 N 그리고 캐비닛에 작용하는 마찰력 f가 있다. 특히 캐비닛이 쓰러지기 직전에는 아래 그림에 보인 것과 같이 N과 f가 캐비닛의 왼쪽 모퉁이에 작용한다고 생각하면 좋다. 그리고 중력 mg는 캐비닛의 중심에 작용한다. 이 그림에 보인 것처럼 중력을 판자에 평행인 성분과 판자에 수직인 성분으로 나누면 나중에 중력에 대한 토크를 계산하는데 편리하다.

이제 캐비닛에 평형조건을 적용하자. 그런데 토크를 계산하기 위해 그림에서 수직항력과 마찰력이 작용하는 캐비닛의 왼쪽 모퉁이를 회전축으로 정하면 편리하다. 그러면 그 크기를 아직 알지 못하는 수직항력 N과 마찰력 f에 의한 토크가 0이 되기 때문이다. 그러면 중력에 의한 토크를 계산하는데 회전축을 중심으로 시계방향으로 회전하면 +방향이고 시계 반대방향으로 회전하면 -방향이라고 하자. 그러면 만일 토크가 0보다 크면 캐비닛은 쓰러지지 않고 토크가 0보다 작으면 캐비닛은 쓰러지게 된다. 그러므로 캐비닛이 쓰러지기 직전의 경사각 θ는, 수직항력 N과 마찰력 f에 의한 토크는 이미 0이므로, 중력에 의한 토크가 0일 조건으로부터 구할 수 있다.

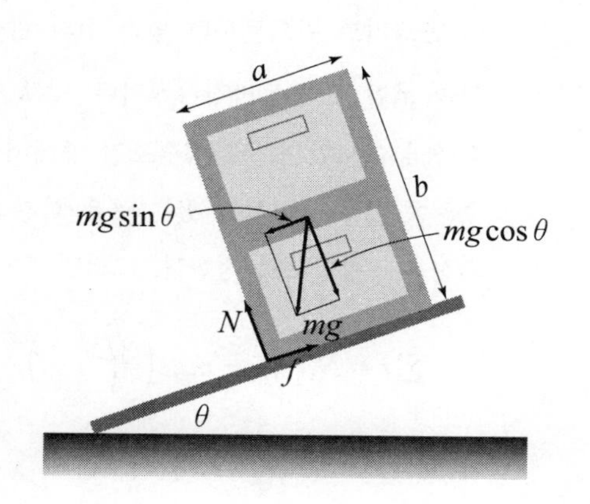

중력에 의한 토크를 구하는데, 그림에 보인 것처럼 중력을 판자에 평행인 성분과 수직인 성분으로 나누어서 계산하자. 그러면 회전축으로부터 판자에 수직인 중력 성분까

지의 거리는 $a/2$이고 판자에 평행인 중력 성분까지의 거리는 $b/2$이므로 중력에 의한 토크 τ가 0이 될 조건은

$$\tau = + mg\cos\theta \times \frac{a}{2} - mg\sin\theta \times \frac{b}{2} = 0 \qquad \therefore\ \theta = \tan^{-1}\frac{a}{b}$$

이다. 경사각 θ가 이 각보다 더 크면 캐비닛은 쓰러지게 된다.

예제 2 그림과 같이 두 개의 동일한 기둥 위에 균일한 밀도를 갖는 콘크리트 판을 얹어 놓은 다리가 있다. 이 다리 위를 자동차가 지나갈 때 기둥이 받는 힘은 다리에 수직하다. 자동차의 질량을 m 그리고 콘크리트 판의 질량을 M이라고 하고 기둥이 놓인 위치와 자동차의 위치는 그림과 같을 때 다음 물음에 답하라.

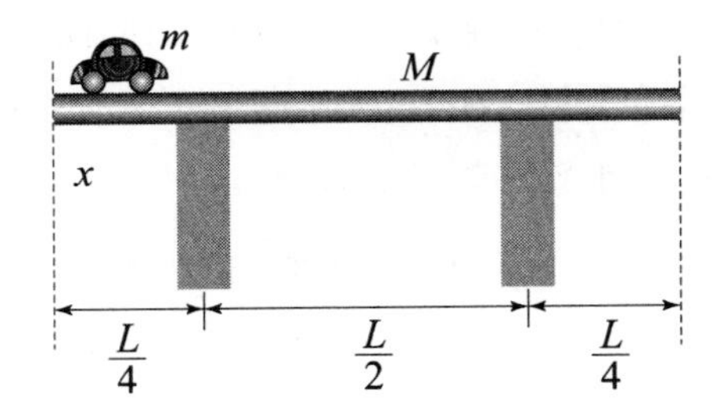

(a) $0 \le x \le \frac{L}{4}$ 일 때 왼쪽 기둥이 받는 힘의 최댓값은 얼마인가?

(b) $\frac{L}{4} \le x \le \frac{3L}{4}$ 일 때 두 기둥이 받는 힘을 구하라.

(a) 이 문제를 풀기 위해 평형조건을 적용할 물체는 콘크리트 판으로 한다. 콘크리트 판에 작용하는 힘을 모두 표시하면 그림에 보인 것과 같다. 콘크리트 판의 질량에 의한 중력 Mg은 콘크리트 판의 질량중심에 작용하고 N_1과 N_2는 각각 왼쪽 기둥과 오른쪽 기둥이 콘크리트 판을 들어 올리는 수직항력이다. 이 두 힘은 각각 왼쪽 기둥과 오른쪽 기둥이 콘크리트 판으로부터 받는 힘의 반작용이므로 N_1과 N_2를 구하면 바로 기둥이 받는 힘을 구한 것이나 마찬가지이다. 이제 평형조건을 적용하자. 그런데 문제에서 N_1의 최댓값을 물어보았으므로 평형조건 중에서 N_1을 구할 수 있는 식만 구하면 된다. 그러므로 오른쪽 기둥이 받치고 있는 곳을 회전축으로 정하고 토크의 합을 구하자. 시계방향으로의 회전을 +방향으로 정한다. 그러면 토크의 합 $\Sigma\tau$는

$$\sum\tau = N_1 \times \frac{L}{2} - mg \times \left(\frac{3L}{4} - x\right) - Mg \times \frac{L}{4} = 0 \qquad \therefore\ N_1 = (3m + M)\frac{g}{2} - 2mg\frac{x}{L}$$

가 된다. 그러므로 N_1의 최댓값은 $x = 0$ 일때

$$N_1 = (3m + M)\frac{g}{2}$$

이다.

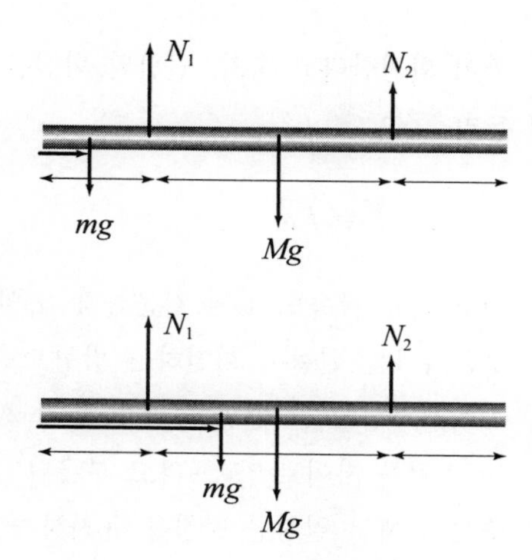

(b) 차가 두 기둥 사이에 있을 때 콘크리트 판이 받는 힘은 그림에 보인 것과 같다. 그리고 두 기둥이 받는 힘을 구하는 것이 목표이므로 문제를 쉽게 해결하기 위해서는 먼저 N_2가 작용하는 곳을 회전축으로 하여 N_1을 구하고 다음에 N_1이 작용하는 곳을 회전축으로 정하여 N_2를 구하면 된다.

그러면 먼저 N_2가 작용하는 곳을 회전축으로 정할 때 토크의 합을 구하면

$$\sum\tau = N_1 \times \frac{L}{2} - mg\times\left(\frac{3L}{4} - x\right) - Mg\times\frac{L}{4} = 0 \quad \therefore\ N_1 = (3m + M)\frac{g}{2} - 2mg\frac{x}{L}$$

이고 다음으로 N_1이 작용하는 곳을 회전축으로 정할 때 토크의 합을 구하면

$$\sum\tau = +N_2 \times \frac{L}{2} - mg\times\left(x - \frac{L}{4}\right) - Mg\times\frac{L}{4} \qquad \therefore\ N_2 = 2mg\frac{x}{L} - (m - M)\frac{g}{2}$$

가 된다. 이번에는 시계 반대방향의 회전을 +방향으로 정하였다.

물체가 평형일 조건으로 물체에 작용하는 외력의 합이 0이고 외력에 의한 토크의 합이 0이라는 것을 이용하였다. 물론 이 조건은 선운동량이 보존되고 각운동량이 보존되는 조건이기도 하다. 외력의 합이 0이어서 선운동량이 보존된다고 하는 것은 선운동량의 방향과 크기가 모두 보존된다는 이야기이기도 하다. 그래서 한 물체의 선운동량이 보존되는 경우에 그 물체는 직선운동을 한다.

그러면 외력에 의한 토크의 합이 0이 되어 각운동량이 보존되는 경우는 어떠할까? 그런 경우에도 역시 각운동량의 방향과 크기가 모두 보존되어야 한다. 예를 들어, 그림 27.2에 보인 것과 같이 원

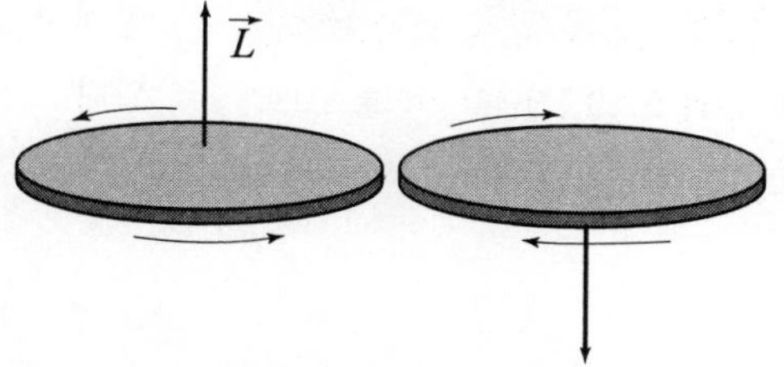

그림 27.2 각운동량의 방향

판이 회전한다고 하자. 원판의 회전관성이 I이고 각속도가 $\vec{\omega}$라고 하면 원판의 각운동량 $\vec{L}$은

$$\vec{L} = I\vec{\omega} \tag{27.7}$$

이고 이때 각속도 $\vec{\omega}$와 각운동량 $\vec{L}$의 방향은 그림 27.2에 보인 것과 같다. 이 방향은 오른나사를 원판이 회전하는 방향으로 돌렸을 때 오른나사가 진행하는 방향과 같다.

회전관성이 큰 원판을 매우 빨리 회전시켜서 회전축이 한 방향으로 유지되도록 만든 장치를 자이로스코프라고 부른다. 자이로스코프는 비행기라든지 잠수함 그리고 우주선 등에서 일정한 방향을 유지하는 장치로 아주 요긴하게 이용된다. 우리 주위에서 흔히보는 장난감 자이로스코프가 그림 27.3에 나와 있다. 그림에 보인 것처럼 장난감 자이로스코프에 포함된 원판을 빨리 회전시킨 다음에 줄 위에 세워놓으면 넘어지지 않고 그대로 서 있는 것을 관찰할 수 있다. 이렇게 빨리 회전하여 각운동량이 큰 물체가 회전축을 일정하게 유지하는 것은 각운동량의 방향을 바꾸려면 상당히 큰 토크가 필요하기 때문이다. 그것은 마치 매우 큰 선운동량으로 움직이는 물체가 운동하는 방향을 바꾸게 만들기가 어려운 것과 똑같은 이치이다.

각운동량 보존법칙에 의해서 각운동량의 크기뿐 아니라 방향도 일정하게 보존되는 것을 이용한 경우는 그 밖에도 많이 찾아볼 수 있다. 예를 들어, 총을 쏠 때 탄환은 총신을 나오면서 빨리 회전하도록 총신의 내부에 홈이 파여져 있다. 그래서 탄환은 빨리 회전하면서 앞으로 진행한다. 그런 이유 때문에 탄환이 앞으로 진행할 때는 탄환의 뾰쪽한 앞부분이 항상 전방을 향하면서 움직인다. 만일 탄환이 회전하지 않고 진행한다면 공기 저항과 같은 작은 힘에 의한 토크 때문에 탄환이 앞으로 진행하면서 아무렇게나 돌게 되고 그러면 탄환의 적중률이 떨어지게 된다.

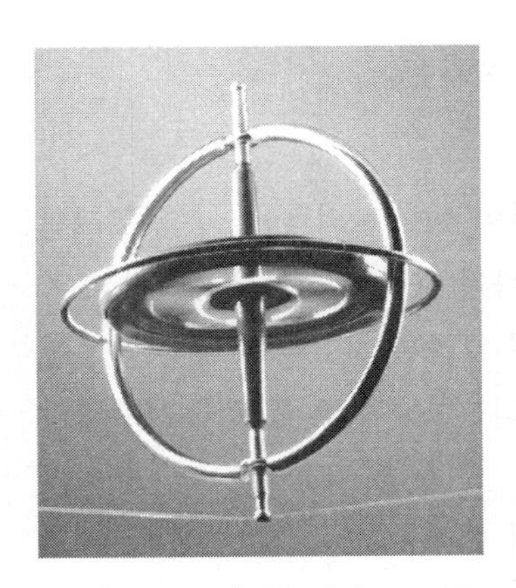

그림 27.3 장난감 자이로스코프

X. 유체의 운동

다니엘 베르누이 (스위스, 1700-1782)

지난주에는 강체에 대해 공부하였고 이번 주에는 유체에 대해 공부할 예정입니다. 여러분도 잘 알고 있듯이 물질의 상태는 고체, 액체, 그리고 기체로 나뉩니다. 강체는 고체의 운동을 기술하기 위하여 도입된 이상적인 물체입니다. 고체에 힘을 가하였을 때 고체 전체가 운동하는 모습을 기술하기 위하여 강체를 가정한 것입니다. 고체에 힘을 가하면 고체 전체의 운동 상태가 바뀌기도 하고 고체가 변형하기도 합니다. 고체가 변형하는 경우는 다음 주에 다루게 됩니다. 지난주에는 고체 전체가 힘을 받고 운동하는 모습을 설명하기 위하여 강체를 도입한다고 설명하였습니다. 지난주에 우리는 고체가 전체로 하는 운동은 강체라고 가정한 경우나 실제의 경우나 거의 비슷하기 때문에 기왕이면 강체라고 가정하고 문제를 쉽게 해결한다고 하였습니다.

고체와 액체 그리고 기체의 형태만 보면 고체와 액체가 기체에 비하여 더 가깝다고 생각될 법 합니다. 그런데 물체의 운동에 관한한 액체와 기체가 고체에 비하여 더 가깝다고 할 수 있습니다. 그래서 액체와 기체를 합하여 유체라 부르고 지난주의 강체의 운동을 기술하는 방법에 이어서 이번 주에는 유체의 운동을 기술하는 방법을 배웁니다.

유체는 강체와 성질이 정 반대인 상태라고 생각할 수 있습니다. 강체란 외부에서 아무리 큰 힘을 받더라도 강체를 구성하는 입자들 사이의 거리가 바뀌지 않는 물체를 말합니다. 이에 반하여 유체의 경우에는 아무리 조그만 힘을 받더라도 형태가 바뀝니다. 그래서 강체는 외부에서 힘을 받으면 물체 전체가 움직이는데 반하여 유체의 경우에는 힘을 받는 부분이 먼저 변형하고 나머지 부분은 상대적으로 바뀌지 않고 그대로 있습니다.

유체라고 한꺼번에 부르는 액체와 기체는 다른 면도 많지만 운동을 기술할 때는 똑같이 취급해도 좋습니다. 뉴턴의 운동방정식을 적용할 때 액체와 기체를 취급하는 방법이 비슷하기 때문입니다. 그래서 액체와 기체의 운동을 기술할 때는 모두 유체의 운동이라는 제목으로 설명하는 것입니다. 그리고 유체의 운동을 기술할 때도 역시 지금까지 쭉 그래온 것처럼 새로운 자연법칙이 필요하지 않습니다. 뉴턴의 운동방정식이면 충분합니다. 그런데 뉴턴의 운동방정식을 유체에 적용하기 위해서 어떻게 할지 궁금하지 않습니까? 역시 지금까지 해온 방법과 마찬가지입니다. 또 다른 물리량을 도입하여 유체를 기술하기에 편리하도록 뉴턴의 운동방정식을 표현합니다.

유체의 움직임을 설명하는 식으로 베르누이 방정식이 유명합니다. 여기서 베르누이는 앞에 나온 사진의 주인공으로 네덜란드에서 태어난 스위스의 수학자입니다. 베르누이는 자신뿐 아니라 그의 아버지와 숙부 그리고 그의 형제들이 모두 17세기 말과 18세기 초에 걸쳐서 수학과 물리학에 크게 기여한 학자들이었습니다. 베르누이 시대에 유체의 움직임을 설명하는 베르누이 방정식을 알아낸다는 것은 매우 대단한 일입니다. 그러나 오늘날에도 그렇다고 말할 수는 없습니다. 베르누이 방정식이 유체에만 적용되는 특별히 새로운 법칙은 아니기 때문입니다. 베르누이 방정식도 역시 지금까지 우리가 배운 물체의 운동에 관한 다른 법칙이나 방정식들과 마찬가지로 뉴턴의 운동방정식으로부터 바로 유도됩니다.

28. 유체의 운동 I

- 유체는 그 특성상 유체의 일부분에 힘을 작용하더라도 유체 전체의 운동상태에 영향을 주지 못한다. 유체의 운동을 기술하기 위해서 힘 대신에 어떤 다른 물리량이 이용될까?
- 정지한 유체 내부에서는 어디서나 압력이 유체 표면으로부터 깊이에만 의존한다. 이것을 파스칼의 원리라고 한다. 파스칼의 원리를 이용한 예에는 무엇이 있을까?
- 유체에 담긴 물체에는 연직 아랫방향으로 중력이 작용하고 연직 윗방향으로 부력이 작용한다. 고대 그리스시대에 아르키메데스 원리로 알려지게 된 부력이 작용하는 이유는 무엇일까?

유체란 기체와 액체를 함께 부르는 이름이다. 그리고 유체의 성질은 강체의 성질과는 정 반대라고 말할 수 있다. 강체는 아무리 큰 외력을 받더라도 구성 입자들 사이의 거리가 바뀌지 않아서 조금도 변형되지 않는 물체를 말한다. 그에 반하여 유체는 아무리 조그만 외력을 받더라도 바로 변형되는 성질을 가지고 있다. 그래서 강체는 외력을 받으면 물체 전체의 운동 상태가 바뀌는데 반하여 유체의 경우에는 힘을 받는 부분만 먼저 변형한다.

이렇게 아주 약한 힘을 받더라도 변형하는 유체의 성질 때문에 강체의 운동을 기술할 때 사용한 것과 동일한 물리량을 가지고 유체의 운동을 기술할 수가 없다. 그래서 유체의 운동을 기술하기 위하여 또 새로운 물리량을 도입하여야 된다. 유체의 운동을 기술하는 자연법칙이 다른 것으로 바뀌지는 않지만 새로운 현상을 편리하게 기술하기 위하여 새로운 물리량을 정의하게 된다.

가장 먼저 고려하여야 할 것이 질량이다. 우리는 지금까지 물체의 총질량을 생각하였다. 병진운동에서는 물체가 받은 힘을 총질량으로 나눈 것이 물체의 가속도가 된다. 그리고 회전운동에서는 물체의 회전관성이 병진운동에서 질량의 역할을 맡았다. 그런데 유체는 힘을 받으면 유체 전체의 운동 상태가 바뀌지 않고 유체의 일부분만 변형한다. 유체의 이런 성질을 다루기 위하여 유체에서는 유체로 이루어진 물체 전체의 질량 대신에 밀도라는 물리량을 이용한다. 밀도는 단위 부피당의 질량으로 정의되며 보통 그리스 문자 ρ로 표시하는데, 부피가 V이고 질량이 m인 유체에 대해 밀도 ρ를 식으로 쓰면

$$\rho = \frac{m}{V} \tag{28.1}$$

이 된다.

유체의 운동을 기술하기 위해 질량 대신 밀도를 사용함과 동시에 또한 힘 대신 압력을 사용한다. 유체는 조그만 힘을 작용하더라도 바로 힘이 작용하는 부분의 형태가 바뀌는 성질을 가지고 있기 때문에 유체 전체의 운동을 조절하기 위해서는 유체의 단지 일 부분에 힘을 작용하는 방식을 이용할 수가 없다. 그래서 용기의 면으로 하여금 유체를 전체적으로 밀도록 하며, 그때 면을 통하여 유체에 작용한 힘을 면의 넓이로 나눈 압력이라는 물리량을 힘 대신 이용한다.

압력은 단위 넓이 당 작용하는 힘이다. 식으로는 유체의 어떤 면에 작용한 힘을 F, 면의 넓이를 A, 그리고 압력을 P라고 할 때

$$P = \frac{F}{A} \tag{28.2}$$

이다. 그래서 압력을 알고 그 압력이 작용하는 면의 넓이를 알면 압력에 면의 넓이를 곱하여 면 전체를 통하여 작용하는 힘을 구할 수 있다. 그런데 여기서 주의할 것이 있다. 정지한 유체와 접한 면에 작용하는 압력은 항상 면에 수직한 방향으로만 작용한다. 만일 압력이 면에 수직한 방향으로 작용하지 않는다면 용기면과 접한 유체는 압력 중에서 면에 평행인 방향의 성분에 의해서 면을 따라 이동하게 된다. 그러므로 정지한 유체에 작용하는 압력은 항상 면에 수직한 방향으로만 작용한다. 압력의 단위는 힘의 단위를 넓이의 단위로 나눈 것과 같다. 실용단위계에서 압력의 단위는 $\mathrm{N/m^2}$인데 이 단위를 파스칼이라고 부르고 Pa로 표시한다. 그러므로

$$1\ \mathrm{Pa} = 1\ \mathrm{N/m^2} \tag{28.3}$$

이다.

용기에 담은 유체 중 용기면과 접촉하는 부분에서 유체에 작용하는 압력은 용기의

면 중에서 단위 넓이의 면이 유체를 미는 힘이다. 이 압력은 유체를 담은 용기면이 유체를 미는 힘을 용기면의 넓이로 나누어 구한다. 그런데 유체 내부의 한 점에서도 압력을 생각할 수가 있다. 용기 내의 유체가 정지 상태라면 이 점에서는 모든 방향으로 다 똑같은 압력이 작용한다. 만일 어떤 한 방향으로 작용하는 압력이 다른 방향보다 더 크다면 유체가 그 방향으로 이동할 것이기 때문이다.

유체 내부의 한 점에 작용하는 압력을 구하기 위해서는 유체 내부의 이 점을 지나는 가상의 조그만 면 조각을 상상한다. 그리고 이 면 조각이 유체를 미는 힘을 이 면 조각의 넓이로 나눈 것이 유체 내부의 한 점에 작용하는 압력이다. 또 다른 방향으로 작용하는 압력을 구하려면 가상으로 넣은 면 조각의 방향을 바꾸어주면 될 것이다.

우리 주위를 둘러싸고 있는 공기도 역시 유체이다. 그래서 공기에 작용하는 압력도 생각할 수 있다. 특히 우리 주위의 공기에 작용하는 압력을 대기압이라고 부르는데, 대기압은 지면에서 높이가 얼마인지에 따라 결정되며 높이가 같은 곳에서는 대기압도 같다. 해수면에서의 평균 대기압을 1기압이라고 부르는데 1기압을 파스칼로 표현하면

$$1\text{기압} = 1.013\times10^5\ \text{Pa} = 1,013\ \text{hPa} \tag{28.4}$$

이다. 여기서 두 번째 등식은 1기압을 파스칼이라는 단위로 표시하면 매우 큰 수이므로 100파스칼을 말하는 헥토파스칼(hPa)이라는 단위를 이용한 것이다. 우리나라 기상청에서는 1993년부터 실용단위계인 헥토파스칼을 이용하여 기압을 표시하였지만 그 전에는 cgs 단위계 단위인 바(bar)를 이용하기도 하였다. 그래서 1993년 이전에는

$$1\ \text{bar} = 10^6\ \text{dyne/cm}^2 = 10^5\ \text{Pa},\quad 1\ \text{mb} = 10^{-3}\ \text{bar} = 1\ \text{hPa} \tag{28.5}$$

로 주어지는 1바의 1,000분의 1인 mb라는 단위가 주로 이용되었다.

유체에서는 질량 대신 밀도를, 힘 대신 압력을 사용하며 밀도와 압력이 어떻게 정의된 것인지를 잘 이해하였으면 이제 유체의 운동을 기술할 수 있는 준비가 된 셈이다. 유체에 대해서는 정지한 유체와 흐르는 유체 두 경우로 나누어 다루면 편리하다. 그러면 먼저 정지한 유체에 대해 알아보자. 만일 유체의 무게가 없다면 정지한 유체 내의 모든 부분에서 압력은 모두 다 같다. 대기압이 고도에 따라 달라지는 것은 공기의 무게 때문이다. 그리고 만일 유체가 든 용기를 우주 한복판으로 가지고 간다면 유체 내부의 어느 점에서나 압력은 같게 된다. 지상에서라고 할지라도 유체의 밀도가 아주 작아서 무게를 무시할 수가 있다면 역시 유체 내부의 모든 점에서 압력이 같다고 볼 수

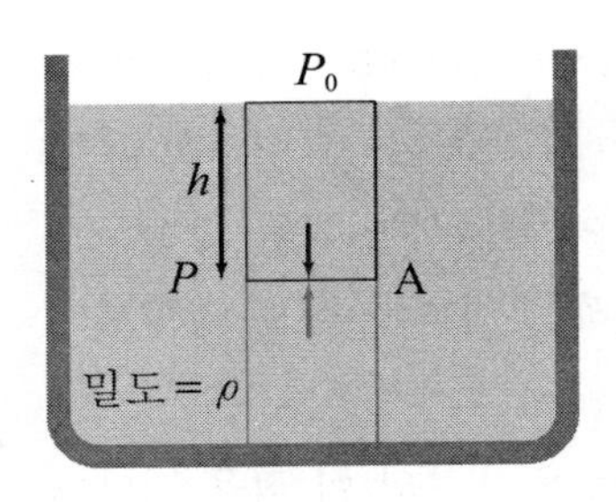

그림 28.1
정지한 유체 내부의 압력

있다. 아주 작은 힘을 받더라도 바로 이동하는 유체의 성질상 만일 어느 두 점의 압력이 조금이라도 다르다면 압력이 같아질 때까지 유체는 계속 이동한다.

그러나 유체의 밀도가 무시될 수 없을 만큼 크다면 유체 내부의 압력은 높이 또는 유체 표면으로부터의 깊이에 따라 다르게 된다. 그림 28.1에 그려놓은 정지한 유체를 보자. 유체의 내부에 위치한 한 점인 A에서 압력은 얼마일까? 이 점에서 유체가 움직이지 않으려면 그림 28.1에 가상으로 그려놓은 위쪽 상자에 든 유체가 역시 가상으로 그려놓은 아래쪽 상자에 든 유체를 내리 누르는 힘과 아래쪽 상자에 든 유체가 위쪽 상자에 든 유체를 올려 받치는 힘이 서로 같아야 한다. 그런데 아래쪽 상자에 든 유체가 위쪽 상자에 든 유체를 올려 받치는 힘을 계산할 수 있는 방법이 잘 생각나지 않는다. 그렇지만 위쪽 상자에 든 유체가 아래쪽 상자에 든 유체를 내리 누르는 힘을 계산하기란 어렵지 않다. 그것은 위쪽 상자에 든 유체에 작용하는 중력 즉 위쪽 상자가 포함하고 있는 유체의 무게라고 말할 수 있다. 그런데 곰곰이 생각하면 한 가지 빠뜨린 것이 있다. 위쪽 상자의 위 부분을 공기가 대기압과 같은 압력으로 누르고 있다는 점이다. 그래서 위쪽 상자에 든 유체가 아래쪽 상자에 든 유체를 누르는 힘은 위쪽 상자에 든 유체의 무게에 위쪽 상자 위에서 대기가 위쪽 상자를 누르는 힘을 더한 것과 같다. 그러면 작용 반작용 법칙에 의해 아래쪽 상자에 든 유체가 위쪽 상자에 든 유체를 들어 받치는 힘은 위쪽 상자에 든 유체가 아래쪽 상자에 든 유체를 내리 누르는 힘과 크기가 같고 방향이 반대이어야 한다.

위쪽 상자의 윗면의 넓이를 S라고 하자. 대기압 P_0가 위쪽 상자를 내리 누르는 힘 F_0는 압력 곱하기 넓이와 같으므로

$$F_0 = P_0 S \tag{28.6}$$

이다. 그리고 위쪽 상자에 든 유체의 질량은 밀도 곱하기 부피 즉 밀도 곱하기 윗면의 넓이 곱하기 높이와 같고 이 질량에 중력가속도를 곱한 것이 위쪽 상자에 든 유체에 작용하는 중력이므로

$$mg = \rho V g = \rho h S g \tag{28.7}$$

이다. 그래서 위쪽 상자에 든 유체가 아래쪽 상자에 든 유체를 내리 누르는 힘은 (28.6)식으로 주어진 힘 F_0와 (28.7)식으로 주어진 중력 mg를 더하여

$$F = F_0 + mg = P_0 S + \rho h S g \tag{28.8}$$

이다. 이 힘을 위쪽 상자의 밑면의 넓이 S로 나누면 점 A에서 유체의 압력 P는

$$P = P_0 + \rho g h \tag{28.9}$$

이다. 이 결과가 바로 파스칼의 원리라고 알려져 있다. 식으로 표현한 이 결과를 말로 한다면 다음과 같다. 정지한 유체 내부의 어떤 점에서든지 그 점에서의 압력은 유체 표면으로부터 깊이에만 의존함을 알 수 있다. 즉 유체의 표면으로부터 깊이가 같은 곳은 모두 압력이 같다.

그림 28.2 블레즈 파스칼 (프랑스, 1623-1662)

우리는 파스칼의 원리인 (28.9)식을 구하면서 유체의 성질과 뉴턴의 역학에서 나오는 원리를 이용하였다. 그런데 이런 것을 전혀 모르던 17세기 중반에 그림 28.2에 보인 프랑스의 천재 수학자이자 물리학자인 파스칼은 밀폐된 유체에 작용하는 압력은 유체의 모든 부분에 동일하게 전달된다는 사실을 깨닫고 파스칼의 원리를 제안하였다. 그 시대에 사람들은 대기압은 물론 진공이 존재하는지에 대해서도 잘 모르고 있었다. 파스칼은 진공이 존재함을 보이는 실험을 수행하였고 유체에 관해서도 많은 실험을 하였다. 그리고 그는 '유체의 평형에 대하여' 라는 제목의 논문을 발표하였는데 그 논문에서 파스칼은 다음과 같은 내용을 제안하였다.

그림 28.3에 보인 것과 같이 밀폐된 용기의 위쪽은 상하로 자유롭게 이동할 수 있도록 만들었다고 하자. 파스칼은 만일 자유롭게 이동할 수 있는 왼쪽 좁은 영역에 추를 놓아 힘 F_1으로 밀어준다면 역시 자유롭게 이동할 수 있는 오른쪽 넓은 영역에서는 훨씬 더 큰 힘 F_2와 평형을 이룬다고 주장하였다. 힘 F_2가 힘 F_1보다 훨씬 더 큰 이유는 표면에서 깊이가 같은 두 점에서는 압력이 같기 때문이다. 그림 28.3에서 왼쪽 부분의 넓이가 S_1이고 오른쪽 부분의 넓이가 왼쪽보다 훨씬 더 넓은 S_2라면 두 부분에 작용하는 힘은 압력에 넓이를 곱하여

$$F_1 = PS_1, \ \ F_2 = PS_2 \tag{28.10}$$

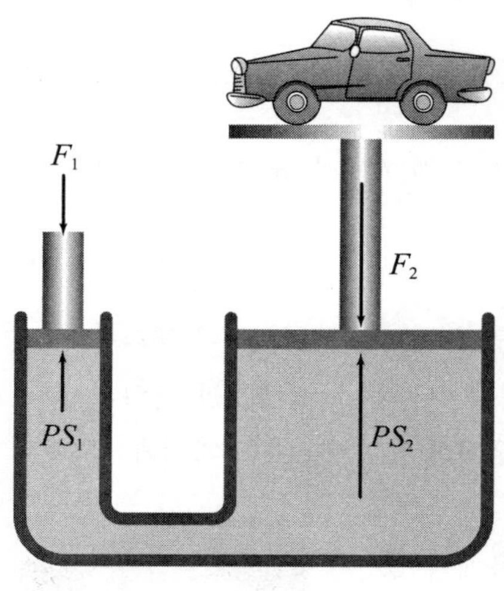

그림 28.3 파스칼의 원리 설명

가 된다. 그래서 그림 28.3에 보인 것과 같이 작은 힘으로도 아주 무거운 물체를 들어올릴 수가 있다. 물론 여러분이 잘 알다시피 넓은 영역을 들어올리는 높이는 좁은 영역을 내려미는 깊이보다 훨씬 더 작다. 그래서 왼쪽의 작은 힘이 한 일 즉 F_1에 왼쪽 추가 내려온 깊이를 곱한 결과는 오른쪽의 큰 힘이 한 일 즉 F_2에 오른쪽 물체가 올라간 높이를 곱한 결과와 같게 된다. 그러므로 비록 힘에서는 이득을 얻었지만 일에서만큼은 왼쪽과 오른쪽의 두 경우가 똑같다.

압력을 측정하는 장치인 액주압력계는 정지한 유체의 압력에 대한 (28.9)식을 이용한다. 그림 28.4로부터 액주압력계가 동작하는 원리를 살펴보자. 이 그림에 보인 유리로 만든 U자관에는 수은이 들어있다. 그런데 왼쪽의 경우와 같이 U자관의 양쪽 구멍이 모두 공기중에 열려있으면 양쪽 관의 수은 높이는 동일하다. 그러나 오른쪽 경우와 같이 압력을 측정하려는 기체에 왼쪽관을 연결하면 양쪽 관의 수은 높이는 차이가 나게 된다. 이제 그림 28.4에 보인 오른쪽 그림에서 유체 내 A와 B 그리고 C점에서의 압력을 각각 P_A, P_B, 그리고 P_C라고 하면

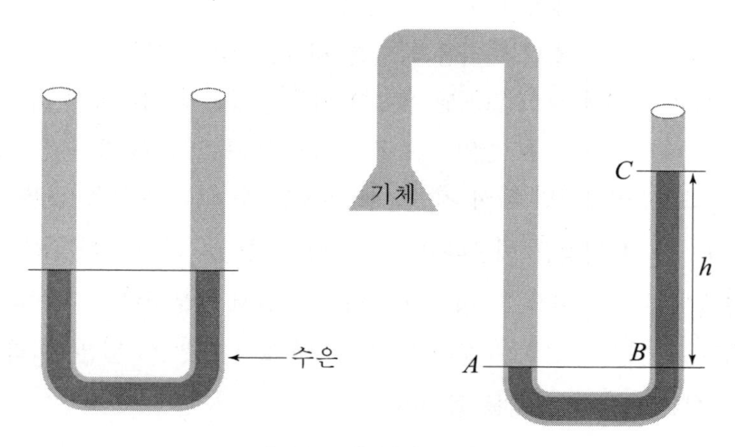

그림 28.4 액주압력계의 원리

대기압을 P_0라고 할 때 이들 사이에는 (28.9)식으로부터

$$P_C = P_0, \quad P_A = P_B = P_0 + \rho g h \tag{28.11}$$

인 관계가 성립함을 알 수 있다. 여기서 ρ는 수은의 밀도이다. 그림 28.4에 보인 것과 같은 액주압력계에서는 두 수은기둥의 높이차인 h로부터 기체의 압력을 읽는데, 이렇게 구한 기체의 압력을 계기압력 $P_{계기}$라 부르고 (28.11)식으로부터

$$P_{계기} = \rho g h = P_{절대} - P_0 \quad 여기서 \quad P_{절대} = P_A \tag{28.12}$$

가 된다. 다시 말하면 액주압력계에서 측정하는 계기압력 $P_{계기}$는 기체의 실제 압력인 $P_{절대} = P_A$로부터 대기압을 뺀 압력이다.

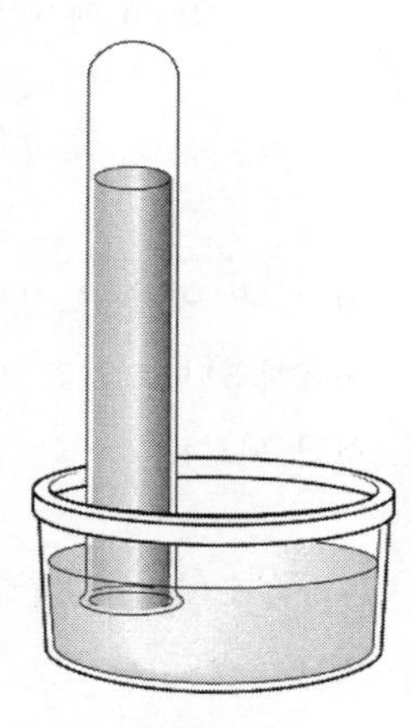

그림 28.5 기압계 원리

그러면 대기압은 어떻게 측정하면 좋을까? 그림 28.4에 보인 액주압력계를 가지고 대기압을 측정할 수 있다. 관의 한쪽은 대기를 향하게 하고 다른 한쪽은 압력이 0이 되도록 만들면 된다. 그렇게 하기 위해서는 그림 28.5에 보인 것처럼 수은이 들어있는 한쪽이 막힌 유리관을 거꾸로 세우면 된다. 이렇게 대기압을 측정하는 압력계를 기압계라고 부른다. 그림 28.5에 보인 것과 같은 원리를 이용한 기압계는 17세기 초에 이태리의 과학자 토리첼리에 의해 발명되었다. 그림 28.6에 보인 토리첼리는 비록 부모가 노동자인 가정에 태어났으나 과학과 수학에 뛰어난 능력을 보였다. 그러나 아깝게도 39세의 나이에 장티푸스에 걸려서 일찍 생을 마감하고 말았다. 만일 그가 더 살았더라면 뛰어난 수학적 발견들을 남겼을 것이라고 안타까워하는 사람들이 많다. 그가 발견한 기압계를 기념하기 위해 수은기둥의 높이가 1 mm인 압력을 1토르(torr)라고 부른다. 압력의 단위로는 앞에서 설명한 Pa과 bar 이외에도 수은기둥 높이를 의미하는 mmHg와 torr가 있다. 이 단위들 사이에는

그림 28.6 이반젤리스타 토리첼리 (이태리, 1608-1647)

$$1\ \text{mmHg} = 1\ \text{torr} = 1.33\ \text{mb} = 1.33\ \text{hPa} \tag{28.13}$$

인 관계가 성립한다.

예제 1 U자관으로 된 수은 액주압력계를 어떤 기체 통에 연결하였더니 기체 통에 연결된 쪽의 수은 기둥이 아무것도 연결하지 않았을 때보다 20 cm 올라갔다. 기체 통에 들어있는 기체의 계기압력과 실제 압력을 구하라.

기체 통 쪽의 수은 기둥이 원래보다 더 올라갔다는 것은 기체 통의 압력이 대기압보다 더 낮다는 것을 의미한다. 한쪽의 수은 기둥이 20 cml만큼 올라갔으므로 (28.11)식에서 h는 -40 cm에 해당한다. 그러므로 (28.12)식에 의해서 계기압력 $P_{계기}$는

$$P_{계기} = \rho gh = (-400\ \text{mmHg}) \times (1.33\ hPa/mmHg) = -532\ \text{hPa}$$

이 된다. 여기서는 (28.13)식으로부터 1 mmHg의 압력은 1.33 hPa에 해당하는 것을 이용하였다. 그러면 기체 통의 실제 압력 P는 (28.12)식에 의해 계기 압력에 대기압을 더하면 되므로

$$P = P_{계기} + P_0 = (-532 + 1,013)\ \text{hPa} = 481\ \text{hPa}$$

이다.

정지한 유체 내부의 압력에 관한 (28.9)식은 부력을 설명하는데도 이용된다. 부력이란 유체에 담긴 물체가 연직 윗방향으로 받는 힘을 말한다. 그림 28.7에 보인 것과 같이 밀도가 ρ인 유체에 질량이 m이고 밑면의 넓이가 S, 높이가 h_2인 물체가 잠겨있다고 하자. 이 물체에 작용하는 힘으로는 물체의 중력 mg와 유체가 물체의 각 면을 미는 압력에 의한 힘이 있다. 유체가 물체의 옆면을 미는 압력에 의한 힘은, 유체의 표면으로부터 깊이가 같은 곳의 압력은 같기 때문에 서로 상쇄된다. 단지 윗면을 아래로 누르는 압력에 의한 힘과 밑면을 위로 올리는 압력에 의한 힘은 윗면과 밑면이 유체 표면으로부터 깊이가 서로 다르기 때문에 같지 않다. 그러면 윗면과 밑면에 작용하는 이 압력 차이가 물체 전체에 어떤 힘을 작용하게 되는지 알아보자.

물체의 윗면에서 압력에 의해 물체를 아래로 누르는 힘 F_1은 그림 28.7에 보인 깊이 h_1에서 압력 P_1에 면의 넓이 S를 곱해서

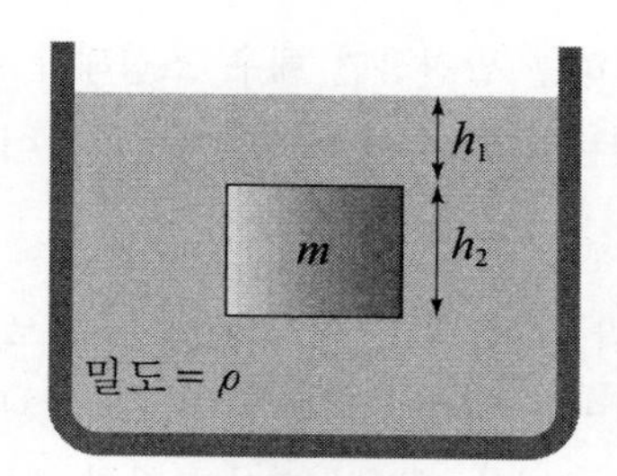

그림 28.7 부력에 대한 설명

$$F_1 = P_1 S = P_0 S + \rho g h_1 S \tag{28.14}$$

이다. 여기서 P_1을 구하는데 (28.9)식을 이용하였다. 한편 밑면에서 압력에 의해 유체가 물체를 위로 올리는 힘 F_2는 F_1을 구할 때와 같은 방법으로

$$F_2 = P_2 S = P_0 S + \rho g(h_1 + h_2) S \tag{28.15}$$

이다. 따라서 이들 두 힘을 합한 합력 F는, F_1의 방향과 F_2의 방향이 반대이므로

$$F = F_2 - F_1 = \rho g h_2 S \tag{28.16}$$

이 된다. 이 식에서 $h_2 S$는 물체의 부피와 같고 ρ는 용기 속에 든 유체의 밀도이므로, 이 힘은 물체와 동일한 부피의 유체의 무게와 같은데, 이것이 바로 위쪽 방향으로 작용하는 부력이라고 불리는 힘이다.

부력의 원리는 고대 그리스 시대에 아르키메데스에 의해 처음으로 알려졌다. 그림 28.8에 보인 아르키메데스는 고대 그리스 시대의 최고 수학자이자 철학자이었는데, 왕으로부터 금관에 은이 섞여있는지를 관을 부수지 않고 알아내라는 명령을 받고 고민하다가 목욕탕에 들어가 물이 넘쳐흐르는 것을 보고 아르키메데스 원리와 부력을 발견하여 금관 문제를 해결하였다는 일화가 전해 내려온다. 아르키메데스 원리는 물체가 유체에 잠겨있으면 물체가 밀어낸 유체의 무게와 동일한 힘을 위쪽으로 받는다고 말한다.

그림 28.8 아르키메데스 (그리스, 기원전 287-212)

예제 2 배가 항해 중에 빙하를 발견하면 매우 조심해야 한다. 물 밖에 노출되어 있는 부분보다 물속에 잠겨 떠있는 부분이 훨씬 더 크기 때문이다. 빙하의 경우에는 전체 질량의 몇 퍼센트가 물 밖에 노출되어 있는가?

바다에 떠있는 빙하에 작용하는 힘은 연직 아랫방향으로 작용하는 빙하의 중력과 연직 윗방향으로 작용하는 부력이다. 빙하가 바다에 떠 있는 것은 이 중력과 부력이 평형을 이루기 때문이다. 즉 중력의 크기와 부력의 크기가 같기 때문이다.

바닷물의 밀도를 ρ_w 얼음의 밀도를 ρ_i라고 하자. 또한 빙하의 전체 부피를 V_i 그리고 바다 속에 잠긴 부분의 빙하 부피를 V_w라고 하자. 그러면 빙하의 중력 W_i는

$$W_i = \rho_i V_i g$$

이고, 빙하에 작용하는 부력 F_b는 바다에 잠긴 빙하 부피에 해당하는 바닷물의 중력과 같으므로

$$F_b = \rho_w V_w g$$

이다. 따라서

$$W_i = F_b \quad \rightarrow \quad \rho_i V_i g = \rho_w V_w g \quad \therefore \frac{\rho_i}{\rho_w} = \frac{V_w}{V_i}$$

이고 빙하가 바다 위에 나와 있는 부분의 비는

$$\frac{V_i - V_w}{V_i} = 1 - \frac{V_w}{V_i} = 1 - \frac{\rho_i}{\rho_w} = 1 - \frac{917}{1024} = 0.10$$

으로 단지 전체 빙하의 10%만 물 밖으로 나와 있다. 여기서는 얼음과 바닷물의 밀도로 $\rho_i = 917\ \mathrm{kg/m^3}$과 $\rho_w = 1,024\ \mathrm{kg/m^3}$을 이용하였다.

29. 유체의 운동 II

- 실제 흐르는 유체의 운동을 기술하기란 매우 복잡하다. 그래서 우선 이상유체를 가정하고 이상유체의 운동에 대해 먼저 공부한다. 이상유체는 어떻게 정의될까?
- 이상유체가 흐를 때 유체의 유선은 결코 교차되지 않는다. 그런 이유로 유체의 흐름에서는 연속방정식이 성립한다. 유체에서 성립하는 연속방정식을 응용하는 예에는 무엇이 있을까?
- 이상유체가 흐를 때 유체의 두 부분에서 유체의 압력과 속력 그리고 높이 사이에 성립하는 관계를 베르누이 방정식이라 한다. 베르누이 방정식으로 쉽게 설명되는 자연현상에는 무엇이 있을까?

지난 28장에서는 정지된 유체에 대해 공부하였다. 이 장에서는 흐르는 유체의 경우를 살펴보자. 유체의 흐름에 대해 연구하는 분야를 특히 유체역학이라 부른다. 유체역학이 적용되는 현상은 광범위하다. 예를 들어, 우리가 항상 겪는 기상변화는 우리 주위의 대기의 운동과 긴밀한 관계를 맺고 있고 우리 몸의 혈관에서 피가 어떻게 흐르는지를 설명하는데 유체역학이 필요하다.

유체가 실제로 흐르는 모습은 매우 복잡하다. 예를 들어, 모닥불에서 불꽃의 흔들림이라든지 홍수가 난 강물이 격렬하게 흐르는 모습 등을 기술하는 것이 얼마나 복잡할지 상상할 수 있다. 그래서 유체의 흐름을 분석할 때는 먼저 간단히 기술되는 경우인 이상유체를 가정한다. 이상유체란 압축되지 않아서 유체가 흘러가면서 유체의 부피와 밀도가 바뀌지 않고, 유체가 흐를 때 점성이라고도 불리는 마찰이 작용하지 않는 유체를 말한다. 점성이 없는 유체의 경우에는 유체가 흐르면서 역학적 에너지가 열로 손실되지 않

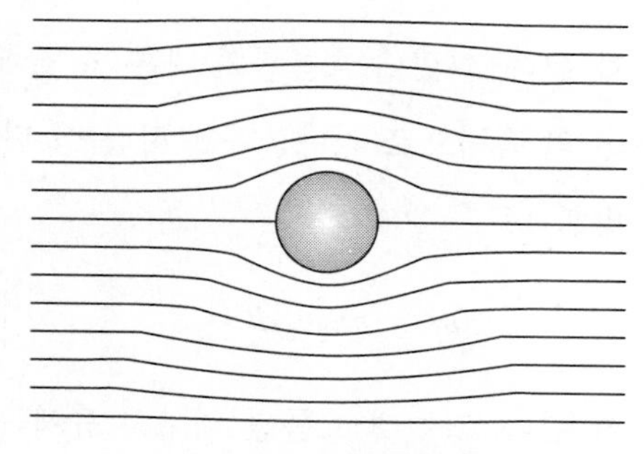

그림 29.1 유체의 흐름선

는다. 이 장에서는 우선 점성이 없는 이상유체를 다루고 다음 30장에서는 점성이 있는 경우에 대해 살펴볼 예정이다.

이상유체가 흐를 때는 흐름선을 형성하면서 진행한다. 흐름선이란 유체를 구성하는 입자들 하나하나가 움직이는 경로를 말한다. 그림 29.1에 보인 것은 유체 내부에 구형 장애물이 있을 때 이 유체의 흐름선을 보여준다. 이상유체의 경우, 흐름선의 가장 큰 특징은 두 흐름선이 절대로 서로 교차하지 않는다는 것이다. 만일 두 흐름선이 교차한다면 교차점에 도달한 두 입자는 자기가 어떤 흐름선을 따라 가야할 지 알 수 없게 된다. 두 흐름선이 절대로 교차하지 않는다는 것은 자연에서는 절대로 그런 일이 벌어지지 않는다는 점을 알려준다. 즉 자연에서는 어떤 일이 이렇게 벌어질까 저렇게 벌어질까 망설이는 일이 일어나지 않는다.

이상유체의 흐름에서는 또한 흐름관을 생각할 수 있다. 흐름관이란 유체의 흐름에서 흐름선으로 이루어진 관을 말한다. 어떤 두 흐름선도 절대로 교차하지 않으므로 어떤 흐름관에서도 흐름관 내부의 유체가 흐름관 바깥으로 나가지 않는다. 그 점을 이용하면 이상유체의 흐름에서 아주 중요하고 유용한 연속방정식이 성립함을 알 수 있다.

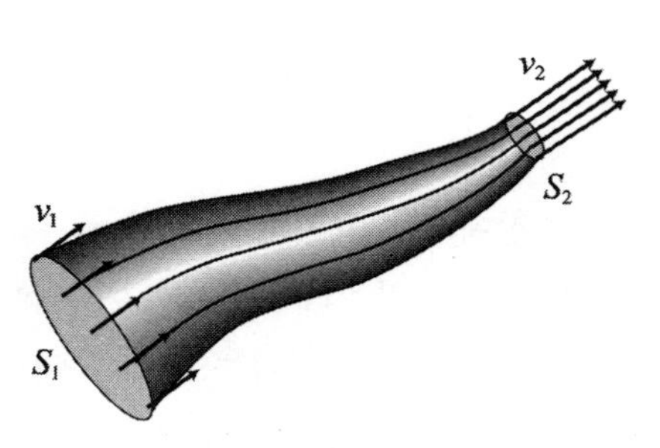

그림 29.2 흐름관에서 성립하는 연속방정식

그림 29.2에 보인 것처럼 흐름관의 한쪽 끝에서 넓이가 S_1인 단면을 유체가 v_1의 속력으로 흐른다고 하자. 그러면 짧은 시간간격 dt 동안 이 단면을 지나간 유체의 질량 dm_1은 유체의 밀도 ρ에 유체의 부피 S_1v_1dt를 곱한

$$dm = \rho S_1 v_1 \, dt \tag{29.1}$$

가 된다. 그런데 흐름관의 다른 쪽 끝에서 이보다 더 좁은 넓이가 S_2인 단면을 유체가 v_2의 속력으로 지나간다고 하면 이 단면을 지나간 유체의 질량 dm_2는 위에서와 같은 방법으로

$$dm_2 = \rho S_2 v_2 \, dt \tag{29.2}$$

가 된다. 그런데 흐름관 내부의 유체는 결코 흐름관 바깥으로 나갈 수 없으므로 위 두 단면을 지나간 유체의 질량이 같아야 하며, 그래서

$$dm_1 = dm_2 \quad \rightarrow \quad \rho S_1 v_1\, dt = \rho S_2 v_2\, dt \tag{29.3}$$

이 성립한다. 이 식에서 양변을 $\rho\, dt$로 방정식인

$$S_1 v_1 = S_2 v_2 = \text{일정} \tag{29.4}$$

을 얻는다. 이 연속방정식은 동일한 유체가 넓은 단면을 통과하며 흘러갈 때의 속력은 좁은 단면을 통과하며 흘러갈 때의 속력보다 더 느리며 따라서 유체의 속력은 그 유체의 단면의 넓이에 반비례함을 말해준다. 위에서 (29.4)식을 유도하면서 본 것처럼, 이상유체의 흐름에서 성립하는 연속방정식은 이상유체의 흐름에서 형성되는 흐름관을 흘러들어가는 질량과 흘러 나가는 질량은 같아야 한다는 일종의 질량 보존법칙이라고 할 수 있다.

유체의 연속방정식은 유체가 관 내부에서 흐르는 경우에 유체의 속력의 관의 단면에 반비례한다는 식으로 적용할 수도 있지만 유체가 관을 따라 흐르지 않을 때도 역시 적용된다. 예를 들어, 그림 29.3에 보인 것처럼 수도꼭지에서 흘러내리는 물을 보자. 여기서 떨어지는 물은 자유낙하 운동을 한다. 그러므로 떨어지면서 중력가속도 g인 가속도로 속력이 점점 더 빨라진다. 물줄기가 내려오면서 떨어지는 속력이 증가함과 동시에 그림 29.3에서 확인할 수 있는 것처럼 물이 흐르는 단면이 감소하는 것을 볼 수 있다. 이렇게 수도꼭지에서 흘러 떨어지는 물에 연속방정식을 적용하여 떨어진 거리의 함수로 물줄기 단면의 넓이를 계산할 수가 있다.

그림 29.3 흐르는 물에 적용된 연속방정식

예제 1 심장은 몸 전체를 순환하고 돌아온 피를 다시 대동맥으로 내보내는 역할을 한다. 그리고 대동맥은 다시 32개의 간선 동맥과 연결되어 있다. 대동맥에서 피가 흐르는 속력이 대략 시속 1km정도라고 한다. 그렇다면 간선 동맥에서 피가 흐르는 속력은 얼마이겠는가? 피가 이상유체라고 가정하고 대동맥의 반지름은 1.0cm이며 간선 동맥의 반지름은 0.2cm라고 하자.

대동맥과 간선 동맥의 반지름을 각각 r_1과 r_2라고 놓자. 그러면 피가 대동맥을 흐르는 단면의 넓이 S_1와 간선 동맥을 흐르는 단면의 넓이 S_2는

$$S_1 = \pi r_1^2, \quad S_2 = 32\pi r_2^2$$

이 된다. 그리고 피가 대동맥과 간선 동맥을 흐르는 속력을 각각 v_1과 v_2라고 하면 (29.4)식으로 주어진 연속방정식에 의해서

$$S_1 v_1 = S_2 v_2$$

가 성립하고 따라서 피가 간선 동맥을 흐르는 속력 v_2는

$$v_2 = \frac{S_1}{S_2} v_1 = \frac{\pi r_1^2}{32\pi r_2^2} v_1 = \frac{1.0^2}{32\times 0.2^2}(1 \text{ km/h}) \approx 0.78 \text{ km/h}$$

이다. 이와 같이 비록 간선 동맥의 단면이 대동맥의 단면보다 더 작지만 간선 동맥의 수가 많기 때문에 간선 동맥을 흐르는 피의 속력은 대동맥을 흐르는 피의 속력보다 더 느려진다.

이상유체의 흐름에 적용되는 연속방정식은 유체의 흐름 중에서 서로 다른 두 위치에서 유체의 속력 사이의 관계만 이야기해 준다. 그러나 유체가 흐르는 속력이 어떻게 결정되는지에 대해서는 이야기해주지 않는다. 그런 이야기를 해 주는 방정식이 베르누이 방정식이다. 베르누이 방정식은 흐르는 유체의 각 부분에서 압력, 속도, 위치 사이의 관계를 알려주는 식으로 유명하다.

베르누이 방정식을 설명하기 위하여, 그림 29.4에 보인 것처럼, 아래쪽 위치가 y_1인 곳에서 넓이가 S_1인 단면을 통과하는 유체의 속력이 v_1이고 이 단면에 수직하게 작용하는 압력이 P_1이라고 하자. 그리고 이 단면을 지나간 유체의 입자들이 모두 위쪽 위치가 y_2인 곳에서 넓이가 S_2인 단면을 통과하는데 그때 유체의 속력이 v_2이고 이 위쪽 단면에 수직하게 작용하는 압력이 P_2라고 하자. 그러면 이들 사이에

$$P_1 + \rho g y_1 + \frac{1}{2}\rho v_1^2 = P_2 + \rho g y_2 + \frac{1}{2}\rho v_2^2 = \text{일정} \tag{29.5}$$

이 성립한다. 그리고 바로 이 식이 베르누이 방정식이다.

베르누이 시대에 베르누이 방정식을 알아낸다는 것이 매우 대단한 일이었다고 아니할 수 없다. 그러나 오늘날에는 그렇지 않다. 베르누이 방정식이 무슨 유체에만 적용되는 새로운 법칙은 아니기 때문이다. 베르누이 방정식도 역시 지금까지 우리가 배운 다른 법칙이나 방정식들과 마찬가지로 뉴턴의 제2법칙을 이용하여 바로 유도된다. 그렇

게 하기 위해서는 그림 29.4의 아래쪽 위치가 y_1인 곳에서 압력 P_1을 통해 유체에 하는 일과 위쪽 위치가 y_2인 곳에서 압력 P_2를 통해 유체에 하는 일이 같다는 조건과 유체의 속력은 단면의 넓이에 반비례한다는 연속방정식만 이용하면 된다. 그리고 유체의 단면에 작용한 압력에 의한 힘이 한 일에 대한 법칙은 무슨 다른 법칙이 아니라 뉴턴의 운동방정식에 불과하다. 그러므로 베르누이 방정식이 유체에 성립하는 특별한 자연법칙이라고 말하기보다는 뉴턴의 운동방정식을 유체에 적용하도록 바꾸어 쓴 것이라고 말하는 것이 더 적절하다.

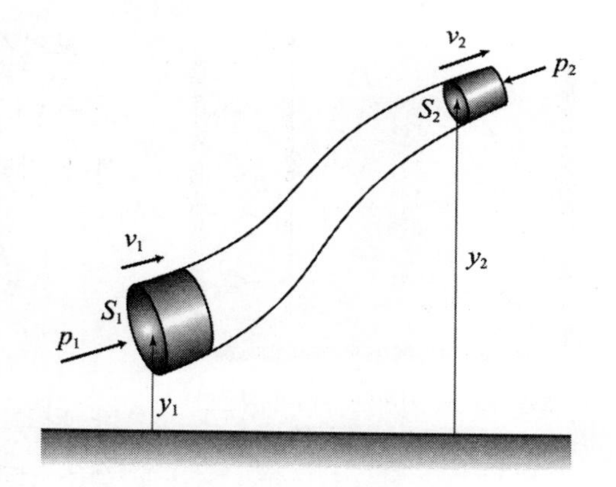

그림 29.4 베르누이 방정식의 설명

(29.5)식은 미리 선정한 y_1과 y_2라는 두 위치에서 식에 나온 세 항을 비교하였지만 그렇게 선정한 두 위치를 특별히 고른 것은 아니다. 다시 말하면 유체의 흐름에서 어떤 다른 두 위치를 선정하더라도 (29.5)식이 성립한다. 그래서 (29.5)식을 좀 더 일반적으로

$$P+\rho gy+\frac{1}{2}\rho v^2=\text{일정} \tag{29.6}$$

라고 쓸 수 있으며, 이 식은 이제 좌변의 물리량이 바뀌지 않는다는 보존법칙의 형태로 표현된 베르누이 방정식이다. 그리고 이 식의 양변에 유체가 흘러간 작은 부피를 곱하면 좌변의 첫 항은 압력에 의한 힘이 한 일이 되고 두 번째 항은 중력 퍼텐셜에너지가 되며 세 번째 항은 운동에너지가 된다. 그래서 베르누이 방정식인 (29.6)식은 역학적 에너지 보존법칙을 유체에 적용한 결과임을 짐작할 수 있다.

이제 여러 가지 경우를 가정하여 (29.6)식의 의미를 음미해 보기로 하자. 이 식을 28장에서 다룬 정지한 유체에 적용해보자. 그렇게 하기 위해서는 베르누이 방정식인 (29.6)식에서 속도 v를 0으로 놓으면 된다. 그 결과는

$$P+\rho gy=\text{일정} \tag{29.7}$$

인데 이것은 정지한 유체에서 성립한 파스칼 원리인 (28.9)식과 동일한 내용이다. 그것

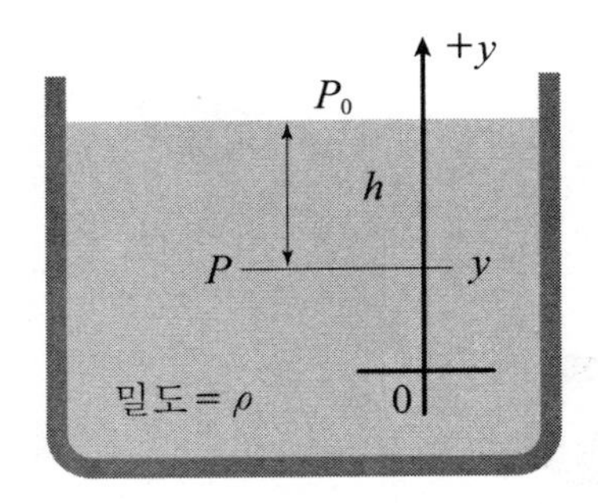

그림 29.5 정지한 유체에 적용한 베르누이 방정식

을 보이기 위해 그림 29.5에서 $y_1 = y$에서 압력 P와 $y_2 = y + h$에서 압력 P_0를 비교하자. 그러면 (29.7)식에 의해

$$P + \rho g y = P_0 + \rho g(y + h)$$
$$\therefore \ P = P_0 + \rho g h \tag{29.8}$$

가 되고 이 결과는 (28.9)식과 동일하다. (29.7)식과 같은 결과는 단지 정지한 유체에서만 성립하는 것이 아니라 유체가 모두 동일한 속력 v로 움직인다면 (29.6)식에서 좌변의 세 번째 항은 변하지 않고 일정할 것이므로 역시 (29.7)식이 성립함을 알 수 있다.

이번에는 베르누이 방정식인 (29.6)식에서 $y=$ 일정인 경우를 생각해 보자. 즉 흐르는 유체에서 동일한 높이에서 유체의 압력 P와 속력 v를 측정하면

$$y = \text{일정 일때:} \quad P + \frac{1}{2}\rho v^2 = \text{일정} \tag{29.9}$$

이 성립한다. 다시 말하면 유체의 높이가 같다면 유체가 빨리 움직이는 곳에서의 압력은 천천히 움직이는 곳에서의 압력보다 더 낮다. 이 결과는 우리 주위에서 관찰되는 다양한 현상이 일어나게 된 경위를 이해하는데 도움을 준다.

예를 들어, 그림 29.6에 보인 것처럼, 비행기의 날개와 같은 유선형의 물체가 흐르는 유체 내부에 담겨져 있는 경우를 보자. 유선형 물체 주위에서 유체의 흐름선은 그림 29.6에 보인 것과 같게 된다. 그런데 유체의 흐름선이 그림 29.6에 보인 물체의 위쪽과 같이 촘촘하게 그려져 있으면 통과하는 단면의 넓이가 작다는 뜻이므로 흐름선이 듬성듬성 그려진 물체의 아래쪽보다 속력이 더 빠르다는 것을 알 수 있다. 그림 29.6에서

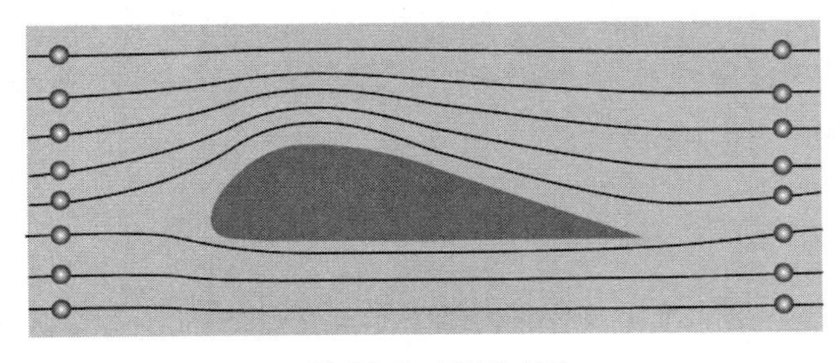
그림 29.6 양력의 설명

왼쪽에 그린 점들에 해당하는 유체 입자들은 물체를 통과한 뒤에 그림 29.6의 오른쪽에 그린 점들의 위치까지 모두 동시에 도착하는데, 유선형인 물체의 모양에 의해서 물체 위쪽을 통과하는 거리가 아래쪽을 통과하는 거리보다 더 길고, 그래서 물체의 위 부분을 통과한 흐름선의 속도가 아래쪽 흐름선의 속도보다 더 빠름을 알 수 있다. 그리고 유선형 물체의 위쪽 속도가 아래쪽 속도보다 더 크므로 베르누이 방정식에 의해 위쪽 부분의 압력이 아래쪽 부분의 압력보다 더 작게 된다. 그래서 물체는 위로 향하는 힘을 받는데, 이렇게 베르누이 방정식으로 설명되는 힘이 비행기가 뜨는 힘 중에 일부를 제공한다.

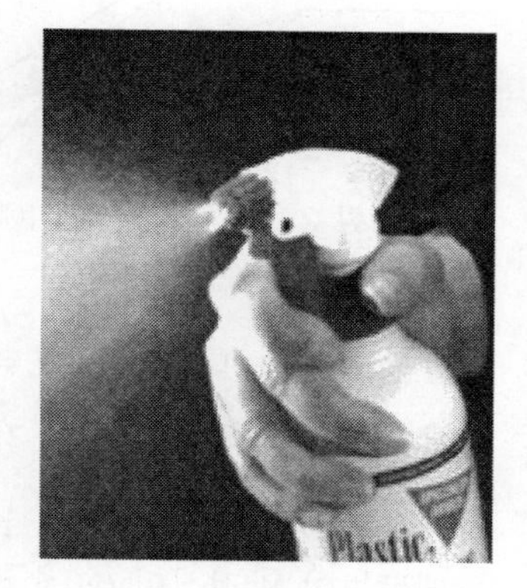

그림 29.9 분무기에 적용한 베르누이 방정식

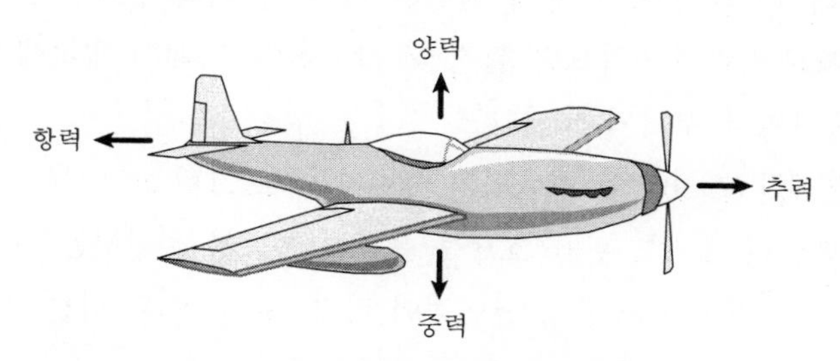

그림 29.7 날아가는 비행기가 받는 힘

날아가는 비행기가 받는 힘을 네 방향의 성분으로 정리하면 그림 29.7에 보인 것과 같이 앞 방향과 뒤 방향으로는 각각 추력과 항력을 그리고 아랫방향과 윗방향으로는 각각 중력과 양력을 받게 된다. 비행기에 앞 방향으로 작용하는 추력은 비행기의 추진장치에 의해 비행기에 작용되며 뒤 방향으로 작용하는 항력은 물체가 유체를 지나갈 때 받는 마찰력에 의해 작용된다. 추력과 항력의 크기가 같다면 비행기는 등속도로 항진하고 추력이 항력보다 더 크면 비행기는 가속되고 그 반대이면 감속된다.

비행기에 작용하는 힘 중에서 가장 쉽게 결정되는 중력은 여러분이 잘 아는 것처럼 비행기의 총질량에 중력가속도를 곱한 것과 같은 크기로 연직 아랫방향으로 작용한다. 반면에 연직 윗방향으로 작용하는 양력은 비행기가 공기라는 유체 내부에서 움직이기 때문에 작용하며 양력이 작용하는 모습을 자세히 설명하자면 꽤 복잡해진다. 양력이 작용하는 여러 가지 원인 중의 하나가 그림 29.6에 보인 유체 속에서 움직이는 유선형

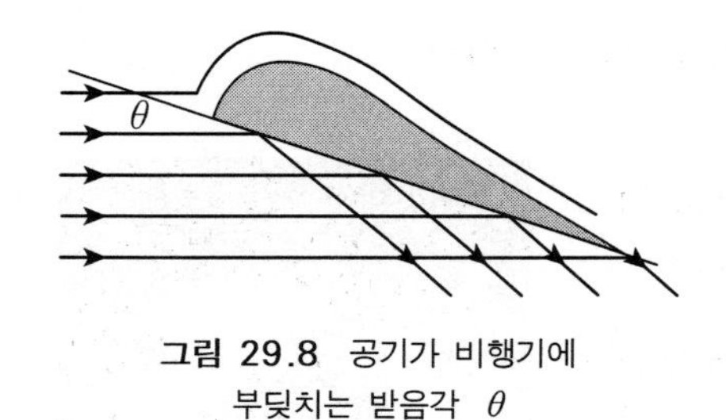

그림 29.8 공기가 비행기에 부딪치는 받음각 θ

물체에 의해 설명한 베르누이 방정식에 의한 압력의 차이 때문이다. 그러나 베르누이 방정식은 이상유체에 성립하기 때문에 실제 비행기 문제에 나오는 양력의 원인이 오로지 유선형 날개 상하의 압력 차이로만 설명되는 것은 아니다. 압력 차이와 함께 비행기에 작용하는 양력을 설명하는 다른 방법으로 그림 29.8에 보인 것과 같이 유선형 날개가 공기의 진행 방향과 받음각이라 불리는 각도 θ를 이룰 때 공기가 비행기를 위로 들어 올리는 힘이 작용된다고 말한다.

베르누이 방정식인 (29.9)식을 이용하는 또 다른 예로 그림 29.9에 보인 분무기를 보자. 분무기의 펌프를 동작시키면 공기가 빠른 속력으로 움직인다. 병에 담긴 액체의 표면에서 압력은 대기압과 같고 액체에 연결된 가는 관 위의 압력은 그 위를 지나가는 공기의 속력이 빠르므로 대기압보다 훨씬 더 작아진다. 그래서 병속에 담긴 액체는 관을 따라 위로 올라와서 뿌려지게 된다.

베르누이 방정식인 (29.9)식이 적용되는 마지막 예로 그림 29.10에 보인 벤츄리 계기를 들 수 있다. 벤츄리 계기는 관을 흐르는 유체의 속도를 측정하는 장치로 그림 29.10에 보인 것처럼 관을 통과하는 중에 단면적이 각각 S_1과 S_2로 다른 두 부분에 수직관을 세워 놓는다. 유체의 흐름에 성립하는 연속방정식인 (29.4)식에 의해 단면의 넓이가 넓은 S_1인 곳을 흐르는 유체의 속도 $\vec{v}_1$은 좁은 S_2인 곳을 흐르는 유체의 속도 $\vec{v}_2$보다 더 느리게 흐른다. 유체의 속력이 더 빠르면 베르누이 방정식인 (29.9)식이 알려주는 것처럼 속력이 더 느린 곳의 유체에서보다 압력이 더 작다. 이 모양을 그림 29.10이 보여준다. 이 계기를 이용하면 그림 29.10에 빨간 점으로 표시한 위치 1과 위치 2의 y 좌표가 거의 같아서 $y_1 \approx y_2$라고 할 때 이 두 점에서의 계기압력 P_1과 P_2는 벤츄리 계기에 세운 수직관에 올라온 유체의 높이 h_1과 h_2에 의해서

$$P_1 = \rho g h_1, \qquad P_2 = \rho g h_2 \tag{29.10}$$

가 되고 따라서 (29.9)식에 의해서 유체의 높이 h_1과 h_2 그리고 유체의 속력 v_1과 v_2 사이에는

$$P_1 + \frac{1}{2}\rho v_1^2 = P_2 + \frac{1}{2}\rho v_2^2 \quad \therefore \ \rho g h_1 + \frac{1}{2}\rho v_1^2 = \rho g h_2 + \frac{1}{2}\rho v_2^2 \tag{29.11}$$

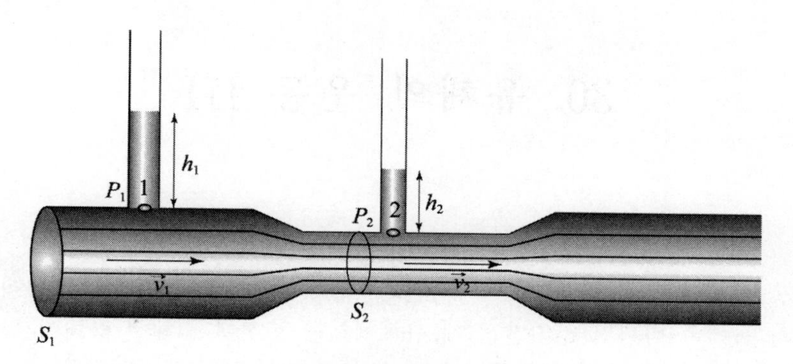

그림 29.10 벤츄리 계기

이 성립한다. 이 식을 이용하면 관속에 흐르는 유체의 속력을 측정할 수 있다.

예제 1　그림과 같이 물이 가득찬 물통의 아래 구멍에서 물이 흘러나오고 있다. 구멍에서 물이 찬 수면까지의 높이가 y라고 할 때 구멍으로부터 물이 흘러나오는 속력 v_2를 구하라.

베르누이 방정식을 적용하면 이 문제를 풀 수 있다. 이 문제에서 비교할 두 위치는 그림에 보인 물통의 수면 위의 한 점이 A_1과 아래 구멍에서 물이 흘러나오는 곳의 한 점 A_2이다.

두 점 A_1과 A_2는 모두 공기와 접해 있으므로 두 곳에서의 압력 P_1과 P_2는 모두 대기압과 같은 P_0이다. 그리고 물이 흘러나오는 구멍의 단면적에 비해 물통의 단면적이 매우 크다면 연속방정식에 의해서 수면이 낮아지는 속력은 무시할 수 있고 따라서 A_1에서 물의 속력 v_1은 0으로 놓을 수 있다. 그러면 베르누이 방정식에 의해

$$P_0 + \rho g y_1 = P_0 + \rho g y_2 + \frac{1}{2}\rho v_2^2 \quad \therefore \quad v_2 = \sqrt{2g(y_1 - y_2)} = \sqrt{2gy}$$

가 된다.

30. 유체의 운동 III

- 이상유체에는 점성이 없다고 가정된다. 그래서 수평방향으로 흐르는 이상유체의 속력은 바뀌지 않지만 실제 유체에서는 점성에 의해서 속력이 느려진다. 점성을 가진 유체의 흐름에 대한 포아즈이유 법칙을 설명하라.
- 점성이 없는 이상유체 내에서 물체가 이동하면 유체로부터는 아무런 힘도 받지 않는다. 그러나 점성이 있는 실제 유체 내에서 움직이는 물체에게는 점성력이 작용한다. 점성력에 대한 스토크스 법칙을 설명하라.
- 유체 중에서 액체의 표면에서는 특별히 표면장력이라는 힘이 작용한다. 표면장력 때문에 관찰되는 자연현상에는 어떤 것들이 있는가?

29장에서는 이상유체에 적용되는 베르누이 방정식에 대해 공부하였다. 이상유체란 운동하는 동안에 압축되지 않아서 밀도가 일정하고 점성이 없어서 유체가 흐를 때 역학적 에너지가 열에너지로 손실이 되지 않는 유체를 말한다. 엄격한 의미에서 이상유체는 존재하지 않는다. 그렇지만 많은 경우에 이상유체라고 가정하고 구한 결과를 적용해도 크게 틀리지 않는다. 더 정확한 설명을 원한다면 그때 이상유체의 결과로부터 어떤 점을 수정하여야 될지 생각해보게 된다.

크기를 갖는 물체의 운동을 공부한 25장, 26장, 27장에서도 비슷한 경험을 하였다. 고체의 운동을 다루는데 우리는 강체를 가정하였다. 강체란 아무리 큰 힘이 작용되더라도 변형되지 않는 물체를 말한다. 그래서 강체를 구성하는 어떤 두 구성입자들 사이의 거리도 절대로 바뀌지 않는다. 물론 엄격한 의미에서 강체는 존재하지 않지만 강체라고 가정하면 그 운동을 기술하기가 아주 간단해진다. 그리고 실제로 대부분 고체의 운동에 대한 결과는 그 고체가 강체라고 가정하고 얻은 것과 별반 다르지 않다. 혹시 더 정확한 설명을 원한다면 그때 강체라는 가정 중에서 어떤 부분을 수정해야 되는지 생각해보면 된다.

고체를 강체라고 가정하고 기술한 경우와 유체를 이상유체라고 가정하고 기술한 경우를 비교한다면, 고체보다는 유체의 경우에 실제 문제를 다룰 때 수정되어야 할 부분이 더 많다. 그래서 강체를 다룰 때는 강체가 아닌 경우를 생각해 보지 않았지만 유체를 다룰 때는 유체의 점성을 무시할 수가 없다. 이상유체를 다루는 베르누이 방정식을 적용하면 수평방향으로 놓인 단면적이 동일한 관을 흐르는 유체의 압력은 일정하게 유지된다. 그러나 우리 주위에서 관찰되는 거의 모든 유체에서는 그런 일이 벌어지지 않는다. 다시 말하면 비록 유체가 흐르는 관이 수평으로 놓여있고 관의 단면적이 일정하다고 하더라도 유체가 흐르는 방향으로 유체의 압력이 점점 감소한다.

점성이 있는 실제유체가 흐를 때 압력이 감소하는 것은 마찰력이 작용하기 때문이다. 유체에 작용하는 마찰력은 유체가 그림 30.1에 보인 것과 같은 흐름 층을 구성하며 흐른다고 설명하면 쉽게 이해될 수 있다. 흐름 층이란 유선의 모임인 유관에서 동일한 속도로 흐르는 유선들로 이루어진 층을 말한다.

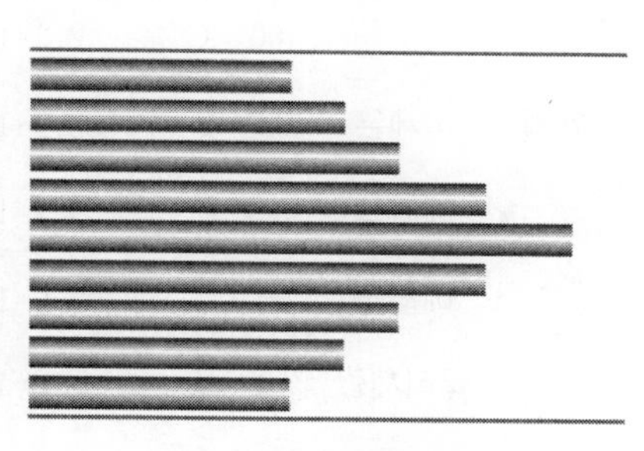

그림 30.1 유체의 흐름 층

예를 들어 유체가 단면적이 원 모양인 관을 따라 흐른다면 그 유체의 흐름 층은 원통 모양을 하고 있는데, 점성을 가진 유체의 경우에는 관과 접촉된 흐름 층의 속력은 0이고 관으로부터의 거리가 증가할수록 흐름 층의 속력이 증가한다. 그래서 그림 30.2의 (a)에 보인 것처럼, 이상유체의 경우에는 유체의 흐름을 구성하는 흐름 층들이 움직이는 속력이 모두 같지만 그림 30.2의 (b)에 보인 것처럼, 점성이 있는 실제유체의 경우에는 흐름 층의 위치가 관과 접촉된 부분으로부터 얼마나 멀리 떨어져 있느냐에 따라 흐름 층이 움직이는 속력이 달라진다.

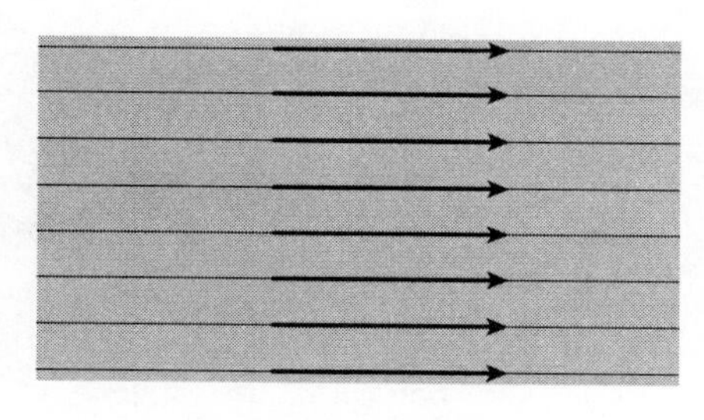

(a) 점성이 없는 이상유체

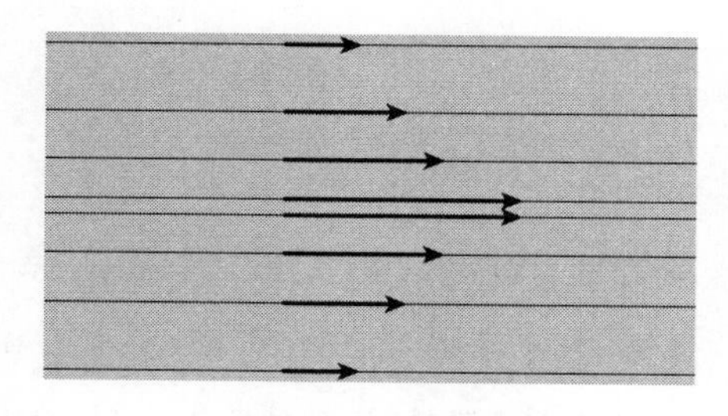

(b) 점성이 있는 실제유체

그림 30.2 이상유체와 실제유체의 속력

유체의 점성이 어느 정도인지는 그 유체의 점성계수로 표현된다. 유체가 흐를 때 흐름 층에 작용하는 마찰력 F_v는 흐름 층의 넓이

표 30.1 몇 가지 유체의 점성계수

물질		온도	점성계수(Pa · s)	물질		온도	점성계수(Pa · s)
기체	수증기	100° C	1.3×10^{-5}	액체	물	0° C	1.8×10^{-3}
	공기	0° C	1.7×10^{-5}			20° C	1.0×10^{-3}
		20° C	1.8×10^{-5}			30° C	8.0×10^{-4}
		30° C	1.9×10^{-5}			40° C	6.6×10^{-4}
		100° C	2.2×10^{-5}			60° C	4.7×10^{-4}
액체	아세톤	30° C	3.0×10^{-4}			80° C	3.6×10^{-4}
	메타놀	30° C	5.1×10^{-4}			100° C	2.8×10^{-4}
	에타놀	30° C	1.0×10^{-3}		혈액	20° C	3.0×10^{-3}
	글리세린	20° C	8.3×10^{-1}			37° C	2.1×10^{-3}
		30° C	6.3×10^{-1}		기름	30° C	2.0×10^{-1}

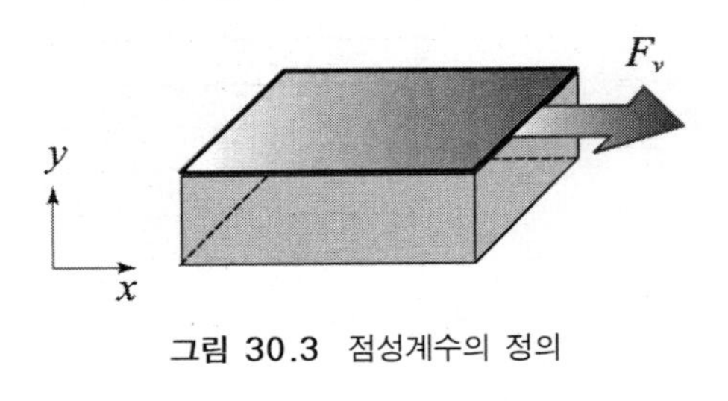

그림 30.3 점성계수의 정의

S에 비례하며 인접한 흐름 층의 속력이 얼마나 바뀌는지에 따라 결정된다. 이때 유체의 점성계수가 어떻게 정의되는지 이해하기 위해 그림 30.3을 보자. 그림 30.3에는 유체의 흐름을 구성한 두 흐름 층을 보여준다. 그러면 아래쪽 흐름 층에 대하여 위쪽 흐름 층이 받는 점성에 의한 마찰력 F_v는

$$F_v = \eta S \frac{\Delta v_x}{\Delta y} \tag{30.1}$$

로 주어진다. 여기서 Δy는 두 흐름 층 사이의 간격이며 Δv_x는 아래쪽 흐름 층과 위쪽 흐름 층의 속력 차이인데 이 식에서 비례상수 η를 유체의 점성계수라고 한다.

(30.1)식으로부터 점성계수 η의 차원이 무엇인지 보면

$$[\eta] = \left[\frac{F_v}{S}\right]\left[\frac{\Delta y}{\Delta v_x}\right] = \text{압력} \cdot \text{시간} \tag{30.2}$$

이 됨을 알 수 있다. 그래서 유체의 점성계수 단위로는 파스칼-초(Pa · s)가 이용된다. 몇 가지 유체의 점성계수가 표 30.1에 나와 있다. 우리가 쉽게 예상할 수 있는 것처럼, 유체 중에서 기체의 점성계수는 액체의 점성계수보다 훨씬 더 작다. 또한 유체의 점성계수는 온도에 따라 변화한다. 그런데 표 30.1에서도 확인할 수 있는 것처럼, 기체의 점성계수는 온도가 높아질수록 증가하는 반면 액체의 점성계수는 온도가 높아질수록 감소한다. 기체의 경우에는 온도가 높아질수록 기체분자들의 운동이 더 격렬해지므로 점성계수가 온도와 함께 증가하지만 액체의 경우에는 온도가 낮아지면 분자들 사이의 인력이 더 커지므로 점성계수는 온도가 낮아질수록 더 커진다.

그림 30.4
장-루이 포아즈이유
(프랑스, 1797-1869)

점성을 가지고 있는 실제 유체가 관을 통해 흐르면 유체는 그림 30.1에 보인 것처럼 흐름 층을 형성하면서 흐른다. 흐름 층을 형성한다는 것은 관에서 위치에 따라 유체가 흐르는 속력이 달라진다는 것을 의미한다. 유체가 흐르는 관이 수평방향으로 놓여 있을 때 점성이 있는 유체가 관의 단면을 단위시간동안 흘러나오는 비율을 유량률

$$w = \Delta V/\Delta t \tag{30.3}$$

로 기술하면 편리하다. 여기서 ΔV는 시간간격 Δt동안 유체가 흐르는 관의 단면을 통과하는 유체의 부피이다. 유체의 유량률 w는 유체가 흐르는 방향으로 압력이 얼마나 빠르게 감소하는지와 점성계수에 의존한다. 그런데 19세기 초 프랑스의 의사였던 그림 30.4에 보인 포아즈이유는 혈관을 흐르는 혈액에 대해 연구하면서 점성이 있는 유체의 유량률 w가 혈관 반지름의 네제곱에 비례하는 것을 발견하였다. 그래서 유체의 유량률 w를

$$w = \frac{\Delta V}{\Delta t} = \frac{\pi}{8}\frac{1}{\eta}\left(\frac{\Delta P}{L}\right)r^4 \tag{30.4}$$

라고 표현할 수 있는데, 이것을 포아즈이유 법칙이라고 부른다. 포아즈이유는 이 법칙을 발견하였을 뿐 아니라 요즈음 흔히 보는 수은액주를 이용한 혈압계를 처음 사용하기 시작한 사람이라고 알려져 있다. (30.3)식에서 r은 관의 반지름을, η는 점성계수를 그리고 L은 흐름 층의 길이를 나타낸다. 그래서 $\Delta P/L$은 단위 길이 당 압력이 감소한

비율을 말한다.

유체가 흐르는 비율을 말하는 유량률이 관의 반지름의 네제곱에 비례하는 것처럼, 관의 반지름이 조금만 차이가 나더라도 유량률이 크게 변한다는 사실은 자연현상에서 아주 중요한 결과를 가져온다. 예를 들어 동맥경화증을 앓고 있는 환자의 동맥이 좁아졌다고 하자. 신체의 각 부분에 필요한 혈액이 전과 마찬가지로 공급되기 위해서는 혈압이 더 높아지는 방법 밖에 없다. 동맥경화증에 의해 동맥의 반지름이 전보다 절반으로 줄었다면 포아즈이유 법칙인 (30.4)식에 의해 혈액 유출량 w가 16분의 1로 감소할 것이고, 유출량 w를 전과 마찬가지로 유지시키기 위해서 심장은 더욱 세게 혈액을 내보내야 하며 그러면 결과적으로 혈압이 높아지게 되는데, 고혈압 자체도 건강상 매우 우려되는 증세이다.

예제 1 길이가 L이고 반지름이 R인 관을 따라 점성이 있는 유체가 흐른다고 하자. 그런데 이번에는 똑같은 길이에 반지름이 $R/2$인 관 두 개를 통하여 동일한 유체가 흐른다고 하면 유량률 w는 원래 경우 유량률의 몇 배가 되겠는가? 관 양쪽 끝 사이의 압력 차이는 동일하다고 가정하라.

원래 유량률을 w_1 그리고 나중 유량률을 w_2라고 하면 포아즈이유 법칙에 의해

$$w_1 = \frac{\pi}{8}\frac{1}{\eta}\left(\frac{\Delta P}{L}\right)R^4, \quad w_2 = 2\times\frac{\pi}{8}\frac{1}{\eta}\left(\frac{\Delta P}{L}\right)\left(\frac{R}{2}\right)^4$$

가 된다. 그러므로 나중 유량률 w_2는 원래 유량률 w_1의 8분의 1이다. 이처럼 유량률이 관의 반지름의 네제곱에 비례한다는 사실이 반지름에 따라 유량률이 매우 급격하게 변하는 결과를 초래한다.

그림 30.5 조지 게브리엘 스토크스 (영국, 1819-1903)

지금까지는 점성을 갖는 유체가 흐를 때의 경우를 살펴보았다. 점성을 갖는 유체가 흐르면 유체 내에서 흐르는 속력이 동일한 점들로 흐름 층을 이루며 흐른다는 것을 알았다. 그리고 그런 경우에 주어진 관을 통해 흘러나오는 유량률은 관의 반지름의 네제곱에 비례하는 포아즈이유 법칙이 성립함을 알았다.

이번에는 점성이 있는 유체 내부에서 다른 물체가 움직이면 어떻게 되는지 알아보자. 그런 문제에 대해서는 아일

랜드에서 태어나 영국에서 명성을 떨치며 케임브리지 대학은 루카시안 교수로 활약하였던, 그림 30.5에 보인 스토크스에 의해서 실험적으로 면밀히 조사되었다. 유체 속에서 움직이는 물체의 속력이 그리 크지 않으면 물체 주위의 유체가 흐름 층을 이루며 이동한다. 그런 경우에 유체의 점성 때문에 물체가 이동하는 방향과 반대방향으로 물체에 작용하는 힘을 점성항력이라고 부른다. 스토크스는 면밀한 측정을 통하여 유체 내부에서 움직이는 반지름이 r인 구형 물체에 작용하는 점성항력 F_D는 유체에 대한 물체의 속력 v에 비례하여

$$F_D = 6\pi\eta rv \tag{30.5}$$

로 주어진다는 것을 발견하였다. (30.5)식이 오늘날 유체 내부를 움직이는 물체에 작용하는 점성항력에 대한 스토크스 법칙으로 알려져 있다. 이 식에서 η는 유체의 점성계수이다.

(30.5)식으로 주어지는 스토크스의 법칙은 유체에서 이동하는 물체의 속력 v가 비교적 작을 때에만 성립한다. 만일 물체가 매우 빠른 속력으로 유체 내부에서 이동한다면 물체 부근의 유체는 흐름 층을 형성하고 움직이는 것이 아니라 제멋대로 움직이는 난류(亂流)를 형성한다. 그런 경우에 물체에 작용하는 항력은 물체의 속력에 비례하여 증가하기 보다는 속력의 제곱 또는 세제곱에 비례하여 급격히 증가한다. 29장에서 그림 29.7에서 소개한 비행기에 작용하는 항력도 공기의 점성 때문에 발생한다. 만일 비행기의 속력이 매우 커서, 예를 들어, 음속보다 더 커진다면 항력이 속력의 제곱에 비례하면서 증가하기 때문에 대단히 큰 항력에 대비하기 위하여 초음속 비행기를 제작할 때는 특별히 외부의 유선형 모양을 효율적으로 설계하는데 큰 노력을 기우린다.

스토크스 법칙에서 주어지는 것과 같이 속력에 비례하는 항력을 받으며 움직이면 그 물체의 속도는 결국 종단속도에 이르게 된다. 항력이 속력에 비례하므로 물체가 가속되면 항력도 증가해서 결국에는 항력이 원래 작용하는 힘과 크기가 같고 방향이 반대이도록 증가하게 되면 물체에 작용하는 합력은 0이 된다. 그러면 물체는 더 이상 가속되지 못하고 일정한 속력으로 움직인다. 이 속도를 종단속도라 부른다. 14장에서 그림 14.4를 통해 살펴본 빗방울이 종단속도로 움직이는 것이 바로 한 예이다.

빗방울은 공기라는 유체 내부에서 연직 아랫방향으로 떨어진다. 이렇게 떨어지는 빗방울에 작용하는 힘으로는 연직 아랫방향으로 작용하는 중력, 그리고 연직 윗방향으로 작용하는 부력과 점성항력이 있다. 그러나 빗방울의 부피가 너무 작으므로 빗방울에

작용하는 부력은 무시해도 좋다. 빗방울이 이렇게 아래로 떨어지는 것은 빗방울의 밀도가 유체인 공기의 밀도보다 크기 때문이다.

일반적으로 유체 내에서 물체가 중력을 받고 움직일 때, 만일 물체의 밀도 ρ_0가 유체의 밀도 ρ_f보다 더 크면, 즉 $\rho_0 > \rho_f$이면, 물체는 아래로 떨어진다. 그러면 물체에는 연직 아랫방향으로는 중력을 그리고 연직 윗방향으로는 부력과 점성항력을 받는다. 그런데 만일 물체의 밀도 ρ_0가 유체의 밀도 ρ_f보다 더 작으면, 즉 $\rho_0 < \rho_f$이면, 물체는 위로 올라간다. 헬륨가스를 채운 풍선이 위로 올라가는 것이 바로 그 때문이다. 그런 경우에 물체는 연직 아랫방향으로는 중력과 점성항력을 그리고 연직 윗방향으로는 부력을 받는다. 이처럼 점성항력은 마치 마찰력이 그렇듯이 유체 내에서 물체가 이동하는 방향과 반대방향으로 작용된다.

예제 2 영국의 과학자 밀리컨은 20세기 초에 스토크스 법칙을 이용하여 전자(電子)에 대전된 전하를 측정하였다. 밀리컨이 수행한 실험과 비슷하게, 공기중에 미세한 기름방울을 뿌리고 기름방울이 떨어지는 모습을 망원경으로 관찰한다고 하자. 기름방울들이 무척 작기 때문에 기름방울은 떨어지면서 즉시 종단속도에 도달한다. 만일 기름방울의 반지름이 $r = 2.4 \times 10^{-6}$ m이고 기름방울을 뿌리는데 이용된 기름의 밀도는 $\rho_0 = 862\ \text{kg/m}^3$이고 공기의 밀도는 $\rho_f = 1.3\ \text{kg/m}^3$이라면, 기름방울의 종단속도 v를 구하라. 단, 실험을 할 때 공기의 온도는 20°C라고 하자.

기름방울이 종단속도 v에 도달하였을 때 기름방울에는 연직 아랫방향으로 중력 W와 연직 윗방향으로 부력 F_B 그리고 점성항력 F_D가 작용하는데, 이들의 합력이 0이어 한다. 이들 세 힘을 주어진 자료로부터 구하면

$$W = \rho_0 g \frac{4\pi}{3} r^3 = (862\ \text{kg/m}^3) \times (9.8\ \text{m/s}^2) \times \frac{4\pi}{3} \times (2.40 \times 10^{-6}\ \text{m})^3$$

$$= 4.89 \times 10^{-13}\ \text{N}$$

$$F_B = \rho_f g \frac{4\pi}{3} r^3 = (1.3\ \text{kg/m}^3) \times (9.8\ \text{m/s}^2) \times \frac{4\pi}{3} \times (2.40 \times 10^{-6}\ \text{m})^3$$

$$= 7.37 \times 10^{-16}\ \text{N}$$

$$F_D = 6\pi\eta r v = 6\pi \times (1.8 \times 10^{-5}\ \text{Pa} \cdot \text{s}) \times (2.4 \times 10^{-6}\ \text{m}) v$$

$$= (8.14 \times 10^{-10}\ \text{N s/m}) v$$

이 된다. 여기서 온도가 20°C일 때 공기의 점성계수는 표 30.1에 주어진 것을 이용하였다.

그런데 이 세 힘을 모두 더하면 0이 되어야 하므로

$$W - F_B - F_D = 0$$

로부터 구하는 종단속도 v는

$$v = \frac{4.89\times10^{-13} - 7.37\times10^{-16}}{8.14\times10^{-10}}\ \mathrm{m/s} = 6.00\times10^{-4}\ \mathrm{m/s}$$

가 된다. 이 계산에서 분명하듯이 기름방울의 종단속도를 구하는데 기름방울에 작용하는 부력은 무시하여도 좋음을 알 수 있다.

마지막으로 액체의 표면장력이라는 특별한 성질에 대해 알아보자. 그림 30.6에 보인 것처럼, 컵에 물을 가득 부으면 물이 컵의 가장자리보다 더 볼록하게 올라가더라도 쏟아지지 않는다. 그리고 물위에 핀이나 클립 같은 것을 살짝 올려놓더라도 물 아래로 가라앉지 않고 그림 30.6에 보인 것처럼 물의 표면 위에 그대로 놓여있도록 만들 수 있다. 이것들이 모두 표면장력이라 불리는 액체의 특별한 성질 때문에 가능해진다.

그림 30.6 표면장력

액체의 표면장력 γ는 액체의 표면이 표면의 끝을 잡아당기는 힘으로 단위길이 당

표 30.2 몇 가지 액체의 표면장력

액체	표면장력 (10^{-3} N/m)	액체	표면장력 (10^{-3} N/m)
아세톤	23.7	파라핀	26.0
에틸 알콜	22.3	물 5° C	74.9
메틸 알콜	22.6	물 10° C	74.2
벤젠	28.9	물 15° C	73.5
글리세린	64.0	물 20° C	72.8
수은	475	물 25° C	72.0
올리브기름	33.0	물 30° C	71.2

작용하는 힘으로 주어진다. 그래서 표면장력의 단위로는 N/m가 이용된다. 표면장력이 작용하는 원인은 액체를 구성하는 분자력 때문이다. 액체의 분자들 사이에 작용하는 분자력은 짧은 거리 힘이기 때문에 액체 내부에서 가장 가까이 놓인 분자들 사이에만 작용한다. 액체의 중심부에서는 어떤 분자 주위에 위치한 다른 분자들은 거의 모든 방향으로 대칭적으로 존재한다. 그래서 유체 내부의 어느 한 위치에서 한 분자에 작용하는 분자력의 합은 0이다. 그런데 유체의 표면에서는 분자들이 표면으로부터 내부에만 존재하고 외부에는 존재하지 않기 때문에 표면에 놓인 분자에 작용하는 분자력의 합력은 유체의 내부 쪽을 향한다.

몇 가지 액체에 대한 표면장력이 표 30.2에 나와 있다. 이 표에서 알 수 있는 것처럼 물의 표면장력이 수은을 제외한 다른 액체에 비하여 월등히 크다는 것을 알 수 있다. 물의 표면장력이 이렇게 크기 때문에 어떤 작은 곤충들은 물 위에서 걸어 다니기도 한다. 그리고 실제로 모기의 유충과 같은 작은 벌레들은 표면장력을 이용하여 물 위에 떠 있기도 한다.

XI. 진동

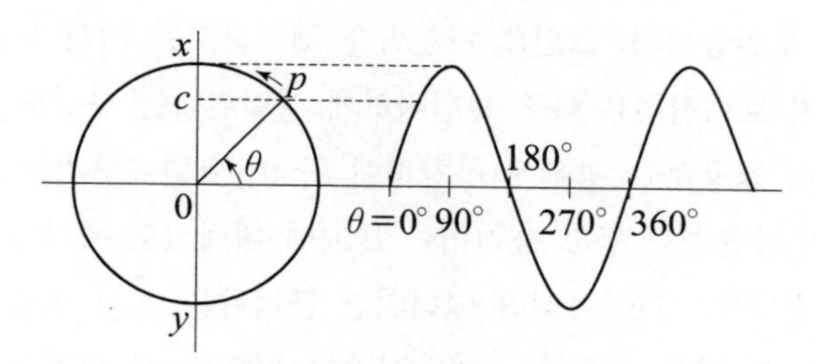

등속원운동과 단순조화진동

지금 진행하고 있는 물리학 강좌는 두 학기 강의로 예정되어 있습니다. 두 학기 중에서 첫 번째 학기에는 물리학 중에서 역학 부분을 그리고 두 번째 학기에는 물리학 중에서 전자기학과 현대물리 부분이 강의됩니다. 이제 물리학 1학기 강좌가 거의 끝나갑니다. 그래서 지금까지 역학 부분이 어디까지 강의되었고 앞으로 어떤 내용이 더 남아있는지를 간단히 소개하는 것도 의미가 있을 것으로 생각됩니다.

물리학은 자연현상을 설명하는 가장 기본적인 법칙을 연구하는 분야라고 했습니다. 그렇게 가장 기본적인 법칙 중 하나가 바로 운동법칙이고 운동법칙이란 힘에 의해서 물체의 운동이 어떻게 바뀌는지를 알려주는 법칙입니다. 그리고 거시세계를 지배하는 운동법칙이 바로 뉴턴의 운동방정식인 $F=ma$입니다. 물리학 강좌에서 첫 학기 강의 내용에 해당하는 역학에서는 그래서 뉴턴의 운동방정식을 다양한 자연현상에 어떻게 적용하는지에 대해 공부합니다. 이 강의를 시작하면서 나는 그래서 역학 부분에서는 나오는 법칙이 뉴턴의 운동방정식 하나뿐이라고 강조하였지요. 이제 여러분은 나의 그런 주장에 동의합니까? 우리는 그동안 다루는 대상에 따라서 새로운 물리량을 도입하여서 원래는 뉴턴의 운동방정식인 $F=ma$를 어떻게 다른 형태로 표현하는지를 배웠습니다. 그렇게 함으로써 설명이 복잡하게 되는 경우도 다시 간단히 해결될 수가 있음을 알았습니다.

처음에는 뉴턴의 운동방정식을 일정한 힘을 받는 한 물체의 운동에 적용하였습니다. 그때는 $F=ma$를 그대로 적용하여 물체의 가속도만 구하면 문제가 다 해결되었습니다. 그런데 물체에 작용하는 힘이 일정하지 않고 물체가 이동하면서 바뀌면 일과 운동에너지라는 물리량을 도입하고 그러면 뉴턴의 운동방정식이 일-에너지 정리라는 형태로 표현되는 것을 배웠습니다. 그리고 물체에 작용하는 힘이 보존력이라고 불리는 퍼텐셜에너지로 대표될 수 있는 힘이라면 일-에너지 정리가 다시 역학적 에너지 보존법칙으로 되는 것을 보았습니다. 그런데 마찰력을 제외하고는 거의 모든 힘이 보존력이므로 역학적 에너지 보존법칙은 아주 광범위하게 성립된다는 사실도 알았습니다. 그리고 물체에 마찰력이 작용하는 경우에 마찰력이 한 일은 열에너지가 되는데, 열에너지까지를 포함시키면 마찰력을 받고 움직이는 물체에 대해서도 에너지 보존법칙이 적용된다는 것을 알았습니다. 그뿐 아니라 에너지란 물리량은 결코 새로 창조되지도 않고 있던 것이 소멸되지도 않는 신통한 물리량이라는 것도 알게 되었습니다.

다음으로 우리는 관심의 대상을 여러 물체의 운동으로 돌렸습니다. 그러면 물체들에 작용하는 힘을 내력과 외력으로 구분할 수가 있으며 선운동량과 질량중심이라는 물리량을 도입하면 여러 물체의 운동이 아주 간단히 기술될 수 있음을 알았습니다. 여러 물체의 총 질량이 질량중심에 모여서 질량중심의 속도로 움직인다고 생각할 때의 선운동량이 바로 여러 물체의 총선운동량과 같기 때문에 여러 물체의 운동이라고 할지라도 질량중심에 모인 총질량의 운동과 질량중심 주위에서 여러 물체들이 상대적으로 움직이는 운동으로 간단히 설명되는 것입니다.

여러 물체를 다룬 다음에 관심의 대상은 크기를 갖는 물체의 운동인데, 고체, 액체, 기체 중에서 고체의 운동이 바로 그것에 해당합니다. 그런데 고체에 힘을 가하면 고체 전체의 운동 상태가 바뀌기도 하지만 고체가 변형하기도 합니다. 그리고 고체의 변형과 고체 전체의 운동을 함께 다루려면 문제가 복잡해집니다. 그래서 먼저 아무리 큰 힘을 받더라도 물체가 변형되지 않는 성질을 지닌 강체라는 실제로 존재하지 않는 이상적인 물체를 가지고 크기를 갖는 물체의 운동을 설명하였습니다.

강체의 운동은 병진운동과 회전운동으로 구분된다는 것도 배웠습니다. 그리고 병진운동을 기술하면서 이용된 물리량에 대응하는 회전운동의 물리량을 정의한다면 병진운동을 설명하면서 이용된 식들이 똑같은 형태로 회전운동을 설명하는데도 이용될 수 있음을 알았습니다.

고체, 액체, 기체 중에서 고체의 운동을 강체라는 이상적인 물체를 가정하여 설명한 뒤에 우리는 액체와 기체의 운동을 한꺼번에 설명할 수 있음을 알았습니다. 그래서 액체와 기체를 한꺼번에 유체라고 부르고 유체의 운동을 기술하는 방법을 배웠습니다. 그리고 유체의 경우에도 실제로는 존재하지 않는 이상유체를 가정하였습니다. 밀도가 바뀌지 않고 점성이 없는 유체를 말합니다. 이상유체라고 가정하면 유체의 운동을 훨씬 더 간단히 설명할 수 있기 때문입니다. 그리고 유체의 경우에는 질량 대신 밀도라는 물리량을, 힘 대신 압력이라는 물리량을 이용하여야 된다는 것도 알았습니다. 그러면 유체의 운동이 베르누이 방정식으로 간단히 기술되는 것을 배웠습니다.

한편 고체의 경우에는 실제 고체의 운동과 강체라고 가정하고 구한 결과 사이에 차이가 별로 크지 않습니다. 그래서 고체의 운동은 강체라고 가정하고 얻은 결과를 그대로 이용하여도 큰 무리가 없습니다. 그런데 유체의 경우에는 우리 주위에서 흔히 관찰되는 많은 현상에서 실제 유체가 가지고 있는 점성에 의한 효과가 크게 나타나는 경우가 많습니다. 그래서 이상유체가 아니라 점성이 있는 유체의 운동에서는 포아즈이유 법칙이 적용되고 점성이 있는 유체 내부에서 이동하는 물체에 작용하는 점성항력은 스토크스 법칙에 의해 결정된다는 점도 배웠습니다.

여기까지가 지난주까지 배운 내용입니다. 한 물체, 여러 물체, 강체, 유체까지 다 배우고서 그 다음에 또 배울 내용은 무엇이 남아있을 것으로 예상됩니까? 사실 별로 남아있는 내용이 없습니다. 그런데 지금까지는 운동법칙을 적용하는 대상을 바꾸어가며 공부하였지만 앞으로 남은 시간 동안에는 자연에 존재하는 특별한 운동 자체에 대해 공부하려고 합니다. 그중에 하나가 진동과 파동이고 다른 하나가 수많은 물체들의 무질서한 운동입니다.

진동은 고체의 변형과 관계가 있습니다. 고체를 변형시키면 그 고체는 원래의 모습으로 돌아오려는 복원력을 받게 됩니다. 그런데 고체가 받는 복원력은 대부분 탄성력인 경우가 많습니다. 탄성력은 고체가 변형하였을 때 받는 복원력의 크기가 변형된 변위에 비례하는 경우에 작용하는 힘을 말합니다. 다시 말하면 변형이 클수록 그 변형에 비례하여 복원력이 크게 작용한다는 의미입니다. 그런 힘을 받을 때 물체는 단순조화진동이라 불리는 특별한 운동을 하게 됩니다.

앞에 그린 그래프가 바로 단순조화진동을 보여줍니다. 단순조화진동의 변위를 시간의 함수로 그리면 그래프의 모양이 사인함수 또는 코사인함수가 됩니다. 그래서 변위가 시간에 대하여 사인 또는 코사인 함수처럼 변하는 운동을 단순조화진동이라고 부릅니다. 그리고 단순조화진동은 앞의 그림이 보여주는 것처럼 등속원운동을 하는 물체의 운동을 옆에서 볼 때 하는 운동과 똑같습니다.

단순조화진동은 후크의 법칙으로 알려진 $F=-kx$ 형태의 힘을 받는 물체가 하는 운동입니다. 우리는 이 힘을 뉴턴의 운동법칙에 대입하면 바로 그런 힘을 받는 물체는 단순조화진동을 하게 됨을 알 수 있습니다. 그리고 $F=-kx$로 주어지는 힘이 바로 변형된 고체에 의해서 작용하는 탄성력을 나타내는 힘의 법칙입니다. 그러므로 변형된 고체는 모두 단순조화진동 운동을 할 것이라는 점을 예상할 수 있습니다.

이번 주에는 변형과 연관된 고체의 성질과 탄성력을 받는 물체의 단순조화진동에 대해 공부합니다. 그리고 탄성력을 받는 물체가 마찰력도 함께 받을 경우 단순조화진동이 어떻게 바뀌는지에 대해서 배우며 단순조화진동을 하는 물체가 강제로 다른 진동을 하도록 힘을 받을 경우의 운동은 어떤지에 대해서도 배웁니다.

다음 주에는 파동에 대해 공부합니다. 파동은 진동이 매질을 통하여 전달되어 나가는 현상을 말합니다. 매질의 각 부분을 보면 진동을 계속하고 있는데 이렇게 진동하는 모습이 한 방향으로 전달되면서 에너지도 함께 이동합니다. 매질의 각 부분이 진동하는 것이나 매질의 한 부분의 진동이 인접한 옆 부분의 진동을 만들어 내는 과정 등은 모두 뉴턴의 운동방정식에 의해 설명됩니다. 그런데 매질을 통하여 진동이 전달되어 나가는 현상인 파동 자체는 나름대로 새로운 성질을 가지고 있습니다. 그리고 자연현상 중에는 파동에 의해 설명되는 경우가 많이 존재합니다.

이번 학기의 마지막 두 주 동안은 열현상을 중심으로 굉장히 많은 물체들이 무질서하게 벌이는 운동에 대해 공부합니다. 우리가 18장에서 열에너지를 공부하면서 간단히 배운 것처럼, 열현상이란 수많은 구성입자들의 무질서한 운동의 결과로 나타나는 현상입니다. 열현상을 다루는 분야를 열역학이라고 부릅니다. 열역학에 나오는 열역학 법칙들이 처음에는 열현상에 대한 관찰로부터 수립되었습니다. 그런데 나중에는 열현상을 일으키는 분자들의 무질서한 운동에 뉴턴 역학을 적용하고 그 결과를 통계적으로 다루면 열역학 법칙들이 저절로 나오게 된다는 것을 알게 되었습니다.

31. 고체의 변형과 탄성

- 고체의 변형을 기술하기 위하여 변형이라는 물리량과 변형력이라는 물리량이 이용된다. 변형과 변형력은 어떻게 정의되는가?
- 고체를 변형시킬 때는 긴 쪽으로 잡아당기는 장력변형과 긴 쪽에서 옆으로 미는 층밀리기변형 그리고 부피를 축소시키거나 증가시키는 압축변형 등으로 구분할 수 있다. 이러한 변형들은 각각 어떻게 정의되고 어떤 법칙에 의해 설명되는가?
- 고체의 변형이 작용한 외력에 비례한다는 후크 법칙이 항상 성립하는 것은 아니다. 외력이 너무 크면 달라질 수도 있다. 후크 법칙이 성립하지 않는 영역에서는 어떤 일이 벌어지는가?

고체는 힘을 받으면 운동 상태가 변하거나 또는 형태가 변한다. 운동 상태가 변한다는 것은 속도가 변한다는 의미이다. 고체에 세게 힘을 가하면 운동 상태와 형태의 변화가 한꺼번에 일어난다. 예를 들어 야구 방망이로 야구공을 세게 치면 어떻게 될지 생각해보자. 야구공이 방망이에 맞는 순간 야구공은 한쪽으로 찌그러들면서 동시에 야구공은 날아오던 방향에서 반대쪽으로 방향을 바꾸어 날아간다. 그래서 야구 방망이로 야구공을 치면 야구공의 형태와 운동 상태가 함께 바뀌는 것을 알 수 있다.

야구공의 경우에는 방망이로 맞으면 형태가 변하리라는 것을 어렵지 않게 상상할 수 있다. 그런데 야구공뿐 아니라 모든 고체가 힘을 받으면 형태가 변한다. 단지 야구공처럼 그 변화를 눈에 띄게 알아볼 수 있는 경우도 있고 대부분의 다른 물체처럼 그 변화가 몹시 작아서 잘 알아보지 못하는 경우도 있다.

그런데 물체에 힘을 작용하여 운동 상태와 형태가 변하는 것을 동시에 설명하려면 매우 복잡하다. 그래서 두 효과를 분리하여 설명한다. 우리는 이미 크기를 갖는 물체의 운동을 공부할 때는 물체가 변형하는 효과를 제외시키고 단지 운동 상태의 변화만을 기술하기 위하여 강체라는 이상적인 경우를 가정하였다. 이번에는 물체의 운동 상태가 변화하는 효과는 제외시키고 단지 힘을 받고 물체가 변형하는 경우만을 기술하고자 한다. 그렇게 하려면 또 다른 종류의 이상적인 물체를 가정하여야 할까? 이번에는 아니다. 우리가 잘 아는 것처럼, 물체에 여러 힘이 작용하더라도 만일 물체에 작용하는 외력의 합이 0이면 병진운동에 의한 물체의 운동 상태 변화는 없다. 또 만일 외력에 의한 토크의 합이 0이면 회전운동에 의한 물체의 운동 상태 변화도 없다. 그래서 힘에 의해 물체가 어떻게 변형하는지에 대한 것만을 살펴보려면 물체에 작용하는 외력의 합이 0이고 또한 외력에 의한 토크의 합이 0인 경우를 조사해보면 된다. 운동 상태는 변하지 않는 이상적인 물체를 따로 가정할 필요는 없다.

예를 들어 그림 31.1에 보인 것처럼 왼쪽 끝이 벽에 고정된 물체를 오른쪽 방향을 향해 힘 $\vec{F}$로 잡아당기면 이 물체의 운동 상태는 변하지 못하고 늘어나기만 할 것이다. 그런데 오른쪽을 향해 물체에 힘 $\vec{F}$를 작용시키면 벽도 물체에 왼쪽 방향으로 힘 $-\vec{F}$를 작용해 물체가 받는 외력의 합은 0이 된다. 이처럼 물체의 운동 상태는 변하지 않고 형태만 바뀌기 위해서는 물체에 작용하는 외력의 합이 0이어야 한다.

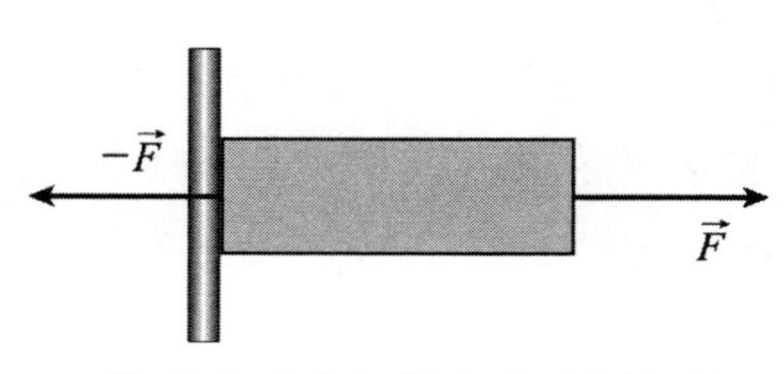

그림 31.1 물체가 변형하도록 작용하는 힘

고체가 외력을 받고 어느 정도 변형하게 되는지는 고체를 이루고 있는 물질의 성질이다. 예를 들어 고무줄과 같이 조그만 힘을 받고도 많이 변형하는 경우도 있고 다이아몬드와 같이 큰 힘을 받고도 별로 변형하지 않는 경우도 있다. 그래서 각 물질마다 힘을 작용하여 얼마나 변형하는지를 측정하는 방법으로 물질의 변형에 대한 성질을 조사할 수 있다.

그런데 단순히 형태가 얼마만큼 바뀌는지를 측정하는 방법으로는 그 물질이 지닌 변형에 대한 성질을 직접 알 수 없다. 예를 들어 그림 30.2에 보인 것과 같이 똑같은

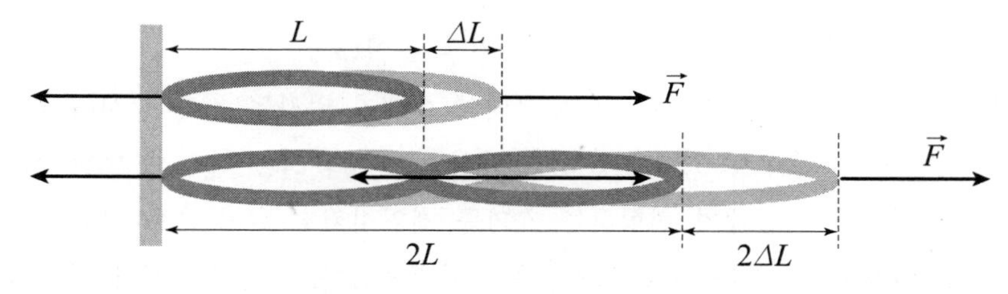

그림 31.2 고무줄 한 개와 두 개에 똑같은 힘 $\vec{F}$를 작용할 때 늘어난 길이

굵기와 길이의 고무줄 한 개와 두 개를 똑같은 힘 $\vec{F}$로 잡아당길 때 한 개의 늘어난 길이가 ΔL이라면 두 개를 연결했을 때 늘어난 길이는 $2\Delta L$이 된다. 그것은 그림 31.2의 아래쪽에 보인 것처럼, 내가 두 번째 고무줄을 오른쪽 방향을 향해 힘 $\vec{F}$로 잡아당기면 첫 번째 고무줄은 두 번째 고무줄을 왼쪽 방향을 향해 같은 크기의 힘으로 잡아당기고 두 번째 고무줄도 역시 첫 번째 고무줄을 오른쪽 방향을 향해 같은 크기의 힘으로 잡아당기게 됨으로 두 고무줄이 모두 각각 ΔL씩 늘어날 것이기 때문이다. 이처럼 동일한 힘이 작용할 때 늘어난 길이가 얼마인지만을 측정하는 방법으로는 고무줄이 얼마나 잘 늘어나는 성질을 가지고 있는지에 대해 알아낼 수가 없다.

그래서 물체가 변형하는 성질을 조사하기 위해서는 단순히 변형된 크기를 측정하지 않고 변형된 크기를 전체 크기로 나누어서 단위 크기당 변형된 크기를 측정한다. 예를 들어 길이가 변하는 경우 늘어난 길이 ΔL을 원래 길이 L로 나누어 단위 길이당 늘어난 길이를 측정하면 물체의 크기와는 관계없이 그 물질이 얼마나 잘 늘어나는 성질을 갖는지를 알 수 있다. 그리고 물리에서는 그 비를 특별히

$$변형 = \frac{\Delta L}{L} \tag{31.1}$$

와 같이 변형이라고 부른다. 다시 말하면 물리에서는 변형이라는 용어를 물체가 단순히 형태를 변한다는 의미가 아니라 물체가 전체 크기에 비해서 형태가 바뀐 상대적 정도를 표현하는 특별한 물리량의 이름으로 이용한다는 것이다. 영어에서는 이런 의미의 변형을 strain이라는 특별한 단어를 이용한다. 그래서 영어로는 변형을 이야기할 때 혼동이 별로 일어나지 않지만 우리는 변형이라는 말을 일반적인 의미와 특별한 의미로 함께 사용하고 있으므로 변형이라는 말이 나오면 어떤 의미로 이용되었는지 유심히 문맥을 살펴보아야 한다.

그런데 이번에는 그림 31.3에 보인 것과 같이 고무줄의 길이는 같지만 고무줄을 옆으로 두 개를 한꺼번에 잡아당기는 경우를 보자. 이때 아래쪽의 경우에는 오른쪽으로 잡아당긴 힘 $\vec{F}$가 고무줄 한 개당으로는 $\vec{F}/2$씩 작용한 셈이 되어 비록 고무줄의 전체 길이는 위쪽 아래쪽이 모두 L이라고 하더

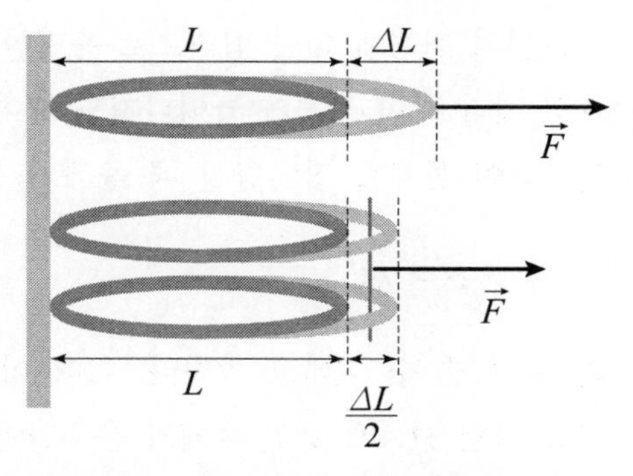

그림 31.3 고무줄 한 개와 두 개에 똑같은 힘 $\vec{F}$를 작용할 때 늘어난 길이

라도 아래쪽 고무줄이 늘어난 길이는 $\Delta L/2$가 된다. 이처럼 물체가 변형되는 성질을 조사하기 위해서는 단순히 물체에 작용된 힘이 얼마인지가 아니라 무엇인가 다른 기준이 필요함을 알 수 있다.

그래서 물체가 변형하는 성질을 조사하기 위해서는 물체에 작용한 힘을 그 힘을 받는 물체의 면적으로 나눈 것을 측정하면 좋다. 예를 들어 동일한 물질로 만들어진 막대를 생각하자. 막대를 길이 방향으로 잡아당길 때 동일한 변형을 가져오기 위해서 단면적이 S인 막대를 잡아당기면서 필요한 힘의 크기가 F라면 단면적이 $2S$인 막대를 잡아당기면서 필요한 힘의 크기는 $2F$가 되리라고 예상할 수 있다. 그런 의미에서 단위 면적당 잡아당긴 힘을 특별히

$$\text{변형력} = \frac{F}{S} \tag{31.2}$$

와 같이 변형력이라고 부른다. 다시 말하면 물리에서는 변형력이라는 용어를 단순히 물체를 변형시키는 힘이라는 의미가 아니라 단위 넓이 당 작용한 힘을 표현하는 특별한 물리량의 이름으로 이용된다. 영어에서는 이런 의미를 갖는 변형력을 stress라고 부른다. 그래서 영어로 stress를 받는 물체는 strain을 일으킨다고 말할 때 그 의미는 물체에 단위 면적당 작용한 힘인 변형력을 작용하면 단위 길이 당 변화한 크기인 변형을 가져온다고 해석하면 된다.

(31.1)식으로 정의된 변형은 길이를 길이로 나눈 것이므로 차원이 없는 양이다. 그러므로 변형을 나타내는 특별한 단위는 준비되어 있지 않다. 그런데 (31.2)식으로 정의된 변형력은 힘을 넓이로 나눈 양으로 그 차원은 압력의 차원과 같다. 그러므로 변형력의 단위는 압력의 단위와 같은 Pa을 이용한다.

고체의 변형에 대한 법칙으로 유명한 것이 후크 법칙이다. 후크 법칙은 그림 31.4에 보인 것과 같이 물체가 늘어나지도 줄어들지도 않은 곳을 원점으로 정했을 때 힘 F를 작용하여 물체를 잡아당길 때 물체가 늘어난 길이가 x라면 F와 x는 비례하여

$$F = kx \tag{31.3}$$

와 같이 쓸 수 있다고 말한다. 이때 이 식의 비례상수 k를 물체의 탄성률이라 한다. 만일 그림 31.4에 보인 물체가 용수철인 경우도 (31.3)식이 그대로 성립하는데, 용수철에서는 k를 용수철 상수라고도 한다.

그런데 앞에서도 설명하였듯이 물체에 작용한 외력과 늘어난 길이 사이의 관계를

이야기하는 후크 법칙인 (31.3)식의 비례상수 k는 물체를 만드는 물질에 의해 결정되기 보다는 그 물질에 의해 어떤 형태로 물체가 만들어졌는지에 의해 결정된다. 예를 들어 똑같은 재질로 만든 동일한 종류의 용수철이라도 길이가 두 배로 된다면 동일한 힘을 가했을 때 두 배로 더 많이 늘어날 것이기 때문에 용수철 상수가 두 배가 된다. 따라서 후크 법칙을 앞에서 (31.1)식과 (31.2)식으로 정의된 변형과 변형력에 의해서

$$\text{변형력} \propto \text{변형} \quad \rightarrow \quad \frac{F}{S} = Y\frac{\Delta L}{L} \tag{31.4}$$

이라고 쓸 수 있다. 그래서 이 식도 역시 후크 법칙이라고 부른다. 그리고 (31.4)식에 나오는 비례상수 Y를 영률이라고 부른다. 여기서 영률의 영은 물리학자인 사람의 이름을 딴 것이다.

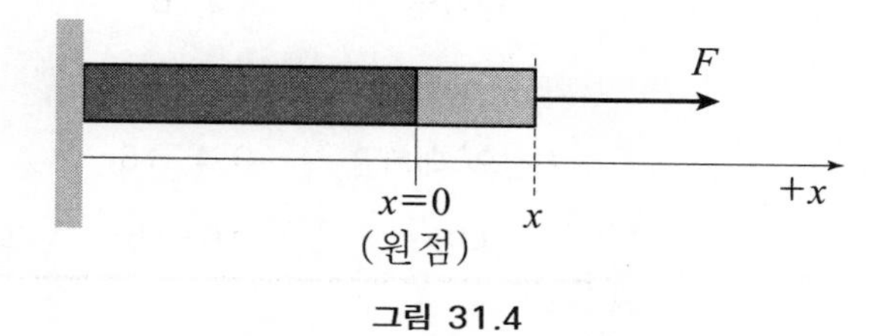

그림 31.4

그림 31.5에 보인 후크와 그림 31.6에 보인 영은 모두 영국 출신의 유명한 물리학자들이다. 후크는 뉴턴과 같은 시대 과학자로 뛰어난 실험가인데 뉴턴과 비교되어서 덜 유명해진 사람이라고 생각할 수 있다. 후크는 탄성력에 대한 후크 법칙을 발견하였을 뿐 아니라 현미경을 직접 제작하여 세포를 관찰한 것으로도 유명하다. 또한 후크는 빛의 본성이 입자이냐 파동이냐를 두고 뉴턴과 논쟁을 벌였는데 뉴턴은 빛의 입자설을 주장하였고 후크 등은 빛의 파동설을 주장하였다. 한편 영은 다재다능하여 14세에 이미 라틴어, 그리스어, 프랑스어, 이태리어, 히브루어, 아랍어, 그리고 페르시아어 등에 능통하였고 언어뿐 아니라 의학과 자연 그리고 광학 등의 영역에서 아주 깊은 수준까지 교육받고 훌륭한 의사와 물리학자로 명성을 날렸던 사람이다. 또한 당시 뉴턴의 권위에 눌려서 후크 등이 제시한 빛이 파동이라는 뚜렷한 증거에도 불구하고 빛이 입자라는 설이 우세하다가 뉴턴 시대로부터 근 백년이 지난 뒤에야 비로소 영의 이중 슬릿에 의한 빛의 간섭 실험 결과로 빛의

그림 31.5 로버트 후크 (영국, 1635-1703)

그림 31.6 토마스 영 (영국, 1773-1829)

표 31.1 몇 가지 물질의 영률

물질	영률 (10^9 Pa)	물질	영률 (10^9 Pa)
고무	0.002-0.008	벽돌	14-20
사람의 연골	0.024	콘크리트	20-30
사람의 척추	0.088-0.17	대리석	50-60
사람의 힘줄	0.6	알루미늄	70
나일론	2-6	주철	100-120
거미줄	4	구리	120
사람의 대퇴골	9.4-16	강철	200
나무	10-15	다이아몬드	1200

본성은 파동임이 명백하게 되었다.

후크 법칙을 (31.4)식처럼 표현할 때의 비례상수인 영률 Y는 물질의 성질을 나타낸다. 그리고 (31.4)식으로부터 (31.3)식과 같이 표현된 후크 법칙을 구하면

$$F = \frac{YS}{L}\Delta L \quad \therefore \quad k = \frac{YS}{L} \tag{31.5}$$

와 같이 되어 길이가 L이고 단면적이 S인 물체의 영률이 Y라면 그 물체의 탄성률 k는 영률에 단면적을 곱하고 길이로 나누면 나온다는 것을 알 수 있다. 표 31.1에 몇 가지 물질의 영률을 열거해 놓았다. 영률이 클수록 형태를 바꾸기가 어려운 단단한 물질이고 영률이 작을수록 작은 힘에도 형태가 쉽게 바뀌는 연한 물질이다. 표 31.1에서 분명히 알 수 있는 것처럼, 가장 단단하다는 다이아몬드의 영률은 고무줄의 영률에 비해 수십만 배나 더 크다.

예제 1 질량이 80 kg인 사람이 서 있을 때 대퇴골의 길이는 누워있을 때보다 얼마나 더 짧아질까? 대퇴골의 평균 단면적은 10 cm^{2}이고 누워있을 때 대퇴골의 길이는 50 cm라고 가정하자.

대퇴골이란 그림에 보인 허벅다리 뼈를 말한다. 사람이 서 있으면 체중에 의해서 대퇴골을 압축한다. 대퇴골에 작용하는 힘 F는 체중의 절반이라고 하면

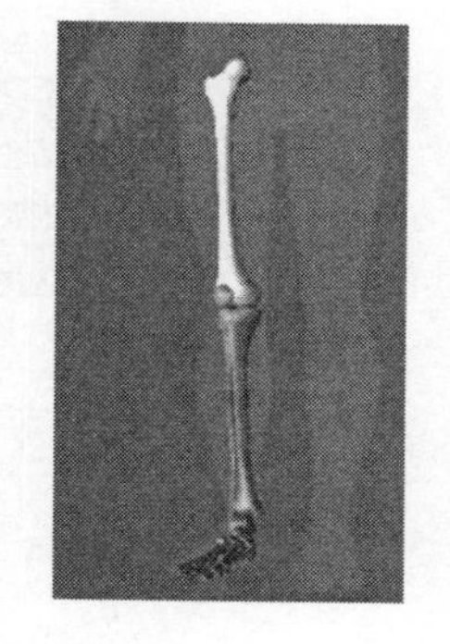

$$F=\frac{mg}{2}=\frac{1}{2}(80\ \mathrm{kg})\times(9.8\ \mathrm{m/s^2})=392\ \mathrm{N}$$

이다. 그러면 대퇴골의 단면적이 10 cm^2이므로 대퇴골에 작용하는 변형력은

$$\text{변형력}=\frac{F}{S}=\frac{392\ \mathrm{N}}{10\ \mathrm{cm}^2\times\dfrac{10^{-4}\ \mathrm{m}^2}{1\ \mathrm{cm}^2}}=3.92\times10^5\ \mathrm{Pa}$$

이 된다. 이제 후크 법칙인 (31.4)식으로부터 대퇴골이 줄어든 길이 ΔL을 구하면

$$\Delta L=\frac{\dfrac{F}{S}L}{Y}=\frac{(3.92\times10^5\ \mathrm{Pa})\times(0.5\ \mathrm{m})}{9.4\times10^9\ \mathrm{Pa}}=2.09\times10^{-5}\ \mathrm{m}$$

를 얻는다. 다시 말하면 이 사람이 서 있을 때 대퇴골의 길이는 누워있을 때보다 0.002 cm 정도 짧아진다.

지금까지는 그림 31.7의 (a)에 보인 것과 같이 물체에 작용하는 외력이 같은 작용선 위에 있어서 물체의 길이가 늘어나거나 줄어드는 변형을 일으키는 경우만 고려하였다. 이런 종류의 변형을 장력변형이라고 한다. 그런데 물체에 변형을 가져오게 힘을 작용시키는 방법은 그림 31.7의 (b)에 보인 것처럼 두 힘이 같은 작용선 위에 있지 않도록 할 수도 있다. 그러면 물체의 길이는 거의 그대로 유지되지만 물체가 옆으로 변형한다. 이러한 종류의 변형을 층밀리기변형이라고 한다. 또한 마지막으로 그림 31.7의 (c)에 보인 것처럼 물체의 모든 면에 힘을 작용하여 물체의 부피가 바뀌도록 변형을 시키는 경우도 있다. 이런 종류의 변형을 부피변형이라고 한다. 이들 세 가지 변형을 기술하는 방법은 비슷하지만 약간씩 차이가 난다.

장력변형의 경우에 (31.1)식으로 정의된 변형과 비슷하게, 층밀리기변형에서도 변형을 정의할 수 있다. 그런데 변형이라는 말이 하도 여러 가지 의미로 이용되어서 좀 혼동스럽다. 그래서 영어로 나타내면 좀 구분이 잘 될 수도 있다. 물체가 모양이 변한다는 의미의 변형이 영어로는 deformation이다. 그래서 장력변형을 영어라 말하면 tensile deformation이 된다. 또한 층밀리기변형을 영어로는 shear deformation이라 한다. 마지막으로 부피변형을 영어로는 volume deformation이라 한다. 그리고 (31.1)식으로 정의된

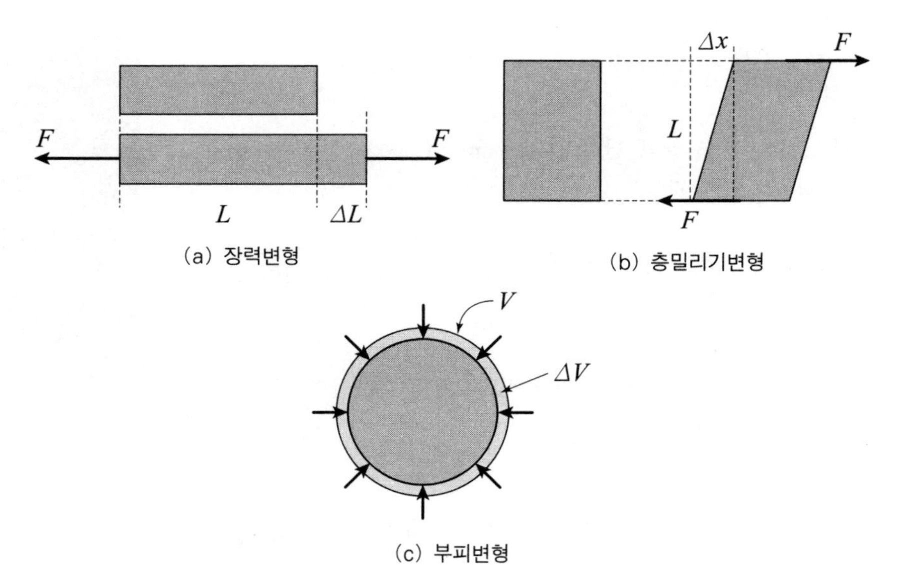

그림 31.7 여러 가지 종류의 변형

tensile deformation에서 변형을 tensile strain이라 부르면 좀 더 잘 구분된다. 그리고 층밀리기변형 즉 shear deformation에서 변형을 영어로는 shear strain이라 하고

$$\text{층밀리기변형(shear strain)} = \frac{\varDelta x}{L} \tag{31.6}$$

로 정의된다. 여기서 $\varDelta x$는 그림 31.7 (b)에 나온 것과 같은 의미이다. 또한 shear deformation에서 변형력도 tensile deformation에서 (31.2)식으로 정의된 변형력과 마찬가지로 정의된다. 그래서 층밀리기 변형력 즉 영어로 shear stress는

$$\text{층밀리기 변형력(shear stress)} = \frac{F}{S} \tag{31.7}$$

이다. 여기서 S는 그림 31.7 (b)에서 길이 L에 수직인 단면의 면적이다. 그러면 shear deformation에서도 역시 (31.4)식으로 주어진 것과 동일한 형태의 후크 법칙이 성립하는데, 식으로 쓰면

$$\text{shear stress} \;\propto\; \text{shear strain} \;\rightarrow\; \frac{F}{S} = \sigma\frac{\varDelta x}{L} \tag{31.8}$$

이 되고, 여기서 σ는 층밀리기변형을 대표하는 층밀리기탄성률이라 불리는 상수로 물

질마다 고유한 성질이 된다. 보통의 경우 동일한 물질의 층밀리기탄성률 σ는 그 물질의 영률 Y의 대략 3분의 1쯤 된다고 한다.

이번에는 그림 31.7의 (c)에 보인 부피변형 즉 volume deformation에 대해 살펴보자. 이 경우에도 부피변형 즉 volume strain이 정의되는데 tensile strain이나 shear strain에서와 비슷하게

$$\text{부피변형(volume strain)} = \frac{\Delta V}{V} \tag{31.9}$$

와 같이 차원이 없는 양으로 정의된다. 그리고 부피변형력 즉 volume stress도 역시 tensile stress나 shear stress에서와 비슷하게

$$\text{부피 변형력(volume stress)} = \frac{F}{S} = P \tag{31.10}$$

로 정의된다. 여기서 F는 물체의 표면을 압축하는 전체 힘을 말하며 S는 물체 표면의 넓이를 말한다. 그러므로 (31.10)식으로 정의된 volume stress는 바로 물체에 작용하는 압력과 같다. 그러면 volume deformation에서도 tensile deformation이나 shear deformation에서 성립한 것과 동일한 형태의 후크 법칙이 성립하는데, 식으로 쓰면

$$\text{volume stress} \propto \text{volume strain} \rightarrow \Delta P = -B\frac{\Delta V}{V} \tag{31.11}$$

이 되고 여기서 B는 부피탄성률이라 불리는 상수로 물질마다 고유한 성질이 된다. 부피변형은 꼭 고체가 아니라 기체나 액체에서도 일어날 수 있다. 고체의 경우 부피탄성률은 영률보다 조금 작은 값을 갖는다. 한편 (31.11)식에서 volume stress를 표현한 ΔP는 원래 물체의 표면에서 압력 P와 물체를 압축시키기 위해 가한 나중 압력 P'사이의 차이로

$$\Delta P = P' - P \tag{31.12}$$

로 주어진다.

(31.4)식으로 주어진 후크 법칙을 보면 물체에 힘을 두 배로 가하면 늘어난 길이도 두 배가 되는 것을 알 수 있다. 그렇지만 물체에 힘을 계속 더 세게 작용한다고 해서 길이도 계속 힘에 비례해서 더 늘어나는 것은 아니다. 어느 정도에 이르면 변형력과

변형 사이의 비례관계가 더 이상 성립하지 않게 된다. 그리고 변형력과 변형이 비례하는 구간에서는 그 물체가 탄성을 가지고 있다고 말한다. 물체가 탄성을 가지고 있는 구간 내에서는 물체에 작용한 변형력을 제거하면 물체는 다시 원래 모양으로 돌아온다. 그러나 변형력이 너무 커지면 변형력을 제거시키더라도 물체는 원래 모양이 되지 않는다. 물체가 원래 모양으로 돌아오는 경계를 탄성한계라고 부른다.

32. 단순조화진동

- 후크 법칙인 $F=-kx$로 주어지는 힘을 받는 물체는 단순조화진동을 한다. 뉴턴의 운동방정식 $F=ma$에 나오는 힘 F에 $F=-kx$를 대입하면 단순조화진동이 되는 것을 보여라.
- 단순조화운동은 등속원운동과 밀접한 관계를 맺고 있다. 이들 두 운동 사이에는 어떤 관계가 존재하는가?
- 어떤 물체가 변위에 비례하는 복원력을 받으면 모두 단순조화운동을 하는 것을 알 수 있다. 단순조화운동을 하는 경우를 몇 가지 예를 들어 설명하라.

공중으로 던진 물체는 포물선을 그리며 움직이고 태양 주위를 회전하는 행성들은 타원궤도를 따라 공전한다. 이처럼 물체가 포물선 운동을 한다든지 타원 운동을 한다는 것처럼 물체가 어떤 종류의 운동을 할지는 그 물체가 받는 힘에 의해 결정된다. 그리고 물체가 받는 힘은 물체들이 서로 상호작용하는 것을 나타내는 척도이다. 만일 물체들이 서로 전혀 상호작용하지 않는다면 물체들은 아무런 힘도 받지 않고 아무런 힘도 받지 않는 물체들은 그저 등속도운동을 할 뿐이다. 그리고 등속도운동이란 직선 위를 일정한 빠르기로 영원히 진행하는 운동을 말한다. 그래서 등속도운동을 하는 물체는 결코 제자리로 돌아오지 않는다. 다시 말하면 서로 상호작용을 하지 않는 물체들은 서로 스쳐지나가기만 할 뿐 물체들 사이에 어떤 관계도 맺지 못한다. 그런데 물체들이 서로 힘을 주고받으면 또는 서로 상호작용을 하면 물체들이 모여서 계를 만들고 옹기종기 모여서 자연현상을 구성한다. 따라서 우리 주위에서 관찰되는 자연현상은 모두 그들 사이에 작용하는 상호작용이 그렇게 만들었다고 볼 수 있다.

물체들이 움직이는 모습이나 물체들이 형성하고 있는 계의 모습을 보면 그 물체가 어떤 상호작용아래 놓여있는지 짐작할 수 있다. 예를 들어, 포물선 운동을 하는 물체를 보면 아 이 물체는 일정한 힘을 받고 있구나, 그리고 타원운동을 하는 물체를 보면 아 이 물체는 거리의 제곱에 반비례하는 인력을 받는다고 알 수 있다. 여러분이 학교에서 학생들을 볼 때 모두 제 각각인지 아니면 옹기종기 모여서 정답게 지내는지 보면 학생들 사이에 어떤 상호작용이 작용하고 있는지 짐작할 수 있는 것이나 마찬가지라고 할 수 있을까?

우리 주위에서 관찰되는 물체는 대부분 중력 또는 만유인력을 받고 움직인다. 그런데 우리가 존재하는지 눈치를 채고 있지는 않지만 중력과 만유인력을 받는 물체의 운동 이외에 주위에서 아주 흔하게 볼 수 있는 운동이 있다. 그것이 진동이다. 진동이란 어떤 중심 위치 주위로 동일한 동작을 반복하는 운동을 말하는데, 놀랍게도 우리 주위의 거의 모든 물체가 바로 진동을 하고 있다. 그러면 물체가 진동이라는 운동을 하게 만드는 힘은 어떤 힘일까?

물체가 진동하도록 만드는 힘을 복원력이라고 부른다. 복원력이란 물체가 원래 위치에서 벗어나면 제자리로 돌아오도록 작용하는 힘이다. 그래서 복원력은 항상 물체가 이동한 변위의 방향과 반대 방향으로 작용하는 힘이다. 다르게 표현하면, 물체가 이동한 변위의 방향과 반대방향으로 작용하는 힘을 모두 한꺼번에 복원력이라 한다.

복원력 중에서 특별히 중요한 힘으로 후크 법칙이라고 알려진

$$F = -kx \tag{32.1}$$

에 의해 결정되는 탄성력이 있다. 여기서 x는 물체의 원래 위치 $x=0$로부터 이동한 변위를 나타낸다. 그래서 (32.1)로 주어지는 탄성력 F의 크기는 변위 x의 크기에 비례하며 탄성력의 방향은 변위의 방향과 반대방향을 향한다. 그런데 (32.1)식으로 주어지는 탄성력은 다른 힘이 아니라 바로 31장에서 공부한 탄성을 지닌 고체가 변형될 때 작용하는 힘이다. 그 말의 의미가 무엇인지 알아보기 위해 그림 32.1을 보자. 이해를 돕기 위해 변형될 고체에 단단하여 늘어나지 않지만 질량을 무시할 수 있는 줄로 물체를 연결하고 그 물체가 그림에 보인 것과 같이 원래 평형 위치에서 x축의 +방향으로 $x=\Delta L$만큼 이동되어 있다고 하자. 그러면 고체에는 오른쪽으로 힘 F가 작용되고 물

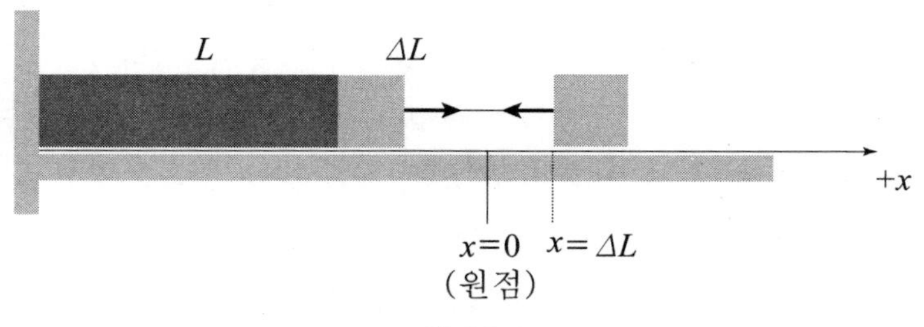

그림 32.1

체에는 왼쪽으로 역시 힘 F가 작용되는데 이 두 힘의 크기는 같고 방향은 반대이다. 한편 고체에 작용하는 힘 F의 크기는 후크 법칙인 (31.4)식에 의해서 ΔL에 비례하고

$$F = k\Delta L \tag{32.2}$$

로 주어진다. 그런데 물체에 작용하는 힘은 이 힘과 크기가 같고 방향이 반대이므로 (32.1)식으로 표현된다. (32.1)식에서 x는 그림 32.1에 보인 것처럼 고체가 늘어난 길이 ΔL과 같다. 이처럼 물체에 (32.1)식으로 주어지는 탄성력이 작용한다고 말할 때는 물체에 변형된 고체가 연결될 때 물체가 받는 힘을 의미한다.

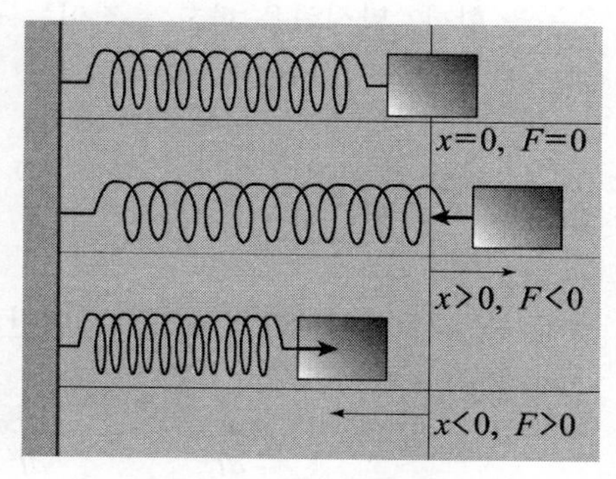

그림 32.2 탄성력을 받는 물체의 운동

고체가 변형되어 탄성력이 작용하도록 만든 대표적인 물체가 용수철이다. 그래서 탄성력이 적용되는 운동의 예가 되는 대표적인 경우로 그림 32.2에 보인 것과 같이 용수철에 연결된 물체의 운동을 들 수 있다. 또한 (32.1)식에서 k는 비례상수로 용수철의 경우에는 이 상수를 용수철상수라 한다. 또는 그냥 고체의 경우에는 그 고체를 이루는 물질의 영률 Y와 그 고체의 길이 L 그리고 단면적 S에 의해서 (31.5)식으로 주어지는 상수이다.

그림 32.2에서 오른쪽을 $+x$축 방향이라고 하고 용수철이 늘어나지도 줄어들지도 않은 위치를 원점으로 정하자. 물체가 원점에서 오른쪽으로 움직이면 x는 0보다 크고 그러면 (32.1)식으로 정해지는 힘은 0보다 작아서 왼쪽 즉 원점 쪽으로 작용한다. 그리고 물체가 원점에서 왼쪽으로 움직이면 x는 0보다 작고 그러면 (32.1)식으로 정해지는 힘은 0보다 커서 오른쪽으로 즉 역시 원점 쪽으로 작용한다. 그러므로 탄성력은 항상 원점 쪽을 향해 다시 말하면 원래 물체가 있던 위치를 향해 작용한다. 이런 힘을 복원력이라 하는 것이다.

(32.1)식으로 정의되는 탄성력은 제자리로 돌아오려는 복원력이라는 점과 함께 그 크기가 변위의 크기에 비례한다는 특징을 가지고 있다. 그래서 탄성력은 물체가 원래 위치에서 멀어지면 멀어질수록 더 큰 힘으로 멀리 못 가게 막도록 작용된다. 그러므로 탄성력을 받고 움직이는 물체는 멀리 못 가서 방향을 바꾸어 되돌아오지 않을 수 없다. 그런데 이 힘의 특징은 또한 제자리에 돌아와서는 멈출 수가 없다는 것이다. 제자

리에서는 변위가 0이므로 힘도 역시 0이고 그래서 물체를 멈추게 할 수가 없고 원래 오던 방향으로 계속 갈 수밖에 없다. 그래서 후크 법칙으로 주어지는 탄성력을 받고 움직이면 기준 위치를 중심으로 진동하는 운동을 하게 된다.

그러면 후크 법칙인 (32.1)식으로 표현되는 탄성력을 받는 물체는 구체적으로 어떤 운동을 할까? 탄성력을 받고 움직이는 물체의 운동도 역시 뉴턴의 운동방정식을 풀어 구한다. 뉴턴의 운동방정식인

$$F = m\frac{d^2x}{dt^2} \tag{32.3}$$

에서 좌변의 F에 (32.1)식으로 주어진 탄성력을 대입하면 (32.3)식은

$$F = -kx = m\frac{d^2x}{dt^2} \quad \therefore \quad \frac{d^2x}{dt^2} + \omega^2 x = 0 \tag{32.4}$$

로 된다. (32.4)식의 오른쪽 식에서 ω는 뉴턴의 운동방정식에 나오는 용수철상수 k와 질량 m사이의 비를

$$\omega^2 = \frac{k}{m} \quad \therefore \ \omega = \sqrt{\frac{k}{m}} \tag{32.5}$$

라고 놓은 것으로, ω는 각속도 또는 각진동수라고 부른다. 왜 이 양을 각진동수 또는 각속도라고 부르는지는 조금 더 있다가 설명하기로 하자. 그리고 (32.4)식으로 주어진 운동방정식은 미분방정식으로 미분방정식을 푸는 방법을 배워서 알고 있지 않으면 혼자서 풀이를 구하기란 쉽지 않다. 그렇지만 (32.4)식과 같은 형태의 미분방정식은 미분방정식 중에서 풀기가 가장 쉬운 경우이다. 그러므로 미분방정식에 대한 기초 지식을 조금 공부한 뒤에 (32.4)식을 풀어보기로 하자.

(32.4)식에는 d^2x/dt^2과 같은 미분이 포함되어 있기 때문에 미분방정식이라고 부른다. 그리고 이 경우에 미분의 분자에 나온 변수를 종속변수, 분모에 나온 변수를 독립변수라 한다. (32.4)식에서는 변수 x가 종속변수이고 변수 t가 독립변수이다. 그리고 미분방정식에서는 독립변수의 함수로 표현된 종속변수를 구하는 것이 목표이다. 그러므로 (32.4)식에서는 종속변수인 x를 독립변수 t의 함수로 표현된 $x(t)$를 구하는 것이 목표이다.

(32.4)식을 2차 미분방정식이라고 부른다. 방정식에 포함된 2차 미분이 가장 높은 차

수의 미분이기 때문이다. 일반적으로 종속변수가 x이고 독립변수가 t인 가장 일반적인 형태의 n차 선형 미분방정식을 정리하여 종속변수 x가 포함된 항들은 모두 좌변으로 보내고 그렇지 않은 항들은 모두 우변으로 보내면

$$a_0\frac{d^nx}{dt^n}+a_1\frac{d^{n-1}x}{dt^{n-1}}+\cdots+a_{n-1}\frac{dx}{dt}+a_nx=b \tag{32.6}$$

와 같이 쓸 수 있다. 이 미분방정식을 특별히 선형 미분방정식이라고 불렀는데, 선형미분방정식의 경우에는 이 식에 나오는 계수들 a_0, a_1, $\cdots$, a_n과 b는 독립변수 t의 함수일 수는 있지만 종속변수 x를 포함하면 안 된다. 선형 미분방정식이라는 이름에서 선형은 종속변수의 1차 항만 포함되어 있다는 의미를 나타낸다. 그래서 미분방정식에 예를 들어 다음과 같은

$$x^2,\quad x\frac{dx}{dt},\quad \left(\frac{dx}{dt}\right)^2,\quad \frac{a}{x} \tag{32.7}$$

등의 항이 포함되어 있다면 그 미분방정식은 선형 미분방정식이 아니라 비선형 미분방정식이라 불린다.

(32.6)식으로 주어지는 선형 미분방정식의 좌변은 항상 종속변수인 x만을 빼어내고 다음

$$\left[a_0\frac{d^n}{dt^n}+a_1\frac{d^{n-1}}{dt^{n-1}}+\cdots+a_{n-1}\frac{d}{dt}+a_n\right]x=b \tag{32.8}$$

과 같이 괄로로 묶을 수가 있고, 괄호로 묶은 것을 한꺼번에 $\mathcal{L}$이라고 표현하면 위에서 (32.8)식으로 나타낸 내용을 간단히

$$\mathcal{L}x=b \tag{32.9}$$

라고 적을 수가 있는데 여기서 $\mathcal{L}$은

$$\mathcal{L}=a_0\frac{d^n}{dt^n}+a_1\frac{d^{n-1}}{dt^{n-1}}+\cdots+a_{n-1}\frac{d}{dt}+a_n \tag{32.10}$$

라고 정의된 미분연산자를 의미한다. 선형 미분방정식을 일반적으로 (32.9)식과 같이 써 놓으면 선형 미분방정식의 성질을 논의할 때 쓸 식들이 무척 간단해진다는 이점이

있다.

(32.9)식으로 주어지는 일반적인 선형 미분방정식 중에서 우변에 나오는 계수가 $b=0$인 경우를 특별히 동차(homogeneous) 미분방정식이라고 부르고 $b\neq0$인 경우를 비동차(non-homogeneous) 미분방정식이라고 부른다. 동차 선형 미분방정식의 경우에는 항상 풀이를 구할 수 있는 방법이 존재한다. 그렇지만 비동차 미분방정식의 경우에는 b가 독립변수에 대한 어떤 함수이냐에 따라 푸는 방법을 따로 찾아내어야 하거나 또는 푸는 방법을 전혀 찾아내지 못할 경우도 있다.

이제 (32.9)식으로 주어지는 선형 미분방정식 중에서 $b=0$이어서

$$\mathcal{L}x=0 \tag{32.11}$$

인 선형 동차 미분방정식이 있다고 하자. 어떤 두 함수 $x_1(t)$와 $x_2(t)$가 모두 이 선형 동차 미분방정식의 풀이라면 그것은 두 함수를 모두 (32.11)식의 x자리에 대입하였을 때

$$\mathcal{L}x_1(t)=0 \quad \text{그리고} \quad \mathcal{L}x_2(t)=0 \tag{32.12}$$

가 성립한다는 의미이다. 만일 그렇다면 이들 두 풀이 $x_1(t)$와 $x_2(t)$에 임의의 상수를 곱해서 더한 제3의 함수인

$$x(t)=\alpha x_1(t)+\beta x_2(t) \tag{32.13}$$

도 역시 (32.11)식의 풀이가 된다는 것을 쉽게 보일 수 있다. (32.13)식을 (32.11)식에 대입하고 (32.12)식을 이용하면

$$\mathcal{L}x=\mathcal{L}(\alpha x_1+\beta x_2)=\alpha\mathcal{L}x_1+\beta\mathcal{L}x_2=\alpha\cdot0+\beta\cdot0=0 \tag{32.14}$$

로 (32.11)식으로 주어진 미분방정식의 풀이가 된다. 여기서 α와 β는 상수인데, 임의의 상수를 곱하여 (32.13)식처럼 더한 것을 선형조합(linear combination)이라 한다. 그래서 (32.14)식으로 얻은 결과를 말로 하면, 두 함수가 선형 동차 미분방정식의 풀이라면 이 두 함수의 임의의 선형조합도 역시 동일한 선형 동차 미분방정식의 풀이가 된다고 말할 수 있다. 그리고 (32.14)식과 같은 증명은 단지 두 함수의 선형조합만으로 국한되어 성립하는 것이 아니다. 그래서 선형 동차 미분방정식에서는 만일 $x_1(t)$, $x_2(t)$, … 등이 (32.11)식으로 주어지는 선형 동차 미분방정식의 풀이라면 이들의 임의의 선형조합인

$$x(t) = \alpha x_1(t) + \beta x_2(t) + \gamma x_3(t) + \cdots \tag{32.15}$$

도 역시 동일한 선형 동차 미분방정식의 풀이가 되는데, 이것은 선형 동차 미분방정식이 가지고 있는 아주 중요한 성질이다.

이제 (32.4)식으로 주어진 탄성력을 받는 물체에 적용되는 운동방정식

$$\frac{d^2x}{dt^2} + \omega^2 x = 0 \tag{32.16}$$

을 풀어보자. 이 식은 분명히 2차 선형 동차 미분방정식이다. 그런데 이 미분방정식은 또 다른 특징도 가지고 있다. 이 미분방정식에 포함된 계수들이 모두 상수이다. (32.6)식으로 주어지는 일반적인 선형 미분방정식에서 a_0, a_1, $\cdots$, a_n과 같은 계수들은 모두 독립변수 t의 함수일 수 있는데, 우리가 풀 예정인 미분방정식은 (32.16)식은 선형이고 동차일 뿐 아니라 일반적인 2차 선형 미분방정식을

$$a_0 \frac{d^2x}{dt^2} + a_1 \frac{dx}{dt} + a_2 x = 0 \tag{32.17}$$

라고 표현하였을 때 미분방정식에 포함된 계수들이

$$a_0 = 1, \quad a_1 = 0, \quad a_2 = \omega^2 \tag{32.18}$$

과 같이 모두 상수이다. 그리고 이렇게 계수가 모두 상수인 선형 동차 미분방정식의 경우에는 항상 풀이를 구할 수 있는 특별한 방법이 존재한다. 즉 풀이를

$$x(t) = e^{\lambda t} \tag{32.19}$$

라고 놓고 풀이가 되는 상수인 λ값을 구하면 된다. 계수가 모두 상수인 선형 동차 미분방정식의 풀이는 항상 (32.19)식과 같은 형태를 취하기 때문이다. 이제 (32.19)식을 우리가 풀려는 미분방정식인 (32.16)식에 대입하자. 그러면

$$x(t) = e^{\lambda t}, \quad \frac{dx}{dt} = \lambda e^{\lambda t}, \quad \frac{d^2x}{dt^2} = \lambda^2 e^{\lambda t} \tag{32.20}$$

이기 때문에 (32.16)식으로부터

$$\lambda^2 e^{\lambda t} + \omega^2 e^{\lambda t} = 0 \quad \rightarrow \quad \lambda^2 + \omega^2 = 0 \quad \therefore \quad \lambda = \pm \omega i \tag{32.21}$$

를 얻는다. 그러므로 (32.16)의 풀이는

$$x_1(t) = e^{+i\omega t} \quad \text{그리고} \quad x_2(t) = e^{-i\omega t} \tag{32.22}$$

등 두 가지가 되고 앞에서 보인 선형 동차 미분방정식의 성질로부터 이들 두 함수의 선형조합인

$$x(t) = \alpha e^{+i\omega t} + \beta e^{-i\omega t} \tag{32.23}$$

가 우리가 구하는 일반적인 풀이이다. (32.23)식에서 α와 β는 임의의 상수인데, 실제 문제에서는 두 상수의 값이 물체의 처음 위치가 어디이고 처음 속도가 얼마인지와 같은 초기조건에 의해 결정된다.

예를 들어, 초기조건이

$$t=0\text{때} \quad x(t=0) = x_0 \quad \text{그리고} \quad v(t=0) = \left.\frac{dx}{dt}\right|_{t=0} = 0 \tag{32.24}$$

라고 하자. 이것은 스프링에 연결된 물체를 x_0만큼 잡아당겼다가 가만히 놓았을 때의 초기조건이다. (32.23)식에 이 초기조건을 대입하면

$$\begin{aligned} x(0) &= \alpha + \beta = x_0 \\ v(0) &= \left.\frac{dx}{dt}\right|_{t=0} = i\omega(\alpha e^{+i\omega t} - \beta e^{-i\omega t})\Big|_{t=0} = i\omega(\alpha - \beta) = 0 \end{aligned} \tag{32.25}$$

가 되는데, 이 두 식을 연립으로 풀어 α와 β를 구하면

$$\alpha = \beta = \frac{x_0}{2} \tag{32.26}$$

가 되고 따라서 (32.24)식으로 주어지는 초기조건을 만족하는 (32.16)식의 풀이는

$$x(t) = \alpha e^{+i\omega t} + \beta e^{-i\omega t} = x_0 \frac{e^{i\omega t} + e^{-i\omega t}}{2} = x_0 \cos\omega t \tag{32.27}$$

이다. 여기서는 삼각함수를 지수함수로 변환시키는 관계인

$$\cos\omega t = \frac{e^{+i\omega t} + e^{-i\omega t}}{2}, \quad \sin\omega t = \frac{e^{+i\omega t} - e^{-i\omega t}}{2i} \tag{32.28}$$

중에서 앞에 식을 이용하였다. 참고로 (32.28)식의 역변환으로 지수함수를 삼각함수로 변환시키는 관계는

$$e^{+i\omega t} = \cos\omega t + i\sin\omega t,\ e^{-i\omega t} = \cos\omega t - i\sin\omega t \tag{32.29}$$

가 된다.

그런데 이번에는 초기조건이

$$x(0) = 0, \quad v(0) = \left.\frac{dx}{dt}\right|_{t=0} = v_0 \tag{32.30}$$

라고 하자. 이것은 $t=0$때 물체가 원점을 속도 v_0로 지나가는 경우를 말하는 초기조건이다. (32.23)식에 이 초기조건을 대입하면

$$\begin{aligned} x(0) &= \alpha + \beta = 0 \\ v(0) &= \left.\frac{dx}{dt}\right|_{t=0} = i\omega(\alpha e^{+i\omega t} - \beta e^{-i\omega t})\Big|_{t=0} = i\omega(\alpha - \beta) = v_0 \end{aligned} \tag{32.31}$$

가 되는데, 이 두 식을 연립으로 풀어서 α와 β를 구하면

$$\alpha = \frac{v_0}{\omega}\frac{1}{2i}, \quad \beta = -\frac{v_0}{\omega}\frac{1}{2i} \tag{32.32}$$

가 되고 따라서 (32.30)식으로 주어지는 초기조건을 만족하는 (32.16)식의 풀이는

$$\begin{aligned} x(t) &= \alpha e^{+i\omega t} + \beta e^{-i\omega t} \\ &= \frac{v_0}{\omega}\frac{e^{i\omega t} - e^{-i\omega t}}{2i} = \frac{v_0}{\omega}\sin\omega t \end{aligned} \tag{32.33}$$

이다. 여기서는 (32.28)식의 두 번째 식으로 주어진 사인함수를 지수함수로 변환시키는 관계를 이용하였다.

이와 같이 탄성력을 받는 물체는 변위가 시간에 대하여 코사인함수 또는 사인함수처럼 바뀌며 운동한다. 그래서 그림 32.3에 보인 것과 같이 탄성력을 받고 움직이는 물체의 운동이 시간이 흐르면 어떤 모양을 그리나 가만히 보면 사인곡선 또는 코사인곡선을 그린다. 사인곡선과 코사인곡선은 모양이 똑같다. 단지 처음에 0에서 시작하면 사인곡선이고 처음에 변위의 최댓값에서 시작하면 코사인곡선이다.

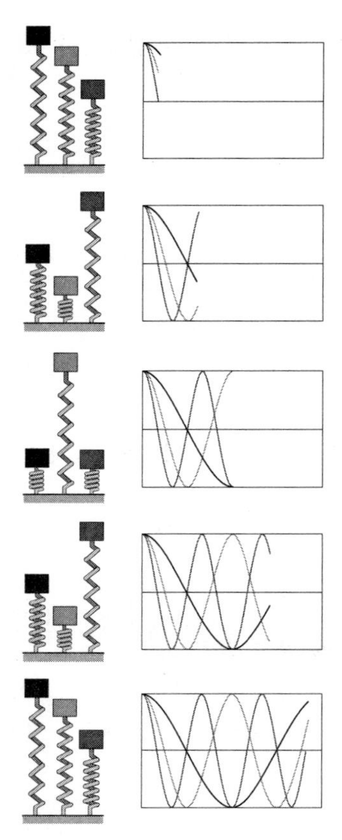

그림 32.3 용수철에 연결된 물체의 운동 (코사인 곡선)

이와 같이 시간에 대하여 사인 함수 또는 코사인 함수에 의존하며 움직이는 진동을 특별히 단순조화진동 또는 단순조화운동이라고 부른다. 그러니까, 단순조화진동은 아무렇게나 왔다 갔다 하는 왕복운동이 아니라 특별히 시간에 대하여 사인곡선 또는 코사인곡선의 모양처럼 왔다 갔다 하는 운동을 말하는 것이다. 그리고 변위에 비례하는 탄성력을 받고 움직이면 꼭 단순조화운동을 하는 것을 알 수 있다.

그런데 단순조화운동은 등속원운동과 밀접한 관계가 있다. 그림 32.4에 보인 것처럼 등속원운동을 하는 물체의 운동을 옆에서 본 운동이나 또는 등속원운동을 하는 물체에게 옆에서 빛을 비추어주었을 때 그림자가 하는 운동은 단순조화진동과 똑같다. 그것은 왕복 운동을 한다는 점에서 비슷하다는 뜻이 아니라 운동이 시간에 대해 코사인함수나 사인함수처럼 의존한다는 점까지 똑같다는 뜻이다.

등속원운동은 일정한 속력으로 원둘레를 따라 회전하는 운동이다. 그리고 등속원운동의 속력 v와 각속도 ω, 그리고 원의 반지름 R 사이에는, (22.9)식에 주어진 것처럼

$$v = R\omega \tag{32.34}$$

인 관계가 있다. 한편 원을 한바퀴 회전하는데 걸리는 시간 T를 원운동의 주기라고 하는데, 등속원운동의 속력이 v일 때 주기 T는

$$T = \frac{2\pi R}{v} = \frac{2\pi R}{\omega R} = \frac{2\pi}{\omega} \tag{32.35}$$

로 주어진다. 주기란 원운동뿐 아니라 진동과 같이 동일한 동작을 반복할 때도 이용되는데, 반복되는 동작을 한번 완성하는데 걸리는 시간을 모두 주기

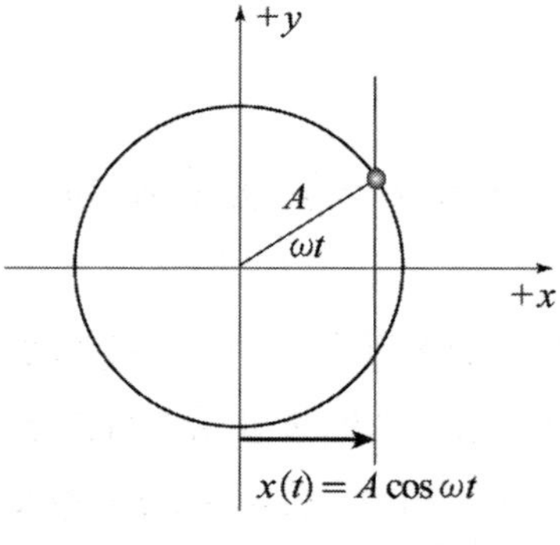

그림 32.4 등속원운동과 단순조화진동

라고 부른다.

그리고 주기의 역수를 진동수라고 하는데, 그래서 주기 T와 진동수 f사이에는

$$f = \frac{1}{T} \tag{32.36}$$

인 관계가 있다. 진동수는 단위시간 동안에 동일한 동작을 반복한 회수를 나타낸다. 그리고 각속도와 주기 사이의 관계인 (32.35)식으로부터 각속도를 주기로 표현하고 다시 주기의 역수가 진동수라는 점을 이용하여 진동수로 표현해보면

$$\omega = \frac{2\pi}{T} = 2\pi f \tag{32.37}$$

가 된다. 즉 각속도 ω는 진동수 f에 2π를 곱한 것과 같다. 이런 이유 때문에 각속도를 각진동수라고도 부른다. 그러므로 각속도와 각진동수는 똑같은 양의 두 이름이다.

우리 주위를 가만히 살펴보라. 그러면 세상은 온통 정해진 위치 주위를 왔다 갔다 반복하는 진동하는 물체들로 꽉 차있는 것을 알 수 있다. 이렇게 물체들이 진동하려면 그 물체들은 또 꼭 진동을 시켜주는 힘을 받고 있다는 사실도 기억하고, 어떤 힘들이 그 물체들을 그와 같이 진동하게 만드는지 생각해보는 것도 재미있지 않을까? 진동 중에서 특별히 단순조화진동을 하는 물체는 꼭 변위에 비례하는 탄성력을 받고 움직인다. 따라서 물체가 받는 힘의 크기가 변위의 크기에 비례하고 그 방향은 변위의 방향과 반대쪽을 향하면 그 물체는 단순조화진동을 한다고 확신할 수 있다.

단순조화진동을 하는 예로 단진자를 보자. 단진자란 그림 32.5에 보인 것과 같이 질량을 무시할 수 있는 길이가 l인 줄에 질량이 m인 물체를 매달아 진동할 수 있게 만든 장치를 말한다. 다만 물체는 한 평면 위에서만 진동하고 진동하는 각 θ가 매우 작을 때만 이 진자를 단진자라고 부른다. 그러면 이 단진자에 적용할 뉴턴의 운동방정식을 써보자. 이 물체는 그림 32.5에 보인 A점을 중심으로 회전운동을 한다고 생각할 수 있으므로 (23.12)식에 나온 회전운동에 대한 뉴턴의 운동방정식인

$$\tau = I\alpha = I\frac{d^2\theta}{dt^2} \tag{32.38}$$

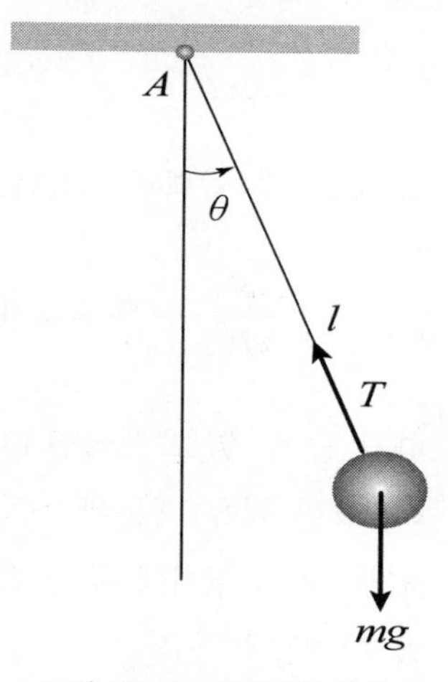

그림 32.5 단진자의 운동

을 이용하자. 이 식에서 τ는 외력에 의한 토크를 나타내고 I는 단진자에 매달린 물체의 회전관성을 나타낸다. 먼저 그림 32.5에 보인 물체에 작용하는 두 힘인 중력 mg와 장력 T에 의한 토크를 계산하자. 중력에서 회전축까지의 거리는 $l\sin\theta$이고 장력에서 회전축까지의 거리는 0이므로 물체에 작용하는 토크 τ는

$$\tau = -mg \times l\sin\theta + T \times 0 = -mgl\sin\theta \tag{32.39}$$

가 된다. 여기서는 그림 32.5에 보인 것처럼 시계반대 방향을 회전각 θ의 +방향으로 정하였으므로 시계방향으로 회전하도록 하는 중력에 의한 토크는 -방향을 향한다는 사실을 이용하였다. 그리고 위의 경우에 장력 T의 크기가 무엇인지 미리 정해지지 않으므로 장력에 의한 토크를 계산해야 한다면 어려움을 겪을 뻔 했으나 다행스럽게도 장력에 의한 토크는 0이 된다. 다음으로 줄에 매달린 물체의 회전관성 I는

$$I = ml^2 \tag{32.40}$$

이므로, (32.39)식과 (32.40)식을 (32.38)식에 대입하면

$$-mgl\sin\theta = ml^2 \frac{d^2\theta}{dt^2} \quad \rightarrow \quad \frac{d^2\theta}{dt^2} + \frac{g}{l}\sin\theta = 0 \tag{32.41}$$

이다. (32.41)식으로 주어지는 2차 미분방정식에서 종속변수는 θ이고 독립변수는 t이다. 그런데 이 방정식은 $\sin\theta$에 의존하기 때문에 선형 미분방정식이 아니다. 다만 물체가 회전하는 각 θ가 매우 작아서

$$\sin\theta \approx \theta \tag{32.42}$$

로 놓을 수 있다면 (32.41)식을

$$\frac{d^2\theta}{dt^2} + \frac{g}{l}\theta = 0 \tag{32.43}$$

라고 쓸 수 있고 그러면 (32.43)식을 이제 2차 선형 동차 미분방정식이라고 부를 수 있다. 그런 이유 때문에 θ가 작을 때에만 그림 32.5에 보인 진자를 단진자라고 부른다. (32.43)식을 용수철에 연결된 물체에 대한 운동방정식인 (32.16)식과 비교하면 단진자의 각진동수 ω는

$$\omega = \sqrt{\frac{g}{l}} \tag{32.44}$$

로 주어지고 그러므로 단진자의 주기 T는 (32.35)식으로부터

$$T = \frac{2\pi}{\omega} = 2\pi\sqrt{\frac{l}{g}} \tag{32.45}$$

임을 알 수 있다. 즉 단진자의 주기 T는 단지 단진자의 길이 l에 의해서만 결정되고 매달린 물체의 질량 m과는 무관하다.

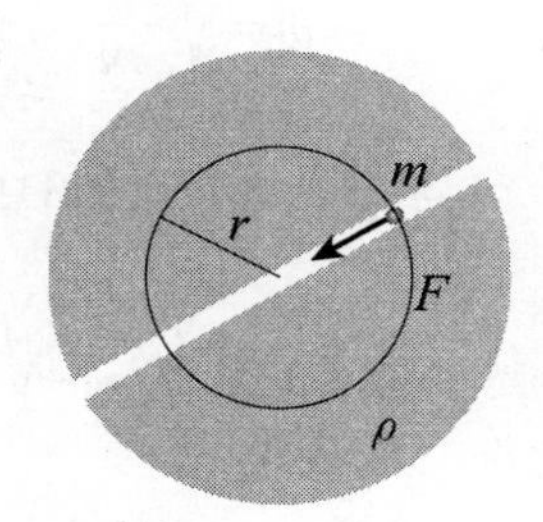

그림 32.6 만유인력에 의한 운동

단순조화진동을 하는 다른 예로 그림 32.6에 보인 것처럼 균일한 밀도 ρ로 이루어진 질량 구에 중심을 지나도록 뚫린 작은 구멍을 따라 질량 m을 떨어뜨렸을 때 이 질량이 어떤 운동을 할지 살펴보자. 이것은 지구에 지구 중심을 관통하는 터널을 뚫고 물체를 떨어뜨리면 어떤 운동을 하는가라는 문제와 같다. 이 문제에서 질량 m에 작용하는 힘 F는 구에서 질량이 위치한 곳을 지나는 반지름이 r인 구 내부에 포함된 질량이 중심에 놓여있을 때 그 질량과 질량 m사이에 작용하는 만유인력과 같다. 이것은 만유인력이 거리의 제곱에 반비례하는 힘이기 때문에 성립하는 성질인데, 역시 거리의 제곱에 반비례하는 전기력인 쿨롱 힘에 대해 배울 때 가우스 법칙이라고 알려진 방법에 의해서 쉽게 구할 수 있는 결과이다. 반지름이 r인 구 내부에 포함된 밀도가 ρ인 물체의 질량 M은

$$M = \rho V = \rho \frac{4\pi}{3} r^3 \tag{32.46}$$

이므로 질량 m에 작용하는 만유인력 F는

$$F = G\frac{mM}{r^2} = G\frac{m}{r^2}\rho\frac{4\pi}{3}r^3 = \frac{4\pi}{3}Gm\rho\, r \tag{32.47}$$

로 중심으로부터의 거리 r에 비례함을 알 수 있다. 그리고 이 힘은 중심 방향을 향하므로 탄성력과 똑같이 행동하는 힘이다. 한편 (32.47)식과 후크 법칙을 비교하면 (32.47)식으로 주어지는 힘은 마치 탄성률 k가

$$k = \frac{4\pi}{3} Gm\rho \tag{32.48}$$

인 탄성력처럼 행동한다. 그러므로 그림 32.6에 보인 질량은 (32.5)식에 의해 구멍 내에서 각진동수 ω가

$$\omega = \sqrt{\frac{k}{m}} = \sqrt{\frac{\frac{4\pi}{3} Gm\rho}{m}} = \sqrt{\frac{4\pi}{3} G\rho} \tag{32.49}$$

인 운동을 한다. 그러므로 이 물체가 단순조화진동을 하는 주기 T는 (32.35)식에 의해

$$T = \frac{2\pi}{\omega} = \sqrt{\frac{3\pi}{G\rho}} \tag{32.50}$$

가 됨을 알 수 있다.

33. 감쇠진동과 강제진동

- 탄성력을 받는 물체가 속도에 비례하는 마찰력도 함께 받으면 원래 단순조화운동의 진폭이 점점 감소하게 되는데 그런 운동을 감쇠진동이라 부른다. 뉴턴의 운동방정식을 이용하여 감쇠진동을 설명하라.
- 탄성력을 받고 단순조화진동을 하는 물체에 외부에서 다른 진동수로 진동하는 힘을 가했을 때 운동을 강제진동이라고 부른다. 강제진동에서는 공명현상이 일어난다. 공명현상은 언제 일어나는지 설명하라.
- 단순조화진동, 감쇠진동, 강제진동, 진동의 공명현상 등은 우리 주위에서 흔히 일어나는 현상을 설명하는데 이용된다. 이것들이 실제로 적용되는 예에는 무엇이 있는지 설명하라.

32장에서 공부한 것처럼, 탄성력을 받는 물체가 하는 운동인 (32.27)식 또는 (32.33)식으로 주어지는 단순조화진동은 일단 한번 시작되면 영원히 계속됨을 알 수 있다. 그렇지만 우리 주위에서 관찰되는 진동은 그렇지 않다. 단진자를 움직여 진동하게 만들어 놓고 가만히 놓아두면 진동의 진폭이 점점 작아져서 나중에는 정지하고 만다. 용수철에 연결하여 진동하는 물체도 마찬가지다. 처음에 진동시켜 놓고 가만히 기다리면 결국 그 운동은 잦아들고 만다. 그 이유를 우리는 이미 잘 알고 있다. 32장에서는 물체에 작용하는 마찰력을 고려하지 않고 물체에는 오직 탄성력만 작용한다고 너무 간단하게 생각하였기 때문에 그러한 결과를 얻었다.

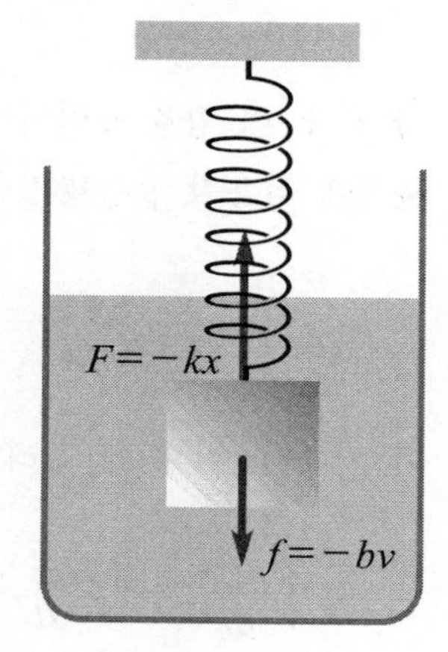

그림 33.1 탄성력과 마찰력을 받고 운동하는 물체

이제 탄성력과 함께 마찰력도 고려하기 위해서 그림 33.1에 보인 것과 같이 용수철에 연결된 물체가 점성이 큰 액체에 담겨있다고 생각하자. 그러면 이 물체에는 변위에 비례하는 탄성력

$$F_k = -kx \tag{33.1}$$

와 함께 점성이 있는 유체에서 물체가 움직일 때 스토크스 법칙인 (30.5)에 의해 받는 점성항력

$$f = -bv = -b\frac{dx}{dt} \tag{33.2}$$

가 작용된다. (33.2)식 우변의 마이너스 부호는 점성항력이 물체의 속도가 가리키는 방향과 반대방향으로 작용한다는 것을 나타낸다. 물체에 작용하는 중력은 제외시키기로 하자. 그림 33.1에 보인 것과는 달리 용수철과 물체가 수평방향으로 움직인다고 생각하거나 질량이 작아서 다른 힘에 비해 중력을 무시할 수 있다고 생각해도 좋다. 사실은 중력을 고려한다고 해도 이 물체가 수행하는 진동의 모습에는 별 영향을 주지 않는다.

그림 33.1에 보인 물체에 (33.1)식으로 주어지는 탄성력 F_k와 (33.2)식으로 주어지는 점성항력 f가 작용한다면 물체에 작용하는 합력 F는

$$F = F_k + f = -kx - b\frac{dx}{dt} \tag{33.3}$$

가 된다. 이 힘을 뉴턴의 운동방정식 $F = ma$의 좌변 힘에 대입하면 그림 33.1에 나온 물체에 적용할 운동방정식은

$$-kx - b\frac{dx}{dt} = m\frac{d^2x}{dt^2} \tag{33.4}$$

이 되는데, 이 식을 정리하여

$$\frac{d^2x}{dt^2} + 2\gamma\frac{dx}{dt} + \omega^2 x = 0 \quad \text{여기서} \quad \gamma = \frac{b}{2m}, \quad \omega = \sqrt{\frac{k}{m}} \tag{33.5}$$

라고 쓰자. 그러면 속도에 비례하는 마찰력이 존재하는 경우 적용되는 운동방정식도 2차 선형 동차 미분방정식임을 알 수 있다. 그뿐 아니라 미분방정식의 계수들이 모두 상수이어서 32장에서 탄성력만 받는 물체에 대한 운동방정식인 (32.16)식을 풀 때와 똑같은 방법을 사용할 수 있음도 알 수 있다.

그러면 32장에서 (32.19)식으로 했던 것과 마찬가지로 (33.5)식의 풀이를

$$x(t) = e^{\lambda t} \tag{33.6}$$

라고 놓고 풀이가 되는 상수인 λ값을 구하자. (33.6)식을 (33.5)식에 대입하면 (32.20)식에 의해

$$\lambda^2 e^{\lambda t} + 2\gamma\lambda e^{\lambda t} + \omega^2 e^{\lambda t} = 0 \quad \rightarrow \quad \lambda^2 + 2\gamma\lambda + \omega^2 = 0$$
$$\therefore \quad \lambda = -\gamma \pm \sqrt{\gamma^2 - \omega^2} \tag{33.7}$$

를 얻는다. 다시 말하면 (33.5)식을 만족하는 λ값은

$$\lambda = \lambda_1 = -\gamma + \sqrt{\gamma^2 - \omega^2} \quad \text{그리고} \quad \lambda = \lambda_2 = -\gamma - \sqrt{\gamma^2 - \omega^2} \tag{33.8}$$

로 두 개임을 알 수 있다. 그러므로 (33.5)식의 풀이는

$$x_1(t) = e^{\lambda_1 t} \quad \text{그리고} \quad x_2(t) = e^{\lambda_2 t} \tag{33.9}$$

등 두 가지가 되고 이들 두 함수의 선형조합인

$$x(t) = \alpha e^{\lambda_1 t} + \beta e^{\lambda_2 t} \tag{33.10}$$

가 우리가 구하는 일반적인 풀이이다. (33.10)식에서 α와 β는 임의의 상수인데, 실제 문제에서는 초기조건에 의해서 두 상수의 값이 결정된다. (33.10)식으로 주어지는 운동은 시간이 흐르면서 단순조화진동의 진폭이 감소하는 진동이다. 이러한 운동을 감쇠진동이라고 부른다. 감쇠진동은 점성항력의 세기를 나타내는 γ값과 각진동수 ω사이의 관계에 따라 몇 가지로 분류될 수 있다.

γ는 (33.5)식에서 $b/2m$과 같음을 알 수 있다. 즉 점성항력의 비례상수를 물체의 질량으로 나눈 것으로 질량에 비해 점성항력이 얼마나 센지를 말하는 상수로 흔히 감쇠계수라고 부른다. 그리고 ω는 마찰력은 작용하지 않고 탄성력만 받을 때 물체의 각진동수이다. 이 각진동수를 흔히 자유각진동수라고 부른다. 감쇠진동에서는 자유각진동수로 진동하지 않고 다른 각진동수로 진동한다. 자유각진동수란 만일 마찰이 작용하지 않는다면 나타나는 각진동수를 말한다. 감쇠진동은 감쇠계수 γ와 자유각진동수 ω 사이에 어느 것이 더 크냐에 따라 작은감쇠진동, 임계감쇠진동, 그리고 과잉감쇠진동으로 나뉘는데 그렇게 구분되는 기준은

$$\begin{aligned}&\text{작은감쇠진동 :} \quad \omega > \gamma \\ &\text{임계감쇠진동 :} \quad \omega = \gamma \\ &\text{과잉감쇠진동 :} \quad \omega < \gamma\end{aligned} \tag{33.11}$$

와 같다. 자유각진동수가 감쇠계수보다 더 크면 작은 감쇠진동인데 이 경우에는 진동의 진폭이 점점 줄어들면서 진동을 계속한다. 그러나 자유각진동수가 감쇠계수와 같거나 더 작은 경우인 임계감쇠진동과 과잉감쇠진동에서는 실질적인 진동이 일어나지 않는다. 사실 자유각진동수와 감쇠계수가 같은 임계감쇠진동에서는 진동이 딱 한번만 일어나는 경우이고 자유각진동수가 감쇠계수보다 더 작은 과잉감쇠진동에서는 진동이 일어나지도 못하고 잦아드는 경우이다.

$\omega > \gamma$인 작은감쇠진동에서는 (33.8)식에 나오는 제곱근 부호 안이 음수가 된다. 그러므로

$$\gamma^2 - \omega^2 = -\omega'^2 \qquad \text{여기서} \quad \omega'^2 = \omega^2 - \gamma^2 > 0 \tag{33.12}$$

로 놓으면 (33.8)식으로 구한 두 λ값을

$$\lambda_1 = -\gamma + i\omega' \quad \text{그리고} \quad \lambda_2 = -\gamma - i\omega' \tag{33.13}$$

으로 놓을 수 있으므로 일반적인 풀이인 (33.10)식을

$$x(t) = e^{-\gamma t}[\alpha e^{+i\omega' t} + \beta e^{-i\omega' t}] \tag{33.14}$$

라고 쓸 수 있다.

(33.14)식 중에서 (32.29)식을 이용하여 지수함수를 삼각함수로 바꿔놓으면 (33.14)식으로 주어지는 풀이가 어떤 운동을 대표하는지 더 잘 이해할 수 있다. 그렇게 하면 (33.14)식을

$$\begin{aligned} x(t) &= e^{-\gamma t}[\alpha(\cos\omega' t + i\sin\omega' t) + \beta(\cos\omega' t - i\sin\omega' t)] \\ &= e^{-\gamma t}[B\cos\omega' t + C\sin\omega' t] \end{aligned} \tag{33.15}$$

라고 쓸 수가 있는데 여기서 B와 C는 α와 β에 의해

$$B = \alpha + \beta, \qquad C = i(\alpha - \beta) \tag{33.16}$$

로 주어지는 상수로 구체적인 문제에서는 역시 초기조건에 의해 결정된다. (33.15)식을 한 번 더

$$x(t) = Ae^{-\gamma t}\cos(\omega' t - \phi) \tag{33.17}$$

라고 바꾸어 쓸 수 있다. 이것을 구하기 위해서는 코사인 덧셈법칙에서 성립하는 항등식인

$$\cos(\omega' t - \phi) = \cos\omega' t\cos\phi + \sin\omega' t\sin\phi \tag{33.18}$$

를 이용하여 (33.15)식에 나오는 B와 C를

$$A = \sqrt{B^2 + C^2}, \quad \cos\phi = \frac{B}{A}, \quad \sin\phi = \frac{C}{A} \tag{33.19}$$

와 같이 A와 ϕ로 바꾸어 쓰기만 하면 된다.

이렇게 $\omega > \gamma$인 작은감쇠진동에서는 운동방정식인 (33.5)식의 풀이가 (33.14)식과 (33.15)식 그리고 (33.17)식의 세 가지로 표현될 수 있다. 세 식이 모두 동일한 운동을 나타낸다. 다만 초기조건에 의해 결정되는 상수를 결정하는 방법이 다를 뿐이다. (33.14)식에서는 초기조건에 의해 두 상수 α와 β가 결정되고 (33.15)식에서는 두 상수 B와 C가 결정되며 (33.17)식에서는 A와 ϕ가 결정된다. 그런데 작은감쇠진동의 풀이를 (33.17)식 형태로 표현하는 것이 그 운동을 이해하는데 가장 좋다. 초기조건으로 결정되는 상수 A와 ϕ가 운동의 모습을 설명해주는 의미를 지니고 있기 때문이다. (33.17)식을 그래프로 표시하면 그림 33.2에 보인 것과 같게 된다. 이 그림으로부터 분명히 알 수 있듯이 작은감쇠진동은 진폭이 점점 감소하면서 진행되는 진동인데 (33.17)

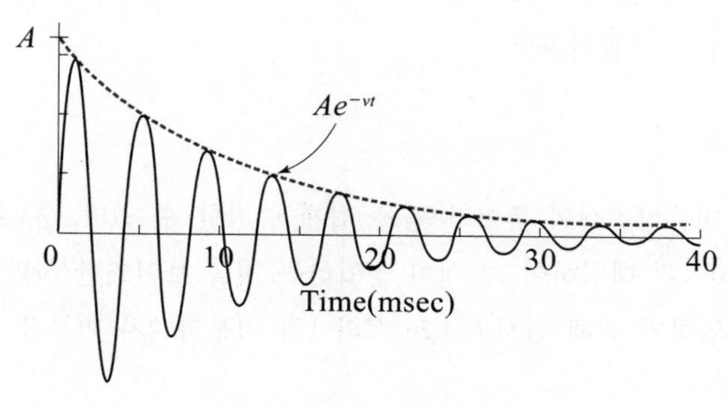

그림 33.2 작은감쇠진동

식으로부터 시간에 의존하는 진폭 x_0는

$$x_0(t) = Ae^{-\gamma t} \tag{33.20}$$

로 쓸 수 있음을 알 수 있고, 여기서 A는 시간이 $t=0$때의 진폭으로 작은감쇠진동의 최대진폭에 해당한다. 비록 시간이 흐름에 따라 진폭이 감소하지만 작은감쇠진동에서는 진동이 계속 진행된다. 그러나 진동하는 각진동수는 자유진동수 ω와는 같지 않고 (33.12)식으로 주어진 자연각진동수인 ω'와 같은데, ω'은 ω에 비해 약간 작다.

$\omega=\gamma$인 임계감쇠진동에서는 (33.8)식으로 구한 두 λ값이

$$\lambda_1 = \lambda_2 = -\gamma \tag{33.21}$$

로 모두 같다. 그러므로 (33.9)식으로 주어진 두 풀이도

$$x_1(t) = e^{\lambda_1 t} = e^{-\gamma t} \quad \text{그리고} \quad x_2(t) = e^{\lambda_2 t} = e^{-\gamma t} \tag{33.22}$$

로 서로 같다. 그러면 이들 두 풀이의 선형조합으로 이루어진 (33.10)식으로 주어진 일반풀이는

$$x(t) = (\alpha + \beta)e^{-\gamma t} = Ae^{-\gamma t} \tag{33.23}$$

가 되는데, 이 경우는 단 한 개의 상수만 포함되어 있는 것과 마찬가지이다. (33.5)식과 같은 2차 선형 동차 미분방정식은 반드시 초기조건에 의해 결정될 두 개의 임의상수를 포함하여야 된다. 그러므로 (33.23)식으로 주어진 풀이는 아직 완전한 풀이라고 말할 수 없다.

나머지 한 개의 풀이는 다음과 같이 찾는다. 계수가 상수인 2차 선형 동차 미분방정식에서 한 풀이가 $e^{-\gamma t}$꼴이라면

$$x(t) = te^{-\gamma t} \tag{33.24}$$

도 역시 동일한 미분방정식의 풀이가 됨을 쉽게 증명할 수 있다. (33.24)식을 원래 미분방정식인 (33.5)식에 대입하여 그 식이 성립하는 것을 보이기만 하면 된다. (33.24)식을 (33.5)식에 대입하기 위해 먼저 (33.24)식의 1차 미분과 2차 미분을 구하자. 그 결과는

$$\frac{dx}{dt} = (1-\gamma t)e^{-\gamma t}, \qquad \frac{d^2x}{dt^2} = -\gamma(2-\gamma t)e^{-\gamma t} \tag{33.25}$$

이며, 이것을 (33.5)식에 대입하면

$$\begin{aligned}\frac{d^2x}{dt^2} + 2\gamma\frac{dx}{dt} + \omega^2 x &= [-\gamma(2-\gamma t) + 2\gamma(1-\gamma t) + \omega^2 t]e^{-\gamma t} \\ &= (\omega^2 - \gamma^2)te^{-\gamma t} = 0\end{aligned} \tag{33.26}$$

로 되어 (33.24)식으로 주어진 함수가 (33.5)식의 풀이가 됨을 알 수 있다. 그런데 (33.26)식에서 마지막 등식은 임계감쇠진동에서 $\omega = \gamma$임을 이용하였다. 이제 임계감쇠진동에서는 (33.23)식과 (33.24)식으로 주어지는 $e^{-\gamma t}$와 $te^{-\gamma t}$가 두 풀이임을 알았으므로 임계감쇠진동에 대한 일반풀이는 이 두 함수를 선형조합으로 표현한

$$x(t) = (\alpha + \beta t)e^{-\gamma t} \tag{33.27}$$

가 되며 여기서 두 상수 α와 β는 초기조건으로 결정된다. 그러나 아무튼 임계감쇠진동에서는 진동을 일어나지 않으며 단순히 변위 x가 시간이 흐름에 따라 지수함수처럼 감소하는 운동임을 알 수 있다.

이제 마지막으로 $\omega < \gamma$인 과잉감쇠진동을 보자. 이 경우에는 (33.8)식에 나오는 제곱근 부호 안이 양수가 되므로

$$\gamma^2 - \omega^2 = \omega''^2 \tag{33.28}$$

이라고 놓자. 그러면 (33.8)식에서 구한 두 λ값을

$$\lambda_1 = -\gamma + \omega'' \qquad \text{그리고} \qquad \lambda_2 = -\gamma - \omega'' \tag{33.29}$$

라고 쓸 수 있으므로, (33.5)식의 일반풀이인 (33.10)식을

$$x(t) = e^{-\gamma t}[\alpha e^{\omega'' t} + \beta e^{-\omega'' t}] \tag{33.30}$$

라고 쓸 수 있다. 여기서도 두 상수 α와 β는 초기조건으로 결정된다. (33.30)식을 보면 예상할 수 있듯이 과잉감쇠진동에서도 임계진동에서와 마찬가지로 진동이 계속 일어나지는 않으며 구체적인 운동의 모양은 두 상수 α와 β가 결정되어야 알 수 있지만 과잉감쇠진동은 변위가 지수함수처럼 계속 감소하거나 처음에 잠시 증가하다가 곧 다

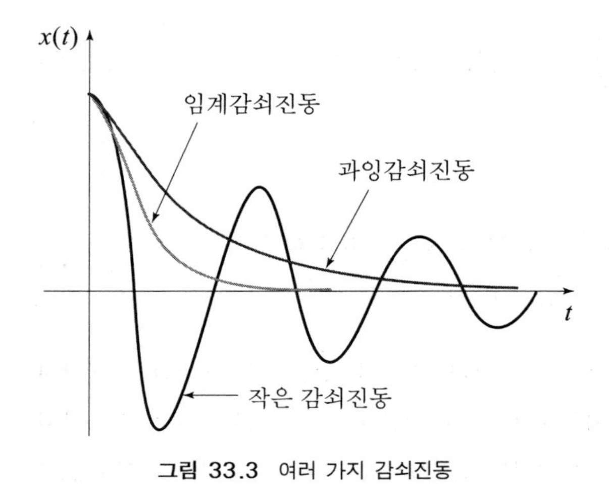

그림 33.3 여러 가지 감쇠진동

시 감소하는 운동이다.

이제 (33.11)식에서 분류한 세 가지 감쇠진동에 대한 풀이를 모두 구하였다. $\omega > \gamma$인 작은감쇠진동의 풀이는 (33.17)식으로 주어졌고 $\omega = \gamma$인 임계감쇠진동의 풀이는 (33.27)식으로 주어졌으며 $\omega < \gamma$인 과잉감쇠진동의 풀이는 (33.30)식으로 주어졌다. 이 세 식에 의한 세 감쇠진동의 풀이를 그래프로 그리면 그림 33.3에 보인 것과 같게 된다. 여기서는 세 가지 감쇠진동은 모두 동일한 초기조건에서 시작된다고 하고 계산되었다. 이 그림에서 알 수 있는 것처럼 임계감쇠진동과 과잉감쇠진동이 모두 진동은 보이지 않고 변위가 계속 감소하는 운동이다. 그런데 과잉감쇠진동에서보다 임계감쇠진동에서 더 빨리 평형위치인 $x = 0$에 도달하는 것을 볼 수 있다.

임계감쇠진동의 이러한 성질은 널리 응용된다. 예를 들어, 저울에 물건을 올려놓고 무게를 측정하는 경우를 보자. 어떤 경우에는 저울의 바늘이 평형점 주위를 계속 진동하여서 바늘이 가리키는 눈금을 제대로 측정하지 못할 경우도 있다. 그것이 바로 작은 감쇠진동을 나타낸다. 또는 저울의 마찰이 너무 커서 비록 바늘이 진동하지는 않지만 평형점에 바로 도달하지 않고 오랫동안 기다려야 되는 경우도 있다. 그것은 바로 과잉감쇠진동을 나타낸다. 저울이 임계감쇠진동으로 설계되어 있는 경우에 바늘이 가장 빨리 가리켜야 될 눈금에 도달한다.

다른 예로, 자동차에는 그림 33.4에 보인 것과 같은 완충기(shock absorber)라 불리는 충격흡수 장치가 부착되어 있다. 자동차의 완충기는 그림에 보인 것처럼 탄성력을 제공하는 강력한 용수철과 점성이 큰 기름이 들어있는 통 속에서 피스톤이 움직이도록 되어있다. 만일 완충기가 제대로 동작하지 못하면 자동차가 울퉁불퉁한 길을 달릴 때 계속 상하로 진동하게 된다. 완충기는 임계감쇠진동을 하도록 설계되어 있어서 자동차가 울퉁불퉁한 길을 지나가더라도 가장 빠른 시간 안에 자동차가 평형위치로 돌아오도록 만든다.

앞의 두 예에서는 마찰력이 작용하는 감쇠진동이 유익하게 이용되는 경우에 속한다.

그러나 우리 주위의 현상 중에는 진동이 줄어들지 않고 끝없이 계속되는 것이 바람직하지만 마찰에 의해서 결국 정지하게 되는 경우도 많다. 그런 경우에 진동이 계속되기 위해서는 마찰에 의해서 흩어지는 에너지에 해당하는 양만큼 외부에서 계속 공급해주어야 한다. 예를 들어, 오늘날에는 거의 사라졌지만 예전에는 그림 33.5에 보인 것과 같은 태엽을 감아주는 괘종시계가 있었다. 괘종시계에 매달린 추는 단진동을 하면서 시계바늘이 일정한 빠르기로 진행하도록 조절한다. 괘종시계에서 추가 한번 진동을 왕복하는 주기 T는 (32.45)식으로 주어진 결과처럼 오직 추까지의 길이에만 의존하므로 비록 마찰에 의해서 추가 진동하는 진폭이 작아지더라도 바뀌지 않고 일정하게 유지된다. 이것이 갈릴레이가 발견하였다는 유명한 진자의 등시성이다. 그런데 진자의 등시성에 의해서 주기는 일정하게 유지된다고 하더라도 추가 진동하기를 멈춘다면 시계는 더 이상 가지 않게 된다. 그래서 태엽을 감아서 추가 계속 진동하도록 만들어준다. 이렇게 외부에서 강제로 진동이 계속되도록 한 진동을 강제진동이라 한다.

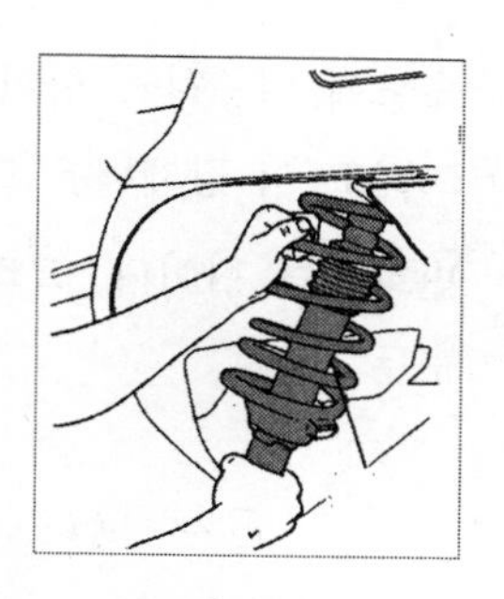

그림 33.4
자동차의 완충기

그림 33.5 괘종시계

강제진동의 또 다른 예로 그림 33.6에 보인 그네타기를 들 수 있다. 그네를 한번 밀고 가만히 놓아두면 그네는 결국 멈춰버리고 만다. 그네가 계속 움직이기 위해서는 이따금씩 뒤에서 밀어주어야 한다. 그리고 이렇게 그네를 밀어주는 시간 간격은 그네가 한번 왕복운동을 하는 주기와 같도록 하는 것이 좋다. 이렇게 강제진동에서는 감쇠진동을 하는 물체에 탄성력과 점성항력에 더하여 주기적으로 바뀌는 강제력을 작용시켜서 진동이 계속 진행되도록 만든다.

그림 33.6 그네타기

이제 (33.1)식으로 주어지는 탄성력과 (33.2)식으로 주어지는 점성항력에 더하여 물체에는

$$F_d = F_0 \cos \omega_0 t \tag{33.31}$$

로 주어지는 강제력도 작용한다고 하자. 탄성력은 위치에 의존하는 힘이고 점성항력은

속도에 의존하는 힘이라면 (33.31)식으로 주어지는 강제력은 시간에 의존하는 힘이다. 그리고 이 강제력은 그 크기가 시간에 대하여 각진동수 ω_0로 마치 단순조화진동처럼 변화하는 힘이다. 그러면 물체에 작용되는 힘은 탄성력과 점성항력 그리고 강제력을 모두 합한

$$F = -kx - b\frac{dx}{dt} + F_0 \cos \omega_0 t \tag{33.32}$$

가 된다. 그러면 강제진동을 하는 물체에 대해 우리가 풀어야 할 운동방정식은

$$-kx - b\frac{dx}{dt} + F_0 \cos \omega_0 t = m\frac{d^2x}{dt^2} \tag{33.33}$$

이 되고 이것을 선형 미분방정식을 표현하는 일반적인 모양으로 다시 쓰면

$$\frac{d^2x}{dt^2} + 2\gamma\frac{dx}{dt} + \omega^2 x = \frac{F_0}{m} \cos \omega_0 t \tag{33.34}$$

와 같다.

강제진동하는 물체에 대해서 우리가 풀어야 할 (33.34)식은 우변이 0이 아니므로 비동차 미분방정식이다. (33.34)식과 같은 비동차 미분방정식의 풀이는 특수풀이 $x_i(t)$와 동차풀이 $x_h(t)$의 합으로

$$x(t) = x_i(t) + x_h(t) \tag{33.35}$$

와 같이 구성된다. 동차풀이 $x_h(t)$는 (33.34)식에서 우변을 0으로 놓은 동차 미분방정식의 풀이로 우리가 이미 구한 (33.10)식과 같으며 두 개의 임의상수를 포함한다. 그리고 특수풀이 $x_i(t)$는 (33.34)식을 만족하는 특별한 풀이이다. 동차풀이 $x_h(t)$를 (33.34)식의 좌변에 나오는 x자리에 대입하면 0이 될 것이므로 (33.35)식으로 주어지는 $x(t)$가 (33.34)식의 풀이임은 분명하다. 그런데 (33.34)식의 풀이로 특수풀이 $x_i(t)$에 더하여 동차풀이 $x_h(t)$를 포함시키는 것은 $x_h(t)$에 포함된 두 개의 임의상수를 이용하여 초기조건을 만족하도록 하기 위해서이다.

그러면 이제 (33.34)식으로 주어진 비동차 미분방정식의 특수풀이 $x_i(t)$를 구해보자. 특수풀이를 구하는데 이용되는 방법은 따로 없다. 다만 특수풀이 $x_i(t)$를 (33.34)식의

좌변에 나오는 x자리에 대입하여 계산하면 (33.34)식의 우변이 나와야만 한다는 것을 염두에 두고 특수풀이를 찾아내어야 한다. (33.34)식으로 주어진 비동차 미분방정식의 경우에는 우변이 코사인함수인데 좌변에는 특수풀이를 한번 미분한 항도 있고 두 번 미분한 항도 있다. 코사인함수를 미분하면 사인함수가 되고 사인함수를 미분하면 코사인함수가 되므로, (33.34)식의 좌변에 대입하여 코사인함수가 만들어지기 위해서는 특수풀이 $x_i(t)$가

$$x_i(t) = a\cos\omega_0 t + b\sin\omega_0 t \tag{33.36}$$

의 형태를 취하리라고 예상할 수 있다. 여기서 a와 b는 (33.36)식이 특수풀이가 되도록 정해줄 상수이다. 그런데

$$\frac{dx_i}{dt} = -\omega_0(a\sin\omega_0 t - b\cos\omega_0 t),\ \frac{d^2x_i}{dt^2} = -\omega_0^2(a\cos\omega_0 t + b\sin\omega_0 t) \tag{33.37}$$

이므로 (33.36)식과 (33.37)식을 (33.34)식에 대입하여 정리하면

$$\begin{aligned}&[(\omega^2-\omega_0^2)a + 2\gamma\omega_0 b]\cos\omega_0 t - [2\gamma\omega_0 a - (\omega^2-\omega_0^2)b]\sin\omega_0 t\\ &= \frac{F_0}{m}\cos\omega_0 t\end{aligned} \tag{33.38}$$

가 된다. 그리고 이 식이 모든 t값에 대해 항상 성립하려면 좌변과 우변에 나오는 $\cos\omega_0 t$의 계수가 서로 같아야 하고 또한 좌변과 우변에 나오는 $\sin\omega_0 t$의 계수가 서로 같아야 한다. 다시 말하면

$$(\omega^2-\omega_0^2)a + 2\gamma\omega_0 b = \frac{F_0}{m},\ 2\gamma\omega_0 a - (\omega^2-\omega_0^2)b = 0 \tag{33.39}$$

가 성립하여야 한다. 이 조건으로부터 두 상수 a와 b의 값이 정해진다. (33.39)식에나오는 두 식을 연립으로 풀어서 두 상수 a와 b를 구하면 그 결과는

$$a = \frac{\begin{vmatrix}\dfrac{F_0}{m} & 2\gamma\omega_0\\ 0 & -(\omega^2-\omega_0^2)\end{vmatrix}}{\begin{vmatrix}(\omega^2-\omega_0^2) & 2\gamma\omega_0\\ 2\gamma\omega_0 & -(\omega^2-\omega_0^2)\end{vmatrix}} = \frac{F_0}{m}\,\frac{(\omega^2-\omega_0^2)}{(\omega^2-\omega_0^2)^2+(2\gamma\omega_0)^2}$$

$$b=\frac{\begin{vmatrix}(\omega^2-\omega_0^2) & \dfrac{F_0}{m}\\ 2\gamma\omega_0 & 0\end{vmatrix}}{\begin{vmatrix}(\omega^2-\omega_0^2) & 2\gamma\omega_0\\ 2\gamma\omega_0 & -(\omega^2-\omega_0^2)\end{vmatrix}}=\frac{F_0}{m}\,\frac{2\gamma\omega_0}{(\omega^2-\omega_0^2)^2+(2\gamma\omega_0)^2} \tag{33.40}$$

이다. 그리고 이 결과를 (33.36)식에 대입하면 특수풀이 $x_i(t)$는

$$\begin{aligned} x_i(t) &= \frac{F_0}{m}\,\frac{(\omega^2-\omega_0^2)\cos\omega_0 t+2\gamma\omega_0\sin\omega_0 t}{(\omega^2-\omega_0^2)^2+(2\gamma\omega_0)^2} \\ &= \frac{F_0/m}{\sqrt{(\omega^2-\omega_0^2)^2+(2\gamma\omega_0)^2}}\cos(\omega_0 t-\phi_0) \end{aligned} \tag{33.41}$$

가 된다. 여기서 두 번째 등식은

$$\cos(\omega_0 t-\phi_0)=\cos\omega_0 t\cos\phi_0+\sin\omega_0 t\sin\phi_0 \tag{33.42}$$

를 이용하여서 구했고 여기서 $\cos\phi_0$와 $\sin\phi_0$는

$$\cos\phi_0=\frac{\omega^2-\omega_0^2}{\sqrt{(\omega^2-\omega_0^2)^2+(2\gamma\omega_0)^2}},\quad \sin\phi_0=\frac{2\gamma\omega_0}{\sqrt{(\omega^2-\omega_0^2)^2+(2\gamma\omega_0)^2}} \tag{33.43}$$

를 의미한다. 여기서 특별히 ϕ_0를 특수풀이의 위상각이라고 부른다. (33.43)식처럼 (33.41)식에 나오는 우변의 계수를 코사인과 사인으로 나타내는 것은 (33.43)식으로 주어지면

$$\cos^2\phi_0+\sin^2\phi_0=1 \tag{33.44}$$

이 성립되기 때문에 가능해졌다.

이제 강제진동의 동차풀이 $x_h(t)$와 특수풀이 $x_i(t)$를 모두 구하였다. 그래서 강제진동의 풀이 $x(t)$를

$$x(t)=x_h(t)+x_i(t)=x_h(t)+\frac{F_0/m}{\sqrt{(\omega^2-\omega_0^2)^2+(2\gamma\omega_0)^2}}\cos(\omega_0 t-\phi_0) \tag{33.45}$$

라고 쓸 수 있다. 여기서 $x_h(t)$는 감쇠진동의 풀이로 작은감쇠진동인지, 임계감쇠진동인지 또는 과잉감쇠진동인지에 따라 각각 (33.17)식, (33.27)식, 또는 (33.30)식으로 주

어진다. 그런데 어떤 경우건 감쇠진동의 동차풀이인 $x_h(t)$는 시간이 오래 흐르면 모두 지수함수로 줄어들어 결국 없어지고 만다. 그래서 $x_h(t)$를 강제진동의 과도풀이라고도 부른다. 다시 말하면 오랜 시간이 흐르면 강제진동의 풀이인 (33.45)식 중에서 우변의 두 번째 항인 특수풀이만 남아있게 된다. 그래서 강제진동의 특수풀이를 정상상태 풀이라고도 부른다.

강제진동의 풀이인 (33.45)식의 우변에서 특수풀이인 두 번째 항을 보자. 거기에 나오는 ω는 $\omega=\sqrt{k/m}$으로 주어지는 자유각진동수이고 ω_0는 감쇠진동이 줄어들지 않도록 외부에서 작용시킨 강제력의 각진동수이다. 그래서 강제진동의 특수풀이는 각진동수가 ω_0인, 즉 외부에서 작용해준 강제력의 각진동수와 같은 각진동수로 진동하는 것을 알 수 있다. 그런데 이 특수풀이의 진폭 A_0는

$$A_0=\frac{F_0}{m}\frac{1}{\sqrt{(\omega^2-\omega_0^2)^2+(2\gamma\omega_0)^2}} \tag{33.46}$$

로 주어지는데 이 진폭이 외부에서 작용해준 강제력의 각진동수 ω_0가 무엇이냐에 따라서 변하는 것을 알 수 있다. 또한 (33.43)식에 의하면 특수풀이의 위상각 ϕ_0도 역시 ω_0에 의존하여 변하며

$$\phi_0=\tan^{-1}\frac{2\gamma\omega_0}{\omega^2-\omega_0^2} \tag{33.47}$$

과 같다. (33.46)식으로 주어진 강제진동의 진폭 $A_0(\omega_0)$와 (33.47)식으로 주어진 위상각 $\phi_0(\omega_0)$를 ω_0의 함수로 그리면 그림 33.7과 같아진다. (33.47)식에서 알 수 있는 것처럼, ω_0가 자유각진동수 ω와 같으면 탄젠트 값이 무한대가 되므로 ϕ_0는 $\pi/2$가 된다. 그런데 그림 33.7에 보인 것처럼, ω_0가 자유각진동수 ω보다 약간 더 작은 ω_R과 같으면 특수풀이의 진폭 A_0가 최대값을 갖게 된다. 이렇게 강제력의 각진동수가 자유진동수 ω와 비슷한 ω_R에서 특수풀이의 진폭이 최대가 되

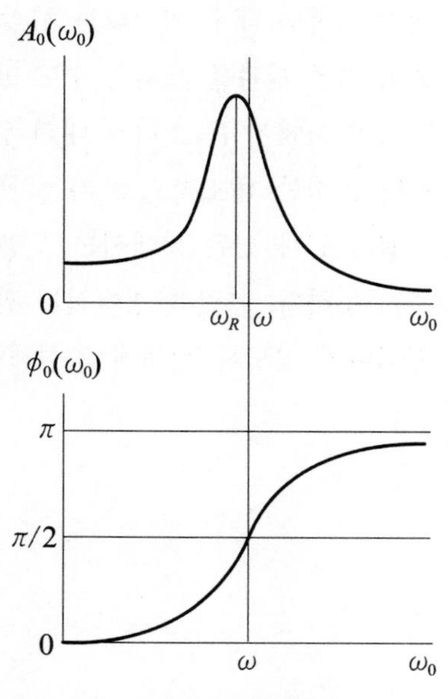

그림 33.7 특수풀이의 진폭과 위상각

는 현상을 강제진동의 공명이라고 하고 ω_R을 공명각진동수라고 한다.

그러므로 강제진동의 공명이 일어나는 공명각진동수 ω_R을 찾으려면 진폭 $A_0(\omega_0)$가 최댓값을 갖는 조건으로

$$\frac{dA_0}{d\omega_0} = 0 \tag{33.48}$$

를 만족하는 ω_0값을 계산하면 된다. 그런데 (33.46)식으로부터

$$\begin{aligned} \frac{dA_0}{d\omega_0} &= \frac{d}{d\omega_0}\frac{F}{m}\frac{1}{\sqrt{(\omega^2-\omega_0^2)^2+(2\gamma\omega_0)^2}} \\ &= \frac{F_0}{m}\frac{2(\omega^2-\omega_0^2)(-2\omega_0)+8\gamma^2\omega_0}{[(\omega^2-\omega_0^2)^2+(2\gamma\omega_0)^2]^{3/2}} = 0 \end{aligned} \tag{33.49}$$

로부터 공명이 일어나는 공명각진동수 ω_R은

$$\omega_R = \sqrt{\omega^2 - 2\gamma^2} < \omega \tag{33.50}$$

로 자유각진동수인 ω보다 약간 작은 값임을 알 수 있다.

강제진동에서 작용하는 강제력의 진동수 ω_0가 공명각진동수 ω_R과 같으면 특수풀이의 진폭이 매우 커진다는 사실은 경우에 따라서 좋은 결과를 가져오는 수도 있지만 좋지 않은 결과를 가져올 수도 있다. 예를 들어, 라디오에서 어떤 방송진동수를 찾는다거나 악기에서 큰 소리를 내기 위해서는 강제진동의 공명현상을 잘 이용하면 좋다. 그러나 그와는 대조적으로 자동차에 부착된 완충기라든지 전기모터를 올려놓은 용수철 받침대 등과 같은 것에서는 공명이 일어나서 큰 진폭으로 진동하게 되면 아주 바람직하지 못하다. 그런 환경에서는 진동의 전달을 최대한 줄이는 것이 목표가 되며 공명이 일어나지 않도록 설계에 조심해야 한다.

XII. 파동

크리스찬 호이겐스 (네덜란드, 1629-1695)

지난주에 우리는 고체의 변형과 진동에 대해 공부하였습니다. 고체가 힘을 받으면 그 고체의 성질에 따라 많게 또는 적게 변형하는데, 고체의 변형에 관한 후크 법칙에 의하면 탄성한계 내에서 고체의 변형은 변형력에 비례합니다. 위의 문장에서 변형이라는 말이 어떤 경우에는 단순히 모양이 바뀌었다는 의미로도 쓰이고 또 다른 경우에는 변화한 길이를 원래의 길이로 나는 변형이라고 특별히 정의된 물리량을 나타내는 의미로 쓰였음을 유의하기 바랍니다.

한편 변형된 물체에 연결된 다른 물체는 탄성력이라는 힘을 받고 운동하는데 이때 탄성력은 그 크기가 물체가 이동한 변위의 크기에 비례하고 그 방향은 변위의 방향과 반대방향을 가리키는 힘을 말합니다. 그리고 탄성력이라는 힘을 받으면서 운동하는 물체는 특별히 단순조화진동이라 불리는 운동을 한다는 것을 알았습니다. 변형하면 탄성력을 작용하는 고체를 나타내는 대표적인 경우가 바로 용수철입니다. 그래서 용수철에 매달린 물체의 운동이 바로 단순조화진동의 대표적인 경우입니다. 또한 우리는 지난주 공부로부터 반드시 고체의 변형에 의한 탄성력이 아니라고 하더라도 변위에 비례하는 복원력 형태의 함을 받으면 항상 단순조화진동을 한다는 것도 알았습니다.

지난주에 탄성력을 받고 움직이는 물체의 운동을 구하면서 뉴턴의 운동방정식을 푸는데, 미분방정식의 풀이를 직접 구하는 방법을 이용하였습니다. 뉴턴의 운동방정식은 원래 미분방정식입니다. 그렇지만 지금까지는 미분방정식을 푸는 방법을 이용하지 않았습니다. 미분방정식을 푸는 것은 아주 어렵기 때문에 어떻게 해서든지 미분방정식을 직접 풀지 않고 해결할 방도를 찾았습니다. 일정한 힘을 받는 물체의 경우에는 단순히 적분에 의해서 가속도로부터 속도를 구하고 속도로부터 위치벡터를 구하는 방법을 이용하였습니다. 일정하지 않고 변하는 힘을 받는 경우에는 일과 운동에너지라는 물리량을 도입하여 역시 미분방정식을 직접 풀지 않고 문제를 해결하는 방도를 찾아내었습니다. 그런데 지난주에는 탄성력을 받고 움직이는 물체의 경우 미분방정식을 직접 푸는 방법을 연습하여 보았습니다.

탄성력을 받고 움직이는 물체에 적용되는 미분방정식은 2차 선형 동차 미분방정식으로 각 미분 앞의 계수가 상수인 특별한 미분방정식이었습니다. 선형 동차 미분방정식 중에서 계수가 상수인 미분방정식을 풀 수 있는 일반적인 방법이 있다는 것도 알았습니다. 그리고 그 방법에 의해서 탄성력을 받는 물체의 운동을 기술하는 미분방정식을 풀어보니 그 풀이는 변위가 시간에 대해 코사인함수 또는 사이함수로 변한다는 것을 알았습니다. 그렇게 시간에 대해 코사인함수 또는 사인함수처럼 변하며 움직이는 운동을 단순조화진동이라 부른다는 것도 알았습니다.

이번 주에는 파동에 대해 배웁니다. 파동은 진동과 밀접하게 관련되어 있습니다. 그래서 진동과 파동을 서로 혼동하는 경우도 있습니다. 진동과 파동을 잘 구별할 수 있어야 합니다. 진동은 한 물체가 어떤 평형 위치 주위에서 동일한 운동을 계속하는 것을 말합니다. 파동은 연달아 놓여있는 수많은 물체들이 함께 진동하는 현상을 말합니다. 그렇지만 수많은 물체들이 제각각 진동을 한다면 그것을 파동이라고 부르지는 않습니다. 수많은 물체들을 하나씩만 본다면 모두 다 똑같은 모양의 진동을 합니다. 그런데 인접한 물체가 진동하는 모습을 보면 운동하는 순서가 조금씩 차이가 납니다. 그래서 마치 물체가 진동하는 모습이 한 곳에서 다른 곳으로 이동하는 것처럼 보입니다. 물체들이 실제로는 한 장소에서 진동만 하고 있지만 진동하는 모습이 한 쪽에서 다른 쪽으로 이동하는 것처럼 보이는 것이 파동입니다. 이번 주에는 파동 현상을 기술하는 방법과 파동이 지니고 있는 성질들에는 무엇이 있는지 살펴볼 것입니다. 그리고 대표적인 파동 중의 하나인 음파에 대해 자세히 공부할 예정입니다. 앞에서 사진으로 소개된 호이겐스는 파동의 성질을 설명하는 호이겐스 원리를 제안한 네덜란드 출신의 유명한 과학자입니다.

34. 파동을 기술하는 방법

- 파동에는 종파와 횡파가 존재한다. 종파와 횡파는 어떻게 구별되고 종파의 예와 횡파의 예에는 무엇이 있는가?
- 매질에서 파동이 진행되는 속력은 매질의 성질에 의해서 결정된다. 파동의 속력은 어떻게 정해지는가?
- 진동은 진폭, 주기, 진동수 등으로 기술되는가 하면 파동을 기술하는 데는 그 외에도 파장, 파수 등이 이용된다. 진동과 파동을 기술하는 물리량들은 서로 어떤 관계에 있는가?

우리는 지난 주 강좌를 통하여 용수철에 연결된 물체는 단순조화진동이라는 특별한 운동을 한다는 것을 알았다. 그리고 단순조화진동은 용수철에 연결된 물체뿐 아니라 변위에 비례하며 변위의 방향과 반대방향으로 작용하는 힘을 받는 물체는 어느 것이나 모두 단순조화진동을 한다는 것을 알았다. 이제는 진동과 연관되며 지금까지 공부한 물체의 운동과는 좀 다른 현상으로 파동에 대해 공부하려고 한다. 파동은 진동과 긴밀히 연결되어 있지만 새로운 자연현상이다.

물체가 진동한다고 이야기할 때는 하나의 물체가 관심의 대상이다. 마치 공중으로 던져져서 중력을 받는 물체가 포물선운동을 하고 만유인력을 받는 물체가 타원궤도를 따라 움직이듯이, 탄성력을 받고 움직이는 물체는 단순조화진동을 한다. 그런데 파동을 이야기할 때는 하나의 물체가 대상이 아니다. 그래서 한 물체를 보고 파동운동을 한다고 말하지 않는다. 파동이란 여러 물체 또는 물체의 연속된 부분들의 운동을 한꺼번에 부르는 이름이다. 실제로 파동을 이루고 있는 물체들 하나하나를 보면 진동을 하고 있다. 그런데 그 물체들 전체를 보면 진동하는 모습이 한쪽으로 진행하는 것처럼 보인다. 이것을 파동이라고 한다.

파동의 예로 가장 많이 등장하는 것이 수면파이다. 잔잔한 호수에 돌멩이를 던지면 호수 표면을 따라 물결이 퍼져 나간다. 이것이 바로 수면파라고 불리는 파동이다. 꼭 물결이 멀어져 가는 것처럼 보이지만 물이 실제로 멀리 옮겨가는 것은 아니다. 수면파를 만드는 물분자들이 움직이는 모습을 그린 그림 34.1을 보자. 짧은 시간 간격으로 나누어 시간이 흐름에 따라 물분자의 위치가 어떻게 바뀌는지를 그린 것이다. 물 표면의 물결이 오른쪽으로 가고 있는 것처럼 보이지만 실제로 물분자는 자기중심 위치에서 진동하고 있을 뿐이다. 여기서 물론 물분자 하나만 놓고 보면 그 물분자는 자신이 받는 힘에 의해 뉴턴의 운동법칙이 정해주는 바에 따라 정해진 자리 주위에서 진동을 계속할 따름이다. 그리고 물분자 하나는 중심이 되는 위치 주위로 진동을 계속하고 있음으로 어떤 종류의 복원력을 받고 움직이는 것임에 틀림없을 것이다.

그런데 물 전체로 보면, 그리고 특별히 수면 부분을 보면, 움직이는 모습이 오른쪽으로 이동한다. 그리고 이 현상은 단순히 물결이 오른쪽으로 이동하는 것처럼 우리 눈에 일어나는 착각에 지나지 않는 것이 아니라 실제로 오른쪽으로 이동하는 물리량이 있음을 나타낸다. 그런 현상을 파동이라 부른다.

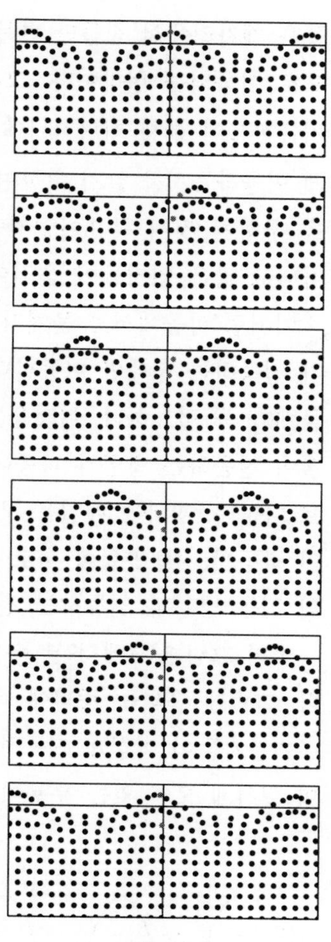
그림 34.1
수면파에서 물분자들의 운동

이를 더 잘 이해하기 위해 이번에는 긴 줄을 한번 확 낚아챘을 때 줄에 생긴 충격파가 전달되어 나가는 모습을 보자. 그림 34.2에 그려놓은 것처럼, 줄은 움직이지 않고 그대로 있는데 낚아챈 모양만 오른쪽으로 전달해 나간다. 그리고 줄을 한 번만 낚아채는 대신 줄을 잡고 계속 흔들어 주면 줄은 사인곡선 모양의 형태가 되고 그 형태가 계속 오른쪽으로 진행해 나간다. 줄은 그곳에 그대로 있고 줄의 각 부분은 제자리에서 진동을 계속하는데 줄의 전체적인 형태가 오른쪽으로 이동한다. 이런 현상을 파동이라고 한다.

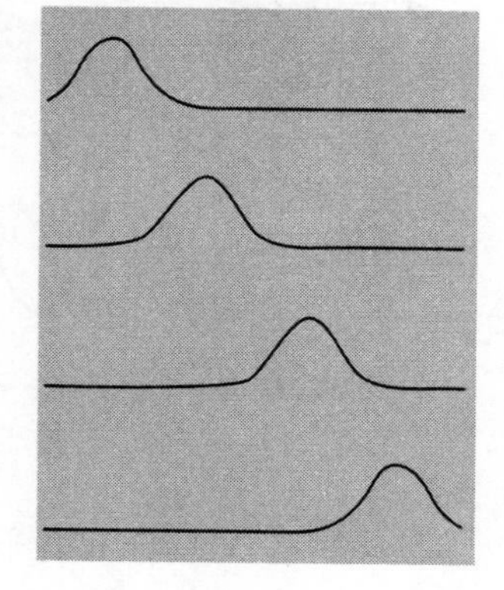
그림 34.2 줄에 생긴 충격파

이와 같이 파동이란 실제 운동하고 있는 수많은 입자

들은 제자리에서 진동만 반복하지만 많은 입자들이 전체적으로 진동하는 모습이 한쪽으로 이동되는 현상이다. 그래서 지금까지는 뉴턴의 운동 방정식을 적용하여 운동을 기술하는데 물체 하나하나에 관심을 두고 물체 하나하나의 위치가 시간에 따라 어떻게 이동하는지를 알기 위하여 그 물체의 위치벡터 $\vec{x}(t)$ 가 시간의 함수로 바뀌는 모습을 구하는 것이 목표이었지만 파동에서는 입자하나 하나가 운동을 기술하는 대상이 아니고 많은 입자들이 움직이는 모습 전체가 운동을 기술하는 대상이다.

이처럼 파동에서는 물체가 직접 한 장소에서 다른 장소로 이동하지 않고 많은 입자가 진동하는 형태만 이동한다. 그래서 파동이 존재하려면 그 형태를 이동시켜줄 매개물체가 꼭 필요하다. 이것을 파동의 매질이라고 부른다. 파동은 파동을 전달해주는 매질이 진동하는 방향과 파동이 진행하는 방향사이의 관계에 따라 횡파와 종파 두 가지로 나눈다. 횡파는 매질을 구성하는 입자 하나하나의 진동 방향과 진동하는 전체 모습인 파동의 진행방향이 서로 수직인 경우이고, 종파는 매질을 구성하는 입자 하나하나의 진동 방향과 진동하는 전체 모습인 파동의 진행 방향이 서로 평행한 경우이다.

앞의 그림 34.1에서 본 수면파나 그림 34.2에서 본 줄에 생기는 파동은 횡파의 예이다. 그런데 음파는 종파에 속한다. 그림 34.3을 보면 스피커에서 나온 소리에 의해서 공기분자들이 어떻게 진동하는지를 보여준다. 그림에 짙게 표시된 부분은 공기분자들이 밀하게 모여 있는 부분이고 옅게 표시된 부분은 공기분자들이 듬성듬성 모여 있는 부분이다. 그래서 음파를 압력파라고도 부른다. 위치에 따라서 압력이 높고 낮은 부분이 반복되며 파동이 전달되기 때문이다. 그림 34.3에서 명백한 것처럼, 음파에서는 공기분자들의 진동방향이 파동의 진행방향과 같으며 그래서 음파는 종파 중 하나이다. 그 밖에 지진도 역시 파동에 의해 전달되는데 지진을 전달하는 지진파에는 종파와 횡파 두 가지가 모두 존재한다. 그리고 빛도 역시 파동인데, 파동 중에서도 횡파이다.

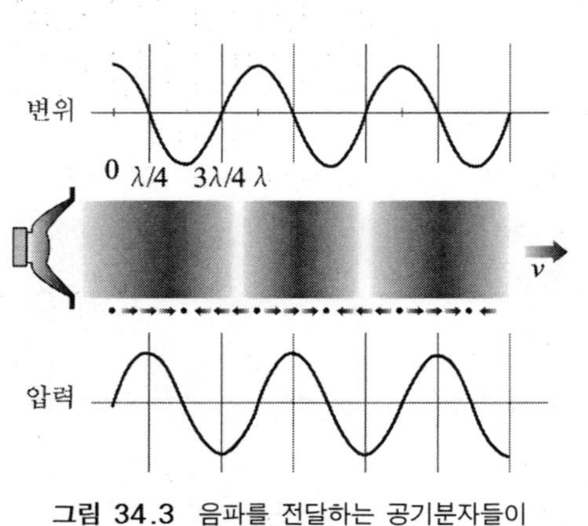

그림 34.3 음파를 전달하는 공기분자들이 진동하는 모습

우리는 음파가 공기 중에서 340 m/s의 속력으로 전달된다는 것을 잘 알고 있다. 그런데 엄밀히 말하면 음파의 속력은 공기의 온도에 의존하여서 공기의 온도가 높아지

면 음파의 속력이 증가하고 온도가 낮아지면 속력이 감소한다. 파동의 속력은 그 파동을 전달하는 매질의 성질에 의해 결정되기 때문이다. 다른 예로, 줄에 생기는 파동의 경우에도 파동이 전달되는 속력은 그 파동의 매질인 줄의 성질에 속하는 줄에 걸리는 장력 T, 줄의 질량 m, 그리고 줄의 길이 L에 따라 정해진다. 그리고 줄에 생기는 파동의 속력을 놀랍게도 지난 2장에서 배운 간단한 차원해석 방법에 의해서 줄에 걸리는 장력과 줄의 질량 그리고 줄의 길이에 어떻게 의존하는지를 알아낼 수 있다. 줄에 생기는 파동의 속력 v가 T와 m 그리고 L에 의해

$$v = T^a m^b L^c \tag{34.1}$$

로 주어진다고 하자. 여기서 멱수 a와 b 그리고 c가 우리가 구할 목표이다. 이제 v와 T, m, 그리고 L의 차원이

$$[v] = [L][T]^{-1}, [T] = [M][L][T]^{-2}, [m] = [M], [L] = [L] \tag{34.2}$$

인 것을 이용하면 (34.1)식의 좌변과 우변에 나오는 양의 차원은

$$[L][T]^{-1} = [M]^a \ [L]^a \ [T]^{-2a} \ [M]^b \ [L]^c \tag{34.3}$$

가 되고, 따라서 (34.3)식에 나오는 좌변과 우변의 차원을 비교하면

$$\begin{aligned} &\text{길이} \quad [L] \text{ 차원} : \ 1 = a + c \\ &\text{시간} \quad [T] \text{ 차원} : \ -1 = -2a \\ &\text{질량} \quad [M] \text{ 차원} : \ 0 = a + b \end{aligned} \tag{34.4}$$

를 얻는다. 그러므로 이 세 식들을 연립으로 풀면

$$a = \frac{1}{2}, \quad b = -\frac{1}{2}, \quad c = \frac{1}{2} \tag{34.5}$$

가 됨을 알 수 있다. 결과적으로 줄에 생기는 파동의 속력 v는

$$v = T^a m^b L^c = T^{1/2} m^{-1/2} L^{1/2} = \sqrt{\frac{TL}{m}} \tag{34.6}$$

가 된다. 2장에서 설명했던 것처럼, 차원해석으로 식에 나오는 비례상수까지 정확하게 알아낼 수는 없다. 그러나 줄에 생기는 파동의 경우에는 좀 더 정확한 방법으로 구하

그림 34.4 기타줄의 굵기와 장력

더라도 (34.6)식이 정확히 옳은 식이라는 결과가 나온다. 한편 (34.6)식에 이용한 줄의 길이는 줄을 구성하는 물질의 성질이라고 볼 수는 없다. 그런데 줄의 질량을 그 줄의 길이로 나눈

$$\mu=\frac{m}{L} \tag{34.7}$$

은 줄의 선밀도를 나타내는데 그래서 줄의 선밀도 μ를 이용하여 (34.6)식을

$$v=\sqrt{\frac{T}{\mu}} \tag{34.8}$$

로 표현하면 줄의 길이가 얼마이든지 줄에 걸리는 장력과 줄의 선밀도만으로 그 줄에 생기는 파동의 속력 v가 결정됨을 알 수 있다.

줄에 생기는 파동의 속력이 (34.8)식으로 결정되는 것을 정성적으로 이해하자면 다음과 같다. 파동이란 매질의 한 부분의 진동이 인접한 다른 부분의 진동으로 전달되는 현상이다. 마치 용수철에 연결된 물체는 용수철이 진동하면 그 진동이 물체에 전달되는 것과 마찬가지이다. 용수철에 연결된 물체가 진동하려면 탄성력이 작용하여야 하는데, 줄에 생기는 파동의 경우 매질인 줄이 진동하도록 탄성력이 작용하는데 기여하는 것이 바로 줄에 걸리는 장력 T이다. 그리고 줄의 선밀도는 줄이 탄성력을 받았을 때 얼마나 잘 따라 움직일 것인가를 나타내는 관성의 정도를 알려준다. 그래서 (34.8)식에 의하면 줄에 생기는 파동의 속력은 탄성력과 관성 사이의 비에 의해서 결정됨을 알 수 있다.

또한 (34.8)식에서 줄의 장력 T가 크다는 것은 줄이 팽팽하게 잡아당겨져 있다는 말이고 선밀도 μ가 크다는 말은 선이 굵고 무겁다는 의미이다. 그래서 줄이 팽팽할수록 줄에 생기는 파동의 속력이 빨라지고 줄이 무겁고 둔탁할수록 줄에 생기는 파동의

속력이 느려지는 것을 알 수 있다. 나중에 그 이유를 더 자세히 알게 되겠지만, 그림 34.4에 보인 것과 같이, 기타 줄 중에서 높은 음을 내는 줄은 가늘고 더 단단하며 팽팽하게 매여 있지만 낮은 음을 내는 줄은 두껍고 덜 단단하며 상대적으로 느슨하게 매여 있다. 높은 음을 내는 줄에서는 줄에 생기는 파동의 속력이 다른 줄보다 더 빠르고 낮은 음을 내는 줄에서는 속력이 더 느리기 때문이다.

공기 중에서 전달되는 종파인 음파의 속력도 줄에 생기는 횡파인 파동의 속력과 비슷하게 결정된다. (34.8)식으로부터 줄에 생기는 파동의 속력은 줄에서 복원력을 나타내는 장력 T와 줄의 관성을 나타내는 선밀도 λ의 비의 제곱근에 의해 결정된다. 그리고 장력 T는 줄이 얼마나 팽팽하게 당겨져 있는가를 나타낸다. 한편 액체와 기체 등 유체의 경우에 변형 $\Delta V/V$에 의해서 압력차이 ΔP가 얼마나 작용하는지는 (31.11)식에 의해

$$\Delta P = -B\frac{\Delta V}{V} \tag{34.9}$$

로 주어진다. 여기서 B는 해당 유체의 부피탄성률인데, 이것은 그 유체가 압력이 전달되는데 얼마나 단단하게 행동하는지를 나타내는 지표가 된다. 그러므로 유체에서 음파의 속력을 결정하는데 B를 복원력의 정도를 나타내는 양으로 이용하면 좋다. 또한 유체에서는 관성의 정도를 그 기체의 밀도 ρ로 대표할 수 있으므로 유체에서 음파의 속력 v는

$$v = \sqrt{\frac{B}{\rho}} \tag{34.10}$$

에 의해 결정된다. 실제로 앞에서 줄의 경우에 했던 것처럼 차원해석 방법을 이용하더라도 (34.10)식과 동일한 결과를 얻는다.

(34.10)식은 액체와 기체를 포함한 어떤 유체에서든지 음파가 전달되는 속력을 구하는데 이용될 수 있다. 특별히 기체에서는 (34.10)식을 좀 더 간단하게 만들 수 있다. 밀도가 너무 크지 않은 기체에서는 대부분 기체의 부피탄성률 B가 밀도 ρ와 기체의 절대온도 T의 곱에 비례한다는 것이 잘 알려져 있다. 그래서 (34.10)식을

$$v = \sqrt{\frac{B}{\rho}} \propto \sqrt{\frac{\rho T}{\rho}} = \sqrt{T} \quad \therefore \quad v \propto \sqrt{T} \tag{34.11}$$

라고 쓸 수 있다. (34.11)식에 의하면 기체에서 음파의 속력은 그 기체의 절대온도의 제곱근에 비례한다고 말할 수 있다. 다만 (34.11)식의 비례상수를 구하는 일은 간단하지 않으므로 여기서는 생략하기로 한다. 그렇다고 하더라도 어떤 한 온도 T_0에서 음파의 속력이 v_0라면 어떤 다른 온도 T에서 음파의 속력 v와 사이에는

$$\frac{v_0}{\sqrt{T_0}} = \frac{v}{\sqrt{T}} \qquad \therefore \quad v = v_0\sqrt{\frac{T}{T_0}} \tag{34.12}$$

가 성립한다. 예를 들어, 0°C에서 음파의 속력이 $v_0 = 331\ \mathrm{m/s}$라는 것이 잘 알려져 있으므로 (34.12)식을 이용하여 어떤 다른 온도에서라도 공기 중에서 음파의 속력을 계산할 수 있다.

음파는 유체에서뿐 아니라 고체에서도 전달된다. 예를 들어 가늘고 긴 고체에 음파가 전달되어 진행한다면 그 속력을 유체에서 구한 (34.10)식과 유사하게 구할 수 있다. 유체에서 음파는 압력파로 진행하며 유체가 압력을 받으면 유체의 변형은 (34.9)식으로 주어졌다. 그런데 가늘고 긴 고체에서 음파가 진행한다면 음파는 고체를 약간 늘렸다 줄였다 할 것이다. 그러한 변형에 대한 후크 법칙은 (31.4)식에 의해

$$\frac{F}{S} = Y\frac{\varDelta L}{L} \tag{34.13}$$

로 주어진다. 다시 말하면, 이 고체의 단단한 정도는 영률 Y에 의해 결정된다. 그러므로 가늘고 긴 고체에서 음파의 속력은 (34.10)식에서 부피탄성률 B 대신에 해당 고체의 영률 Y를 이용하여

$$v = \sqrt{\frac{Y}{\rho}} \tag{34.14}$$

에 의해 결정된다. 그리고 유체의 부피탄성률 B와 유체의 밀도 ρ사이의 비와 비교하여 고체의 영률 Y와 고체의 밀도 ρ사이의 비가 훨씬 더 크므로, 유체에서 음파의 속력에 비해 고체에서 음파의 속력이 훨씬 더 빠르다. 기체, 액체, 고체를 포함한 몇 가지 매질에서 음파의 속력을 표 34.1에 표시해 놓았다.

우리는 지난주에 특별히 후크 법칙으로 주어지는 탄성력을 받고 움직이는 운동인 단순조화진동은 진동을 공부하는데 여러 가지로 편리하게 이용되는 것을 알았다. 우리가 잘 아는 사인과 코사인이라는 함수로 그 운동을 잘 설명할 수 있기 때문이다. 그런

표 34.1 음파의 속력 (따로 표시 안되면 0° C와 1기압에서)

매질	속력(m/s)	매질	속력(m/s)
이산화탄소기체	259	바닷물 (25° C)	1533
공기	331	콘크리트	3100
질소 기체	334	구리	3560
헬륨 기체	972	알루미늄	5100
수은(25° C)	1450	파이렉스 유리	5640
물 (25° C)	1493	철	5790

데 매질의 입자 하나하나가 모두 단순조화진동을 하여 만들어지는 파동도 역시 파동을 공부하는데 특별히 편리하게 이용된다. 그러한 파동은 사인함수나 코사인함수를 이용하여 편리하게 설명될 수 있기 때문이다.

입자들이 단순조화진동을 하며 전달되는 파동을 어느 한 순간에 사진 찍는다면 그림 34.5에 보인 것과 같은 사인곡선 또는 코사인곡선이 된다. 그리고 이 곡선을 식으로 쓰면

$$y(x) = A\sin\left(\frac{2\pi x}{\lambda}\right),\ \text{여기서 } t\text{는 고정} \tag{34.15}$$

가 된다. 이것은 줄을 흔들었을 때 줄에 생기는 파동의 모습을 대표한 것이라고 보면 좋다. 이 식에서 x는 줄을 흔들지 않았을 때 줄을 구성하는 각 입자의 위치이다. 그리고 $y(x)$는 x에 위치한 입자가 진동하느라고 움직인 변위를 대표한다. 따라서 $y(x)$를 모든 x값에 대해 한꺼번에 보면 바로 파동의 모습을 나타내는 것이다. 그리고 이 식에서 A는 입자가 진동하는 최대 변위를 나타내는데 이를 파동의 진폭이라고 부른다.

그림 34.5에서 $x=0$에 놓인 입자의 변위는 $y(0)=0$이다. 그리고 그보다 약간 오른쪽에 놓인 입자는 위쪽으로 약간 진동한다. 그런데 그림 34.5에서 $x=\lambda/2$라고 표시된 곳에 놓인 입자의 변위는 다시 0이고 그보다 약간 더 오른쪽에 놓인 입자는 아래쪽으로 약간 진동한다. 그리고 $x=\lambda$라고 표시된 곳에 놓인 입자의 변위는 또다시 0이다. 이렇게 파동에서 매질 입자의 변위가 원래 모습으로 돌아갈 때까지의 거리를 파장이라고 하고 파장을 보통 그리스 문자 λ로 표시한다.

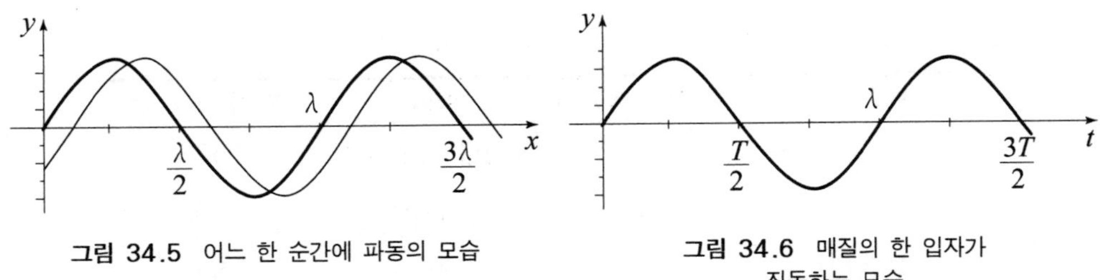

그림 34.5 어느 한 순간에 파동의 모습

그림 34.6 매질의 한 입자가 진동하는 모습

그림 34.5에서 굵은 선으로 그린 곡선이, 예를 들어 $t=0$ 때와 같이, 어느 순간에 사진을 찍은 파동의 모습이라면 가는 선으로 그린 곡선은, T를 진동의 주기라 하고 예를 들어 $t=T/5$ 때와 같이, 약간의 시간이 흐른 뒤 사진을 찍은 파동의 모습이다. 그래서 이 그림을 보면 $x=0$ 에 놓인 입자는 약간의 시간이 지난 뒤 아래쪽으로 진동하고 원래 $x=\lambda/2$ 에 놓여있던 입자는 위쪽으로 진동하는 것을 볼 수 있다.

그리고 이번에는 어떤 한 가지 x값으로 대표되는 파동 중의 한 위치에서 매질 입자가 움직이는 모양을 시간의 함수로 그린다면 그림 34.6에 보인 것처럼 되는데 이것도 역시 사인곡선을 그린다. 이 그림에서 입자는 $t=0$ 때 변위가 $y=0$ 에서 시작하여 위쪽으로 움직이므로 앞의 그림 34.5에서 $x=\lambda/2$ 에 놓인 입자가 진동하는 모습이라고 할 수 있다. 이 곡선을 식으로 쓰면 역시 사인 함수로

$$y(t)=A\sin\left(\frac{2\pi t}{T}\right),\ \text{여기서 } x\text{는 고정} \tag{34.16}$$

가 되는데 이 식에서 T는 진동의 주기이다. 앞의 그림 34.5는 어느 한 순간에 찍은 사진을 나타내는 곡선이므로 변위 y가 매질 입자의 위치 x의 함수이었지만 이번 그림 34.6에서는 한 입자의 진동을 나타내므로 변위 y가 시간 t의 함수임에 유의하자.

이제 파동을 어느 한 순간에서만 보거나 어느 한 위치에서만 보지 말고 파동을 한꺼번에 모두 본다면 어떻게 표현할 수 있을까? 매질을 구성하는 모든 입자의 변위를 모든 시간에 대해 표현하면

$$y(x,t)=A\sin\left(\frac{2\pi}{\lambda}x-\frac{2\pi}{T}t\right) \tag{34.17}$$

가 된다. 이 식에 $t=0$를 대입하면 $t=0$이라는 순간에 사진을 찍은 파동의 모습이 되고, 이 식에 $x=\lambda/2$를 대입하면 그 위치에서 입자의 진동을 묘사하는 식이 된다.

파동이 어떤 방향으로 움직이는지 알려면 파동 중에서 어떤 한 크기의 변위가 어떻게 움직이는지 보면 된다. 예를 들어, (34.17)식의 괄호 내의 값이

$$\frac{2\pi}{\lambda}x-\frac{2\pi}{T}t=0 \tag{34.18}$$

일 때를 보자. 이 식의 값이 0으로 유지되려면 시간이 흐를수록, 즉 t값이 커질수록, x값도 함께 커져야 된다. 다시 말하면 동일한 변위를 유지하는 위치는 시간이 흐를수록 점점 더 커진다는 뜻이다. 따라서 이 식은 오른쪽 즉 $+x$방향으로 움직이는 파동을 나타낸다.

우리는 (32.35)식으로부터 $2\pi/T$가 각진동수 ω와 같음을 알았다. 각진동수란 단위 시간 동안에 포함된 진동의 수인 진동수에 2π를 곱한 것이다. 비슷한 의미로 $2\pi/\lambda$에도 이름이 부여되어 있다. $1/T$는 단위 시간에 포함된 진동의 수를 나타낸 것처럼 $1/\lambda$는 단위 길이에 포함된 파동의 수를 나타낸다. 그래서 $1/\lambda$를 파동수라고 부르고 $2\pi/\lambda$는 파동수에 2π를 곱한 각파동수라고 부르면 그럴듯할까? 그런데 실제로 물리에서는 파동수와 각파동수를 구별하지 않고 그저

$$\frac{2\pi}{\lambda}=k \tag{34.19}$$

라고 쓰고 k를 파수(波數)라고 부른다. 파수를 영어로는 wave number라고 한다. 파수는 파동수와 같은 의미라고 생각된다. 아마 $1/T$를 의미하는 진동수와는 달리 $1/\lambda$라는 양이 물리에서 특별히 이용되는 경우가 없기 때문에 파수만을 정의해 사용하는가보다. 파수 k와 각진동수 ω를 이용하여 파동을 표현하면 (34.17)식은

$$y(x,t)=A\sin(kx-\omega t) \tag{34.20}$$

라고 훨씬 더 간단하고 보기 좋게 표현된다. 이것이 우리가 흔히 대학교 물리 교과서에서 파동을 표현할 때 보는 식이다. 각진동수 ω의 차원은 시간 분의 1이고 파수 k의 차원은 길이 분의 1이다.

35. 파동의 성질

- 자연에 존재하는 현상은 입자와 파동 두 가지 중에 하나에 속한다. 어떤 현상이 입자인지 파동인지를 쉽게 구분할 수도 있으나 그렇기 않은 경우도 있다. 이때 파동은 중첩원리를 만족하는 것으로 입자와 구별된다. 중첩원리란 무엇인가?
- 파동의 성질은 중첩원리와 호이겐스 원리를 이용하면 잘 설명된다. 파동의 반사법칙은 호이겐스 원리에 의해 어떻게 설명될까?
- 파동이 서로 다른 매질을 통과하면 각 매질 내에서 진행하는 속력이 바뀌게 된다. 이렇게 속력이 바뀌는 두 매질의 경계면을 통과할 때 파동은 특별한 굴절법칙을 만족하며 경로가 꺾인다. 굴절법칙을 호이겐스 원리로 설명하라.

이번 주에 새로 공부하는 파동은 지난주까지 공부한 대상과는 좀 다르다. 자연현상에서 관찰되는 대상은 어떤 것이나 입자 아니면 파동 둘 중의 하나이다. 좀 더 쉽게 설명한다면 자연현상에서 무엇이 한 장소에서 다른 장소로 이동하는 것을 관찰하였다면 그것의 본성은 입자 아니면 파동이다. 지난주까지는 모두 본성이 입자인 것에 대해서만 공부하였다. 이번 주에 공부하기 시작한 파동은 입자와 분명하게 구별된다. 무엇이 이동하였는데 그 이동이 물질의 이동을 수반하면 그것을 입자라 하고 물질의 이동을 수반하지 않으면 그것을 파동이라 한다. 그리고 논리적으로도 물질의 이동을 수반한다와 수반하지 않는다는 것 이외에 다른 경우는 없으므로 자연현상에서 무엇이 이동한다면 그것은 반드시 입자 또는 파동 둘 중의 하나이어야만 한다.

대부분의 경우에 우리는 무엇이 이동하는 자연현상을 보고 그것이 입자인지 또는 파동인지 바로 구분할 수 있다. 간단한 예로 야구공이 날아가면 그것은 입자의 이동임을 바로 알 수 있다. 야구공이 이동하면 질량도 함께 이동하기 때문이다. 또한 수면파가 퍼져나가면 그것은 파동이 이동한다고 바로 판단할 수 있다.수면파를 전달해주는 매질인 물질은 이동하지 않고 매질이 진동하는 모습만 이동한다는 것을 알기 때문에 그렇게 판단한다. 그런데 자연현상 중에는 우리 눈으로 보고 바로 그것이 입자인지 파동인지 구분하지 못하는 경우도 있다. 역사적으로 빛이 바로 그런 대상이 되었다.

빛의 본성이 무엇인가에 대한 고민은 17세기에 뉴턴이 시작하였다. 뉴턴은 빛의 본성이 입자라는 입자설을 주장하였다. 사실 빛은 우리 주위에서 항상 관찰되는 존재이지만 그것이 입자인지 파동인지를 바로 구분하는 것은 쉽지 않은 일이다. 그렇지만 눈으로 보고 바로 판단할 수 없다고 하더라도 입자와 파동을 바로 구분할 수 있는 좋은 방법이 있다. 그것은 두 개가 도착할 때 어떻게 되느냐에 따라 구분된다. 한 장소에 입자가 두 개 도착하면 그냥 더해주면 된다. 그러나 파동이 두 개 도착하면 마치 벡터를 더해주듯이 더해주어야 한다. 우리가 잘 아는 것처럼 동일한 두 벡터를 더하면 아예 없어져 버리는 경우도 있다. 파동에서 이렇게 두 파동이 만나면 변위를 벡터처럼 더해주는 것을 파동은 중첩원리를 만족한다고 말한다.

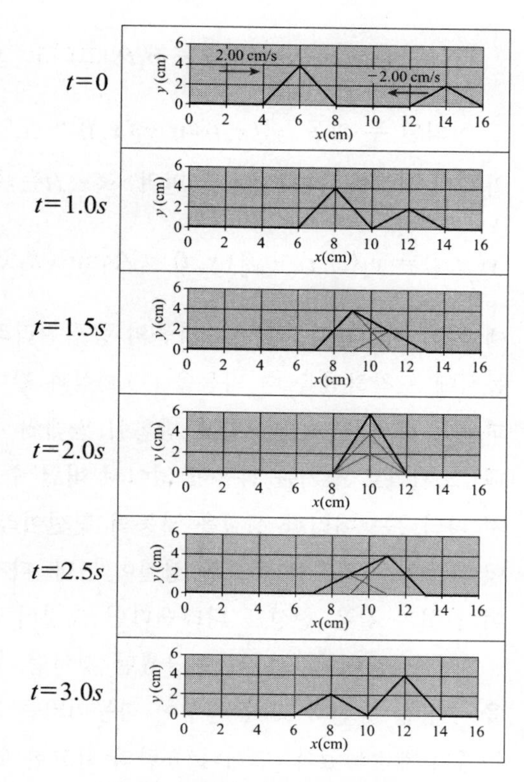

그림 35.1 줄에 생긴 두 충격파의 진행

매질의 한 위치에 두 파동이 도착하면 그 위치에 존재하는 매질을 구성하는 입자는 두 파동에서 요구하는 변위만큼 따로 진동하는 것이 아니라 두 파동에서 요구하는 두 변위를 벡터처럼 더한 변위로 진동한다. 한 예로 그림 35.1에 보인 줄에 생긴 두 충격파가 진행하는 모습을 보자. 그림 35.1에는 좀 높은 충격파 A가 왼쪽에서 오른쪽으로 그리고 좀 낮은 충격파 B가 오른쪽에서 왼쪽으로 진행하고 있다. 그런데 이들이 줄의 동일한 위치에 도달하면 줄이 진동하는 모습은 두 충격파의 변위를 벡터처럼 더한 변위로 진동하는 것을 볼 수 있다. 두 충격파가 이렇게 더해지며 진행하는 것은 파동이 중첩원리를 만족하기 때문이다.

파동의 중첩원리를 식으로 표현하기 위해 동일한 시간 t때 매질에서 동일한 위치 x에 놓인 매질 입자가 진동하도록

$$y_1(x, t) = A_1 \sin(k_1 x - \omega_1 t) \text{ 그리고 } y_2(x, t) = A_2 \sin(k_2 x - \omega_2 t) \qquad (35.1)$$

로 정의된 두 파동 $y_1(x, t)$와 $y_2(x, t)$가 도달한다고 하자. 그러면 x에 존재하는 매질 입자가 시간이 t때 진동할 변위 $y(x, t)$는 두 변위 y_1과 y_2를 더하여

$$y(x, t) = y_1(x, t) + y_2(x, t) = A_1 \sin(k_1 x - \omega_1 t) + A_2 \sin(k_2 x - \omega_2 t) \qquad (35.2)$$

에 의해 결정된다. 이것을 파동의 중첩원리라 한다. 두 파동이 매질의 동일한 위치에 동시에 도착하였을 때 파동을 (35.2)식과 같이 더하는 중첩원리 때문에, 예를 들어 두 파동의 변위가 크기가 같고 방향이 반대인 극단적인 경우에는 두 파동이 도달하였는데 그 결과로 생기는 파동이 없어져 버릴 수도 있다. 두 파동이 중첩원리에 의해 더해져 나타나는 이러한 성질을 파동의 간섭이라 한다. 그리고 중첩원리를 만족한다는 것이 파동임을 말하는 중요한 성질이 된다. 다시 말하면 어떤 현상이 중첩원리를 만족하여 간섭과 같은 현상을 나타낸다면 그것의 본성은 파동임이 분명하다는 것이다.

지난 31장에서 간단히 언급했던 것처럼, 17세기에는 빛의 본성이 입자라는 입자설을 주장한 뉴턴과 빛의 본성이 파동이라는 파동설을 주장한 후크와 호이겐스 사이에 논쟁이 계속되었다. 그러나 뉴턴의 확고한 위상 때문에 빛이 파동이라는 구체적인 증거에도 불구하고 오랫동안 빛의 입자설이 더 설득력을 가지고 있었다. 그러나 그로부터 근 100년 뒤 이중 슬릿을 이용해 영이 뚜렷이 보여준 빛의 간섭실험 결과는 빛이 파동임을 분명하게 증명하여 주었다. 그 뒤 전자기학이 발달하면서 19세기 말에 이르러야 비로소 빛은 파동 중에서도 전자기파에 해당한다는 사실이 밝혀졌다.

자연현상을 만드는 대상은 입자와 파동 두 가지 중에서 하나인데, 입자가 움직이는 데는 물질의 이동을 수반하지만 파동이 움직이는 데는 물질이 함께 이동하지 않는다고 하였다. 그렇다면 파동이 이동할 때 따라 움직이는 물리적인 실체는 무엇일까? 그것은 바로 에너지이다. 그런데 입자의 움직임에서도 이동되는 것은 에너지라고 말할 수 있다. 질량도 역시 에너지의 한 형태이기 때문이다. 그리고 입자의 움직임에서도 단지 질량만 함께 이동하는 것이 아니라 다른 형태의 에너지도 역시 이동한다.

예를 들어 그림 35.2에 보인 것처럼 야구공을 주고받는 경우와 양쪽에 줄을 잡고 줄을 흔드는 경우를 비교해보자. 그림 35.2의 위쪽에서 사람이 야구공을 던지면서 일을 하면 그 일은 야구공의 운동에너지 형태로 공을 받는 사람에게까지 전달된다. 그림 35.2의 아래쪽에서도 마찬가지로 왼쪽 사람이 줄을 흔들면서 일을 하면 그 일은 줄에

서 파동형태로 전달되는데 파동이 나르는 에너지가 오른쪽 사람에게까지 전달된다. 줄을 통해서 에너지가 전달된 것은 충격파가 도달하면 줄을 잡고 있는 손이 흔들리는 것으로부터 알 수 있다. 그런데 그림 35.2의 위쪽에서는 에너지가 움직이는 야구공이라는 질량 자체에 의해 전달되었지만 아래쪽에서는 두 사람 사이에 존재하는 줄은 여전히 그곳에 그대로 있고 줄에 생긴 파동이라는 형태의 이동에 의해서만 전달되었다.

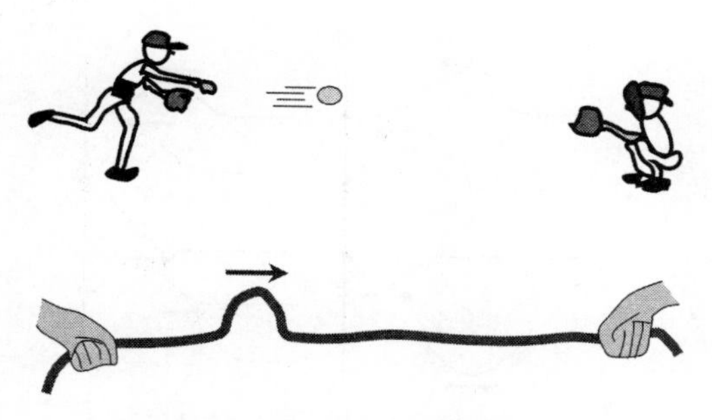

그림 35.2 입자와 파동에서 에너지의 이동

파동을 (35.1)식과 같이 표현한다면 파동에 의해서 에너지가 전달되는 비율은 파동의 세기에 의해 결정되는데, 파동의 세기는 다시 파동의 진폭 A의 제곱인 $|A|^2$에 비례한다. 그래서 만일 (35.1)식의 두 파동 $y_1(x, t)$와 $y_2(x, t)$가 동일한 파동이어서

$$y_1(x, t) = y_2(x, t) = A\sin(kx - \omega t) \tag{35.3}$$

라면 (35.2)식으로 주어진 $y_1(x, t)$와 $y_2(x, t)$가 중첩된 $y(x, t)$는

$$y(x, t) = y_1(x, t) + y_2(x, t) = 2A\sin(kx - \omega t) \quad \therefore \quad A' = 2A \tag{35.4}$$

로 되어 $y(x, t)$의 진폭 A'은 원래 두 파동의 진폭 A의 두 배이고 그러므로 중첩된 새로운 파동의 세기 $|A'|^2$은 원래 각 파동의 세기인 $|A|^2$의 네 배가 된다. 이처럼 두 파동이 만나면 간섭에 의해서 파동이 없어질 수도 있고 세기가 원래 파동의 4배인 파동이 될 수도 있다. 이것은 입자에서는 도저히 관찰될 수 없는 성질로 파동만이 지닌 특징이다. 한편 파동이 지닌 대표적인 성질로는 반사와 굴절 그리고 간섭과 회절이 있다. 이중에서 반사는 입자에게서도 관찰될 수 있는 성질이지만 그 밖에 세 가지는 모두 파동만 지니고 있는 독특한 성질들이다.

파동은 매질이 바뀌지 않으면 원래의 진행방향으로 계속 전파된다. 그런데 매질이 갑자기 바뀌어서 파동의 속력이 크게 변하면 반사가 일어나 파동의 일부는 원래 방향과 반대 방향으로 진행하게 된다. 파동이 진행하면 에너지도 함께 이동하는데, 서로 다른 매질의 경계에서 파동이 나르고 있는 에너지의 일부는 방향을 바꾸어 오던 방향과 반대방향으로 전달되는 현상을 파동의 반사라 한다.

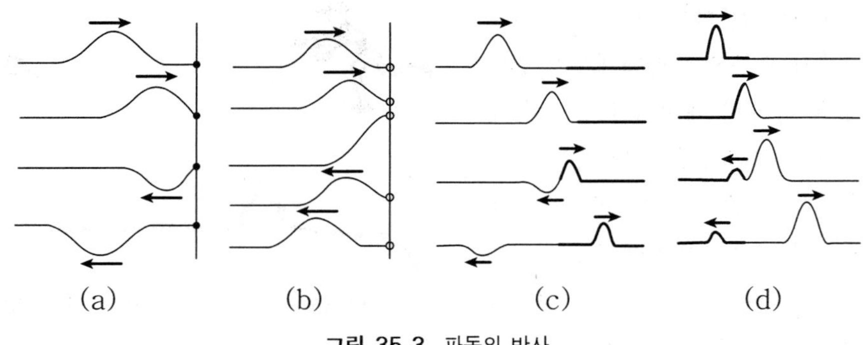

그림 35.3 파동의 반사

파동이 서로 다른 매질에서 반사되는 모습을 설명하기 위해 그림 35.3에 그린 줄에 생긴 충격파의 반사를 보자. 그림 35.3의 (a)에 보인 것은 한쪽 끝이 고정된 줄의 왼쪽에서 충격파가 오른쪽으로 진행해 들어오는 경우이다. 이때 충격파는 고정점에서 반사되면서 변위가 원래 방향과 반대로 뒤집어져서 다시 왼쪽으로 진행해 나간다. 한편 그림 35.3의 (b)에 보인 것은 한쪽 끝이 자유롭게 움직일 수 있도록 만들어진 줄의 왼쪽에서 충격파가 오른쪽으로 진행해 들어오는 경우이다. 이때는 그림에 보인 것처럼 반사되는 충격파의 변위 방향이 원래 들어오는 충격파의 변위 방향과 동일함을 알 수 있다. 그림 35.3의 (a)의 경우를 보통 닫힌 끝이라고 하고 (b)의 경우를 보통 열린 끝이라고 한다. 그래서 줄에 생기는 파동이 닫힌 끝에서 반사된 파동은 원래 파동과 비교하여 위상이 180°바뀌고 열린 끝에서는 위상이 바뀌지 않고 반사된다.

그림 35.3의 (a)와 (b)처럼 줄이 중간에 끝나는 경우에만 반사하는 것은 아니다. 그림 35.3의 (c)와 (d)에 보인 것처럼 선밀도가 다른 두 줄이 연결된 부분에서도 파동의 일부가 반사된다. 그런데 그림 35.3의 (c)와 같이 파동이 선밀도가 작은 줄에서 선밀도가 큰 줄로 진행해 들어가면 반사된 파동의 변위는 원래 파동과 반대 방향을 향하여 180°의 위상변화를 보인다. 그것은 한쪽 끝이 닫힌 그림 35.3의 (a)와 비슷한 결과이다. 그런데 그림 35.3의 (d)와 같이 파동이 선밀도가 큰 줄에서 선밀도가 작은 줄로 진행해 들어가면 반사된 파동의 변위는 원래 파동과 같은 방향을 향하며 따라서 위상의 변화도 없다. 이 경우는 한쪽 끝이 열린 그림 35.3의 (b)와 비슷한 결과를 나타낸다.

파동이 서로 다른 매질의 경계를 지나더라도 그 파동의 진동수는 바뀌지 않는다. 진동수란 단위시간 동안 매질이 진동하는 횟수를 말한다. 그런데, 한 예로 그림 35.3의 (c)나 (d)에 보인 것처럼 선밀도가 다른 두 줄이 연결되어 있다면 파동이 연결부분을 지나면서 단위시간 동안 줄이 아래위로 진동하는 횟수는 바뀌지 않아야 한다. 이것이 한 파동이 서로 다른 매질로 진행하더라도 진동수는 바뀌지 않는 이유이다.

한편 파동이 진행하는 속력 v는 그 파동의 진동수 f와 주기 T 그리고 파장 λ에 의해

$$v = f\lambda = \frac{\lambda}{T} \tag{35.5}$$

로 주어진다. 이런 관계가 성립하는 것은 파동을 정의한 (34.17)식인

$$y(x, t) = A\sin\left(\frac{2\pi}{\lambda}x - \frac{2\pi}{T}t\right) \tag{35.6}$$

로부터 쉽게 알 수 있다. 파동의 속력을 알기 위해서는 (35.6)식의 우변에 나오는 괄호 안의 양이 일정하게 유지되는 점 즉

$$\frac{2\pi}{\lambda}x - \frac{2\pi}{T}t = a = \text{일정} \tag{35.7}$$

이 얼마나 빨리 움직이나 관찰하여야 한다. 그리고 (35.7)식의 양변을 시간 t로 미분하면

$$\frac{2\pi}{\lambda}\frac{dx}{dt} - \frac{2\pi}{T} = 0 \qquad \therefore \quad v = \frac{dx}{dt} = \frac{\lambda}{T} = f\lambda \tag{35.8}$$

임을 알 수 있다. 다시 말하면, 파동의 파장을 주기로 나누거나, 같은 말이지만, 파동의 파장과 진동수를 곱하면 그 파동의 속력이 된다.

파동이 서로 다른 매질을 따라 진행하는 경우에 서로 다른 매질에서 파동의 진동수 f는 바뀌지 않지만 34장에서 공부한 것처럼 서로 다른 매질에서 파동의 속력 v는 바뀐다. 따라서 (35.8)식에 의해 서로 다른 매질에서 파동의 파장이 바뀌는 것을 알 수 있다. 그런데 파동이 한 매질에서 다른 매질로 진행하면 파동의 속력 v와 파장 λ만 바뀌는 것이 아니라 파동이 진행하는 방향도 바뀐다. 예를 들어, 그림 35.4에 보인 것처럼, 빛이 공기에서 유리로 들어가면 빛이 진행하는 방향이 바뀐다. 이것을 빛의 굴절이라 하는데, 빛 뿐 아니라 모든 파동은 서로 다른 매질의 경계를 지나면서 이처럼 굴절한다.

파동의 성질을 직관적으로 이해하는데 크게 도움을 주는 것으로 호이겐스 원리가 있다. 호이겐스는 뉴턴과 같은 17세기에 활약한 네덜란드 출신의 과학자로 12주 강의를 시작하면서 사진으로 소개한 바로 그 사람이다. 전자기학이 발달하여 빛이란 전자

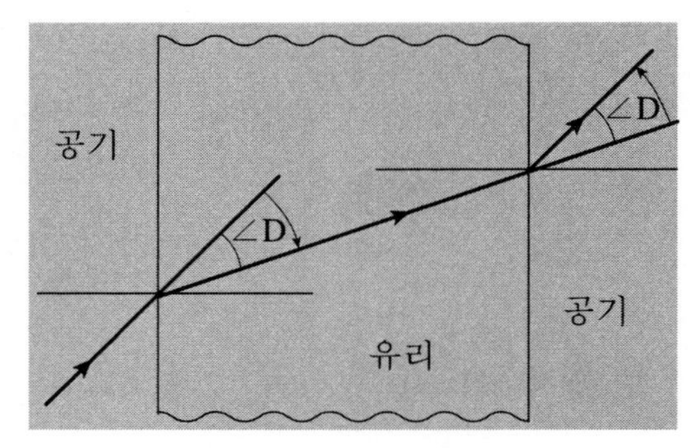

그림 35.4 서로 다른 매질에서 빛의 굴절

기파의 일종이라고 알려지면서 빛에 대해 자세히 알게 된 19세기보다 훨씬 전에 호이겐스는 빛이 매질을 통하여 어떻게 이동하는지를 그림으로 설명할 수 있는 방법을 알아내었다.

호이겐스 원리를 설명하기 전에 먼저 파동을 묘사하는데 필요한 몇 가지 용어들을 소개하자. 파동이 처음 시작되는 곳을 파원(波源)이라고 한다. 호수에 돌을 던지면 호수 면에서 돌이 떨어진 곳이 수면파의 파원이다. 손으로 줄을 잡고 흔들면 줄을 처음 흔든 곳이 바로 줄에 생기는 파동의 파원이다. 전등은 전등에서 나오는 빛이라는 파동의 파원이다. 빛의 파원을 특별히 광원(光源)이라고 하기도 한다.

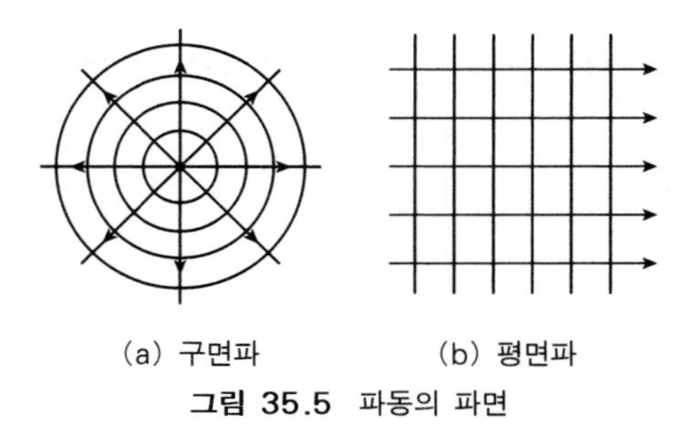

(a) 구면파 (b) 평면파

그림 35.5 파동의 파면

파동이 진행되는 모습을 그림으로 표시하는 데는 두 가지 방법이 이용된다. 하나는 그림 35.4에 보인 것처럼 파동이 진행하는 방향을 따라 선으로 표시하는 것이다. 다른 하나는 파동에서 진동하는 변위가 동일한 점들을 연결한 뒤 그것이 어떻게 이동하는지를 표시하는 것이다. 파동에서 진동하는 변위가 동일한 점들을 위상이 같은 점들이라고 말하기도 한다. 그리고 위상이 동일한 점들을 연결하여 이루어진 면을 파동의 파면(波面)이라고 한다. 일정한 시간 간격마다 파면을 그려서 파동이 진행되는 모습을 표시하기도 한다. 그림 35.5의 (a)에 보인 것은 파원인 한 점으로부터 나온 파동의 파면이 진행되는 모습이다. 이런 파동의 파면은 파원을 중심으로 하는 구의 표면과 같다. 그래서 이러한 파동을 구면파라고 한다. 한편 그림 35.5의 (b)에 보인 파동은 파원이 무한히 멀리 있는 곳에서부터 진행되어 온 파동의 파면이 진행되는 모습이다. 이런 파동의 파면은 평면을 이루고 있다. 그래서 이러한 파동을 평면파라고 한다.

그런데 그림 35.6의 (a)에 보인 것처럼 평면파가 진행하고 있는 곳에 조그만 구멍이 뚫린 장애물이 있다고 하자. 그러면 장애물의 구멍을 통과한 파동은 그림 35.6 (a)의 오른쪽에 보인 것처럼 구면파의 파면과 같은 파면을 가지고 진행해 나간다. 이 결과는

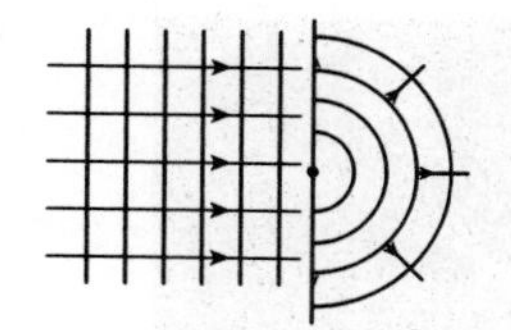

(a) 구멍을 통과하는 파동

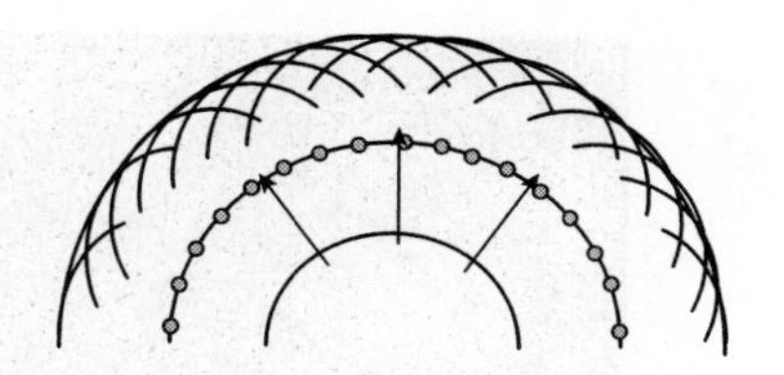

(b) 새로운 파면의 형성

그림 35.6 호이겐스 원리에 대한 설명

마치 장애물의 구멍이 있는 장소가 새로운 파동이 되어 만들어진 파동이 진행해 나가는 모습과 같다. 바로 이 사실을 호이겐스 원리라 한다. 호이겐스 원리에 의하면 파면 위의 모든 점들은 새로운 파원처럼 행동한다. 그래서 호이겐스 원리에 의하면, 그림 35.6의 (b)에 보인 것처럼, 파면 위의 모든 점에서 만들어지는 작은 파동들의 파면들이 중첩원리에 의해 더해져서 새로운 파면이 형성된다. 파동의 반사와 굴절, 간섭과 회절 등은 중첩 원리와 함께 이 호이겐스 원리를 적용하면 모두 잘 이해될 수 있도록 설명된다.

그러면 그림 35.7을 보면서 파동의 반사법칙을 호이겐스 원리로 설명해보자. 파동의 입사각 θ_i와 반사각 θ_r은 그림 35.7 (a)에 보인 것처럼 파동이 입사하거나 반사한 방향과 반사면에 그린 수선(垂線) 사이의 각으로 정의된다. 파동의 반사법칙은 그래서

$$\theta_i = \theta_r \tag{35.9}$$

이라고 쓸 수 있는데 이것은 그림 35.7(b)에 보인 파면이 진행하는 모습을 보면 이해될 수 있다. 그림 35.7(b)에 보인 입사파의 파면 중에서 왼쪽 부분이 먼저 반사면에 도달하여 호이겐스 원리에 의해 새로운 파동을 형성하여 반사해 나간다고 하자. 그렇지만 그림 35.7(b)에 보인 입사파의 파면 중에서 오른쪽 굵게 그린 부분은 아직 반사면에 도달하지 않았다. 그런데 입사파와 반사파가 모두 동일한 매질에 있기 때문에 파동의 전

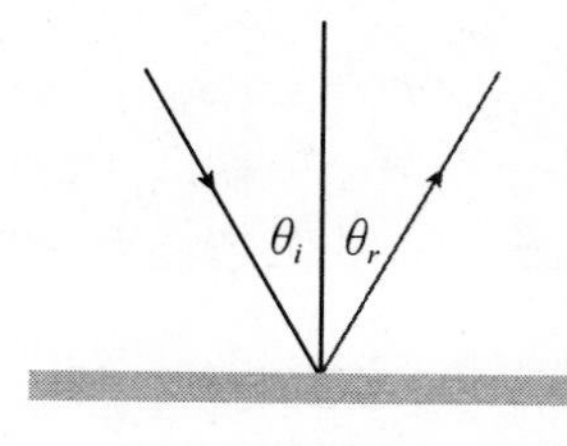

(a) 입사각과 반사각

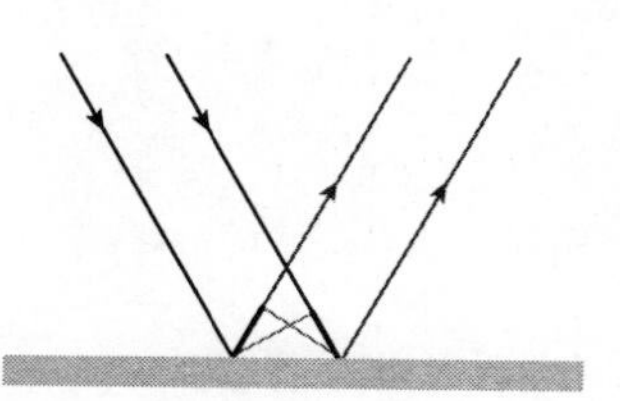

(b) 파면의 진행

그림 35.7 반사법칙의 설명

그림 35.8 평면파의 반사에서 파면의 진행

달 속력이 동일하다. 그러므로 입사파의 오른쪽 굵게 그린 부분이 반사면에 도달하는 동안 진행한 거리와 그 시간 동안에 반사파의 왼쪽 굵게 그린 부분이 진행한 거리가 같다. 파동이 반사할 때 파면이 어떻게 진행하는지를 보면 그림 35.8에 보인 것과 같게 된다. 그러므로 입사각 θ_i와 반사각 θ_r이 같을 수밖에 없다.

서로 다른 매질에서 파동은 반사할 뿐 아니라 한 매질로부터 다른 매질로 진행한 파동은 경계면에서 굴절한다. 이것은 그림 35.9(a)에 보인 것과 같이 파동이 경계면으로 들어가는 입사각 θ_1과 파동이 경계면을 통과하고 다른 매질로 들어가는 굴절각 θ_2는 같지 않고 다르다는 의미이다. 여기서 입사각 θ_1과 굴절각 θ_2도 역시 경계면의 수선(垂線)과 입사방향 또는 굴절방향 사이의 각으로 정의된다. 그리고 입사각 θ_1과 굴절각 θ_2가 다른 이유는 서로 다른 매질에서 파동의 진행 속력이 다르기 때문이다.

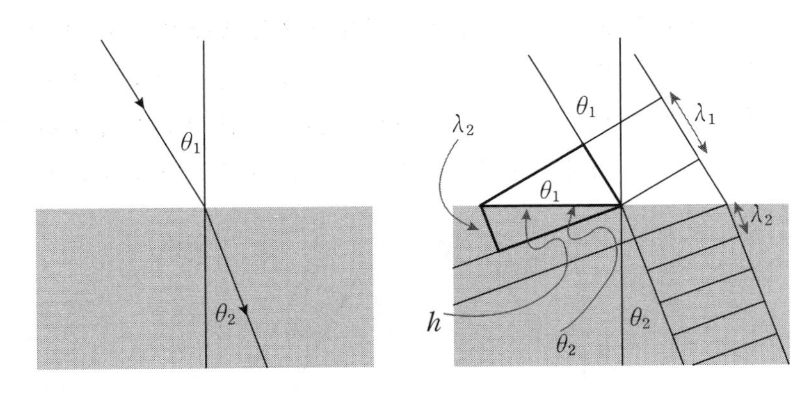

(a) 입사각과 굴절삭　　(b) 굴절법칙의 설명

그림 35.9 굴절법칙의 설명

호이겐스 원리를 이용하여 굴절법칙을 찾기 위해 그림 35.9(b)를 보자. 그림에서 사잇각이 θ_1이고 두 변의 길이가 각각 h와 λ_1인 삼각형을 이용하면 매질 1에서 입사각 θ_1과 입사파의 파장 λ_1 사이에는

$$\sin\theta_1 = \frac{\lambda_1}{h} \tag{35.10}$$

가 성립하고 또한 같은 그림의 아래쪽 사잇각이 θ_2이고 두 변의 길이가 각각 h와 λ_2인 삼각형을 이용하면 매질 2에서 굴절각 θ_2와 투과파의 파장 λ_2 사이에는

$$\sin\theta_2 = \frac{\lambda_2}{h} \tag{35.11}$$

가 성립함을 알 수 있다. 그런데 (35.10)식과 (35.11)식에서 h는 그림 35.9(b)에서 명백하듯이 동일한 값을 가지므로 이 두 식으로부터 입사각 θ_1과 굴절각 θ_2 사이에는

$$\frac{\sin\theta_1}{\sin\theta_2} = \frac{\lambda_1}{\lambda_2} = \frac{v_1}{v_2} \tag{35.12}$$

가 성립하는데, 이것을 파동의 굴절법칙이라 한다. (35.12)식의 두 번째 등식은 (35.8)식에 의해 파동의 속력 v는 진동수 f와 파장 λ의 곱과 같은데 파동이 서로 다른 매질을 지나면서 진동수 f는 변하지 않기 때문에 속력 v는 파장 λ에 비례한다는 사실을 이용하여 얻었다.

한편 파동이 빛인 경우에는 진공 중에서 빛의 속력을 c라 하고 어떤 매질에서 빛의 속력을 v라고 할 때 그 매질의 굴절률 n이

$$n = \frac{c}{v} \tag{35.13}$$

로 정의되므로 (35.12)식을

$$\frac{\sin\theta_1}{\sin\theta_2} = \frac{v_1}{v_2} = \frac{\dfrac{c}{n_1}}{\dfrac{c}{n_2}} = \frac{n_2}{n_1} \quad \rightarrow \quad n_1\sin\theta_1 = n_2\sin\theta_2 \tag{35.14}$$

그림 35.10
윌레브로르도 스넬
(네덜란드, 1580-1626)

라고 쓸 수 있는데, 이것을 스넬 법칙이라 부른다. 그림 35.10에 보인 네덜란드 출신의 스넬은 그의 아버지의 뒤를 이어 라이덴 대학의 수학교수가 되었으며 원에 내접한 다각형으로부터 π의 값을 소수점 아래 일곱 자리까지 구한 사람이다. 그는 이미 1621년이라는 이른 시기에 기하광학의 기본이 되는 빛의 굴절법칙을 발견하였으나 논문으로 남겨놓지 않았고 호이겐스가 1703년에 발표한 그의 논문에 스넬 법칙을 설명하여 비로소 알려지게 되었다.

36. 음파

- 소리는 음파에 의해 전달된다. 음파는 어떤 성질을 가졌는가?
- 사람은 목청에 의해서 소리를 내고 귀로 소리를 듣는다. 사람과 음파 사이에는 어떤 관계가 존재하는가?
- 소리는 진동수에 의해 고저(高低)가 구분된다. 그런데 소리의 공급원이나 또는 소리의 관찰자가 서로 상대방에 대해 움직이고 있다면 공급되는 진동수와 관찰되는 진동수가 일치하지 않으며 이것을 도플러 효과라 부른다. 도플러 효과를 설명하라.

파동 중에서 소리와 빛은 인간과 밀접한 관계를 맺고 있다. 이들 두 파동에 대한 측정기를 인간이 가지고 있기 때문이다. 소리는 인간의 귀에 의해 측정되고 빛은 인간의 눈에 의해 측정된다. 공기와 같은 매질을 통하여 전달되는 소리는 매질 입자들이 역학적인 이유에 의해 진동하면서 진행한다. 이에 반하여 빛은 전자기파의 일종으로 전기장과 자기장의 세기가 커졌다 작아졌다 하는 진동이 계속되면서 진행한다. 인간과 특별히 밀접한 관계를 맺고 있는 소리와 빛 중에서 빛에 대해서는 전자기학을 공부한 뒤에 다시 체계적으로 다룰 예정이다. 여기서는 음파에 대해 좀 더 자세히 공부해보자.

음파는 34장에서 설명된 것처럼 종파이다. 그래서 매질 입자가 진동하는 변위의 방향이 파동의 진행방향과 평행하다. 종파인 음파의 경우에도 파

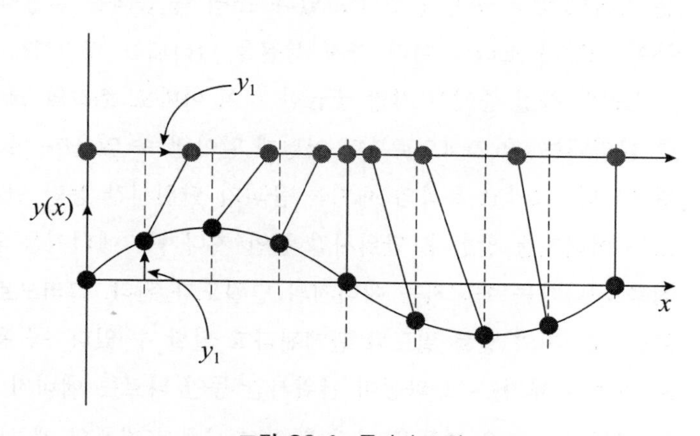

그림 36.1 종파의 표현

동이 진행하는 위치 x의 함수로 그 부분의 매질 입자가 진동한 변위 $y(x)$를 (34.15)식에 의해

$$y(x) = A\sin\left(\frac{2\pi}{\lambda}x\right) = A\sin kx \tag{36.1}$$

라고 쓸 있다. 그리고 (36.1)식에 나오는 y를 x의 함수로 그래프를 그리면 그림 36.1의 아래쪽에 보인 것과 같이 되지만, 실제 매질 입자들이 이동한 상태는 그림 36.1의 위쪽에 보인 것과 같다. 그래서 종파의 경우에는 매질 입자들이 듬성듬성 존재하는 부분과 빽빽하게 존재하는 부분이 반복된다. 이때 매질 입자들이 듬성듬성 존재하는 부분을 보통 소(疏)한 부분이라 하고 빽빽하게 존재하는 부분을 보통 밀(密)한 부분이라 한다. 그래서 음파가 진행될 때 매질이 소한 부분의 압력은 낮고 밀한 부분의 압력은 높게 된다. 그런 까닭에 음파와 같은 종파를 소밀파(疏密波)라고 부르기도 하고 압력파라고 부르기도 한다.

34장에서 자세히 설명된 것처럼 (36.1)식으로 표현된 파동은 어느 한 순간에 매질에서 매질을 구성하는 입자들이 평형위치를 얼마나 벗어나 있는지를 보여준다. 파동이 시간이 흐름에 따라 진행되는 모습은 (34.20)식에 의해

$$y(x, t) = A\sin(kx - \omega t) \tag{36.2}$$

와 같이 표현된다. 음파도 역시 (36.2)식으로 기술된다. 그런데 소리는 여러 가지 성질을 가지고 있다. 큰 소리와 작은 소리도 있고 높은 소리와 낮은 소리도 있으며 아름다운 소리도 있고 구성진 소리도 있다. 소리 즉 음파를 설명하는 (36.2)식 중에서 어떤 부분이 어떻게 소리의 여러 가지 성질을 나타내는 것일까?

소리의 성질 중에서 가장 궁금한 것이 아마도 소리의 크기이다. 소리의 크기는 음파를 나타내는 (36.2)식으로부터 어떻게 알아낼 수 있을까? 소리의 크기는 음파의 세기와 관계된다. 그리고 음파의 세기는 음파가 단위시간 동안 단위면적을 지나는 음파가 나르는 에너지를 말한다. 단위시간 동안 지나가는 에너지를 일률이라 부른다. 또 단위면적을 지나가는 에너지는 에너지의 면밀도가 된다. 그러므로 음파의 세기는 음파가 나르는 에너지의 일률 밀도와 관계된다고 말할 수 있다. 꼭 음파가 아니더라도 일반적으로 파동의 세기는 그 파동이 단위시간 동안 나르는 에너지 즉 일률과 관계되는데 그러한 파동의 일률은 파동을 나타낸 (36.2)식에서 진폭의 제곱인 A^2에 비례한다. 왜 그렇게 되는지 줄에 생기는 파동을 예로 하여 자세히 알아보자.

그림 36.2는 줄에 생긴 파동이 진행하는 모습을 보여준다. 파동 중에서 한 파장 λ내에 포함된 에너지를 E_λ라고 하면 한 파장에 주기 T동안에 지나가므로 파동이 나르는 에너지의 일률 W는 E_λ를 T로 나누어

에너지 E_λ

파장 λ

그림 36.2 파동이 나르는 에너지

$$W = \frac{E_\lambda}{T} \qquad (36.3)$$

로 구하면 된다. 그러면 E_λ를 계산하기 위해 한 파장의 운동을 좀 더 자세히 그려놓은 그림 36.3에서 x에 위치한 작은 부분 dx를 보자. 이 부분의 질량 dm은 선밀도 μ에 길이 dx를 곱하여

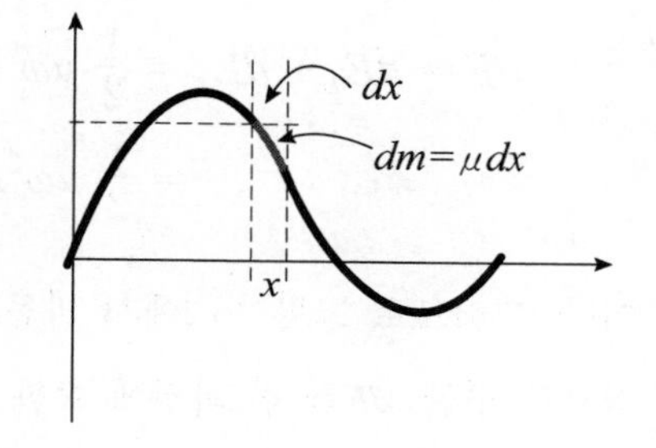

$$dm = \mu\, dx \qquad (36.4)$$

이다. 먼저 이 작은 질량 dm의 운동에너지 dE_k와 퍼텐셜에너지 dE_p를 계산하자. 이 파동을 (36.2)식으로 나타낸다면, 평형위치가 x인 dm의 속도 $v(x)$는

$$v(x) = \frac{\partial}{\partial t}\, y(x,\, t) = \frac{\partial}{\partial t} A \sin(kx - \omega t) = -\,\omega A \cos(kx - \omega t) \qquad (36.5)$$

이다. 그러므로 질량 dm의 운동에너지 dE_k는

$$\begin{aligned} dE_k &= \frac{1}{2}\, dm\, v^2 = \frac{1}{2}(\mu\, dx)[-\,\omega A \cos(kx - \omega t)]^2 \\ &= \frac{1}{2}\,\mu\omega^2 A^2 \cos^2(kx - \omega t)\, dx \end{aligned} \qquad (36.6)$$

가 된다. 또한 질량 dm의 퍼텐셜에너지 dE_p는

$$\begin{aligned} dE_p &= \frac{1}{2}\, kx^2 = \frac{1}{2}(dm\, \omega^2)[A \sin^2(kx - \omega t)]^2 \\ &= \frac{1}{2}\,\mu\omega^2 A^2 \sin^2(kx - \omega t)\, dx \end{aligned} \qquad (36.7)$$

가 된다. (36.7)식의 두 번째 등식에서는 질량 dm이 탄성률이 k인 줄에 연결되어 있을 때 자유각진동수 ω를 결정하는 (32.5)식에 의해

$$\omega^2 = \frac{k}{dm} = \frac{k}{\mu\, dx} \tag{36.8}$$

임을 이용하였다.

(36.6)식과 (36.7)식으로 얻은 dE_k와 dE_p를 더하면 작은 질량 dm의 총에너지 dE가 되므로 dE는

$$\begin{aligned} dE = dE_k + dE_p &= \frac{1}{2}\mu\omega^2 A^2 [\cos^2(kx-\omega t) + \sin^2(kx-\omega t)]\, dx \\ &= \frac{1}{2}\mu\omega^2 A^2\, dx \end{aligned} \tag{36.9}$$

이다. 그러므로 그림 36.2에서 파동 중에서 한 파장이 나르고 있는 에너지 E_λ는 (36.9)식으로 구한 dE를 한 파장에 속한 질량들에 대해 모두 더하면 구할 수 있고 그 결과는

$$E_\lambda = \int_{\text{한 파장}} dE = \int_0^\lambda dx \left[\frac{1}{2}\mu\omega^2 A^2\right] = \frac{1}{2}\mu\omega^2 A^2 \lambda \tag{36.10}$$

가 된다. 따라서 줄에 생긴 파동이 단위시간 동안 나르는 에너지인 일률 W는 (36.3)식의 E_λ에 (36.10)식을 대입하여

$$W = \frac{E_\lambda}{T} = \frac{1}{2}\mu\omega^2 A^2 \frac{\lambda}{T} = \frac{1}{2}\mu\omega^2 A^2 v \tag{36.11}$$

가 되는데, 여기서 v는 줄에 생긴 파동이 전달되어 나가는 속력이다. 그리고 이 결과로부터 분명한 것처럼, 줄에 생긴 파동이 나르는 일률은 파동의 진폭을 제곱한 A^2에 비례함을 알 수 있다.

소리 즉 음파의 세기 I도 (36.11)식으로 줄에 생긴 파동에서 구한 일률과 비슷하게 구할 수 있다. 줄에 생긴 파동과 음파 사이의 차이점은 줄에 생긴 파동은 줄을 따라서만 전달되지만 음파는 공간의 유한한 면적을 통하여 전달된다는 점이다. 따라서 음파의 세기 I는 단위 단면적을 지나는 일률로 정의되어

$$I = \frac{W}{S} = \frac{1}{2}\frac{\mu}{S}\omega^2 A^2 v = \frac{1}{2}\rho\omega^2 A^2 v \tag{36.12}$$

로 주어진다. 이 식에서 ρ는 음파가 진행하는 매질의 밀도로, 질량을 부피로 나눈 양인데, 질량을 길이로 나눈 것을 다시 단면적으로 나누면

$$\frac{\mu}{S} = \frac{m}{L}\frac{1}{S} = \frac{m}{V} = \rho \tag{36.13}$$

로 되는 것을 이용하였다. (36.12)식으로 주어지는 음파의 세기 I는 일률을 넓이로 나눈 것과 같으므로 음파의 세기 단위로는 $\mathrm{W/m^2}$이 이용된다. 여기서 W는 와트로 $1\,\mathrm{W} = 1\,\mathrm{J/s}$를 말한다.

소리가 얼마나 큰가를 나타내는 양이 (36.12)식으로 주어지는 음파의 세기 I이지만 사람의 귀는 소리를 음파의 세기 I에 비례하여 감지하지 않고 배수의 로그 값에 의해 감지한다. 로그함수의 성질에 의하면 두 수의 곱의 로그는 각 수의 로그의 합과 같아서 임의의 두 수를 A와 B라고 할 때

$$\log_{10} AB = \log_{10} A + \log_{10} B \tag{36.14}$$

가 된다. 그래서 음파의 세기가 제곱, 세제곱, 네제곱 이렇게 늘어난다면 사람이 듣는 소리의 크기는 처음 크기의 두 배, 세 배, 네 배 등으로 늘어난다. 바로 그런 이유 때문에 소리의 크기를 나타내는데 소리의 세기 β라는 양을 도입하고 어떤 소리를 나르는 음파의 세기를 I 그리고 기준이 되는 음파의 세기를 I_0라고 할 때 β를

$$\beta = 10\,(\mathrm{db})\,\log_{10}\frac{I}{I_0} \tag{36.15}$$

로 정의한다. 여기서 소리의 세기를 정의하는 기준이 되는 음파의 세기는 I_0값은

$$I_0 = 10^{-12}\ \mathrm{W/m^2} \tag{36.16}$$

으로 음파의 세기가 I_0와 같거나 더 작으면 사람이 그 소리를 들을 수 없다고 알려진 값이다. (36.15)식에 나오는 db은 데시벨이라고 부르는데 소리의 세기를 나타내는 단위로 0 db이면 사람이 듣지 못하고 세기가 I_0의 10배인 음파의 소리 세기는 10 db이 된다. 또한 (36.15)식으로부터 음파의 세기가 I인 소리의 세기를 β db이라고 할 때 음파의 세기가 두 배가 되어 $2I$인 음파의 소리 세기 β'은

표 36.1 여러 가지 소리의 음파 세기 I 와 소리 세기 β

소리	I(W/m²	β(db)	소리	I(W/m	β(db)
임계소리	10^{-12}	0	승용차 내부	10^{-5}	70
나뭇잎소리	10^{-11}	10	혼잡한 거리	10^{-4}	80
속삭임	10^{-10}	20	지하철 내부	10^{-3}	90
도서관 소음	10^{-9}	30	고장난 자동차	10^{-2}	100
거실 소음	10^{-8}	40	공사현장	0.1	110
사무실 소음	10^{-7}	50	고통스런 소리	1	120
버스 내부	10^{-6}	60	제트엔진	10	130

$$\beta' = 10 \log_{10} \frac{2I}{I_0} = 10 \log_{10} 2 + 10 \log_{10} \frac{I}{I_0} = (3 + \beta) \text{ db} \qquad (36.17)$$

로 원래 소리크기 β보다 3 db만큼 더 커진다. 그래서 소리의 세기가 3 db만큼 더 커진다는 것은 음파의 세기가 두 배로 된다는 이야기와 같다. 몇 가지 대표적인 소리에 대한 음파의 세기 I와 소리 세기 β들이 표 36.1에 소개되어 있다.

두 소리가 더해지면 소리의 크기는 어떻게 될까? 두 소리를 더할 때는 35장에서 중첩원리를 소개하면서 설명한 것처럼 두 파동의 매질이 진동하는 변위 $y_1(x, t)$과 $y_2(x, t)$를 더하는 경우도 있고 두 파동의 세기 I_1과 I_2를 더하는 경우도 있다. 그래서 중첩원리에서처럼 변위를 더하는 경우에는 파동의 간섭이 일어나서, 예를 들어 동일한 두 파동이 더해지면 진폭이 두 배가 되어 세기는 네 배가 되거나 진폭이 0이 되어 세기가 0으로 된다. 이런 경우를 두 파동이 간섭을 일으킨다고 하며, 두 파동이 간섭을 일으키기 위해서는 두 파동이 결 맞는 파동이어야 한다. 결 맞는 파동이란 파동의 위상이 동일한 방법으로 변화하는 두 파동을 말한다. 그런데 만일 두 파동이 결 맞지 않는 파동이라면 동일한 두 파동이 만나더라도 세기는 두 배가 된다. 예를 들어, 양쪽에서 두 사람이 고함을 치면 소리의 세기는 한 사람이 고함을 칠 때보다 대략 2배가 되고 소리의 크기는 3 db만큼 증가한다. 그런데 진동수가 약간 다른 두 소리굽쇠를 진동시키면 맥놀이를 들을 수 있다. 전자(前者)의 경우 두 사람의 고함소리는 결 맞지 않은 음파이고 후자(後者)의 경우 소리굽쇠에서 나오는 두 소리는 결 맞는 음파이기 때문에 그런 차이가 발생한 것이다. 다른 종류의 파동인 빛에서도 비슷한 현상을 경험할 수 있다. 빛의 밝기는 빛의 세기 I에 비례한다. 그런데 동일한 전력의 전등 두 개를 켜면 하나를 켰을 때보다 밝기가 대략 두 배가 된다. 두 전등에서 나오는 빛은 결 맞지 않는 파동이기 때문이다. 그런데 물위에 떠있는 얇은 기름 막을 보면 아름다운 색깔이 출렁거린다. 그것은 기름 막의 바깥쪽 막에서 반사된 빛과 안쪽 막에서 반사된 빛이 더해져서 간섭을 일으키기 때문에 그렇게 보인다. 이때 바깥쪽 막에서 반사된 빛과 안쪽 막에서 반사된 빛은 서로 결 맞는 파동이다.

소리의 고저(高低)는 오직 음파의 진동수에 의해서만 결정된다. 소리의 세기 I는 (36.12)식에서 알 수 있는 것처럼 음파의 진폭의 제곱에 비례할 뿐 아니라 음파의 진동수의 제곱에도 의존하고 음파의 속도 그리고 매질의 밀도에도 의존한다. 그런데 소리의 높고 낮음을 말해주는 소리의 고저는 음파를 결정하는 많은 인자들 중에서 단지 진동수 하나에 의해서만 결정된다는 사실이 흥미롭다. 그렇지만 사람이 소리의 고저를 감지할 때는 진동수 값에 비례하여 판단하는 것이 아니라 소리의 크기에서와 마찬가지로 진동수 값의 로그를 취한 것에 비례하여 판단한다.

악기를 연주하면 악기에서 나오는 소리의 고저를 조절할 수 있다. 그것은 악기마다 그 악기에서 만들 수 있는 소리의 진동수가 정해져 있기 때문이다. 먼저 기타나 바이올린과 같이 줄을 진동시켜서 소리를 내는 악기의 경우에 악기에서 나오는 소리의 진동수가 어떻게 정해지는지 보자.

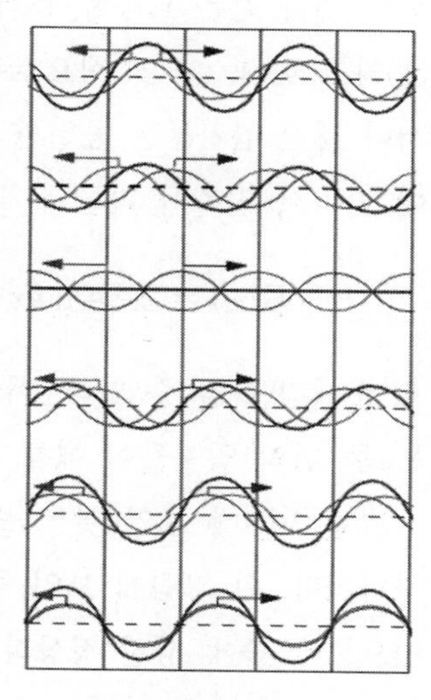
그림 36.4 정상파

그림 36.4에 보인 것과 같이 동일한 두 파동이 서로 반대방향으로 진행한다고 하자. (36.2)식을 이용하면, 진폭 A와 파수 k 그리고 각진동수 ω가 동일하지만 반대방향으로 진행하는 두 파동 $y_1(x, t)$와 $y_2(x, t)$를

$$\begin{aligned} y_1(x, t) &= A\sin(kx - \omega t) \\ y_2(x, t) &= A\sin(kx + \omega t) \end{aligned} \qquad (36.17)$$

라고 쓸 수 있다. 그림 36.4에서 오른쪽 방향을 $+x$방향이라 정한다면 (36.18)식의 $y_1(x, t)$는 그림에 나온 오른쪽으로 진행하는 파동을 나타내고 $y_2(x, t)$는 왼쪽으로 진행하는 파동을 나타낸다. 그러면 줄에 생기는 파동 $y(x, t)$는 두 파동 $y_1(x, t)$과

$y_2(x, t)$를 중첩원리에 의해 더해서

$$y(x, t) = y_1(x, t) + y_2(x, t) = A\sin(kx - \omega t) + A\sin(kx + \omega t) \qquad (36.19)$$

이 된다. 그런데 사인함수에 대한 공식인

$$\sin(\alpha \pm \beta) = \sin\alpha\cos\beta \pm \cos\alpha\sin\beta \qquad (36.20)$$

를 이용하면 (36.19)식을

$$\begin{aligned} y(x, t) &= A[(\sin kx\cos\omega t - \cos kx\sin\omega t) + (\sin kx\cos\omega t + \cos kx\sin\omega t)] \\ &= 2A\sin kx\cos\omega t \qquad (36.21) \end{aligned}$$

라고 쓸 수 있게 된다. 그런데 (36.21)식에 의해 표현된 파동은 더 이상 진행하는 파동이 아니라 줄의 각 부분이 제자리에서 진동하는 파동이다. 그래서 (36.21)식으로 대표되는 것과 같은 파동을 움직이지 않고 가만히 있는 파동이라는 의미에서 정상파(定常波)라고 한다. (36.21)식으로부터 알 수 있는 것처럼, 정상파에서는 어떤 평형위치 x에서나 매질 입자들은 동일한 각진동수에 의해 모두 똑같이 $\cos\omega t$로 진동한다. 다만 x에 따라서 진폭이 다른데 정상파의 진폭 $B(x)$는 (36.21)식에서

$$B(x) = 2A\sin kx \qquad (36.22)$$

로 주어짐을 알 수 있다. 이때 모든 위치 x에서 다 똑같이 $\cos\omega t$로 진동한다는 의미는 줄 위의 입자들이 예를 들어 그림 36.5에 보인 것처럼 진동한다는 의미이다.

그림 36.5에 보인 것은 줄의 양쪽 끝이 고정되어 있을 때 만들어지는 정상파 중의 하나이다. 이 그림에 보인 줄의 길이가 L이라면 줄에는 반파장의 정상파만 형성되어 있으므로 줄에 생긴 정상파의 파장 λ와 진동수 f_1 그리고 줄의 길이 L 사이에는

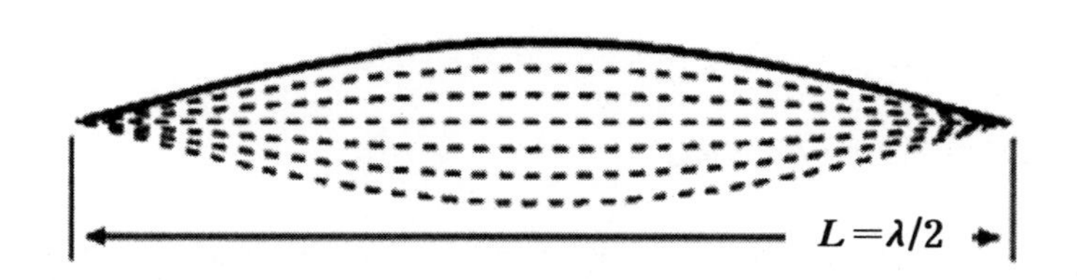

그림 36.5 정상파에서 줄의 입자들이 진동하는 모습

$$L=\frac{\lambda}{2} \quad \therefore \quad \lambda=2L \quad \rightarrow \quad f_1=\frac{v}{\lambda}=\frac{v}{2L} \tag{36.23}$$

인 관계가 성립한다. 그러므로 이 줄로부터 발생하는 소리의 진동수 중에 하나는 (36.23)식으로 주어지는 f_1이다.

그런데 양쪽이 고정된 줄에 생기는 정상파의 모습이 그림 36.5에 보인 것과 같은 한 가지 경우만 존재하는 것은 아니다. 정상파에서 전혀 진동하지 않는 위치를 마디라 하고 최대 진폭으로 진동하는 위치를 배라 하는데, 줄의 양쪽 끝이 마디가 되기만 하면 줄에는 그림 36.6에 보인 것과 같이 어떤 모양의 정상파든지 생길 수 있다. 그리고 줄의 길이가 L이라고 할 때 그림 36.6에 보인 것처럼 n개의 반파장이 포함된 정상파가 생겼다면 줄의 길이 L과 파장 λ_n 그리고 진동수 f_n 사이에는 (36.23)식과 유사하게

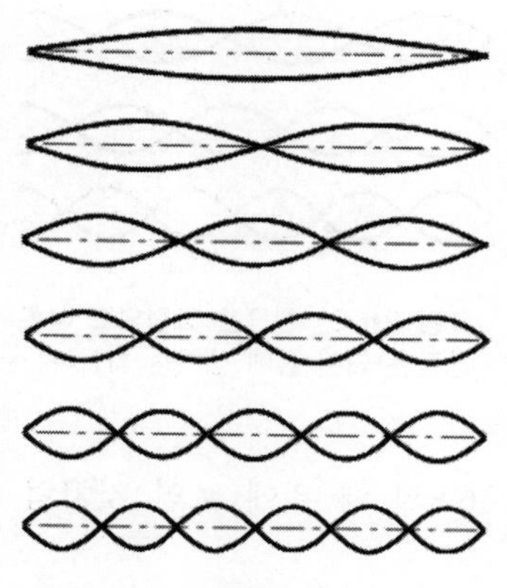

그림 36.6 양쪽이 고정된 줄에 생기는 정상파

$$L=n\frac{\lambda_n}{2} \quad \therefore \quad \lambda_n=\frac{2L}{n} \quad \rightarrow \quad f_n=\frac{v}{\lambda_n}=n\frac{v}{2L}=nf_1 \tag{36.24}$$

여기서 $n=1, 2, 3, \cdots$

인 관계가 성립함을 알 수 있다. 이처럼 양쪽이 고정된 줄에 의해서 발생하는 소리의 진동수는 (36.23)에 의해 주어지는 진동수가 f_1인 소리와 또한 f_1의 배수로 이루어진 진동수가 $f_n=nf_1$인 소리를 만들어 내는 것을 알 수 있다. 이때 줄이 만들어낼 수 있는 소리의 진동수들 중에서 가장 작은 f_1을 줄의 기본진동수라 하며 기본진동수의 n배로 주어지는 f_n을 줄의 n번째 조화진동수라 한다. 참고로 (36.24)식에서 파동의 속도 v는 줄의 선밀도 λ와 줄에 걸리는 장력 T에 의해서 (34.8)식에서 구한 것과 같이

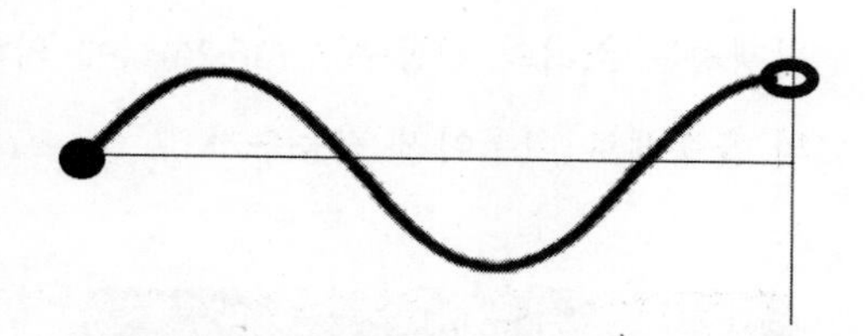

그림 36.7 한쪽이 열린 줄에 생기는 줄의 파동

$$v=\sqrt{\frac{T}{\mu}} \tag{36.25}$$

그림 36.8 한쪽은 고정되고 다른 쪽은 열린 줄에 생기는 정상파

로 주어진다는 것을 잊지 말자.

양쪽 끝이 고정된 줄에 생기는 정상파는 양쪽 끝에서 마디를 이루었지만 그림 36.7에 보인 것과 같이 줄의 한쪽 끝은 고정되었으나 다른 쪽 끝은 자유롭게 움직일 수 있는 열린 끝이라면 고정된 끝에는 마디가 그리고 열린 끝에는 배가 되는 정상파가 만들어진다. 그래서 한쪽 끝은 고정되고 다른 끝은 열린 줄에 생기는 정상파는 그림 36.8에 보인 것처럼 한쪽 끝이 마디이고 다른 쪽 끝은 배이기만 하면 어떤 모양이든 생길 수가 있다. 그래서 이런 줄에 생길 수 있는 가장 긴 파장의 정상파는 그림 36.8의 맨 위에 보인 것처럼 줄의 길이가 1/4파장과 같아서

$$L=\frac{\lambda}{4} \qquad \therefore \quad \lambda=4L \quad \rightarrow \quad f_1=\frac{v}{\lambda}=\frac{v}{4L} \tag{36.26}$$

인 관계가 성립한다.

그밖에도 그림 36.8에 보인 것처럼 길이가 L인 줄에는 n개의 반파장과 하나의 1/4파장이 생길 수 있으므로

$$L=(2n+1)\frac{\lambda_{2n+1}}{4} \qquad \therefore \quad \lambda_{2n+1}=\frac{4L}{2n+1}$$

$$\rightarrow \quad f_{2n+1}=\frac{v}{\lambda_{2n+1}}=(2n+1)\frac{v}{4L}=(2n+1)f_1 \quad \text{여기서} \quad n=1,\,2,\,3,\,\cdots \tag{36.27}$$

인 관계가 성립함을 알 수 있다. 이처럼 한쪽은 고정되고 다른 쪽은 열린 줄에 의해서 발생하는 소리의 진동수는 (36.26)식에 의해 주어지는 진동수가 f_1인 소리와 또한 f_1의 홀수배로 이루어진 진동수가 $f_{2n+1}=(2n+1)f_1$인 소리를 만들어 내는 것을 알 수 있다. 이때 이 줄이 만들어 낼 수 있는 소리의 진동수들 중에서 가장 작은 f_1을 이 줄의 기본진동수라 하며 기본진동수의 홀수배로 주어지는 f_{2n+1}을 줄의 $2n+1$번째 조화진동수라고 한다.

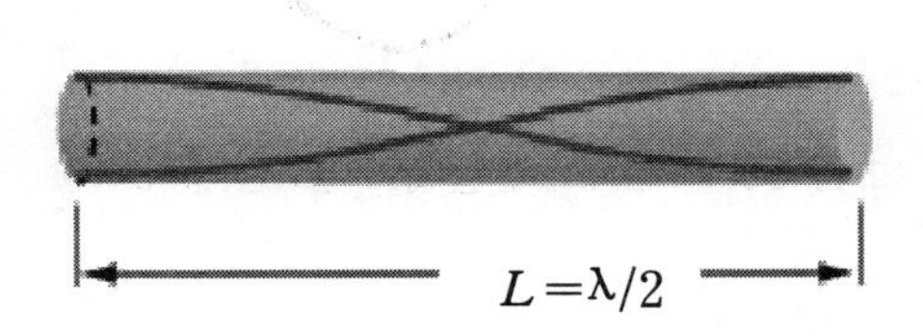

그림 36.9 양쪽 끝이 열린 관의 정상파

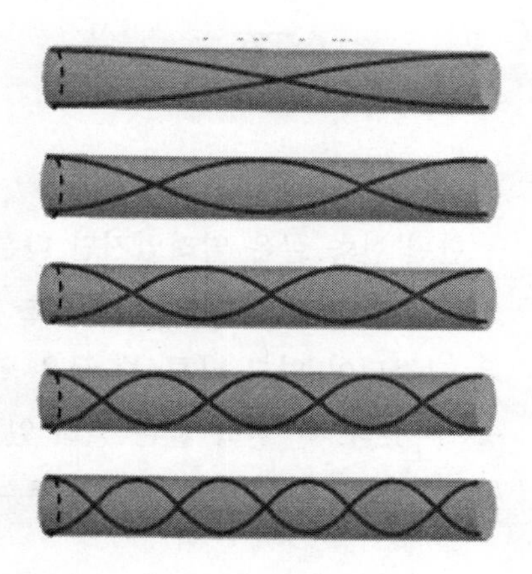

그림 36.10 양쪽 끝이 열린 관에 생기는 정상파

악기 중에서 관악기는 관 내부에 형성되는 음파가 정상파를 만들어 각 악기에서 나는 소리의 진동수를 결정한다. 그런데 마치 줄에 생기는 정상파에서 줄의 끝이 고정되어 있느냐 또는 열려 있느냐에 따라 정상파의 마디 또는 배가 생긴 것처럼, 관에 생기는 정상파에서는 관의 끝이 닫혀 있느냐 또는 열려 있느냐에 따라 관의 끝에 정상파의 마디 또는 배가 형성된다. 그림 36.9에 보인 것은 양쪽 끝이 열린 관에 만들어지는 정상파 중의 하나이다. 이 그림에 보인 관의 길이가 L이라면 관 내부에는 반파장에 해당하는 정상파만 형성되어 있으므로 그 정상파의 파장 λ와 지동수 f_1 그리고 줄의 길이 L 사이에는

$$L=\frac{\lambda}{2} \quad \therefore \quad \lambda=2L \quad \rightarrow \quad f_1=\frac{v}{\lambda}=\frac{v}{2L} \tag{36.28}$$

인 관계가 성립한다. 이 식은 양쪽 끝이 고정된 줄에 생기는 정상파에 대한 (36.23)식과 똑같다.

그런데 양쪽이 열린 관에 생기는 정상파의 모습이 그림 36.9에 보인 한 가지 경우만 존재하는 것은 아니다. 그림 36.10에 보인 것처럼 관의 양쪽 끝에 배가 생기기만 하면 어떤 모양의 정상파든지 형성될 수가 있다. 그래서 관의 길이를 L이라고 할 때 그림 36.10에 보인 것처럼 n개의 반파장이 포함된 정상파가 생겼다면 줄의 길이 L과 파장 λ_n 그리고 진동수 f_n 사이에는

$$L=n\frac{\lambda_n}{2} \quad \therefore \quad f_n=\frac{v}{\lambda_n}=n\frac{v}{2L}=nf_1 \quad \text{여기서} \quad n=1,\,2,\,3,\,\cdots \tag{36.29}$$

가 되는데, 이 식도 역시 양쪽 끝이 고정된 줄의 경우에 성립하는 (36.24)식과 똑같다. 양쪽이 열린 관에서도 (36.28)식으로 결정되는 f_1을 관의 기본진동수라 하고 (36.29)식에 의해 결정되는 기본진동수의 n배인 f_n을 관의 n번째 조화진동수라 한다. 물론 (36.28)식과 (36.29)식에 나오는 v는 관속에 형성된 음파의 속도로 관 내부에 들어있는 공기의 밀도 ρ과 공기의 부피탄성률 B에 의해 (34.10)식에서 주어진 것처럼

$$v=\sqrt{\frac{B}{\rho}} \tag{36.30}$$

로 결정된다는 것을 잊지 말자.

한편 한쪽 끝은 열려있지만 다른 끝은 닫힌 관에 생기는 정상파에서 관의 열려 있는 쪽에는 배가 형성되고 닫혀 있는 쪽에는 마디가 형성된다. 따라서 이 경우는 한쪽 끝은 고정되어 있고 다른 쪽 끝은 열린 줄에 생기는 정상파에 대한 식을 그대로 가져다 쓸 수 있다. 즉 한쪽 끝은 열려 있고 다른 쪽 끝은 닫혀 있는 관의 길이가 L이라면 이 관에 생기는 정상파의 기본진동수 f_1은 (36.26)식과 똑같이

$$f_1=\frac{v}{4L} \tag{36.31}$$

이고 이 관에 생기는 조화진동수는

$$f_{2n+1}=(2n+1)\frac{v}{4L}=(2n+1)f_1 \quad \text{여기서} \quad n=1,\ 2,\ 3,\ \cdots \tag{36.32}$$

로 기본진동수의 홀수배로 주어짐을 알 수 있다.

소리의 높낮이는 그 소리를 전달하는 음파의 여러 성질 중에서 오직 진동수 f에 의해서만 결정된다고 하였다. 그런데 소리를 내는 음원(音源)에서 원래 발생시킨 진동수 f_s와 그 소리를 듣는 관찰자가 감지하는 진동수 f_o가 다른 경우가 있다. 그래서 원래 발생한 소리의 높이와 듣는 소리의 높이가 다른 경우가 있다는 이야기이다. 이런 경우를 우리는 흔히 경험하는데, 예를 들어 기차가 정차하지 않는 기차역에서 기차가 그냥 지나갈 때면 기차가 기적을 울리는데 기차가 다가올 때는 히– 라고 기적소리가 높게 들리지만 기차가 지나가 버린 다음에는 호– 라고 기적소리가 낮게 들린다. 그래서 이 효과를 히호 효과라고도 한다.

그림 36.11 크리스티안 도플러 (오스트리아, 1803-1853)

소리를 내는 음원과 소리를 듣는 관찰자 사이의 상대속도에 의해 듣는 소리의 진동수 f_s가 내는 소리의 진동수 f_o와 달라진다는 히호 효과는 원래 그림 36.11에 보인 오스트리아에서 출생한 과학자 도플러에 의해 19

세기 중엽에 발견되었다. 그래서 이것을 도플러 효과라고 부른다. 도플러 효과는 꼭 음파에서만 성립하는 것이 아니라 어떤 파동에서나 모두 성립한다. 특히 빛에 대한 도플러 효과는 우주가 팽창한다는 것을 발견하는데 아주 중요하게 기여하였다.

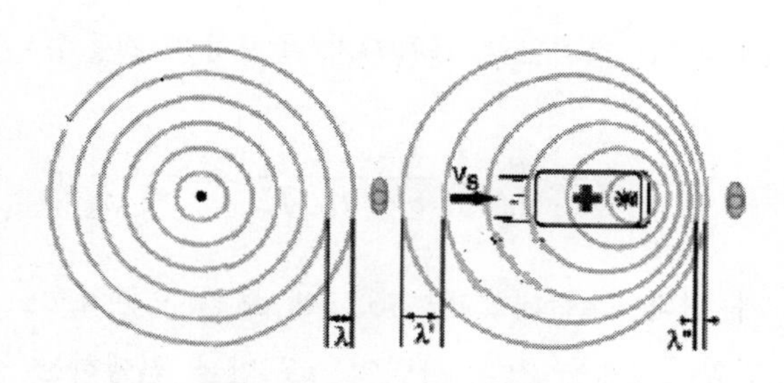

그림 36.12 정지한 관찰자에 대해 음원이 움직일 때 도플러 효과

도플러 효과는 음원과 관찰자가 상대적으로 이동할 때 일어난다. 다시 말하면 관찰자는 가만히 서 있는데 음원이 관찰자를 향해 다가오거나 멀어질 때, 또는 음원은 정지해 있는데 관찰자가 음원을 향해 가까이 가거나 음원으로부터 멀어질 때 일어난다. 그렇지만 음원과 관찰자가 모두 동일한 속도로 움직여서 그들 둘 사이의 상대속도가 0으로 변화가 없을 때는 도플러 효과가 일어나지 않는다.

먼저 그림 36.12에 보인 것처럼 정지해 있는 관찰자에 대해 속력 v_s로 다가오거나 멀어지는 경우를 생각하자. 이 그림에서 왼쪽은 정지한 음원이 발생하는 음파의 원래 파장을 나타내며 오른쪽은 동일한 음원이 오른쪽으로 속력 v_s로 움직일 때 양쪽으로 퍼져 나가는 파장을 나타낸다. 그림 36.12에서 분명한 것처럼, 음원의 오른쪽에서 다가오는 음원으로부터 측정하는 관찰자는 원래 파장보다 더 짧은 파장의 소리를 듣고 음원의 왼쪽에서 멀어지는 음원으로부터 측정하는 관찰자는 원래 파장보다 더 긴 파장의 소리를 듣는다.

이제 음파의 속력을 v, 음원에서 나오는 소리의 진동수와 주기 그리고 파장을 각각 f_s, T_s, λ_s라고 하면 이들 사이에는

$$T_s = \frac{1}{f_s}, \quad v = \frac{\lambda_s}{T_s} = \lambda_s f_s \tag{36.33}$$

인 관계가 성립한다. 그런데 그림 36.12에서 음원의 오른쪽에서 다가오는 음원을 관찰하면, 음원에서 한 파면을 발생시키고 T_s 뒤에 다른 파면을 발생시키면 처음 파면은 vT_s만큼 진행하고 음원도 v_sT_s만큼 진행하므로 관찰자가 측정하는 파장 λ_o는

$$\lambda_o = vT_s - v_sT_s \tag{36.34}$$

가 된다. 그러므로 관찰자가 측정하는 진동수 f_o는

$$f_o = \frac{v}{\lambda_0} = \frac{v}{v - v_s}\frac{1}{T_s} = \frac{v}{v - v_s} f_s \quad : \text{음원이 } v_s\text{로 다가올 때} \tag{36.35}$$

가 된다. 그런데 그림 36.12에 보인 오른쪽으로 움직이는 음원의 왼쪽에서 측정하는 관찰자에게는 처음 파면이 vT_s만큼 진행하는 동안 음원은 $v_s T_s$만큼 더 멀어지므로 관찰자가 측정하는 파장 λ_0는

$$\lambda_0 = vT_s + v_s T_s \tag{36.36}$$

가 되고, 그러므로 관찰자가 측정하는 진동수 f_o는

$$f_0 = \frac{v}{\lambda_0} = \frac{v}{v + v_s}\frac{1}{T_s} = \frac{v}{v + v_s} f_s \quad : \text{음원이 } v_s\text{로 멀어질 때} \tag{36.37}$$

가 된다.

이번에는 음원은 정지해 있고 관찰자가 음원을 향해 v_o의 속력으로 다가가는 경우를 생각하자. 이때 음원이 발생시키는 음파의 진동수와 주기 그리고 파장을 각각 f_s, T_s 그리고 λ_s라고 하면 이들 사이에는 여전히 (36.33)식이 만족된다. 그리고 음원 쪽으로 다가가는 관찰자가 측정하는 파장 λ_o도 역시 λ_s와 같다. 다만 음원 쪽으로 속력 v_o로 다가가는 관찰자에게는 음파의 속력이 v가 아니라

$$v' = v + v_o \tag{36.38}$$

로 측정된다. 그러므로 관찰자에게 들리는 소리의 진동수 f_0는

$$f_0 = \frac{v'}{\lambda_0} = \frac{v + v_o}{\lambda_s} = \frac{v + v_o}{v} f_s \quad : \text{관찰자가 } v_o\text{로 다가갈 때} \tag{36.39}$$

가 된다. 두 번째 등식에서는 (36.33)식으로부터

$$\frac{1}{\lambda_s} = \frac{f_s}{v} \tag{36.40}$$

임을 이용하였다. 그렇지만 만일 음원은 정지해 있고 관찰자가 음원과 반대방향으로 a

v_o의 속력으로 멀어지는 경우에는 음원을 다가갈 때와 똑같은 방법으로 관찰자가 측정하는 음파의 속력이 v가 아니라

$$v' = v - v_o \tag{36.41}$$

로 측정된다. 그러므로 관찰자에게 들리는 진동수 f_0는

$$f_o = \frac{v'}{\lambda_o} = \frac{v-v_o}{\lambda_s} = \frac{v-v_o}{v} f_s \quad : \text{ 관찰자가 } v_o\text{로 멀어질 때} \tag{36.42}$$

가 된다.

지금까지 구한 도플러 효과를 나타내는 식들인 (36.35)식과 (36.37)식, (36.39)식 그리고 (36.42)식을 한꺼번에

$$f_o = \frac{v \pm v_o}{v \mp v_s} f_s \quad : \text{ 모든 경우} \tag{36.43}$$

라고 쓸 수 있다. 이 식의 분자에 나오는 ±와 분모에 나오는 ∓ 기호에서 위쪽 것은 모두 음원과 관찰자가 상대적으로 가까워져서 음원의 진동수 f_s보다 측정하는 진동수 f_o가 더 큰 경우이고 아래쪽 것은 모두 음원과 관찰자가 상대적으로 더 멀어져서 음원의 진동수 f_s보다 측정하는 진동수 f_o가 더 작은 경우이다. 그래서 한 예로 관찰자가 음원 쪽을 향하여 v_o의 속력으로 다가가고 음원은 관찰자와 반대방향을 향하여 속력 v_s로 멀어져 가고 있다면 (36.43)식 중에서

$$f_o = \frac{v+v_o}{v+v_s} f_s \quad : \text{ 관찰자는 } v_o\text{로 다가가고 음원은 } v_s\text{로 멀어질 때} \tag{36.44}$$

를 이용하여야 한다.

XIII. 열역학 1

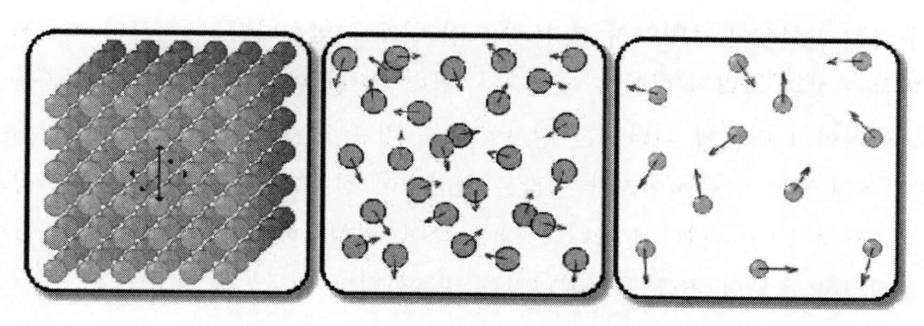

고체, 액체, 기체에서 분자들이 운동하는 모습

지난주에 공부한 파동은 그 전에 우리가 다룬 내용과는 조금 달랐습니다. 그 전에는 뉴턴의 운동방정식을 어떻게 적용하는지가 관심의 대상이었습니다. 일정한 힘을 받는 물체, 변하는 힘을 받는 물체, 여러 물체, 크기를 갖는 물체, 유체, 탄성력을 받는 물체 등 뉴턴의 운동방정식을 적용하는 대상이나 또는 작용하는 힘 등이 달랐지만 아무튼 어떤 물체에 뉴턴의 운동방정식을 적용한다는 점에서는 모두 같았습니다.

그러나 지난주에 공부한 파동은 어떤 대상에 뉴턴의 운동방정식을 적용하여 그 대상의 운동을 구하는 그런 문제를 다룬 것이 아닙니다. 진동하는 형태가 매질을 통하여 전달되어 나가는 독특한 현상에 대해 공부하였습니다. 그렇지만 물론 매질이 진동을 하는 것 자체는 뉴턴의 운동방정식에 의해 지배받습니다. 다만 파동과 구분하여 우리가 입자라고 부른 것은 이동하면 물질도 함께 이동하지만 파동은 물질의 이동은 수반하지 않으면서도 움직이는 특별한 현상이었던 것입니다.

이번 주와 다음 주 두 주에 걸쳐서 열현상이라 불리는 또 다른 특별한 현상을 다룹니다. 얼마 전까지만 하더라도 사람들이 열현상은 역학과는 전혀 관계없는 현상이라고 생각하였기 때문에 열현상이 더 관심의 대상이 됩니다. 다시 말하면, 최근까지도 사람들은 열현상이란 물체들이 힘을 받으며 뉴턴의 운동방정식에 의해서 기술되는 보통의 역학적 현상과는 상관없이 독립적으로 존재하는 특별한 현상이라고 생각하였던 것입니다. 그들은 열현상을 일으키는 원인인 열소(熱素)가 존재하며 그 열소는 마치 원소 중의 하나처럼 독립적으로 존재한다고 믿었습니다. 그뿐 아니라 그 열소가 이리저리로 옮겨 다니면 열이 전달되며 열소는 마치 질량 보존법칙처럼 열소 보존법칙을 만족한다고 생각하였던 것입니다.

열소가 열현상의 원인이라는 잘못된 생각이 18세기 말까지 계속되었습니다. 그런데 이제 우리는 열현상이 무엇인지 그 본성을 잘 알게 되었습니다. 열현상이 지금까지 배운 역학적 현상과 독립된 현상은 아닙니다. 열현상이란 단순히 매우 많은 입자들이 제멋대로 움직이기 때문에 나타나는 현상입니다. 비록 입자 하나하나는 여전히 뉴턴의 운동방정식에 의해서 움직이지만 수많은 입자들이 한꺼번에 움직이면서 열현상의 특징인 새로운 성질이 나타나게 됩니다. 예를 들어, 열현상에서 온도란 구성입자들이 보이는 무질서한 운동의 평균 운동에너지를 대표합니다.

열현상은 많은 입자들이 무질서하게 움직이는 것을 설명하는 경우와 똑같은 방법으로 설명될 수 있습니다. 열이 높은 온도의 물체에서 낮은 온도의 물체로 저절로 흐르는 현상은 컵에 담긴 물에 잉크방울을 떨어뜨리면 잉크방울이 저절로 컵 전체로 퍼져나가는 현상을 설명하는 것과 똑같은 방법으로 설명됩니다. 앞의 그림에 보인 것은 고체와 액체 그리고 기체를 구성하는 분자들이 운동하는 모습을 보여줍니다. 고체를 이루고 있는 분자들도 사실은 고체 내부에서 굉장히 빠르게 움직이고 있습니다. 다만 고체의 분자들은 어떤 평형위치 주위에서 멀리 가지는 못하고 움직이고 액체의 경우에는 몇 개의 분자들이 서로 결합하여 움직이지만 기체의 경우에는 모든 분자들이 독립적으로 격렬하게 움직인다는 차이만 있을 뿐입니다.

이번 주 강의에서는 우선 열과 온도의 본성이 무엇인지 살펴본 뒤에 기체 분자들의 운동을 설명하는데 통계적 방법이 어떻게 적용되는지 공부하게 됩니다. 그리고 물질이 지닌 열적 성질에 대해서 설명합니다. 그리고 이번 학기의 마지막 강의인 다음 주 강의에서는 열현상을 설명하기 위해서 적용될 열역학 법칙들에 대해서 공부할 예정입니다.

37. 열과 온도

- 온도는 열현상에 관한 성질을 나타내는 중요한 물리량의 하나로 물체가 얼마나 뜨거운지를 말해준다. 그런데 열현상은 수많은 입자들의 무질서한 운동을 대표하는 현상이라고 한다. 온도는 구성입자들의 무질서한 운동과 어떤 관계에 있나?
- 열은 전도, 대류, 복사 등 세 가지 방법에 의해 한 곳에서 다른 곳으로 이동한다. 열현상이 수많은 입자들의 무질서한 행동으로 나타나는 현상이라고 할 때 전도, 대류, 복사를 어떻게 설명하면 좋은가?
- 고체와 액체가 열을 받으면 부피가 증가하는데 이것을 물질의 열팽창이라 한다. 열팽창에서 고체와 액체의 부피는 온도에 어떻게 의존하는가?

우리는 18장에서 열에너지에 대해 공부하면서 열현상이란 물질을 구성하는 입자들이 무질서하게 운동한 결과로 나타나는 것임을 알았다. 그런데 19세기 중엽까지만 하더라도 열현상이란 당시 알려진 물체의 운동을 다루는 역학의 원리를 적용하여 설명할 수는 없는 현상이라고 생각하였다. 열현상이 물체의 운동을 다루는 역학 분야와는 관계가 없고 물질과는 다른 열소(熱素)라는 존재가 열의 본질이라고 생각하였다. 열소는 질량이 없는 독립된 존재로서 마치 질량 보존법칙처럼 열소 보존법칙이 성립하며 고체가 녹고 액체가 증발하는 것 등은 열소와 고체 또는 액체 사이의 화학적 작용이라고 생각하였다. 그리고 두 물체를 마찰하였을 때 뜨거워지는 것은 물질에 결합되어 있던 열소가 물질로부터 빠져 나오는 현상이라고 보았다. 이와 같이 열소를 이용하여 열현상을 설명하는 이론을 소위 열소이론이라고 한다.

그림 37.1 럼퍼드 백작 (미국, 1763-1814)

그러나 19세기 초에 이르러 열소이론에 대해 의문을 표시하는 학자들이 나오기 시작하였다. 특히 그림 37.1에 보인, 미국에서 출생하였으나 영국에서 백작 칭호를 받고 럼퍼드

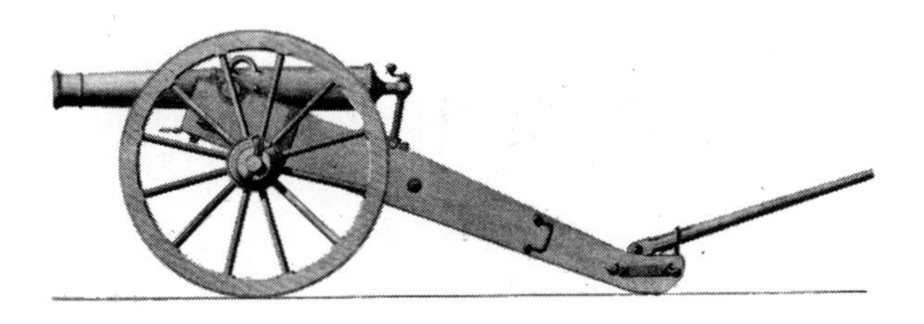

그림 37.2 럼퍼드 백작시절 이용된 대포

백작이라 불리는 벤저민 톰슨은 그림 37.2에 보인 것과 같은 대포의 포신을 만들려고 쇠를 깎아 구멍을 뚫는 것을 관찰하면서, 쇠를 깎는 동안 대단히 많은 양의 열이 발생하는 것을 보고 열소 이론에 대해 의문을 품게 되었다. 쇠에 포함된 열소가 열이 나오는 이유라면 쇠를 오래 깍은 뒤에는 열이 나오지 않아야 할 텐데, 쇠를 깎으면 깎을수록 열이 더 많이 나오는 현상을 이해할 수가 없었다. 그 이후 럼퍼드 백작은 일련의 실험을 통하여 열의 본질은 쇠를 구성하는 분자들의 운동이지 열소의 흐름이 아니라는 결론을 얻었다. 이것을 계기로 열현상에 대한 이해가 새롭게 시작되었다.

그림 37.3 제임스 줄
(영국, 1818-1889)

열소 이론이 정말 옳은 이론인지에 대한 의문이 제기되면서, 그림 37.3에 보인 영국의 물리학자 줄은 실험에 의해서 열과 일 사이의 정확한 관계를 알아내었다. 줄은 전동기(電動機)를 이용하여 전동기를 돌리는데 소모된 전지의 양과 전동기가 한 일을 계산한 다음 전류가 열을 발생시킨다는 점에 주목하여 저항을 통과하는 전류가 발생시키는 열은 흘려준 전류의 제곱에 비례한다는 줄의 법칙을 발견한 사람이다. 전류가 저항을 통과할 때 발생시키는 열이 얼마인지 알려주는 줄의 법칙에 대해서는 전기 현상을 다룰 때 자세히 공부할 예정이다.

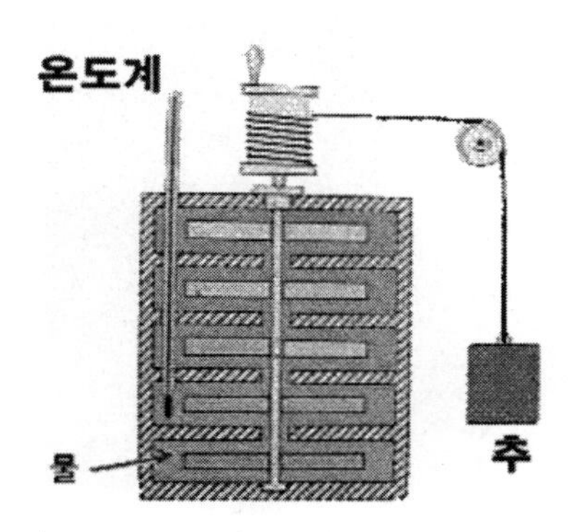

그림 37.4 줄의 실험 장치

줄은 또한 그림 37.4에 보인 것과 같이 물에 페달을 넣고 무거운 추가 내려가면 이 페달을 돌리어 흔들어주는 실험 장치를 이용하여 추가 내려가면서 페달을 돌리면 열소와는 아무런 관계가 없이 물의 온도가 올라가는 것을 확인하였다. 그는 추가 내려가면서 한 일이 페달의 운동에너지로 바뀌고, 페달의 운동에너지가 다시 물분자들을 움직이게 함으로써 물의 온도가 올라간 것이라고 판단하였다. 그래서 줄은 추가 내려가면서 한 일과 물의 온도를 상승시키는데 필요한 열 사이의 관계로부터 당시 알고 있었던 열량 Q는

$$W = JQ \quad \text{여기서} \quad J = 4.2 \text{ J/cal} \tag{37.1}$$

에 의해서 W만큼의 일에 해당하는 것을 보였다. 여기서 J는 열의 일당량이라고 불리는 상수로서 칼로리(cal)라는 열량의 단위를 줄(J)이라는 일의 단위로 바꾸는 환산인자이다.

이와 같은 과정을 거쳐서 열도 지금까지 배운 다른 현상들과 마찬가지로 역학적 방법으로 설명될 수 있는 현상임이 판명되었다. 그 이후 그림 37.5에 보인 독일의 의사인 마이어는 인간의 체온을 유지시키는 열은 인간이 섭취한 음식물의 화학에너지로부터 보급된다는 가설을 세우고, 근육의 에너지도 같은 원리로 설명될 수 있다고 보았다. 그러한 논리에 의해 마이어는, 여러 가지 형태의 에너지들이 서로 전환될 수 있는 것처럼, 열도 다른 에너지들과 상호 전환할 수 있으며 따라서 에너지 보존법칙에서 전환될 수 있는 에너지의 한 형태로 열도 포함시켜야 된다는 이론을 주장하였다.

그림 37.5 줄리어스 로버트 마이어(독일, 1814-1878)

그러나 유감스럽게도 당시 마이어의 독창적인 생각은, 그가 전문적인 물리학자가 아니라는 이유 하나만으로, 다른 물리학자들로부터 진지한 관심을 받지 못하였다. 그래서 마이어는 좌절감을 느끼고 자살까지 기도하였을 뿐 아니라 정신 병원의 신세를 지는 등 불우한 시기를 보내었다.

다행스럽게, 그림 37.6에 보인 독일의 유명한 물리학자 헬름홀츠가 마이어의 초기 논문을 우연히 읽은 뒤 마이어가 제안한 내용의 중요성을 알아보고 에너지 보존 원리를 가장 먼저 발견한 공로를 마이어에게 돌려야 한다고 주장

그림 37.6 헤르만 폰 헬름홀츠 (독일, 1821-1894)

하였다. 이렇게 오랜 뒤에나마 마이어의 과학적 업적이 인정을 받게 되자 마이어는 건강도 회복하고 정식으로 물리학계에 진출하여 활발한 활동을 보였다. 이와 같은 과정을 거치면서 열현상에 대한 열소 이론은 19세기말에 가까워 오면서 자취를 감추었다. 열현상도 역학 현상의 일종으로 뉴턴 역학의 범주아래서 설명할 수 있는 현상임이 확실하게 밝혀진 것이다. 그러나 열현상에서는 우리가 지금까지 다루지 않은 물리량이 존재하고 뉴턴의 운동법칙만으로 바로 이해하기 어려운 현상도 존재한다.

열현상에서는 우선 물체의 온도라는 물리량이 새롭게 나온다. 그리고 높은 온도의 물체와 낮은 온도의 물체를 접촉시키면 열이 높은 온도의 물체로부터 저절로 낮은 온도의 물체로 흐르고 반대로는 흐르지 않는다. 그런데 이 현상은 기존의 역학적 원리만 가지고는 이해하기가 어려운 것처럼 보인다. 열현상에 나오는 이런 두 가지 새로운 면을 설명하기 위해서 지금까지 다룬 다른 현상과는 달리 뉴턴의 운동방정식 외에 무엇인가가 더 필요할 것처럼 보인다.

열현상의 원인이 되는 열에너지는 지난 18장에서 공부한 것처럼 계 전체로는 움직이지 않으나 계 내부에서 구성입자들이 벌이는 무질서한 운동의 운동에너지 합이다. 이것을 다시 한 번 더 설명하기 그림 37.7에 그려놓은 물체를 구성하는 분자들의 운동을 보자. 만일 이 물체가 용기 속에 담겨있는 기체라면 위쪽 그림처럼 기체 분자들이 제멋대로 무질서하게 움직인다. 이 분자 하나하나의 운동에너지를 모두 더한 것이 용기 속에 담겨있는 기체의 열에너지이다. 그러나 이들 분자들의 선운동량을 모두 더한 총선운동량은 0이다. 왜냐하면 운동에너지는 0보다 큰 스칼라량이기 때문에 더하면 더할수록 더 커지지만 선운동량은 벡터양이기 때문에 더해서 0이 될 수도 있는데, 물체가 전체로는 전혀 움직이지 않기 때문에 분자들의 선운동량을 모두 더하면 0이 되는 것을 분명히 알 수 있다.

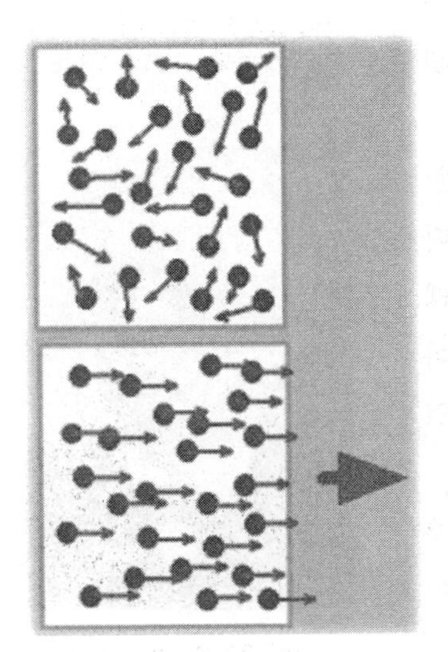

그림 37.7
무질서한 운동과 열에너지

이와 같이 물체를 구성하는 분자들은 멋대로 움직이고 있더라도 물체 전체로는 움직이지 않는다. 즉 물체 전체의 운동에너지는 0인 것이다. 그래서 물체 전체의 운동에너지가 물체를 구성하는 분자들의 개별적인 운동에너지의 합과 같지 않다. 그러므로 만일 이 물체가 외부로부터 에너지를 받았으나 전체적으로는 움직이지 않는다면 이 에너지는 없어지는 것이 아니라 구성 입자들이 아무렇게나 움직이는 운동에너지로 바뀐다. 이 에너지를 열에너지라고 한다.

한편 그림 37.7의 아래쪽 그림에 보인 것처럼 만일 물체의 구성 분자들이 모두 똑같은 방향으로 똑같은 속도로 움직인다면 물체 전체도 바로 이 속도로 움직이게 된다. 그러므로 이 경우에는 구성 입자 하나하나의 운동에너지를 모두 더하면 그 운동에너지는 바로 물체 전체의 운동에너지와 같다. 이렇게 구성 분자들의 개별적인 운동에너지의 합이 물체 전체의 운동에너지와 같을 때는 그 에너지를 열에너지라고 부르지 않는다.

이렇게 용기 속에 담긴 기체를 예로 들어 열에너지를 설명하였지만, 이 설명은 기체가 아닌 고체나 액체의 경우에도 똑같이 성립한다. 단지 기체의 경우에는 구성 분자들이 용기 내의 구석구석까지 모두 누비며 이동할 수 있지만 고체나 액체의 경우에는 분자들이 이동할 수 있는 범위가 제한되어 있다는 점이 다를 뿐이다. 고체나 액체에서도 온도는 분자들이 제멋대로 움직이는 운동의 운동에너지를 대표한다.

물체가 지닌 열에너지는 물체를 구성하는 입자들의 무질서한 운동에 대한 운동에너지의 합을 대표하는데 대하여 물체의 온도는 물체의 구성입자들이 제멋대로 무질서하게 움직이는 운동에너지의 합을 구성입자의 수로 나눈 평균 운동에너지를 대표하는 물리량이다. 그리고 운동에너지는 0보다 작지 않아서 0이 운동에너지의 최솟값이므로 평균 운동에너지로 정의되는 온도에도 가장 작은 값이 존재한다. 다시 말하면 물체의 모든 구성입자들이 움직이지 않고 정지해 있으면 이 입자들의 무질서한 운동에너지의 합은 0이고 바로 그 경우가 가장 낮은 온도이다.

온도의 본질이 바로 물질을 구성하는 분자들의 평균 운동에너지라는 점을 제안하고 온도에는 하한선이 있다고 주장한 사람이 그림 37.8에 보인 영국의 물리학자 켈빈경이다. 섭씨온도계에서는 물과 얼음이 공존하는 온도를 온도의 기준점으로 정하고 그 온도를 0°라고 불렀다. 그러나 가장 낮은 온도를 기준점인 0도로 정하는 것이 더 논리적이라고 볼 수 있다. 그와 같은 온도 눈금을 절대온도계라고 부르고 가장 낮은 온도가 0 K이며 0 K를 섭씨온도로 바꾸면 -273.15℃이다. 섭씨온도를 ℃로 표시하는 것처럼 절대온도는 켈빈의 이름을 따서 K로 표시한다. 그

그림 37.8
윌리엄 톰슨 켈빈 경
(영국, 1824-1907)

런데 절대온도에서는 °를 이용하지 않아서, 예를 들어 100°K라고 하지 않고 100K라고 한다는 점을 주의하자.

이제 열현상이란 계를 이루고 있는 수많은 구성 입자들이 제멋대로 움직이는 운동이 보여주는 현상임을 알게 되었다. 그래서 강의실의 스팀에서 열이 나오면 강의실의 온도가 올라가는 것은 공기 분자들이 제멋대로 움직이는 평균 운동에너지가 증가하기 때문이라고 생각하고 열을 받아서 내 얼굴의 양 볼이 화끈거리면 볼을 구성하는 분자들이 제멋대로 움직이는 운동이 더 격렬해졌다고 생각하면 된다.

열이 한 물체에서 다른 물체로, 또는 한 계에서 다른 계로 이동하는 방법에는 전도와 대류 그리고 복사 등 세 가지가 있다. 열의 이동 방법을 열이란 구성 분자들이 제멋대로 움직이는 무질서한 운동 때문에 생긴다는 점과 연관 지어 이해해보자.

전도(傳導)는 물체의 한 부분에서 다른 부분으로 열이 이동하는 현상을 말한다. 그래서 열은 이동하지만 물질의 이동은 전혀 수반되지 않는 경우이다. 예를 들어, 그림 37.9에 보인 것과 같이 은젓가락의 아래쪽을 촛불로 가열한다고 하자. 그러면 은젓가락 중에서 불꽃에 닿은 부분부터 손 쪽을 향해서 차례로 뜨거워지는 경우가 이에 해당한다. 전도에 의한 열의 전달을 분자들의 운동으로 설명하면 다음과 같다. 은젓가락 중에서 불꽃에 의해 열에너지를 받은 부분의 분자들이 격렬하게 무질서한 운동을 하기 시작한다. 그러면 그 분자들은 은젓가락 중에서 좀 더 손 쪽에 위치한 곳에 놓인 분자들과 충돌하여 에너지를 전달해 준다. 당구 게임에서 정지한 빨강 공을 흰 공으로 때리면 충돌 후에 흰 공의 운동에너지 일부가 빨강 공에게 전달되는 것과 같은 이치이다. 이와 같은 일이 계속되면서 격렬하게 움직이는 은젓가락 분자들이 바로 옆의 다른 분자들과 충돌하여 점점 더 존에 가까운 쪽의 은젓가락 분자들에게 운동에너지를 나누어주는 방법으로 무질서한 운동의 운동에너지가 전달된다.

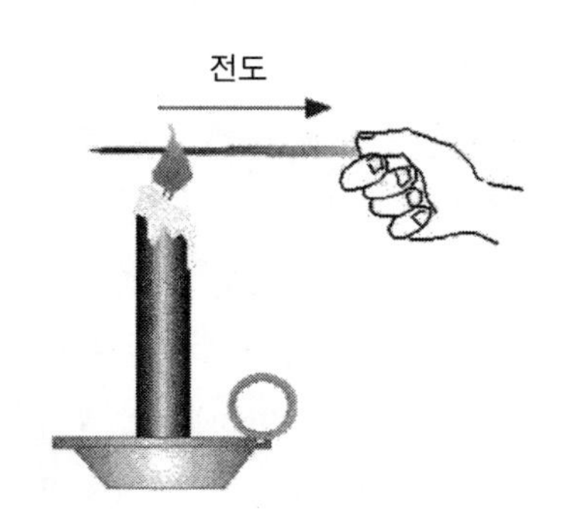

그림 37.9 전도에 의한 열의 이동

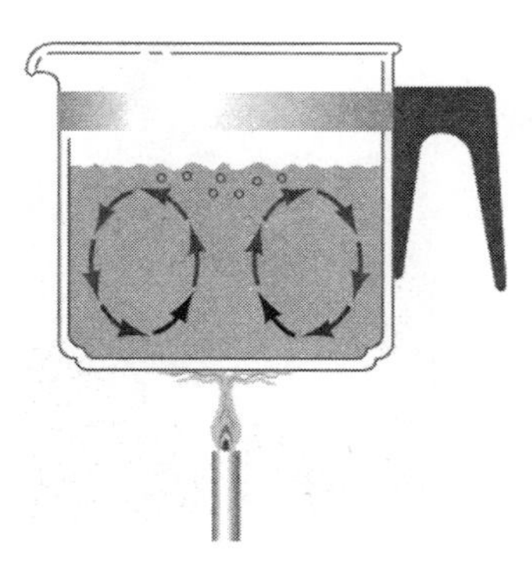

그림 37.10
대류에 의한 열의 이동

은젓가락과 같은 고체에 속한 분자들은 에너지를

받으면 격렬하게 움직이지만 원래 정해진 위치에서 너무 멀리 가지는 못한다. 그래서 이웃 분자에게 운동에너지의 일부를 전달해주는 역할밖에는 못하고 열은 전도에 의해 전달된다. 그러나 액체나 기체의 경우에는 분자들이 물체의 다른 부분으로 쉽게 이동될 수가 있다. 이와 같이 제멋대로 움직이는 분자들 자신이 다른 장소로 이동하면서 열을 전달해 주는 방법이 대류이다. 예를 들어, 그림 37.10에 보인 것과 같이 물이 담긴 그릇을 버너로 가열하면 맨 아래 물분자들이 격렬하게 움직이면서 그릇에 담긴 물의 위쪽으로 올라가고 원래 위쪽에 있던 물분자들이 아래쪽으로 내려오는 방법으로 그릇에 담긴 물 전체의 온도가 올라간다.

이와 같이 전도와 대류는 제멋대로 움직이는 분자들이 서로 충돌하면서 그들의 운동에너지를 전달해 주는 방법으로 열이 이동한다. 그런데 복사에 의한 열의 전달은 이와 좀 다르다. 복사의 경우에는 한 물체에서 다른 물체로 순수한 에너지가 직접 이동된다. 우리 주위에서 볼 수 있는 순수한 에너지의 전달은 전자기파에 의한 것이다. 전자기파는 물질의 이동을 전혀 수반하지 않고 오로지 순수한 에너지만 이동하는 것이다. 전자기파에 대해서는 나중에 전기현상과 자기현상을 배우면서 자세히 공부할 예정이다.

그림 3.11에 보인 것과 같이 벽난로에서 나무를 태우는데 방 전체가 훈훈해지는 것은 대류에 의한 열의 이동 때문이다. 벽난로 옆의 공기 분자들이 먼저 격렬하게 움직이고 이들이 방의 다른 부분으로 이동하고 찬 공기 분자들이 벽난로 옆에 와서 에너지를 얻어 격렬하게 움직이는 방법으로 방안의 온도가 올라간다. 그리고 벽난로 주위의 벽이 멀리까지 뜨끈뜨끈해지는 것은 전도에 의한 열의 이동 때문이다. 그런데 벽난로 옆에서 나무가 활활 타고 있는 것을 보고 있노라면 우리 얼굴이 화끈거리며 뜨겁다고 느낀다. 이것이 복사에 의한 에너지의 이동이다. 복사파에 의해 이동한다고도 말하는데, 여기서 복사파란 바로 전자기파와 같은 말이다. 타는 나무가 방출하는 전자기파가 우리 얼굴에 직접 와서 얼굴 분자들에게 흡수되어 이 에너지에 의해 얼굴 분자들이 격렬하게 움직인 효과가 화끈거리는 느낌으로 나타난다.

그림 37.11 복사에 의한 열의 이동

나무에서 나오는 불꽃은 나무 분자들이 방출하는 전자기파 때문에 만들어진다. 이

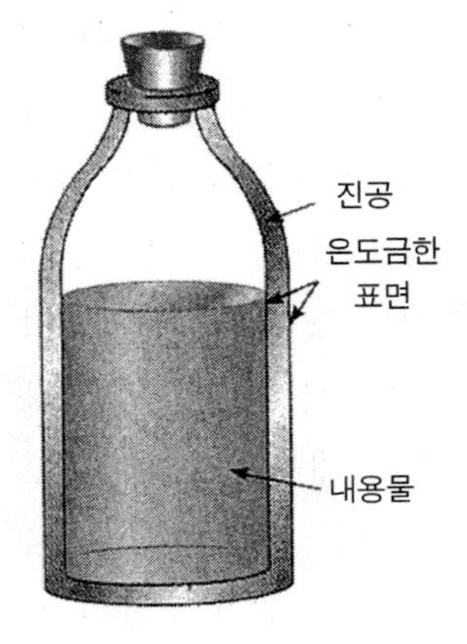

그림 37.12 보온병의 구조

전자기파의 진동수가 우리 눈에 보이는 가시광선이면 불꽃의 색으로 나타난다. 우리가 주위에서 관찰하는 빛은 모두 원자로부터 나온다고 말하여도 과언이 아니다. 에너지를 받아 높은 에너지의 들뜬 상태로 올라가 있는 원자들은 낮은 상태로 떨어지면서 두 상태의 에너지 차이만큼의 에너지를 지닌 전자기파를 방출한다. 이렇게 뜨거운 물체에서 나온 전자기파가 다른 물체에 흡수되어 열이 이동하는 것을 복사에 의한 열의 이동이라고 말한다.

보온병은 열의 전달을 차단하여 더운 음식물은 덥게, 그리고 찬 음식물은 차게 보존하는 장치이다. 열의 전달 방법 세 가지에 의해 열이 이동하는 것을 모두 차단하기 위해 보온병은, 그림 37.12에 보인 것처럼, 두 겹의 유리로 되어 있고 두 유리 사이의 공기를 모두 뽑아 진공으로 만들어 놓았다. 그러면 전도와 대류에 의한 열의 전달이 일어날 수 없다. 또한 유리 표면을 은으로 도금하여 복사파가 표면에서 반사되도록 함으로써 복사에 의한 열의 전달이 일어나지 못하도록 한다.

이제 열현상이란 수많은 구성입자들을 포함하고 있는 물체나 계에서 구성입자들이 벌이는 무질서한 운동에 의해 나타나는 현상임을 잘 알았다. 그런데 그러한 무질서한 운동을 하는 모든 입자들에 의한 열에너지를 직접 측정하거나 알아낼 수는 없다. 그렇지만 구성입자들의 그러한 무질서한 운동의 결과가 몇 가지 측정될 수 있는 물리량에 의해 나타난다. 한편, 물리학의 여러 분야 중에서 열현상을 다루는 분야를 열역학이라 하며, 열역학에서는 열현상에 의해서 나타나는 물리량들 사이의 관계를 다룬다. 열현상을 나타내는 물리량 중에서 대표적인 것이 온도이다.

열은 높은 온도의 물체에서 낮은 온도의 물체로 저절로 흐른다. 구성입자들의 무질서한 운동에 의하여 열이 이동하는 동작을 자세히 살펴보면 물론 열이 높은 온도의 물체에서 낮은 온도의 물체로 이동하면서 동시에 낮은 온도의 물체에서 높은 온도의 물체로 이동하기도 하지만 둘 사이에 상쇄되고 남은 열의 알짜 이동은 높은 온도의 물체에서 낮은 온도의 물체로 일어난다는 의미이다. 그리고 열의 그러한 알짜 이동이 없으면 두 물체는 열적 평형에 도달했다고 말한다. 열적 평형에 도달한 두 물체의 온도는 같다. 만일 한 물체에서도 그 물체의 한 부분이 다른 부분보다 더 뜨겁다면 그 물체의 온도가 몇 도라고 말 할 수 없다. 물체의 온도를 말하려면 그 물체 내에서 열의 알짜 이동이 없는 열적 평형이 도달될 때까지 기다려야 한다.

두 물체의 열적 평형에 대해서는 열역학 제0법칙이라 불리는 다음과 같은 중요한 법칙이 성립한다. 만일 물체 A가 물체 B와 열적 평형을 이루고 또한 물체 A가 물체 C와도 열적 평형을 이룬다면 물체 B와 물체 C도 역시 열적 평형을 이룬다. 어떤 두 물체가 열적 평형을 이루는지는 두 물체를 접촉시켜서 열의 이동이 일어나는지 아닌지로 판단한다. 그런데 만일 A와 B가 열적 평형을 이루고 A와 C도 역시 열적 평형을 이룬다면, B와 C는 접촉시켜보지 않더라도 열적 평형을 이루고 있음에 틀림없다는 것이 열역학 제0법칙의 내용이다.

물체의 온도는 온도계로 측정한다. 우리가 두 물체의 온도를 측정하여 두 물체의 온도가 동일하다고 판단하는 것은 열역학 제0법칙을 이용하여 가능하다. 온도계를 물체 A라 하고 다른 두 물체를 B와 C라 하면 B의 온도계로 B의 온도를 측정한 것은 A와 B가 열적 평형을 이룬다고 확인 한 것이고 다시 온도계로 C의 온도를 측정한 것은 A와 C가 열적 평형을 이룬다고 확인한 것이다. 그래서 온도계로 측정한 B와 C의 온도가 동일하다면 우리는 B와 C를 접촉시켜 보지 않더라도 열역학 제0법칙에 의해서 B와 C가 열적 평형을 이루고 있음을 알 수 있다.

열역학 법칙은 제0법칙과 함께 제1법칙, 제2법칙, 제3법칙 등 모두 네 가지로 이루어져 있다. 그런데 역사적으로는 다른 법칙들의 이름이 명명된 이후에 열역학 제0법칙이 수립되었다. 그렇지만 제0법칙은 제1법칙이나 제2법칙 또는 제3법칙보다 훨씬 더 기본적인 법칙이기 때문에 그들보다 더 앞에 세우기 위해 제0법칙이라고 명명되었다. 다른 열역학 법칙에 대해서는 나중에 자세히 공부할 예정이다.

많은 물체들이 물체의 온도를 높여주면 팽창한다. 예를 들어, 고체로 된 길이가 L인 막대가 있다고 하자. 그 막대의 온도를 T로부터 T'까지 $\Delta T = T' - T$만큼 올려 주었을 때 길이가 $L' = L + \Delta L$을 팽창한 뒤의 막대 길이라고 한다면 막대의 변형 $\Delta L/L$은 온도 차이 ΔT에 비례해서

$$\frac{\Delta L}{L} = \alpha \Delta T \qquad (37.2)$$

가 성립한다. 이때 비례상수인 α를 그 물질의 선팽창계수라 한다. 물질의 선팽창계수는 물질마다 다르며 온도에 따라 선팽창계수가 조금씩 달라지기도 한다. 그래서 온도가 높아지면 선팽창계수가 조금씩 더 커지는 경우도 있다. 몇 가지 고체의 선팽창계수

표 37.1 20℃에서 몇 가지 물질의 선팽창계수 α와 부피팽창계수 β (단위는 $10^{-6}\,\mathrm{K}^{-1}$)

물질	α	β	물질	α	β
고체			고체		
벽돌	1.0	3.0	납	29	87
파이렉스 유리	3.25	9.75	얼음(0° C)	51	153
화강암	8.0	24.0	액체		
보통 유리	9.4	28.2	수은		182
콘크리트	12	36	물		207
철	12	36	휘발유		950
구리	16	48	에틸알코올		1120
은	18	54	벤젠		1240
알루미늄	22.5	69	기체		
			1기압에서 공기		3340

가 표 37.1에 나와 있다.

막대의 열팽창과 비슷한 경우를 우리는 31장에서 고체의 변형을 다룰 때 배웠다. 예를 들어 길이가 L이고 단면적이 S인 막대를 힘 F로 잡아당기면 변형력(stress)는 변형(strain)에 비례하여 (31.4)식으로 주어진 후크 법칙

$$\frac{F}{S} = Y\frac{\Delta L}{L} \tag{37.3}$$

를 만족한다. 이렇게 외부에서 막대를 잡아당길 때 작용해준 외력에 비례하여 막대가 늘어나는 것은 (37.2)식으로 주어진 열팽창과 비슷하게 생각할 수도 있다. 그런데 온도에 의한 열팽창과 외력에 의한 변형 사이에는 중요한 차이점이 존재한다. 외력에 의한 변형에서는 변형하더라도 물체의 부피는 바뀌지 않는다. 그래서 물체를 잡아당겨서 길이가 조금 늘어나면 단면적은 오히려 조금 줄어든다. 그러나 열팽창에서는 모든 방향으로 늘어나는 비율이 똑같다. 긴 막대에서 단면적 쪽으로는 늘어나는 정도는 길이가 늘어나는 크기에 비하여 아주 작지만 그래도 단위 길이 당 늘어나는 비율은 똑같다. 그래서 원래 부피가 V인 물체의 온도가 ΔT만큼 변화할 때 부피가 ΔV만큼 증가하였다면 선팽창에서 성립한 (37.2)식과 유사하게

$$\frac{\Delta V}{V} = \beta \Delta T \tag{37.4}$$

가 성립하는데, 여기서 β를 대상 물질의 부피팽창계수라 부른다.

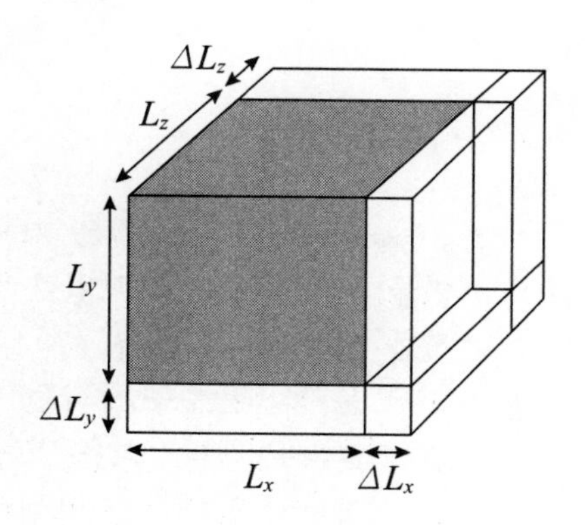

고체의 경우 부피팽창계수 β는 선팽창계수 α로부터 다음과 같이 유도될 수 있다. 우선 그림 37.13에 보인 것과 같이 각 변의 길이가 L_x, L_y, 그리고 L_z인 육면체 형태의 고체의 각 변이 각각 ΔL_x, ΔL_y, 그리고 ΔL_z만큼 팽창하였다고 하자. 팽창하기 전 이 고체의 부피 V는

$$V = L_x L_y L_z \tag{37.5}$$

이고 팽창한 뒤 이 고체의 부피 V'은

$$\begin{aligned} V' &= (L_x + \Delta L_x)(L_y + \Delta L_y)(L_z + \Delta L_z) \\ &\approx L_x L_y L_z\left[1 + \left(\frac{\Delta L_x}{L_x} + \frac{\Delta L_y}{L_y} + \frac{\Delta L_z}{L_z}\right)\right] = V\left[1 + \left(\frac{\Delta L_x}{L_x} + \frac{\Delta L_y}{L_y} + \frac{\Delta L_z}{L_z}\right)\right] \end{aligned} \tag{37.6}$$

이다. 이 식에서 우변은 $(\Delta L)^2$ 또는 $(\Delta L)^3$ 형태의 항은 매우 작아서 포함시키지 않고 구한 결과이다. 그리고 (37.6)식은 다시

$$\frac{\Delta V}{V} = \frac{\Delta L_x}{L_x} + \frac{\Delta L_y}{L_y} + \frac{\Delta L_z}{L_z} = 3\alpha \Delta T \tag{37.7}$$

라고 쓸 수 있는데, 이 식에서 두 번째 등식은 선팽창에 대한 (37.2)식을 이용한 결과이다. 이제 (37.7)식을 (37.4)식과 비교하면 부피팽창계수 β는 선팽창계수 α와

$$\beta = 3\alpha \tag{37.8}$$

인 관계에 있음을 알 수 있다. 표 37.1에는 고체의 부피팽창계수와 함께 몇 가지 액체와 기체의 부피팽창계수도 나와 있다. 고체에 비하여 액체의 부피팽창계수가 훨씬 더 크고 기체의 부피팽창계수는 액체의 부피팽창계수보다 대략 3배 정도 더 크다는 것을 알 수 있다.

38. 기체 운동론

- 기체의 열역학적 성질은 기체의 온도, 부피, 압력에 의해 기술된다. 그리고 이들 사이의 관계가 보일과 샤를에 의해 경험적으로 알려졌다. 보일 법칙과 샤를 법칙을 설명하라.
- 기체 분자들의 운동에 뉴턴 역학을 적용하고 그 결과를 통계적으로 처리하면 기체의 상태방정식을 얻는다. 그런데 이렇게 구한 상태방정식은 보일-샤를 법칙과 동일하다. 이로부터 우리는 무엇을 알 수 있는가?
- 기체의 운동을 통계적으로 다룬 기체 운동론에서는 맥스웰-볼츠만의 속력분포라는 물리량이 중요하다. 맥스웰-볼츠만 속력분포는 어떻게 정의되는가?

그림 38.1 로버트 보일 (영국, 1627-1691)

그림 38.2 쟈크 샤를 (프랑스, 1746-1823)

기체가 열에너지를 받으면 온도와 부피 그리고 압력이 서로 상관관계를 이루며 바뀐다. 18세기와 19세기에 걸쳐서 기체의 성질을 연구하면서 가장 먼저 학자들의 관심을 끈 것이 이들 세 가지 물리량 사이의 관계였다. 뉴턴이 그의 운동방정식을 발표하기보다도 더 전에, 그림 38.1에 보인 영국의 과학자 보일은 여러 가지 기체를 가지고 실험하던 중에 기체의 온도 T를 일정하게 유지시키면 기체의 압력 P와 부피 V가 서로 반비례의 관계에 있어서

$$PV = \text{일정} \tag{38.1}$$

를 만족한다는 사실을 알아내었다. 이것이 유명한 보일 법칙이다.

한편 그림 38.2에 보인 프랑스 과학자 샤를은 일정한 압력 아래서 기체의 부피 V는 온도 T에 비례하여서

$$\frac{V}{T} = \text{일정} \tag{38.2}$$

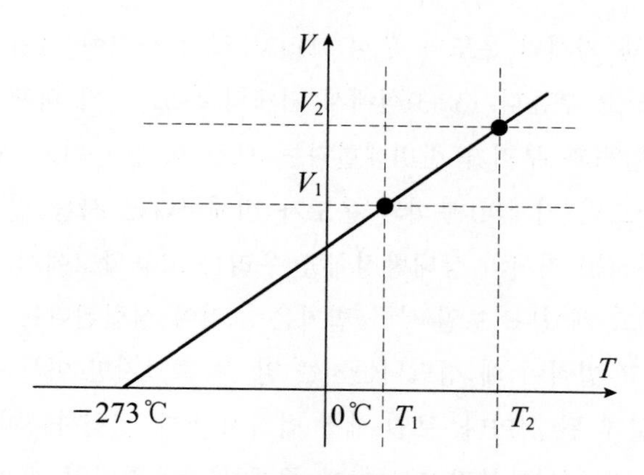

그림 38.3 샤를 법칙과 절대온도 0 K

을 만족한다는 사실을 실험으로 알아내었으며 그래서 이 관계가 샤를 법칙이라고 알려져 있다. 샤를 법칙을 그래프로 그리면 그림 38.3과 같이 기체의 부피 V와 온도 T 사이의 관계가 직선으로 표현된다. 그래서 서로 다른 두 온도에서 기체의 부피가 얼마인지 알면 그림 38.3과 같이 그래프에 두 점을 잇는 직선을 그릴 수 있는데, 샤를 법칙을 대표하는 이 직선이 아주 재미있는 특징을 가지고 있다. 어떤 기체를 가지고 실험했느냐에 관계없이, 그리고 처음 이은 두 점이 어떤 온도에서의 점들인가에 전혀 관계없이 두 점을 잇기만 하고 그 기체의 부피가 0이 되는 온도를 구하면, 한 번의 예외도 없이, 모두 섭씨 -273도라는 결과가 나온다는 것이다. 물론 실제로 실험을 하면 이 온도에 도달하기 오래 전에 기체는 액체로 또는 고체로 바뀌기 때문에 오랫동안 샤를 법칙이 보여주는 이 기묘한 결과를 눈여겨 본 사람이 없었다. 그러나 온도의 본성을 알게 된 후 아하 이것이 바로 절대 온도 0 K구나라는 것을 알 수가 있었다. 샤를 법칙에 이미 온도에는 최솟값이 존재한다는 사실이 포함되어 있었던 것이다. 샤를 법칙은 온도가 내려가면 기체의 부피가 감소한다고 알려주지만 그 부피가 0보다 더 작은 음수로 감소할 수는 없다.

앞에서 소개한 보일 법칙인 (38.1)식과 샤를 법칙인 (38.2)식을 한꺼번에 하나의 식으로 표현할 수 있다. 기체의 온도를 T, 부피를 V, 압력을 P라고 하면 이들 세 물리량 사이에는

$$\frac{PV}{T} = \text{일정} \tag{38.3}$$

이라는 식이 성립한다. 다만 (38.2)식과 (38.3)식에서 온도 T는 절대온도로 표시되어

야 한다. (38.3)식처럼 기체의 온도와 부피 그리고 압력 사이에 성립하는 관계식을 기체의 상태방정식이라고 부른다. (38.3)식에서 기체의 온도 T가 바뀌지 않고 일정하다고 놓으면 기체의 압력과 부피가 반비례한다는 보일 법칙이 되고, 압력 P가 바뀌지 않고 일정하다고 놓으면 기체의 부피와 온도가 비례한다는 샤를 법칙이 된다.

(38.3)식으로 주어지는 기체의 상태방정식을 우리는 고등학교에서 보일-샤를 법칙이라고 부르기도 한다고 배웠다. 보일-샤를 법칙은 그것이 성립된다는 사실을 실험에 의하여 알게 되었다. 그 법칙이 왜 성립되는지는 알 수 없었지만 아무튼 기체가 그런 성질을 갖고 있음을 알게 된 것이다. 보일-샤를 법칙처럼 왜 성립하는지 그 이유는 알 수 없지만 자연현상을 대표하는 물리량 사이에 존재하는 규칙적인 관계를 경험법칙이라고 한다. 다른 경험법칙의 예로 행성의 운동에 대한 케플러의 세 가지 법칙이 있다. 케플러 법칙은 나중에 그것이 왜 성립되는지 그 이유가 알려졌다. 행성들이 뉴턴의 운동방정식에 따라 움직이는 것이 바로 그 이유였다. 그리고 행성의 운동에 관한 케플러의 세 가지 법칙은 뉴턴이 자연의 기본법칙인 운동방정식을 발견하는데 단서가 되어 주었다.

마찬가지로, 경험법칙인 보일-샤를 법칙도 기체를 통하여 자연의 기본법칙이 어떻게 동작하는지를 알려주는 증거가 될 수 있다. 그러면 보일-샤를 법칙이 성립하는 이유가 좀 더 기본적인 원리로부터 설명될 수 있을까? 그러한 기본원리는 무엇일까? 그런데 어쩌면 그러한 기본원리가 무엇인지에 대해 더 생각해 볼 여지가 없을지도 모른다. 우리는 지금까지 계속 자연의 기본원리는 뉴턴의 운동방정식 하나뿐이라고 강조하여 오지 않았는가? 그렇다. 기체에서 보일-샤를 법칙이 왜 성립하는지를 설명할 수 있는 기본원리도 역시 뉴턴의 운동방정식일 것임이 분명하다.

열현상에 대해 보일-샤를 법칙과 같은 경험법칙이 왜 성립하는지 설명할 수 있는 더 기본적인 원리를 찾아내려는 시도가 18세기에 시작되었다. 한 예로, 베르누이 방정식으로 유명한 베르누이는 용기에 담긴 기체의 압력은 기체를 구성하는 입자들이 용기의 벽을 때리는 힘 때문에 생기는 것이라고 옳게 추론하였다. 그러나 그는 구성 입자들의 운동으로부터 유체의 압력을 계산하는 방법을 찾아내지는 못하였다. 그리고 당시는 그런 구성 입자들이 무엇인지도 알지 못하던 때이었다. 지금은 그 입자가 바로 분자임을 잘 알고 있지만 20세기에 들어서기까지도 분자가 정말 존재한다고 직접 보여주는 실험적 증거는 존재하지 않았다.

19세기에 들어서면서 기체의 여러 가지 성질들을 구성 입자의 운동으로 설명하려는 소위 기체 운동론에 대한 연구가 활발하게 진행되었다. 여전히 분자의 존재에 대해서는 구체적으로 알지 못하였지만 기체가 아주 작은 입자들로 구성되어 있다고 가정하였다. 기체 운동론이 획기적으로 발전하게 되는 계기는 전자기학으로 더 유명한 그림 38.4에 보인 영국의 천재 물리학자 맥스웰에 의해 비롯되었다. 맥스웰은 기체를 구성하는 수많은 입자들의 운동으로부터 기체의 온도와 압력 그리고 부피 사이의 관계인 상태방정식을 설명할 수 있음을 보였다. 이때 기체를 구성하는 수많은 입자들 하나하나는 뉴턴의 운동방정식을 만족하며 운동한다. 그래서 여기서도 기본원리는 여전히 뉴턴의 운동방정식이다. 다만 기체의 경우에는 계에 너무 많은 입자들이 포함되어 서로 충돌하며 복잡한 모습으로 움직이고 있으므로 이들 입자들 하나하나가 움직이는 모습을 기술할 수는 없고 모든 입자들을 한꺼번에 통계적으로 다루어야 한다는 점이 우리가 전에 공부한 경우와 다를 뿐이다.

그림 38.4 제임스 맥스웰 (영국, 1831-1879)

맥스웰은 기체를 구성하는 입자가 조그만 구형이고 완전한 탄성체라고 가정하였다. 입자들이 서로 충돌한 뒤에 움직이는 방향이나 속도가 바뀌지만 충돌 전과 충돌 후의 전체 운동에너지는 바뀌지 않는다는 점을 강조하기 위해 입자들이 완전 탄성체라고 가정한 것이다. 그러면 기체 운동론을 이용하여 기체의 상태방정식을 어떻게 설명할 수 있는지 살펴보자.

그림 38.5에 보인 것처럼 용기에 들어있는 기체 분자 중에서 속도 $\vec{v}$로 움직이던 분자 한 개가 벽에 충돌한 뒤에 튀겨 나갔다고 하자. 분자가 벽에 충돌하기 전의 속도를 그림 38.5에 정한 좌표계에서 성분으로 표시하여

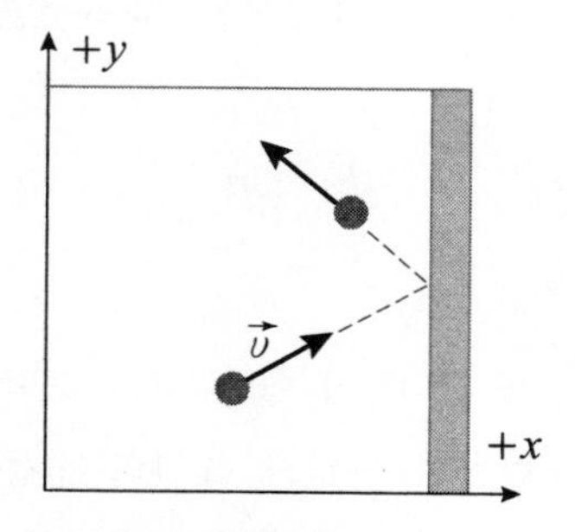

그림 38.5 기체의 압력 설명

$$\vec{v} = v_x\,\mathbf{i} + v_y\,\mathbf{j} \tag{38.4}$$

라면, 그림 38.4에서 볼 수 있는 것처럼, 충돌 후의 속도에서 y축 방향 성분은 바뀌지 않고 x축 방향 성분만 v_x에서 $-v_x$로 바뀐다. 그래서 분자가 충돌 뒤 튀겨 나가는 속도 $\vec{v}'$를

$$\vec{v}' = -v_x \mathbf{i} + v_y \mathbf{j} \tag{38.5}$$

라고 쓸 수 있다. 그런데 분자의 속도가 이렇게 바뀐 것은 분자에 힘이 작용하였기 때문이다. 분자에 얼마만큼의 힘이 작용하였는지 알려면 속도가 바뀐 정도를 계산하고 뉴턴의 운동방정식을 적용하면 된다. 분자 하나의 질량을 m이라고 할 때 분자가 벽에 충돌하면서 벽이 분자에게 작용한 힘 $\vec{F}$는

$$\vec{F} \equiv m\frac{\Delta\vec{v}}{\Delta t} \tag{38.6}$$

으로 주어지는데 여기서 $\Delta\vec{v} = \vec{v}' - \vec{v}$는 충돌 후의 속도 $\vec{v}'$에서 충돌 전의 속도 $\vec{v}$를 뺀 속도의 변화량이고 Δt는 분자가 용기의 한쪽 벽에서 다른 쪽 벽까지의 거리 L을 한번 왕복하여 이동하는데 걸린 시간이다. 그러면

$$\Delta\vec{v} = (-v_x \mathbf{i} + v_y \mathbf{j}) - (v_x \mathbf{i} + v_y \mathbf{j}) = -2v_x \mathbf{i} \quad \text{그리고} \quad \Delta t = \frac{2L}{v_x} \tag{38.7}$$

이다. 물론 분자들이 이동 중에 여러 번 충돌하여 속도가 바뀌겠지만 분자들을 모두 다 고려할 예정이므로 이렇게 계산하여도 크게 틀리지 않는다.

이제 (38.7)식을 (38.6)식에 대입하면 (38.6)식은

$$\vec{F} = m\frac{\Delta\vec{v}}{\Delta t} = m\frac{-2v_x \mathbf{i}}{\dfrac{2L}{v_x}} = -\frac{mv_x^2}{L}\mathbf{i} \tag{38.8}$$

가 된다. 이 힘은 벽이 분자 한 개에 작용한 힘이다. 우리는 이 힘을 계산하면서 힘의 법칙이 아니라 뉴턴의 운동방정식을 사용하였다. 즉 단순히 분자의 가속도에 분자의 질량을 곱해서 분자가 받는 합력을 구하였다. 그래서 분자에 작용한 힘이 어떤 종류의 힘인지는 알 수 없지만 아무튼 이렇게 구한 결과가 분자 한 개에 작용된 합력임은 분명하다.

(38.8)식에 나오는 분자의 속도 v_x를 구하려면 수많은 분자 각각에 대해 뉴턴의 운동방정식을 풀어야 한다. 여기서는 그렇게 하지 않고 모든 분자들에 대해 평균을 취한 값을 이용한다. 분자가 움직이는 속도의 x방향 성분인 v_x를 제곱하여 모든 분자들에 대해 평균값을 구한 결과가 $\langle v_x^2 \rangle$이라고 하자. 그런데 분자의 속력을 제곱한 v^2은

속도의 각 성분 v_x와 v_y 그리고 v_z를 제곱하여 모두 더한 것과 같아서

$$v^2 = v_x^2 + v_y^2 + v_z^2 \tag{38.9}$$

인데, 그래서 모든 분자들에 대하여 v^2의 평균값을 취한 $\langle v^2 \rangle$은

$$\langle v^2 \rangle = \langle v_x^2 \rangle + \langle v_y^2 \rangle + \langle v_z^2 \rangle = 3\langle v_x^2 \rangle \tag{38.10}$$

이 된다. 이 식에서 마지막 등호는 분자들이 무질서하게 운동한다면 분자 속도의 세 성분을 제곱해서 모든 분자들에 대해 평균한 값은 모두 같아서

$$\langle v_x^2 \rangle = \langle v_y^2 \rangle = \langle v_z^2 \rangle \tag{38.11}$$

임을 이용하였다. 그리고 (38.8)식의 양변을 모든 분자에 대해 평균하면

$$\langle \vec{F} \rangle = -\frac{m\langle v_x^2 \rangle}{L}\,\mathbf{i} = -\frac{m\langle v^2 \rangle}{3L}\,\mathbf{i} \tag{38.12}$$

가 된다. 이 식의 두 번째 등호는 (38.11)식을 대입해서 구하였다.

이제 문제를 간단하게 하기 위하여 한 변의 길이가 L인 정육면체 모양의 용기에 기체가 담겨져 있고 용기 안에 들어있는 기체 분자는 모두 N개라고 하자. 그러면 분자 한 개가 왕복 운동할 시간인 Δt동안 평균해서 N개의 분자가 모두 한 번씩은 오른쪽 벽에 부딪친다고 할 수 있다. 그래서 (38.12)식으로 구한 모든 분자들을 평균하여 구한 힘에 N을 곱하면 한쪽 벽이 Δt라는 시간 동안 모든 분자들에게 작용한 힘을 모두 더한 것과 같게 된다. 이 결과는 근삿값이 아니다. 평균을 구하지 않고 각 분자에 작용한 힘을 모두 더한 것은 평균한 값으로 주어진 힘을 분자의 총 수로 곱한 것과 정확히 같다는 사실을 상기하자. 그러므로 위의 유도 과정에서 평균값을 사용하였다고 해서 조금이라도 덜 정확한 결과가 나오는 것은 아니다.

우리는 용기에 담긴 기체의 압력은 기체 분자들이 용기 벽을 충돌하면서 벽에 작용한 힘에서 비롯된다는 베르누이의 생각을 이용할 예정이다. (38.12)식으로 주어진 힘은 벽이 분자에 작용하는 힘이므로, 분자가 벽에 작용하는 힘은 (38.12)식으로 주어진 힘의 반작용이다. 그러므로 기체의 압력 P는 (38.12)식으로 주어진 분자 한 개에 작용하는 힘의 크기에 N을 곱한 다음 한쪽 벽의 넓이인 L^2으로 나누어

$$P = \frac{Nm\langle v^2 \rangle}{3L^3} = \frac{Nm\langle v^2 \rangle}{3V} \tag{38.13}$$

가 된다. 여기서 L^3은 정육면체의 부피 V임을 이용하였다.

그런데 용기 속에 들어있는 기체 분자들의 총 운동에너지는 분자 하나하나의 운동에너지를 모두 더한 것과 같고 그것은 다시 용기 속에 든 분자 하나의 평균 운동에너지에 분자의 총 수를 곱한 것과도 같다. 그러므로 용기 속에 들어있는 분자들의 총 운동에너지 K는

$$K = N\left(\frac{1}{2} m\langle v^2 \rangle\right) \tag{38.14}$$

가 된다. 그리고 37장에서 온도란 바로 무질서하게 움직이는 수많은 입자들의 평균 운동에너지를 대표한다고 배운 것을 기억하자. 이것은 다시 말하면 기체의 온도를 절대온도 단위로 표현하면 총 운동에너지가 절대온도 T와 분자의 총 수 N을 곱한 것에 비례한다는 의미이다. 그래서 용기 속에 들어있는 기체 분자들의 총 운동에너지를

$$K = \frac{3}{2} k_B NT \tag{38.15}$$

라고 표현할 수 있는데, 여기서 $3k_B/2$는 비례상수이고 k_B는, 나중에 더 자세히 설명할 예정이지만, 볼츠만 상수라 불리는 중요한 상수이다.

이제 (38.13)식에 나오는 $\langle v^2 \rangle$에 (38.14)식을 대입하고 그 결과에 나오는 K 값으로는 (38.15)식을 이용하자. 그러면

$$PV = \frac{1}{3} Nm\langle v^2 \rangle = \frac{2}{3} \times \frac{1}{2} Nm\langle v^2 \rangle = \frac{2}{3} K = \frac{2}{3} \times \frac{3}{2} Nk_B T = Nk_B T \tag{38.16}$$

를 얻는다. 이것은 굉장한 결과이다. 바로 기체의 상태방정식

$$\frac{PV}{T} = \text{일정} = Nk_B \tag{38.17}$$

를 얻은 것이다. 이로써 실험에 의해 얻은 기체의 압력과 부피의 곱을 온도로 나눈 몫은 언제나 일정한 값을 갖는다는 경험법칙이 기본원리로부터 계산되어 나왔을 뿐 아니라, 그 일정한 값이 바로 용기에 포함된 분자들의 총 수 N에 볼츠만 상수 k_B를 곱

한 것과 같음을 알게 되었다. 이것은 기체를 구성하는 분자들의 운동에 역학 법칙을 적용한 결과로부터 기체의 열현상에 대한 경험법칙을 구하였음을 의미한다. 그리고 이번에도 역시 기체를 구성하는 분자들에게 적용한 기본원리는 바로 뉴턴의 제2법칙인 뉴턴의 운동방정식이었다. 그래서 나는 이 결과가 굉장한 결과라고 말한 것이다.

사실은 기체의 상태방정식 뿐 아니라 열역학에서 나오는 모든 경험법칙을 구성 분자들의 무질서한 운동의 결과로 모두 다 설명할 수 있다. 이렇게 열현상을 설명하는 분야를 통계역학이라고 부른다. 열역학은 열현상에서 성립하는 여러 법칙들에 관한 분야이고 통계역학은 열현상을 구성하는 것과 같은 수많은 입자들의 무질서한 운동을 뉴턴의 운동방정식과 통계적인 방법으로 설명하는 분야이다. 그리고 열역학에서 알려진 여러 경험법칙이 성립하는 원인을 통계역학이 규명해준다.

통계역학은 앞에서 설명한 맥스웰의 기체 운동론이 그 시발점이었지만, 그림 38.6에 보인 오스트리아의 물리학자 볼츠만에 의해 본격적으로 시도되었는데, 그는 물질의 구성 입자인 원자의 무질서한 운동을 통계적으로 기술하는 방법을 이용하여 열역학의 경험법칙들이 왜 성립하는지 규명하는 작업을 시작하였다. 볼츠만의 통계적인 방법은 모든 물질이 원자로 구성되어 있다는 가정에서 출발한다. 그런데 19세기까지도 원자나 분자의 존재가 분명하게 증명되지 않았다. 그래서 많은 학자들이 원자란 물질을 설명하기 위해 도입한 편리한 수학적 허구일 뿐이라고 생각하였다. 또 감각에 의해 직접 감지되지 않는 현상은 과학으로부터 모두 제거해야 한다는 실증학파가 대두되면서 원자의 존재에 대해 격렬한 논쟁이 붙곤 하였다. 이런 논쟁의 와중에서 볼츠만은 자기의 생각이 받아드려지지 않자 심한 우울증으로 고생하던 끝에 불행하게도 자살해버림으로써 그의 탁월한 재능이 중도에 꺾이게 된다. 그런데 볼츠만이 죽은 뒤 얼마 지나지 않아 그의 생각은 물리학자들에게 올바른 것으로 널리 받아드려졌다.

그림 38.6 루드비히 볼츠만 (오스트리아, 1844-1906)

(38.15)식과 (38.17)식에 이용된 볼츠만 상수 k_B는 절대온도로 표시된 온도의 단위를 에너지의 단위로 변환시켜주는데 이용되는 상수로 그 값은

$$k_B = 1.38\times10^{-23}\ \mathrm{J/K} \tag{38.18}$$

이다. 37장에서 자세히 배운 것처럼 18세기 말까지도 사람들은 온도란 역학과는 관계없는 독립적인 현상이라고 생각하고 뜨거운 정도를 나타내는 ℃나 K와 같은 온도의 단위를 따로 만들어 이용하였고 열량도 cal라는 단위를 이용하였다. 그런데 열현상도 역시 역학적 현상이며 열량은 많은 입자들이 무질서하게 운동할 때의 총 운동에너지를 말하고 온도란 구성 입자 하나의 평균 운동에너지임을 알게 되었다. 그러므로 열량이나 온도 모두 에너지의 단위를 이용하여 표현할 수 있음을 알았다. 그래서 cal로 표현된 열량은 (37.1)식에 나오는 열의 일당량 J를 이용하여 J이라는 에너지 단위로 표현할 있다. 또한 어떤 기체의 절대온도가 T라면 그 기체 분자 하나의 평균 운동에너지 K는 볼츠만 상수 k_B를 이용하여

$$K \approx k_B T \tag{38.19}$$

로 주어진다. 예를 들어 절대온도가 $T = 300$ K인 기체에서 분자 하나의 운동에너지는 평균하여

$$K \approx k_B T = (1.38 \times 10^{-23}\ \mathrm{J/K}) \times (300\ \mathrm{K}) = 4.1 \times 10^{-21}\ \mathrm{J} \tag{38.20}$$

이라고 생각할 수 있다. 그런데 이 에너지는 얼마나 큰 에너지라고 말할 수 있을까? 그것을 알기 위해서는 에너지의 단위로 eV(electron volt)를 이용하는 것이 좋다. 1 eV는 전자가 1 V의 전위차를 지나갈 때 얻는 에너지를 말하는데 이것을 J로 표현하면

$$1\ \mathrm{eV} = 1.6 \times 10^{-19}\ \mathrm{J} \tag{38.21}$$

에 해당한다. 그래서 (38.20)식으로 주어진 에너지는

$$K = 4.1 \times 10^{-21}\ \mathrm{J} = (4.1 \times 10^{-21}\ \mathrm{J}) \times \frac{1\ \mathrm{eV}}{1.6 \times 10^{-19}\ \mathrm{J}} = 2.56 \times 10^{-2}\ \mathrm{eV} \tag{38.22}$$

이 된다. 수소 원자에서 전자를 떼어내는데 필요한 에너지가 13.6 eV이고 보통 기체에서 방출하는 빛이 나르는 에너지도 수 eV 정도이므로 (38.22)식에서 계산된 에너지는 매우 작은 에너지임을 알 수 있다.

그런데 (38,19)식과 (38.20)식에서 등호(=)를 쓰지 않고 어림등호(≈)를 쓴 이유가 있다. 분자 하나의 평균 운동에너지는 그 분자의 자유도에 따라 달라진다. 운동하는 물체의 자유도에 대해서는 지난 9장에서 자세히 소개하였다. 직선상에서 운동하는 물체

의 자유도는 1이고 공간에서 마음대로 움직이는 물체의 자유도는 3이다. 그래서 분자 하나의 자유도는 3이라고 할 수도 있다. 그런데 만일 분자가 두 개의 원자로 이루어져서 회전하는 모습을 기술하기 위해 추가로 두 개의 좌표가 필요하다면 그런 분자의 자유도는 병진운동에 대한 자유도 세 개와 회전운동에 대한 자유도 두 개를 더해서 모두 다섯 개가 된다. 또 분자를 구성하는 원자 두 개가 그들의 질량중심 주위에서 늘어들었다 줄어들었다 하는 진동을 계속한다면 자유도 두 개가 더 많아진다. 아무튼 어떤 기체에서 분자의 자유도가 f라고 하자. 그러면 절대온도가 T인 기체의 분자 하나가 갖는 평균 운동에너지는

$$K = \frac{f}{2} k_B T \tag{38.23}$$

가 된다. (38.15)식의 우변에 나온 비례상수 앞에 3/2를 붙인 것은 바로 기체분자의 자유도가 3이라고 놓았기 때문이다.

기체 운동론에서는 기체분자들의 무질서한 운동을 통계적으로 다루어 기체에 관계된 여러 성질을 설명한다. 그런데 앞에서는 기체 운동론을 이용하여 기체의 상태방정식을 유도하는데 단지 기체분자들이 벽에 작용하는 평균 힘과 기체분자들의 무질서한 운동이 갖고 있는 평균 운동에너지를 구하는 등 평균값만을 이용하였다. 그런데 이번에는 기체분자들의 속력이 어떤 분포를 이루고 있는지 알아보자. 다시 말하면 기체 분자들의 평균 속력뿐 아니라 기체분자들 중에서 속력이 빠른 것과 느린 것이 어떤 비율로 섞여있는지를 알아보자. 바로 그 비율을 알려주는 식을 맥스웰−볼츠만 속력분포 $P(v)$라고 하고

$$P(v) = 4\pi\left(\frac{m}{2\pi k_B T}\right)^{\frac{3}{2}} v^2 e^{-\frac{\frac{1}{2}mv^2}{k_B T}} \tag{38.24}$$

로 주어진다. 이 식에서 m은 기체분자의 질량이고 T는 절대온도이다. 이 식으로부터 만일 질량 m이 동일한 한 가지 종류의 기체분자들만 존재한다면 기체분자들의 속력분포는 오로지 그 기체의 절대온도 T에 의해서만 결정된다는 것을 알 수 있다. 동일한 종류의 분자로 이루어진 기체의 몇 가지 다른 절대온도 T에 대한 맥스웰-볼츠만 속력분포 $P(v)$를 그래프로 그리면 그림 38.7에 보인 것과 같다. 이 그림으로부터 온도가 낮을수록 속력이 분포된 영역이 좁으며 온도가 높을수록 속력이 분포된 영역이

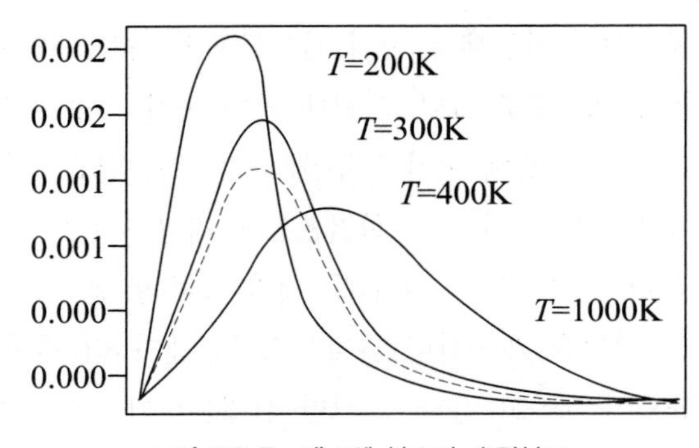

그림 38.7 맥스웰-볼츠만 속력분포

넓다는 것을 알 수 있다.

(38.24)식으로 주어진 맥스웰-볼츠만 속력분포 $P(v)$는 단위 속력구간에 포함된 기체분자들이 존재할 확률을 말한다. 그래서 $P(v)\,dv$는 속력이 v로부터 $v+dv$사이인 분자들이 존재할 확률이고 이것을 모두 적분한

$$\int_0^\infty P(v)\,dv = 1 \tag{38.25}$$

값은 1이어야 한다. 사실 (38.24)식 앞에 붙어있는 복잡한 계수는 (38.25)식으로 주어진 적분이 1이 되도록 만들기 위해 포함되어 있다. 맥스웰-볼츠만 속력분포인 (38.24)식이 어떻게 나왔는지 알기 위해서는 통계역학을 좀 알아야 하기 때문에 유도 과장을 모두 설명하기는 어렵다. 그러나 아무튼 통계역학에서는 절대온도가 T인 계에서 그 계의 에너지가 E일 확률 P_E는

$$P_E = C\,e^{-\frac{E}{k_B T}} \tag{38.26}$$

라는 잘 알려진 식이 있는데, 맥스웰-볼츠만 속력분포는 바로 이 식으로부터 유도되었다.

39. 열용량과 비열

- 열현상을 공부할 때는 먼저 계가 포함하고 있는 내부에너지를 생각한다. 계의 내부에너지란 무엇인가?
- 어떤 물체나 계에 열을 가하면 그 물체나 계의 온도가 올라간다. 그런데 동일한 열을 가하더라도 어떤 물체는 온도가 많이 올라가고 또 어떤 물체는 온도가 덜 올라간다. 이것과 관계된 물체의 성질을 열용량이라 한다. 열용량이란 무엇인가?
- 열용량은 물체의 성질이라면 비열은 물질의 성질이다. 비열을 정의하고 이상기체의 비열을 어떻게 구하는지 설명하라.

지난 37장과 38장에서는 열현상이 무엇인지에 대해 공부하였다. 그리고 열현상은 앞에서 배운 역학현상과 독립된 어떤 새로운 현상이 아니라, 단지 무수히 많은 구성입자들로 이루어진 계에서 이들 입자들이 제멋대로 무질서하게 움직이는 운동에 의해 나타나는 현상임을 알았다. 열현상에서 다루는 구성입자들의 수가 얼마나 많은지에 대한 기준은 아보가드로수(數)가 제공해 준다. 아보가드로수 N_A는 물질 1몰에 포함된 분자의 수로

$$N_A = 6.02 \times 10^{23} \text{개} / \text{mol} \tag{39.1}$$

이다. 열현상을 규명하기 위하여 아보가드로수만큼의 입자들 하나하나에 뉴턴의 운동방정식을 적용하여 계산하는 방법을 시도하자고 생각할 수도 있다. 그러나 실제로 그러한 계산을 하는 것이 가능하지 않을 뿐 아니라 그런 계산을 시도하는 것이 현명하지도 못하다. 그렇게 계산한다고 해서 열현상에 대해 더 많은 정보를 얻을 수 있는 것도 아니기 때문이다. 대신 통계적인 방법을 채택한다. 수많은 입자가 관계된 현상에서는 통계적인 방법에 의한 계산이 무척 간단하지만 그 결과는 아주 정확하다.

열현상에 통계적인 방법을 적용하려면 그 대상이 평형상태에 있어야 한다. 열역학에

서 다루는 대상의 평형상태를 열적 평형상태라고 하고 그 대상은 열적 평형을 이룬다고 말한다. 열적 평형에 대해 설명하기 위한 간단한 예로 쇠 덩어리의 어떤 한 부분만 가열한다고 하자. 그러면 쇠 덩어리의 한쪽 부분은 뜨겁고 다른 부분은 찰 것이다. 이 때 쇠 덩어리는 열적 평형상태 있지 못하다고 말한다. 그러나 쇠 덩어리에 가열하기를 멈추고 오래 기다리면 쇠 덩어리의 모든 부분이 다 비슷하게 뜨겁게 된다. 이 때 쇠 덩어리는 열적 평형상태에 있다고 하고 쇠 덩어리의 온도가 무엇이라고 말할 수 있게 된다. 즉 어떤 물체나 어떤 열역학적 계의 온도는 그 물체나 계가 열적 평형을 이룰 때 이용하는 물리량이다. 여기서 열역학적 계란 수많은 입자로 구성되어 열현상의 특징을 나타내는 계를 말한다. 물체도 수많은 분자들로 이루어진 열역학적 계의 일종이다.

열역학적 계는 우리가 지금까지 다룬 계와 별로 다르지 않다. 열역학적 계는 어떤 물체가 될 수도 있고 많은 입자들의 모임이 될 수도 있다. 다만 열역학적 계의 경우에는 계에 속한 구성 입자들의 수가 너무 많아서 입자 하나하나에 관심을 둘 수는 없고 이들 전체를 통계적으로 다루어야만 한다는 점이 보통 계와 구분되는 열역학적 계의 특징이다. 그래서 열역학에서 다루는 계를 특별히 열역학적 계라고 부르는 이유는 계의 구성입자 하나하나의 운동에는 관심을 두지 않고 열역학 법칙을 적용할 계라는 의미를 강조하기 위함이다. 따라서 앞으로 이 장에서는 특별히 열역학적 계라고 부르지 않고 그냥 계라고 부르자.

이제 계의 내부에너지라는 물리량을 도입하자. 계의 내부에너지는 그 계를 구성하는 입자들이 지닌 에너지를 모두 더한 것이다. 그런데 계에 속한 입자가 지닐 수 있는 에너지는 운동에너지와 퍼텐셜에너지뿐이다. 운동에너지는 입자 하나하나의 속력으로 결정된다. 입자들의 퍼텐셜에너지는 구성 입자들 사이에 어떤 상호작용이 작용하느냐에 따라 결정된다.

예를 들어, 기체로 이루어진 계에서 계의 구성입자는 기체분자들이다. 이 계의 내부에너지는 기체분자들의 운동에너지를 모두 합한 것에 기체분자들 사이의 상호작용에 의한 퍼텐셜에너지를 모두 합한 것을 더해서 얻는다. 그리고 특별히 이상기체라는 것을 생각하기도 하는데, 이상기체란 기체분자의 크기가 작아서 분자를 점이라고 생각할 수 있고 분자들 사이의 상호작용이 전혀 없어서 내부에너지가 분자들의 운동에너지를 합한 것만으로 결정되는 기체를 말한다. 그런데 만일 기체의 밀도가 충분히 작다면 어떤 기체든지 모두 이상기체로 취급할 수 있다.

열역학적 계의 내부에너지는 구성 입자들의 운동에너지와 퍼텐셜에너지를 모두 합한 것이라고 말하지 구성 입자들의 운동에너지와 퍼텐셜에너지 그리고 열에너지의 합이라고 말하지 않는다. 앞에서도 설명하였지만 열에너지란 수많은 입자들이 제멋대로 움직이는 운동에너지를 가리킨다. 그래서 입자 하나하나가 열에너지를 갖는다고 말하지 않는다. 입자 하나가 가질 수 있는 에너지는 운동에너지와 퍼텐셜 에너지이고 이들 입자 하나하나의 에너지를 모두 합한 것이 그 입자들이 속한 계의 내부 에너지이다.

그런데 우리는 어떤 열역학적 계의 내부에너지가 딱 얼마인지 알아낼 도리가 없다. 이것을 알아내려면 먼저 입자 하나하나의 에너지를 알아야 할 터인데 수많은 입자들이 모여 있는 계에서 입자 하나하나의 에너지를 알아낼 방도가 없기 때문이다. 그래서 우리는 계가 주어졌을 때 그 계의 내부에너지가 얼마인지 알려고 하지 않는다. 그러면 왜 알지도 못할 내부에너지란 물리량을 도입하는가?

비록 우리가 어떤 계의 내부에너지 값이 얼마인지는 알 수가 없다고 하더라도 그 계의 내부에너지가 얼마나 증가하거나 얼마나 감소했는가는 알 수 있다. 만일 어떤 계가 외부와 상호작용하여 에너지를 얻었다면 그 계의 내부 에너지는 얻은 에너지만큼 증가했을 것이고, 외부와 상호작용하여 에너지를 잃었다면 그 계의 내부 에너지는 잃은 에너지만큼 감소했을 것이기 때문이다.

열역학적 계가 외부의 다른 계와 상호작용하여 에너지를 교환할 수 있는 방법은 일을 이용하는 방법과 열을 이용하는 방법 등 두 가지가 있다. 어떤 계가 외부에 일을 하려면 그 계의 부피가 바뀌어야 한다. 그림 39.1에 보인 것처럼 어떤 계의 넓이가 S인 한쪽 면에 작용하는 압력이 P이고 그 면이 Δl만큼 이동하여 부피가 ΔV만큼 바뀌었다면 이 계가 외부에 한 일 W는

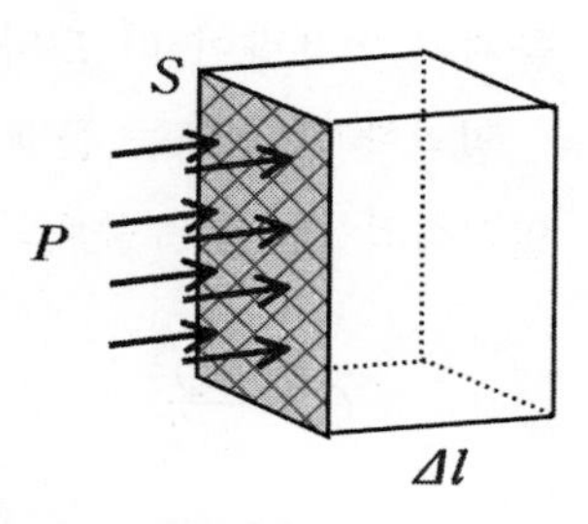

그림 39.1 열역학적 계가 외부에 한 일

$$\begin{aligned} \text{힘}: &\quad F = PS \\ \text{일}: &\quad W = F\Delta l = PS\Delta l = P\Delta V \end{aligned} \tag{39.2}$$

가 되어 압력 P에 부피의 변화량 ΔV를 곱한 것과 같다. 만일 이 일이 0보다 크다면 계는 외부에 일을 한 것이므로 이 계의 내부에너지는 한 일의 양만큼 감소한다. 만일 이 일이 0보다 작다면 계는 외부로부터 일을 받은 것이므로 이 계의 내부에너지는 받은 일만큼 증가한다.

열역학적 계는 열에 의해서도 다른 계로부터 에너지를 받거나 잃을 수 있다. 열에

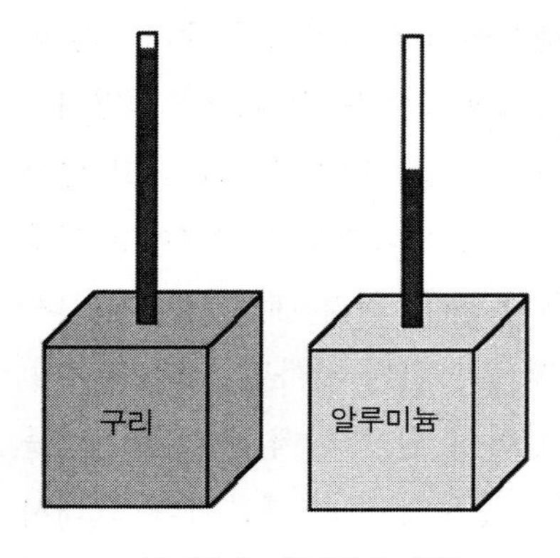

그림 39.2 열용량의 설명

의해 에너지를 교환하는 한 가지 방법은 이 계의 온도보다 더 높거나 더 낮은 온도의 계와 접촉시키는 것이다. 그러면 계의 부피는 바뀌지 않아 일을 하지는 않았지만 열이 이동하여 이 계의 내부 에너지가 변화한다. 관습적으로 이동한 열이 0보다 크다면 계가 에너지를 받은 것으로, 열이 0보다 작다면 에너지를 잃은 것으로 한다.

이제 어떤 계에 그 계보다 온도가 더 높은 다른 계를 접촉시켜서 열을 공급한 경우를 생각하자. 계의 성질에 따라서 똑같은 양의 열을 공급해 주었더라도 온도가 많이 올라가기도 하고 적게 올라가기도 한다. 예를 들어, 그림 39.2에 보인 것과 같이 질량이 동일한 구리 덩어리와 알루미늄 덩어리에 동일한 양의 열을 가했을 구리의 온도는 많이 증가하지만 알루미늄의 온도는 구리에 비하여 그리 많이 증가하지 않는다. 이때 알루미늄의 열용량이 구리의 열용량보다 더 크다고 말한다. 동일한 열량을 가했을 때 온도가 많이 올라가는 물체보다 온도가 조금 올라가는 물체가 열용량이 더 크다고 말한다.

열역학적 계 또는 물체에 열량 Q를 가했을 때 절대온도가 $\varDelta T$만큼 높아졌다면, 이 열역학적 계 또는 물체의 열용량 C는

$$C = \frac{Q}{\varDelta T} \tag{39.3}$$

로 정의된다. 열용량은 열량을 온도로 나눈 것이기 때문에 그 단위는 cal/K나 J/K 또는 cal/°C나 J/°C등이 모두 가능하다. 특히 절대온도 눈금과 섭씨온도 눈금의 간격이 같기 때문에 cal/K와 cal/°C는 동일한 단위이며 J/K와 J/°C도 역시 동일한 단위이다. 그런데 열용량이라는 명칭이 아주 그럴듯해보이지는 않는다. 어떤 물체의 열용량이라고 하면 얼핏 그 물체가 담을 수 있는 최대 열량처럼 들리지만 (39.3)식으로 정의된 열용량은 그런 의미가 아니다. 열용량이란 단순히 그 물체의 온도를 1K만큼 올리는데 얼마만큼의 열량이 필요한지를 나타내는 물리량일 뿐이다.

열용량은 동일한 물질로 만들어진 물체라도 물체에 따라 다를 수 있다. 예를 들어 질량이 2kg인 구리 덩어리의 열용량은 질량이 1kg인 구리 덩어리의 열용량보다 두 배 더 크다. 그리고 열용량은 이처럼 물체의 질량에 비례하기 때문에 열용량을 질량으로

표 39.1 몇 가지 물질의 비열 (1기압 20°C에서 측정됨)

물질	비열(kJ/kg · K)	물질	비열(kJ/kg · K)
금	0.128	대리석	0.86
납	0.13	알루미늄	0.90
수은	0.139	공기(50° C)	1.05
은	0.235	나무	1.68
황동	0.384	수증기(110° C)	2.01
구리	0.385	얼음(0° C)	2.1
강철	0.45	에틸알코올	2.4
철	0.44	신체조직	3.5
화강암	0.80	물(15° C)	4.2

나눈 것은 물질에 따라 정해지는 물질의 성질이 된다. 그래서 열용량이 C인 물체의 질량이 m이라면 그 물체를 구성하는 물질의 비열 c를

$$c = \frac{C}{m} = \frac{Q}{m\Delta T} \tag{39.4}$$

라고 정의한다. 실용단위계에서 비열의 단위는 J/kg · K이다. 그리고 이렇게 정의된 비열은 표 39.1에 실어 놓은 것과 같이 물질에 따라 얼마라고 정해져 있다. 관습상 열용량을 대표하는 문자는 영어 알파벳에서 대문자 C를 그리고 비열을 대표하는 문자는 소문자 c를 이용한다. 표 39.1에서 알 수 있듯이 물의 비열이 어떤 다른 물질의 비열보다도 더 크다. 비열이 더 큰 물질은 온도를 변화시키기 위해서 더 많은 열량이 필요하다. 그래서 해안지방에서는 여름이나 겨울 사이에 기온의 변화가 그리 크지 않고 대륙지방에서는 여름과 겨울의 기온에 큰 차이가 있는 것은 모두 물의 비열이 매우 크기 때문이다.

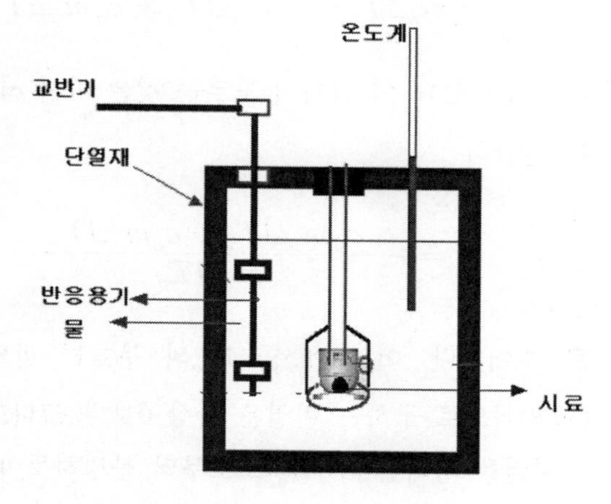

그림 39.3 열량계의 구조

열량을 정확히 측정하는데 그림 39.3

에 보인 열량계라는 장치가 이용된다. 열량계는 알루미늄으로 만들어진 원통형 용기 내부에 질량을 알고 있는 물이 담겨있다. 그리고 이 알루미늄 통은 다시 단열재로 차단된 더 큰 알루미늄 통 속에 들어 있다. 그리고 용기 입구는 단열 뚜껑으로 막혀있는데, 뚜껑에는 두 개의 구멍이 나 있어서 한 구멍에는 용기 내의 물의 온도를 측정한 온도계가 꽂혀있고 다른 구멍에는 물과 시료가 빨리 열적 평형에 도달하도록 저어주는 교반기가 꽂혀있다.

이제 시료를 열량계 내부로 집어넣었을 때 시료가 흡수한 열량과 물이 흡수한 열량 그리고 안쪽 알루미늄 통이 흡수한 열량을 각각 Q_o, Q_w, Q_a라고 하자. 만일 열량계 바깥으로 흘러나간 열량이 하나도 없다면 이들 세 열량의 합은 0이 되어

$$Q_o + Q_w + Q_a = 0 \tag{39.5}$$

이 성립하여야 한다. 시료를 열량계에 넣기 전에 시료와 물 그리고 알루미늄 통의 오도와 시료를 열량계에 넣고 열적 평형에 이른 뒤의 온도를 안다면 (39.5)식과 (39.4)식을 이용하여 시료의 비열을 알아낼 수가 있다. 시료와 물 그리고 알루미늄 통의 질량을 각각 m_o, m_w, m_a라 하고 시료와 물 그리고 알루미늄 통의 온도 변화를 각각 ΔT_o, ΔT_w, ΔT_a라고 하면 (39.4)식에 의해서

$$Q = cm\Delta T \tag{39.6}$$

이므로 (39.6)식을 (39.5)식에 대입하면

$$c_o m_o \Delta T_o + c_w m_w \Delta T_w + c_a m_a \Delta T_a = 0 \tag{39.7}$$

이 성립하는데 이 식에서 모르는 것은 미지 시료의 비열 c_o뿐이라고 하자. 그러면 c_o는 간단히

$$c_o = -\frac{c_w m_w \Delta T_w + c_a m_a \Delta T_a}{m_o \Delta T_o} \tag{39.8}$$

로 주어진다. 이 식에서 ΔT_o의 부호는 반드시 ΔT_w와 Δ_a의 부호와 반대이므로 (39.8)식으로 구하는 비열은 항상 0보다 크다고 나온다.

비열을 정의한 (39.4)식으로부터 분명하듯이 비열은 단위 질량의 물질의 온도를 단위 온도만큼 높이는데 필요한 열량으로 정의된다. 그런데 기체의 경우에는 열을 가하

면 온도만 높아지는 것이 아니라 부피가 증가하기도 한다. 그래서 기체의 경우에는 어떤 조건에서 온도를 단위온도만큼 올리는데 필요한 열량을 구하느냐에 따라 두 가지의 비열을 정의할 수 있다. 하나는 기체의 부피를 일정하게 유지하면서 구한 비열로 정적비열 c_v라 하고 다른 하나는 기체의 압력을 일정하게 유지하면서 구한 비열로 정압비열 c_p라고 한다. 그리고 기체의 경우에는 물질의 양을 질량으로 비교하기보다는 mol(몰)이라는 단위로 비교하는 것이 더 편리하다. mol이란 물질의 양을 나타내는 단위인데 1 mol이란 원자 또는 분자가 아보가드로수 (39.1)식으로 주어진 N_A개만큼 존재하는 양을 말한다. 그런데 기체의 경우에는 표준상태라고 말하는 온도가 0°C이고 압력이 1기압인 상태에서 1 mol이 차지하는 부피는 기체의 종류에 관계없이 모두 22.4 L이다. 그래서 어떤 기체 n mol에 열량 Q를 가하였더니 온도가 ΔT만큼 상승하였다면 기체의 몰비열 c는

$$c = \frac{Q}{n\,\Delta T} \tag{39.9}$$

로 정의된다.

그런데 기체의 비열은 흥미로운 성질을 가지고 있다. 표 39.1에 나온 액체와 고체의 비열은 물질에 따라 모두 다른데 비하여 표 39.2에 소개한 기체의 비열을 보면 기체분자에 속한 원자의 수가 같으면 분자의 종류에 관계없이 비열이 모두 거의 같다. 이것은 기체들이 모두 어느 정도 앞에서 소개한 이상기체처럼 행동하기 때문이다. 이상기체가 무엇인지 한 번 더 이야기하면, 기체분자의 크기가 작아서 분자를 점이라고 생각할 수 있고 분자들 사이의 상호작용이 전혀 없어서 기체분자들의 모임인 열역학적 계의 내부에너지는 오로지 분자들의 운동에너지를 합한 것만으로 결정되는 기체를 이상기체라 한다. 그러면 38장에서 공부한 기체 운동론의 결과를 이용하여 이상기체의 비열을 구해보자.

표 39.2 몇 가지 기체의 정적 몰비열 (25°C)

	물질	비열(J/mol · K)
단원자 분자	He	12.5
	Ne	12.7
	Ar	12.5
이원자 분자	H_2	20.4
	N_2	20.8
	O_2	21.0
삼원자 분자	CO_2	28.2
	N_2O	28.4

(38.15)식으로부터 N개의 분자로 이루어진 절대온도가 T인 기체의 총 운동에너지 K는

$$K = \frac{3}{2} Nk_B T \tag{39.10}$$

로 주어진다. 그런데 이 식에서 Nk_B를

$$Nk_B = nN_A k_B = nR \quad \rightarrow \quad R = N_A k_B \tag{39.11}$$

로 표시하면 편리하다. 이 식에서는 기체분자의 수 N을 아보가드로 수 N_A와 기체분자의 mol수 n의 곱으로 표현하였다. 여기서 볼츠만 상수 k_B와 아보가드로 수 N_A의 곱인 R을 기체상수라 부르고 그 값은

$$\begin{aligned} R = N_A k_B &= (6.02 \times 10^{23}\ 개/\mathrm{mol}) \times (1.38 \times 10^{-23}\ \mathrm{J/K}) \\ &= 8.31\ \mathrm{J/mol \cdot K} \end{aligned} \tag{39.12}$$

이다. 그러므로 n mol의 기체분자의 절대온도가 T이면 이 기체의 총 운동에너지 K는 (39.10)식과 (39.11)식으로부터

$$K = \frac{3}{2} nRT \tag{39.13}$$

가 된다.

그러면 이제 이 기체에 Q만큼의 열을 가하였다고 하자. 기체의 부피를 일정하게 유지시키면 기체가 외부에 일을 하지 않으므로 가한 열은 오로지 이 계의 운동에너지를 증가시키는데 이용되므로 (39.13)식으로부터

$$Q = \Delta K = \frac{3}{2} nR\Delta T \tag{39.14}$$

가 된다. 그러므로 이 기체의 정적 몰비열 c_v는 (39.9)식으로부터

$$c_v = \frac{Q}{n\Delta T} = \frac{\frac{3}{2} nR\Delta T}{n\,\Delta T} = \frac{3}{2} R = \frac{3}{2} \times 8.31\ \mathrm{J/mol \cdot K} = 12.5\ \mathrm{J/mol \cdot K} \tag{39.15}$$

로, 이 값은 표 39.2에 나온 단원자 분자의 정적 몰비열과 같다.

XIV. 열역학 2

잉크방울이 물에서 퍼져나가는 모습

지난주에 우리는 열현상에 대해 배웠습니다. 사람들이 오랫동안 열현상은 역학에 속하지 않는 현상으로 잘못알고 있었기 때문에 열현상이 더 큰 관심의 대상이 되었음을 알았습니다. 그런데 알고 보니 열현상도 역시 역학에 속한 현상임을 깨달았던 것입니다. 역학에 속한 현상이라는 것은 뉴턴의 운동방정식이 적용되는 현상이라는 의미입니다.

먼저 기체를 예로 들어 설명합시다. 전에는 기체에 열소(熱素)가 들어가면 기체의 온도가 올라간다고 생각하였습니다. 그런데 열소라는 존재는 없음을 알게 되었습니다. 대신 기체의 온도가 올라가는 것은 기체를 구성하는 분자들의 무질서한 운동이 지닌 평균 운동에너지가 커지기 때문임을 알았습니다. 여기서 열현상도 역학에 속한다는 의미는 기체 분자 하나하나의 운동은 다른 역학 문제에서와 꼭 마찬가지로 뉴턴의 운동방정식에 의해서 결정된다는 것입니다. 그렇지만 서로 충돌하는 그래서 서로 상호작용하는 전체 기체분자들이 어떻게 행동할지를 계산하기 위해서는, 19장의 여러 물체 운동에서 배운 것처럼 서로 연결되어 있는 연립 미분방정식을 풀어야 합니다. 그리고 그 연립 미분방정식의 수는 기체분자의 수만큼, 그러니까 최소한 아보가드로수인 10^{23}개 정도가 됩니다. 그러므로 실제로 기체에 대한 열현상을 뉴턴의 운동방정식을 직접 풀어서 해결할 수는 없습니다.

그렇다고 기체가 보이는 열현상에 대한 문제를 전혀 해결할 수 없다는 의미는 아닙니다. 통계를 이용하면 됩니다. 통계를 적용할 대상의 수가 10^{23}개 정도이면 통계의 결과는 매우 정확합니다. 그래서 지난주에 우리가 배운 물체의 온도는 물체를 구성하는 분자들이 보이는 무질서한 운동의 평균 운동에너지를 대표한다고 말하였을 때 무질서란 단순히 아무렇게나 제멋대로 움직인다는 의미는 아닙니다. 기체분자들이 실제로는 뉴턴의 운동방정식에 따라 움직이지만 단지 그 방정식을 풀 도리가 없다는 것일 따름입니다. 그리고 사실은 그 연립 미분방정식을 기술적으로 풀 수 있다고 하더라도 그럴만한 가치가 없습니다. 그 방정식들을 실제로 풀어서 얻는 결과나 우리가 지난주에 한 것처럼 통계적 방법을 이용하여 얻은 결과나 똑같기 때문입니다. 그리고 지금까지 기체를 예로 들어 이야기하였지만 액체와 고체에서도 똑같은 일이 벌어집니다. 뜨거운 액체나 고체란 그 액체나 고체를 구성하는 분자들이 벌이는 무질서한 운동의 평균 운동에너지가 크다는 것을 이야기할 뿐인 것입니다.

열현상은 수많은 구성입자들이 보이는 무질서한 운동이라는 점을 이용하면 열현상이 지니고 있는 성질들이 왜 일어나는지를 다 잘 설명할 수 있다는 점을 알게 되었습니다. 그리고 특별히 열현상을 지배하는 법칙들 네 가지를 열역학 제0법칙, 제1법칙, 제2법칙, 그리고 제3법칙이라고 부릅니다. 열역학 제0법칙은 이미 지난주에 공부한 37장에서 다루었습니다. 이번 주에는 열역학 제1법칙에서 제3법칙까지를 공부하게 됩니다.

열역학 제1법칙은 지금까지 배우지 않은 새로운 법칙은 아닙니다. 단지 열현상에 적용한 에너지 보존법칙일 따름입니다. 열역학 법칙은 열역학적 계에 적용됩니다. 그리고 열역학적 계란 그 계를 구성하는 입자들의 수가 무척 많아서 그 입자들의 운동을 기술하는데 통계적 방법을 적용해야만 하는 계를 말합니다. 그리고 물체나 공기 등 온도가 얼마라고 말하는 모든 대상은 열역학적 계에 속합니다. 그리고 그러한 열역학적 계를 대표하는 물리량으로 지난주에 이미 배운 내부에너지가 있습니다. 어떤 열역학적 계의 내부에너지란 그 계를 구성하는 모든 입자들이 가지고 있는 운동에너지와 퍼텐셜에너지의 총합을 말합니다. 그렇지만 우리는 열역학적 계의 내부에너지 값이 얼마인지 계산할 수가 없습니다. 그런데 열역학적 계가 외부와 상호작용을 하여 내부에너지가 좀 변했다면 우리는 내부에너지의 변화량이 얼마일지는 알 수 있습니다. 에너지 보존법칙에 의해서 내부에너지는 열역학적 계로 들어온 에너지만큼 증가하거나 또는 열역학적 계로부터 나간 에너지만큼 감소할 것이기 때문입니다. 이것을 열역학 제1법칙이라 합니다.

에너지란 일을 할 수 있는 능력입니다. 그리고 에너지는 여러 가지 서로 다른 형태로 존재합니다. 지난 주 강의에서 우리는 열에너지도 바로 에너지의 한 형태임을 잘 알게 되었습니다. 그런데 열에너지는 다른 형태의 에너지와는 달리 두 가지 성질을 가지고 있습니다. 하나는 열에너지는 결코 저절로 일을 하지 못한다는 점입니다. 다른 한 가지는 열에너지는 높은 온도의 물체에서 낮은 온도의 물체로 저절로 이동한다는 것입니다.

일로 이용할 수 없는 에너지는 쓸모없는 에너지입니다. 그래서 하마터면 열에너지는 모조리 쓸모없는 에너지가 될 뻔 했습니다. 그런데 다행스럽게 인간은 열에너지가 일을 할 수 있는 장치를 만들어 내었습니다. 그것이 바로 열기관입니다. 첫 번째 열기관의 예가 증기기관입니다. 증기기관이 발명되면서 산업혁명이 가능하게 됩니다. 그 전에는 인간이나 동물에 의해서 하던 일을 기계가 하게 된 것입니다. 그리고 기계가 일을 할 수 있게 된 원인은 바로 열에너지를 일로 바꾸는 열기관이 만들어졌기 때문입니다. 이번 주에는 열기관에 대해서도 자세히 배웁니다.

열은 높은 온도의 물체에서 낮은 온도의 물체로 저절로 흐른다는 것은 열현상이 바로 수많은 입자들의 무질서한 운동이라는 점으로부터 설명됩니다. 그래서 꼭 열현상이 아니더라도 수많은 구성입자들의 무질서한 운동으로부터 나타나는 현상은 열현상이 지닌 것과 동일한 성질을 가지고 있습니다. 예를 들어, 앞에 보인 물에 잉크방울을 떨어뜨린 사진에서 볼 수 있는 현상이 바로 그런 것에 속합니다. 이 사진에서 분명히 알 수 있듯이 물에 떨어진 잉크방울은 저절로 사방으로 퍼져나갑니다. 그렇지만 아무리 기다려도 물로 퍼져 나간 잉크 입자들이 저절로 한데 모여 잉크방울이 되지는 않습니다.

만일 이 사진에서 병속의 물에 떨어뜨린 것이 잉크방울이 아니라 뜨거운 다른 액체라고 가정합시다. 그리고 그 뜨거운 액체의 분자들이, 예를 들어, 빨간색으로 표시된다고 가정합시다. 그러면 병 속의 물에서 뜨거운 액체가 퍼져 나가는 모습은 이 사진에서 잉크방울이 퍼져나가는 모습과 똑같게 됩니다. 그리고 오랜 시간이 지나가면 마치 잉크방울이 병의 물 전체에 퍼져서 푸르스름한 물로 변하듯이 뜨거운 액체가 병의 물 전체에 퍼져서 미지근한 물이 됩니다. 그렇지만 아무리 기다려도 미지근한 물이 저절로 한데 모여서 뜨거운 액체 방울로 바뀌지는 않습니다. 바로 이렇게 수많은 구성입자들로 이루어진 계가 무질서한 운동을 할 때 한 가지 방향으로만 일어나는 열현상의 성질을 지배하는 법칙이 열역학 제2법칙입니다.

열은 높은 온도의 물체에서 낮은 온도의 물체로 저절로 흐른다는 것은 열역학 제2

법칙의 결과입니다. 열에너지를 일로 바꾸는 장치가 열기관인데, 열기관이 동작할 때도 열은 저절로 낮은 온도인 주위로 흘러가 버립니다. 그래서 열기관이라고 하더라도 공급한 열에너지를 모두 일로 바꾸지는 못합니다. 공급한 열에너지와 그 열에너지로부터 한 일의 비율을 열효율이라고 하는데 열은 높은 온도의 물체에서 낮은 온도의 물체로 저절로 흘러가 버리기 때문에 열효율이 100%인 열기관을 만드는 것은 불가능합니다. 이것도 역시 열역학 제2법칙의 결과입니다.

사람들은 오랫동안 열역학 제2법칙을 마치 에너지 보존법칙에서 총에너지는 일정하게 보존된다는 식으로 물리량을 이용하여 정량적으로 표현하는 방법을 찾기 위해서 노력하였습니다. 그래서 열역학 제2법칙을 표현하기 위해 만들어진 물리량이 엔트로피입니다. 그런데 엔트로피는 에너지나 운동량 등의 다른 물리량처럼 직접 측정하여 비교되는 그런 양이 아니기 때문에 엔트로피가 무엇인지 파악하기가 좀 어렵습니다. 이번 주에는 엔트로피에 대해서도 자세히 배울 예정입니다.

이번 주를 마지막으로 1학기를 모두 마칩니다. 1학기에는 뉴턴 역학 분야에 대해 배웠습니다. 다음 2학기에는 물리학을 구성하는 다른 두 중요한 분야인 전자기학과 현대물리에 대해 배우게 됩니다. 현대물리란 단순히 최신의 물리란 의미가 아니고 상대성 이론과 양자론 두 가지 분야를 함께 부르는 이름입니다. 20세기에 들어서면서 그때까지 물리학이 거의 완성되었다고 믿었는데 그 물리학으로 설명될 수 없는 새로운 현상이 관찰되기 시작하였습니다. 그 새로운 현상을 설명하는데 이용된 분야가 바로 상대성 이론과 양자론입니다. 그래서 상대성 이론과 양자론을 합하여 현대물리라 부르고 그 이전의 물리를 고전물리라 부르기 시작하였습니다.

40. 열현상에서 에너지 보존법칙

- 열현상에서 성립하는 에너지 보존법칙을 열역학 제1법칙이라고 한다. 열역학 제1법칙을 식으로 나타내면 어떻게 되는가?
- 열역학적 계에 열역학 법칙을 적용하려면 열역학적 계가 한 상태에서 다른 상태로 어떻게 변화하는지를 기술하여야 하는데 그러한 과정을 열역학 과정이라 한다. 열역학 과정에 대해 설명하라.
- 열역학 과정을 이상기체에 적용해보자. 그러면 열역학 제1법칙으로부터 이상기체에 대해 무엇을 알 수 있는가?

지난 39장에서 이미 정의한 것처럼, 수많은 구성입자의 모임으로 이루어진 계를 열역학적 계라고 하고 그 구성입자들의 운동에너지와 퍼텐셜에너지를 모두 합한 것을 그 계의 내부에너지라 한다. 얼핏 생각하면 위와 같이 정의된 열역학적 계는 우리 주위에서 흔히 찾아볼 수 없는 대상일 것처럼 여겨지지만 그렇지 않다. 사실 우리 주위의 모든 물체나 대상이 다 열역학적 계라고 볼 수 있다. 다만 같은 물체를 놓고서도 특별히 열역학적 계라고 부를 때도 있고 그렇게 부르지 않고 그냥 물체라고 부를 때도 있을 뿐이다. 물체에 외력을 작용하면 그 물체의 속도가 어떻게 바뀌는지가 관심의 대상이면 그 물체를 구태여 열역학적 계라고 부르지 않는다. 그러나 그 물체의 온도가 얼마인지 또는 그 물체의 온도를 높여주려면 어떻게 할지가 관심의 대상이라면 그 물체는 바로 열역학적 계가 된다. 그 물체를 구성하는 수많은 구성입자들의 무질서한 운동이 그 물체의 열역학적 성질을 결정하는 원인이 되기 때문이다.

또한 위에서와 같이 열역학적 계의 내부에너지를 정의하더라도, 그 열역학적 계의 내부에너지 값이 무엇인지 구하는 것이 내부에너지를 정의한 목적은 아니다. 그리고 사실은 열역학적 계의 내부에너지 값을 구하려고 시도한다고 하더라도 그 값을 계산해 낼 수가 없다. 그렇지만 내부에너지라는 물리량이 열현상을 공부하는 데는 무척 요긴하게 이용된다.

우리는 10장에서 두 물체가 서로 상호작용한다는 것은 두 물체 사이에서 에너지가 교환된다는 의미임을 배웠다. 열역학적 계도 외부와 상호작용을 하면 에너지를 주고받는다. 그런데 열역학적 계가 외부와 에너지를 주고받는 방법은 열을 교환하는 방법과 일을 교환하는 방법 두 가지 밖에 없다. 예를 들어 타자가 야구 방망이로 야구공을 세게 쳐서 야구공이 빠른 속도로 날아간다고 하자. 그러면 야구공의 운동에너지가 증가하였다. 이렇게 야구공의 운동에너지가 증가한 것은 열역학적 계로써 야구공이 에너지를 받은 것에 해당하지 않는다. 그러나 야구 방망이로 야구공을 세게 치면서 야구공의 온도가 조금 올라갔다면 이때 야구공은 열을 받는 것이 되며 그것은 야구공이 열역학적 계로써 에너지를 받은 경우에 속한다. 한편 열역학적 계는 팽창하여 부피가 증가하면서 외부에 일을 한다. 사실 열역학적 계가 외부와 일을 주고받는 방법은 부피의 변화에 의한 것뿐이다.

주어진 열역학적 계의 내부에너지가 E라고 하자. 비록 E값이 얼마인지를 계산해 낼 수는 없다고 하더라도 내부에너지 E가 얼마만큼 변하는지에 대해서는 알 수가 있다. 열역학적 계는 열과 일 두 가지 방법에 의해서만 외부와 에너지를 교환할 수가 있다고 하였다. 그러므로 만일 열역학적 계가 외부로부터 Q만큼의 열을 받았다면 내부에너지는 Q만큼 증가하고 만일 열역학적 계가 외부에 W만큼의 일을 하였다면 내부에너지는 W만큼 감소할 것이다. 그래서 내부에너지가 E인 열역학적 계가 Q만큼 열을 받고 W만큼 일을 하여 내부에너지가 E'로 되었다면 내부에너지의 변화량 ΔE는

$$\Delta E = E' - E = Q - W \tag{40.1}$$

와 같다. 이것이 열역학 제1법칙을 식으로 표현한 것이다. 그래서 열역학 제1법칙은 열역학적 계에 적용한 에너지 보존법칙이라고 말할 수 있다.

(40.1)식에서 $Q>0$이면 내부에너지가 증가하고 $Q<0$이면 내부에너지가 감소한다. 또한 $W>0$이면 내부에너지가 감소하고 $W<0$이면 내부에너지가 증가한다. 이것은 사람들이 열역학 제1법칙을 적용할 때 열 Q가 0보다 크면 열역학적 계가 열을 받은 것이고 Q가 0보다 작으면 열역학적 계가 열을 내보낸 것으로 하기로 약속하였기 때문이다. 또한 일 W가 0보다 크면 열역학적 계가 외부로 일을 한 것이고 W가 0보다 작으면 외부에서 열역학적 계에 일을 한 것이라고 약속하였기 때문이다. 역사적으로는 열역학 제1법칙이 증기기관에 제일 먼저 적용되었다. 그래서 증기기관의 물을 끓여주기 위해 열을 가하면 증기기관의 내부에너지가 증가하였고 증기기관이 외부에 일을 하면 증기기관의 내부에너지가 감소한데서부터 열역학 제1법칙에 적용되는 열 Q와

일 W의 부호에 대한 약속이 정해졌다.

예제 1 5 kg의 물이 담긴 냄비를 레인지 위에 올려놓고 가열하고 있다. 빨리 뜨거운 물을 얻으려고 나무 국자로 물을 휘저으며 10 kJ의 일을 하였다고 하자. 그 동안에 물의 내부에너지가 100 kJ만큼 증가하였다면 레인지로부터 물에 전달된 열 Q를 구하라.

냄비 속에 들어있는 물을 열역학적 계라고 하자. 이 열역학적 계의 내부에너지 변화를 ΔE, 이 열역학적 계에 한 일을 W라 하면, 문제에 주어진 것으로부터

$$\Delta E = +100\ \mathrm{kJ}, \qquad W = -10\ \mathrm{kJ}$$

이다. 여기서 내부에너지는 증가하였으므로 +부호를 부여하였고 사람이 열역학적 계에 일을 하였으므로, 일에 대한 부호의 약속으로부터 - 부호를 부여하였다. 그런데 열역학 제1법칙으로부터

$$\Delta E = Q - W$$

이므로 우리가 구하는 열 Q는

$$Q = \Delta E + W = (100 - 10)\ \mathrm{kJ} = 90\ \mathrm{kJ}$$

이 된다.

열현상을 다루는 방법은 우리가 지금까지 물체의 운동을 다룬 것과는 조금 다르다. 물체의 운동을 다룰 때는 물체가 상호작용에 의하여 힘을 받으면 물체의 속도가 바뀌었다. 이때 물체의 속도를 다른 말로 운동 상태라고 부른 것을 기억하자. 열현상을 나타내는 대상인 열역학적 계가 전체적으로 이동하는 것은 열현상을 다루는 관심사가 아니다. 똑같은 물체라고 할지라도 그 물체의 열현상을 다루기 위해서는 물체의 속도가 아니라 다른 물리량을 고려한다. 열역학적 계의 열현상을 대표하는 변수로는 열역학적 계의 온도 T와 부피 V 그리고 압력 P 등이 있다. 특히 열역학적 계가 기체일 때는 이 세 물리량이 중요하며 이들이 열역학적 계의 상태를 대표한다고 말한다. 그리고 38장에서 이미 공부한 것처럼, 기체로 이루어진 열역학적 계에서 온도와 부피 그리고 압력 사이에 성립하는 관계식을 기체의 상태방정식이라고 부른다. 보일-샤를 법칙이 바로 기체의 상태방정식에 속한다.

물체는 상호작용을 하면 운동 상태가 바뀌는 것처럼, 열역학적 계가 외부세계와 상

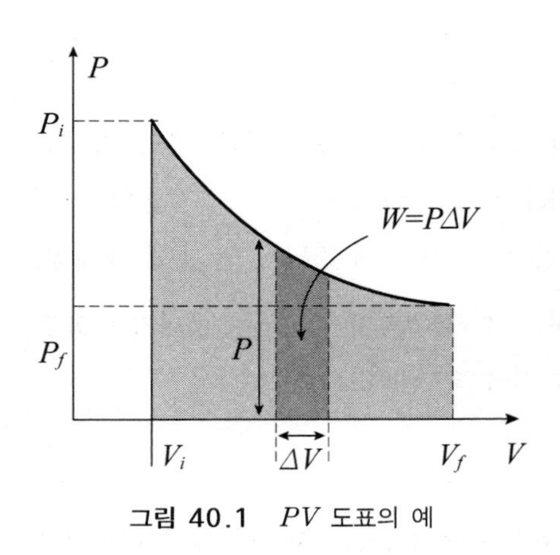

그림 40.1 PV 도표의 예

호작용을 하면 열역학적 계의 상태인 온도와 부피 그리고 압력이 바뀐다. 그리고 이렇게 열역학적 계가 외부와 상호작용을 하면서, 그래서 외부와 일과 열을 교환하면서, 한 상태에서 다른 상태로 바뀌는 것을 열역학적 과정이라고 한다. 역학에서는 힘을 받는 물체의 운동 상태가 어떻게 변하는지를 조사하는 것처럼, 열역학에서는 외부와 상호작용하는 열역학적 계가 어떤 열역학적 과정을 거치는지에 대해 조사한다. 그리고 열역학적 계의 열역학적 과정은 등압과정, 등적과정, 등온과정, 단열과정 등으로 분류된다.

열역학적 계가 변화하는 열역학적 과정을 보이기 위하여 PV 도표를 그리면 편리하다. PV 도표란 세로축은 열역학적 계의 부피 V를 나타내고 가로축은 열역학적 계의 압력 P를 나타내도록 한 다음 열역학적 과정을 따라 선을 그린 도표를 말한다. 예를 들어, 그림 40.1에 보인 PV 도표는 열역학적 계의 처음 압력과 부피가 각각 P_i와 V_i이었는데 열역학적 과정을 거치면서 그림에 보인 선을 따라 열역학적 계의 압력과 부피가 바뀌어 마지막에는 열역학적 계의 압력과 부피가 각각 P_f와 V_f로 되는 모습을 보여준다.

그림 40.1에 보인 경우와 같이 열역학적 계에 압력 P가 작용하면서 부피가 $\varDelta V$만큼 변하면 이 열역학적 계는 (39.2)식에 의해

$$W = P\varDelta V \tag{40.2}$$

만큼의 일을 외부에 한 것이 된다. 그런데 (40.2)식으로 주어진 $P\varDelta V$는 바로 그림 40.1에 보인 PV 도표에서 높이가 P이고 밑변의 길이가 $\varDelta V$인 사다리꼴의 넓이와 같다. 그러므로 주어진 열역학적 계가 그림 40.1에 보인 것과 같은 PV도표를 그리며 압력과 부피가 변한다면 처음 열역학적 상태 P_i와 V_i로부터 마지막 열역학적 상태 P_f와 V_f까지 변하는 열역학적 과정에서 열역학적 계가 외부에 한 전체 일은 그림 40.1에서 PV도표 아래 사선으로 표시된 부분의 넓이와 같다.

열역학적 과정 중에서 등압과정은 열역학적 계의 압력이 일정하게 유지되는 과정을 말한다. 등압과정을 PV도표로 그리면 그림 40.2에 보인 것과 같이 세로축에 평행한

직선이 된다. 열역학적 계의 압력이 P로 일정하게 유지되는 등압과정으로 변하면서 부피가 V_i에서 V_f까지 바뀐다면 열역학적 계가 외부에 한 일 W는

$$W = P\Delta V = P(V_f - V_i) \tag{40.3}$$

가 되며 이것은 그림 40.2에 사선으로 표시된 부분의 넓이와 같다.

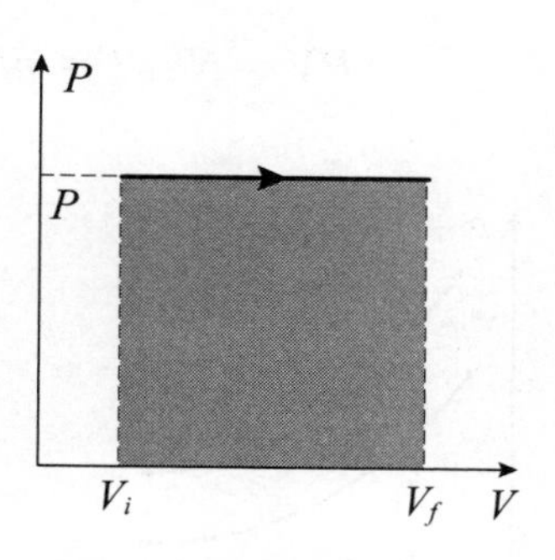

그림 40.2 등압과정의 PV 도표

한편 열역학적 과정 중에서 열역학적 계의 부피가 일정하게 유지되는 과정을 등적과정이라 한다. 부피가 V로 일정하게 유지되면서 압력이 P_i로부터 P_f로 바뀌는 등적과정을 PV 도표로 그리면 그림 40.3에 보인 것과 같게 된다. 등적과정에서는 부피의 변화가 없어서 $\Delta V = 0$이므로 열역학적 계가 외부에 한 일은 $W = 0$이다. 따라서 등적과정에서 내부에너지의 변화 ΔE는 열역학 제1법칙인 (40.1)식으로부터 열역학적 계에 가해준 열량 Q와 같아서

$$\text{등적과정 : } \Delta E = Q \tag{40.3}$$

임을 알 수 있다.

주어진 열역학적 계의 정적 몰비열이 c_v이고 열역학적 계에 포함된 기체는 n mol이라고 하자. 그리고 만일 등적과정에서 압력이 P_i에서 P_f까지 변하는 동안 온도가 T_i에서 T_f까지 변했다면 열역학적 계에 가해준 열량 Q는 (39.15)식에 의해서

$$Q = nc_v\Delta T = nc_v(T_f - T_i) \tag{40.4}$$

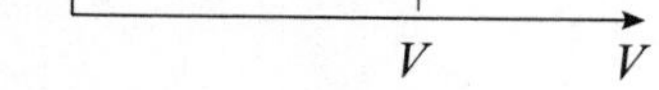

그림 40.3 등적과정의 PV 도표

이다. 따라서 (40.4)식을 (40.3)식에 대입하면 등적과정에서 내부에너지의 변화량 ΔE는

$$\text{등적과정 : } \Delta E = Q = nc_v\Delta T \tag{40.5}$$

로 주어진다.

열역학적 계의 상태를 나타내는 변수인 압력과 부피 그리고 온도 중에서 마지막으로 온도 T가 일정하게 유지되는 열역학적 과정을 등온과정이라 한다. 등압과정과 등적과정은 PV 도표에서 직선으로 표시된다. 그러나 등온과정에 대한 PV도표는 직선으로 대표되지 않는다. (38.17)식으로 주어지는 이상기체의 상태방정식

$$PV = Nk_BT = nRT \tag{40.6}$$

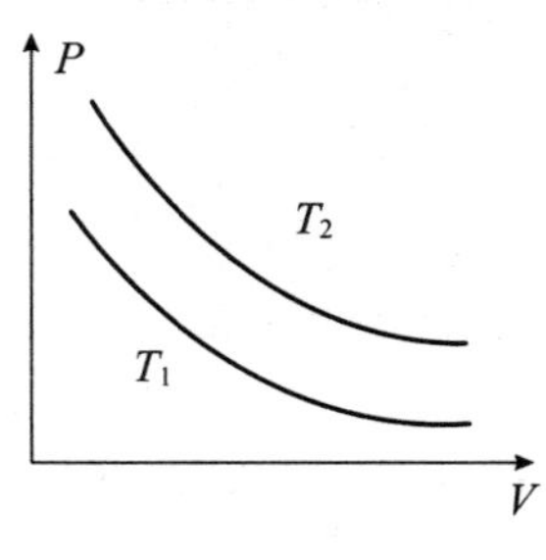

그림 40.4 등온과정의 PV 도표

를 이용하면 T가 일정한 등온과정의 PV 도표는 압력 P와 부피 V가 서로 반비례하여 그림 40.4에 보인 것과 같게 된다. 그림 40.4에 보인 그래프 중에서 위쪽 곡선은 온도가 T_1으로 일정하게 유지되는 경우이고 아래쪽 곡선은 온도가 T_2로 일정하게 유지되는 경우이다

특별히 이상기체의 경우에 내부에너지는 열역학적 계의 상태를 나타내는 세 변수 압력과 부피 그리고 온도 중에서 오직 온도 T에만 의존한다. 그래서 만일 열역학적 계가 이상기체라면 등온과정에서 열역학적 계의 내부에너지의 변화는 0으로

$$\text{이상기체의 등온과정 : } \Delta E = 0 \qquad \therefore\ Q = W \tag{40.7}$$

이 된다. 그러므로 열역학적 제1법칙으로부터 이상기체가 등온과정에 의해 바뀐다면 열역학적 계에 가해준 열량 Q와 열역학적 계의 부피가 변화하면서 열역학적 계가 외부에 한 일 W는 같게 된다. 만일 열역학적 계가 이상기체라면 압력과 부피 사이에는 (40.6)식을 만족하므로 열역학적 계의 부피가 V_i에서 V_f까지 변하는 등온과정에서 이상기체인 열역학적 계가 외부에 한 일을 정확하게 계산할 수 있다. (40.2)식에 의하여

$$W = \int_{V_i}^{V_f} P\,dV = \int_{V_i}^{V_f} \frac{nRT}{V}\,dV = nRT\int_{V_i}^{V_f}\frac{dV}{V} = nRT\ln\frac{V_f}{V_i} \tag{40.8}$$

이 된다. 즉 이상기체의 등온과정에서 한 일 W는

$$\text{이상기체의 등온과정 : } W = nRT\ln\frac{V_f}{V_i} \tag{40.9}$$

가 된다. 그리고 당연히 (40.7)식에 의해 이상기체의 등온과정에서 열역학적 계가 흡수

표 40.1 대표적인 열역학적 과정

명칭	조건	결과
등압과정	압력 $P=$ 일정	$W=P\Delta V$
등적과정	부피 $V=$ 일정	$\Delta E=Q=nc_v\Delta T,\ W=0$
등온과정	온도 $T=$ 일정	이상기체의 경우 $\Delta E=0,\ Q=W$ 이상기체의 경우 $W=nRT\ln\frac{V_f}{V_i}$
단열과정	열 $Q=0$	$\Delta E=-W$

한 열 Q는 (40.9)식으로 주어진 일 W와 같다.

지금까지는 열역학적 계의 상태를 대표하는 압력과 부피 그리고 온도 중의 하나를 일정하게 유지시키는 열역학적 과정인 등압과정과 등적과정 그리고 등온과정을 살펴보았다. 그런데 열역학적 계를 열적으로 외부와 차단시킨 단열과정도 열역학적 과정에서 중요하다. 특히 열역학적 계를 갑자기 팽창시키거나 수축시키면 열역학적 계로 열이 흡수되거나 열역학적 계로부터 열이 방출될 시간적 여유가 없으므로 바로 단열과정이라고 볼 수 있다.

단열과정은 열역학 법칙인 (40.1)식에서 $Q=0$인 과정이다. 그러므로 단열과정에서는

$$\text{단열과정}:\ Q=0 \quad \therefore\ \Delta E=-W \tag{40.10}$$

가 만족된다. 그리고 단열 팽창과정에서는 부피가 증가하면서 열역학적 계가 외부에 일을 하여 내부에너지가 감소하므로 열역학적 계의 온도가 내려가게 된다. 또 단열 수축과정에서는 부피가 감소하면서 열역학적 계가 외부로부터 일을 받게 되므로 내부에너지가 증가하고 그러면 열역학적 계의 온도가 올라가게 된다.

지금까지 소개한 열역학적 과정들은 열역학적 계의 상태를 대표하는 변수들 중 하나를 일정하게 유지시킨 특별한 과정들이다. 실제 열역학적 과정에는 이들이 혼합되어 존재한다. 이들 대표적인 열역학적 과정들을 정리하면 표 40.1에 보인 것과 같게 된다.

앞에서 우리는 열역학적 계의 내부에너지를 직접 계산하는 것은 가능하지 않다고 이야기하였지만 열역학적 계가 이상기체라면 그렇지 않다. 이상기체란 기체분자의 크기가 없고 탄성충돌하는 것을 제외하고는 기체분자들이 서로 상호작용을 하지 않는

기체를 말한다. 그러므로 이상기체의 내부에너지는 오로지 기체분자들의 운동에너지의 합만으로 결정된다. 그리고 우리는 (38.23)식에서 자유도가 f이며 절대온도가 T인 기체분자 하나가 지닌 평균 운동에너지 K_f은

$$K_f = \frac{f}{2} k_B T \tag{40.11}$$

임을 알았다. 이 결과는 기체 운동론에 의해서 맥스웰이 절대온도가 T인 기체분자는 자유도 하나마다 평균 운동에너지 K_1이

$$K_1 = \frac{1}{2} k_B T \tag{40.12}$$

를 갖는다는 것을 발견한 결과이다. 이렇게 자유도 하나 당 기체의 평균 운동에너지가 (40.12)식으로 주어진다는 사실이 맥스웰의 에너지 등분배론이라고 알려져 있다.그러므로 모두 N개의 기체분자로 이루어진 이상기체 또는 n mol의 이상기체의 경우에 그 이상기체 분자의 자유도가 f이고 절대온도가 T라면 (40.11)식에 의해 내부에너지 E를 정확히 알아낼 수 있는데, 그 결과는 바로

$$E = \frac{f}{2} N k_B T = \frac{f}{2} nRT \tag{40.13}$$

이다.

이상기체의 내부에너지 E는 이와 같이 오로지 기체의 절대온도 T에만 의존한다는 성질 때문에 이상기체에 대한 열역학적 여러 성질들이 아주 쉽게 계산될 수 있다. 예를 들어, 이상기체의 비열을 계산해 보자. 비열은 (39.4)식 또는 (39.9)식에 의해 정의되는데 몰 비열의 경우에는 n mol의 이상기체에 Q만큼의 열을 가해주었더니 온도가 ΔT만큼 올랐다면 비열 c는

$$c = \frac{Q}{n\Delta T} \tag{40.14}$$

로 주어진다. 그런데 이상기체에 열을 가해서 온도가 올라가는 열역학적 과정으로 어떤 과정을 취했느냐에 따라 동일한 열량 Q를 가했더라도 올라간 온도 ΔT가 다르게 된다. 이상기체의 온도를 높이는 대표적인 열역학적 과정으로는 등적과정과 등압과정을 들 수 있다.

먼저 기체의 부피를 일정하게 유지시키는 등적과정을 취할 경우의 비열을 39장에서 소개된 것처럼 정적비열 c_v라고 한다. 등적과정에서는 표 40.1에 나온 것처럼 항상 일이 0으로 $W=0$이다. 그러므로 열역학 제1법칙에 의해서 열역학적 계에 가해준 열 Q는 바로 내부에너지의 변화량 ΔE와 같으며, 이상기체의 경우에는 (40.13)식에 의해서 이것이

$$Q=\Delta E=\frac{f}{2}nR\Delta T \tag{40.15}$$

가 된다. 따라서 이상기체의 정적 몰비열 c_v는 (40.15)식을 (40.14)식에 대입하여

$$c_v=\frac{Q}{n\Delta T}=\frac{\frac{f}{2}nR\Delta T}{n\Delta T}=\frac{f}{2}R \tag{40.16}$$

이 됨을 알 수 있는데, 이것은 39장에서 (39.15)식으로 주어진 결과와 동일하다.

이번에는 기체의 압력을 일정하게 유지시키는 등압과정에 의한 비열인 정압비열 c_p를 측정한다고 하자. 등압과정에서는 표 40.1에 나온 것처럼 부피가 ΔV만큼 변화하는 동안 열역학적 계가 외부에 한 일이 $W=P\Delta V$이므로 열역학 제1법칙에 의해서 열역학적 계에 가해준 열 Q는

$$\Delta E=Q-W=Q-P\Delta V \quad \therefore\ Q=\Delta E+P\Delta V \tag{40.17}$$

가 된다. 그런데 열역학적 계가 이상기체인 경우에 내부에너지 변화 ΔE와 부피변화 ΔV는 각각 내부에너지를 표현한 (40.13)식과 이상기체의 상태방정식인 (40.6)식을 이용하여

$$\Delta E=\frac{f}{2}nR\Delta T\,, \qquad P\Delta V=nR\Delta T \tag{40.18}$$

임을 알 수 있다. 그러므로 (40.18)식으로 구한 결과를 (40.17)식에 대입하면 등압과정에서 이상기체에 가한 열량 Q는

$$Q=\Delta E+P\Delta V=\frac{f}{2}nR\Delta T+nR\Delta T=\left(\frac{f}{2}+1\right)nR\Delta T \tag{40.19}$$

가 되다. 따라서 이상기체의 정압 몰비열 c_p는 (40.19)식을 (40.14)식에 대입하여

$$c_p = \frac{Q}{n\Delta T} = \frac{\left(\frac{f}{2}+1\right)nR\Delta T}{n\Delta T} = \left(\frac{f}{2}+1\right)R \tag{40.20}$$

이 됨을 알 수 있다. 그리고 (40.16)식과 (40.20)식을 비교하면 이상기체에서는

$$c_p - c_v = R \tag{40.21}$$

가 성립하며 따라서 기체 분자의 자유도 f에 관계없이 기체의 정압비열은 정적비열에 비하여 기체상수인 R만큼 더 크다는 것을 알 수 있다.

41. 열기관

- 열역학적 과정은 가역과정과 비가역과정으로 구분된다. 열역학적 과정은 앞에서 배운 역학과정과 다른 특징을 갖고 있기 때문이다. 열역학적 과정에서 가역과정과 비가역과정은 어떻게 구별되는가?
- 열기관이란 열을 일로 바꾸는 장치를 말한다. 열기관에는 어떤 것들이 있으며 열기관의 효율은 어떻게 정의되는가?
- 열역학 제2법칙은 열현상에서 관찰되는 방향성과 연관된 법칙이다. 물리에 나오는 다른 법칙들은 간단한 식으로 대표되는데 반하여 열역학 제2법칙은 여러 가지의 방법으로 설명된다. 열역학 제2법칙을 설명하라.

열역학적 과정은 열역학적 계의 상태가 시간에 따라 어떻게 변화하는지를 기술한다. 그런데 열역학적 과정은 물체에 힘이 작용하면 물체의 운동 상태가 어떻게 변화하는지를 기술하는 역학과정과 좀 다른 면을 가지고 있다. 열역학적 과정은 가역과정과 비가역과정으로 구분된다. 열역학적 과정을 지칭하는 가역과정과 비가역과정의 의미를 잘 이해하기 위해서 열역학적 과정과는 다른 역학과정을 먼저 살펴보자.

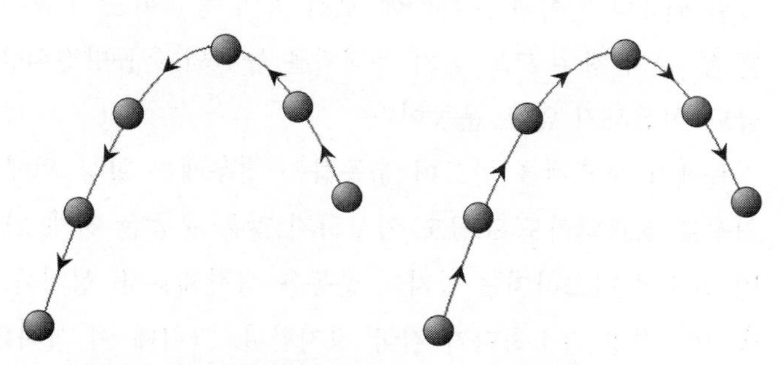

그림 41.1 역학과정에서 시간이 거꾸로 흘러가는 경우의 운동

역학과정은 물체가 힘을 받고 뉴턴의 운동방정식이 정해주는 것에 따라 움직이는 운동과정을 말한다. 그런데 역학과정의 특징은 동일한 운동의 시간을 거꾸로 흘러가게 하면 일어나는 운동도 역시 뉴턴의 운동방정식을 준수한다는 점이다. 예를 들어 그림 41.1의 왼쪽에 보인 것처럼 공을 던진다고 하자. 이 공이 움직이는 모습을 동영상으로

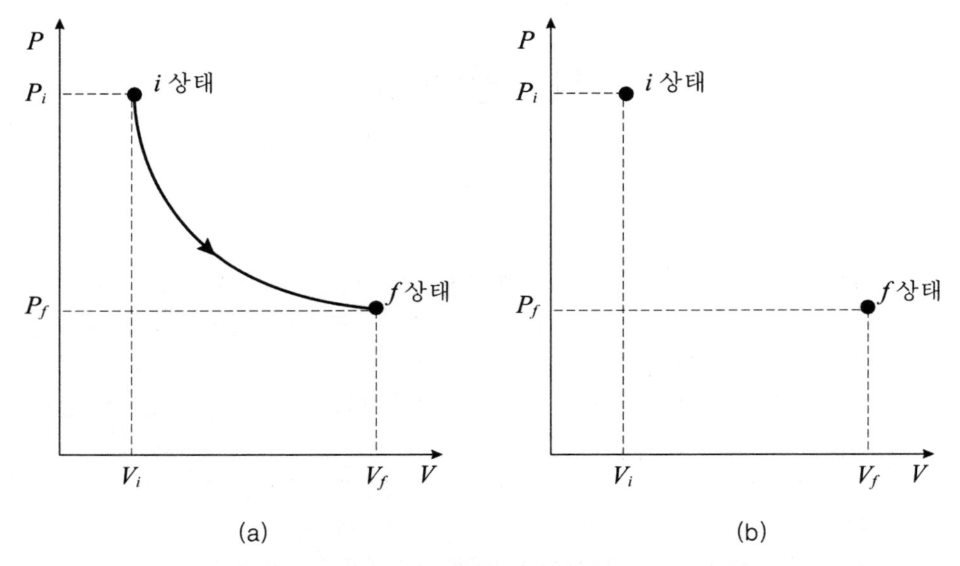

그림 41.2 열역학적 과정에서 (a) 가역과정과 (b) 비가역과정을 나타낸 PV 도표

촬영한 다음에 거꾸로 돌린다면 그림 41.1의 오른쪽에 보인 것처럼 움직인다. 그런데 그림 41.1의 왼쪽과 오른쪽에 보인 공이 움직이는 모습은 단지 공의 초기조건만 다를 뿐 두 가지 경우 모두 공의 움직임은 뉴턴의 운동방정식을 만족하며 우리가 보기에 조금도 이상하지 않은 운동이다.

물체가 보존력을 받으며 운동하는 경우에는 항상 위에서 설명한 것과 같이 시간이 거꾸로 흐르더라도 조금도 이상하지 않은 운동을 하게 된다. 그러나 마찰이 있는 수평면 위에서 미끄러지는 상자의 운동을 생각해보자. 상자를 밀어주면 상자는 움직이면서 속력이 점점 감소하다가 결국 정지한다. 그런데 이 상자의 모습을 동영상으로 촬영한 다음에 거꾸로 돌린다면 상자의 운동이 자연스럽게 보이지 않는다. 정지했던 상자가 미끄러지면서 점점 더 빨리 움직이는데 우리는 마찰이 있는 수평면 위에서 움직이는 상자가 저절로 더 빨리 움직이는 것을 관찰할 수 없기 때문이다. 이렇게 시간에 대해서 한쪽 방향으로만 일어나는 것이 가능한 과정을 비가역과정이라고 한다.

그렇지만 그림 41.1에 의해 예로 든 역학과정을 가역과정이라고 말하지는 않는다. 가역과정과 비가역과정은 열역학적 과정을 구분하는 명칭이다. 예를 들어, 어떤 열역학적 계가 진행한 열역학적 과정을 따라 열역학적 계의 압력과 부피를 그림 41.2에 보인 것과 같이 PV 도표로 표시한다고 하자. 그림 41.2의 (a)와 (b) 모두 처음 부피 V_i 로부터 나중 부피 V_f까지 팽창시킨 열역학적 과정을 보여준다. 열역학적 계를 팽창시키면서 순간순간에 열역학적 계를 대표하는 상태변수인 압력이나 온도를 알기 위해서는 그 열역학적 계가 평형에 이를 때까지 오랫동안 기다려야 한다. 그래서 그림 41.2의 (a)에 보인 것은 이렇게 열역학적 계를 조금씩 팽창시키면서 평형에 이를 때까지 기다려서 부피가 V_i에서 V_f까지 변하는 중간 과정에서도 압력을 모두 측정하여 열역학적 과정이 PV 곡선으로 표시되었다. 그러나 그림 41.2의 (b)에 보인 것은 처음 i상태의 압력과 부피인 P_i와 V_i를 측정한 다음에 바로 열역학적 계의 부피가 V_f가 될 때까지 팽창시킨 다음에 오래 기다려 f상태의 압력 P_f를 측정하였다. 따라서 i상태와 f상태를 잇는 PV 곡선을 그릴 수가 없다.

이번에는 거꾸로 압력이 P_f이고 부피가 V_f인 f상태에서 시작하여 열역학적 계의 부피를 조금씩 수축시키면서 오랫동안 평형이 될 때까지 기다리면서 진행하면 그림 41.2의 (a)에 보인 PV 곡선을 정확히 거꾸로 따라 진행되어 마지막에는 i상태에까지 이르게 된다. 그렇지만 그림 41.2의 (b)에 보인 경우에는 f상태에서 시작하여 열역학적 계의 부피를 V_i까지 수축하여도 i상태로 도달된다는 보장은 없다. 다시 말하면 열역학적 계의 부피가 V_i일 때 압력이 그림 41.2 (b)에 보인 P_i와 꼭 같아진다는 보장은 없다는 의미이다. 이때 그림 41.2의 (a)와 같이 진행된 열역학적 과정을 가역과정이라 하고 (b)와 같이 진행된 열역학적 과정을 비가역과정이라 한다.

비가역과정은 열현상이 보이는 특별한 성질을 대표한다. 마찰이 있는 수평면에서 미끄러지는 상자의 경우에 한쪽 방향으로는 운동이 일어나지만 다른 쪽 방향으로는 운동이 일어나지 않는 것은 마찰에 의한 열에너지가 한쪽 방향으로만 이동하기 때문이다. 이것은 열에너지가 높은 온도의 물체에서 낮은 온도의 물체로는 저절로 이동하지만 열에너지가 낮은 온도의 물체에서 높은 온도의 물체로는 결코 저절로 이동하지 않는 것과 똑같은 이치로 설명된다. 이렇게 열과 연관된 현상에서 나타나는 방향성은 종전의 역학적 방법 즉 뉴턴의 운동방정식으로는 설명되지 않는 부분이다. 이것은 열현상이란 수많은 구성입자들에 의한 무질서한 운동에 기인하다는 사실로부터 설명될 수 있다. 역학과정에서는 나타나지 않고 열역학적 과정에서 나타나는 이와 같은 방향성을 열역학 제2법칙이라고 한다. 그래서 열은 높은 온도의 물체에서 낮은 온도의 물체로만 저절로 이동하지 그 반대로는 결코 저절로 이동하지 않는다고 말하면 그것은 열역학 제2법칙을 표현한 셈이 된다.

우리는 16장에서 에너지란 일을 할 수 있는 능력이라고 정의하였다. 그리고 에너지는 여러 가지 형태로 존재하며 또한 에너지는 한 형태의 다른 형태의 에너지로 전환될 수 있는데 결코 없던 에너지가 창조되거나 있던 에너지가 소멸되지 않는다는 점도 배웠다. 그래서 에너지는 운동에너지와 퍼텐셜에너지, 전기에너지, 화학에너지 등 여러 가지 형태의 에너지가 존재하며 그들 에너지는 모두 일을 할 능력을 지니고 있다. 예를 들어 빨리 움직이고 있는 물체 A를 정지한 다른 물체 B에 충돌시키면 물체 A는 자기가 가지고 있는 운동에너지를 소비하면서 물체 B를 이동시키는 일을 할 수 있다. 그런데 아무리 열에너지를 많이 가직 있는 뜨거운 물체라고 하더라도 스스로 일을 할 것 같지는 않아 보인다. 오히려 뜨거운 물체가 가지고 있는 열에너지는 저절로 주위의 낮은 온도의 물체로 이동해버리기 때문에 열에너지가 별로 유용한 일을 하지 못하고 소모되어 버리고 만다.

그림 41.3 제임스 와트 (영국, 1736-1819)

그러나 인간은 열에너지를 유용한 일로 바꾸는 장치를 만들어내었다. 역사적으로는 18세기 중반에 그림 41,3에 보인 영국의 발명가 제임스 와트에 의해 발명된 증기기관이 바로 그러한 열기관의 효시(嚆矢)이다. 증기기관의 발명은 산업혁명으로 이어졌다. 산업혁명 이전에는 인간이 살아가는데 필요한 일을 사람이 직접 하여야 되었다. 기껏해야 동물의 도움을 얻을 뿐이었다. 그래서 인간이 일을 하지 않을 수 없는 노예 또는 천민 계급과 일을 하지 않고서 지낼 수 있는 귀족 또는 상류 계급으로 나눠지 않을 수 없었다. 그런데 산업혁명 이후로는 기계가 사람을 대신하여 일을 해 줄 수 있게 되었고 그런 역할을 하는 과학기술 문명은 급속히 발전되었다. 그래서 나는 오늘날 모든 사람이 다 평등하게 대우받는 민주주의 시대가 오게 된 가장 직접적인 원인은 다른 것보다도 바로 물리학의 발달에 있다고 믿는다.

열기관은 몇 단계의 열역학적 과정을 거쳐서 원래 상태로 돌아오는 순환과정을 통하여 작동한다. 그래서 열기관이 한 번의 순환과정을 모두 다 거치면 열기관의 내부에너지 E는 전과 같아지며 그래서 순환과정마다

$$\Delta E = Q - W = 0 \quad \therefore \quad Q = W \tag{41.1}$$

가 성립한다. 그러므로 열역학 제1법칙에 의하여 매 순환과정마다 열기관이 외부에 한 일 W는 열기관으로 들어온 열 Q와 같다. 한편 열기관이 동작하는 원리는 그림 41.4

에 보인 것과 같다. 열기관은 높은 온도의 고열원에서 열 Q_H을 흡수한다. 예를 들어 자동차의 동력원이 되는 가솔린 기관에서는 가솔린이 엔진의 실린더 내부에서 연소하며 기체를 뜨겁게 가열하는데 이곳이 고열원에 해당한다. 열기관에서는 고열원에서 흡수하는 열 Q_H가 모두 일 W로 바뀌지는 않는다. 열기관의 주위를 둘러싸고 있는 저열원으로 열이 저절로 흘러 나간다. 그림 41.4에 보인 것과 같이 이렇게 저열원으로 방출되는 열을 Q_C라고 하면 열기관이 외부에 한 일 W는

$$W = Q = Q_H + Q_C \tag{41.2}$$

이 된다. 여기서 그림 41.4에 보인 열기관의 경우 고열원에서 공급된 열인 Q_H의 부호는 0보다 크고 저열원으로 방출된 열인 Q_C의 부호는 0보다 작으며 외부에 한 일 W는 0보다 커서

$$\text{열기관 :} \quad Q_H > 0, \quad Q_C < 0, \quad W > 0 \tag{41.3}$$

이 된다. 이때 열기관의 효율 ε은 열기관에 공급된 열인 Q_H 중에서 얼마만큼이 일 W로 이용되는지에 의해

$$\text{열기관의 효율 :} \quad \varepsilon = \frac{W}{Q_H} = \frac{Q_H + Q_C}{Q_H} \tag{41.4}$$

으로 정의된다. 이 식에서 두 번째 등호는 (41.2)식을 대입한 결과이다. 그런데 저열원으로 방출된 열 Q_C의 부호는 (41.3)식에서 볼 수 있는 것처럼 0보다 작으므로 열기관의 효율 ε은 항상 1보다 작게 된다. 다시 말하면 효율이 100%인 열기관은 존재하지 않는다. 아무리 열기관을 잘 설계하더라도 열 자체의 성질에 의해서 열기관 주위에 존재하는 저열원으로 열이 방출되는 것을 방지할 수가 없기 때문이다.

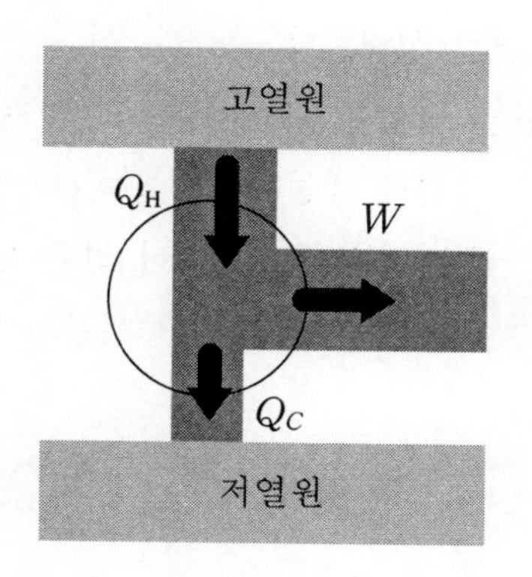

그림 41.4 열기관에서 에너지의 흐름

열기관은 이렇게 스스로는 결코 일을 하지 못하고 높은 온도에서 낮은 온도로 이동해버리고 마는 열에너지를 유용한 일로 바꾸는 장치이다. 이렇게 인간 대신에 일을 하는 장치인 열기관의 발명으로 우리 인간은 따로 일을 하는 노예계급을 유지할 필요가 없어지고 한 사람

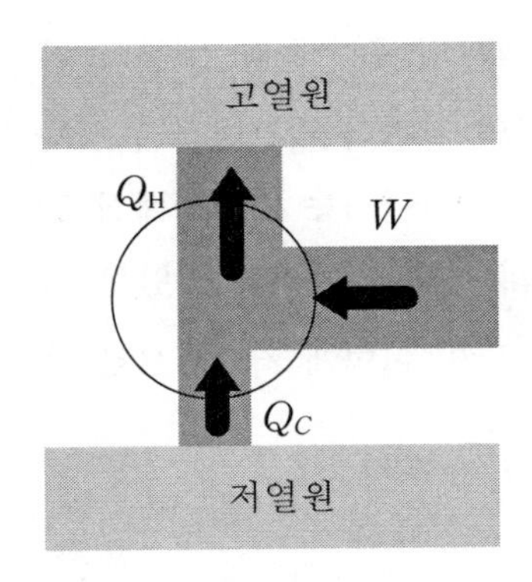

그림 41.5 냉동기관에서 에너지의 흐름

한 사람 모두가 존중받는 사회를 건설할 수 있게 되었다. 그런데 인간은 낮은 온도에서 높은 온도로 열을 이동시키는 장치도 발명하게 되었다. 냉장고나 에어컨이 바로 그러한 장치로 열을 일로 바꾸는 장치인 열기관에 대하여 냉동기관이라고 부른다. 냉동기관의 발명으로 인간의 생활을 한층 더 안락하고 윤택하게 바뀌게 되었다.

냉동기관에서 에너지의 흐름은 그림 41.5에 보인 것과 같다. 냉동기관에서 에너지의 흐름은 그림 41.4에 보인 열기관에서 에너지의 흐름과 정 반대가 된다. 냉동기관에서는 저열원으로부터 열 Q_C를 흡수하여 고열원으로 열 Q_H를 방출한다. 그런데 저열원에서 고열원으로는 열이 저절로 흐르지 않으므로 외부에서 냉동기관으로 일 W를 해 주어야 한다. 그러므로 냉동기관에서는 저열원에서 흡수된 열인 Q_C의 부호가 0보다 크고 고열원으로 방출되는 열인 Q_H와 외부에서 냉동기관에 해주는 에너지인 W의 부호는 0보다 작아서

$$\text{냉동기관 :} \quad Q_C > 0, \quad Q_H < 0, \quad W < 0 \tag{41.5}$$

이 된다. 그리고 열기관에서와 마찬가지로 냉동기관도 순환과정에 의해 동작하는데 한 번의 순환과정이 완료되면 냉동기관의 내부에너지는 전과 같아져서 매 순환과정마다

$$\Delta E = Q - W = 0 \quad \therefore \ W = Q = Q_H + Q_C < 0 \tag{41.6}$$

가 성립한다.

냉동기관에 대해서도 열기관의 효율을 구하는데 적용한 (41.4)식을 이용할 수 있다. 그런데 냉동기관에서는 (41.4)식으로 주어진 양을 냉동기관의 효율이라고 부르는 것은 적당하지 못하다. 이 양은 오히려 냉동기관이 얼마나 효율적이지 못한가를 나타내는 양이다. 그래서 냉동기관의 비효율(非效率)을

$$\text{냉동기관의 비효율(非效率) :} \quad \varepsilon = \frac{W}{Q_H} = \frac{Q_H + Q_C}{Q_H} \tag{41.7}$$

라고 정의한다. 그래서 냉동기관의 비효율인 ε이 작을수록, 즉 냉동기관에 해준 일의

크기인 $|W|$이 작은데도 고열원으로 방출된 열의 크기인 $|Q_{\rm H}|$가 클수록, 냉동기관의 효율은 더 좋음을 나타낸다.

열기관의 효율을 나타낸 (41.4)식에서 제일 좋은 열기관이란 $Q_{\rm C}$가 0이 되어 효율이 1인 열기관이라고 할 수도 있지만 실제로는 결코 $\varepsilon = 1$인 열기관을 제작할 수 없다. 또 냉동기관의 비효율을 나타낸 (41.7)식에서 제일 좋은 냉동기관이란 $Q_{\rm H}$와 $Q_{\rm C}$의 크기가 같아서 W가 0이 되어 비효율이 0인 냉동기관이라고 할 수도 있지만 실제로는 결코 $\varepsilon = 0$인 냉동기관을 제작할 수 없다. 그림 41.6에 보인 프랑스의 과학자인 카르노는 이상기체로 동작하는 가장 이상적인 열기관의 효율에 대해 연구하였다. 그래서 그러한 열기관을 카르노 기관이라 하며 카르노 기관이 작동하는 열역학적 순환과정을 카르노 순환과정이라고 한다.

그림 41.6 사디 카르노 (프랑스, 1796-1831)

카르노 기관은 그림 41.7에 보인 것과 같은 네 단계의 열역학적 과정이 반복되어 일어나는 순환과정을 이용한다. 카르노 순환과정의 첫 번째 단계는 그림 41.7에 보인 상태 1에서 상태 2까지의 등온팽창 과정이다. 이 과정에서 열기관을 동작시키는 이상기체는 높은 온도인 $T_{\rm H}$를 유지하며 부피가 커진다. 이상기체의 내부에너지는 (40.13)식으로 주어지는 것처럼 오로지 절대온도에만 의존한다. 그러므로 카르노 순환과정의 첫 번째 단계에서 카르노 기관의 내부에너지는 변하지 않고 열기관은 이상기체의 부피가 증가하면서 한 일과 똑같은 크기의 열 $Q_{\rm H}$를 흡수한다. 카르노 순환과정의 두 번째 단계는 상태 2에서 상태 3까지의 단열팽창 과정이다. 이상기체가 열의 이동은 없는데 팽창하면서 외부에 일을 하면 이상기체의 내부에너지는 감소하고 따라서 열기관의 온도가 $T_{\rm H}$로부터 $T_{\rm C}$까지 내려간다. 카르노 순환과정의 세 번째 단계는 상태 3에서 상태 4까지의 등온압축 과정이다. 이 단계에서는 이상기체의 내부에너지는 일정하게 유지된다. 그런데 이상기체의 부피가

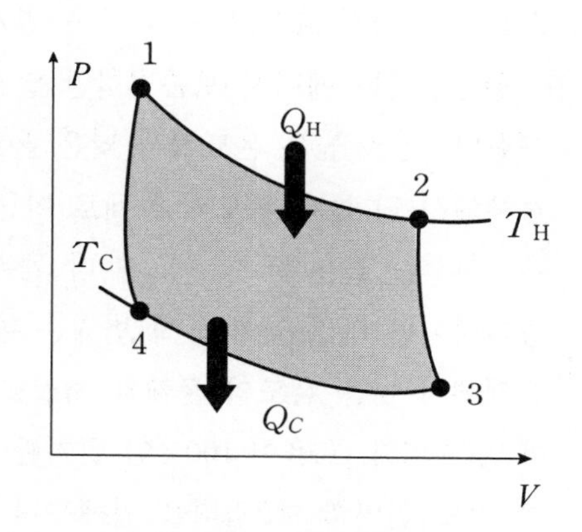

그림 41.7 카르노 순환과정

감소되면서 외부로부터 받는 일만큼의 열 Q_C를 외부로 방출한다. 그리고 카르노 순환과정의 마지막 네 번째 단계는 상태 4에서 다시 상태 1로 돌아오는 단열압축 과정이다. 이 단계에서는 이상기체가 열의 이동은 없는데 압축되면서 외부로부터 일을 받고 따라서 이상기체의 온도가 T_C로부터 원래 온도인 T_H까지 올라간다.

이와 같이 카르노 순환과정에서는 카르노 기관을 동작시키는 이상기체가

$$\text{등온팽창} \rightarrow \text{단열팽창} \rightarrow \text{등온압축} \rightarrow \text{단열압축} \tag{41.8}$$

의 네 단계를 거치면서 순환과정의 끝에 처음 상태로 다시 돌아온다. 그리고 한 번의 순환과정 동안에 온도가 T_H인 고열원으로부터 Q_H인 열을 흡수하고 온도가 T_C인 저열원으로 Q_C인 열을 방출한다. 그리고 그동안 카르노 기관은 외부에 그림 41.7에 빗금 친 부분으로 표시된 넓이에 해당하는 일 W를 한다. 그러므로 카르노 기관의 효율은 (41.4)식에 의해서

$$\varepsilon = \frac{W}{Q_H} = \frac{Q_H + Q_C}{Q_H} = 1 + \frac{Q_C}{Q_H} = 1 - \frac{T_C}{T_H} \tag{41.9}$$

가 된다. 이 식에서 마지막 등식은 카르노가 계산에 의해서 얻은 결과이다. 즉 카르노 기관의 효율은 오로지 고열원의 온도 T_H와 저열원의 온도 T_C에 의해 결정된다. 카르노 기관은 실제 제작이 가능한 열기관이 아니라 이론적으로 가장 효율이 좋은 열기관을 설계한 열기관이다. 그리고 (41.9)식으로 주어진 열기관의 효율은 고열원과 저열원의 온도가 정해져 있을 때 실제로 얻을 수 있는 최대의 효율이다. 다시 말하면, 아무리 열기관을 잘 만든다고 하더라도, 고열원과 저열원의 온도가 정해지면 효율이 (41.9)식으로 주어진 효율보다 더 좋은 열기관을 만드는 것은 불가능하다.

열현상에는 에너지 보존법칙인 열역학 제1법칙만으로는 설명할 수 없는 현상이 존재한다. 열은 높은 온도에서 낮은 온도의 물체로 저절로 흐르는데, 열이 낮은 온도의 물체에서 더 높은 온도의 물체로 이동한다고 하더라도 열역학 제1법칙이 위배되는 것은 아니다. 열을 받은 온도가 더 높은 물체의 내부에너지가 받은 열량만큼 에너지가 증가하기만 하면 열역학 제1법칙은 위배되지 않기 때문이다. 그래서 열이 높은 온도의 물체에서 낮은 온도의 물체로 저절로 흐른다는 사실을 설명하는 법칙이 바로 열역학 제2법칙이다. 효율이 100%인 열기관이나 비효율이 0%인 냉동기관은 존재하지 않는다는 것도 열역학 제2법칙을 말해주며 마찬가지로 고열원과 저열원의 온도가 주어졌을

때 카르노 기관의 효율이 (41.9)식보다 더 작아야 한다는 것도 열역학 제2법칙을 나타내는 것이다. 열역학 제2법칙에 대해서는 다음 장에서 더 자세히 공부한다.

42. 엔트로피

• 열역학 제2법칙은 엔트로피를 이용하여 표현하면 좋다. 열역학적으로 엔트로피는 어떻게 정의되는가?
• 실험에 의해 구한 열역학 법칙들이 왜 성립하는지에 대한 의문이 나중에 열역학적 계를 구성하는 수많은 입자들의 무질서한 운동을 통계역학적으로 기술하여 설명되었다. 통계역학적으로 온도는 어떻게 정의되는가?
• 엔트로피를 통계역학적으로 정의하면 엔트로피는 열역학적 계가 무질서한 정도를 나타낸다. 엔트로피가 통계역학적으로는 어떻게 정의되는가?

41장에서 자세히 설명한 것처럼 열이 높은 온도의 물체에서 낮은 온도의 물체로는 저절로 흐르는데 그 반대방향으로는 저저로 흐르지 않는 현상은 열역학 제1법칙만으로는 설명되지 않는다. 열이 낮은 온도의 물체에서 더 높은 온도의 물체로 이동한다고 해서 에너지 보존법칙인 열역학 제1법칙을 위배되지는 않기 때문이다. 열을 받은 온도가 더 높은 물체의 내부에너지가 받은 에너지만큼 증가하고 열을 내보낸 낮은 물체의 내부에너지가 그만큼 감소하기만 하면 에너지는 보존되기 때문이다. 그러나 열은 결코 낮은 온도의 계에서 높은 온도의 계로 저절로 흐르지 않는다. 그래서 또 다른 열역학 법칙이 필요하며 그 법칙이 바로 열역학 제2법칙이다.

역시 지난 41장에서 열역학 제2법칙을 설명하는데 열기관을 이용하였다. 열기관은 열을 일로 바꾸어주는 장치인데, 만일 열기관이 받은 열을 모두 일로 바꾼다면 그 열기관의 효율은 1 또는 100%이다. 그러나 열기관이 일을 하는 과정에서 열은 주변에 존재하는 더 낮은 온도의 계로 저절로 흘러가 버리고 이것을 막을 방도가 없다. 그래서 효율이 100%인 열기관은 결코 만들 수가 없는데 이것도 역시 열역학 제2법칙을 표현하는 한 가지 방법이다.

지금까지 소개한 열역학 제2법칙은 물리학에 나오는 다른 법칙을 설명할 때와는 조금 다르다는 점을 느낄 수 있다. 열역학 제2법칙이란 무엇 무엇이라고 설명하지 않고 열은 높은 온도에서 낮은 온도로만 저절로 흐르는 것이 열역학 제2법칙의 내용을 말해준다거나 열효율이 100%인 열기관은 존재하지 않는다는 것이 열역학 제2법칙의 내용을 말해준다는 등으로 설명할 뿐이다. 열역학 제2법칙은 웬일인지 이처럼 한 방향으로만 저절로 일어나는 현상에 대한 것이지만 한동안 열역학 제2법칙을 다른 물리법칙처럼 물리량을 이용하여 수식으로 대표하지 못했던 것이다.

그림 42.1
루돌프 클라우지우스
(독일, 1822-1888)

열역학이 한창 발전되던 시기인 19세기에 학자들도 바로 그런 점에 주목하고 열역학 제2법칙을 그럴듯하게 설명해줄 수 있는 물리량을 찾기 위해 노력하였다. 그중에 그림 42.1에 보인 독일의 클라우지우스라는 물리학자가 열역학 제2법칙을 설명하기 위한 물리량으로 엔트로피를 이용하자는 제안을 최초로 내놓았다. 클라우지우스는 1865년 발표한 논문에서 엔트로피를 정의하고 열역학 제1법칙은 에너지를 이용하여 우주의 총 에너지는 변하지 않는다고 표현하고 열역학 제2법칙은 엔트로피를 이용하여 우주의 총 엔트로피는 감소하지 않는다고 표현하였다.

클라우지우스는 41장에서 설명한 최대 효율을 내는 이상적인 카르노 기관이 동작하는 네 가지 단계의 열역학적 과정 중 각 과정에서 이상기체가 흡수하거나 또는 방출한 열 Q를 이상기체의 절대온도 T로 나눈 양을 카르노 기관이 각 과정을 순환하여 처음 상태로 다시 돌아오기까지 다 더하면 0이 된다는 사실을 알게 되었다. 그래서 클라우지우스는 절대온도가 T인 열역학적 계가 열 Q를 흡수하면 그 계의 엔트로피 S는

$$\Delta S = \frac{Q}{T} \tag{42.1}$$

만큼 증가한다고 엔트로피를 정의하였다. 이렇게 정의된 엔트로피를 이용함으로써 열역학 제2법칙을 고립계의 엔트로피는 절대로 감소하지 않는다고 표현할 수 있게 된 것이다.

그러면 (40.1)식으로 정의된 엔트로피에 의해 표현된 열역학 제2법칙이 어떻게 열은 높은 온도의 물체에서 낮은 온도의 물체로 저절로 흐른다는 사실을 설명하는지 보자. 이제 절대온도가 T_1과 T_2인 두 열역학적 계가 서로 상호작용한다고 하자. 그리고 첫 번째 계가 두 번째 계보다 더 뜨거워서 $T_1 > T_2$라고 하면, 열이 어떤 계로 흐르는

것이 더 합당한지 보자. 만일 절대온도가 T_1인 계에서 T_2인 계로 Q만큼의 열이 흘렀다면 각 계의 엔트로피 변화량인 ΔS_1과 ΔS_2는 (42.1)식에 의해서 각각

$$\Delta S_1 = -\frac{Q}{T_1}, \quad \Delta S_2 = \frac{Q}{T_2} \tag{42.2}$$

이 된다. 그러므로 두 계의 전체 엔트로피 변화량 ΔS는

$$\Delta S = \Delta S_1 + \Delta S_2 = Q\left(-\frac{1}{T_1} + \frac{1}{T_2}\right) > 0 \tag{42.3}$$

으로 0보다 크다. 이 식에서 마지막에 얻은 엔트로피 변화량 ΔS가 0보다 크다는 결과는 $T_1 > T_2$라는 사실로부터 나왔다. 그런데 이번에는 만일 절대온도가 T_2인 계에서 T_1인 계로 Q만큼의 열이 흘렀다면 각 계의 엔트로피 변화량은

$$\Delta S_1 = \frac{Q}{T_1}, \quad \Delta S_2 = -\frac{Q}{T_2} \tag{42.4}$$

이고 그러므로 두 계의 전체 엔트로피 변화량 ΔS는

$$\Delta S = \Delta S_1 + \Delta S_2 = Q\left(\frac{1}{T_1} - \frac{1}{T_2}\right) < 0 \tag{42.5}$$

으로 (42.3)식의 경우와는 반대로 0보다 작다. 따라서 열 Q는 엔트로피가 증가하여 $\Delta S > 0$ 이도록 높은 온도 T_1인 계에서 낮은 온도 T_2인 계로 흐른다.

이와 같은 방식으로 엔트로피를 이용하면 열이 높은 온도의 물체에서 낮은 온도의 물체로 저절로 흐른다는 것뿐 아니라 열역학 제2법칙에 대해 예를 들어 설명하던 여러 가지 경우를 모두 똑같은 말 즉 자연현상은 엔트로피를 감소시키지 않도록 일어난다고 설명할 수 있게 되었다. 클라우지우스는 바꾼다는 뜻을 가진 그리스어의 단어 trepein을 가지고 엔트로피라는 말을 처음 만든 사람이다. 클라우지우스가 처음 엔트로피라는 용어를 만들 때 염두에 둔 뜻은 열역학적 계가 가지고 있는 에너지 중에서 일로 바꾸어 이용할 수 없는 에너지가 차지하는 정도를 나타내는 기준이라는 것이었다. 오늘날 엔트로피는 그보다 훨씬 더 넓은 의미를 지니고 있다. 클라우지우스는 열역학의 이론을 확립하는데 영국의 켈빈경과 함께 가장 중요하게 기여한 사람이다. 켈빈경은 37장에서 이미 소개된 절대온도계를 제안한 사람이다. 당시는 아직 열소이론이 상

당한 영향력을 가지고 있던 시기였는데 37장에서 설명된 것처럼, 영국의 줄과 독일의 마이어에 의해 열이 에너지의 일종임이 증명되자 그 결과를 가지고 클라우지우스는 열역학 제1법칙과 제2법칙의 이론적 근거를 확립하였던 것이다.

우리는 38장에서 실험에 의해 기체의 압력과 부피 그리고 온도 사이의 관계식을 구한 보일-샤를의 법칙이 왜 성립하는지를 기체 운동론에 의한 방법으로 설명할 수 있다는 것을 알았다. 기체 운동론에 의한 방법이란 기체를 구성하는 분자들의 운동을 기술하는 물리량으로부터 압력과 온도를 정의하고 뉴턴의 운동방정식을 적용하여 분자들의 운동을 기술하는 기본원리에 의한 방법이다. 이때는 분자들이 지닌 운동에너지의 평균값을 계산하기 위해 통계적 방법을 이용하여 기체의 상태방정식을 구하였다. 그리고 그렇게 구한 기체의 상태방정식이 바로 보일-샤를의 법칙이다. 다시 말하면, 기체를 구성하는 분자들에게 기본원리를 적용하여 기체의 상태방정식을 구했더니 경험적으로 구한 보일-샤를의 법칙이 어떻게 나오게 되었는지에 대한 이치를 깨닫게 된 것이다. 경험적인 방법은 열역학이라는 분야를 이루었고 기체 운동론이라는 기본원리를 이용한 방법은 통계역학이라는 분야를 이루었다. 그래서 통계역학은 열역학에서 다루는 내용이 성립하는 근본 이치를 제공해준다고 말할 수 있다.

엔트로피를 처음 제안한 클라우지우스는 열역학적 계에서 나타나는 열현상을 면밀히 관찰함으로써 열역학 제1법칙과 제2법칙을 열역학적으로 표현할 수 있게 되었다. 그것은 위에서 경험에 의해 보일-샤를의 법칙을 알아낸 것과 비슷한 방법이라고 할 수 있다. 한편 38장에서 소개한 볼츠만과 그림 42.2에 보인 미국 출신의 물리학자 깁스는 열역학적 계를 구성하는 입자들의 운동을 통계역학적으로 다룸으로써 클라우지우스가 열역학적으로 표현한 제1법칙과 제2법칙이 성립하는 근본 이치를 설명할 수 있었다.

그림 42.2 윌라드 깁스 (미국, 1839-1903)

미국에서 태어난 깁스는 볼츠만과 거의 같은 시대 사람으로 평생 결혼을 하지 않고 연구에만 몰두한 수리물리 학자이었다. 깁스는 화학반응을 분자들의 운동으로 설명하면서 역시 통계역학의 개념을 닦았다. 볼츠만과 깁스가 비록 동일한 내용을 연구하였지만 두 사람 사이에는 아무 연락도 없이 서로 독립적으로 통계역학의 기초를 수립하였다. 당시에 미국은 물리학의 중심지인 유럽으로부터 멀리 떨어진 변방이었다. 그래서 깁스가 미

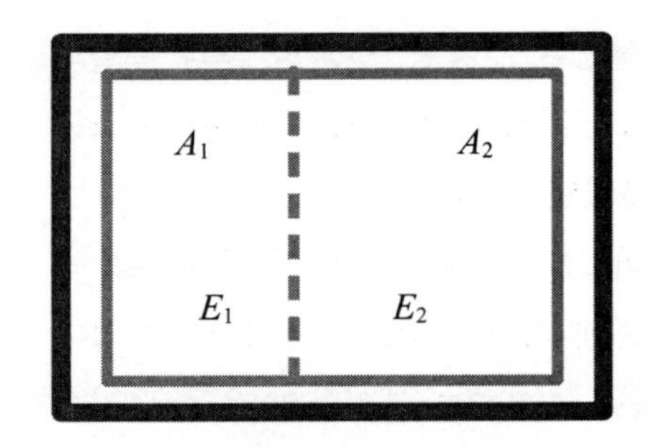

그림 42.3 서로 상호작용하는 두 열역학적 계

국에서 발표한 연구논문들이 유럽의 학자들에게 바로 알려지지 못했고, 그런 이유로 깁스는 상당한 시간이 흐른 뒤에야 비로소 유럽에서 널리 인정받게 되었다.

그러면 볼츠만과 깁스가 초석을 놓은 통계역학이 어떻게 시작하는지 알아보자. 그림 42.3에 보인 것처럼 서로 상호작용하는 두 열역학적 계 A_1과 A_2를 고려하자. 여기서 상호작용한다는 말은 전과 마찬가지로 두 계가 에너지를 교환한다는 의미이다. 이제 A_1계의 내부에너지는 E_1이고 A_2계의 내부에너지는 E_2라고 하고, A_1계의 내부에너지가 E_1일 수 있는 상태의 수는 $\Omega_1(E_1)$가지이며 A_2계의 내부에너지가 E_2일 수 있는 상태의 수는 $\Omega_2(E_2)$가지라고 하자.

여기서 열역학적 계의 내부에너지가 E일 수 있는 상태의 수가 무슨 의미인지 예를 들어 설명하기 위해 단지 세 입자만으로 구성된 계를 생각하자. 문제를 쉽게 하기 위해 세 입자는 도저히 구별될 수 없고 각 입자는 1, 2, 3, 등 자연수 값의 에너지만 가질 수 있다고 하자. 그러면 이 계의 에너지가 5일 수 있는 상태의 수는 각 입자의 에너지가 (1,1,3)와 (1,2,2)인 두 가지 밖에 없다. 이 계의 에너지가 10일 수 있는 상태의 수는 각 입자의 에너지가 (1,1,8), (1,2,7), (1,3,6), (1,4,5), (2,2,6), (2,3,5), (2,4,4), (3,3,4)인 8가지이다. 입자의 수가 많으면 가능한 상태의 수도 굉장히 많으리라고 예상할 수 있다. 그뿐 아니라, 입자의 수가 많으면 에너지가 커지면 커질수록 가능한 상태의 수는 에너지가 커지는 것보다 훨씬 더 빨리 아주 급격히 증가한다. 물리에서 무엇이 매우 급격히 증가하면 대부분 e^x로 주어지는 지수함수 모양으로 증가한다고 말한다.

그런데 두 열역학적 계 A_1과 A_2는 서로 상대방 열역학적 계와만 상호작용할 뿐 외부와는 상호작용을 하지 않는다고 하자. 그러면 두 열역학적 계를 합한 것으로 정의되는 열역학적 계인 $A=A_1+A_2$는 외부와 에너지를 전혀 주고받지 않는 고립계가 된다. 따라서 A계의 내부에너지인 $E=E_1+E_2$는 바뀌지 않고 일정하게 유지된다. 그러므로 A_1계의 내부에너지가 E_1이라면 A_2계의 내부에너지 E_2를 $E_2=E-E_1$이라고 표현할 수 있다. 그리고 A_1계의 에너지가 E_1일 수 있는 상태의 수가 $\Omega_1(E_1)$가지라면 A_2계의 에너지가 $E_2=E-E_1$일 수 있는 상태의 수는 $\Omega_2(E-E_1)$가지로

A_1계의 에너지 E_1에 의해 정해진다.

이제 두 계 A_1과 A_2가 접촉하여 단지 열적으로만 상호작용을 하는 경우를 보자. 두 계는 열에너지를 주고받는 방법으로만 상호작용을 한다는 의미이다. 두 계 A_1과 A_2가 상호작용을 하는 동안 두 계의 총 내부에너지 $E = E_1 + E_2$는 일정하게 유지되지만 두 계 각각의 내부에너지 E_1과 E_2는 바뀐다. 그런데 여기서 궁금한 것은 두 계의 내부에너지 E_1과 E_2가 얼마일 때 두 계가 열적 평형을 이룰 것인가라는 문제이다. 그러니까 어떤 조건에서 더 이상 두 계 A_1과 A_2사이에 알짜 열의 이동이 없을 것인가라는 문제이다. 우리는 이 문제를 37장에서 이미 다루었다. 두 열역학적 계가 열적 평형을 이룰 조건은 두 계의 온도가 같을 때이다. 여기서는 통계역학적으로 열적 평형의 문제를 다루려고 한다.

문제를 통계역학적으로 다룰 때 적용되는 기본 가정의 하나로 주어진 조건을 만족하는 상태가 여러 가지 있다면 각 상태 하나하나가 존재할 확률은 모두 같다는 것이 있다. 통계역학에서는 이것을 동일 선험확률 원리라고 한다. 예를 들어 주사위를 던졌을 때 1, 2, 3, 4, 5, 6 이 나올 확률은 모두 같다. 그리고 주사위 둘을 던진다면 (1,1), (1,2), ... (5,6), (6,6) 등이 나올 확률이 모두 같다. 그러면 동일 선험확률 원리를 이용하여 주사위 둘을 던졌을 때 나온 값이 얼마일 확률이 가장 클지 알아보자. 주사위 둘에서 나타날 수 있는 가능한 값을 모두 적어보면

합이 2 : (1,1)
합이 3 : (1,2), (2,1)
합이 4 : (1,3), (2,2), (3,1)
합이 5 : (1,4), (2,3), (3,2), (4,1)
합이 6 : (1,5), (2,4), (3,3), (4,2), (5,1)
합이 7 : (1,6), (2,5), (3,4), (4,3), (5,2), (6,1) (42.6)
합이 8 : (2,6), (3,5), (4,4), (5,3), (6,2)
합이 9 : (3,6), (4,5), (5,4), (6,3)
합이 10 : (4,6), (5,5), (6,4)
합이 11 : (5,6), (6,5)
합이 12 : (6,6)

과 같이 되는데, 동일 선험확률 원리에 의해서 각 상태가 나올 확률이 모두 같으므로, 상태의 수가 여섯 가지로 가장 많은 합이 7이 나올 확률이 가장 크다.

그러면 이제 두 열역학적 계 A_1과 A_2가 열적 상호작용을 하는 문제로 돌아가자. A_1계의 내부에너지가 E_1일 때 A_1계에서 가능한 상태의 수는 $\Omega_1(E_1)$이고 A_2계에서 가능한 상태의 수는 $\Omega_2(E-E_1)$이므로 총 내부에너지가 E이고 A_1계의 내부에너지는 E_1 그리고 A_2계의 내부에너지는 $E_2=E-E_1$일 수 있는 서로 다른 상태의 총 수는

$$\Omega(E, E_1)=\Omega_1(E_1)\,\Omega_2(E-E_1) \tag{42.7}$$

이다. 두 열역학적 계 A_1과 A_2가 열적 상호작용을 하는 과정에서 내부에너지 E_1값이 바뀌면 A_1계에서 가능한 상태의 수 Ω_1과 A_2계에서 가능한 상태의 수 Ω_2도 바뀐다. 그런데 앞에서도 언급하였듯이 열역학적 계의 내부에너지가 커지면 수많은 입자를 포함하고 있는 계의 상태의 수는 매우 급격히 증가한다. 그런데 A_1계의 에너지 E_1이 증가하면 $E_2=E-E_1$로 주어지는 A_2계의 내부에너지는 작아지므로, E_1이 커지면 Ω_1은 급격히 증가하고 Ω_2는 급격히 감소한다. 그래서 E_1에 대해 급격히 증가하는 함수 Ω_1과 급격히 감소하는 함수 Ω_2를 곱한 결과인 Ω는 E_1이 커짐에 따라 급격히 증가하다가 급격히 감소하는 함수가 된다. 그러므로 Ω는 어떤 특별한 E_1값인 $E_1=\overline{E_1}$에서 최댓값을 갖게 된다. 그리고 두 열역학적 계 A_1과 A_2는 바로 Ω가 가장 큰 값일 때의 내부에너지 즉

$$\text{열적 평형의 조건 : } \Omega\text{가 최대인 } E_1=\overline{E_1} \text{ 그리고 } E_2=E-\overline{E}_1 \tag{42.8}$$

일 때 열적 평형에 도달한다. 왜냐하면 그 경우에 상태의 수가 가장 많고 따라서 동일 선험확률 원리에 의해서 그 경우의 확률이 가장 크기 때문이다.

앞에서 주사위 둘을 던지는 경우에는, 합이 7일 확률이 제일 크기 때문에 실제로 여러 번 주사위를 던져보면 합이 7인 경우가 가장 많이 나오겠지만 합이 6이나 합이 8과 같이 합이 다른 값일 경우도 심심치 않게 나온다. 그러나 수많은 입자로 구성된 두 열역학적 계의 경우에는 A_1계의 내부에너지가 $E_1=\overline{E}_1$일 때 전체 상태의 수 Ω가 E_1이 $\overline{E}_1$보다 아주 조금 크거나 작을 때 상태의 수에 비하여 10의 수십 제곱 배에 이를 정도로 대단히 크기 때문에 정확히 $E_1=\overline{E}_1$일 때 두 열역학적 계는 열적 평형에 도달하게 된다. 그러면 이렇게 열적 평형을 이루는 조건을 어떻게 찾을까? 우리는 최

대값을 찾을 때면 흔히 미분을 이용한다. 그림 42.4에 보인 것처럼 함수 $f(x)$가 x값에 따라 증가하다가 $x=\bar{x}$에서 최댓값에 도달하고 다시 감소한다고 하자. 그러면 함수가 최댓값에 도달하는 x값에서 함수 $f(x)$의 미분은 0이다. 우리 문제에서도 미분을 이용하여 두 열역학적 계가 열적 평형에 도달하는 조건을 구해보자.

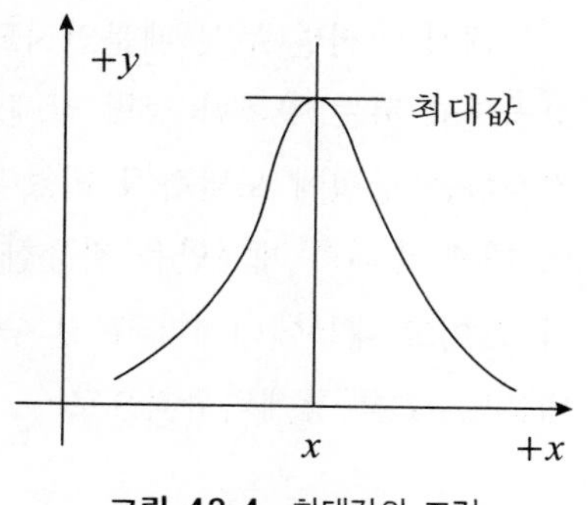

그림 42.4 최대값의 조건

그런데 앞에서 설명한 것처럼 $\Omega(E,E_1)$은 E_1 값이 아주 조금만 바뀌더라도 매우 급격히 증가하거나 매우 급격히 감소하는 함수이다. 그렇게 급격히 바뀌는 함수를 미분하면 조금 부담이 된다. 우리의 목표는 단지 최대값이 어느 곳에서 일어나는지만 알면 되므로 함수 $\Omega(E,E_1)$가 증가하거나 감소하는 모양은 그대로 두고 급격히 바뀌는 성질을 조금 완화시켜서 이용하면 좋다. 그렇게 하는 수학적 방법 중 한 가지가 대수(로그)를 취하는 것이다. 그래서 열적 상호작용을 하는 두 열역학적 계 A_1과 A_2가 열적 평형에 도달할 조건은

$$\begin{aligned}
&\frac{\partial}{\partial E_1}\log\Omega(E,E_1)\\
&= \frac{\partial}{\partial E_1}\log[\Omega_1(E_1)\,\Omega_2(E-E_1)] = \frac{\partial}{\partial E_1}\log\Omega_1(E_1) + \frac{\partial}{\partial E_1}\log\Omega_2(E-E_1) \quad (42.9)\\
&= \frac{\partial}{\partial E_1}\log\Omega_1(E_1) - \frac{\partial}{\partial E_2}\log\Omega_2(E_2) = 0
\end{aligned}$$

이다. 이 결과를 보면 두 열역학적 계 A_1과 A_2가 열적 평형에 도달할 조건은

$$\frac{\partial}{\partial E_1}\log\Omega_1(E_1) = \frac{\partial}{\partial E_2}\log\Omega_2(E_2) \tag{42.10}$$

임이 분명하다. 그리고 (42.10)식의 좌변에 나와 있는 양은 모두 A_1계에만 관계된 것이고 우변에 나와 있는 양은 모두 A_2계에만 관계된 것임을 알 수 있다. 그래서 좌변이 표시하는 것은 A_1계에 속한 성질이고 우변이 표시하는 것은 A_2계에 속한 성질일 것이 분명하다. 그리고 이 성질은 바로 두 열역학적 계의 열적 평형을 결정하는 성질이기도 하다. 우리는 이 결과를 통계역학적으로 구하였다. 그런데 열역학에서는 이 성질이 바로 그 열역학적 계의 온도이다.

그래서 어쩌면 무엇 때문인지도 모르고 여러분이 지금까지 읽은, 상태의 수가 어쩌고저쩌고 하는 장황한 설명 끝에, 드디어 온도를 열역학에서와는 전혀 다른 방법으로 결정하는 방법에 도달하게 되었다. 그리고 이 방법은 열역학적 계를 구성하는 입자들에 대해 통계의 개념만을 적용한 것이 특징이다. 이제 열역학적 계 A의 내부에너지가 E이고 내부에너지가 E일 수 있는 상태의 수가 $\Omega(E)$일 때 열역학적 계 A의 절대온도 T를 통계역학적으로

$$\frac{1}{k_B T} \equiv \frac{\partial}{\partial E} \log \Omega(E) \qquad \therefore\ \frac{1}{T} = \frac{\partial}{\partial E} k_B \log \Omega(E) \tag{42.11}$$

라고 정의한다. 이 식에서 k_B는 (38.18)식으로 정의된 볼츠만 상수이다.

(42.11)식에 나오는 나중 식을 보면 $\log \Omega(E)$에 k_B를 곱한 것을 에너지로 미분하면 그 계의 온도의 역수가 됨을 알 수 있다. 따라서 $k_B \log \Omega(E)$라는 양이 무슨 중요한 물리량의 역할을 하는 것이 아닌가 하는 생각이 든다. 실제로 그렇다. 그 양이 바로 열역학 제2법칙을 간단하게 표현해준 엔트로피이다. 그래서 내부에너지가 E인 열역학적 계의 엔트로피 $S(E)$를 통계역학적으로 정의하면

$$S(E) = k_B \log \Omega(E) \tag{42.12}$$

이다. 그리고 맨 처음 엔트로피를 $S = k_B \log \Omega$라고 정의한 사람이 바로 볼츠만이다. 우리는 앞에서 클라우지우스에 의해 열역학적으로 정의된 엔트로피에 대해 배웠다. 이제 엔트로피를 열역학적으로 왜 그렇게 정의되었는지에 대한 의문이 통계역학에 의해 풀린 것이다. 이와 같이 통계역학을 이용하면 실험으로 구한 열역학에서 성립하는 법칙들이 왜 성립하게 되었는지가 모두 다 잘 설명된다.

그러면 이제 볼츠만이 (42.12)식에 의해 통계학적으로 정의한 엔트로피에 대해 조금 더 알아보자. 혹시 여러분 중에는 엔트로피란 열역학적 계가 무질서한 정도를 나타내는 양이라는 말을 들어본 사람도 있을 것이다. 그리고 엔트로피와 무질서가 무슨 관계인지도 궁금해 한 사람도 있을 것이다. 볼츠만의 정의인 (42.12)식에 의하면 엔트로피는 $\Omega(E)$에 의해 정해진다. 그런데 $\Omega(E)$는 단순히 주어진 열역학 계의 내부에너지가 E일 때 존재할 수 있는 상태의 수일뿐이다. 이것과 엔트로피가 무슨 관계인가? 그리고 이것과 엔트로피가 무질서한 정도를 나타내는 것과는 또 무슨 관계인가?

이번에도 예를 들어 설명하는 것이 좋을 듯하다. 그림 42.5의 위쪽 그림에 보인 것

은 네 개의 방에 입자 세 개가 들어갈 수 있는 상태의 가지 수를 보인 것이다. 들어갈 수 있는 방의 수가 넉넉지 않으므로 세 입자가 들어가 있는 모습이 비슷비슷하다. 그러나 그림 42.5의 아래쪽 그림에 보인 것처럼 3입자가 6 개의 방에 들어갈 수 있는 상태의 가지 수는 방이 4개일 때에 비하여 굉장히 많아졌다. 그뿐 아니라 3입자가 들어가 있는 모습도 매우 다양하다. 그래서 위쪽의 방이 4개일 때에 비하여 방이 6개일 때, 방이 단지 두 개가 더 늘었는데도 불구하고, 입자들이 들어가 있는 모습은 훨씬 더 질서가 없어 보인다. 이처럼 주어진 조건 아래서 무질서한 정도는 상태의 수에 의해 결정되는 것을 볼 수 있다. 바로 그런 이유 때문에 (42.12)식에 의해 통계역학적으로 정의된 엔트로피가 무질서한 정도를 나타낸다고 말하는 것이다.

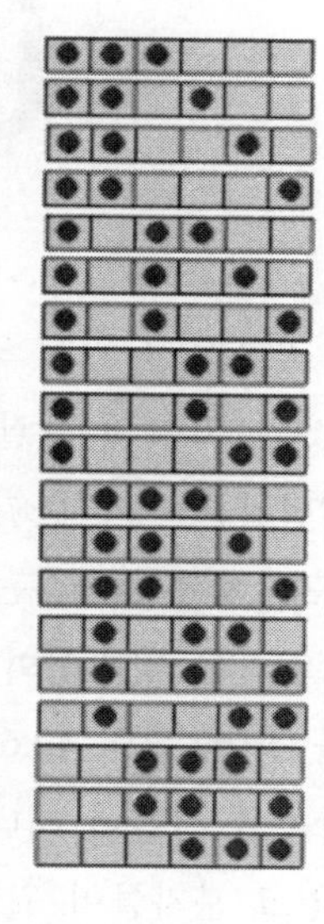

그림 42.5 방이 3개일 때와 6개일 때 3 입자의 가능한 상태

그러면 이렇게 (42.12)식에 의해 통계역학적으로 정의된 볼츠만의 엔트로피와 (42.1)식에 의해 열역학적으로 정의된 클라우지우스의 엔트로피 변화량 $\Delta S = Q/T$ 사이에는 어떤 관련이 있을까? (42.1)식은 절대온도가 T인 열역학적 계가 Q만큼의 열을 흡수하면 엔트로피가 Q/T만큼 증가한다고 말한다. 그리고 클라우지우스는 이것을 일로 바꿀 수 없는 에너지가 차지하는 정도를 의미한다고 생각하였다. 열역학적 계가 열을 흡수하면 그 계의 열에너지가 증가한다. 열에너지가 증가한다고 하는 것은 구성 입자들의 무질서한 운동에 의한 운동에너지가 증가한다는 뜻이다. 따라서 클라우지우스가 정의한 엔트로피도 역시 계를 구성하는 입자들의 무질서한 운동이 차지하는 정도를 나타내는 것이다. 그러므로 엔트로피를 한마디로 말한다면 무질서한 정도를 나타낸다고 하는 것이 아주 그럴듯하다고 생각되지 않는가?

그러면 이번에는 열역학 제2법칙을 통계역학적으로 어떻게 해석할 수 있는지 알아보자. 열역학에서는 서로 다른 온도인 두 물체를 접촉시키면 높은 온도의 물체에서 낮은 온도의 물체로 열이 저절로 흐르는 것을 어떤 다른 법칙으로도 설명할 수 없으므로 열역학 제2법칙이 필요하였다. 그런데 엔트로피라는 양을 정의하였더니 높은 온도에서 낮은 온도로 열이 저절로 흐르는 것은 두 물체로 이루어진 고립계의 엔트로피가 증

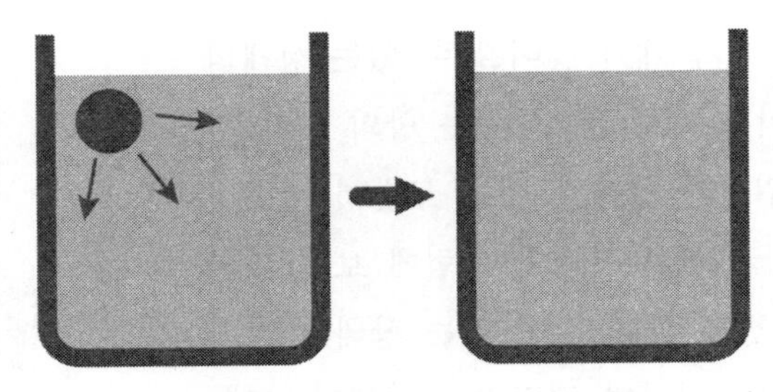

그림 42.6 물에 떨어뜨린 잉크방울

가하는 방향임을 알게 되었다. 그리고 통계역학적인 방법에 의해서 엔트로피가 증가한다는 것은 그 계의 무질서도가 증가하는 의미라는 사실도 알게 되었다. 그러므로 열역학 제2법칙은 이제 단지 열이 흐르는 방향만 정해주는 것이 아니라 수많은 구성 입자들의 모임에서 일어나는 현상은 어느 것이든 엔트로피를 감소시키는 방향으로는 일어날 수 없다는 방향성의 존재를 말해주는 일반적인 법칙임을 알게 되었다.

예를 들어, 그림 42.6에 보인 것과 같이 컵에 담긴 물에 떨어뜨린 잉크방울을 보자. 잉크방울은 시간이 지나면 저절로 컵 전체로 퍼져나간다. 그렇지만 아무리 오래 기다려도 잉크 분자들이 원래 떨어졌던 곳으로 모두 돌아오지는 않는다. 이것도 자연현상에서 나타나는 방향성이다. 잉크 분자들이 잉크방울의 좁은 영역에 모여 있을 수 있는 상태의 수보다 잉크 분자들이 컵 전체에 퍼져있을 수 있는 상태의 수가 훨씬 더 많다. 앞에서 3입자가 4개의 방에 들어갈 수 있는 상태의 수보다 6개의 방에 들어갈 수 있는 상태의 수가 더 많은 것과 같은 이치이다. 그래서 잉크 분자들이 방울모양으로 모여 있을 때의 엔트로피보다 컵 전체에 퍼져있을 때의 엔트로피가 훨씬 더 크다. 잉크방울은 엔트로피가 증가하는 쪽으로 퍼져 나가는 것이다. 따라서 잉크방울이 컵의 물의 좁은 장소로부터 전체로 퍼져나가는 것은 열역학 제2법칙 때문이다. 이처럼 엔트로피는 수많은 구성 입자들이 무질서하게 움직이는 현상에서는 항상 생각할 수 있는 물리량이다.

찾아보기

ㄱ

가속도 81, 83, 92, 96, 244
가역과정 457, 459
각가속도 244, 253
각속도 244, 253, 346
각운동량 보존법칙 256, 289, 298
각운동량 253, 289, 292
각진동수 346
각진동수 383
감쇠계수 360
강제진동 365
강체 269, 272, 330
갤럭시 1
거시세계 14
거짓힘 128
경험법칙 426
계 209
계기압력 307
고대 그리스 시대 6
고열원 461
고전물리학 16
곱셈법칙 49
공명 370
공명각진동수 370
과잉감쇠진동 360, 363
과학표기법 21
관성 법칙 122
관성계 123
관성력 126, 250
관성의 법칙 223
관성질량 137
광원 390
구면좌표계 45, 85, 93
구속력 121
구속조건 105, 147
구심가속도 108, 247
구심력 129
국제단위계 21
굴절법칙 392
그래디언트 67
극좌표계 44, 86, 92
기본법칙 4
기본진동수 403
기압계 307
기준계 16

기체 운동론 431
기체상수 442, 456

ㄴ

난류 325
내력 119, 210
내부에너지 436, 447, 471
냉동기관 462
냉동기관의 비효율 462
뉴턴역학 17

ㄷ

다이버젠스 70
단순조화진동 352, 381
단열과정 453
단위계 18, 21
단위벡터 53, 87, 90, 94
단진자 353
대기압 303, 307
대류 419
더미지수 55
덧셈법칙 46, 48
데시벨 399
델연산자 67
델타 75
도플러 효과 406
독립변수 66, 346
동차 미분방정식 348
등가속도 직선운동 101, 102
등가속도운동 98
등속도 운동 98, 100, 122
등속원운동 107, 247, 352
등압과정 450
등온과정 452
등적과정 451

ㄹ

레비-치비타 기호 57, 60

ㅁ

마찰력 157, 196
만유인력 법칙 137
만유인력 상수 134
만유인력 퍼텐셜에너지 193
만유인력 118, 258
만유인력의 법칙 133
맥스웰-볼츠만 속력분포 433
무게 119
무중력 상태 168
물리량 3, 18, 19, 40, 41, 71, 174
미분 64
미분방정식 346
미분연산자 347
미시세계 14
밀도 302

ㅂ

반동 224
반발계수 231
반작용 117
방사선 14
베르누이 방정식 300, 314, 426
벡터 42, 44, 46
벡터곱 51, 56, 57
벡터장 63
벡터함수 63
변위 31, 47, 73, 75, 243
변형 334, 421
변형력 336, 421
병진운동 240, 269, 273, 287
보온병 420
보일 법칙 424
보존력 119
복사 419
복원력 344
볼츠만 상수 430, 431, 442
부력 308
부피변형 339
부피팽창계수 423
비가역과정 457
비관성계 125
비보존력 196
비열 439, 441, 454
비탄성충돌 227
빛의 본성 337

ㅅ

산업혁명 460
상대성이론 16, 124, 138
상대속도 123, 232
상대좌표 259
상태방정식 426, 430, 449
상호작용 114
샤를 법칙 425
선운동량 보존법칙 223
선운동량 207, 213
선팽창계수 423
선형 미분방정식 347
선형조합 348, 359
세계 38
소리 395
소리의 고저 401
소리의 세기 399
소밀파 396
속도 31, 77, 244
속력 31, 77, 81
수면파 374
수직항력 116, 120, 145, 293
순간속도 77, 81
순환과정 460, 462
스넬 법칙 393
스칼라 42
스칼라곱 51, 55
스칼라장 63
스칼라함수 63
스토크스 법칙 325, 358

신화시대 5
실험실 좌표계 233

ㅇ

아르키메데스 원리 309
아보가드로 수 435, 442
아인슈타인 표기법 57
안드로메다라 1
알파선 14
압력 302, 304
압력파 396
애투드 기계 150
액주압력계 306
양력 317
양자역학 16, 17
에너지 등분배론 454
에너지 보존법칙 198, 203, 415, 448
에너지 115, 177, 182, 330
엔트로피 446, 467, 468, 474
여러 물체의 운동 206
역학적 에너지 보존법칙 200
역학적 에너지 268
연산법칙 46
연속방정식 313
열기관 460
열기관의 효율 461
열소 411, 443
열에너지 197, 416
열역학 제0법칙 421
열역학 제1법칙 448, 460
열역학 제2법칙 459, 465, 466, 475
열역학적 계 436
열역학적 447
열용량 438
열의 일당량 415
열적 평형 420, 472
열적 평형상태 436
열현상 411, 443
영률 338
영벡터 50
오른손 좌표계 35, 57
온도 416
완전 비탄성충돌 228
외력 119, 210
왼손 좌표계 35, 56
용수철 상수 336
운동 방정식 113, 211
운동 상태 112
운동마찰계수 158
운동마찰력 157
운동방정식 19, 143, 155, 184, 346, 358, 427, 458
운동법칙 4, 13, 71, 131, 147
운동에너지 183, 185, 252, 416
원심력 128, 250
원운동 107, 240, 242, 270
원자 431
원자핵 14
원점 30
원통좌표계 85
위상 388
위상각 368

위치벡터 73, 88, 89, 93
유량률 324
유체 300, 301, 311
유효숫자 18, 20
유효퍼텐셜에너지 266
은하 1
음벡터 50
음원 407
음파 376, 395
음파의 세기 398
음파의 속력 380
이상기체 452
이상유체 312, 320
인공위성 129
일-에너지 정리 177, 183, 186, 189, 196
일-에너지 285
일 115, 177, 437
임계감쇠진동 360, 362, 364

ㅈ

자연 철학의 수학적 원리들 12
자연단위계 24
자연법칙 6, 71
자유각진동수 359
자유낙하 운동 164
자유도 105, 433
자유진동수 362
자이로스코프 298
작용 반작용 법칙 114
작용 117
작은 감쇠진동 360
장력 127, 145
장력변형 339
저열원 461
적분구간 100
전도 418
절대 온도 425
절대공간 16
절대기준계 123
절대속도 123
절대시간 16
절대온도계 417
점성 311, 321, 357
점성계수 321
점성항력 325, 359
정상파 405
정압비열 455
정적비열 455
정지마찰계수 158
정지마찰력 157
정지위성 163
조화진동수 403, 405
종단속도 160, 325, 326
종속변수 346
종파 376, 395
좌표계 29, 40
주기 352, 382
주전원 8, 10
줄의 법칙 414
중력 퍼텐셜에너지 191
중력 116
중력가속도 135

중력질량 137
중심력 258
중첩원리 385
증기기관 460
지동설 10, 8
지상세계 6, 13, 131
직교좌표계 44, 45, 53, 87
직선운동 240, 242, 270
직접곱 51
진동수 353, 388, 403
진폭 381
질량 보존법칙 204
질량 134, 252
질량중심 좌표 260
질량중심 좌표계 233
질량중심 207, 220

ㅊ

차분 64
차원 25
차원해석 18, 27, 377
천상세계 6, 8, 13, 131
초기조건 102, 350
총선운동량 215, 223
총에너지 198
최대 정지마찰력 158
추력 317
충격량 216
충격파 375
충돌 문제 224, 227
측정값 20
층밀리기변형 339

ㅋ

카르노 기관 463, 467
카르노 순환과정 463
칼로리 415
컬 70
쿨롱 법칙 23
크로네커 델타 기호 54

ㅌ

타원궤도 11
탄성력 퍼텐셜에너지 192
탄성력 344, 371
탄성률 336
탄성충돌 227
탄성한계 342
테일러 전개 65
토르 307, 254, 256
토크 289
통계역학 431

ㅍ

파동 374
파동의 반사 387
파동의 반사법칙 391

파동의 속력 389
파면 390
파수 383
파스칼 원리 316
파스칼 302
파스칼의 원리 305
파원 390
퍼텐셜에너지 119, 187, 190, 201
평행축정리 279
평형상태 291, 294
포아즈이유 법칙 323
표면장력 327
프린키피아 12
플랑크 상수 24

ㅎ

항력 317
헥토파스칼 303
현대물리학 16
호이겐스 원리 389
환산질량 260
회전각 243, 274
회전관성 252, 254, 276, 278, 281, 354
회전운동 240, 270, 273, 287
횡파 376
후크 법칙 337, 338, 345, 355, 422
흐름 층 321
흐름관 312
흐름선 312
힘 111
힘의 법칙 113, 142

기타

1차원운동 30, 97, 104
2차원 운동 31, 104
3차원운동 33
4차원 운동 36
centripetal acceleration 247
free-body diagram 142, 143, 144, 152, 156, 159, 161, 165, 167, 173
mol 441
PV 도표 450, 458
shear deformation 339
shear strain 340, 341
shear stress 340
strain 335
stress 336
tangential acceleration 247
tensile deformation 339
tensile strain 341
volume deformation 339
volume stress 341
wave number 383

인명

갈릴레이, 갈릴레오 (이태리, 1564-1642) Galilei, Galileo - 11, 138
깁스, 윌라드 (미국, 1839-1903) Gibbs, J. Willard - 469
뉴턴, 아이작 (영국, 1642-1727) Newton, Isaac - 2, 12, 40, 111, 132, 385
도플러, 크리스찬 (오스트리아, 1803-1853) Doppler, Christian - 406
돌턴, 존 (영국, 1766-1844) Dalton, John - 2
러더퍼드, 어니스트 (영국, 1871-1937) Rutherford, Ernest - 14
레비 - 치비타, 툴리오 (이태리, 1873-1941) Levi-Civita, Tullio - 57
르엔, 크리스토퍼 (영국, 1632-1723) Wren, Christopher - 12
마이어, 줄리어스 로버트 (독일, 1814-1878) Mayer, Julius Robert von - 415
맥스웰, 제임스 클러크 (영국, 1831-1879) Maxwell, James Clerk - 427, 431
밀리컨, 로버트 (영국, 1868-1953) Millikan, Robert - 326
베르누이, 다니엘 (스위스, 1700-1782) Bernoulli, Daniel - 300
베른, 쥘 (프랑스, 1828-1905) Verne, Jules - 169
보일, 로버트 (영국, 1627-1691) Boyle, Robert - 424
볼츠만, 루드비히 (오스트리아, 1844-1906) Boltzmann, Ludwig - 431, 469, 474
브라헤, 티코 (덴마크, 1546-1601) Brahe, Tycho - 9, 39
샤를, 자크 (프랑스, 1746-1823) Charles, Jacques - 424
슈뢰딩거, 어윈 (오스트리아, 1887-1961) Schrödinger, Erwin - 16
스넬, 윌레브로르드 (네델란드, 1580-1626) Snell, Willebrord - 393
스토크스, 조지 게브리엘 (영국, 1819-1903) Stokes, George Gabriel - 325
아르키메데스 (그리스, 287-212 BC) Archimedes - 309
아리스토텔레스 (그리스, 384-322 BC) Aristotle - 111, 137
아인슈타인, 알버트 (독일, 1879-1955) Einstein, Albert - 16, 124, 138, 204
영, 토마스 (영국, 1773-1829) Young, Thomas - 337, 386
와트, 제임스 (영국, 1736-1819) Watt, James - 460
줄, 제임스 (영국, 1818-1889) Joule, James - 176, 414
카르노, 사디 (프랑스, 1796-1832) Carnot, Sadi - 463

케플러, 요하네스 (독일, 1571-1630) Kepler, Johannes - 10, 40
코페르니쿠스, 니콜라스 (폴란드, 1473-1543) Copernicus, Nicolaus - 8, 39
크로네커, 레오폴드 (프로이센, 1823-1891) Kronecker, Leopold - 55
클라우지우스, 루돌프 (독일, 1822-1888) Clausius, Rudolf - 467, 468, 469, 474
토리첼리, 이반젤리스타 (이태리, 1608-1647) Torricelli, Evangelista - 307
톰슨, 벤자민 (럼퍼드 백작) (미국, 1753-1814) Thompson, Benjamin (Lord Rumford) - 414
톰슨, 윌리엄 (켈빈 경) (영국, 1824-1907) Thomson, William (Lord Kelvin) - 417
파스칼, 블레즈 (프랑스, 1623-1662) Pascal, Blaise - 305
포아즈이유, 장-루이 (프랑스, 1797-1869) Poiseuille, Jean-Louis - 323
핼리, 에드먼트 (영국, 1656-1742) Hally, Edmond - 12
헬름홀츠, 헤르만 폰 (독일, 1821-1894) Helmholtz, Hermann von - 415
호이겐스, 크리스찬 (네덜란드, 1629-1695) Huygens, Christiaan - 373, 386, 394
후크, 로버트 (영국, 1635-1703) Hooke, Robert - 337, 386

대학물리 역학편

2007년 1월 15일 1판 1쇄 발행
2010년 1월 20일 1판 3쇄 발행

저 자 ◎ **차 동 우**

발행자 ◎ **조 승 식**

발행처 ◎ (주) 도서출판 **북 스 힐**

서울·강북구 수유 2동 258-20

등 록 ◎ 제 22-457 호

(02) 994-0071(代)

(02) 994-0073

bookswin@unitel.co.kr
www.bookshill.com

값 20,000원

ISBN 978-89-5526-369-5